国 家 重 点 研 发 计 划（2018YFC0604000）
中国地质调查局"新疆区域地质志"（1212011020000150012-04）、"新疆矿产地质志"（12120114006601）
新疆维吾尔自治区地质勘查基金（Y13-5-XJ02,Y15-1-LQ05,T15-1-LQ22,Y19-1-XJ001） 联合资助
新疆维吾尔自治区天山英才计划（第三期）

东天山铁铜等大宗矿产成矿规律与找矿预测

DONG TIANSHAN TIE TONG DENG DAZONG KUANGCHAN
CHENGKUANG GUILÜ YU ZHAOKUANG YUCE

冯 京　赵同阳　李 平　田江涛　徐仕琪
朱志新　韩 琼　靳刘圆　朱彦菲　刘 超　著
高 奇　郑加行　孙耀锋　贺军慧

内容摘要

中国新疆东天山地区是中亚造山带地壳增生与成矿作用研究的热点及关键地区之一。作者团队通过多年的研究,对东天山地区的铁、铜、镍、铅、锌、金、银等矿床进行了大量野外调查和综合研究,全面系统地总结了东天山区域地质调查、矿产勘查及科学研究的最新成果。本书以成矿地质背景、典型矿床剖析、区域成矿规律与成矿模式、找矿预测评价为主线,聚焦大宗金属矿产资源的禀赋现状,以野外实地调研、样品测试分析、综合地质编图为手段,系统研究了东天山地区的不同成矿系统、成矿谱系的成矿构造环境、含矿地质体、控矿构造、矿化蚀变、成矿时代、含矿流体及找矿标志等特征,建立了区域铁铜等大宗矿产预测模型,圈定了一批重要找矿靶区。这些成果为新疆东天山地区铁铜等矿床的进一步找矿勘查提供了最新的科学依据。

本书较为系统、全面地反映了新疆东天山地区铁铜等大宗矿产的最新勘查研究成果,对地质找矿工作具有重要的参考价值。本书逻辑清晰、内容丰富、资料翔实、图文并茂,具有很强的理论性、实用性及科普性,适合矿产地质调查、矿产勘查、科研、教学、矿业开发和行业管理等部门使用。

图书在版编目(CIP)数据

东天山铁铜等大宗矿产成矿规律与找矿预测/冯京等著. —武汉:中国地质大学出版社,2022.6
ISBN 978-7-5625-5267-3

Ⅰ.①东…
Ⅱ.①冯…
Ⅲ.①金属矿床-成矿规律-新疆 ②金属矿床-找矿-预测-新疆
Ⅳ.①P618.2

中国版本图书馆 CIP 数据核字(2022)第 087529 号

东天山铁铜等大宗矿产成矿规律与找矿预测

冯 京 等著

| 责任编辑:周 豪 | 选题策划:毕克成 段 勇 | 责任校对:张咏梅 |

出版发行:中国地质大学出版社(武汉市洪山区鲁磨路388号)　　邮编:430074
电　　话:(027)67883511　　　传　　真:(027)67883580　　E-mail:cbb@cug.edu.cn
经　　销:全国新华书店　　　　　　　　　　　　　　　　　　http://cugp.cug.edu.cn

开本:880毫米×1230毫米　1/16　　　　　　　　　　　　字数:626千字　印张:19.75
版次:2022年6月第1版　　　　　　　　　　　　　　　　　印次:2022年6月第1次印刷
印刷:武汉中远印务有限公司

ISBN 978-7-5625-5267-3　　　　　　　　　　　　　　　　　　　　　　定价:168.00元

如有印装质量问题请与印刷厂联系调换

序

中国新疆东天山位于中亚造山带中南段、图瓦-蒙古山弯构造南翼，产出多种类型的重要矿产资源，包括火山岩型铜锌-铁-铅锌（银）矿、斑岩型铜钼矿床、岩浆熔离型铜镍矿床、造山型金矿等。

由于工作关系，我长期在新疆从事大地构造与成矿关系的调查研究，深切感受到新疆东天山不仅有丰富的矿藏，而且成矿规律在国内外具有鲜明特色，是研究全球最大的显生宙增生型造山带大陆动力学和成矿作用的天然实验室。

作者团队本着实践—研究、再实践—再研究的科学思路，指导勘查单位先后实现了帕尔塔格西铜矿、白鑫滩铜镍矿、路北铜镍矿、清白山铅锌矿和聚源钨矿等矿产找矿突破。本书是作者团队长期在东天山开展地质调查、矿产勘查、地质研究的系统总结，我仔细阅读本书文稿，觉得以下重要成果值得推荐给关注本区的研究者：

（1）康古尔-苦水蛇绿混杂岩所代表的北天山洋的俯冲消减及随后的弧-弧碰撞控制了东天山增生造山过程及其成矿作用，并基于全疆"三系两带一块"的大地构造新格局提出了东天山"一带、两弧、一盆地"的大地构造单元细化方案。

（2）针对天湖铁矿、雅满苏铁矿、帕尔塔格西铜矿、铁岭铜钼矿、路北铜镍矿、阿奇山铅锌矿、清白山铅锌矿、康古尔金矿、维权银矿等18个中大型矿床开展了典型矿床研究；聚焦铁、铜、镍、铅锌、金、银的成因机制，开展了增生造山过程、成矿作用与控矿关键因素研究，完善了区域成矿模式，揭示了东天山大宗矿产的成矿规律。

（3）首次识别出东天山晚石炭世斑岩型钼矿成矿期，拓展了原有单一找矿思路；在康古尔构造带西段原蛇绿混杂岩中识别出多处含铜镍矿的基性—超基性岩体，突破了东天山铜镍矿带向西不过沙垄的传统认识。

（4）系统梳理了东天山成矿带已有地质、矿产、地球物理、地球化学、遥感信息，针对东天山铁、铜、镍、铅锌、金、银等不同矿种和不同成矿类型，提取关键控矿要素，建立预测指标体系，开展找矿预测，圈出找矿靶区552处。

（5）采用含矿率法预测了东天山资源潜力：铁矿石21.3亿t、铜2439万t、镍916万t、铅912万t、锌2718万t、金723t、银33 473t，有效支撑了东天山地区大宗矿产找矿勘查工作部署。

本书的系列成果对天山构造带乃至整个中亚造山带的系统研究将起到重要的启示作用，为区域大宗矿产成矿规律与找矿预测等研究奠定了扎实基础。我相信本书的出版将推动天山构造带矿床学研究和矿产勘查的进步与深化，对实现新一轮找矿突破战略行动具有重要的借鉴和指导意义。

本书内容丰富、资料翔实、图文并茂，是一本兼具理论性、实践性的研究专著。借此机会，我衷心祝贺专著出版，并向长期奋战在新疆广袤大地上的地质同行表示敬意。

中国科学院院士

2022年1月

前　言

东天山成矿带是新疆矿产资源战略基地之一，孕育铁、铜镍、铅锌、金、钼等大型成矿系统，矿产资源丰富，矿种多、类型全，铁、铜、镍等资源优势明显，空间上呈现出"南铁北铜中镍金"，时间上具有元古宙和中新生代成矿少、晚古生代矿床多——"两少一多"的分布特点。

长期以来，东天山地区开展了成矿背景、成矿规律和找矿勘查等方面的大量研究工作，取得许多成果。然而，对区域构造背景、关键控矿要素、矿种相互关系、时空分布规律、定位制约机制等认识存在争议，制约了东天山大宗矿产找矿突破。本书是在笔者近40年从事地质找矿、矿产勘查、找矿预测工作基础上的系统总结和集成，详细阐明东天山成矿地质背景、典型矿床、成矿规律与找矿预测等研究成果和认识，并通过大量矿床实例分析，突出成矿地质体、控矿构造、成矿作用标志等关键控矿要素的研究，注重理论与实践相结合、野外与室内相结合、宏观与微观相结合，深化区域大宗矿产成矿规律与找矿预测认识，指导区域找矿实现新突破。

本书由前言、正文5章和结语组成，前言和第一章由冯京、徐仕琪、赵同阳编写；第二章由赵同阳、朱志新、郑加行等编写；第三章由李平、朱志新、朱彦菲、孙耀锋等编写；第四章由田江涛、徐仕琪、韩琼、靳刘圆等编写；第五章由徐仕琪、田江涛、刘超、朱彦菲、高奇等编写；结语由冯京、徐仕琪等编写；最后由冯京、赵同阳、徐仕琪、田江涛、李平统编定稿。韩琼、靳刘圆、朱彦菲、刘超、贺军慧完成了东天山区域成矿背景、成矿规律与成矿预测相关图件的编制。

作者团队的研究成果先后得到国家重点研发计划"天山-阿尔泰增生造山带大宗矿产资源基地深部探测技术示范"(2018YFC0604000)，中国地质调查局"新疆区域地质志"(12120111020000150012-04)、"新疆矿产地质志"(12120114006601)，新疆维吾尔自治区地质勘查基金(Y13-5-XJ02，T15-1-LQ22，Y15-1-LQ05，Y19-1-XJ001)，新疆维吾尔自治区天山英才计划(第三期)等项目的联合资助。

肖文交院士在百忙中审阅了书稿，就本书涉及的术语提出了修改意见和建议，肯定书中主要成果对东天山的系统研究作出的重要贡献，并与作者团队交流并确定了今后的研究方向。在此对院士的悉心指导深表谢意。

本书的研究工作得到了中国科学院新疆维吾尔自治区人民政府国家三〇五项目办公室马华东主任，中国地质调查局地质所丁孝忠研究员，中国地质调查局西安地质调查中心计文化研究员，中国地质科学院地质力学研究所陈正乐研究员，长安大学梁婷和周义教授，风永刚副教授，新疆维吾尔自治区地勘基金中心王卫江、李卫东、陈维民、仇银江、尚海军、王乐民正高级工程师，新疆维吾尔自治区地质矿产勘查开发局信息中心孙卫东主任和李云鹏高级工程师，新疆维吾尔自治区地质调查院陈刚院长，新疆维吾尔自治区地质调查院杨万志、周军、李延清等提高待遇高级工程师，新疆维吾尔自治区地质矿产研究所刘振涛提高待遇高级工程师，新疆大学陈川副教授、夏芳老师的指导和帮助。另外，新疆维吾尔自治区地质调查院李大海、宋林山、陈晔、刘亚楠、高永峰等高级工程师参加了野外地质考察及部分室内研究工作，在此一并致以衷心感谢！

冯　京
2022年1月23日于乌鲁木齐

目 录

- 第一章 绪 论 ……………………………………………………………………………… (1)
  - 第一节 研究概述 ………………………………………………………………………… (1)
  - 第二节 研究区自然地理概况 …………………………………………………………… (2)
  - 第三节 地质工作程度 …………………………………………………………………… (3)
- 第二章 区域成矿地质背景 ………………………………………………………………… (10)
  - 第一节 区域构造背景 …………………………………………………………………… (10)
  - 第二节 区域地层 ………………………………………………………………………… (14)
  - 第三节 区域侵入岩浆作用 ……………………………………………………………… (22)
  - 第四节 区域断裂 ………………………………………………………………………… (26)
  - 第五节 区域地球物理及地球化学特征 ………………………………………………… (29)
  - 第六节 控矿因素分析 …………………………………………………………………… (39)
- 第三章 典型矿床研究 ……………………………………………………………………… (48)
  - 第一节 铁 矿 …………………………………………………………………………… (48)
  - 第二节 铜钼矿 …………………………………………………………………………… (59)
  - 第三节 铜镍矿 …………………………………………………………………………… (91)
  - 第四节 铅锌矿 …………………………………………………………………………… (125)
  - 第五节 金银矿 …………………………………………………………………………… (137)
- 第四章 区域成矿规律与成矿模式 ………………………………………………………… (150)
  - 第一节 矿产资源特征 …………………………………………………………………… (150)
  - 第二节 主要成矿区(带) ………………………………………………………………… (152)
  - 第三节 主要矿产时空分布规律 ………………………………………………………… (156)
  - 第四节 矿床成矿系列划分及特征 ……………………………………………………… (159)
  - 第五节 成矿演化模式及成矿谱系 ……………………………………………………… (165)
- 第五章 预测评价 …………………………………………………………………………… (169)
  - 第一节 思路与方法 ……………………………………………………………………… (169)
  - 第二节 建模与信息提取 ………………………………………………………………… (169)
  - 第三节 找矿靶区圈定 …………………………………………………………………… (210)
  - 第四节 找矿靶区优选 …………………………………………………………………… (212)
  - 第五节 资源量定量估算及找矿靶区评价 ……………………………………………… (224)
- 结 语 ………………………………………………………………………………………… (285)
- 主要参考文献 ………………………………………………………………………………… (289)

第一章 绪 论

第一节 研究概述

东天山成矿带是新疆矿产资源战略基地之一,孕育铁、铜镍、铅锌、金、钼等大型成矿系统,矿产资源丰富、矿种多、类型全,铁、铜镍等资源优势明显,空间上呈现出"南铁北铜中镍金",时间上具有元古宙和中新生代成矿少、晚古生代矿床多——"两少一多"的分布特点。国家及地方科技计划以及矿产勘查项目持续实施,揭示了东天山造山带演化的洋盆俯冲消减、块体聚合增生、多期次成矿作用等基本特征,提出增生造山模式和增生成矿系统,在成矿背景、成矿规律和找矿勘查等方面取得了许多成果。然而,对大宗矿产成矿的定位制约机制不明,大宗矿产成矿规律和找矿预测仍待加强,急需研究大宗矿产定位制约机制。因此,开展东天山铁铜等大宗矿产成矿规律研究,揭示铁、铜、镍、铅锌大宗矿产赋存规律,阐明增生造山成矿系统的构造背景和物质时空框架,开展铁、铜(镍)、铅锌、金等大宗矿产找矿预测,将极大地促进东天山成矿带地质勘查和工作部署,具有重要的研究意义和社会经济效益。

本书系统收集东天山地区的地、物、化、遥和矿产最新成果数据,重点选择东天山天湖铁矿、土屋–延东–帕尔塔格西铜矿、阿奇山–彩霞山和清白山铅锌矿等典型矿集区为研究对象,在区域构造演化–成矿作用耦合分析的基础上,通过典型矿床解剖,分析成矿条件和控矿因素,探讨成矿机制,总结成矿规律,构建东天山成矿带区域成矿模式及其典型矿床"三位一体"勘查找矿模型;以沉积变质型铁矿、斑岩型铜钼矿、岩浆熔离贯入型镍矿、火山岩型铅锌矿、造山型金矿为主攻矿种,开展区域成矿地质条件对比和成矿规律总结,建立成矿带成矿模式;研究典型矿床的成矿物质来源、成矿流体运移的途径和沉淀条件,探讨成矿机制和成矿系统时空结构。综合区域地质特征、构造演化、成矿条件,查明东天山成矿带不同矿化类型的时空分布规律和相互关系,建立区域尺度的成矿模型;结合已有的地球物理、地球化学、遥感信息,开展成矿预测研究,圈定找矿靶区,基本摸清1000m以浅大宗矿产资源潜力。

一、重大科学问题

①东天山成矿带构造岩浆活动对区域成矿作用的制约。围绕"铁、铜、镍、铅锌、金等大宗金属矿成矿系统向勘查系统转换"科学问题,以东天山沉积变质型铁矿、斑岩型铜钼矿、岩浆熔离贯入型镍矿、火山岩型铅锌矿、造山型金矿等大宗金属成矿系统为研究重点,实现成矿带构造岩浆活动对区域成矿作用研究。②关键控矿要素的识别与提取。按照"地质结构→成矿模式→找矿勘查模型→找矿预测→靶区验证"的研究思路,实现关键控矿要素的识别与提取,验证区域成矿规律,完善区域成矿模式,综合评价东天山主要成矿系统资源潜力,开展靶区验证,实现找矿突破。

二、关键技术

关键技术包括：①控矿要素和致矿异常的快速识别与提取技术；②不同矿种、不同成矿类型找矿预测的方法技术组合。以东天山铁、铜、镍、铅锌等大宗矿产不同类型的典型矿床及区域成矿规律研究成果为基础，全面挖掘基础地质、矿产地质、综合地质研究和最新勘探数据，结合天湖铁矿、土屋-延东-帕尔塔格西铜矿、阿奇山-清白山铜铅锌矿带、黄山-路北铜镍矿集区研究成果，有序建立资料数据集，通过对资料数据的深入分析和对比研究，重点梳理东天山大宗矿产成矿背景和矿床类型，聚焦铁、铜镍、铅锌的成因机制，开展增生造山过程、成矿作用与控矿因素研究，揭示大宗矿产分布规律，完善区域成矿模式。以此为基础，针对不同矿种、不同成矿类型，提取关键控矿要素，建立预测指标体系，为区域矿产预测评价提供依据。

三、创新点

以矿床成矿系列理论为指导，深入总结东天山成矿带铁、铜、镍、铅锌、金、银、钼等大宗矿产主要成矿类型，全面解析区域地质构造，识别和提取关键控矿要素，建立多尺度、全信息矿产预测模型，开展未知区的类比预测，圈出找矿靶区，摸清东天山大宗矿产资源潜力，为地质找矿工作的部署和地方经济战略布局提供科学依据。

第二节 研究区自然地理概况

研究区位于中国西北部吐哈盆地南缘戈壁丘陵区(图 1-1)，主体隶属于新疆维吾尔自治区吐鲁番及哈密地区，西起干沟一带，东止于新疆和甘肃交界处，北部以吐哈盆地为界，南部以阿其克库都克断裂为界，呈长 800km、宽 170km 的矩形。地理坐标介于东经 $88°00′—96°30′$，北纬 $41°30′—43°00′$ 之间，面积约 15 万 km^2。

中东部哈－罗公路、G30 从研究区经过，西部有鄯善县底坎尔乡进入研究区的矿业运输通道，两者构成出入研究区的主要通道。此外有鄯善县七克台进入研究区中部的简易汽车便道，只适合重型载重汽车行驶，中北部有东西横贯研究区的西气东输简易管道公路将前述 4 条通道连成一体。区内简易公路遍布，许多路段可通行重型卡车，交通便利。

研究区属低山丘陵区，地形起伏不大。一般海拔 900～1100m，比高 30～100m。地势南高北低，西部比东部略高，微地貌形态以垄岗状山体为主，其次发育较多的树枝状冲沟及洼地，后者多被风成沙掩埋或盐碱土覆盖。

研究区内属典型大陆性气候，冬冷夏热，春秋多风，日夜温差悬殊，干旱少雨。年平均气温 7.5～10℃；7 月最热，高达 40℃；1 月最冷，最低为 -30℃。年均降水量 10～25mm，年蒸发量超过降水量的近百倍。降雨多集中在 7—8 月，均为阵雨，可形成暂时性地表径流，切割不深。大风常发生在春夏、秋冬两个季节交替时节，常有 7～8 级大风，携带尘沙，刮得天昏地暗，持续 2～3d 不等，给工作和生活带来困难。

区内无固定居民点，严重缺水。一切生产生活物资及用水均需依靠北部城镇供应。

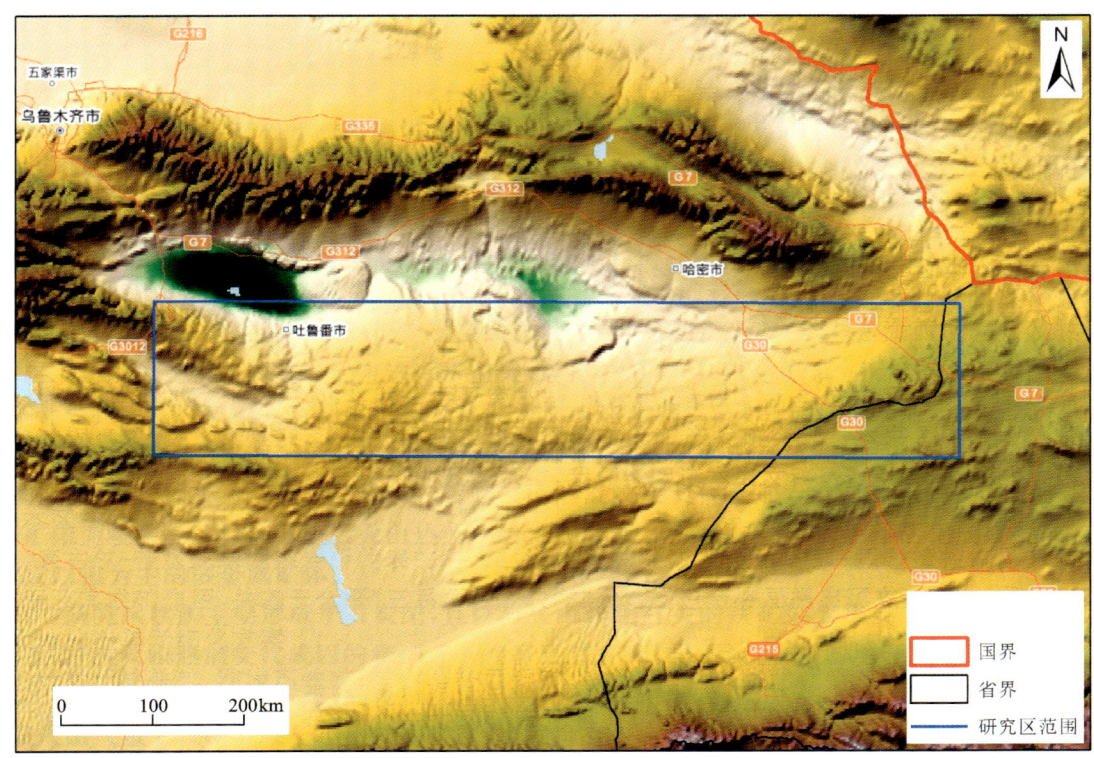

图 1-1 研究区地势-交通位置图

第三节 地质工作程度

研究区系统的地质矿产调查工作始于1958年。60多年来,除新疆本土地勘单位外,还有众多自治区以外的地勘单位、科研院所、大专院校相继投入研究区地质勘查与研究工作,使本区地质研究工作程度得到极大提高,地质找矿不断突破。该区地质矿产与科研工作经历了4个阶段。

(1)区域地质调查推进期(地质调查起步期,1958—1975年)。实现了研究区1∶20万区域地质调查和1∶10万航磁测量全覆盖,发现的金属矿产主要是铁矿。

(2)区域物探推进期(铁矿找矿高峰期,1976—1984年)。随着东疆铁矿会战的启动和推进,与铁矿找矿密切相关的物探工作全面展开,实现了研究区1∶20万区域重力调查和1∶5万航磁测量全覆盖,1∶5万区域地质调查工作启动,铁矿找矿与评价工作全面开展,奠定了铁矿分布格局,为进入21世纪后的铁矿开发高潮期奠定了基础。

(3)地质科研高峰期和区域化探推进期(金矿找矿高峰期,1985—1996年)。随着国家"三〇五"项目的组建和其主导的国家科技攻关项目的实施,首次汇集全国地学领域科研力量,研究区地质科研全面展开;地质勘查领域,区域化探的引入和全面覆盖,金矿找矿很快取得突破,短期内(1988—1990年)就发现了康古尔塔格、马头滩、石英滩金矿和一批金矿信息,这一时期发现和评价的金矿奠定了研究区金矿分布格局;1∶5万区域地质调查规模展开,大部分地区完成了1∶2.5万航空综合测量。

(4)全面找矿评价期(1997—2020年)。随着土屋铜矿评价立项与实施,研究区铜矿找矿逐步引起关注,到1999年国土资源大调查项目启动实施,研究区铜矿找矿进展与成果已为全国瞩目,再次吸引全国地学领域科研力量,对研究区成矿地质背景、成矿特征、控矿因素、找矿潜力等进行全方位和多角度研究;除铜矿找矿取得突破性进展外,银矿、铅锌矿、铜镍矿等均取得突破,先后发现土屋、延东、延西、福兴斑岩铜矿,红山梁火山岩型铜矿,维权、振兴银矿,彩霞山、维山、阿奇山铅锌矿,白鑫滩、路北、云海、海豹滩铜镍矿,同时钼矿、钨矿线索也相继发现,使研究区矿产由最初单一的铁矿步入多元格局。这一时期,基本实现了1∶5万区域地质矿产调查与1∶5万化探工作的覆盖。

本次研究主要利用的区域基础地质资料,包括区域化探资料、区域重力资料和1∶5万尺度的地质、化探及航磁资料,并以1∶20万区域地质调查资料为补充。

一、区域地质调查

在1∶20万区域地质调查方面,1958—1994年,新疆维吾尔自治区地质矿产勘查开发局(以下简称新疆地矿局)第一区域地质调查大队完成了研究区1∶20万区域地质调查工作,实现了全覆盖(图1-2),奠定了研究区地层划分、构造演化、岩浆活动、成矿作用等地质问题认识基础,为后来的地质找矿与研究工作提供了资料依据。

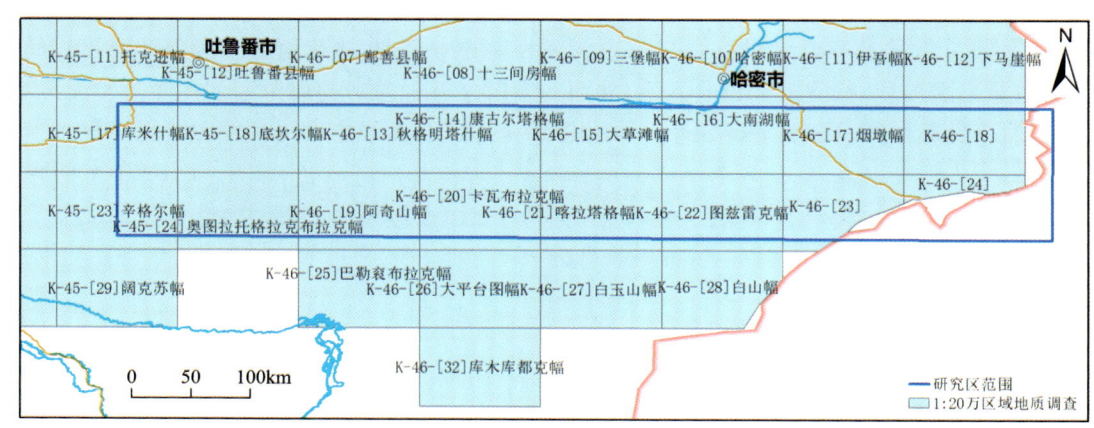

图1-2 研究区1∶20万区域地质调查工作程度图

在1∶25万区域地质调查方面,2001—2013年,由新疆维吾尔自治区地质调查院(以下简称新疆地质调查院)、西安地质调查中心、甘肃地质调查院完成了研究区东部7幅1∶25万区域地质调查(图1-3)。应用板块构造理论及数字化填图技术,在1∶20万区域地质调查成果的基础上,丰富了研究区东部沉积岩、岩浆岩、变质岩、构造、成矿规律等方面的认识。

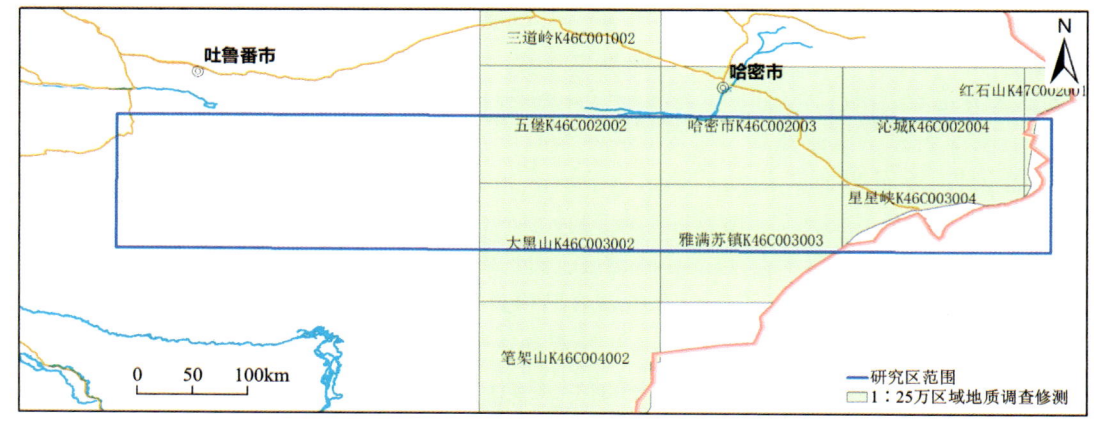

图1-3 研究区1∶25万区域地质调查工作程度图

1960—2019年，新疆内外地勘单位累计完成涉及研究区200幅1∶5万区域地质矿产调查工作，基本上实现了研究区基岩出露区1∶5万区域地质矿产调查全覆盖(图1-4)，极大地提升了研究区区域地层、岩浆岩、变质岩、构造、矿床(点)及矿化蚀变的调查研究程度，为本次研究工作提供了大量的一手野外资料。

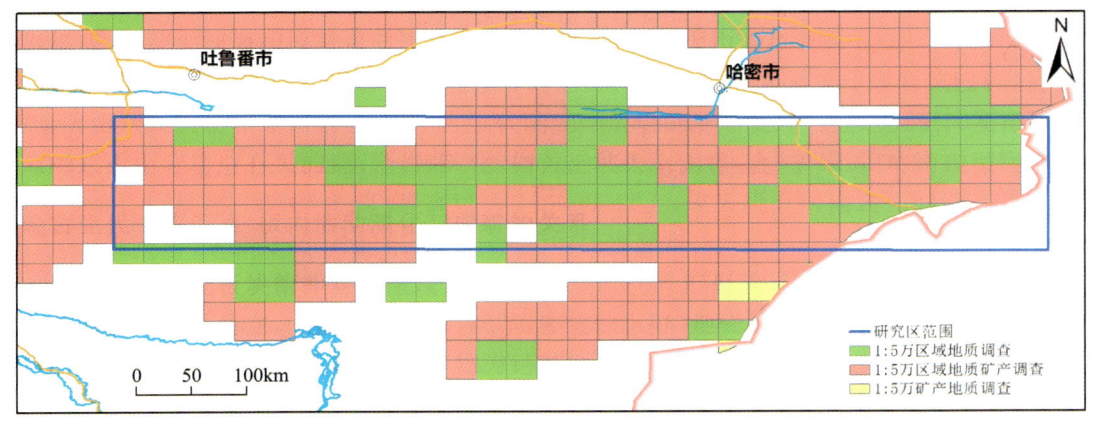

图1-4　研究区1∶5万区域地质矿产调查工作程度图

二、区域物探

在磁法测量方面，1976—2012年，研究区1∶5万航空磁测实现了全覆盖；2000—2019年，多家新疆内外地勘单位在重点找矿区带开展了1∶5万地面高精度磁法测量工作(图1-5)。主要工作有：1976年，地质部航空物探大队完成了新疆鄯善县阿奇山地区1∶5万航磁测量及查证，工作范围为东经90°11′—91°28′，北纬41°32′—42°30′，基本覆盖了本次研究区西部。该项工作揭开了东疆铁矿会战的帷幕，并在同期的航磁异常查证工作中发现了黄山铜镍矿带。1976—1979年，地质部第二综合物探大队在东经88°30′—93°00′，北纬41°10′—42°30′范围内实施了新疆东部哈密-鄯善地区航磁异常查证。

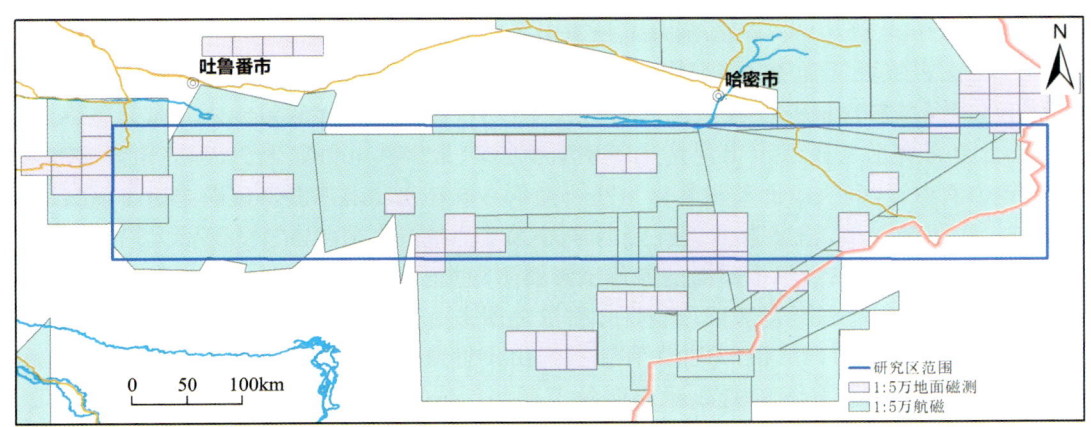

图1-5　研究区1∶5万磁法测量工作程度图

在区域重力测量方面，研究区1∶20万区域重力测量基本实现了全覆盖，在多个重要找矿地区开展了1∶5万重力测量工作(图1-6)，为进一步了解区域地质构造、探索深部构造与矿产分布关系提供了资料基础，相关项目综合评价了找矿前景，并根据布格重力异常提出了本区大地构造划分意见，分析探讨了成矿远景和成矿规律，为本次研究提供了参考。

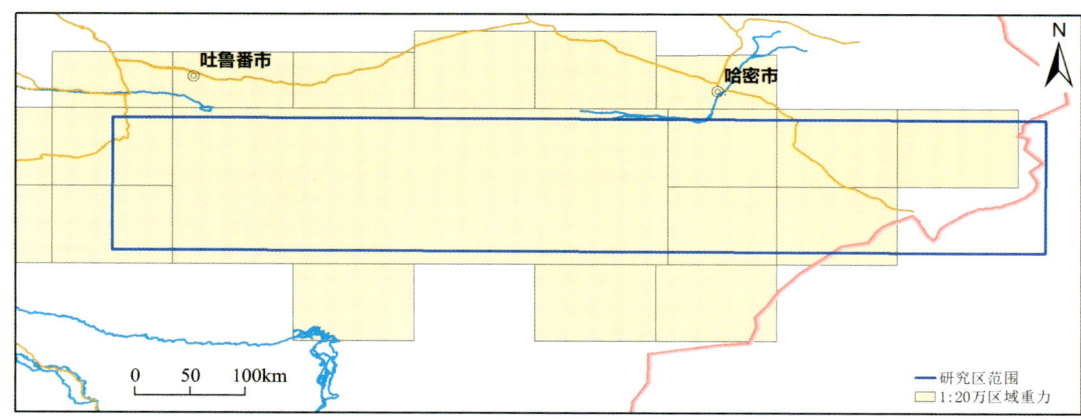

图 1-6 研究区 1∶20 万区域重力测量工作程度图

三、区域化探

1986—1995 年，新疆地矿局及部分自治区外的地勘单位相继承担了一批 1∶20 万化探测量工作任务，实现了研究区 1∶20 万区域化探全覆盖（图 1-7）。主要有：1986—1988 年，河北物化探大队承担"三〇五"项目，完成秋格明塔什[K-46-(13)]幅、康古尔塔格[K-46-(14)]幅 1∶20 万区域化探，圈出以金为主的综合异常 21 处，并对其中 6 处进行了查证，首次发现了金矿化，拉开了东天山成矿带中段找金帷幕。1988 年，新疆地矿局第一地质大队围绕河北物化探大队圈定的 AP48 异常进行查证，发现了康古尔、马头滩等金矿床，实现了东天山金矿找矿突破。

2011—2018 年，新疆地质调查院、新疆地矿局第一区域地质调查大队承担了研究区中东部 6 个图幅的 1∶25 万区域化探测量工作（图 1-7），采用最新分析技术方法更新了区域化探数据，并新发现若干找矿线索，有效指导了研究区地质找矿工作。

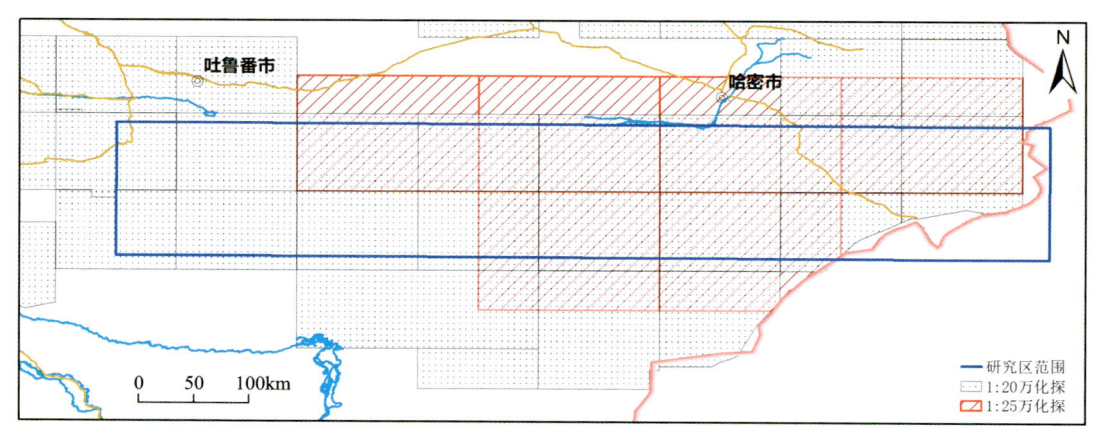

图 1-7 研究区区域化探工作程度图

在化探普查方面，研究区正规的化探普查工作起始于 1960 年，除生态红线及大面积第四系外基本实现了基岩区全覆盖（图 1-8）。2001—2002 年，由新疆地质调查院承揽、新疆地矿局第一区域地质调查大队具体实施的新疆东天山彩霞山—金滩一带靶区优选及资源潜力评价项目，完成 K46E014005（部分）、K46E014006（部分）两幅共计 500 km² 的 1∶5 万化探，采样网度 1000 m×250 m，分析 Cu、Pb、Zn、Ag、Au、As、Sb、Hg、Bi、Cr、Ni、Co 共 12 种元素（常规 15 种，缺 W、Sn、Mo）。地质找矿取得重大进展，发现的彩霞山铅锌矿,经后续项目评价,达大型矿床规模,目前仍是新疆东天山最大的铅锌矿。

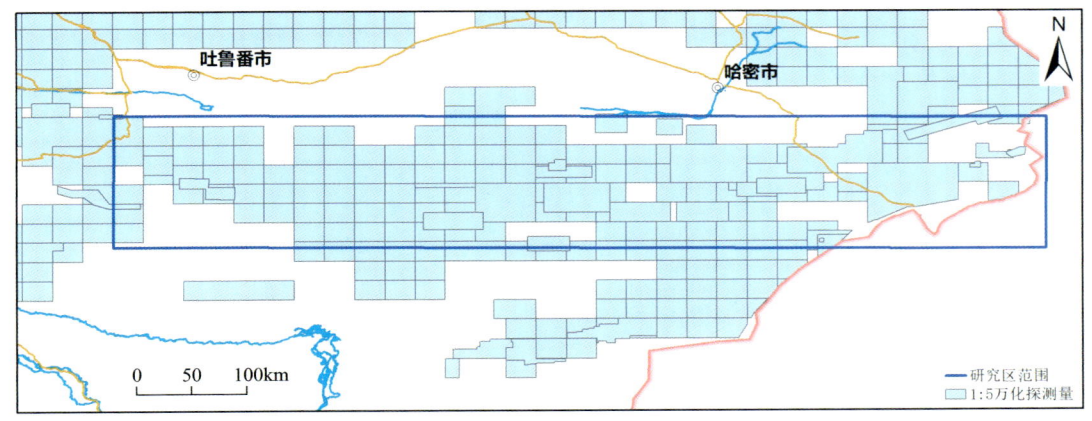

图1-8 研究区1:5万化探普查工作程度图

2013—2014年,新疆地质调查院完成新疆东天山阿奇山1:5万化探,包括K46E013002、K46E013003、K46E013004、K46E014002、K46E014003、K46E014004共6个图幅。采样网度500m×250m,分析元素Cu、Pb、Zn、Ag、Au、As、Sb、Hg、W、Sn、Mo、Bi、Cr、Ni、Co共15种。铅锌找矿取得突破,2014年异常查证新发现的阿奇山铅锌矿随即转入评价,矿床规模已达大型。2015—2016年,新疆地矿局第一区域地质调查大队完成新疆哈密市白鑫滩一带地球化学普查,包括K46E011007、K46E011008、K46E011009、K46E011010、K46E012007、K46E012008、K46E013009、K46E014010共8个图幅1:5万化探,其中图幅K46E011007、K46E011008、K46E012007、K46E012008属数据更新。采样网度500m×250m,分析元素Cu、Pb、Zn、Ag、Au、As、Sb、Hg、W、Sn、Mo、Bi、Cr、Ni、Co共15种。该项目在铜镍找矿方面取得新突破,新发现白鑫滩铜镍矿,具有大型矿床远景。相关成果为本次成矿规律、成矿预测研究提供了翔实的数据支撑。

四、地质科研与矿产勘查

(1)1976年新疆地矿局第六地质大队参与查证航磁异常,发现土墩超基性岩体,1979年发现产于土墩岩体中的铜镍矿,黄山一带铜镍矿地质找矿工作全面展开。到1993年,提交了大型铜镍矿2处、中型铜镍矿3处、小型铜镍矿3处,使东天山成矿带东段的黄山成为中国重要铜镍矿集区之一。

(2)1985年新疆地矿局第六地质大队和新疆地矿局地质科技处接受国家"三〇五"项目办公室的委托,在东疆进行1:10万遥感地质解译,编制了遥感地质图及说明书,首次划分出秋格明塔什-黄山韧性剪切带,明确提出韧性剪切带的找矿意义。

(3)1986—1989年,成都地质学院、新疆地矿局第一区域地质调查大队完成了国家"三〇五"项目"东天山火山岩及其含矿性研究"课题,属于东天山首次较全面的火山岩研究。

(4)1986—1990年,南京大学地球科学系、新疆地矿局第六地质大队完成了国家"三〇五"项目"东天山花岗岩及其含矿性研究"课题,为东天山较全面的花岗岩类研究。

(5)1989—1990年,西安地质学院承担、新疆地矿局第一地质大队配合,完成了国家"三〇五"项目"康古尔塔格金矿带地物化综合研究及找矿靶区优选"课题,发现西滩(石英滩)浅成低温热液型金矿和元宝山2号金铜矿、大东沟金矿等。按构造-岩石组合研究思路,对区内火山岩、侵入岩等进行了较深入的研究,并对以康古尔塔格金矿为代表的火山岩区韧性剪切带型金矿床等进行了专题研究。

(6)1989—1991年,新疆地矿局第六地质大队、第一地质大队和物化探大队共同完成了"新疆吐哈盆地南缘1:20万成矿预测综合研究"项目,成果反映的地质、物探、化探和科研基础资料,特别是基性—超基性岩的资料较为翔实，以实际资料为基础，在 73 600 km² 范围内，圈定铜镍等矿种的预测区 36 个。

(7)1992—1995 年，中国地质科学研究院地质力学研究所承担完成了"新疆秋格明塔什黄山韧性剪切带形成机制与演化及其成矿作用研究"项目，并编写了研究报告。

(8)1992—1995 年，西安地质学院、成都理工学院、南京地质矿产研究所、中山大学、江西地矿局九一六地质大队等单位完成了国家"三〇五"项目"东天山成矿区成矿地质条件及矿产资源综合评价研究"课题。该课题对东天山金铜等成矿进行了多方面系统研究，对区内火山岩组合、碰撞带花岗岩等进行了较细致的研究，并详细划分了金铜成矿带和成矿亚带。

(9)1992—1995 年，中国地质科学院地质力学研究所承担完成了地矿部科研项目"新疆秋格明塔什-黄山韧性剪切带形成机制和演化及其成矿作用研究"，对区内韧性剪切带与成矿关系有一定论述和新认识。

(10)1993—1994 年，新疆地矿局第一地质大队牵头、新疆地矿局第十一地质大队和新疆地矿局物化探大队协作，完成了新疆吐哈盆地南缘康古尔塔格地区 1:20 万金、铜、铅锌第二轮成矿远景区划。成果反映的地质、物探、化探和科研基础资料翔实，客观丰富，以实际资料为基础划分了 33 个五级成矿区。

(11)1993—1994 年，新疆地矿局地质科技处实施完成了新疆第二轮成矿远景区划研究汇总，编写的《新疆第二轮成矿远景区划研究汇总报告》是当时新疆地质勘查与地质科研最新成果的一次全面总结，反映了当时新疆地质矿产认识新水平。

(12)1996—2000 年，南京大学地球科学系承担完成了国家"三〇五"项目"觉罗塔格晚古生代构造演化与成矿作用"专题，并编写了专题研究报告。

(13)1996—2000 年，西安地质学院、中国地质科学院矿床研究所、成都理工学院等单位承担完成了国家"三〇五"项目"觉罗塔格金铜铁成矿带成矿系列分布规律与矿床定位预测"专题，重点研究了小热泉子铜矿、小铺铜矿、西滩（石英滩）金矿、康西金矿、白干湖金矿、大南湖南铜矿化带等金铜矿成矿特征和相应的基础地质问题。

(14)1997—2002 年，新疆地矿局第一地质大队实施完成了新疆哈密市土屋-延东以铜为主的资源调查评价。在评价土屋铜矿的过程中，新发现延东铜矿（1998 年）和维权银矿（2000 年），并进行了评价，提交大型铜矿 2 处（土屋、延东）、中型铜矿（土屋东）1 处、中型银矿（维权）1 处，实现了铜矿找矿重大突破、银矿找矿突破。

(15)1999—2001 年，长安大学与西安地质矿产研究所合作，完成了东天山地区火山-岩浆作用研究，详细研究了本区火山岩地层和侵入岩体的分区分带展布特征，探讨了本区火山岩-侵入岩与金铜成矿的密切关系，详细研究了区内与中基性—中酸性火山岩和侵入岩有关的金、铜（钼、镍）矿化类型，划分了成矿亚带和成矿靶区。

(16)1999—2001 年，北京矿产地质研究所联合西安地质矿产研究所、天津地质矿产研究所，完成了东天山地区构造演化与成矿地质背景研究，研究了东天山前寒武纪基底岩系的分布、组成和构造属性，初步建立了东天山地区古生代构造演化成矿格架，初步查明土屋-延东大型斑岩铜矿的成矿地质环境为成熟岛弧带，厘定黄山铜镍矿带镁铁岩时代为早二叠世，系造山期后地幔上侵产物，划分了 9 处成矿远景区。

(17)2000—2001 年，中国地质科学院地质研究所李锦轶研究员等承担的国土资源大调查项目"东天山大地构造格架研究"，采用现代地学新的研究方法和测试手段，对东天山地质构造发展演化历史进行了研究。

(18)2001—2002 年，新疆地矿局物化探大队承担完成了新疆东天山铜矿带 1:5 万电法快速普查示范项目。

(19)2001—2002 年，新疆地质调查院与中国地质科学院廊坊物化探研究所，完成了新疆东天山地区地球化学勘查技术及资源潜力评价方法研究。

(20)2001—2002年,由新疆地质调查院承揽、新疆地矿局第一地质大队具体实施的新疆东天山彩霞山—金滩一带靶区优选及资源潜力评价项目,在阿其克库都克断裂南缘的中天山地块中,发现了彩霞山大型铅锌矿,实现了调查区乃至整个东天山地区铅锌矿找矿重大突破。

(21)2002—2005年,新疆地矿局第一地质大队实施"新疆鄯善县百灵山—多头山一带铜多金属资源评价"项目,完成了对彩霞山铅锌矿的初步评价,估算了资源量,提交大型铅锌矿产地1处。

(22)2002—2005年,中国地质科学院地球物理地球化学勘查研究所在本次研究区西部开展了"东天山西段铜矿找矿靶区评价及大型矿床定位预测",在色尔特能地区发现了与镁铁—超镁铁岩有关的铜镍矿化,显示良好找矿前景。

(23)2002—2005年,新疆地质调查院联合中国地质大学(北京),完成了东天山中段铜矿找矿靶区评价及大型矿床定位预测,分析了东天山中段古生代构造动力学体制;以构造动力学体制为基础,对东天山中段铜金成矿系统进行了系统分析;对新发现的东天山自然铜矿带进行了系统分析和研究;利用"物质场-能量场-空间场"综合成矿预测方法进行了区域成矿预测;利用ETM遥感图像提取综合蚀变信息技术、成矿流体示踪技术及物化探方法进行了靶区快速评价。

(24)2007—2012年,新疆地矿局组织实施的新疆维吾尔自治区矿产资源潜力评价,完成了全疆煤炭、铁、铝土矿、铜、铅、锌、金、钨、锑、稀土、钾盐、磷、锰、铬、钼、银、镍、锡、锂、硼、硫、萤石、菱镁矿、重晶石矿种成矿地质背景、物探、化探、遥感、自然重砂、成矿规律、矿产预测等研究及各类专业系列编图、数据库建设;采用综合信息网格单元法、综合信息地质单元法及单项信息法圈定铁铜等23个矿种(不含煤矿)2394处找矿靶区,其中A类446处,B类768处,C类1180处;采用体积法对新疆全区铁、铜等24个矿种预测资源总量进行了估算,基本摸清了这些矿种的资源家底,是新疆有史以来基础地质调查、固体矿产评价及地质科学研究等成果的集大成者,资料极其丰富。

(25)2010—2012年,由中国地质大学(武汉)牵头,新疆地质调查院、内蒙古自治区地质调查院、福建省地质调查研究院参与完成的覆盖区矿产综合预测与示范验证项目,设置的6个课题中有覆盖区矿产综合预测技术方法研究、覆盖区物化遥与非线性信息提取、覆盖区数据模型与技术支撑和天山戈壁沙漠覆盖区矿产综合预测示范与验证4个课题涉及本次研究区。项目聚焦覆盖区矿产预测科学问题,开展了覆盖类型分区、覆盖层地球化学性质和覆盖区矿产综合预测示范研究,探索了覆盖区矿产综合预测有效方法组合与技术流程,建立了覆盖区矿产预测数据模型,研发了计算机辅助编图软件,提出了勘查工作部署建议。

(26)2013—2014年,新疆地矿局第一区域地质调查大队,实施完成了新疆哈密市白鑫滩铜镍矿普查,提交中型铜镍矿产地1处。

(27)2014—2016年,新疆地质调查院实施完成了新疆鄯善县阿奇山铅锌矿普查,提交大型铅锌矿产地1处。

(28)2014—2016年,新疆地质调查院实施完成了新疆东天山成矿带中段1∶5万区域地质综合调查,通过开展东天山成矿带中段空白区1∶5万化探和重要异常区专项地质测量,相继发现了彩珠铜矿(玄武岩中的自然铜、赤铜矿、辉铜矿组合)、盐滩铜矿(构造破碎带中以自然铜为主的富铜矿)、铁岭铜钼矿(花岗岩中与石英脉密切相关)、同成铅矿(铅黝帘石)、城南铅锌矿(矽卡岩型)、碱泉沟铅锌矿(矽卡岩型)、黑包山锌矿(花岗斑岩边部的凝灰岩中)、斑岩岭银铜矿(含硫化物强蚀变硅质岩中的角银矿)和玉林铜矿化点(斑状花岗岩边部的矽卡岩)、紫脊锰矿化点(脉状软锰矿)及木马山、十里坡西、十里坡东、十里坡北、黄草滩、黄草滩西自然铜矿化点,找矿效果显著,找矿成果丰硕。

(29)2015—2020年,新疆地质调查院实施新疆鄯善县恰特卡尔地区铜镍矿调查评价,在路北铜镍矿实施了钻探,估算了铜镍资源量,提交中型铜镍矿产地1处;同时在路北铜镍矿北部约1km处,新发现云海铜镍矿。

(30)2019—2021年,新疆地矿局第一区域地质调查大队实施了新疆鄯善县南湖戈壁一带铜金矿调查评价,认为该区具有形成大型以上的斑岩型铜钼矿成矿远景。

第二章　区域成矿地质背景

第一节　区域构造背景

研究区处于中亚造山带（Windley et al.，2007；Xiao et al.，2013）中段南缘，图瓦-蒙古山弯构造南翼（图 2-1）。伴随着夹持于西伯利亚与东欧、华北和塔里木克拉通之间古亚洲洋的消亡，中亚造山带成为显生宙以来陆壳增生与改造最显著的造山带（Sengör et al.，1993；Jahn et al.，2000；Kovalenko et al.，2004；Xiao et al.，2004，2008，2009，2010，2013，2014；Safonova et al.，2008；Gao et al.，2011；Alexeiev et al.，2019），由一系列洋内弧、岛弧、洋岛海山、蛇绿岩套残片和少量陆块侧向增生形成（Buslov et al.，2004；Kröner et al.，2007；Windley et al.，2007；Xiao et al.，2008；Chen et al.，2010；Yang et al.，2017；Harald and Inna，2019）。

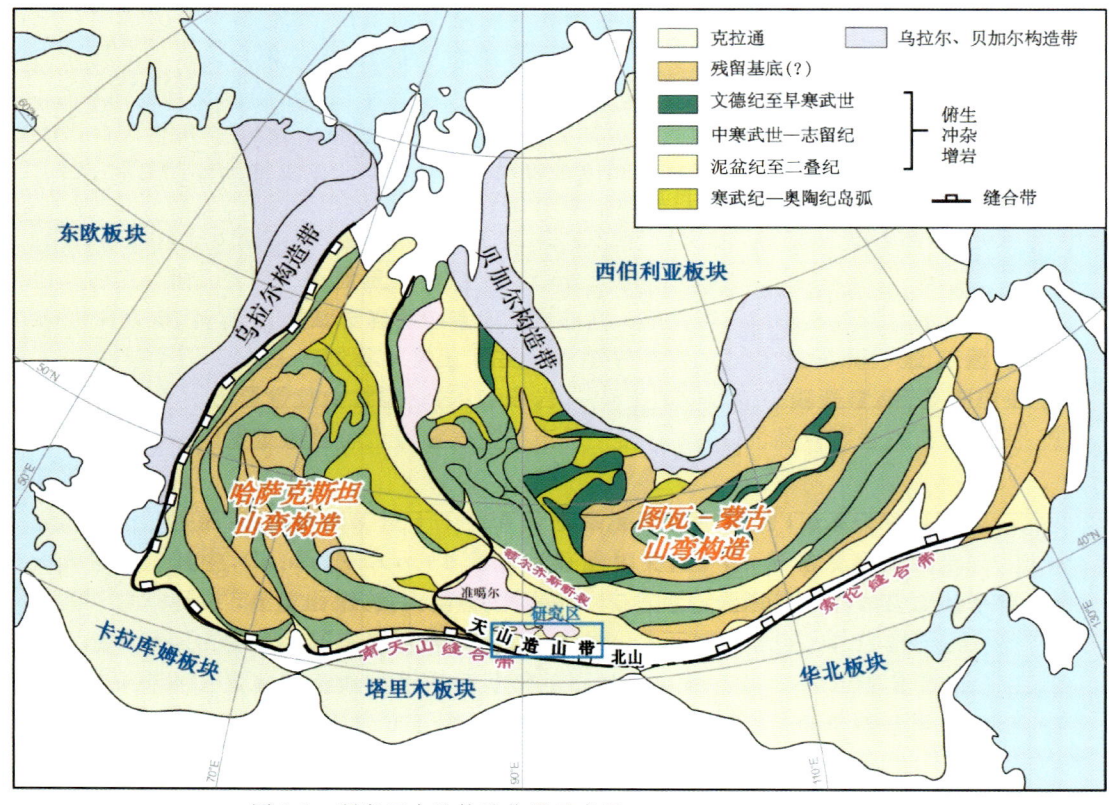

图 2-1　研究区大地构造位置示意图（据 Xiao et al.，2015 修改）

天山造山带位于中亚造山带的南西段,是中亚造山带重要组成部分,总体上东西向延伸,在新疆是一条东西长1500km的巨大山链,由准噶尔地块、塔里木板块与其间的伊犁地块和中天山岩浆弧之间长期相互作用形成的增生造山带(Gao et al.,1998;Shu et al.,2004;Kröner et al.,2007;Wang et al.,2007),记录了古亚洲洋的复杂演化历史(Sengör et al.,1996;Xiao et al.,2003;Charvet et al.,2011;Han et al.,2011),以发育广泛分布的显生宙年轻大陆地壳和具有前寒武纪结晶基底的地块为特点(Windley et al.,2007;Xiao et al.,2013;Degtyarev et al.,2017;Huang et al.,2019)。在我国新疆境内,天山造山带大体以东经88°(乌鲁木齐至库尔勒一线)为界,分为东天山和西天山(Mao et al.,2005;李锦轶等,2006)。东天山位于南天山-索伦结合带的中西部,是破解中亚造山带南缘地壳增生与生长的关键地区(Xiao et al.,2004,2010)。

根据《新疆维吾尔自治区区域地质志》(2021)最新成果,研究区位于天山-兴蒙造山系,横跨阿尔泰-东准噶尔增生造山带、科克森套-康古尔结合带、哈萨克斯坦-伊犁地块3个二级大地构造单元(图2-2a);在石炭纪,研究区及邻区为多岛洋的古地理格局(图2-2b),类似现今的西南太平洋地区。基于全疆"三系两带一块"的大地构造新格局,根据东天山地质体的时空分布及构造属性特征,我们认为康古尔-苦水蛇绿混杂岩所代表的北天山洋的俯冲消减及随后的弧-弧碰撞控制了东天山增生造山过程及其成矿作用。研究区自北向南可进一步分为小热泉子-大南湖古生代残留弧、康古尔-苦水蛇绿混杂岩带、阿奇山-雅满苏弧前盆地、中天山复合岛弧带等次级构造单元,呈现出"一带、两弧、一盆地"的构造格架,详见表2-1,图2-2c所示。

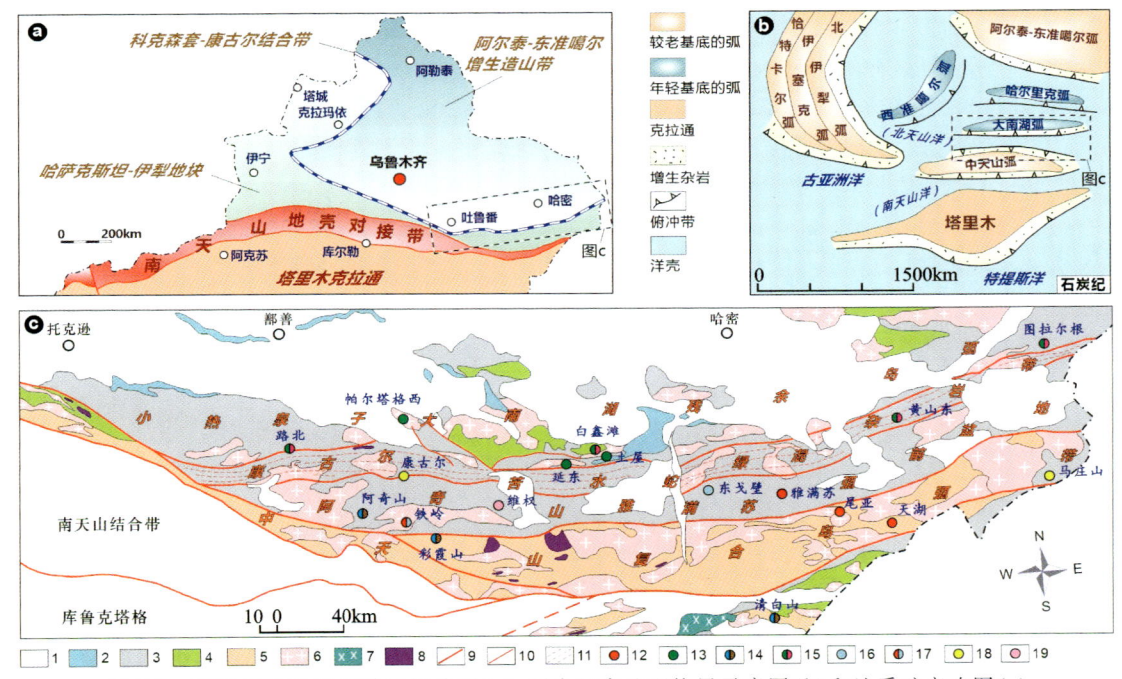

图2-2 研究区二级构造单元划分图(a)、石炭纪古地理格局示意图(b)和地质矿产略图(c)

1.新生界;2.中生界;3.上古生界;4.下古生界;5.前寒武系;6.中酸性侵入岩;7.基性侵入岩;8.超基性岩;9.区域断裂;10.一般性断裂;11.韧性剪切带;12.铁矿;13.铜矿;14.铅锌矿;15.铜镍矿;16.钼矿;17.铁钼矿;18.金矿;19.银矿

表2-1 研究区大地构造单元分区表

一级构造单元	二级构造单元	三级构造单元	四级构造单元
天山-兴蒙造山系	阿尔泰-东准噶尔增生造山带	北天山古生代造山带	小热泉子-大南湖古生代残留弧
	科克森套-康古尔结合带		康古尔-苦水蛇绿混杂岩带
	哈萨克斯坦-伊犁地块	伊宁-中天山地块	阿奇山-雅满苏弧前盆地
			中天山复合岛弧

一、小热泉子-大南湖古生代残留弧

该构造带位于康古尔塔格断裂北侧，形成于康古尔洋的北向俯冲（Xiao et al.，2004；侯广顺等，2005；唐俊华等，2006；Xiao et al.，2013）。在中东部的卡拉塔格至大南湖一带，主要包括奥陶纪、泥盆纪—石炭纪的火山岩，志留纪—二叠纪的侵入岩、火山碎屑岩和由浊积岩、玄武岩、硅质岩以及超基性岩组成的增生复合体（Xiao et al.，2004，2013）。带内主要发育志留纪、泥盆纪、石炭纪、二叠纪侵入岩（陈富文等，2005；李少贞等，2006；李文铅等，2006；Wang et al.，2014a；王银宏等，2014；夏芳等，2012）。志留纪—石炭纪的侵入岩形成于与岛弧有关构造环境（陈富文等，2005；Wang et al.，2014a），二叠纪侵入岩形成于造山后的陆内伸展（Wang, et al.，2014a）。该带大量的斑岩型铜、钼矿床（Han et al.，2014b；Zeng et al.，2015）亦形成于古生代与岛弧有关的构造环境，并且亏损地幔源区为硫化物矿床提供了物质来源（毛启贵等，2010）。在西部的小热泉子一带，主要以石炭纪火山岩、火山碎屑岩为主，伴随有少量石炭纪—二叠纪侵入岩，恰特卡尔地区发育二叠纪火山机构。

吐哈盆地南缘自北向南存在奥陶纪—志留纪、泥盆纪、石炭纪活动陆缘残片，这些不同时代岩浆岩的时空分布揭示出该区弧岩浆前锋带的演化具有逐步向南迁移的特点（李锦轶等，2006），说明康古尔洋盆存在由南向北的俯冲。出露于大草滩断裂以北的彩霞山、土屋铜矿北和卡拉塔格地区的中—上志留统荒草坡群大柳沟组火山岩主要为基性、中酸性熔岩及火山碎屑岩组合。其中安山岩和英安岩的LA-ICP-MS锆石U-Pb年龄分别为（434.8±3.8）Ma和（438.4±4.9）Ma（李玮等，2016），且早志留世安山岩具有高Mg、低K、贫稀土等亏损源区的特征。李玮等（2016）认为高镁安山岩可能形成于洋内弧环境，表明东天山吐哈盆地南缘卡拉塔格地区在早古生代已经存在古亚洲洋的俯冲。该构造带火山岩以大草滩断裂带为界，北侧为志留纪—泥盆纪岛弧带（李锦轶等，2006；李文铅等，2006；田纹全等，2005；Xiao et al.，2012；张兴龙等，2004），南侧为石炭纪岛弧带（王强等，2006），位于大草滩断裂南侧的石炭系企鹅山群火山岩为岛弧拉斑玄武岩系列（侯广顺等，2005；张洪瑞等，2010；王银宏等，2014）。该地区早志留世—泥盆纪火山岩为吐哈盆地南缘的岛弧环境（Xiao et al.，2012；李锦轶等，2006；李文铅等，2006；田纹全等，2005；张兴龙等，2004）。吐哈盆地南缘火山岩岛弧带在时空分布上具有从北向南时代依次变新的趋势，火山岩组合由以中酸性火山岩为主的钙碱性系列向以基性火山岩为主的拉斑玄武岩系列过渡，可作为不同时代岛弧向南依次增生（李锦轶等，2006；Xiao et al.，2012）和古亚洲洋岩石圈向北俯冲的极性，古亚洲洋在早古生代（O_3-S）已经开始向北俯冲，不同时代的岛弧带依次向南增生，局部或因俯冲板片后撤、回卷形成残余弧。

二、康古尔-苦水蛇绿混杂岩带

该构造带位于近东西向的康古尔塔格断裂与雅满苏断裂之间，是一个长约600km、宽5～25km的增生杂岩带，以右旋走滑韧性岩为主（Wang et al.，2014a）。地表残留的洋壳残片主要分布在色尔特能、恰特尕力、康南、苦水等地（李文铅等，2005，2008；郭新成等，2008），主要出露岩石岩性有蛇纹岩、辉长岩、斜长花岗岩、玄武岩、红色放射虫硅质岩和复理石，其中硅质岩中产晚志留世—早石炭世 *Stylosphaera*(?)放射虫化石（李锦轶，2004）；康南蛇绿岩中的斜长花岗岩锆石U-Pb年龄为329～308Ma（姬金生，1994），变质辉长岩SHRIMP锆石U-Pb年龄为约494Ma（李文铅，2008），岩屑砂岩SHRIMP碎屑锆石U-Pb年龄为330Ma（刘崴国等，2016）。以上数据表明康古尔洋盆至少存在于寒武纪至石炭纪（Zhang et al.，2018c）。蛇绿岩中不同岩性的块体混杂在石炭纪火山岩和沉积岩中（Xiao et al.，2004），这些岩石强烈变形和变质，转变成黑色的片岩和变质砾岩（Zhang, et al.，2014）。色尔特能-康南蛇绿岩堆晶岩相为橄榄岩-辉橄岩组合；岩石稀土元素、微量元素配分型式均具MORB型特征，为洋中脊产物。

该构造带在东部苦水一带呈狭长带状夹持于苦水断裂与雅满苏断裂之间，总体呈北东东—近东西向展布。以不同期次的多级主干断裂为骨架构造，以陆架边缘细复理石碎屑岩为剪切基质，其间夹带状、透镜状等大小不等、形态各异、岩石类型多样的外来岩块（岛弧玄武岩块、河湖相砾岩）、洋壳残片（远洋硅质岩块、拉斑玄武岩、深水碳酸盐岩等）和混杂砾岩等，构成以叠瓦推覆构造为界线，由强烈变形的剪切基质夹杂大量不同时代和不同物源的构造岩块、岩片等大小混杂并经历强烈构造变形改造而沿主构造线方向平行化，组成交织网结状构造混杂岩带（王华星等，2009）。蒋宇翔等（2019）获得其中辉长岩的 LA-ICP-MS 锆石 U-Pb 年龄为 (336.3±2.3) Ma，且通过对混杂带中蚀变辉绿岩、玄武岩的主微量元素的分析，发现轻稀土（LREE）富集，重稀土 Yb、Lu 亏损，$(La/Sm)_N$ 值为 0.79～0.92，$(La/Yb)_N$ 值为 1.45～1.73，具有洋中脊玄武岩的特征，在 Ti-Zr 图解判别中，为洋中脊玄武岩（MORB），所以认为其形成于洋中脊环境，且与康古尔蛇绿岩所代表的洋盆为同一个古洋盆发展的产物。

另外，从古生物群落分布上看，康古尔-苦水蛇绿混杂岩带为重要的古地理分区界线。区域上，以艾比湖—康古尔—居延海—西拉木仑为界，北面属于冷水动物群和安加拉植物群的西伯利亚生物区系，南面属于暖水动物群和华夏植物群的古特提斯生物区系。

因此，我们认为康古尔塔格构造带前身的古洋盆是一个颇具规模的大洋盆地（李锦轶等，2002），可能代表了新疆东部发育时间最长的大洋（$O-C_1$）（李锦轶等，2002），是古亚洲大洋的一部分（周济元等，1994；毛景文等，2002；赵同阳等，2021）。

三、阿奇山-雅满苏弧前盆地

阿奇山-雅满苏弧前盆地位于康古尔-苦水蛇绿混杂岩带南侧，以出露石炭纪—二叠纪火山岩、火山碎屑岩，含少量灰岩为特征（Xiao et al.，2004；Hou et al.，2014）。在阿奇山-雅满苏带，从 350～300 Ma 中性—酸性岩石的平均 Sr/Y 值有微弱的上升趋势（特别是中性岩石从 330～300 Ma 上升趋势明显），且在 300 Ma 达到极大值，说明在 350～300 Ma 之间康古尔洋向伊犁-中天山地块下俯冲，地壳发生明显的生长作用，同时伴随着阿奇山-雅满苏弧前盆地的扩张（350～320 Ma）及反转（320～300 Ma）（Zhao et al.，2019）。结合广泛分布的早石炭世弧岩浆岩，我们认为早石炭世阿奇山-雅满苏带为俯冲背景。如：雅满苏组钙碱性火山岩的锆石 U-Pb 年龄为 (348±2) Ma、(336±2) Ma、(334±3) Ma（Luo et al.，2016）；西凤山、石英滩的花岗岩以及长条山的闪长斑岩锆石 U-Pb 年龄分别为 (349±3) Ma、(342±11) Ma、(338±3) Ma（周涛发等，2010）；红云滩花岗闪长岩的锆石 U-Pb 年龄为 (329±9) Ma（吴昌志等，2006）；阿奇山-雅满苏带内花岗闪长岩、钠长斑岩、闪长岩的锆石 U-Pb 年龄分别为 (336±3) Ma、(333±3) Ma、(335±2) Ma（Du et al.，2018）。所有早石炭世岩浆岩均被认为形成于与弧相关的构造环境。

关于阿奇山-雅满苏火山盆地的属性，一部分学者认为它为大陆弧（Long et al.，2020），一部分学者认为阿奇山-雅满苏带形成于弧前盆地环境（Han et al.，2019；Zhao et al.，2019），另一部分学者认为它形成于岛弧向弧后盆地演变的环境（Luo et al.，2016；Jiang et al.，2017）。我们认为是弧前盆地的主要证据有：①阿奇山-雅满苏带位于北侧的康古尔蛇绿混杂带与南侧的中天山地块之间；②阿奇山-雅满苏带碎屑岩的物源区包括中天山地块，雅满苏组长英质岩石中继承锆石的年龄峰值（约 900 Ma、约 1400 Ma）与中天山地块的成岩年龄峰值一致，说明了雅满苏带发育在中天山地块北缘基质之上，同时也与雅满苏组火山岩具有大陆弧的地球化学特征一致（侯广顺等，2006）；③康古尔洋向南俯冲到中天山地块之下（Han et al.，2019）。因此，我们认为阿奇山-雅满苏石炭纪火山-沉积岩系形成于康古尔洋向南俯冲至中天山地块过程中的弧前盆地环境。

四、中天山复合岛弧带

中天山复合岛弧带发育绿片岩-角闪岩相前寒武纪变质结晶基底(舒良树等,2003;Xiao et al.,2004,2012;Li et al.,2016),其上被前寒武纪14.58~7.30Ga的变质沉积岩(碎屑岩、灰岩、石英岩)覆盖(李铨等,2002;Liu et al.,2004;胡霭琴等,2006,2010;施文翔等,2010;彭明兴等,2012;Lei et al.,2013;He et al.,2014,2015;Huang et al.,2014,2015;Wang et al.,2014a),且该套地层被寒武纪—二叠纪灰岩、砂岩、硅质岩、页岩、大理岩覆盖(新疆地矿局,1993;Xiao et al.,2004)。另外,该地块广泛发育奥陶纪—石炭纪岩浆作用(孙桂华等,2006;郭召杰等,2007;胡霭琴等,2007;刘四海等,2008;贺振宇等,2012;Li et al.,2016)。关于中天山地块构造亲缘性问题,有亲伊犁地块(Huang et al.,2015)、亲塔里木地块(马绪宣,2014;He et al.,2018)等不同认识。中天山复合深成岩浆弧形成十分复杂,它与中天山南、北两条古生代洋盆相对俯冲消减有关,实为高温低压变质带。

在中天山东段卡瓦布拉克—碱泉—星星峡一带也出露大量前寒武纪变质岩石,主要由天湖岩群、星星峡岩群、卡瓦布拉克岩群组成,主要岩石类型为混合岩、片麻岩和碎屑岩。根据已发表的资料,基底岩石形成于4个时期:①最老的变质岩年龄,中天山地区正片麻岩锆石U-Pb上交点年龄为$(2466±51)$Ma,下交点$^{207}Pb/^{206}Pb$加权年龄为$(1812±19)$Ma(Wang et al.,2014d),认为分别代表原岩结晶年龄和随后的变质叠加改造年龄;②发育中古生代1380~1356Ma岩浆活动,在吉尔吉斯北天山地区获得两个流纹岩LA-ICP-MS锆石U-Pb年龄分别为$(1365±6)$Ma、$(1373±5)$Ma(Kröner et al.,2013),在境外Karakujur地区获得长英质火山岩TIMS锆石U-Pb年龄为$(1380±20)$Ma(Kiselev et al.,1993),约1.3Ga的长英质火山活动具有不确定的构造意义,但可能反映了裂陷作用;③在吉尔吉斯北部天山南部的结晶杂岩体中发现了1186~1101Ma的年龄(Kröner et al.,2013),并发育两期岩浆事件,时代分别为约1.1Ga和约1.2Ga,较年轻的一次以1150~1050Ma的大量花岗类岩浆活动为特征,并与变形变质作用有关;中元古代花岗岩类的地球化学特征以及Nd和Hf同位素表明其来源于模式年龄为2.4~1.2Ga的古老大陆地壳的熔融(Kröner et al.,2013);④广泛分布的新元古代969~722Ma的岩浆活动。另外,古生代(400~321Ma)的侵入岩,除高钾钙碱性系列花岗岩属后碰撞岩浆杂岩亚相外,多为岩浆弧花岗岩。综上所述,我们认为中天山为一个具有多期次岩浆活动的复合大陆弧。

第二节　区域地层

研究区主要岩石地层单位自下而上出露有:冬瓜岭岩组($Ar_3d.$)、天湖岩群($Pt_1^2T.$)、星星峡岩群($Pt_2^1X.$)、卡瓦布拉克岩群($Pt_2^2K.$)、恰干布拉克组($O_{1-2}q$)、大柳沟组($O_{2-3}d$)、红柳峡组($S_{2-3}h$)、大南湖组(D_1d)、头苏泉组(D_2ts)、康古尔塔格组(D_3kg)、小热泉子组(C_1x)、底坎儿组(C_2d)、脐山组(C_2qs)、干墩组(C_1gd)、梧桐窝子组(C_2wt)、阿奇山组(C_1aq)、雅满苏组(C_1y)、土古土布拉克组(C_2tgt)、红柳园组(C_1hl)、阿尔巴萨依组(P_1ae)、阿其克布拉克组(P_2aq)、库莱组(P_3kl)、水西沟群($J_{1-2}S$)、吐谷鲁群(K_1T)及新生界(表2-2)。

一、前寒武系

研究区前寒武系主要出露于中天山复合岛弧带,作为岩浆弧的变质基底,变质变形程度强烈,主体呈岩块状、条带状展布于阿其克库都克断裂与卡瓦布拉克断裂之间。

表 2-2 研究区岩石地层单位划分表

地质年代	火山-沉积事件			
	小热泉子-大南湖区	康古尔-苦水区	阿奇山-雅满苏区	中天山区
新生代	新生界			
白垩纪	吐谷鲁群			
早中侏罗世	水西沟群			
晚二叠世			库莱组	
中二叠世	阿其克布拉克组			
早二叠世	阿尔巴萨依组			
晚石炭世	脐山组	梧桐窝子组	土古土布拉克组	
	底坎儿组			
早石炭世	小热泉子组	干墩组	雅满苏组	红柳园组
			阿奇山组	
晚泥盆世	康古尔塔格组			
中泥盆世	头苏泉组			
早泥盆世	大南湖组			
中晚志留世	红柳峡组			
中晚奥陶世	大柳沟组			
早中奥陶世	恰干布拉克组			
中元古代				卡瓦布拉克岩群
				星星峡岩群
古元古代				天湖岩群
新太古代				冬瓜岭岩组

整合　　不整合　　断层　　未接触

1. 冬瓜岭岩组（$Ar_3d.$）

冬瓜岭岩组仅在尾亚以西的冬瓜岭一带呈东西向纺锤状出露，东西长约16km，南北宽0.5～7km，出露面积约46km²，向东被尾亚岩体吞蚀，向西尖灭。与上覆天湖岩群及卡瓦布拉克岩群均为断层接触。

冬瓜岭岩组为一套深变质岩系，以结晶片岩为主，片理、片麻理等面理发育，岩石常被风化呈片状，形成丘陵地貌。岩性主要为云母石英片岩、斜长石英片岩、夕线石片岩及斜长角闪片岩,除此之外还有片麻岩及麻粒岩。麻粒岩主要呈包体形式赋存于亚西岭片麻岩中,呈带状或长条状近东西向展布,最长约1.3km,最宽约120m,一般长为500m,宽50~80m,岩性为灰绿色堇青石斜方辉石麻粒岩、灰色二辉麻粒岩、深灰紫色堇青石黑云母紫苏麻粒岩、深灰色角闪石化堇青石黑云母紫苏麻粒岩、浅色麻粒岩等,还有深灰色镁橄榄岩-浅色石英岩。原岩建造为火山-沉积碎屑岩建造。冬瓜岭岩组变质相为角闪岩相—麻粒岩相,以麻粒岩相为主,经过了多期次变质。岩石经历了多期次变形,现在的构造面理(S_n)已彻底代替了前面几期面理(S_1—S_{n-1})。原始层理(S_0)已彻底改造置换,荡然无存,片理、片麻理中残留有前期片褶的N型、W型、无根褶皱。

2. 天湖岩群($Pt_1T.$)

天湖岩群分布于阿拉塔格-图兹雷克-尖山子断裂以南,沙垄铁矿——天湖铁矿一带,呈近东西向带状分布,向东延入甘肃境内。大面积出露于盐池岩体至天湖铁矿,断续延伸近200km。局部被后期岩体侵入,与上覆地层均为断层接触,局部被下二叠统不整合覆盖。

天湖岩群根据岩性组合特征又划为a、b、c三个岩组。a岩组以片麻岩、片岩、变粒岩为主,b岩组以斜长角闪岩、变粒岩、浅粒岩为主,c岩组以大理岩、石英岩为主。其中,a岩组为一套中深变质岩系,岩石组合为片岩、片麻岩、石英岩、变粒岩、浅粒岩、大理岩、斜长角闪岩,片岩主要为云母石英片岩、斜长片岩、透辉透闪片岩、夕线石片岩等,片麻岩主要为黑云斜长片麻岩、二长片麻岩;石英岩主要为云母石英岩、长石石英岩;变粒岩主要为黑云斜长变粒岩、二长变粒岩;浅粒岩为二长浅粒岩,大理岩主要为白云石大理岩、蛇纹石大理岩、橄榄石大理岩等。原岩建造为火山-沉积建造。岩石经过了多期变质变形改造和再造,原始层理已经消失殆尽,不能恢复层序,为一套层状无序地层。b岩组以含有较多的斜长角闪岩类为特征,同时还有片麻岩、片岩、变粒岩、石英岩、大理岩等,斜长角闪岩类岩性有斜长角闪岩、斜长角闪片岩、斜长角闪片麻岩、阳起石片岩、透闪石岩等,片麻岩岩性为黑云斜长片麻岩、黑云二长片麻岩、角闪斜长片麻岩、石榴黑云斜长片麻岩等;片岩类岩性为黑云斜长片岩、二云石英片岩、二云片岩、黑云片岩等;变粒岩岩性为黑云斜长变粒岩、二长变粒岩、浅粒岩等;石英岩类岩石类型为透闪石石英岩、黑云石英岩;大理岩岩性为石英大理岩、透辉石钾长大理岩、白云石大理岩等。原岩建造为沉积-火山岩建造。天湖岩群b岩组为经过了多期变质变形的中深变质岩系,岩石原始层理(S_0)也无保存,现表现为片理、片麻理,且已被I型置换平行化,仅局部残留有无根褶皱,为一套层状无序地层。c岩组以大理岩为主,主要岩性为大理岩、白云石大理岩、石英大理岩、透闪石大理岩、透辉石大理岩、橄榄石大理岩等,另夹有石英岩、钾长石英岩、斜长石角闪(片)岩、云母石英片岩透辉石英片岩及黑云斜长片麻岩等。原岩建造为碳酸盐岩夹碎屑岩建造。总体为角闪岩相变质,变质作用为中高温变质作用。

3. 星星峡岩群($Pt_2^1X.$)

星星峡岩群广泛分布于星星峡、尖山子至卡瓦布拉克一线,呈近东西向展布,向东延入甘肃境内,向西延出研究区,断续分布长达500km,呈带状展布;受后期断裂构造及侵入岩浆活动影响,多呈残留断块状出露,视厚5819m;与下伏天湖岩群、上覆蓟县系卡瓦布拉克岩群均呈断层接触;为一套低角闪岩相至角闪岩相的变质岩。由于星星峡岩群分布范围广,各地区的岩石组合、变质程度和厚度,在趋同的情况下,也呈现地区性差异。在研究区东部的星星峡地区,该岩群下部为混合岩夹片麻岩、大理岩,上部为大理岩、白云质大理岩、片岩、混合岩,出露厚度2462m。在研究区中部的雅满苏镇及玉山铁矿以南地区,主要为变质英安斑岩、霏细斑岩、凝灰砂岩、变粒岩、混合岩、斜长角闪岩等。在研究区西部的库米什以北地区,下部为大理岩、片岩、石英岩、片麻岩等,上部为片麻岩、混合岩、片岩等,出露厚度4003m。

4. 卡瓦布拉克岩群($Pt_2^2K.$)

卡瓦布拉克岩群分布范围与星星峡岩群大致相同。卡瓦布拉克岩群为一套变质碳酸盐岩,以大理岩为主夹变质碎屑岩。大理岩岩性为灰白色大理岩、灰白色白云石大理岩、黄色白云石大理岩、微晶大理岩、微晶白云石大理岩。变质碎屑岩岩性为变质粉砂岩、绢云母石英片岩、绢云母片岩、凝灰质变质细砂岩等。当被岩体侵入时常形成角岩、矽卡岩。岩石已经发生浅变质，但变形较强，无根褶皱发育，并常见石香肠、布丁构造、剑鞘褶皱等，为一套无序地层。韧性变形较强烈，S_{n+1}面理与S_0层理近平行，受构造等影响，岩石片理化极其发育，局部发育糜棱岩化。

二、下古生界

研究区下古生界主要分布在大草滩断裂以北的卡拉塔格地区，构造上属于小热泉子-大南湖古生代残留弧带，主要由恰干布拉克组（$O_{1-2}q$）、大柳沟组（$O_{2-3}d$）、红柳峡组（$S_{2-3}h$）等组成。

1. 恰干布拉克组（$O_{1-2}q$）

恰干布拉克组主要为一套海相火山岩、碎屑岩建造，下部以碎屑岩为主夹火山岩；中部以火山岩为主夹少量碎屑岩；上部为碎屑岩与火山岩间互沉积。恰干布拉克组海相火山岩以喷溢相为主，爆发相次之，岩石组合为玄武岩、安山岩、英安岩组合，以安山岩最发育。该组火山岩属亚碱系列火山岩，岩石化学显示富钠贫钾的特征。稀土配分特点表明该组玄武岩具活动大陆边缘和由地幔熔融的原始岩浆经高度分异形成的特点。上述特征表明该组火山岩形成于岛弧环境。

2. 大柳沟组（$O_{2-3}d$）

大柳沟组主要为一套浅变质的海相火山碎屑岩、火山熔岩及陆源碎屑岩组合，主要岩性为灰绿色变凝灰质细砂岩、变凝灰质含砾砂岩、绿帘绿泥变中细粒长石砂岩、浅黄绿色变细粒长石石英砂岩、灰绿色变中粗粒砂岩、灰绿色—紫红色粉砂质泥板岩、泥质粉砂质板岩、黏土板岩、粉砂质板岩、紫红色—灰绿色变硅质粉砂岩、紫红色蚀变安山质角砾岩、灰色蚀变安山岩、灰色蚀变玄武岩、灰绿色—紫红色蚀变安山玢岩。

3. 红柳峡组（$S_{2-3}h$）

红柳峡组主要分布于康古尔塔格至海豹滩一带，呈近东西向断续出露，最宽处约10km，东西断续延伸约60km，出露形态受后期断裂构造及侵入岩浆活动控制，部分被第四系覆盖。与大柳沟组呈不整合接触或断层接触，与中泥盆统头苏泉组为断层接触。红柳峡组为一套海相火山碎屑岩夹火山碎屑沉积岩建造。根据岩组合特征自下而上分为5个岩性段：第一段为砾岩，第二段为凝灰岩夹凝灰质粉砂岩、凝灰质长石岩屑砂岩，第三段为酸性凝灰岩，第四段为凝灰质长石岩屑砂岩、凝灰质粉砂岩夹凝灰岩，第五段为凝灰岩夹凝灰质长石岩屑细砂岩。

三、上古生界

研究区上古生界广泛分布于北部的小热泉子-大南湖古生代残留弧、康古尔-苦水蛇绿混杂岩、阿奇山-雅满苏弧前盆地等构造带内。其中泥盆系主要分布在康古尔塔格断裂以北地区，石炭系—二叠系广泛分布于研究区各构造单元内。

1. 大南湖组（D_1d）

大南湖组分布广泛，西起库卡苏、西地，向东经大加山、哈密西北六道沟、图绍至头苏泉等地，以头苏泉一带发育较全,呈面状展布,最宽处约30km,延伸几千米至数十千米不等,与上覆头苏泉组为整合接触,与石炭系多为断层接触,被侏罗系不整合覆盖,未见底。

大南湖组主体为一套浅海相中基性火山碎屑岩及正常碎屑岩,夹中性火山岩,含较丰富的腕足类及珊瑚、三叶虫。该组地层基本稳定,但岩性相变仍较普遍,出露厚度各地不一,为2270～5822m。大草滩断裂以北地区主体为一套由海相向陆相过渡的中基性火山熔岩、酸性火山碎屑岩建造,中部夹厚层状熔结凝灰岩,少量含火山泥球凝灰岩、长石岩屑砂岩、砾岩等。根据火山喷发韵律及岩石组合特征,共划分5个段:第一段为玄武岩段,第二段为安山岩、火山碎屑岩段,第三段为熔结火山碎屑岩、火山碎屑岩段,第四段为英安质凝灰岩段,第五段为安山岩、玄武岩段。大南湖组头苏泉一带大面积分布,划分了4个亚组:第一亚组以基性—中性火山喷发为主夹少量碎屑岩,岩性组合以基性的喷发岩细碧岩、玄武岩与中性、酸性英安质石英角斑岩夹火山碎屑岩组成韵律为特征;第二亚组火山喷发岩与碎屑岩互层,岩性组合以火山喷发岩系的橄榄拉斑玄武岩、细碧岩、细碧角斑岩、英安质石英角斑岩与火山碎屑岩互层为特征;第三亚组碎屑岩夹硅质岩、杏仁状玄武岩及中性、基性火山碎屑岩,岩性组合以玄武岩、火山碎屑岩与粗、细碎屑岩系互层为特征;第四亚组粗、细碎屑岩夹细碧岩、灰岩等,岩性组合以火山粗、细碎屑岩系夹玄武岩、细碧岩为特征。

2. 头苏泉组（$D_2 ts$）

头苏泉组分布广泛,以头苏泉一带发育较全,南部见于大草滩断裂海豹滩一带,呈不规则面状展布,与下伏大南湖组多为角度不整合接触,与石炭系多为断层接触,被后期侵入岩浆活动破坏严重。岩石主要为硅质-火山碎屑岩建造,乌舍尔麦塔格一带尚见夹中基性火山岩:英安斑岩、安山玢岩、玄武质凝灰岩等以及硅质大理岩,夹燧石条带,含腕足类 *Rhipidomella* sp., *Nymphorhychia* sp., *Praetidae*,以稳定、层状构造、较细颗粒、形态复杂为基本特征。厚度较大,为2619.8～4162.5m,具浅变质。头苏泉组岩石组合甚为复杂,根据火山喷发韵律、碎屑岩特征及其变化规律,大草滩北部一带可划分6个段:第一段为正常沉积碎屑岩夹沉凝灰岩,第二段为斜长流纹质角砾凝灰岩,第三段为火山碎屑岩、长石岩屑砂岩,第四段为中酸性火山岩,第五段为砂质砾岩、中酸性火山碎屑岩,第六段为玄武岩。

3. 康古尔塔格组（$D_3 kg$）

康古尔塔格组主要分布于康古尔塔格—卡拉塔格一带,呈面状展布,出露形态受后期断裂构造及侵入岩浆活动控制,部分被第四系覆盖。与大柳沟组呈断层接触,被二叠系、侏罗系不整合覆盖,未见顶底。本组为一套陆相中酸性火山岩、火山碎屑岩建造,成层性好,以薄—中厚层状为特征,较稳定,含植物化石,岩层主要呈孤立露头和残留体产出。主要岩性为灰色、黄绿色、褐灰色火山灰凝灰岩,晶屑火山灰凝灰岩,含角砾岩屑晶屑凝灰岩,弱熔结凝灰岩,夹褐黄色、褐红色霏细斑岩,流纹斑岩,球泡珍珠岩,英安斑岩,凝灰角砾岩,凝灰砂岩等。火山岩主要产于下部,在上部的凝灰砂岩中产单一的 *Lepidodendropsis* sp. 化石。

4. 小热泉子组（$C_1 x$）

小热泉子组主要分布于觉罗塔格山小热泉子一带,向东延伸至南湖戈壁,向西延伸至托克逊南侧,北部被侏罗系和大面积第四系不整合覆盖,中部被底坎儿组不整合覆盖,南部与康古尔塔格断裂为界,未见底。小热泉子组主要由凝灰岩、角砾凝灰岩、火山角砾岩、杏仁状安山岩、安山岩、英安岩、玄武安山岩、辉石安山岩、玄武岩、凝灰质砂岩、岩屑砂岩、长石岩屑砂岩等组成,表现为一套火山碎屑岩、火山熔岩和正常碎屑岩夹极少量的生物屑灰岩组合。在纵向上,火山地层成层性一般,自下而上构成多个火山喷发韵律,即由爆发—溢流、爆发—溢流—间歇层、爆发—间歇层、溢流—间歇层和单一的爆发相火山碎屑岩,有时火山岩与正常碎屑岩交替出现,多为中酸性—中性—基性正常系列火山活动。在正常沉积岩出露较多地段,多表现为凝灰质砂砾岩—岩屑粗砂岩—细砂岩—生物屑砂屑灰岩的韵律变化。却勒塔格一带实测地质剖面基本上代表了小热泉子组特征,将其划分为3个岩性段。其中第一岩性段为一套火山碎屑岩夹熔岩,第二岩性段为正常碎屑岩夹火山岩,并夹有生物碎屑灰岩,第三岩性段为中基性火山碎屑岩。

5. 底坎儿组(C_2d)

底坎儿组主要分布于觉罗塔格山地区,向东延伸至康古尔塔尔地区,向西延伸至托克逊南侧,北部被下二叠统阿其克布拉克组、侏罗系和大面积第四系不整合覆盖,角度不整合或平行不整合覆盖于下石炭统小热泉子组之上,多被二叠纪中酸性岩体侵入。东西延伸近200km,南北宽数千米至30km不等。底坎尔组为一套陆源碎屑岩夹碳酸盐岩沉积,主要岩性由灰色、暗灰—绿灰色岩屑砂岩、凝灰岩夹灰岩组成,含丰富的动物化石,局部夹凝灰岩、凝灰质粉砂岩和凝灰质砂岩。根据岩性组合特征,可分为3个岩性段。其中,第一段主要由杂色底砾岩、底砂岩、灰色钙质砂岩、黄绿色岩屑砂岩、粉砂岩及灰色含生物屑灰岩组成,为一套陆源碎屑岩-碳酸盐岩沉积建造,超覆不整合在小热泉子组之上;第二段在区内比较稳定,主要为一套黄绿色的中、细粒岩屑砂岩与粉砂岩互层,有时夹灰色钙质砂岩及砂质灰岩;第三段主要为灰—灰绿色、黄绿色粗—细粒岩屑砂岩与粉砂岩互层,多夹砂质灰岩、含砾粗砂岩及砾岩等。底坎尔西南的水泉沟,岩性主要为深灰—黄绿色斜长玢岩质凝灰岩、英安质凝灰岩、凝灰质砂岩、凝灰质粉砂岩,呈互层韵律出现,与下伏小热泉子组为不整合接触,可视厚度1966m。其中在康古尔塔格深大断裂之北的库姆塔格沙垄地区碳酸盐岩中,发现了早石炭世牙形刺和珊瑚化石(冯京等,2007)。

6. 脐山组(C_2qs)

脐山组主要分布于卡拉塔格及库姆塔格沙垄北段地区,呈弧状展布,最宽处约6km,东西延伸约25km。不整合覆于大柳沟组、大南湖组之上,与企鹅山群为断层接触,被二叠系阿尔巴萨依组不整合覆盖。岩性主要为深灰—灰绿色含砾晶屑岩屑凝灰岩、蚀变玄武岩、钙质砂岩、泥质灰岩、砂质灰岩、泥质粉砂岩等,地层可视厚度905.2m。在卡拉塔格一带主要为一套基性—中酸性火山碎屑岩夹中性—基性火山熔岩。库姆塔格沙垄北段一带本组以火山碎屑岩、火山熔岩为主,中间夹少量出露不稳定的正常沉积碎屑岩和碳酸盐岩层,下部为钠长斑岩、安山岩、玄武岩与凝灰岩、角砾凝灰岩互层,上部为火山角砾岩、角砾凝灰岩夹安山岩、玄武岩、英安岩。

7. 干墩组(C_1gd)

干墩组广泛分布于研究区南部康古尔塔格大断裂以南地区,呈近东西向带状展布,东西长约120km,南北宽约8.5km。该岩组与上石炭统梧桐窝子岩组呈断裂接触。干墩组为一套岩屑砂岩、长石岩屑砂岩、粉砂岩夹凝灰岩。岩石经动力变质,有的已为糜棱岩、超糜棱岩、千糜岩。该组下部为灰色、灰褐色砂质千糜岩,绢云千糜岩,片理化沉凝灰岩和玻屑凝灰岩。正常沉积岩和喷发沉积岩在垂向上厚度比例大致相当,凝灰岩的分布和延伸极不稳定,受剪切走滑的影响发生强烈拉伸改造而形成规模不等的透镜体;中部以灰色、灰绿色砂质千糜岩为主,次为片理化、糜棱岩化(含砾)微细粒长石岩屑砂岩、不等粒长石岩屑砂岩、沉凝灰岩、糜棱岩化大理岩,含生物碎屑灰岩及碳酸盐糜棱岩;上部为暗灰色、灰褐色角岩化不等粒长石岩屑砂岩,含砾不等粒长石岩屑砂岩,中细粒长石岩屑砂岩,斜长流纹质凝灰岩,沉凝灰岩及少量透镜状砂砾岩。该组碎屑岩多已遭剪切变质改造,可恢复原岩性质的碎屑岩仅见于局部地段,总体南部凝灰岩较多,向北砂岩逐渐增多。干墩组主要为一套半深海—浅海相复理石杂砂岩建造,自下而上碎屑岩有由粉砂—中粗砂—含砾级过渡的趋势,中部出现有碳酸盐岩沉积和泥坪沉积,中下部见有较多的透镜状砂砾岩层及花岗质砂砾岩,中下部发现有小透镜状硬锰矿矿层。

8. 梧桐窝子组(C_2wt)

梧桐窝子组分布范围较大,呈近东西向断续出露,西起大南湖戈壁,东至镜儿泉一带,延入甘肃境内。与下伏下石炭统干墩组呈断裂接触。以浅海相浅变质基性熔岩为主，次为中性、酸性熔岩、凝灰岩、凝灰质碎屑岩。在梧桐窝子南，岩性主要为灰绿—绿色辉绿玢岩为主，次为霏细斑岩、石英钠长斑岩、碧玉岩，少量安山玢岩、中性凝灰岩、凝灰砂岩、凝灰砂砾岩、凝灰质角砾岩。未见上覆地层，与下伏地层干墩组为断层接触，可视厚度7110m。向西延至烟墩一带，岩性变化不大，仅见有较多的碳质页岩，上、下地层及接触关系相同，可视厚度8812m。再向西至大南湖干井一带，正常碎屑岩增多，火山熔岩减少，岩性为暗灰黄色粉砂岩、细砂岩、泥页岩、生物灰岩、灰黑色灰岩、灰色砾岩、凝灰砂岩、斜长斑岩，未见上覆地层，与下伏干墩组整合接触，可视厚度1061m。在大草滩一带，岩性主要为初糜棱细凝灰岩、凝灰砂岩、泥质粉砂岩、安山质岩屑凝灰岩、初糜棱安山岩、绿帘石化安山岩、碎裂英安岩，夹生物碎屑灰岩，可视厚度7113m。从上述延伸变化看，从东到西，地层厚度从1061m增加到8812m。基性火山熔岩减少，生物碎屑灰岩及正常碎屑岩增多，含化石少。

9. 阿奇山组（$C_1 aq$）

阿奇山组分布范围较集中，主要见于阿奇山一带及雅满苏铁矿一带，在阿奇山一带呈面状分布，在雅满苏一带呈带状分布，与上覆雅满苏组为整合接触关系。阿奇山组划分为4个岩性段，第一段为一套灰黑色、深灰色黑云母化（角岩）中细砂岩夹蚀变细砂岩和少量灰黑色黑云母角岩化晶屑玻屑凝灰岩，处于与石英滩岩体的接触带上，有明显的黑云母化、角岩化，后期有不同程度的绢云母化、绿泥石化等蚀变；第二段为一套灰黑色玄武岩夹蚀变玄武岩、辉石安山岩和晶屑玻屑凝灰岩；第三段为一套灰绿色凝灰质含砾砂岩、砂岩、细砂岩夹少量火山角砾岩、晶屑玻屑凝灰岩及薄层状硅质岩；第四段为灰—灰绿色流纹质、英安质、安山质火山碎屑岩组合，以及正常沉积细碎屑岩。郑加行等（2017）获得阿奇山组英安岩成岩年龄为（331.8±3.4）Ma，属早石炭世维宪期中期。

10. 雅满苏组（$C_1 y$）

雅满苏组分布范围较大，西起阿奇山一带，经康古尔塔格金矿—南北大沟至雅满苏铁矿，延至白山泉一带，延入甘肃境内，整体上呈近东西向带状分布，与下伏阿奇山组为整合接触关系，与上覆上石炭统土古土布拉克组呈平行不整合接触。

该组为一套浅海相陆源碎屑岩、碳酸盐岩及火山碎屑岩，夹少量火山熔岩。下部火山碎屑岩多，向上减少，上部碳酸盐岩增多。在西端扇头山西南一带为一套浅海相碳酸盐岩建造，主要岩性为深灰色、浅灰色细晶灰岩，微晶灰岩，夹薄层状生物碎屑灰岩、砂屑灰岩。生物碎屑灰岩中含大量生物碎屑，种类繁多，主要有珊瑚、腕足、苔藓虫、有孔虫等。在灵北地区雅满苏组下部为一套含生物碎屑碳酸盐岩夹碎屑岩建造；中部为一套海相碎屑岩夹火山碎屑岩建造；上部为一套火山碎屑岩建造。南北大沟一带雅满苏组第一岩性段为碳酸盐岩段，第二岩性段为碎屑岩段，第三岩性段为火山碎屑岩、碳酸盐岩段，各岩性段均呈断裂接触，与上覆地层上石炭统土古土布拉克组呈平行不整合接触。在雅满苏大沟，岩性主要为深灰—灰色厚层状灰岩、生物碎屑灰岩、生物礁灰岩、鲕状灰岩、砂质灰岩、泥质灰岩、灰绿色厚层状钙质砂岩、杂砂质粗砂岩、含砾杂砂岩、钙质粉砂岩、浅灰绿色薄层状凝灰岩、紫灰色层凝灰岩、凝灰质砂岩-粉砂岩，偶夹紫红色霏细斑岩、安山玢岩、火山岩和沉积岩交替出现，以沉积岩为主，偶夹火山熔岩。可视厚度2237m。

11. 土古土布拉克组（$C_2 tgt$）

土古土布拉克组仅分布于阿奇山—黑龙峰—长城山—沙垄一带，呈近东西向展布，北与雅满苏断裂相邻，南被阿其克库都克大断裂切割与前寒武纪地层相接，东西延伸近200km，南北宽2~6.5km。该组可划分为4个岩性段：第一段为凝灰质正常碎屑岩建造，下部发育灰岩质底砾岩，向上由粗碎屑岩逐渐过渡为细碎屑岩，与下伏雅满苏组为平行不整合接触；第二段为火山碎屑岩建造，主体岩性为紫红色安山质角砾岩、角砾晶屑凝灰岩；第三段为中基性火山熔岩夹碎屑岩建造，主体为杏仁状、气孔状玄武岩、玄武安山岩,夹薄层状酸性凝灰岩,延伸较稳定,大多具有孔雀石化,含自然铜,局部夹凝灰质细碎屑岩;第四段为陆源中细粒碎屑岩建造,总厚度2412.3m。

12. 红柳园组(C_1hl)

红柳园组主要出露于中天山复合岛弧带东部,向东延入甘肃境内。该组为一套浅海—滨海相沉积岩石组合,自下而上主要由两部分组成,下部主要为碎屑岩-碳酸盐岩建造,岩石类型包括砂岩、含砾砂岩、砾岩、千枚岩、灰岩和生物灰岩等,上部为火山熔岩-火山碎屑岩-碎屑岩建造,岩石类型包括玄武岩、安山玄武岩、流纹岩、凝灰质砂岩、砂岩等。

13. 阿尔巴萨依组(P_1ae)

阿尔巴萨依组广泛分布于觉罗塔格构造带内,与下伏泥盆系—石炭系多为不整合接触。该组整体为一套陆相火山岩建造。下部以陆相的粗碎屑岩、火山碎屑岩为主,夹少量熔岩,出露的岩石主要有灰绿—灰紫色的粗中粒岩屑砂岩、灰紫色凝灰质砂岩、杂色凝灰质砾岩和少量的安山岩、英安岩和玄武岩。上部主要以火山熔岩、火山碎屑岩为主,夹少量碎屑岩;出露岩石主要灰绿色杏仁状玄武岩、灰紫色安山岩、灰褐色霏细斑岩、灰紫色火山角砾岩和少量的凝灰岩和粗粒岩屑砂岩;整体以溢流相熔岩为主,反映火山活动较强。

14. 阿其克布拉克组(P_2aq)

阿其克布拉克组主要分布于觉罗塔格山南坡,南以阿其克库都克断裂为界,东西延伸近70km,南北宽数千米至10km不等,东部角度不整合于下石炭统小热泉子组及干墩组之上,西部为断裂接触。东部沙垄至雅满苏铁矿一带呈带状分布,角度不整合于下石炭统雅满苏组、上石炭统土古土布拉克组之上,局部为断层接触,断续延伸近100km,宽数千米。该组主体为一套陆地边缘相的陆源碎屑岩建造,不含火山岩,主要由紫灰色厚层底砾岩、砂砾岩、含砾中粗粒岩屑砂岩,灰绿色中细粒钙质岩屑砂岩,紫红色含铁质、钙质岩屑粉砂岩组成,由下至上,总体粒度由粗变细,有时组成较多的沉积韵律,厚度2210m。

15. 库莱组(P_3kl)

库莱组为一套陆相碎屑岩建造,岩性以紫红色、黄绿色、灰黄色钙质岩屑砂岩,粉砂质泥岩,砂砾岩等不均匀互层为主,上部至顶部砾岩较多,常夹碳质泥岩、铁质碎屑岩、灰岩、凝灰岩,底部夹少量火山灰凝灰岩、火山灰玻屑凝灰岩。

四、中生界

中生界主要分布于研究区北部吐哈盆地南缘一带,包括水西沟群($J_{1-2}S$)、吐谷鲁群(K_1T),发育河湖相、三角洲相的陆相沉积,与下伏地层多为角度不整合接触。

1. 水西沟群($J_{1-2}S$)

水西沟群主要岩性为湖沼相的两套含煤层夹一套灰黄色泥质岩,主要岩石类型为灰绿—灰黄色砂岩、砾岩、泥岩煤层,偶夹菱铁矿、叠锥灰岩,富含植物,也见较多双壳类化石。水西沟群是冲积体系的产物,即冲积扇—扇三角洲沉积体系综合作用的产物;该套岩系在成岩期曾遭受了广泛的溶蚀作用,其原因最可能是该套地层中所含的已达成熟状态的大量有机质(煤层)衍生出含羧酸和CO_2的水介质,溶蚀使砂岩变得疏松而多孔。

2. 吐谷鲁群（K_1T）

该套地层岩相与厚度均较稳定，主要岩性为灰色、浅褐色、浅黄色、紫红色砾岩、砂岩、泥岩，灰色、黄褐色砾岩夹灰白色长石石英砂岩。

五、新生界

新生界分布在吐哈盆地内及周缘地区。其中，古新世为冲积扇亚相砂砾岩建造和冲积平原岩性砂泥岩建造；始新世为滨湖相砂泥岩夹石膏建造；渐新世—中新世为山麓河流相砂砾岩建造及湖相砂泥岩夹石膏建造。中新世为砂泥岩建造，夹砾岩及石膏；上新世为湖相三角洲亚相砂泥岩夹砾岩建造。第四纪为松散堆积沉积物，主要成因类型有风成沉积、冲洪积、化学沉积等。

第三节　区域侵入岩浆作用

研究区侵入岩浆活动始于新太古代，止于三叠纪。从出露面积上看，岩石以中酸性为主，少量基性—超基性。通过对研究区273个侵入岩体锆石U-Pb年龄数据的统计分析，发现研究区侵入岩浆活动的峰值年龄集中于：1458Ma、939Ma、733Ma、490Ma、428Ma、350Ma、296Ma、210Ma（图2-3）。其中350～296Ma侵入岩浆活动最为强烈。根据不同侵入期次自然岩石组合特征，将研究区内侵入岩划分为不同侵入序列，现简述如下。

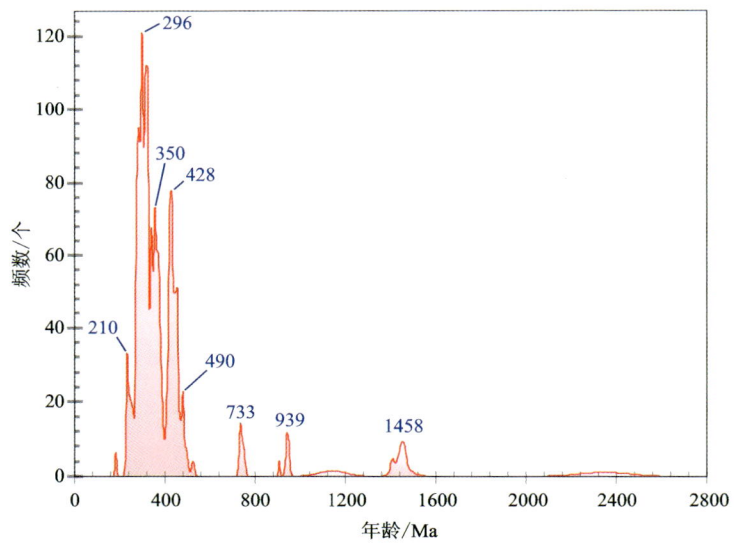

图2-3　研究区侵入岩体锆石U-Pb年龄分布图

一、新太古代TTG序列

新太古代TTG序列分布在中天山复合岛弧带尾亚、干沟、大黑山等地区，岩石组合为片麻状英云闪长岩-花岗闪长岩-奥长花岗岩组合（TTG）。岩石均为变余花岗结构，片麻状构造。发育低角闪岩相一高角闪岩相变质。在尾亚,侵入其中的基性脉岩(紫苏辉石麻粒岩)达到麻粒岩相变质,其中紫苏辉石麻粒岩 TIMS 锆石 U-Pb 上交点年龄为(2345±113)Ma(Hu et al.,2000),说明该套 TTG 岩系的形成早于古元古代。

二、新太古代末花岗岩序列

新太古代末花岗岩序列主要分布在中天山尾亚一带,呈岩枝状侵入新太古代 TTG 岩系中,主要岩石类型为二长花岗片麻岩、正长花岗片麻岩。岩石均为变余花岗结构,片麻状构造。在球粒陨石标准化配分型式图上,呈陡右倾形态,轻重稀土分异较大。其中正长花岗片麻岩 Nb、Ta 略富集,Zr、Hf 亏损。地球化学分析显示该序列岩石具陆弧花岗岩特征。

三、中元古代花岗岩序列

中元古代花岗岩序列主要分布在中天山复合岛弧带星星峡一带,主要岩石类型为石英闪长岩、英云闪长岩、花岗闪长岩、奥长花岗岩、二长花岗岩、正长花岗岩、碱长花岗岩、石英二长岩。岩石均为变余花岗结构,片麻状构造。部分常见眼球状多斑结构,显示混合岩化特点。通常具角闪岩相变质,普遍出现白云母。侵入序列可进一步细分为闪长岩-英云闪长岩-花岗闪长岩-奥长花岗岩-二长花岗岩组合、二长花岗岩-正长花岗岩-碱长花岗岩-石英二长岩组合。岩石地球化学特征显示,前者具火山弧特征,后者形成于同碰撞—后碰撞环境。同位素年代学数据表明,该期侵入岩浆活动时限为 1453~1405Ma(胡霭琴等,2006;李卫东等,2010;施文翔等,2010)。

四、新元古代花岗岩序列

新元古代花岗岩序列主要分布在中天山复合岛弧带星星峡一带,出露的主要岩性为闪长岩、石英闪长岩、英云闪长岩、花岗闪长岩、奥长花岗岩、二长花岗岩、正长花岗岩、碱长花岗岩、石英二长岩。岩体基本为异地型岩株,常见暗色包体。岩石均为正常结晶结构,块状构造,偶见白云母。该期侵入岩浆活动集中于 942~939Ma(胡霭琴等,2007,2010;彭明兴等,2012)。

五、奥陶纪—志留纪花岗岩序列

奥陶纪—志留纪花岗岩序列主要分布于研究区南部的中天山卡瓦布拉克-星星峡地区及北部的卡拉塔格地区。该序列主要岩石类型由闪长岩、石英闪长岩、二长花岗岩、正长花岗岩及少量英云闪长岩组成。岩体为异地侵入接触。岩体内较多暗色包体。岩石为正常结晶结构,块状构造。岩石中普遍出现角闪石,不出现白云母。岩石地球化学特征显示该序列侵入岩形成于弧环境。该期侵入岩浆活动主要集中于约 490Ma、约 428Ma(孙桂华等,2006;郭召杰等,2007;胡霭琴等,2007;刘四海等,2008;贺振宇等,2012;Li et al.,2016;Zhao et al.,2020;He et al.,2021)。

六、泥盆纪花岗岩序列

泥盆纪花岗岩序列主要分布在研究区北部卡拉塔格地区克孜尔喀拉萨依至土屋一带（宋彪等，2002）、中天山彩霞山一带，分布面积有限。主要岩石类型为二长花岗岩、正长花岗岩、碱长花岗岩、石英二长岩。岩石具正常花岗结构，部分见文象结构，块状构造。常见同源包体，不出现白云母。岩石化学特征为钙碱系富碱，里特曼指数 1.98～2.78，碱总量 7.9～8.2，属正常范围。A/CNK=0.96～1.02，为铝弱饱和。该序列为二长花岗岩-正长花岗岩-碱长花岗岩-石英二长岩组合。地球化学特征显示其形成于后碰撞环境。

七、石炭纪花岗岩序列

石炭纪花岗岩序列广泛分布于觉罗塔格、中天山构造带，根据岩体时代和构造背景可划分早石炭世亚序列和晚石炭世亚序列。其中，早石炭世亚序列主要岩石类型为闪长岩、石英闪长岩、奥长花岗岩、英云闪长岩、石英二长闪长岩、花岗闪长岩、二长花岗岩，岩石具正常花岗结构，块状构造，常见同源包体，普遍出现角闪石，不出现白云母；岩石化学特征为钙碱系（里特曼指数 1.30～2.04），酸性岩 A/CNK=0.96～1.05，为铝弱饱和，属 I 型花岗岩，形成于火山弧环境，锆石 U-Pb 年龄集中于 353～323Ma（王银宏等，2014；郭芳放等，2008；吴昌志等，2006；Wang et al.，2014c，d；周涛发等，2010；Zhao et al.，2021）。晚石炭世亚序列主要岩性为二长花岗岩、正长花岗岩、碱长花岗岩、二云母碱长花岗岩、石英二长岩，岩石具正常花岗结构，块状构造，常见同源包体；为钙碱系偏碱（里特曼指数 1.96～2.42），碱总量（K_2O+Na_2O）7.37%～8.54%，A/CNK=0.91～1.24，为铝弱不饱和—过饱和，属 A 型花岗岩，形成于后碰撞环境，锆石 U-Pb 年龄集中于 318～305Ma（周涛发等，2010；胡远清等，2009；仇银江等，2015）。

八、石炭纪末—早二叠世镁铁—超镁铁岩序列

研究区镁铁—超镁铁质岩体成群成带分布，明显受区域内主干断裂控制，含矿岩相多集中在橄榄辉长岩、角闪橄榄岩、辉橄岩和各岩相接触带上；岩体低 Ti 高 Mg，高 m/s 和 m/f 是评价其含矿性的良好指标；Sr-Nd 同位素显示镁铁—超镁铁质岩体整体上源于亏损地幔，在演化过程中经历了同化混染作用，成岩成矿集中在早二叠世（约 280Ma）（冯京等，2014）。在东天山地区集中分布于康古尔塔格断裂两侧，自西向东路北—白鑫滩—黄山—图拉尔根一线，自北向南可细分为 4 条镁铁—超镁铁岩带：恰特卡尔-海豹滩、齐石滩-克孜尔、卡塔尔-红柳沟和带形山-乱石条（新疆地质调查院，2017）。恰特卡尔-海豹滩镁铁—超镁铁岩带整体位于康古尔塔格断裂北部的雅勒伯克-大南湖构造带中，局部跨断裂带，东西长 240km，南北宽 10～24km，带内岩体分段集中，包括 7 个岩体群，由西向东依次为雅勒伯克镁铁—超镁铁岩体群、路北镁铁—超镁铁岩体群、恰特卡尔镁铁—超镁铁岩体群、康东镁铁—超镁铁岩体群、平顶包镁铁—超镁铁岩体群、海豹滩镁铁—超镁铁岩体群和乱石滩镁铁岩体群，向东过库姆塔格沙垄，经雅满苏北山到土墩，便是著名的黄山-镜儿泉镁铁—超镁铁岩带。齐石滩-克孜尔镁铁—超镁铁岩带整体位于康古尔塔格断裂与雅满苏断裂之间的秋格明塔什构造带内，处于构造带中段的齐石滩至红岭一带，包括齐石滩镁铁—超镁铁岩体群和克孜尔超镁铁岩体群，克孜尔岩体群与该地段康古尔塔格断裂延伸方向一致，为北西西向。卡塔尔-红柳沟岩带位于雅满苏断裂与阿其克库都克深断裂之间的阿奇山构造带西段，包括萨尔德兰镁铁—超镁铁岩体群、玄坑镁铁岩体群和红柳沟镁铁岩体群。带形山-乱石条

岩带位于阿其克库都克深断裂南部的中天山构造带中,包括 5 个岩体群,由西向东依次为带形山镁铁—超镁铁岩体群、黑白山镁铁—超镁铁岩体群、白顶山镁铁—超镁铁岩体群、群白山镁铁—超镁铁岩体群和乱石条镁铁—超镁铁岩体群,该带与恰特卡尔-海豹滩岩带类似,东西向具有贯通性,区内长达 230km。

觉罗塔格带镁铁—超镁铁岩体一般规模小,多相带共存。主要岩性有角闪橄榄岩、辉石岩(可有斜方辉石岩、二辉岩、单斜辉石岩 3 种)、苏长岩、辉长岩等。各岩性相带间大多有冷接触边(多次侵入)或为急变过渡(分离结晶),反映其生成(侵位)有先后。一般岩体辉长岩-苏长岩先侵入,超镁铁岩最后侵入,反映有中间岩浆房停积后按密度先轻后重依次上侵的重力分异模式。与一般造山带花岗岩类结晶分异的岩体总是按岩浆熔点由基性到酸性的先后顺序不同,该期镁铁—超镁铁岩体内一般为闪长岩、辉长闪长岩等酸性端(密度最小)最先生成,随后为密度依次增大的辉长岩、苏长岩,以及最晚侵位的超镁铁岩及块状矿体,这种现象说明不是原地结晶分异,有中间岩浆房,完成熔离后,依密度大小先后上侵定位的机制。部分岩体在主侵入期后还有分异程度较低的残浆附加侵入相。觉罗塔格带镁铁—超镁铁岩体部分出现辉绿岩,大多岩体边部急速冷凝形成细粒辉长辉绿岩冷凝边,为岩体组成部分,成分与辉长岩大体一致。

岩石矿物组成为橄榄石+斜方辉石+单斜辉石+角闪石+斜长石±金云母,特点是橄榄石与斜长石共存。橄榄岩中普遍出现斜长石。辉长岩相中普遍出现斜方辉石和橄榄石,主要由斜方辉石组成的苏长岩常见。超镁铁岩中普遍出现含水矿物如角闪石、金云母或黑云母。这些都说明它们与蛇绿岩中的堆晶岩相有明显不同。

主要造岩矿物:橄榄石为 $Fo_{75\sim 90}$(峰值 77、87)的贵橄榄石,比蛇绿岩中橄榄石($Fo_{89\sim 94}$)贫镁。斜方辉石在橄榄岩中者 $En_{77\sim 82}$(古铜辉石—紫苏辉石),在苏长岩、辉长岩中者 $En_{72\sim 83}$,也为古铜辉石—紫苏辉石,在辉长闪长岩、石英辉长岩、闪长岩中者 $En_{59\sim 68}$,为紫苏辉石。单斜辉石在各岩相中区别不大,均以透辉石为主,部分顽透辉石、普通辉石。角闪石以韭闪石质普通角闪石较多,少数镁普通角闪石、钛角闪石。单斜辉石含 Al_2O_3 2.52%~4.02%,属较低水平。而角闪石类含 Al_2O_3 11.12%~12.42%,属较高水平。闪长岩相中斜长石通常为中长石,具环带,平均成分 An 41~45,辉长岩中 An 50~66,也具环带。苏长岩类中为 An 78~83 倍长石,不具环带。橄榄辉长岩、橄榄岩、橄长岩中的斜长石 An 76~84 倍长石,也不具环带。橄榄石与斜长石为共生关系,说明是在低压下分离结晶。黄山镁铁—超镁铁岩带为辉长岩-苏长岩-辉石岩-二辉橄榄岩组合,其生成在晚石炭世后碰撞正长花岗岩序列之后,属于造山带碰撞后伸展深断裂环境。物探已证实多数岩体下部在地壳深处都有隐伏的地幔物质性质的"根"。锆石 U-Pb 年龄集中于 300~274Ma。东天山基性—超基性岩的侵位及形成的岩浆熔离型Cu-Ni-Co 硫化物矿床的时间(298~282Ma,Mao et al.,2008;Feng et al.,2018)和康古尔大规模的韧性走滑运动时限(290~270Ma),证明了康古尔洋盆闭合时限不晚于早二叠世晚期(Zhang et al.,2003;Xiao et al.,2004;左国朝等,2006)。

九、二叠纪花岗岩序列

二叠纪花岗岩序列主要分布于吐哈盆地南缘、中天山等地区,均为小型异地型岩株,长小于 10km,宽小于 1km。单个岩体面积一般小于 $10km^2$,岩体与围岩界线清晰,接触面陡立。岩性以碱性花岗岩、石英二长岩为主,少量石英正长岩。岩石具正常花岗结构,块状构造,结晶粒度以细粒为主,可见少量同源包体。可见其普遍出现角闪石,不出现白云母。岩石化学特征为碱性系列(里特曼指数 2.5~6.2,碱含量 K_2O+Na_2O 8.9%~11.9%)。A/CNK=0.91~0.97,铝指数(Al')<0,为铝不饱和。稀土总量较高($336\times 10^{-6}\sim 624\times 10^{-6}$)。碱性花岗岩$(La/Yb)_N$平均 4.89,$\delta Eu=0.29$,Eu 具明显负异常。岩石矿物组合及岩石地球化学特征显示,该期侵入岩体为典型的 A 型花岗岩。该序列为碱性花岗岩-正长岩-

石英二长岩组合，为造山晚期后伸展环境。该期侵入岩浆作用集中活动于290～275Ma（汪传胜等，2009；Zhang et al.，2014）。

十、三叠纪花岗岩序列

该期侵入岩零星分布于研究区内，代表型的岩体有白山岩体、土墩岩体、白干湖岩体、雅满苏岩体、东戈壁岩体等。主要岩性为正长花岗岩、碱长花岗岩、花岗斑岩、石英正长岩、天河石花岗岩，岩石为正常花岗结构、似斑状结构，块状构造，中细粒为主。岩石高硅富碱富钾，而 Ti、Ca、Fe、Mg 含量较低，SiO_2 含量 69.14%～78.12%，碱含量 K_2O+Na_2O 7.17%～8.83%。$A/CNK=0.95～1.04$，$(K_2O+Na_2O)/Al_2O_3$ 为 0.69～0.91，属高钾钙碱性花岗岩。富集大离子亲石元素 K、Rb 和高场强元素 Th，贫 Hf、Zr、Sm、Y 及 Yb，稀土元素的球粒陨石标准化配分曲线呈右倾型，轻重稀土分馏大，轻稀土分异明显，而重稀土分异不显著，Eu 呈现弱负异常（$\delta Eu=0.24～0.78$）。根据岩石地球化学特征，结合区域构造演化特征，天山地区三叠纪花岗岩形成于板内伸展阶段，同位素特征表明岩浆起源于新生下地壳的部分熔融。该期侵入岩浆活动主要集中于245～210Ma（王玉往等，2008；赵宏刚等，2017；吴云辉等，2013；李华芹等，2006；Liu et al.，2019；Feng et al.，2021）。

第四节　区域断裂

东天山地区地质构造作用复杂，伴随着康古尔洋（又称北天山洋）的俯冲消亡，各类侵入岩浆活动频发，断裂构造发育。区内主要的区域断裂（剪切带）从北到南依次为康古尔塔格断裂、雅满苏断裂、阿其克库都克断裂、卡瓦布拉克断裂、秋格明塔什-黄山韧性剪切带（图2-4），作为构造单元的边界断裂，明显控制着区内的成岩成矿作用。

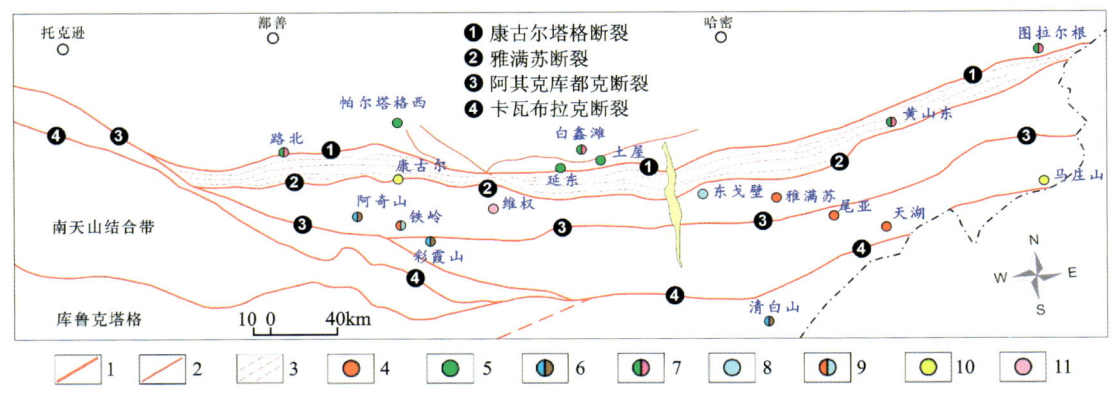

图2-4　研究区内区域性断裂分布图

1.区域断裂；2.一般性断裂；3.韧性剪切带；4.铁矿；5.铜矿；
6.铅锌矿；7.铜镍矿；8.钼矿；9.铁钼矿；10.金矿；11.银矿

一、康古尔塔格断裂

康古尔塔格断裂西起托克逊干沟，向东经恰特卡尔塔格、康古尔塔格、赤湖、土墩、黄山、梧桐窝子泉及镜儿泉等，经甘肃进入蒙古境内，总体呈近东西向舒缓波状延伸，全长约700km，宽1～20km，断面较为陡直，多向南倾，而深部主构造面是向北倾斜的(袁学诚等，1995)。梁月明等(2001)利用地球物理资料划分的康古尔塔格断裂与以往有所不同，认为其在康古尔塔格偏东北有更大的转折，在土墩附近断裂应该再向北移，断裂向西延伸到干沟后，与西天山的艾比湖-艾维尔沟断裂带相接，形成一条规模宏大千余千米的岩石圈断裂带。康古尔塔格断裂为东天山造山带早石炭世南北向挤压作用(李华芹等，1998)和晚二叠世发育的右行走滑剪切变形作用(王瑜等，2002)形成的韧性兼走滑特征深层次的剪切带。在断裂周围发育的右行走滑变形叠加在向南逆冲为主的构造变形上，故南北向挤压要早于右行走滑剪切作用。韧性变形强烈的主体为石炭系火山-沉积组合，康古尔和西滩海西期花岗岩体未经历韧性变形，表明韧性变形时代主要在石炭纪—二叠纪(周涛发等，2010)。与右行走滑同期的构造岩体(如克孜尔塔格岩体等)发育旋转变形或拖尾构造切割了早期挤压轴面劈理的岩脉等现象也证明了南北向挤压早于右行走滑剪切作用。由于康古尔塔格断裂强烈的挤压作用与剪切作用，早期的火山-沉积地层中形成了紧闭的褶皱，褶皱的转折端保留较好，侧翼往往被剪切带(韧性)错断，轴面走向与剪切带走向一致。褶皱轴面往往片理化程度高，并且发育不同程度的置换层理，显示了在康古尔塔格断裂内部发育不同程度的剪切作用。在康古尔塔格断裂附近，不同部位的岩体动力变质程度不同。在东部苦水—黄山—镜儿泉周围出现了变形和变质程度较高的绿片岩相或角闪岩相的动力变质岩；而西部康古尔塔格一带为绿片岩相或低绿片岩相的动力变质岩。以康古尔塔格断裂为中心，南盘(上盘)变形强，北盘变形弱。沿康古尔塔格断裂，断裂北盘以脆性变形为主，而南盘动力变质作用强烈，糜棱岩化作用非常普遍，已达韧性变形条件，经历了深熔韧性剪切变形作用，岩石普遍片麻岩化和糜棱岩化。片麻理与糜棱岩化岩石中的剪切面理产状基本相同，与康古尔塔格断裂方位一致。

二、雅满苏断裂

雅满苏断裂是秋格明塔什-黄山巨型韧性剪切带南侧的分界断裂，从切割深度和规模来说是仅次于康古尔塔格深断裂和阿其克库都克断裂的次级断裂。该断裂向南陡倾，向东延伸长达200km，具有强烈挤压性质，两侧十分发育紧闭线状和鞘褶皱。该断裂对石炭纪的沉积环境具有很明显的控制作用，两侧形成截然不同的沉积环境：断裂以北为秋格明塔什-黄山韧性剪切带，呈现强烈的条带状韧性变形特征，发育浅海—深海相的以拉斑玄武岩系列为主的基性—中性火山岩、含泥质或碳质硅质岩、含放射虫铁质碧玉岩及陆源碎屑岩。断裂以南为阿奇山-雅满苏火山岩相区，相对于北侧，韧性变形相对弱，以发育浅海相的钙碱性火山岩、火山碎屑岩及陆源碎屑岩、灰岩为主要特征。

三、阿其克库都克断裂

阿其克库都克断裂位于中天山北缘，在新疆境内全长达1400km。该断裂为一条大型岩石圈断裂，在航磁图上断裂北侧为负磁异常区，南侧为正磁异常区，在遥感影像图上反映清晰线性构造，分隔北侧晚古生代火山-沉积建造与南侧前寒武纪变质岩系。地貌上形成南高北低的断层阶地，沿断裂分布有大小不等的狭长凹地、干谷、盐沼地及一系列长形断陷盆地，地表与钻孔中均可见到大量糜棱岩、碎裂岩、擦痕及强烈揉皱的各种片理化岩石和褪色变质现象。向西在托克逊干沟附近可能与北西向断裂相接，向东延入甘肃境内消失。该断裂北与土古土布拉克组、南与长城系星星峡岩群均呈断层接触。在阿其克库都克断裂两侧发现基本相同的不早于晚石炭世的火山沉积岩系，表明该断裂至少自晚石炭世以来不具有构造分区的意义。该断裂内发育近直立的糜棱面理和近水平的拉伸线理，指示早期为由南向北的逆冲推覆，晚期为近东西向的走滑（舒良树等，1998），结合不对称褶皱、糜棱岩中适应的 C 轴组构等特征，显示其具右旋走滑特征，根据右旋走滑韧性剪切带中新生矿物白云母的 $^{40}Ar/^{39}Ar$ 年龄[(269±5)Ma]（舒良树等，1999），确定其变形时限为早二叠世晚期。

四、卡瓦布拉克断裂

该断裂以韧性剪切变质变形为主，表现出强烈的左行滑动特征。断裂的构造岩片及构造面理沿走向变化不大，显示出剪切作用较为强烈。岩石普遍具强烈的糜棱岩化，"岩层"减薄作用强烈，主要表现为岩石的机械磨碎作用和细粒化物质的层状动力分异作用。糜棱岩化带宽 2～4km，沿该带似层状中酸性脉岩发育，变质现象普遍，断面近直立，部分地段向南陡倾，倾角 70°左右。由于该断裂是韧性断层，延伸过程的交叉和汇并较多，因此其延伸及构造分隔作用的认识争论较多。该断裂南部的构造单元岩石变形很弱，北部的岩石变形作用很强，发育以左行剪切为主导的构造形迹，该形迹叠加在早期右行走滑的构造形迹之上，使得中天山地块由西向东滑移，走向为北东-南西向，由此派生出向北逆冲分力，形成北东向斜冲效应，在此基础上，改造早期构造形迹和广泛发生糜棱再造作用。

五、秋格明塔什-黄山韧性剪切带

该剪切带位于北侧的康古尔塔格断裂与南侧的雅满苏断裂之间，宽 5～25km，长约 600km，带内物质主要由石炭纪火山-沉积物组成，主要包括砾岩、砂岩、杂砂岩、粉砂岩、灰岩、玄武岩、安山岩及同质火山碎屑岩。该韧性剪切带以强变形、弱变质为主要特征。根据剪切带内岩石的构造变形、面理、线理，以及构造变形序次的分析，主要有 4 期变形。

第一期变形：仅表现于不同规模的同斜倒转褶皱(f_1)，同时产生轴面劈理(S_1)，形成构造层理变形的主要应力来自两大板块不断靠拢，在地壳深部构造层次的压扁-剪切机制下，地质体遭受挤压。变形构造第一期变形起始时间属于晚石炭世早期。

第二期变形：该期变形形成的构造形迹主要表现剪切褶皱、S-C 结构、剪切透镜体、变质分异条带、拉伸线理、旋转应变不对称显微构造带。

第二期变形是韧性剪切带的主变形期，它使第一变形期形成的构造层(S_1)发生改变，将早期连续性不强的岩片进一步分割成更小的岩片带。被夹持的洋壳沉积物位于应力最集中地带，其两侧岛弧遭受影响，该阶段即形成了南部强变形带和北部弱变形带的基本格局，剪切带总体产状南倾，倾角 70°～80°。由于两侧地体碰撞，洋壳基本消失，但板块之间俯冲作用并未终止，在上地壳中，变形扩张到宽阔地带，形成地壳"加积构造"，表现为大规模冲断层切穿壳层，在地壳深部即转变成韧性推覆剪切带。变形时间可能是晚石炭世末期。

第三期变形是部分改造了早期形成构造形迹，也具有区域特征。干墩组、梧桐窝子组均遭受水平韧性剪切，但北部弱变形带的剪切作用明显减弱。主要形成 S-C 面理结构、拉伸线理、剪切透镜体、变质分异条带及塑性流变褶皱等。本期变形是在"陆内俯冲"受阻时，构造运动方向从垂向顺构造层挤压剪切转变为近水平剪切。沿先期构造面进行右行走滑的剪切活动，构造形迹近东西向展布，向南倾，拉伸线理低角度(20°～30°)向东倾伏。变形时间在晚石炭世末—二叠纪。

第四期变形形成于板块碰撞闭合后期，由于地壳不断抬升，温压条件也发生相应变化，早期陆内变形逐渐转变为浅部构造层膝折构造，其变形具有韧脆性特点，同时发育大量密集排列的破劈理。

第五节 区域地球物理及地球化学特征

一、区域地球物理特征

(一)区域重力特征

1. 岩矿石物性特征

1)岩矿石密度特征

根据区域重力调查工作中系统采集标本测定的密度数据,按地层和岩性分类归纳统计,并进行综合分析,可明显得出研究区密度分布和变化的基本规律及特征。

从岩石类型分析,沉积岩类一般具有相对较低的密度特征,其中粉砂岩密度为 $2.07\times10^3 kg/m^3$(指平均密度,下同),为最低;砂岩、硅质岩次之,密度为 $2.66\times10^3 \sim 2.67\times10^3 kg/m^3$,构成区域平均密度层;砾岩、灰岩密度一般达 $2.70\times10^3 \sim 2.71\times10^3 kg/m^3$;火山岩及火山碎屑岩类大多具中等—中高密度值,密度大小与物质的基性程度相关,安山岩密度达 $2.76\times10^3 kg/m^3$,凝灰岩密度为 $2.69\times10^3 kg/m^3$;本区变质岩片岩、片麻岩、变质砂岩类密度范围在 $2.65\times10^3 \sim 2.684\times10^3 kg/m^3$ 之间,一般表现为中等密度;大理岩密度为 $2.77\times10^3 kg/m^3$,矽卡岩密度达 $3.04\times10^3 kg/m^3$;侵入岩密度在 $2.62\times10^3 \sim 2.93\times10^3 kg/m^3$ 之间变化,依酸性、中性、基性、超基性的次序增高,花岗岩、斑岩密度分别为 $2.62\times10^3 kg/m^3$、$2.66\times10^3 kg/m^3$,属中低密度类;辉长岩密度为 $2.86\times10^3 kg/m^3$,超基性岩密度为 $2.93\times10^3 kg/m^3$,具高密度特征。同类火山岩中一般侵入岩密度高于喷出岩。从各类岩石密度特征对比分析可发现,中基性、基性、超基性侵入岩及同类火山岩密度一般高于沉积岩类、酸性火山岩、中浅变质岩,可引起局部重力高。酸性侵入岩、火山岩为较低密度岩类,除粉砂岩类沉积区,一般规模分布时,均会以相对重力低显示。沉积岩类中的粉(细)砂岩、凝灰质砂岩及松散沉积物密度较低,当分布一定规模时,可引起相应的重力低。

2)地层密度特征

研究区主要地层的密度及变化规律有以下基本特征:

中、新生代沉积地层一般具有较低的密度,且变化相对较大;古生代及前古生代地层较之中、新生界具有密度高、变化较小、相对稳定的特点,与其固结度高对应。从地层区域分布讲,古生界及前古生界分布广、厚度大,具有全区的普遍意义。

从密度分层的角度分析,按照研究尺度及经典理论密度层密度不低于 $0.1\times10^3 kg/m^3$ 的分层原则,本研究区地层可大致划分为 4 个密度层、3 个密度界面。第一密度层为第四系,平均密度值为 $1.79\times10^3 kg/m^3$;第二密度层为第三系,平均密度值 $2.07\times10^3 kg/m^3$;第三密度层为侏罗系,平均密度值 $2.62\times10^3 kg/m^3$;第四密度层为古生界及前古生界,平均密度值 $2.70\times10^3 kg/m^3$。第一与第二密度层形成 $0.28\times10^3 kg/m^3$ 的密度界面;第二与第三密度层之间存在 $0.55\times10^3 kg/m^3$ 的密度界面;第三与第四密度层的密度界面差在 $0.08\times10^3 \sim 0.31\times10^3 kg/m^3$ 之间。

侏罗系在区内零星分布且厚度不大,但与第三系、第四系共同分布且具一定规模和厚度时,也可共同引起局部重力低;古生界及前古生界是区内主要地层,具有分布广、厚度大、区域连续的特点,是研究区最重要的密度层和密度界面,是引起区域重力异常及变化的主要因素。

2. 区域重力场特征

在全疆重力场格局中,研究区主体位于东天山区域重力高值区的中北部,西端部分跨入乌鲁木齐-

罗布泊复杂变化重力梯度带，并以此与西天山区域重力低值区相连，东南部进入星星峡重力低值异常区范围。

东天山示范区重力场明显具有东西展布、南北分区的基本格局，呈现相对独立特征差异的重力场区块及其镶嵌关联组合。宏观上，布格重力场值展现为北部高、南部低，中部高、东西低的基本分布特征，区内布格重力值最高$-110\times10^{-5}\mathrm{m/s^2}$，出现在研究区中部北端，最低布格重力值$-260\times10^{-5}\mathrm{m/s^2}$，分布于东南端的沙泉子一带，布格重力值相差达$150\times10^{-5}\mathrm{m/s^2}$。研究区重力场中以近东西向、北东东向和北西西向重力异常为主，其次为近等轴状和个别近南北向重力异常；区内分布规模差异的布格重力梯度变化带，显著分割了不同特征的重力异常分布区，反映了具有不同地质背景的特征重力场区间分布构架。

依据区域重力场基本特征，研究区可分为南、北两个区域重力异常区（图2-5）。

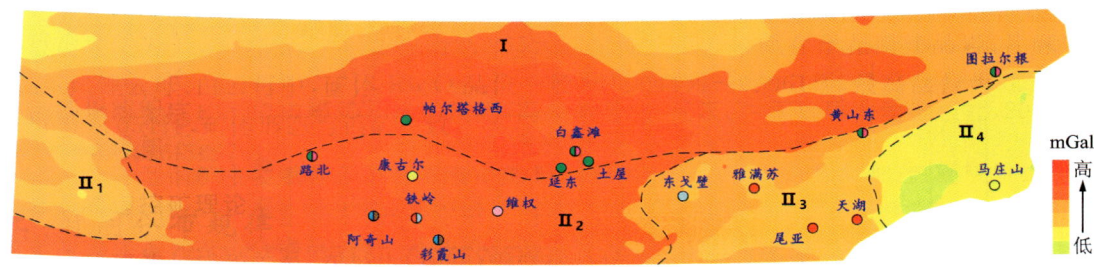

图 2-5 研究区布格重力等值线图

（Ⅰ）底坎尔-康古尔重力高值异常区：位于研究区中北部地带，呈近东西向起伏带状展布，南界为著名的康古尔塔格重力梯度带，北界为区外规模更大的吐哈南缘重力梯度带。该异常区中部向南凸出，东西段逐渐变窄，东端由于两大梯度带的交汇而终止，其间由多处规模较大的重力高异常连续分布组成，形成明显的重力高异常集中分布区（带），异常区布格重力值一般在$-150\times10^{-5}\sim-120\times10^{-5}\mathrm{m/s^2}$之间，最高值$-110\times10^{-5}\mathrm{m/s^2}$，出现在本异常区的中部，为区内最高重力异常值。

（Ⅱ）南部重力异常区：位于康古尔塔格重力梯度带以南的研究区范围。该重力异常区呈现较为复杂的重力场特征，其间重力异常走向规模和高低变化明显，形成具一定特征的重力异常区块。区内一般布格重力值在$-170\times10^{-5}\sim-140\times10^{-5}\mathrm{m/s^2}$之间，最高值$-127\times10^{-5}\mathrm{m/s^2}$；西端布格重力值降为$-220\times10^{-5}\mathrm{m/s^2}$；东部重力低区场值在$-250\times10^{-5}\sim-230\times10^{-5}\mathrm{m/s^2}$之间，最低值$-260\times10^{-5}\mathrm{m/s^2}$，为研究区最低布格重力值，区间布格重力异常值变化$133\times10^{-5}\mathrm{m/s^2}$。本异常区布格重力场总体表现西中部高、东、西端低，中东段平稳变化的基本面貌。南部区域异常区可进一步明显划分4个异常小区：克孜勒塔格-红原重力低变化异常小区（Ⅱ$_1$），位于研究区东南端，以规模较大的重力低及扭曲变化的梯度带为基本特征，宏观上已进入东西天山区域重力高低区的复杂交汇变化带；红云滩-库子山重力高异常小区（Ⅱ$_2$），为明显的重力高块状分布特征，布格重力值一般$-150\times10^{-5}\sim-130\times10^{-5}\mathrm{m/s^2}$，局部与北部异常区相连；库姆塔格-苦水重力变化异常小区（Ⅱ$_3$），位于异常区中东部区段，以布格重力值由西向东逐步降低变化、异常形态多样为基本特征，布格重力值由$-130\times10^{-5}\mathrm{m/s^2}$向东变化至$200\times10^{-5}\mathrm{m/s^2}$，局部重力低连续分布；沙泉子-银邦山重力低异常小区（Ⅱ$_4$），以明显的相对重力低值异常分布为基本特征，布格重力值一般在$-250\times10^{-5}\sim-200\times10^{-5}\mathrm{m/s^2}$之间，研究区最低重力异常值$-260\times10^{-5}\mathrm{m/s^2}$出现在该小区西南端。

研究区南、北区域重力异常场的分区特征明显，其分界线为规模醒目的康古尔塔格重力梯度带。该重力梯度带呈中部略向南凸的弧形波状东西纵贯全区，连续分布500km以上，宽度一般10~20km，重力值变化在$20\times10^{-5}\sim30\times10^{-5}\mathrm{m/s^2}$之间，梯度变化为每千米$2\times10^{-5}\sim3\times10^{-5}\mathrm{m/s^2}$，以极显著的标志划分了南、北重力异常场，尤其在剩余重力异常图上带状异常更加显著（图2-6）。新疆及东天山区域重力场宏观特征显示，康古尔塔格重力梯度带以其规模和重力场分界作用可进入重大梯度带之列，反映了极其重要的地质构造意义。研究成果表明,该重力梯级带对应航磁场正负异常区的分界、人工地震波速层变化带、大地电磁差异界面,为一综合地球物理异常界面,具有特征典型、深度大、多参量一致的特点。由此推断该梯度带反映了康古尔塔格大断裂的存在及综合特征。康古尔塔格大断裂是研究区最重要的地质构造界线,明显划分了其南、北不同的地质建造特征和地层结构特点。从综合地球物理场特征分析,处在研究区北侧的吐哈盆地南缘隐伏深大断裂具有板块缝合线的规模等特征,康古尔塔格深断裂与哈盆地南缘深大断裂之间的构造建造区,即本研究区的北部异常区,属于板块构造交会复合地带。有证据和研究指出,该区应统视为塔里木板块与哈萨克斯坦-准噶尔板块的构造缝合带,具有特殊的地质构造及地质找矿价值。

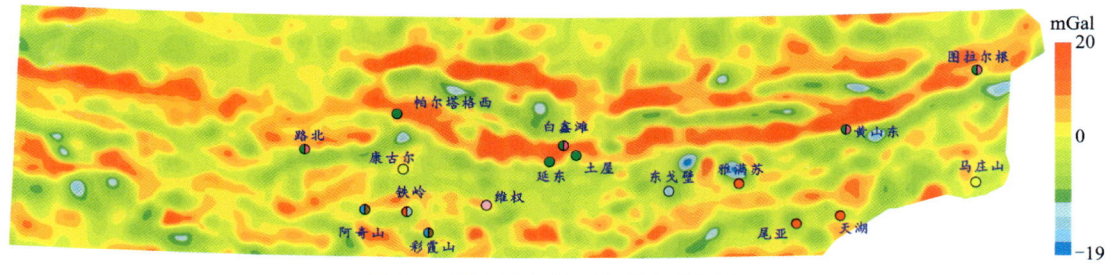

图 2-6　研究区布格剩余重力异常图

综合以上特征说明:研究区处在区域重力场复杂剧烈变化的异常区间,以康古尔塔格重力梯度带为界,南、北异常区分区特征明显,异常特点及分布差异显著,明确揭示了该区位于地壳结构及地质构造建造特征的变化组合连接地段,具有重要和有利的区域成矿地质背景及重大的找矿意义。

(二)区域磁场特征

1. 磁性特征

根据以往区域磁法测量工作中系统采集标本测定的磁性数据进行综合分析,可明显得出研究区磁性分布和变化的基本规律及特征。

(1)沉积岩和变质岩的磁性特征。区内大部分沉积岩和变质岩,如砂岩、石英岩、灰岩、大理岩、千枚岩、片岩等一般为无—微弱磁性;部分岩石具有弱磁性,如斜长角闪片岩等,磁化率平均值达 100×10^{-5} SI 以上,当其分布面积和厚度较大时,可以引起宽缓异常。

变质岩具有随着变质程度的提高、磁性增强的特点。其中千枚岩类为无磁—微弱磁性;片岩类具微弱—弱磁性,其中黑云母片岩、斜长角闪片岩具微弱磁性,而绿泥石片岩磁性增强,磁化率平均值达 500×10^{-5} SI 以上,当达到一定分布范围或厚度时,可引起较强的磁异常;片麻岩类通常为强磁性,磁化率平均值达 4000×10^{-5} SI 以上,剩磁平均值在 2000×10^{-5} SI 以上,研究区南部的大片升高磁异常即是由这类岩石引起的。

(2)火山岩、火山碎屑岩磁性特征。火山岩、次火山岩及火山碎屑岩磁性变化很大,具有从酸性到基性逐渐增强的特点。酸性火山岩如流纹岩、火山碎屑岩无磁—微弱磁性,磁化率平均值为 $40\times10^{-5}\sim224\times10^{-5}$ SI;中基性火山岩和次火山岩如玄武岩、安山岩、安山玢岩、安山质火山熔岩等磁性较强且变化大,磁化率平均值达 2000×10^{-5} SI 以上,可引起跳跃变化的磁场或局部异常,研究区中部的条带状高背景及尖峰高值异常主要由这类岩石引起。各种凝灰岩磁性变化较大,但多数表现为微弱—弱磁性。

(3)侵入岩磁性特征。区内侵入岩的磁性特征整体上具有从酸性—中性—基性磁性逐渐增强的规律。辉长岩及基性—超基性岩磁性很强,磁化率平均值达 4000×10^{-5} SI 以上;但本区橄榄岩磁性不强,属中弱磁性。闪长岩具有两种不同磁性,一种为弱磁性,磁化率平均值为 300×10^{-5} SI 左右;另一种为强磁性,磁化率平均值达 6000×10^{-5} SI 以上。花岗岩亦具有两种磁性,一种为中等—弱磁性,磁化率平

均值为 $370×10^{-5}$ SI 左右；另一种具微弱磁性，可能由于中酸性岩体形成时期不同，磁性矿物含量不同，磁性有一定差异。浅成侵入岩如闪长玢岩、花岗斑岩、石英斑岩等磁性一般为中等偏弱，岩体规模一般也不大，因此在磁场图上常表现为弱异常。

(4) (磁)铁矿磁性特征。区内铁矿主要包括磁铁矿、磁赤铁矿、赤铁矿、褐铁矿、菱铁矿、镜铁矿 6 类，一般独立存在，有时共生。其中以磁铁矿磁性最强，其强度与品位密切相关，磁化率变化范围 $491.4×10^{-5} \sim 125\ 370×10^{-5}$ SI，平均 $412\ 96.5×10^{-5}$ SI；磁化强度变化范围 $1400×10^{-3} \sim 4\ 900\ 000×10^{-3}$ A/m，平均 $91\ 195×10^{-3}$ A/m，在近地表可引起数千纳特到上万纳特的磁异常，当埋藏较浅、具有一定规模时，在不同比例尺航空磁测中往往形成强度高、梯度变化大、易于识别的尖峰磁异常。磁赤铁矿磁性较磁铁矿低，但仍是基性—超基性岩体磁性的 2～5 倍。其他赤铁矿、褐铁矿、菱铁矿、镜铁矿一般为无磁性—微弱磁性。

2. 磁场特征

研究区的区域磁场总体上呈近东西向展布。南、北两侧为跳跃变化的正磁场，由一些不同延伸方向、不同规模和形状的异常带组成(异常形态颇为复杂，以条带状为主，还有等轴状、环状、串珠状等异常)，中间以平缓变化的负磁场为主，其间分布着一些大小不等的条带状和环状异常。区域磁场的这些特征，客观地反映了该区区域地质构造的基本特征。因此，深入分析航磁资料，对研究区域地质构造、寻找各类矿产具有重要的意义。将全区划分为 4 个磁场区和 8 个磁场亚区(图 2-7)，现将各区磁场特征及其地质解释分述如下。

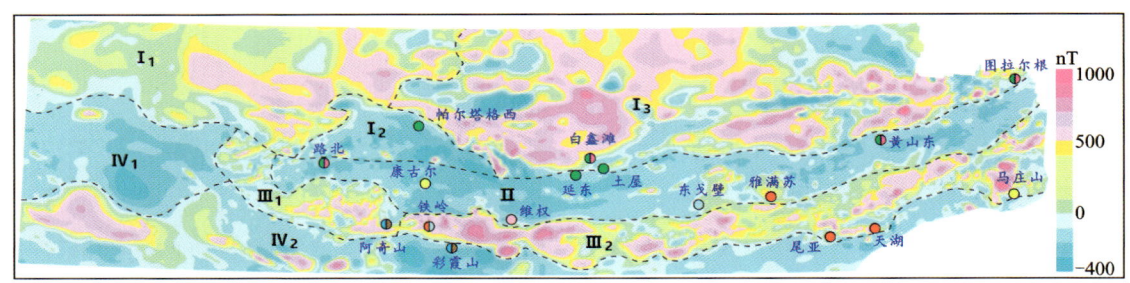

图 2-7 研究区航磁 ΔT 化极等值线平面图

1) 吐哈盆地南缘跳跃变化强磁场区(Ⅰ)

该磁场区分布在研究区北部，色尔特能塔格—哈尔拉麦契齐—恰特卡尔塔格—康古尔塔格—南湖戈壁滩—雅满苏北山—骆驼圈子一线以北地区，总体走向近东西，中部略有变化，呈向北凸出的弧形，升高强磁场向东、西两侧还有延伸。大致以秋格明塔什—康古尔塔格—南湖戈壁南缘一线为界，该磁场区与南部负磁场区两者之间存在明显差异，可进一步划分为 3 个亚区。

(1) 色尔特能塔格-恰特尔塔格强磁场亚区($Ⅰ_1$)：位于研究区西北部，总体上呈近东西方向延伸，以较强的正磁场为特征，该磁场亚区西面宽大，向东逐渐变为北东向。磁场强度一般为 200～500nT，局部可达 700nT。磁场区内出现多个强度较大的呈北东向延伸的条带状及等轴状异常，剖面上形成多峰状异常。在哈尔拉麦契齐西北约 10km 处有 3 个环状负磁异常，其规模和强度均基本相似，直径约 3km，强度 -600～-200nT。另外，在恰特卡尔塔格北面，也有一个大体呈环形的负磁异常，长约 10km，宽 6km，强度 200nT 左右。该区较强的升高磁场和局部异常主要位于下石炭统小热泉子组、下石炭统雅满苏组、上石炭统底坎尔组、上泥盆统康古尔塔格组中基性火山岩、火山碎屑岩和正常沉积岩中，异常主要与中基性火山岩、火山碎屑岩有关，部分与闪长岩等中基性侵入岩有关，其中北部复理石建造中的磁异常与深部火山岩、侵入岩有关。

该磁场区与其南部的负磁场区的磁场特征截然不同，两者之间存在一个较大的磁性界线，即地质上已知的康古尔塔格深大断裂。

(2) 恰特卡尔塔格-康古尔塔格相对平稳的磁场亚区（I_2）：该磁场区呈近东西向延伸，与东、西两侧的强磁场区不同，这里磁场强度一般较弱，为负磁场背景中叠加少量带状正磁异常，负磁背景一般为—100～—50nT，最低—126nT（不包括正磁异常中的伴生负异常）。负磁背景场主要与小热泉子组和底坎尔组安山质火山碎屑岩、碳酸盐岩、碎屑岩沉积建造有关。该区南部出现呈东西向的5个以上带状正磁异常，强度600nT，呈椭圆形，走向北西西，长约10km、宽约4km，与玄武岩、二长花岗岩、闪长岩等密切相关，反映了导岩地质构造。

(3) 康古尔塔格-骆驼圈子强磁场亚区（I_3）：这个亚区实际上构成北部跳跃变化强磁场区的主体，是示范区规模最大、磁场变化复杂的总体呈近东西向延伸，在康古尔塔格至东经91°50′附近为北西向，然后转为近东西向，在赤湖附近逐渐转为北东东向，长约250km，宽30～40km，北部有一些异常没有完全封闭，磁场强度一般为200～500nT，最高可达1000nT以上，成为研究区内最强的磁场区。该磁场区包含了许多强度不同、延伸方向不同、规模大小不等的局部异常。

该亚区东部出露上石炭统梧桐窝子组玄武岩、安山岩及其碎屑岩、碳酸盐岩沉积建造，西部出露少量石炭纪中酸性火山碎屑岩，中部大量为第四系覆盖区。区内侵入岩发育，主要有二叠纪闪长岩，石炭纪闪长岩、二长花岗岩，泥盆纪斜长花岗岩以及辉长辉绿玢岩、石英闪长岩等，磁异常与闪长岩类分布关系密切。

该区磁场区的异常主要由中泥盆统头苏泉组、上石炭统梧桐窝子组中基性火山岩-火山碎屑岩地层，以及辉长-辉绿岩、闪长岩等侵入岩引起。

需要指出的是，在这个强磁异常区内，似乎存在一个平缓的背景场，康古尔塔格-南湖戈壁-克孜尔卡拉-赤湖强磁场是区域背景场和强磁异常场叠加的结果，这个区域背景场可以与北部吐鲁番盆地中艾丁湖地区的区域磁场类比，据此，我们推断这个区域背景场很可能由磁性基岩引起，在研究该区区域地质构造中值得引起重视。

2) 秋格明塔什-雅满苏相对平静的负磁场区（II）

这一磁场区位于研究区中部，航磁反映为整体上呈近东西延伸的长条状负磁场区，在航磁ΔT等值线平面图上所显示的形态呈扁豆状，磁场向东、西两个方向收敛，长约700km，南北宽约20km，最宽处可达40km。该区与北部正磁场区以陡梯度带分开，为大片较稳定的负磁场，幅值一般—200～50nT，最低可达—500nT。在负磁场区内分布几条长条状强磁异常带和一定面积的团块状磁异常，以及一些正负相间的较复杂的异常，此外还有一些强度较低的串珠状局部异常。这表明在大片较稳定的负磁场区内，存在着不同类型的次一级局部异常，反映该区地质构造的复杂性。

在马头滩向东至骆驼峰一带，分布着一个弧形的条带状负异常带，负异常延伸方向由北西向转为近东西向，往西则转为北东向。在这个异常区中出现一条狭窄异常和两个团块状磁异常。前者分布在黄尖包与南湖戈壁滩之间，长约150km，宽2～5km，异常强度100～400nT，具多个异常中心，构成一条串珠状的异常链，显得十分鲜明突出。后者分布在雅满苏铁矿与雅满苏北山之间，形成两个互不相连的大的团块状正磁异常，大体呈等轴状，成为该磁场亚区中两个十分醒目的团块状异常，强度为100～500nT。

区内主要出露石炭系干墩组、梧桐窝子组、雅满苏组的中基性—中酸性火山岩、火山碎屑岩，侵入岩以花岗岩类居多，造成磁场背景分布夹狭小条带状异常。

3) 多头山-星星峡正磁场区（III）

该磁场区位于研究区南部，为幅值100～1000nT的小磁场，它由两大部分组成：在多头山以西，异常延伸方向为北西向，强度不大，异常较平缓；多头山以东，异常延伸方向转为近东西向，长城山至库姆塔格沙垄、图兹雷克一带，磁场强度高，变化剧烈。

(1) 卡拉乔尔-秋格明塔什正负变化磁场区（III_1）：该磁场亚区大致呈一个三角形，位于研究区的西部，磁场面貌颇为复杂，局部异常延伸方向变化较大，北面的异常带呈北东向延伸，南面的异常带呈北西向延伸，两带在该区的西端左右汇合。南、北两个正磁异常带之间，出现一些小的等轴状和椭圆形低值负磁异常。正磁异常强度为200～300nT，负磁异常强度为—1200～—50nT。

该磁场亚区主要出露下石炭统雅满苏组玄武质、安山质火山岩、火山碎屑岩，并分布大面积的花岗闪长岩、闪长岩以及少量的辉长岩体。多种不同磁性体的存在，造成该区磁场比较复杂。南、北两侧磁异常带延伸方向的差异以及在西端的汇合，反映了该区的地质构造特征，它表明南、北两条不同走向的断裂在西端收敛合并，并控制了地层和侵入岩的空间分布。

(2) 长城山-尾亚-星星峡变化强磁场亚区（III_2）：该磁场亚区总体呈东西向延伸，长约 200km，宽 10 余千米。磁场区向东、向南未封闭，延伸至编图区之外。区内出现多个不同形状、不同延伸方向的和不同强度的局部异常，异常形状有长条状、椭圆状、等轴状，延伸方向有北西向、北东向、近南北向和近东西向等，但总体构成一个近东西向延伸的条带状磁场区。

根据磁异常的强度和轴向的变化，可以进一步划分两种特征不尽相同的异常：一种出现在北部，异常强度高，一般 300~1000nT，其形状有椭圆形、圆环形、长条形，异常轴向有东西向、北西向，局部北东向，这里地表出露为下石炭统雅满苏组玄武岩、安山岩及火山碎屑岩沉积建造；另一种出现在南部，异常强度较前者弱，一般 200~400nT，大体呈近东西向延伸，其中包含一些小的等轴状异常，地表主要为元古宙片麻岩及石英片岩和角闪片岩，并有大量花岗岩及闪长岩侵入体。上述南、北两个异常区（带）的界线与地质上划分的阿其克库都克大断裂基本一致。

4）帕尔岗-黑山梁正、负磁异常变化区（Ⅳ）

该磁场区位于研究区南部区域，以大面积分布的负磁场为基本特征，磁场值一般为 -100nT，最低达 -400nT。区内存在少量正磁异常呈块状或线性带状分布，异常区西部走向为北西-南东向，东部为北东-南西向。

(1) 梧桐沟西北平稳的负磁场亚区（IV_1）：位于研究区西端，呈北西向延伸，磁场强度为 0~50nT。地表出露泥盆纪片岩、大理岩、粉砂岩、凝灰岩等碎屑岩沉积建造，它们均为无磁性或弱磁性岩石。区域布格重力异常图上，磁场亚区显示为重力低异常，这主要是泥盆纪地层的反映。分布于该地层中的大型梧桐沟铁矿床，主要由菱铁矿组成，它在航磁及区域重力图中仅有很弱的重、磁异常反映。

(2) 帕尔岗-黑山梁正、负磁异常变化亚区（IV_2）：位于研究区南部，以大面积分布的负磁场为基本特征，磁场值一般为 -100nT，最低达 -400nT。区内存在少量正磁异常呈块状或线性带状分布，异常区西部走向为北西-南东向，东部为北东-南西向，该异常带可能与具有磁性的变质岩系有关。

二、区域地球化学特征

研究区共有 39 种元素（或氧化物）区域化探数据 14 874 个，覆盖面积约 63 870km^2。在统计各元素（或氧化物）的特征值（中位数、平均值、标准差等）的基础上，结合相关分析和聚类分析，研究元素含量特征和组合关系。

（一）背景特征

1. 中位数

新疆东天山 39 种元素（或氧化物）中位数及其与全疆 39 种元素（或氧化物）中位数对比结果见表 2-3。从表中可以看出，新疆东天山示范区 39 种元素（或氧化物）中位数多数低于全疆平均水平。39 种元素中，只有 5 种元素（或氧化物）高于或略高于全疆平均水平，这 5 种元素（或氧化物）依次为 Na_2O、Sr、Ba、Mo、SiO_2，是全疆中位数的 1.07~1.38 倍。其余 34 种元素（或氧化物）低于或远低于全疆平均水平，Fe_2O_3 是全疆中位数的 78%。

表 2-3　新疆东天山区域化探 39 种元素(或氧化物)中位数特征表

序号	1	2	3	4	5	6	7	8	9	10	11	12	13	14	15	16	17	18	19	20
元素	Ag	As	Au	B	Ba	Be	Bi	Cd	Co	Cr	Cu	F	Hg	La	Li	Mn	Mo	Nb	Ni	P
中位数(东天山)	52.4	6.2	0.9	20	594	1.6	0.18	70	7.6	26.9	17.3	344	9	20.8	15.1	554	0.96	9	12.3	495
中位数(全疆)	60	7.6	0.9	30	510	1.8	0.22	110	10.3	41	22.2	447	13	27	23.2	683	0.87	10.8	19.7	623
东天山/全疆	0.87	0.82	1.00	0.67	1.16	0.89	0.82	0.64	0.74	0.66	0.78	0.77	0.69	0.77	0.65	0.81	1.10	0.83	0.62	0.79
序号	21	22	23	24	25	26	27	28	29	30	31	32	33	34	35	36	37	38	39	
元素	Pb	Sb	Sn	Sr	Th	Ti	U	V	W	Y	Zn	Zr	SiO_2	Al_2O_3	Fe_2O_3	K_2O	Na_2O	CaO	MgO	
中位数(东天山)	12	0.39	1.3	304	6.7	2658	1.9	60.3	0.86	21	46.9	142.1	65.04	12.02	3.33	2.3	3.31	4.34	1.52	
中位数(全疆)	15.3	0.49	1.8	249	8	3246	2	73	1.1	22.13	62.6	158	61	12.29	4.29	2.35	2.4	4.71	2	
东天山/全疆	0.78	0.80	0.72	1.22	0.84	0.82	0.95	0.83	0.78	0.95	0.75	0.90	1.07	0.98	0.78	0.98	1.38	0.92	0.76	

注：元素中除 Au、Ag 含量单位为 $\times 10^{-9}$，其余为 $\times 10^{-6}$；氧化物含量单位为%。

2. 平均值

新疆东天山 39 种元素(或氧化物)平均值及其与全疆 39 种元素(或氧化物)平均值对比结果见表 2-4。从表中可以看出，研究区 39 种元素(或氧化物)算术平均值与全疆平均水平相比，类似于中位数，有 7 种

表 2-4　新疆东天山区域化探 39 种元素(或氧化物)平均值特征

序号	1	2	3	4	5	6	7	8	9	10	11	12	13	14	15	16	17	18	19	20
元素	Ag	As	Au	B	Ba	Be	Bi	Cd	Co	Cr	Cu	F	Hg	La	Li	Mn	Mo	Nb	Ni	P
平均值(东天山)	57.8	7.86	1.7	24	608	1.67	0.24	91.6	8.26	33.2	20.2	364	13.0	21.5	16.2	590	1.11	9.71	14.5	548
平均值(全疆)	67	10.0	1.4	34	558	1.9	0.29	139	11	50	25	474	22	29	25	719	1.0	11	24	701
东天山/全疆	0.86	0.79	1.18	0.70	1.09	0.86	0.83	0.66	0.76	0.67	0.81	0.77	0.59	0.75	0.65	0.82	1.06	0.86	0.62	0.78
序号	21	22	23	24	25	26	27	28	29	30	31	32	33	34	35	36	37	38	39	
元素	Pb	Sb	Sn	Sr	Th	Ti	U	V	W	Y	Zn	Zr	SiO_2	Al_2O_3	Fe_2O_3	K_2O	Na_2O	CaO	MgO	
中位数(东天山)	13.59	0.51	1.5	335.4	6.88	2867	2.01	65.67	1.02	21.72	49.91	153.2	61.5	11.5	3.49	2.41	3.2	5.7	1.84	
中位数(全疆)	17	0.71	2.1	282	8.8	3316	2.3	76	1.5	23	65	166	58	11.5	4.3	2.3	2.5	7.0	2.3	
东天山/全疆	0.80	0.72	0.71	1.19	0.79	0.86	0.88	0.86	0.67	0.94	0.77	0.92	1.06	1.00	0.81	1.03	1.31	0.81	0.80	

注：元素中除 Au、Ag 含量单位为 $\times 10^{-9}$，其余为 $\times 10^{-6}$；氧化物含量单位为%。

元素(或氧化物)高于或略高于全疆平均水平,这 7 个元素(或氧化物)依次为 Na_2O、Sr、Au、Ba、Mo、SiO_2、K_2O,是全疆平均值的 $1.03\sim1.31$ 倍,元素(或氧化物)种类与中位数相比多出了 Au 和 K_2O,其中 Au 是全疆水平的 1.18 倍。其余 32 种元素(或氧化物)低于或远低于全疆平均水平,Fe_2O_3 是全疆平均值的 0.81%。综上所述,新疆东天山与全疆平均水平相比,处于高 Na_2O、K_2O、SiO_2,富分散元素 Sr、Ba、Mo、Au 的地球化学环境中。Fe_2O_3、Mn 含量水平只相当于全疆平均水平的 81%、82%,Cu、Pb、Zn 含量只相当于全疆平均水平的 81%、80%、77%。

3. 变化系数特征

变化系数是主要反映元素含量变化特征的参数,也是评估元素在空间分布、迁移富集能力和富集成矿可能性的重要参数。一般来说,变化系数越大,元素的空间分布越不均匀、迁移富集能力越强、富集成矿的可能就越大。表 2-5 中的变化系数就反映了东天山各元素(或氧化物)的空间分布、迁移富集和成矿的重要特征,从该表中可以看出,Au、Hg、Sb、As、Bi、W、Pb 等元素处于不均匀分布状态(变化系数 $C_v \geq 1.2$),尤其是 Au 变化系数在 6.59 以上,说明该元素处于极不均匀分布状态,起伏变化大,具有极强的迁移富集能力,能够在局部地质构造成矿有利部位富集形成矿产;Hg、Sb、As、Bi、W、Pb 等元素的不均匀分布,说明中酸性岩浆活动和构造活动较强,可能在本区的主要矿产成矿过程中起到了重要的作用;Fe_2O_3、Mn、V、Ti 等铁族元素(或氧化物)含量起伏变化相对较小,变化系数在 $0.46\sim0.56$ 之间,Fe_2O_3 为 0.46。

表 2-5 新疆东天山示范区区域化探 39 种元素(或氧化物)变化系数特征

序号	1	2	3	4	5	6	7	8	9	10	11	12	13	14	15	16	17	18	19	20
元素	Ag	As	Au	B	Ba	Be	Bi	Cd	Co	Cr	Cu	F	Hg	La	Li	Mn	Mo	Nb	Ni	P
东天山变化系数	0.58	1.53	6.59	1	0.33	0.43	1.45	0.92	0.54	0.87	0.69	0.4	2.95	0.35	0.47	0.52	0.74	0.4	0.77	0.53
序号	21	22	23	24	25	26	27	28	29	30	31	32	33	34	35	36	37	38	39	
元素	Pb	Sb	Sn	Sr	Th	Ti	U	V	W	Y	Zn	Zr	SiO_2	Al_2O_3	Fe_2O_3	K_2O	Na_2O	CaO	MgO	
东天山变化系数	1.27	1.69	0.54	0.51	0.49	0.49	0.43	0.56	1.33	0.4	0.52	0.44	0.21	0.26	0.46	0.36	0.3	0.88	0.84	

(二)主要地质单元元素含量特征

1. 主要地层单元元素含量

区内地层发育程度不同,主要出露石炭系,第四系、第三系及侏罗系出露面积较大;就其区域成矿特征而言,与成矿关系密切的主要为石炭系。因此元素含量及分布特征的研究将石炭系划分为到组进行重点讨论。

上石炭统底坎儿组(C_2d):为一套浅海相火山碎屑岩沉积建造,与下伏小热泉子组呈不整合接触,岩性以灰色、灰绿色、褐灰色长石岩屑砂岩为主。底坎儿组富集的元素(或氧化物)主要为 B、Mo、Ti、V、Y、Li、Fe_2O_3、Zn、Ag、F、Ni、Cu、Nb、Co、As(浓集系数 $K \geq 1.2$),其中铁族元素(或氧化物)Fe_2O_3、V、Ti、Co、Ni 相对富集。就其变化系数而言,Au、B、Ni、Hg、As 等元素离散程度高,空间上含量变化较大(变化系数 $C_v \geq 1.2$),其他元素离散程度相对较低,元素含量在空间总体处于均匀分布。综合元素富集特征和空间含量变化特征,其特征元素(或氧化物)为 Fe_2O_3、V、Ti、Co、Ni 和 Cu、Mo、Au、Ag、As、Zn 两种组合。

上石炭统土古土布拉克组（C_2tgt）：该组与下伏雅满苏组（C_1y）整合接触，根据岩性可分两个岩性段：下段为凝灰岩夹砾岩、灰岩；上段为火山熔岩段，以安山岩、玄武岩为主，夹凝灰岩、火山角砾岩、集块岩。土谷吐布拉克组相对富集的元素（或氧化物）主要为 V、Zn、P、Ti、Cu、Fe_2O_3、Mn、Co、Y、Ni、As、B、Ag（浓集系数 $K \geqslant 1.2$），尤其是 V、Zn、P 呈显著富集（浓集系数 $K \geqslant 1.5$），而 Au 属于最不富集元素（浓集系数 $K = 0.53$）。就其变化系数而言，39 种元素（或氧化物）的变化系数均小于 1，说明元素含量在空间变化较小，在地层内分布相对较为均匀。

上石炭统梧桐窝子组（C_2wt）：为一套层状无序地层，属蛇绿混杂岩堆积，外来岩块为洋壳残片及陆源碎屑岩，基质为深海相火山碎屑岩及碎屑岩。梧桐窝子组相对富集的元素（或氧化物）主要为 Au、Cu、V、Ti、Fe_2O_3、Cr、Co、Mn（浓集系数 $K \geqslant 1.2$），其中 Au 的浓集系数 $K = 2.28$，呈显著富集状态，铁族元素（或氧化物）Fe_2O_3、Mn、V、Ti、Co 也呈相对富集。从变化系数看 Au 最大，变化系数达 10.23，说明了 Au 在区内富集而且相对活泼，易于在局部成矿有利部位集中，且富集成矿。

上石炭统脐山组（C_2qs）：为一套酸性火山岩建造。脐山组相对富集的元素主要为 Au、As、Sb、Pb、Bi、Mo、B、Ni、Sn、Hg、Li、W（浓集系数 $K \geqslant 1.2$），同时 Au、Hg、Mo、As、Bi、Pb 等元素的变化系数也在 1～2.38 之间，脐山组的特征元素组合为 Au、As、Sb、Hg、Pb、Mo、Sn、Bi 等，是一套与酸性侵入岩有关的中低温元素组合。

下石炭统（C_1）：研究区下石炭主要有雅满苏组、干墩组和小热泉子组 3 套地层，其岩石组合和地球化学特征均有明显的区别。

雅满苏组（C_1y）：为一套火山碎屑岩夹灰岩、正常碎屑岩、火山熔岩沉积。地层内比较富集的元素主要为 Sb、As、Cd、Zn、B（浓集系数 $K \geqslant 1.2$），而其他元素（或氧化物）Ag、Cu、W、Mn、Mo、Hg、Th、Pb、Fe_2O_3、Li、V、Si、Y、F、Na、Al、Ba、Co、Bi、U 的浓集系数 $K \geqslant 1$，处于相对富集状态。从元素含量变化系数上看，Au、Hg、W、As、Sb、Pb 变化系数 $K \geqslant 1$，离散程度高，处于不均匀分布状态；尤其是 Au、Hg、W、As 等离散程度极高（变化系数在 1.5～4.6 之间），处于极不均匀分布状态，说明了这些元素在研究区相对比较活泼，易于在局部成矿有利部位（尤其是在中酸性火山岩或侵入岩分布的地区）集中，且富集成矿。雅满苏组的特征元素组合为 Cu、Pb、Zn、Au、Ag、Bi、Mo、W、As、Hg、Sb。其中，Cu、Pb、Zn、Au、Ag 元素组合反映了本区的主要矿化特征；Bi、Mo、W 元素组合则反映了强烈的中酸性岩浆的成矿作用；而 As、Hg、Sb 元素组合，主要反映本区断裂构造及岩浆热液作用及与其有关的成矿作用的强烈。Fe_2O_3 的变化系数为 0.3。

干墩组（C_1gd）：主要为一套半深海—浅海相复理石杂砂岩建造。该组中 As、Sb、B、Cr、Mn、Ni 等元素比较富集（浓集系数 $K \geqslant 1.2$），呈高背景分布；其他元素（或氧化物）Ti、Li、Co、Fe_2O_3、Cu、V、Si、Hg、Nb、Au、Na、Zn、P、Al、Zr、F、Mo 与研究区背景含量接近（浓集系数 $K \geqslant 1$）；但从元素变化系数上看，多数元素离散程度较低，在空间上呈较均匀分布（变化系数一般在 1.0 左右），仅有 Au、Hg、W、As、Sb 等元素变化系数超过 1.2，其中 Au、Hg 的变化系数为 4.61 和 2.25，离散程度较高，呈不均匀分布。因此，该组地层的特征元素为 Au，这与研究区北部康古尔塔格一带干墩组为区内金矿的主要赋矿地层之一相吻合。

小热泉子组（C_1x）：主要为中酸性—基性火山岩，以火山碎屑岩为主。相对富集的元素（或氧化物）主要为 Hg、V、Cr、Ti、Co、Cu、Fe_2O_3、Zn、Ni、Mn、P、Mo、B、Mg、Li、Zr、Y（浓集系数 $K \geqslant 1.2$），在该地层内铁族元素（或氧化物）Fe_2O_3、Mn、V、Ti、Co、Ni 明显富集，与地层内的基性火山岩对应。从元素变化系数上看，Au、Hg、As、Sb 元素变化系数超过 1.2，其中 Au、Hg 的变化系数为 3.7 和 2.38，离散程度较高，呈不均匀分布。

2. 主要侵入岩元素含量

东天山中酸性岩浆侵入活动强烈，以花岗岩类分布最为广泛，另有少量中基性岩和基性岩零星分布。

酸性岩：主要有花岗岩（γ）、正长花岗岩（ξγ）和二长花岗岩（ηγ）。其中花岗岩和二长花岗岩中造岩元素 K、Na、Al、Si、Ba、Be 含量与背景相对富集（浓集系数 K 为 1～1.2），而在正长花岗岩中相对背景不仅上述造岩元素富集，而有 Au、Sn、Hg、Pb、Th 等元素富集（浓集系数 $K \geqslant 1.2$），呈高背景分布。从变化系数看，3 种岩体均表现了不同的特征，花岗岩中 Au、Bi、W 元素 $C_v \geqslant 1.2$，其中 Au 的变化系数为 4.12，正长花岗岩中 Au、Hg、Cd、Zn、B 元素 $C_v \geqslant 1.2$，其中 Au、Hg 的变化系数为 12.36、2.17，二长花岗岩中 Au、Sb、Hg、B、W、Bi、Mo、As 元素 $C_v \geqslant 1.2$，其中 Au、Sb、Hg 的变化系数为 8.87、4.81、4.19。由此说明，虽然花岗岩类侵入岩中这些元素含量多数接近背景，但它们在成岩或后期地质作用中具有相对活泼的地球化学属性，在花岗岩类侵入岩中分布不均匀或极不均匀，容易在局部富集，尤其是在成矿条件有利的情况下，可能富集成矿。

中基性岩：主要为闪长岩（δ）。该类岩石中 Hg、Na、Al、Si、Sr、Sb、V、Ba 共 8 个元素含量较高，处于相对富集状态（浓集系数 $K \geqslant 1$），其中 Hg 的浓集系数为 2.7，呈高背景分布；其他元素含量均接近于研究区背景，呈较正常分布。就各元素离散程度而言，多数元素处于相对均匀分布状态，仅有 Hg、Sb、W、Au、Bi 离散程度高，变化系数 $C_v \geqslant 1.2$，处于不均匀分布，尤其是 Hg、Sb 元素呈极不均匀分布（变化系数 $C_v > 3$）。由此可见，区内中基性侵入岩特征元素组合以造岩元素为主。

基性岩：主要为辉长岩（ν）。该类岩石中有 Cr、Ni、Th、Co、B、V、Ti、Ag、Cu、Zn 等元素处于相对富集状态（浓集系数 $K \geqslant 1.2$），呈高背景分布；Sb、W、Hg、Bi(Sn) 等元素处于相对贫化状态（浓集系数 $K \leqslant 1$），呈低背景分布。从离散程度而言，各元素总体处于均匀分布状态（变化系数均小于 0.8），仅有 Th、Au、Cr 的变化系数大于 1.2。因此，就元素分布特征上看，区内基性岩特征元素不甚明显，处于富集状态的元素可能仅代表基性岩的地质背景。

（三）构造地球化学特征

以四级构造单元为基础单元，分别统计了各单元的 39 种元素（或氧化物）的平均值和变化系数，并与全区元素（或氧化物）含量平均值进行了比较。

1. 小热泉子-大南湖古生代残留弧

根据出露岩石组合、形成环境等特征，进一步细分为大南湖古生代岛弧、小热泉子岛弧。

大南湖古生代岛弧：该岛弧带以泥盆纪火山岩为主体，在土屋一带出现少量石炭纪火山岩及碎屑岩。下泥盆统大南湖组为一套海相中基性火山熔岩、中酸性火山碎屑岩建造。相对于研究区背景，该单元中 V、P、Ti、Sr、Fe_2O_3、Cu 等比较富集（浓集系数 $K \geqslant 1$），呈高背景分布；Mn、Na、Y、Co、Zr、U、Al、Zn、Li、Nb、Ni、Ag、La、Si、F、Mg 等元素相对富集（浓集系数 $K \geqslant 1$）。就各元素离散程度而言，多数元素处于相对均匀分布状态，仅有 Au、Pb、Hg 3 个元素离散程度高，变化系数 $C_v \geqslant 1.8$，处于不均匀分布，尤其是 Au、Pb 元素呈极不均匀分布（变化系数 $C_v > 2.3$）。区域地球化学场上表现为 Cu、Ni、Au、Zn、Pb、Hg、As 组合和 Fe_2O_3、Mn、V、Ti、Co、Ni 组合，具有较好的多金属找矿前景。

小热泉子岛弧：南以秋格明塔什韧性剪切带为界，北被中新生代盆地覆盖，主要由下石炭统小热泉子组和上石炭统底坎尔组组成。相对于研究区背景，该单元中 Hg、Ti、V、B、Mo、Ni、Zn、Fe_2O_3、Co、Cu、P、Li、Cr、Y、Nb、Mn、F、Zr 等相对富集（浓集系数 $K \geqslant 1.2$），其他元素与普查区背景含量接近（浓集系数 K 为 0.73～1.2）。从元素含量变化系数上看，Hg、Au、Sb、As、Ni 元素的离散程度大，其中 Au、Hg 的变化系数为 3.55、3.23。地球化学特征反映为以 Cu、Pb、Sb、Ni、Hg、As、Fe_2O_3、Mn、V、Ti 异常为主。

2. 康古尔塔格-苦水蛇绿混杂岩带

北界为康古尔塔格深大断裂，南界为雅满苏断裂，地层主要由下石炭统干墩组和上石炭统梧桐窝子组组成，有少量二叠系分布。该单元中大多数元素含量与背景值相当，仅有 Au、As 的浓集系数 K >

1.2，Au、Hg、Sb、As 的变化系数大于 2，其中 Au 的变化系数达到 7.01。在区域上地球化学特征反映为以 Au 异常为主，局部地段分布有 Cu、Pb、Sb、Ni、Hg、As、W 异常。

3. 阿奇山-雅满苏弧前盆地

在雅满苏断裂与阿其克库都克断裂之间，主要分布石炭系，少量下二叠统。石炭纪、二叠纪侵入岩分布广泛，个别为三叠纪侵入岩。该单元中大多数元素含量与背景值相当，浓集系数在 0.77～1.16 之间。就变化系数来看，Au、Hg、W、As 离散程度高，变化系数 $C_v \geqslant 1.2$，处于不均匀分布，尤其是 Au 呈极不均匀分布（变化系数 $C_v = 7.89$）。在该单元内区域化探异常较为发育，总体上以 Cu、Ag、Au、Pb、Zn、As、Hg 为主，元素组合较为复杂，无论是东西向还是南北向空间上均有元素的分带和分区富集现象。

4. 中天山复合岛弧带

该单元内主要出露中新元古界及少量太古宇、石炭系。该单元中大多数元素含量与背景值相当，浓集系数在 0.59～1.18 之间。离散程度较高的元素有 Au、Pb、Bi 等（变化系数 $C_v > 1.2$）。在该单元内区域地球化学异常不发育，但近年在该区找矿上有了较大的突破，发现了彩霞山大型铅锌矿床以及吉源多金属矿、黄龙山金矿等。

（四）元素组合特征

元素在自然界中的组合，是元素在某种地质环境中是否有相似活动性的一种表现。研究区内 39 种元素经 R 型点群聚类分析可分为 5 个多元素（或氧化物）组合。

Fe_2O_3、V、Ti、Co、P、Mn、Cu、Zn、Cr、Ni 组合：主要属铁族元素组合，其中 Fe_2O_3、V、Ti、Co 具有共生关系，一方面反映了中基性火山岩的地球化学特征，另一方面也反映了 Cu 在中基性火山岩中成晕成矿的地球化学专属性，这一特征与本区分布着大面积的中基性火山岩建造和中基性、基性岩体的发育相吻合，另外这一特征与沉积变质型矿产有关。

Nb、Y、Zr 组合：主要反映了花岗岩的分布特征，而区域内侵入岩以中酸性花岗岩为主也证明了这一点。此外，K、Be 元素组合也反映了正长花岗岩和二长花岗岩的分布特征。

Ca、Mg 组合：为造岩元素组合，与区域内分布的中性、中基性火山岩对应，也与区内分布的少量中性、基性侵入岩相关。

Si、Al、Na 组合：为造岩元素组合，主要反映了中酸性岩浆岩的地球化学特征。

Ag、As、Sb、Hg、Ba、W、Bi 组合：可能是区内成矿作用的结果。

第六节 控矿因素分析

研究区是中亚古生代造山带的重要组成部分，在长期的地质历史进程中，受限于古洋盆的形成、俯冲、消亡，在不同的地壳演化阶段成岩作用差异明显。因此，地质作用及相应的成矿作用的不同，形成了不同矿床及矿床类型组合（图 2-8）。

在中元古界长城系星星峡岩群和蓟县系平头山组的碳酸盐岩建造中，形成了以彩霞山、宏远、清白山为代表的铅锌矿床（Wang et al.，2020；Gao et al.，2020；Lu et al.，2018；夏天等，2019；赵同阳等，2020），成矿环境主要为古大陆边缘的碳酸盐裂陷盆地。新元古代末期南天山洋盆打开后，寒武纪在清白山以及北部地区分布有深海相硅质岩沉积建造，形成了沉积变质型铁矿、铁锰矿。

奥陶纪晚期至泥盆纪晚期阶段，主要为活动大陆边缘环境，即康古尔洋盆向北部的准噶尔地块俯冲碰撞形成哈尔里克-大南湖不成熟岛弧,在康古尔塔格至卡拉塔格一带形成了大面积的火山岩。并在卡拉塔格地区形成一套相对完整的成矿系统,主要有玉带斑岩型铜矿、红海 VMS 型铜锌矿以及西二区矽卡岩型铁铜金矿(毛启贵等,2010;Mao et al.,2017a)。

早石炭世至早二叠世阶段,随着康古尔洋盆南北双向俯冲,在阿奇山-雅满苏岛弧带形成了火山岩建造。同期形成的矿床主要有百灵山、雅满苏等火山岩型铁矿(李厚民等,2014;Hou et al.,2014;Zhang et al.,2018a),阿奇山火山岩型铅锌矿(夏冬等,2018;邓莉明等,2019),小热泉子火山岩型铜锌矿(Mao et al.,2020),土屋-延东斑岩型铜矿(王云峰等,2016;Wang et al.,2015)。早二叠世随着康古尔洋盆的俯冲闭合,东天山地区转入后碰撞松弛阶段,在伸展环境下大量幔源物质上涌,形成了一大批岩浆铜镍硫化物型矿床(Mao et al.,2008;Li et al.,2021;Zhao et al.,2015;Chen et al.,2018)。同时在西段地区形成了与韧性剪切带有关的金矿床(Muhtar et al.,2020)。中晚三叠世期间,随着板内伸展作用影响,在研究区形成了镜儿泉伟晶岩型锂铍铌钽矿(Liu et al.,2019),国宝山超大型前景铷矿(Chen et al.,2022),白山、东戈壁斑岩型钼矿(Zhang et al.,2005;Han et al.,2018),在尾亚形成了岩浆型钒钛磁铁矿(王玉往等,2008)。

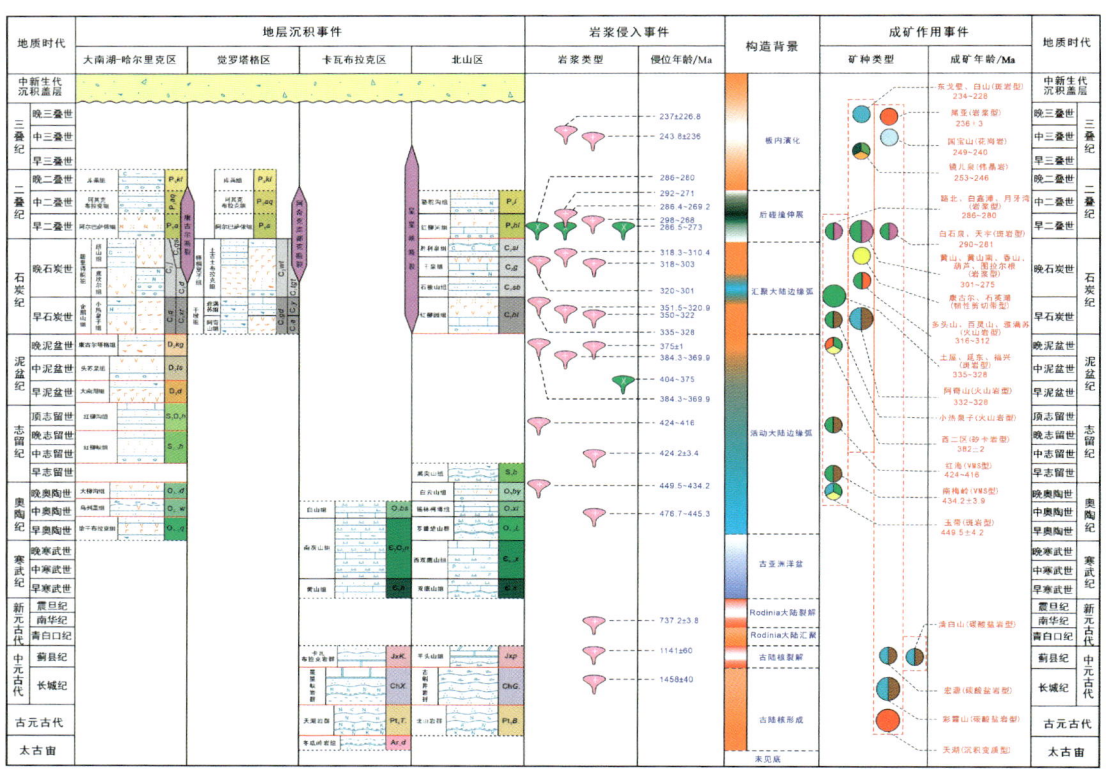

图 2-8 东天山地层-构造-岩浆与成矿时空结构图(据李平等,2021修改)

一、大地构造演化对成矿的控制

1. 前寒武纪基底演化与成矿的关系

前寒武纪基底出露于研究区南部,阿其克库都克大断裂以南的卡瓦布拉克-星星峡地块中,夹持于古生代造山带中,与之有关的矿产主要有镁质碳酸盐岩建造中热液改造型铅锌(铜)、银矿矿床成矿系列类型。此类型矿产地有彩霞山、吉源等铅锌、铜、银矿床(点),元古宙主要形成以岩相控制的矿源层,为后期的热液改造提供物源。

2. 早古生代岛弧演化与成矿的关系

早古生代构造地质体主要位于研究区东北部,发育于早古生代岛弧。在大草滩一带,下古生界主要由下—中奥陶统恰干布拉克组($O_{1-2}q$)和中—上志留统红柳峡组($S_{2-3}h$)组成。前者由中酸性火山岩、火山碎屑岩组成,局部夹深海相放射虫硅质岩、玄武岩及砂岩等,火山岩以钙碱性为主,部分为碱性系列,以富钠为特征,属海相岛弧环境;后者岩石组合以灰色、灰绿色、浅褐色凝灰质砂岩,玻屑岩屑凝灰岩为主,夹少量火山灰凝灰岩和霏细岩,代表早古生代陆壳形成后的前陆复理石盆地沉积。发育与奥陶纪拉张阶段双峰式火山岩建造有关的铜、金、锌矿化,如黄土坡大型铜锌(金)矿床、梅岭南中型铜锌矿床。

3. 晚古生代板块汇聚-板内活动演化与成矿的关系

晚古生代由于洋壳板块俯冲与碰撞,研究区地壳发展进入汇聚阶段,本阶段中,原先拉张阶段及洋壳阶段的产物被强力推挤在一起,地壳缩短、增厚,渗透性下降,地壳成熟度提高,岩浆源区逐步上移,岩浆作用产物的陆壳色彩越来越显著,主要产物为钙碱性的闪长岩-花岗闪长岩-二长花岗岩建造,及安山岩建造或基性—中性—酸性连续系列火山岩建造;地表沉积由深海—半深海非稳定类型沉积向浅海及海—陆交互相次稳定类型沉积演化。成矿作用由带部分上地幔色彩的铜多金属组合向地壳色彩的钼-铜-多金属组合演化。

晚石炭世以后,天山-北山地壳发展由汇聚阶段转入板内活动阶段。这时地表对应为较小范围的下磨拉石沉积或残余海盆沉积。由于地壳已变硬,碰撞或挤压应力的变形效应主要表现为地壳的整体抬升,如挤压应力有足够的富余,则可能发生陆内堆叠事件,通过韧性剪切带完成地壳缩短,消耗挤压应力。当应力体制由挤压转为拉张时刻,可能在地壳薄弱处产生深达上地幔的弛张性深断裂,或形成上叠陆内地堑。

与上述地质作用相伴出现了以下成矿系列:

(1)在大南湖复合岛弧带中发育与异地型钙碱性花岗岩建造有关的斑岩型-矽卡岩型-热液型钨、锡、钼、铜、铅锌矿矿床成矿系列。此类型的矿床构成从花岗岩类岩体到接触带直至围岩的斑岩型→云英岩型→矽卡岩型→中—低温热液型的完整序列,成矿物质兼有幔源和壳源色彩。区内已发现土屋-延东超大型斑岩铜钼矿田。

(2)在大南湖复合岛弧带中发育与基性—中性—酸性火山岩建造、火山-潜火山岩建造、火山-沉积建造有关的铜、钼、铅锌矿床成矿系列。当进入汇聚阶段后,由于挤压环境下的高热流和上地幔物质的渗入,通常都要在地壳中上层发生岩浆作用,在地下为发育钙碱性系列花岗岩建造,在地壳浅表则为钙碱性及亚碱性火山-潜火山岩建造。并常常伴随发育铜钼多金属矿床系列。已发现有小热泉子VMS型铜锌矿、红海铜多金属硫化物矿床。

(3)沿区域深大断裂发育与弛张期镁铁—超镁铁岩建造有关岩浆型铜、镍成矿系列。恰特卡尔-白梁山-康古尔塔格镁铁—超镁铁岩带,都是生成于石炭纪新陆壳固结之后、二叠纪稳定期之前,地应力由挤压转入拉张的转换时期。区内产有黄山东、图拉尔根、白鑫滩、路北重要的铜镍矿床。

(4)在觉罗塔格构造带中发育与早石炭世火山岩建造有关的铁、铅、锌、银成矿系列。在早石炭世拉张阶段喷发沉积了火山岩建造,早期火山岩活动演化早期以形成铁矿床为主,主要有阿奇山1号铁矿床、红云滩铁矿床、百灵山铁矿床;在火山活动晚期火山活动减弱,在其间歇期喷流-沉积成矿作用发育,形成阿奇山铅锌矿及维权银铅锌矿床。在早石炭世晚期进入陆缘演化阶段,在滨海地区沉积了滨海古砂矿型钒钛磁铁矿,呈薄层状产出。

(5)在觉罗塔格构造带中发育与中基性火山岩活动有关的铁、石膏和自然铜矿化。在上石炭统土古土布拉克组中基性火山岩中发育浸染状、团块状自然铜矿化(长城山、彩珠),在沉积碎屑岩中发育菱铁矿化及石膏矿化(库姆塔格)。

(6) 在觉罗塔格构造带中发育与晚石炭世固结期正长花岗岩有关铁矿化（铁岭铁矿床、鄯善县2号铁矿点）。

(7) 与二叠纪后碰撞演化阶段陆相火山活动及浅成侵入岩活动有关的金、银（铅锌铜）成矿系列。与早二叠世上叠火山盆地陆相火山喷发作用形成的浅成低温热液型金矿床（石英滩金矿），在早石炭世地层的基础上发育区域韧性剪切作用影响域内与浅成侵入体相关的金铅锌多金属矿化（康古尔金多金属矿）。

(8) 在卡瓦布拉克-星星峡地块中发育与晚石炭世—二叠纪活化岩浆作用有关的铁、钒、钛、铜、金、银、铅锌、钨、钼、铍成矿系列。已发现有沙垄东大型钨（铷、萤石）矿床、尾亚中型钒钛磁铁矿床、库姆塔格Ⅱ号中型铁矿床、阿拉塔格中型铁矿床。

二、地层控矿作用

地层对区内铁、金、铜、铅锌、银等金属矿产有着直接控制作用，它主要表现在两个方面：一是地层作为矿源层为矿产的形成提供物质来源，在后期热液改造作用下成矿，区内金、铅锌、银等矿产这方面的特征非常明显，反映在赋矿围岩成矿元素背景值比较高，矿床的硫同位素来源与含矿地层硫源一致；二是不同矿种和类型的矿产常产于特定的含矿沉积建造中，如前寒武纪碳酸盐岩建造中产有层控-热液型铅锌银矿、奥陶纪和石炭纪中基性火山岩建造中的VMS型铜多金属矿床，早石炭世中酸性火山熔岩-火山碎屑岩建造中产有火山沉积型铁铜矿。上述两种地层控矿作用实际上是基底控矿的具体表现，盖层与基底具有继承性，当基底有益元素相对富集时，它就会对其上的盖层提供成矿物质，并形成矿源层和各种有利成矿的含矿建造。下面对地层与不同矿种的控矿关系进行分析。

1. 地层与铜矿的关系

研究区与地层关系比较密切的铜矿主要有火山岩型、斑岩型等。地层对火山岩型铜矿的控制主要有两种形式：一是对于海相火山岩型同生沉积铜矿来说，矿化都产于特定的含矿建造中，地层以含矿建造形式成为一种明显的找矿标志；二是对于火山热液型铜矿来说，火山岩地层仅作为初始矿源层或矿质来源的一种途径，后期各种成因的热液在运移过程中萃取围岩中的矿物质，最终在火山机构、构造破碎带等有利部位沉淀富集成矿。

与火山沉积作用有关的铜矿主要的沉积建造：①奥陶纪安山岩-玄武岩-英安岩建造，已发现有黄土坡、梅岭等块状硫化物型铜多金属矿床，赋矿岩系为中奥陶统大柳沟组，分布于研究区北部，康古尔塔格深大断裂以北的地区，吐哈地块南缘，岩石主要为玄武岩、玄武安山岩，含黄铁矿（少量黄铜矿）蚀变硅化玄武岩、玄武角砾岩、安山岩、凝灰质角砾岩。②石炭纪基性—中性—酸性火山岩建造，主要赋矿地层为下石炭统小热泉子组、上石炭统土古土布拉克组等。块状硫化物亚型，以小热泉子铜矿为代表，主要赋矿地层为下石炭统小热泉子组第一岩性段火山灰凝灰岩、凝灰质细—粉砂岩、岩屑凝灰岩、角砾凝灰岩、安山岩等，均属中基性钙碱系列，火山喷发—沉积韵律明显，矿石为铜-锌建造。火山沉积自然铜矿亚型，主要分布于东天山十里坡—玉西—长城山一带，含矿岩系为上石炭统土古土布拉克组玄武岩、安山岩、英安岩及火山碎屑岩组合，自然铜矿化呈浸染状产于火山熔岩中的凝灰岩夹层及中基性火山熔岩中。

斑岩型铜矿虽然主要受浅成岩浆侵入活动控制，但围岩的性质可使蚀变矿物、金属矿物组合和矿床类型等许多方面产生差异，同时对矿液迁移的范围和矿质聚集的位置产生影响。区内土屋-延东铜矿即产于中基性火山岩及碎屑岩地层中，由于含矿岩系相近，其成矿特征上具相似性，矿化主要产于围岩与岩体接触带附近，矿石类型以细脉浸染状为主，多元素伴生。土屋-延东铜矿产于上石炭统中，含矿斑岩体侵位于中基性火山岩、火山碎屑岩和碎屑岩中，矿化多产于岩体与围岩接触带内侧岩体中，部分产于地层中。由于地层中含有较高的Cu、Mo、Au等成矿元素，当成矿流体流经围岩时可部分萃取地层中的成矿元素，使地层成为其物质来源之一。因此，矿床具有铜-钼-金组合。

2. 地层与金矿的关系

金矿是与地层关系比较密切的矿种，金成矿往往具有物质多来源、成矿作用多成因的特点，在成矿作用的长期演化过程中，各类沉积建造对成矿提供了物质来源，构成所谓的矿源层。研究区主要的赋矿地层为石炭系、二叠系、蓟县系。这些地层除以含矿建造对成矿具控制作用外，其本身作为赋矿围岩成为一种找矿标志。本区与金矿关系密切的主要赋矿地层有以下几个。

蓟县系卡瓦布拉克岩群：分布于卡瓦布拉克-星星峡地块中，为一套碳酸盐岩夹陆源碎屑岩建造，区内发现有黄龙山金矿，此外在研究区西南部的黑白山一带具有寻找卡林型金矿的潜力，值得重视。

石炭系小热泉子组：主要分布于大南湖岛弧带中，康古尔塔格断裂以北的区域，为一套火山碎屑岩夹火山岩建造。区内已发现哈尔拉金矿，在其周边含金石英脉密集发育。

石炭系雅满苏组：主要分布于觉罗塔格构造带中，雅满苏断裂与阿其克库都克断裂之间，为一套火山碎屑岩-陆源碎屑岩建造，局部夹碳酸盐岩。尤其是在雅满苏断裂带中，发现呈串珠状产出的金矿床，如海棠金矿、麻黄沟金矿、红石金矿、康古尔金多金属矿、马头滩金矿等10余处金矿点。

二叠系阿其克布拉克组：在研究区均有分布，分布范围不集中，目前仅在研究区西部的早二叠世上叠火山盆地中发现金矿床，石英滩金矿床及黄泥坡、东北岙金矿点。

3. 地层与铅、锌、银矿的关系

本区铅、锌、银矿的主要类型层控-热液型、海相火山岩型与地层都有密切的关系。

层控-热液型是在矿源层（体）的基础上，经后期热液改造形成。区内作为铅、锌、银矿源层的地层主要有星星峡岩群和卡瓦布拉克岩群。长城系星星峡岩群，分布于卡瓦布拉克-星星峡离散地块中，由一套片岩、片麻岩、千枚岩、大理岩组成，主要赋矿岩石为大理岩、白云质大理岩、灰岩等，少数产于千枚岩、片岩、片麻岩中，产有彩霞山铅锌矿、铅炉子铅锌矿、沙泉子铅锌矿以及吉源多金属矿等，是区内最重要的铅锌银赋矿层位，矿化受层位控制，但后期热液改造对成矿具有重要意义，有铅-锌-银组合、铜-铅-锌-银组合、金-铜-铅-锌-银组合等。蓟县系卡瓦布拉克岩群，为大理岩夹片岩、石英岩等，产有玉西银矿等，是东天山铅锌银矿另一套重要的赋矿层位，成矿特征与长城系星星峡岩群中的铅锌银矿相近。

海相火山岩型铅锌矿的主要赋矿层位为下石炭统雅满苏组海相中酸性火山岩及火山沉积碎屑岩，产有阿奇山铅锌矿、维权银铅锌矿，地层中有较高背景的Pb、Zn、Ag含量，主要容矿岩石为雅满苏组第三岩性段火山灰凝灰岩、凝灰质细—粉砂岩等。矿体呈层状、似层状、透镜状，倾向与地层一致，矿石共（伴）生组分有铅、铜，其次为银、硒和硫等，具有"上锌下铜"的特点。

4. 地层与铁矿的关系

研究区铁矿多为海相火山岩型（冯京等，2009a；徐仕琪等，2011），与火山喷发活动密切关联，下石炭统雅满苏组是区内最重要的铁矿赋矿地层。区内已发现有红云滩铁矿、百灵山铁矿、阿奇山铁矿。铁矿床受不同时代的古火山活动中心控制，研究区内主要受阿奇山古火山喷发中心控制，产于火山-次火山岩或火山-沉积建造内，常具有一定的层位；矿体形态比较复杂，可以有不同形状。围岩一般为中基性—中酸性火山岩、次火山岩或火山碎屑岩；矿体与火山岩层间整合或不整合。围岩蚀变强烈，主要有透辉石化、阳起石化、绿帘石化、绿泥石化，石榴子石化、钠长石化、硅化等。矿石矿物以磁铁矿为主，次有穆磁铁矿、赤铁矿、磁赤铁矿等；矿石构造一般为块状、浸染状及其他多种复杂构造。空间位置上，矿体往往产于火山机构内不同部位（如火山穹隆、破火山口、火山-沉积盆地）或其附近环状断裂及放射性断裂系内。

三、构造控矿作用

构造对成矿作用的控制是研究区金属矿成矿的一个显著特点,无论是在板块俯冲-碰撞阶段碰撞造山阶段还是在陆内拉张阶段,都通过构造-热事件的不同形式,构成不同的成矿作用,从而形成不同矿种、不同类型的矿产。在宏观上,大地构造环境对矿产的空间分布产生直接的影响,形成不同级别的成矿带;对具体矿床来说,矿产往往产于断裂破碎带、韧性剪切带、火山机构等特定的构造部位,构成所谓的控矿构造。

1. 大地构造环境对成矿的控制

古生代弧盆带控制重要成矿带的展布:天山-北山地区已发现大型—超大型铜、金矿床的成矿带主要分布于古生代弧盆带中。如卡拉塔格、小热泉子、土屋铜(钼)金成矿带产于大南湖古生代复合岛弧带。

斑岩型铜钼矿产于古生代岛弧带和古陆块与洋壳过渡带:区内最大的土屋-延东斑岩铜矿田产于古生代岛弧带中的岩浆弧带中,北为大草滩断裂,南为康古尔塔格韧性剪切大断裂。

陆相火山岩型金矿产于古生代上叠火山盆地:区内陆相火山型金矿产于二叠纪上叠火山盆地中。石英滩金矿即产出于研究区西部觉罗塔格裂谷带内发育的局部上叠火山盆地中。

层控-热液型铅锌银矿产于基底隆起区及陆缘盆地:层控-热液型铅锌银矿是研究区重要的矿化类型,主要分布于卡瓦布拉克-星星峡地块中,形成彩霞山-吉源铅锌银矿带。老地块中的层控型铅锌银矿主要控矿地层为长城纪—蓟县纪碳酸盐岩。

岩浆型铜镍硫化物矿床产于弛张性深断裂带:与弛张性深断裂带基性—超基性杂岩有关的铜镍矿主要分布于路北—白鑫滩—黄山—镜儿泉矿一带。

2. 断裂构造对成矿的控制

区域性大断裂控制着本地区金属矿带及矿田的展布,研究区重要的铜(镍)、金、铅锌、银矿床皆产于区域性大断裂的两侧。如:康古尔塔格大断裂是区域上最为重要的铜矿控矿断裂,在其北侧自西向东分布有小热泉子铜矿、哈尔拉金矿、路北铜镍矿、白鑫滩铜镍矿、土屋-延东斑岩铜矿田。雅满苏大断裂是区域重要的金矿控矿断裂,自西向东分布有石英滩金矿、海棠金矿、麻黄沟金矿、红石金矿、康古尔塔格金矿、马头滩金矿、雅北金矿等10余处金矿点;阿其克库都克深大断裂对区内铅锌成矿也具有明显的控制作用,在其南、北两侧数千米范围内已相继发现了彩霞山铅锌矿、黄龙山金矿、吉源铜多金属矿等,这些矿化线索,虽然成矿类型不同,但都与阿其克库都克断裂以及次级断裂的构造-热液活动有着密切的关系。

3. 火山机构对成矿的控制

火山机构——火山穹隆、火山通道、环形构造是区内与火山岩有关矿床的重要控矿构造。其中陆相火山岩型金矿表现最为明显,金矿体往往产于火山机构与区内断裂的交会部位。石英滩金矿受早二叠世陆相火山盆地中的火山机构控制,火山口周围环状断裂系统是主要的赋矿部位;马庄山金矿区为一破火山穹隆构造,其上北西西向及近南北向断裂发育,为主要的控矿构造。研究区铁矿体往往产于火山机构内不同部位(如火山穹隆、破火山口、火山-沉积盆地)或其附近环状断裂及放射性断裂系内,受古火山喷发中心控制,产于火山-次火山岩或火山-沉积建造内,常具有一定的层位。此外,区内火山岩及斑岩型铜矿与火山机构也有一定的联系。小热泉子铜矿产于火山穹隆及其旁侧的火山沉积盆地中,穹隆构造周围的环状及放射状裂隙是矿体赋存的主要部位。

四、侵入岩与成矿的关系

研究区作为古生代造山带的一部分,在长期构造演化过程中,形成规模巨大的岩浆岩带,岩浆活动对金属矿成矿具有密切的成因关系。岩浆活动的控矿作用主要表现在两个方面:一是各类侵入岩以其特有的成矿专属性,形成不同矿种及类型的矿产;二是岩浆活动除提供成矿物质外,本身产生热效应,将围岩中的矿物质萃取带出,并运移、富集,对已有矿化或矿源层进行热液改造和再次富集,因此,各种类型的金属矿产大部分留有岩浆热液活动的痕迹。

1. 侵入岩与铜镍矿的关系

该类矿床受镁铁—超镁铁岩带控制,在空间分布和形成时间上与镁铁—超镁铁岩的侵位关系密切。岩浆岩成矿专属性明显,矿体的形态、产状及矿化规模等与镁铁—超镁铁岩体岩相分带、岩石化学成分、就位机制等有关。研究区成矿的镁铁—超镁岩体主要属造山带型,其形成时代为古生代。

与石炭纪—二叠纪造山带固结后弛张期基性—超基性杂岩有关的铜镍矿,主要形成于康古尔塔格深大断裂以北的大南湖岛弧中,镁铁—超镁铁杂岩体沿康古尔塔格大断裂两侧断续出露,由西向东主要集中分布于色尔特能、恰特卡尔、康古尔塔格、白鑫滩、黄山、图拉尔根6个地区。此外在研究区内的觉罗塔格构造带中,红云滩铁矿北侧、康古尔塔格金矿南侧以及星星峡地块中均发现有镁铁—超镁铁岩体,其含矿性有待进一步评价。在图拉尔根、黄山东、路北、红岭、白鑫滩等已发现含铜镍矿的基性—超基性杂岩体多为一些小而高分异的层状、透镜状侵入体,与围岩界线清楚,围岩发育角岩化、绿泥石化、透闪石化,内接触带有同化混染。研究表明(新疆地质调查院,2017),区内已发现铜镍矿白鑫滩岩体和路北岩体,其 m/f 值分别为 2.43~3.9 和 2.78~4.01,从比值看,路北岩体 m/f 值略大于白鑫滩岩体,吴利仁(1963)认为镁铁比值愈高时对硫化铜镍矿的生成愈有利。赋矿岩石类型有辉石岩、橄辉岩、辉石橄榄岩等。路北铜镍矿辉长岩 U-Pb 同位素年龄为 (290 ± 10) Ma,白鑫滩平均年龄为 (277.9 ± 2.6) Ma(新疆地质调查院,2017),与东天山地区黄山东、黄山、香山等典型铜镍矿床及镁铁—超镁铁岩体形成时代一致。成矿岩体呈北东走向带状,剖面呈缓倾岩盆状(小于 $45°$),岩体规模一般较小,面积小于 $3km^2$,岩性为连续分异系列,通常为(石英)闪长岩-辉长苏长岩-(角闪)橄榄苏长岩-辉石岩-橄榄辉石岩-(含长角闪)橄榄岩组合。成矿以就地熔离为主,发育深部熔离矿浆贯入的块状矿石(如路北)。矿体呈层状、似层状、透镜状,矿石建造为镍-铜-钴组合,部分含铂族及金、银、硒。矿石矿物为镍黄铁矿、紫硫镍矿、黄铜矿、磁黄铁矿,少量黄铁矿、磁铁矿、铬铁矿等。

2. 侵入岩与铜矿的关系

研究区已发现的斑岩型铜(钼)矿主要有土屋铜矿、帕尔塔格西铜矿、延东铜矿等。土屋铜矿、延东铜矿是区内最为典型的斑岩铜矿(冯京等,2010),成矿斑岩体是由早期闪长玢岩体和晚期斜长花岗斑岩体组成的复合岩体,岩体侵入石炭系企鹅山群,呈近东西向长条状分布于似箱状背斜核部。闪长玢岩及斜长花岗斑岩呈条带状、透镜状产出,平面形态呈不规则状,出露面积不足 $0.2km^2$,其中土屋铜矿有23个面积大小不等的含矿斜长花岗斑岩体。矿化主要为细脉浸染状、细脉状。围岩蚀变分带明显,由内而外,可分为绢英岩化带、绿泥石-黑云母化带和青磐岩化带,其中绢英岩化带是主要的赋矿部分。公婆泉铜矿区主要赋矿岩体为英安斑岩、花岗闪长斑岩和石英闪长玢岩,矿体形态以细脉状为主,次为透镜状和脉状。围岩蚀变分带比较清楚,由内向外可分为绢云次生石英岩带、黑云母石英钾长石化带、青磐岩化带、角岩化带和石英钠长石化、矽卡岩化带。

区内与斑岩型矿化有关的浅成—超浅成侵入体具有如下特征:①含矿岩体主要为斜长花岗斑岩、闪长玢岩、英安斑岩、花岗闪长斑岩和石英闪长玢岩等,岩体规模一般比较小,但矿区岩体数量较多,且常为复式岩体;②研究区含矿岩体主要为早石炭世侵入体,同位素年龄数据表明,土屋铜矿含矿斜长花岗斑岩成矿年龄为340～330Ma;③浅成—超浅成侵入体主要侵位于石炭纪火山-沉积岩系中;④含矿浅成侵入体为与深源岩浆有关的地幔分异型(M型)、壳幔混合型花岗岩。

觉罗塔格构造带中的钙碱性侵入岩具有高温、低压、高氧逸度、富水和侵位浅的特点,有利于Cu等元素在成矿流体中富集,符合区域斑岩型铜矿的成矿条件(李季霖等,2021)。

3. 侵入岩与金矿的关系

产于各类岩系中的金矿在成因上都或多或少与岩浆侵入活动有成因联系。康古尔塔格金矿、石英滩金矿、哈尔拉金矿矿区外围及矿区内分布有花岗闪长岩及花岗闪长玢岩株。

区内与岩浆活动有直接关系的金矿床主要是侵入岩及内、外接触带型金矿。该类金矿主要分布于碰撞造山带岩浆弧,与金矿化有关的岩体常侵入石炭系中,岩体主要为正长斑岩、流纹斑岩、二长花岗岩,个别为浅成火山岩。岩体规模可大可小,金矿化可产于大规模岩基中,也可产于岩枝、小岩株、岩脉中。含矿岩体时代主要为海西晚期。矿化可产于岩体内部,含金岩体一般有较高的金丰度值。

4. 与侵入岩有关的层控-热液型铅锌银矿

层控铅锌银矿是区内很有特色的矿化类型,主要分布于卡瓦布拉克-星星峡地块中,已发现的铅锌银矿主要产于长城系—蓟县系中,但几乎所有矿区,都具有热液叠加改造作用。彩霞山铅锌矿区,海西期石英闪长岩、正长花岗岩等侵入岩及基性—中酸性脉岩非常发育,矿化产于破碎蚀变带中,矿化蚀变带长10km,宽200～900m,主要矿化蚀变有硅化、透闪石化、褐铁矿化等,受岩浆热液活动控制的特征明显;吉源多金属矿,与彩霞山铅锌矿产于同一套地层中,海西期侵入岩分布于矿体南侧及矿化蚀变带中,主要为花岗闪长岩、正长花岗岩、闪长玢岩、斜长花岗斑岩和花岗斑岩等,多以脉状及不规则状、团块状产出,主要的控矿岩体为细粒正长花岗岩,矿体及岩体边缘蚀变强烈,主要为矽卡岩化、角岩化、白云岩化等。

区内与层控-热液型铅锌银多金属矿有关的侵入岩主要有以下特征:①侵入岩主要有两类,一是海西期造山期花岗岩,主要为花岗岩、花岗闪长岩、闪长玢岩、花岗斑岩等;二是海西晚期非造山期碱性花岗岩,主要为钾长花岗岩和正长花岗岩。②围岩蚀变主要表现为白云岩化、硅化、绿帘石化、矽卡岩化。③岩浆活动在不同的矿区对成矿的贡献差别比较大,常常形成矿化特征不同的矿化系列,有些层控性和热液蚀变特征都比较强(彩霞山),有些矿区以热液充填及交代型矿化占主导地位(吉源),因此,本区的层控-热液型铅锌银多金属矿实际上是由不同矿化类型组成的一个矿化系列。

5. 与印支期伟晶岩有关的稀有金属矿

稀有金属矿为重要的战略性、关键性矿种,主要包括锂、铍、铯、铷、铌、钽、锆、铪、锶等,被称为"白色石油""能源金属",从而受到世界各国的重视。而伟晶岩型矿床是稀有金属矿的重要类型之一,其形成于花岗岩浆的高度分异结晶后期阶段(Linnen et al.,2012;Černý et al.,2012)。稀有金属是新疆优势矿产资源之一,已知新疆有稀有金属矿床(点)69处,其中超大型矿床1处,中型矿床4处(徐仕琪等,2016)。其中,在东天山地区,以镜儿泉锂铍铌钽矿最为著名,且规模较大(陈郑辉等,2006;张亮等,2017)。目前,矿区已发现伟晶岩脉165条,其中4条矿化明显,矿石矿物为锂辉石、锂云母;成岩成矿时间均为印支期(253～246Ma,Liu et al.,2019),且形成于后碰撞-板内环境(陈郑辉等,2006;)。花岗岩浆具有高$\varepsilon_{Hf}(t)$值的特征,反映其成岩物质来源于亏损地幔。含矿岩体具有过铝质、S型花岗岩的地球化学特征,同位素地球化学特征反映其形成于地壳的部分熔融,且经历了高度的岩浆分异演化过程。

国宝山铷矿位于新疆哈密市新疆与甘肃交界处,地处中天山复合岛弧带东段,赋矿岩体为中粗粒碱长花岗岩,岩体长10km、宽0.8～1.5km,露头面积约13km²,赋矿岩性为天河石花岗岩,其位于白云母花岗岩之上,侵入中元古代早期星星峡岩群片麻岩-石英云母片岩中,矿区北东部出露斑状黑云母花岗岩,且后期被大量基性岩脉、花岗岩脉侵入。Rb 赋存于钾长石、天河石中,前者 Rb 含量为 71.13%,后者含量为 28.09%,赋矿岩石中 RbO_2 平均品位 0.12%,预测 RbO_2 资源量为 28.1 万 t(甘肃省地质调查院,2017),为世界级超大型铷矿床。赋矿岩体具有明显的分带特征,从西向东依次为白云母花岗岩、含天河石白云母花岗岩,成岩成矿发生在 249~240Ma 之间(Chen et al.,2022)。

第三章 典型矿床研究

第一节 铁 矿

一、沉积变质型(天湖铁矿)

(一)地质背景

天湖铁矿床大地构造上处于中天山地块东段,位于塔里木板块库鲁克塔格-星星峡断隆东段尖山子大断裂南侧。区域出露地层以新元古界青白口系天湖岩群为主,其次为中元古界蓟县系卡瓦布拉克岩群及长城系星星峡岩群,古生界寒武系和二叠系零星出露。长城系星星峡岩群主要为一套中深变质的二云母石英片岩、黑云母斜长片麻岩,蓟县系卡瓦布拉克岩群主要为白云质大理岩、白云岩,石英砂岩。天湖岩群由一套变质火山岩、碎屑岩和碳酸盐岩组成,形成时代为1060~660Ma(宋志高等,1989)。寒武系主要为石英岩、磁铁石英岩和石英片岩,下二叠统红柳河组为一套火山碎屑岩沉积。区内发育加里东期、海西期和燕山期等多期次中酸性岩浆侵入活动,以海西期岩浆活动为主,其中海西期又可分为海西中期(341.3~303.1Ma)和海西晚期(248.3~217.3Ma)岩浆活动。

(二)矿床地质

矿区内出露由天湖岩群片岩、片麻岩夹白云质大理岩和磁铁矿层组成的变质岩。变质岩原岩恢复表明,含矿岩系为一套拉斑质、钙碱质火山岩加泥砂质和碳酸盐岩组成的火山-沉积岩系,显示多旋回喷发特征,具有岛弧或大陆边缘岩石特征组合(宋志高等,1989)。

天湖铁矿区目前共发现7个矿体,均赋存于新元古界青白口系天湖岩群一套白云石大理岩、石英片岩为主的岩系中。矿体产状严格受天湖岩群第三岩性段产状的制约,矿区以1号矿体规模为最大,为一大型盲矿体(图3-1),长3600m以上,分上、中、下3层矿,单层矿厚度一般2~10m,最大厚度为24.56m,全铁品位32.19%~50.87%。矿体埋藏深度距地表200~1000m。除1号矿体以外,其余矿体规模都很小,一般长50~750m,厚度0.3~2.73m,全铁品位32%~50.2%。

矿石矿物主要为磁铁矿,次为黄铁矿、磁黄铁矿,少量黄铜矿、闪锌矿及微量钛铁矿。脉石矿物主要为白云石、蛇纹石,次为透闪石、滑石、橄榄石、绿泥石、方解石及透闪石等。磁铁矿是最主要的铁矿石矿物,一般呈他形—半自形,主要以中细粒的单晶或聚晶形式产出。黄铁矿是矿石中主要金属硫化物,常与磁黄铁矿和黄铜矿伴生,同时与磁铁矿、白云石或其他脉石矿物共同构成条带状或浸染状分布于矿石中。矿石构造以条纹状、条带状为主,其次为致密块状、浸染状。磁铁矿在不同矿石类型中具有或局部保留中—细粒条带、条纹状构造,具原始沉积组构特征。

围岩蚀变主要集中于含矿岩性段,以阳起石化、透闪石化、蛇纹石化、滑石化和绿泥石化为主,它们与顶部混合岩化带构成由上而下的混合岩化带—强蚀变带—弱蚀变带的蚀变混合组合关系。蚀变带在走向和倾向的变化均较稳定。蚀变带内各种蚀变以不同强度相互过渡或叠加。蚀变带的组合及变化主要特点是:①蚀变带与混合岩化带形影相依,并表现出蚀变带的强弱与其距离的近远成正相关关系;②蚀变带具有层控性和对白云石大理岩的选择性,同时处于带内的石英片岩却未经蚀变;③早期蚀变作用形成了阳起石、透闪石、蛇纹石化,而滑石化和绿泥石化相对较晚;④蚀变作用对原岩组分发生原位重新组合改造,对铁矿的形成起着近距离位移、富集、重结晶作用。

主要成矿阶段可分为前、后两期,碳酸盐岩型主要以含铁白云石为主,磁铁矿呈中—细粒条带、条纹状构造,具有原始沉积物特征。硅酸盐岩型矿石的脉石矿物以透闪石、蛇纹石、铁滑石为主,矿石呈中—细粒条纹、条带状产出,局部仍保留着原始沉积结构,但其脉石矿物属"矽卡岩"矿物组合,说明其成矿与后期混合岩化热液有着密切关系。就矿石分布特征分析,碳酸盐岩型矿石是本区原生沉积形成的主要矿石类型,而硅酸盐岩型矿石仅在局部叠加在前者之上,属于一种后期蚀变作用产物。

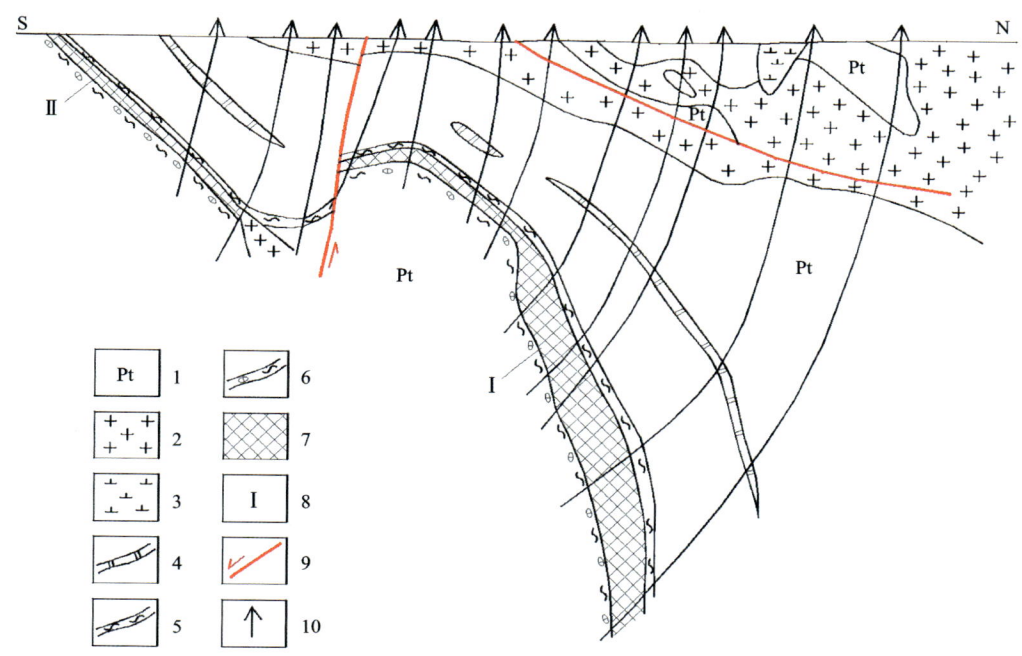

图 3-1 哈密市天湖铁矿 50 线勘探剖面图
1.青白口纪变质岩;2.花岗岩;3.闪长岩;4.白云质大理岩;5.混合岩化角闪斜长片麻岩;
6.含细粒石榴子石斜长片岩;7.铁矿体;8.矿体编号;9.断层线;10.钻孔

(三)矿床成因

世界上铁矿床分为与岩浆作用有关的铁矿床、与构造有关的铁矿床、沉积铁矿床和变质铁矿床(BIF)四大类。其中条带状铁建造(banded iron formation,BIF)实质上是一种富铁的沉积岩,根据形成构造环境和岩性组合可将 BIF 分为 Algoma 型和 Superior 型(Gross,1980)。

矿床地质特征表明,天湖矿体呈层状严格产在天湖岩群第三岩性段的白云质大理岩层位内,矿床主要容矿岩石白云质大理岩,形成于火山活动间歇期,矿石及岩石中的 C-O 同位素也表明其为海相沉积环境(宋志高等,1989),结合其条带条纹状磁铁矿石构造和磁铁矿、白云石、蛇纹石等矿物组合,均表明天湖铁矿具 Algoma 型沉积变质铁矿床的特征,后期可能存在热液叠加改造(米登江等,2014)。成矿模式见图 3-2。

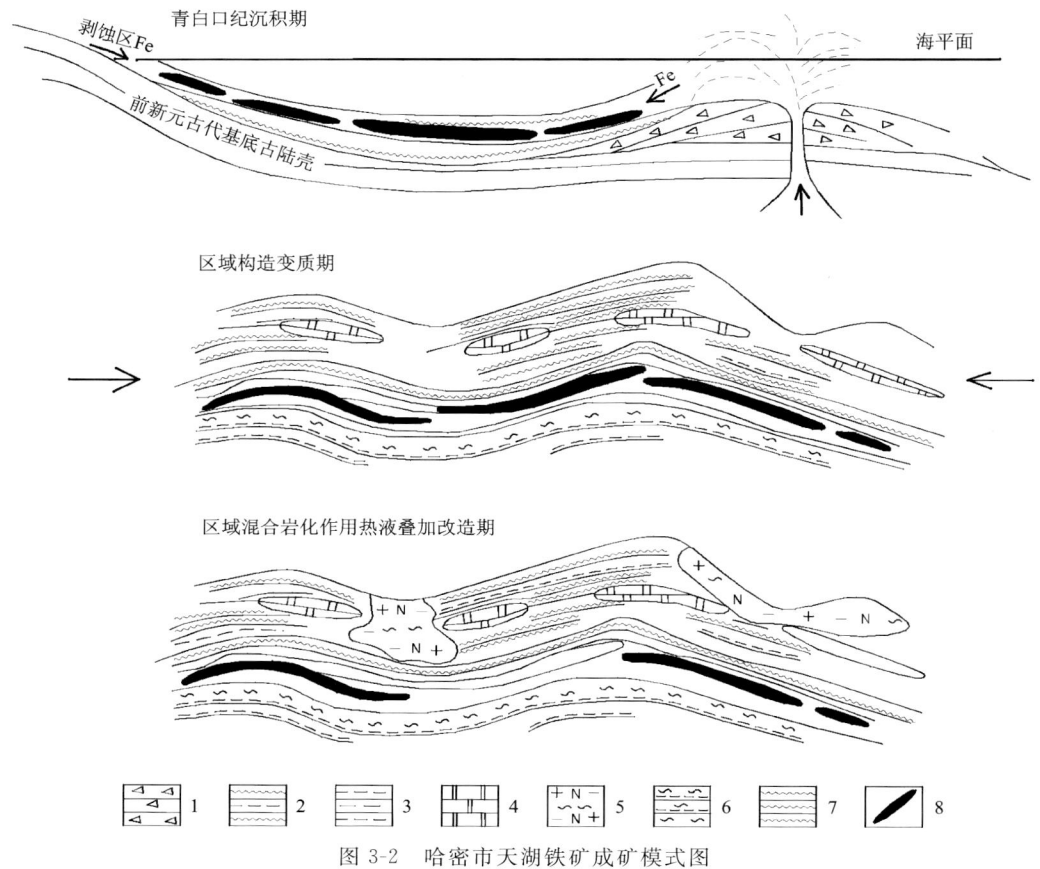

图 3-2 哈密市天湖铁矿成矿模式图
1.火山碎屑沉积物;2.片岩、片麻岩;3.黑云母斜长片麻岩;4.大理岩;
5.混合岩化斜长花岗岩;6.花岗片麻岩;7.黑云母石英片岩;8.铁矿体

二、基性岩型(尾亚钒钛铁矿)

矿区位于哈密市南东兰新铁路线上之尾亚车站西侧,距哈密市 145km。兰新铁路横穿矿区,从尾亚车站向东 50km 为 312 国道,简易公路四通八达,交通极为便利。

(一)矿区概况

矿床位于南天山-红柳河缝合带,处于沙泉子深大断裂南侧,属于卡瓦布拉克-星星峡-Fe-Pb-Zn-Ag-Cu-Ni-Cr-V-Ti-REE-RM-U-W-硅灰石-盐类-白云母-磷灰石-宝玉石矿带。

矿区出露长城系星星峡岩群,岩性为大理岩和片岩。海西期岩浆岩广泛发育,基性杂岩体为含矿岩体。尾亚基性杂岩体出露于多期次侵入形成的尾亚环形花岗岩基的北部边缘,长约 2200m、宽 400～1200m。中部因黑云母花岗闪长岩体侵入,分为东、西两段,东段杂岩体长约 1000m、宽 800m,平面形态透镜体,呈南北向展布,岩体向东缓倾;西段杂岩体长约 1200m、宽 200～600m,平面形态透镜体,呈北东向展布,向东南缓倾。岩相分带较为明显,中心相主要由角闪橄榄辉长岩组成,大多数钒钛磁铁矿体产在该岩相中,属于全岩矿化,与浸染状矿体无明显界线;过渡相由辉石岩组成,主要分布于矿区的西段,地表呈零星分布;边缘相主要由角闪辉长岩组成,主要分布于矿区的东、西两段,矿区内部分小矿体均产于该岩相中(图 3-3)。

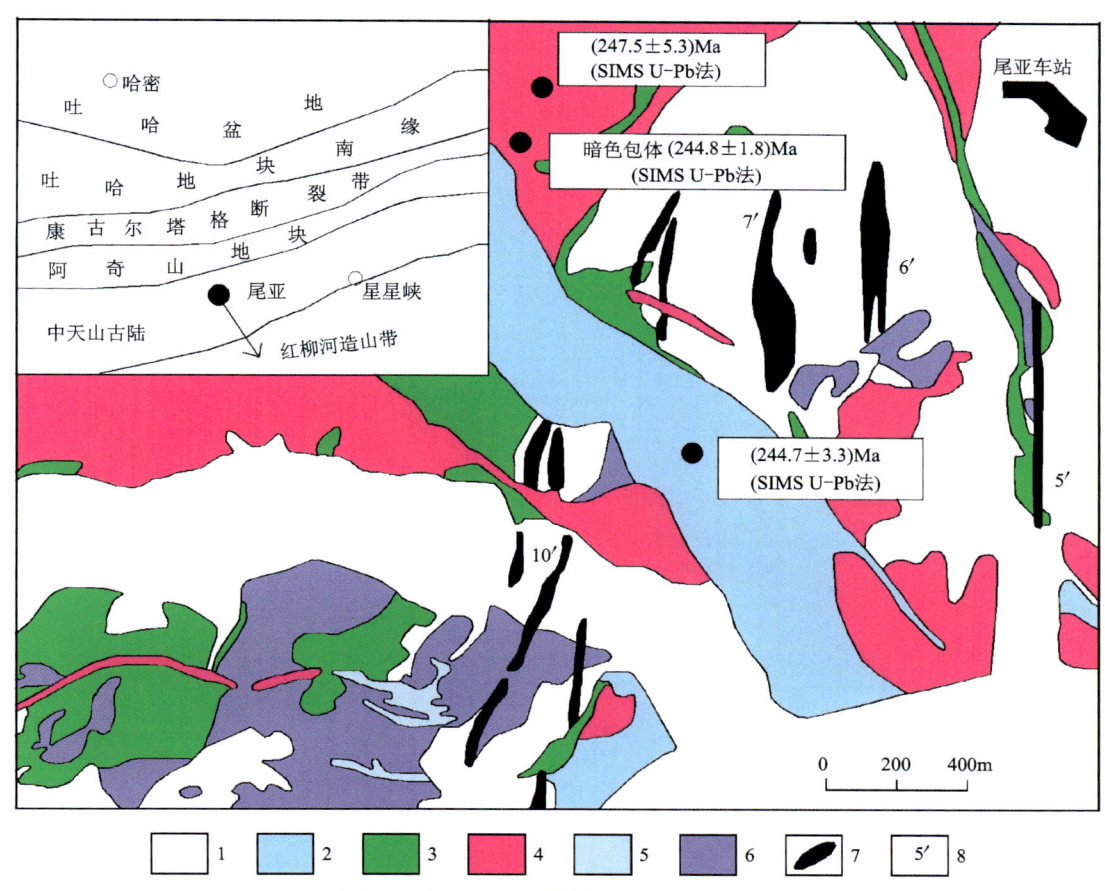

图 3-3 尾亚矿区地质图(据李德东等,2014)

1.第四系;2.石英二长闪长岩;3.辉绿辉长岩;4.花岗岩;5.(石英)正长岩;6.超镁铁岩;7.矿体;8.主要矿体编号

王玉往等(2008)获得含矿辉长岩 LA-ICP-MS 锆石 U-Pb 同位素定年结果为(236±3)Ma(中三叠世),含矿镁铁—超镁铁杂岩的 Sr-Nd 同位素特征显示 $\varepsilon_{Nd}(t)$ 均为正值,$(^{87}Sr/^{86}Sr)_i$ 值较低,与原始地幔相近,但在岩浆上移过程中可能有陆壳物质加入。含矿角闪黑云辉橄岩中黑云母 $^{40}Ar/^{39}Ar$ 坪年龄为(248.6±1.7)Ma(李德东等,2014)。

(二)矿床地质

矿区东西长约 3.3km、宽 0.25～0.8km、面积约 1.65km,由北东至南西划分为 5 个区段,共见矿体 28 个,主要产于黑云母辉长斜长岩中。每个矿段由数个矿体组成。成矿作用有分异型和贯入型两类:分异型矿体呈透镜状或似层状,有分枝现象,形态变化较大,矿与围岩界线多为渐变过渡关系,矿体规模较大;贯入型矿体多为脉状,沿岩体的原生裂隙充填,呈雁行状展布,矿体与围岩界线明显,多为块状富矿,以分异型为主。矿区有 23 个矿体,单矿体长 40～400m,厚 5～70m,其中 7 号、10 号为主要矿体。

7 号矿体:产于角闪橄榄辉长岩中,为不规则的透镜状,东倾,倾角 25°～45°。矿体与围岩无明显界线,矿石属稀疏浸染状矿石。长大于 400m,真厚度 1.90～22.52m,控制斜深 40～100m。平均品位 TFe 20.87%～24.22%、TiO_2 5.52%～8.58%、V_2O_5 0.12%～0.16%。

10 号矿体:产于角闪橄榄辉长岩中,断续长 450m,真厚度 0.71～8.24m,控制斜深 40～120m。平均品位 TFe 22.77%～35.65%、TiO_2 7.38%～13.51%、V_2O_5 0.19%～0.25%。矿体呈脉状、似层状,倾向 120°,倾角 35°～50°。矿石以致密块状矿石为主,矿体与围岩界线清楚,为贯入式矿体。

矿石类型有块状和浸染状两种,以浸染状贫矿为主。金属矿物以磁铁矿、钛铁矿、钛磁铁矿为主,其次有少量的赤铁矿、黄铁矿、黄铜矿、磁黄铁矿及褐铁矿。非金属矿物以辉石、基性斜长石、角闪石、橄榄石为主,其次为纤闪石、绿泥石及黑云母等。矿石结构主要有次海绵陨铁结构、反应边结构、半自形—他形晶结构、乳滴状结构、粒状结构。矿石构造主要为块状构造、浸染状构造。

矿体围岩蚀变以弱绿泥石化为主,其次是纤闪石化。矿体内夹石以晚期细晶闪长岩脉为主,部分矿体被后期脉岩贯入,破坏了矿体的完整性。本矿床属于三叠纪非造山(伸展阶段)碱性辉长岩侵入事件的产物,成矿与岩浆的熔离和结晶分异作用密切相关。据矿化特征,矿化可分为两期:早期岩浆分凝作用,形成浸染状矿化;晚期矿浆贯入作用,形成穿插浸染状矿石的块状富矿脉。

(三)成矿模式

尾亚钒钛磁铁矿床与尾亚基性杂岩体为同源岩浆分异的产物,岩浆分异控制了金属元素的富集作用和过程,也就是说矿床的形成作用和富集过程受控于原始岩浆的物质成分与分异程度;碳酸盐岩同化混染作用也深刻影响了钒钛磁铁矿床的形成(石煜等,2021)。该矿床的形成在于岩浆演化晚期逐渐演化出富碱的镁铁质—超镁铁质岩浆,沿伸展作用产生断裂上升,在地壳深部形成岩浆房,并逐步分凝形成分层,含钛铁矿的辉长岩位于岩浆房上部,在有利构造条件下先期抽出,形成浸染状矿石,随着伸展作用的发展,继续产生张裂隙,使底部的富钛铁矿浆上侵,穿插和胶结早期的含矿辉长岩而形成贯入式矿体。矿床成因应属产于三叠纪非造山碱性辉长岩建造中的岩浆分凝-贯入型铁矿床。尾亚钒钛磁铁矿床成矿模式见图3-4。

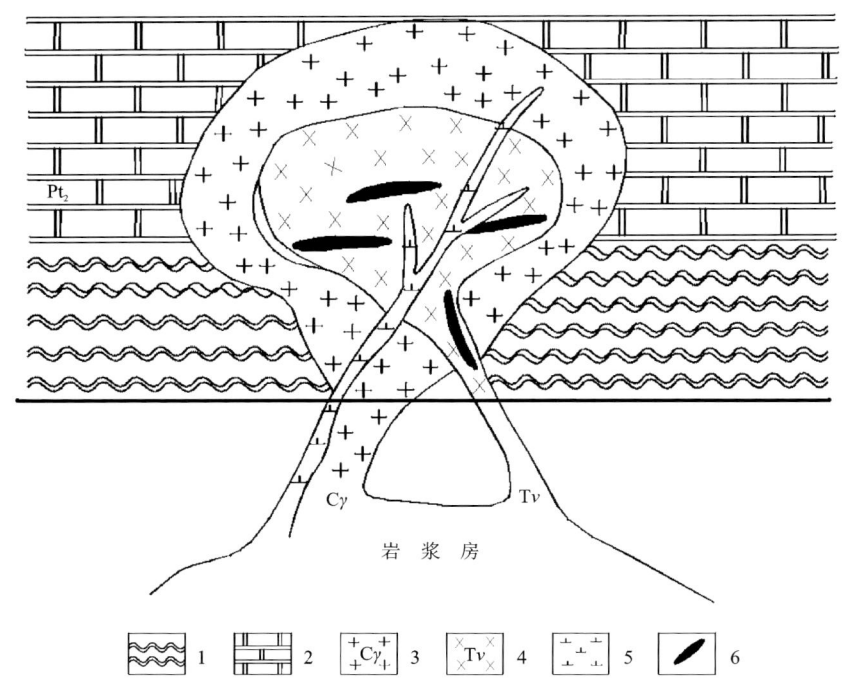

图3-4　哈密市尾亚钒钛磁铁矿床成矿模式图

1.中元古代片岩;2.大理岩;3.石炭纪黑云母花岗岩;4.中三叠世碱性辉长岩;5.钠质正长岩脉;6.铁矿体

三、火山岩型(雅满苏铁矿)

(一)矿区概况

雅满苏铁矿床位于塔里木板块北缘活动带的觉罗塔格构造带内。该矿床赋矿地层为下石炭统雅满苏组中亚组,其下部岩性为灰白色灰岩、大理岩夹玄武质火山角砾岩、玄武质火山集块岩及流纹质凝灰岩、流纹质玻屑凝灰岩,并有次火山岩相玄武玢岩;上部岩性为流纹质玻屑凝灰岩(发育钠长石化)、流纹质晶屑凝灰岩、流纹质凝灰岩及玄武质晶屑凝灰岩、玄武质玻屑凝灰岩夹灰岩、砂屑灰岩,并有次火山岩相辉石安山玢岩、辉石闪长玢岩。磁铁矿体产于该亚组上、下部之间的火山喷发不整合面之上的石榴子石矽卡岩带中。

矿床产于雅满苏背斜南翼近轴部,总体为向南倾的单斜构造,次一级断裂较发育。区内岩浆活动主要是火山喷发形成的双峰式玄武质—流纹质火山岩系,为一套钾细碧岩-石英角斑岩建造,具有高钾、富钠、低钙的基本特征;其次是海西中期次火山岩相玄武玢岩、辉石安山玢岩、辉石闪长玢岩及同期细碧玢岩、辉绿岩及闪斜煌斑岩脉(图 3-5)。

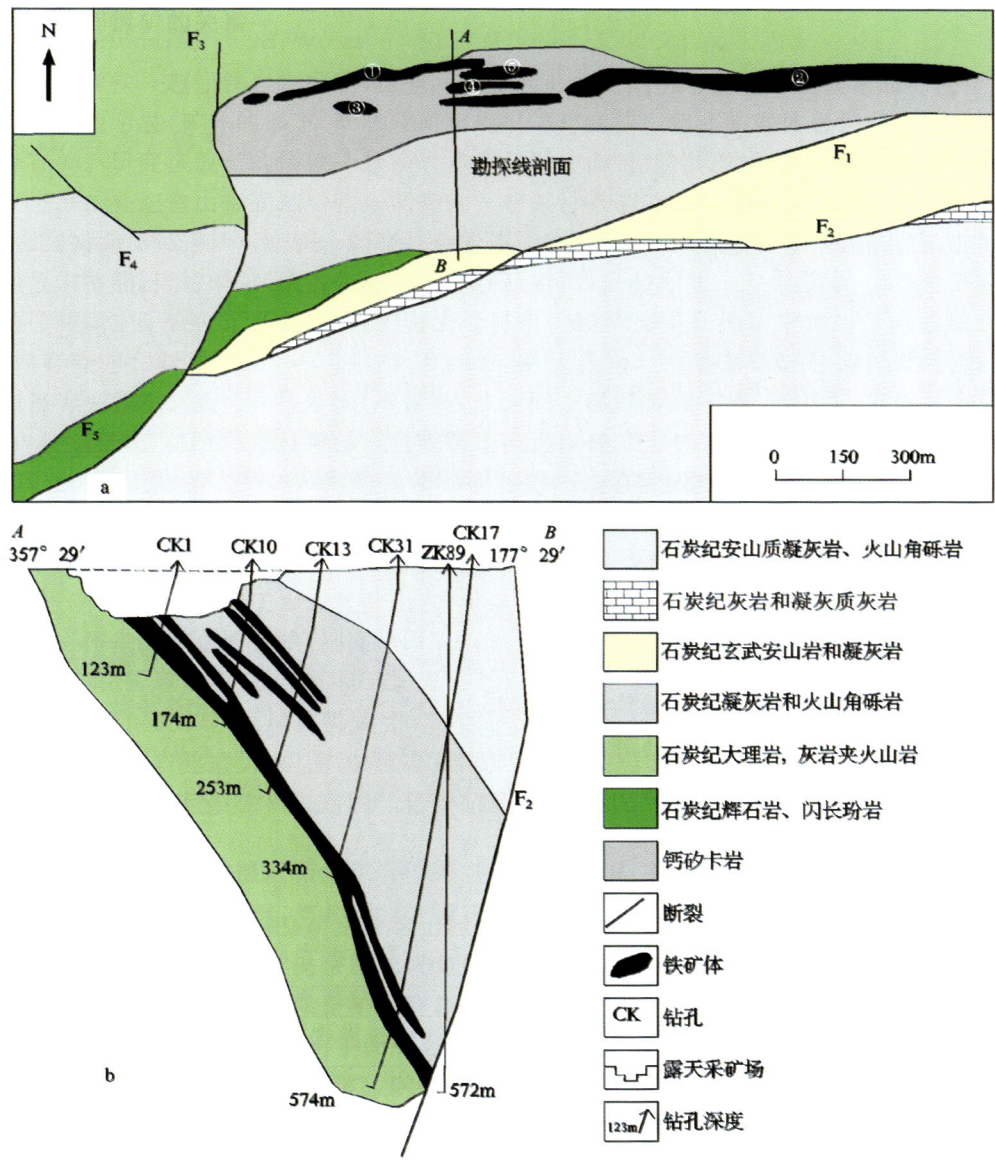

图 3-5 雅满苏铁矿矿区地质简图(a)及剖面图(b)(据 Hou et al.,2014 修改)

雅满苏组上部英安岩的 LA-ICP-MS 锆石 U-Pb 年龄为(334.4±1.7)Ma,代表了雅满苏组火山岩形成时代,切穿雅满苏铁矿区矽卡岩及矿体的正长岩的 LA-ICP-MS 锆石 U-Pb 年龄为(325.5±1.7)Ma,表明雅满苏铁矿床形成不晚于 325Ma(王雯等,2016)。

(二)矿床地质特征

含矿带呈近东西向展布,在长约2900m、南北宽100～200m的石榴子石矽卡岩夹复杂矽卡岩带中,共发现大小矿体22个,其中出露地表矿体13个,以Fe1号、Fe2号、Fe3号3个矿体规模较大,构成矿床的主矿体;其他矿体规模小,长16～56m,厚数十厘米至数米。矿体形态呈似层状、透镜状,平面呈侧列式,剖面呈斜列式。矿体产状与顶、底板围岩产状基本一致,走向近东西向,倾向近南,倾角35°～60°。Fe1号矿体位于含矿矽卡岩带中段,产于赋矿地层上部C_1Y^{b-3}岩性段底部石榴子石矽卡岩与火山喷发不整合面接触处;矿体呈似层状,顶板为石榴子石矽卡岩,底板为大理岩、玄武质火山角砾岩;矿体长886m,平均厚11m,沿倾向最大延伸675m(已控制572m)。Fe2号矿体位于Fe1号矿体东段南50m处,产于石榴子石矽卡岩中,矿体呈似层状,其顶、底板均为石榴子石矽卡岩;矿体长244m,平均厚16m(中间有一夹层厚5m),沿倾向延伸234m。Fe3号矿体位于含矿矽卡岩带东段,主体产于石榴子石矽卡岩中,矿体呈似层状,顶板为石榴子石矽卡岩,底板为灰岩、流纹质凝灰岩(部分地段为石榴子石矽卡岩);矿体长815m,平均厚27m,沿倾向延伸276m。Fe2号与Fe3号矿体经开采在标高990m水平面上构成一体。

矿石自然类型主要为石榴子石磁铁矿石,次为透辉石-绿帘石磁铁矿石;矿石工业类型有磁铁富矿、磁铁贫矿和赤铁富矿、赤铁贫矿。矿石中金属氧化物主要为磁铁矿(35%～95%)、假象赤铁矿、褐铁矿,次为赤铁矿、水锰矿、针铁矿、镜铁矿、穆磁铁矿;金属硫化物主要为黄铁矿(4%～35%),次为方铅矿、闪锌矿、磁黄铁矿、辉铜矿、白铁矿、斑铜矿、黄铜矿等;脉石矿物主要为石榴子石(10%～30%),次为绿泥石、绿帘石、黄钾铁矾、透辉石、透闪石、阳起石、钠长石、方解石、石英等。铁矿石品位:富矿占总储量的77%,其中Fe1号矿体矿石TFe平均品位46.18%,其磁铁富矿的储量占探明储量的73.7%,在走向上由西向东有逐渐变富的趋势,在倾向上,其上部和下部较富、中部较贫,矿体厚度与TFe品位有同消长的规律;Fe2号、Fe3号矿体矿石TFe平均品位分别为56.32%、53.44%,TFe在矿体中的变化规律与Fe1号矿体相似。矿石结构主要为半自形—他形粒状结构,次为交代结构、固熔体分离结构、似海绵陨铁结构;矿石构造主要为块状构造,次为条带状、浸染状构造。

矿化蚀变有钠长石化、绿泥-绿帘石化、透辉-石榴子石化、黄铁矿化、葡萄石化、高岭土化及碳酸盐化等,以前3者为主。整个矿化蚀变经历了3个阶段:首先是炽热火山碎屑的自变质作用;之后是火山及潜火山期后水气热液的多次交代改造形成石榴子石矽卡岩;晚期有绿泥石、阳起石、绿帘石、碳酸盐化及金属硫化物叠加,形成复杂矽卡岩。矿化蚀变分带性不甚明显,矿体顶、底板以石榴子石矽卡岩为主,含矿带顶部及东、西两侧因晚期蚀变作用叠加而以复杂矽卡岩为主,含较多金属硫化物。

(三)成矿物理化学条件

成矿温度:据爆裂法测温资料,该矿床穆磁铁矿成矿温度为300～500℃;石榴子石的形成温度为280～290℃;细粒黄铁矿的形成温度为210～250℃;粗粒黄铁矿的形成温度为150～200℃。

氧同位素:磁铁矿$\delta^{18}O_{固}=3.33‰$,$\delta^{18}O_{液}=11.39‰$;石榴子石$\delta^{18}O_{固}=6.15‰$,$\delta^{18}O_{液}=8.14‰$,$\delta D=-94.37‰$,反映含矿热液水主要为地下水和变质水,说明铁矿浆是由深部岩浆房的射气和地下水的氧化而逐步形成的,即铁质以$FeCl_3$、$FeCl_2$气体从岩浆房中析出,在上升过程中逐步与地下水发生氧化反应形成矿浆或熔体。此外,铁矿脉中方解石的$\delta^{18}O_{H_2O}$为8.31‰,正好落于原生岩浆水的范围(7‰～9.5‰),说明其属于后期火山热液叠加的产物。

硫同位素:矿石中黄铁矿的$\delta^{34}S$平均值为1.95‰,接近于球粒陨石的同位素组成(卢登蓉等,1996)。

稀土元素配分模式:矿石中磁铁矿与脉石矿物石榴子石和火山岩的稀土元素配分模式相似,均属重稀土富集型(卢登蓉等,1996)。

石英包体成分:包体的流体中含有大量的 CO_2、CO、F_2、Cl_2、CH_4、H_2S 气体,较高的 F、Cl 含量,盐度为 29.75% NaCleqv;气:液=1:5.8。流体 pH=6.23,Eh=0.731V,属于弱酸、弱氧化环境。

(四)成矿作用过程

矿床成因与火山活动直接有关,受基底断裂及火山机构所控制。其成矿机制是:早石炭世拉张期间,雅满苏火山喷发中心形成5个火山喷发旋回,在喷发间歇期,铁矿浆以 $FeCl_3$ 气体状态从岩浆房析出,上升过程中与地下水发生氧化反应,形成矿浆并喷出,于海盆中溢流成矿;后期火山热液叠加与改造,使部分铁矿石加富(曾红等,2014)。其矿床的成矿模式如图3-6所示。

该矿床成矿可划分为两个主要矿化阶段,即火山喷溢沉积阶段和火山热液叠加与改造阶段。

早期火山喷溢沉积阶段:形成矿源层(贫铁矿)或矿浆喷溢形成富铁矿,其主要依据是铁矿体呈层状或似层状、透镜体状产出,与赋矿的火山岩及火山碎屑岩产状基本一致,铁矿石具有明显的层状及块状构造;铁矿物多为穆磁铁矿,说明其为喷溢沉积的赤铁矿物交代还原而成。此外,稳定同位素及部分稀土分析成果资料也说明该矿床的成矿物质和矿区火山岩浆同源于下地壳或上地幔。

晚期火山热液叠加与改造阶段:此阶段是热液交代富集成矿阶段,先是碱质交代(主要为钠长石化),带入钠、钾并带出铁,产生硅化、透辉石化、阳起石化,从而大量消耗了热水溶液中的 SiO_2、Mg^{2+}、Ca^{2+} 等,使铁质得以相对集中而成矿,并有铜多金属硫化物矿的后期叠加。经过热液作用后,改变了原矿源层的基本面貌,生成的矿体有3类情况:一是呈层状、似层状、透镜状产在流纹质凝灰岩中,即在矿源层中富集,并保留了某些沉积特征;二是呈透镜状、囊状、不规则状产于挤压破碎带中,矿体仍产于矿源层内,并沿着构造有利部位富集;三是矿体远离矿源层,沿节理、裂隙充填,矿体呈透镜状、脉状等。

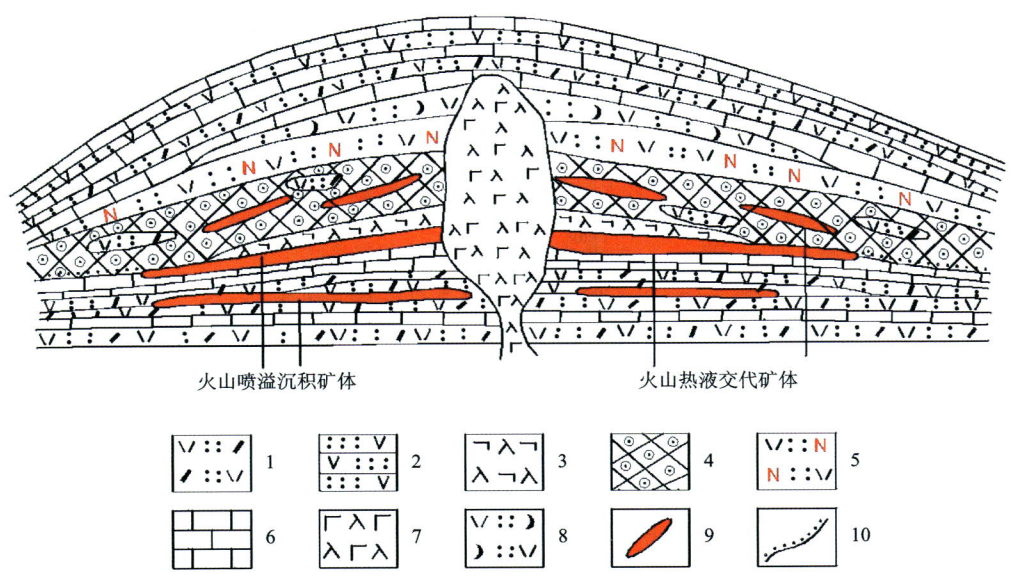

图3-6 哈密市雅满苏式铁矿床成因模式图

1.流纹质晶屑凝灰岩;2.安山质沉凝灰岩;3.钾细碧玢岩;4.石榴子石矽卡岩(含凝灰岩残留体);
5.流纹质凝灰岩(钠长石化);6.灰岩;7.破火山口充填的次玄武玢岩;8.流纹质玻屑凝灰岩;
9.铁矿体;10.火山喷发不整合面(线)

四、岩浆热液型(铁岭Ⅰ号铁矿)

(一)区域地质背景

铁岭铁矿位于准噶尔微板块南缘觉罗塔格晚古生代沟弧带的西段,自早石炭世拉张而形成的裂陷槽,产生多期次海相火山喷发,沉积了多期岩性复杂的火山岩层,厚度大。下石炭统雅满苏组由中酸性火山岩夹基性火山岩和碎屑岩组成;上石炭世晚期汇聚,底坎尔组则由酸中性火山岩、火山碎屑岩夹碎屑岩组成。海西中晚期大量花岗岩侵入,在阿奇山地区形成与火山-侵入作用有关的多成因多个铁铜矿床。

(二)成矿地质环境

阿奇山区域构造为近东西向展布的复式火山背斜,铁岭铁矿位于背斜南翼,矿区为向斜构造,下石炭统雅满苏组海相火山岩分布于东北部,主要是玄武安山岩、安山凝灰岩、钠长斑岩、石英斑岩、熔结凝灰岩夹碎屑岩和灰岩,厚1000余米;上石炭统底坎尔组由海相流纹质凝灰岩、含火山弹晶屑凝灰岩、长石斑岩、流纹斑岩、安山岩、安山玄武岩、流纹岩、石英斑岩、凝灰岩夹碎屑岩和灰岩,厚1700m,为矿区分布的主要岩层。海西中、晚期大量中酸性岩浆侵入,分3次侵入。第一次侵入为闪长岩和石英闪长岩,分布于矿区中部和南部,多呈捕虏体或混染体,出现于花岗杂岩体中。第二次侵入为大规模侵入的花岗杂岩,呈岩基、岩枝、岩株,大面积冲裂、捕虏、烘烤、交代上覆围岩,破坏原有的向斜构造,使围岩呈残块或捕虏体分布于花岗杂岩体内,主要由斜长花岗岩、黑云母花岗岩、花岗闪长岩和角闪花岗岩组成,根据近邻(红云滩岩体)的同位素年龄资料,黑云母二长花岗岩全岩K-Ar法测定,年龄为248~239Ma;而作黑云母单矿物K-Ar法测定,年龄为290Ma,应为海西晚期。第三次侵入的细粒文象花岗岩,呈岩枝或岩株状,分布于花岗闪长岩中,后期脉岩发育,分布广,岩性杂,有花岗闪长斑岩、花岗斑岩、石英斑岩、细晶花岗岩、闪长玢岩和辉绿玢岩等,其中辉绿玢岩脉与铁矿相互穿切,关系比较密切。

(三)矿体组合分布及产状

铁岭铁矿体多呈脉状或透镜状,沿破碎带或裂隙充填于花岗岩体内,呈近东西向展布(图3-7),东部转向30°~50°。在长5000m,宽700m范围内,共圈定89个矿体。矿体规模较小,长十几米至几十米,宽0.5~1.0m,深几米至十几米,最深30m,较大矿体17个,其中4个大矿体,长500~700m,平均厚6.9~14.8m,深400m,产状陡,多向北倾,倾角70°~80°。矿体沿走向有分枝、复合、膨胀和收缩变化,有成带展布和成群集中的现象,大致可分南、北两个矿带。北矿带有8个较大矿体,最大的矿体长580m,平均厚6.9m,深500m;南带矿体较大,有7个较大矿体,最大矿体长700m,平均厚14.8m,深450m。详查提交铁矿石资源量(D级)3178.8万t,表外矿611.8万t,为中型铁矿。另外,于第一铁矿的5~8km处,发现第二铁矿,分东、西两段,经普查提交铁矿石资源量西段83万t,东段207万t。伴生Co 1.43万t,Ga 79.5t。上述资源量第一地质大队均审查批准,但新疆维吾尔自治区矿产资源储量简表中只列入铁岭第一铁矿的基础储量1535.4万t。

(四)矿石类型及矿石组合

矿石类型以原生浸染状或致密块状磁铁矿型矿石为主,其次是氧化块状赤铁矿、磁赤铁矿、镜铁矿、褐铁矿型矿石,还有少量混合型矿石;矿石矿物组合以磁铁矿为主,其次是磁赤铁矿、赤铁矿,另有少量

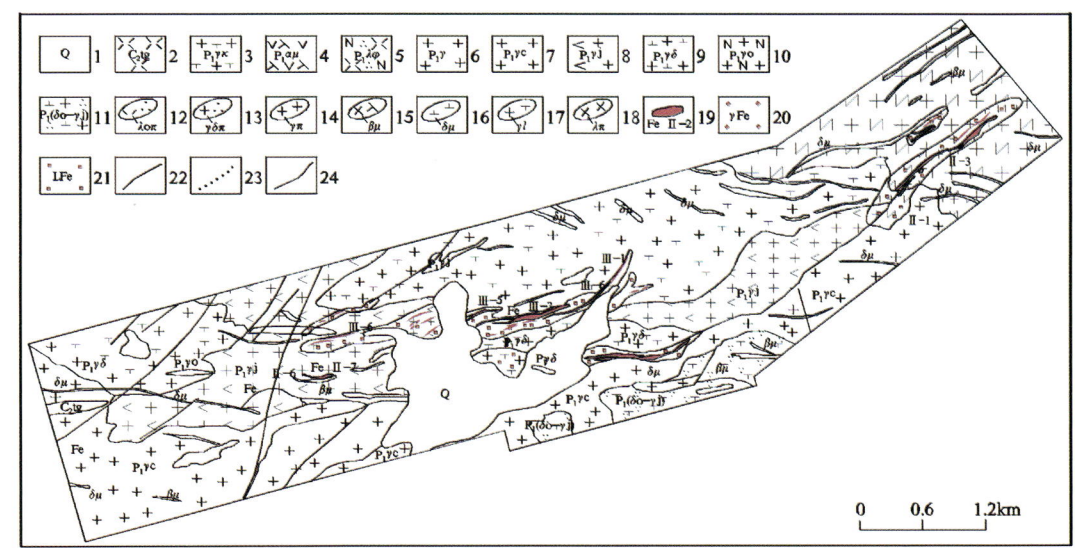

图 3-7 哈密市铁岭Ⅰ号铁矿床地质图

1.第四系全新统松散沉积物;2.流纹岩;3.钾质花岗岩;4.安山玢岩;5.石英钠长斑岩;6.花岗岩;7.细粒花岗岩;
8.角闪花岗岩;9.花岗闪长岩;10.斜长花岗岩;11.石英闪长岩、角闪花岗岩混染带;12.石英斑岩脉;13.花岗闪长斑岩脉;
14.花岗斑岩脉;15.辉绿玢岩脉;16.闪长玢岩脉;17.花岗岩脉;18.流纹斑岩脉;19.铁矿体及编号;20.磁铁矿化;
21.绿泥石、磁铁矿化;22.实测地质界线;23.岩相界线、蚀变界线;24.断层

镜铁矿、黄铁矿、黄铜矿、含钴黄铁矿,及次生孔雀石、褐铁矿和黄钾铁矾等,脉石矿物以石英和电气石为主,其次有绿泥石、绿帘石、绢云母、方解石和少量磷灰石和钠长石。

矿石品位:TFe 25%~66.85%,平均品位 TFe 38.1%,多为贫矿。有害元素含量:S 0.24%~6.46%;P 0.01%~0.054%;SiO_2 0.19%~41.24%,为高硫低磷的酸性铁矿石。伴生有益元素有:Co 0.029%~0.086%,平均 0.045%;Ga 0.0017%~0.0033%;Au 0.06~0.51×10^{-6},可考虑综合利用。

(五)矿石结构构造

矿石结构以自形—半自形粒状结构为主,另有他形粒状结构,个别片状结构;矿石构造以致密块状和浸染状构造为主,其次是网脉状构造、碎裂构造、角砾状构造等。

(六)成矿期及矿化阶段

该矿形成于火山-岩浆强烈活动的地质环境,前期的海相火山喷发,在阿奇山东南部形成了火山喷溢沉积型的层状铁矿和火山热液型的脉状铁矿,如小红山铁矿和百灵山铁矿等。火山岩冷凝成岩后,岩浆在深部继续演化,沿断裂向上侵位、分异、冷凝,形成大量花岗杂岩,杂岩体在构造动力作用下,产生碎裂、破碎带和断裂,深部岩浆冷凝过程中分离的含矿热液,沿断裂上升,充填于岩石的裂隙或破碎带中,交代、冷凝而形成铁矿。

(七)蚀变类型及分带

矿化蚀变主要是磁铁矿化和钾长石化。磁铁矿化是指较大铁矿体的顶、底板,普遍见星点或细脉浸染的磁铁矿分布于矿体两侧,形成矿染蚀变,宽 2~3m,可作为找铁矿的标志;钾长石化由钾长石、斜长石、钠长石组成,呈细脉或网脉状分布,与磁铁矿脉关系密切。另外,电气石化、绿帘石化、绿泥石化、云英岩化和黄铁矿化等蚀变现象等均较发育,其中电气石化与铁矿关系密切。

(八)成矿物理化学条件

从铁矿形成于火山-岩浆演化的最晚期,矿体呈脉状或透镜状,充填于花岗杂岩体的破碎带中,伴随成矿形成钾长石化、电气石化、绿帘石化和云英岩化等中—高温热液蚀变现象,矿石矿物从电气石、绿帘石、钠长石和磷灰石等高—中温热液矿物等宏观地质现象分析,铁矿成矿的物理化学条件,大体应在深层封闭的环境中,在高—中温热液条件下成矿。由于缺少稳定同位素和包体测温的测试成果,尚无法用测试数据阐明成矿的温度、热液的化学性质和矿质的来源。

(九)矿床成矿模式

勘查报告认定铁岭铁矿床应属受区域构造控制与辉绿岩脉有关的热液充填矿床,强调了辉绿岩脉与铁矿脉相互穿切的现象,认定铁矿是与辉绿岩有关的热液充填成矿。这一认识有待商榷,因为辉绿岩脉是岩浆演化最后的残浆形成,规模太小,无法分离出与其相等的铁矿热液,对此应探索新的解释。

根据铁矿脉多沿断裂破碎带充填于花岗岩体内,矿体呈脉状或透镜状,有分枝、复合、膨胀、收缩变化,产状陡,延深大,矿脉两侧蚀变发育,矿石中出现电气石和磷灰石等富含挥发分矿物,矿体为后期辉绿岩脉穿切等地质现象分析,铁矿应是花岗岩浆分异、冷凝后,遗留的含矿热液和残浆,在构造动力作用下,沿断裂向上运移,在深层封闭的环境中,充填于岩石破碎带或裂隙中,交代、冷凝而成矿,应为岩浆期后高—中温热液充填型铁矿。成矿模式见图 3-8。

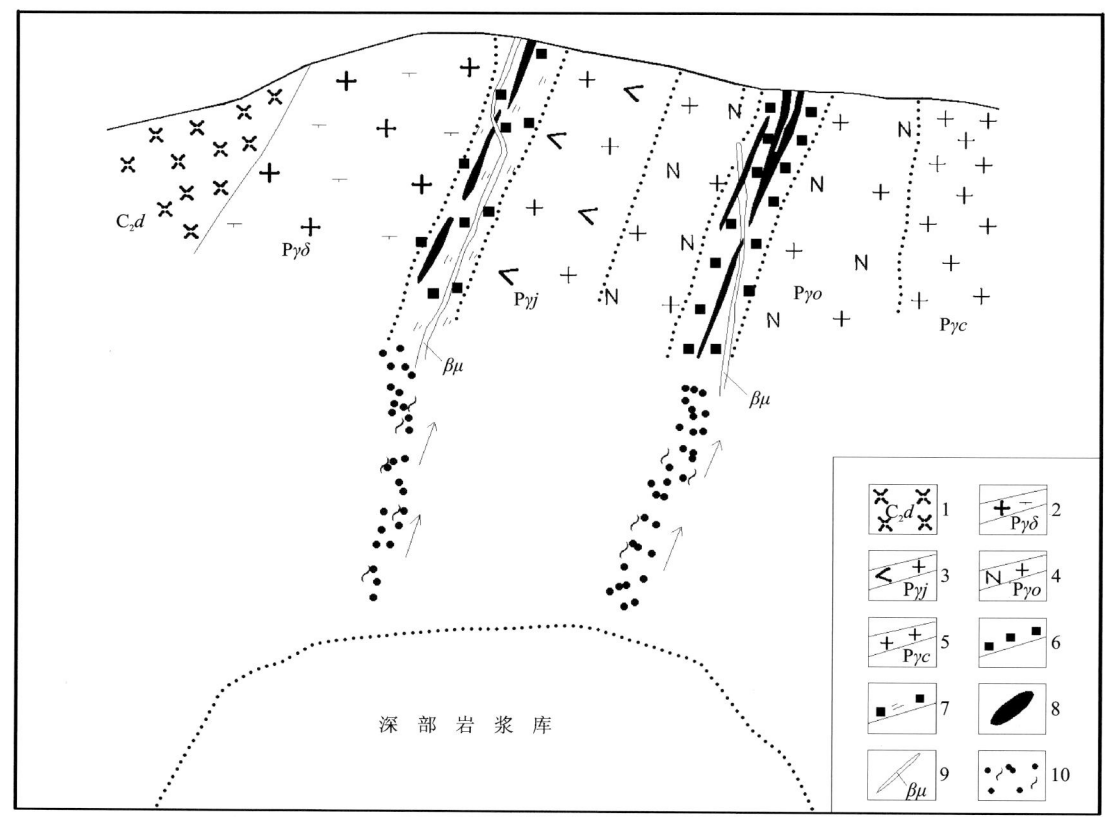

图 3-8 鄯善县铁岭 I 号铁矿床成矿模式图

1.火山熔岩;2.花岗闪长岩;3.角闪花岗岩;4.斜长花岗岩;5.细晶花岗岩;
6.磁铁矿化体;7.绿泥石化磁铁矿化体;8.铁矿体;9.辉绿岩脉;10.矿液运移方向

第二节 铜钼矿

斑岩矿床作为最重要的铜钼金矿床类型之一,引起了地质界的广泛关注(Richards,2009;Pirajno,2009)。俯冲相关岩浆弧被认为与世界斑岩矿床密切相关,尤其是环太平洋成矿带斑岩铜钼矿床(Sillitoe,1972;Stern et al.,2010;Richards,2011b)。中国成矿系统的最新研究表明,后碰撞环境有利于斑岩矿床的发育(Hou et al.,2009,2011;Richards,2011b;Chen,2017),特别是大别造山带斑岩型钼或以钼为主的多金属矿床(Wang et al.,2014b;Mi et al.,2015;Yang et al.,2015)。

一、斑岩型(土屋铜矿)

土屋斑岩铜矿床位于新疆东天山康古尔塔格断裂以北,哈密市西南180km处。土屋斑岩铜矿床是新疆地矿局第一地质大队1994年进行1:5万区域地质调查时发现的,1997年开展铜矿普查时取得了重大进展,随后又发现了延东、土屋东和延西等铜矿,构成了土屋-延东矿田(申萍等,2012;潘鸿迪等,2013)。该矿田是新疆第一个大型斑岩型铜矿田,一经发现便引起了国内外地质学家的广泛关注,并开展了多方面的研究,取得了重要进展,包括成矿地质背景(芮宗瑶等,2002b;李锦铁,2004;申萍等,2012)、矿床地质特征(芮宗瑶等,2002a;张连昌等,2004;李智明等,2006;张达玉等,2010)、容矿岩石(Han et al.,2006;申萍等,2012;潘鸿迪等,2013)及成矿机制等方面(芮宗瑶等,2002a;张连昌等,2004;Han et al.,2006;郭谦谦等,2010;申萍等,2012;Wang et al.,2014c)。本次对于土屋斑岩铜矿床的研究,重点在于收集前人科研及生产资料,总结成矿地质背景,建立成矿模式。

(一)矿区地质

土屋铜矿位于东天山晚古生代大南湖-头苏泉岛弧带中,分布于大草滩断裂与康古尔塔格断裂之间,北距大草滩断裂约46km(图3-9)。土屋铜矿床包括土屋和土屋东矿区,赋矿地层为下石炭统企鹅山群(C_1Q),主要划分为3个岩性组:第一岩性组(紧邻康古尔塔格断裂分布)由陆内碎屑岩、沉凝灰岩组成;第二岩性组为玄武岩、安山岩等,夹英安岩和玄武安山岩;第三岩性组为砂岩、复成分砾岩及少量凝灰岩、安山岩等(李智明等,2006)。地层总体走向为北东东向,倾向南,倾角43°~63°。侏罗系西山窑组(J_2x)出露于矿区北部,岩性主要为砂岩、粉砂岩、泥岩及砾岩等。

矿区内岩浆侵入作用强烈,发育浅成、超浅成中酸性岩体,多呈岩株、岩脉状侵位于石炭系企鹅山群玄武岩和安山岩中,岩性主要为闪长玢岩及英云闪长岩(图3-9)。闪长玢岩体呈不规则状北东东向展布,出露面积大于$4km^2$,大部分被中新生代沉积物覆盖,岩体特征与中基性火山岩相似,应属火山喷发末期浅火山(或浅成)岩浆上侵产物,为主要赋矿围岩。英云闪长岩体呈不规则透镜状产出,走向近东西,剖面上为多个岩脉,出露面积小于$0.03km^2$,为主要含矿岩石。矿区内东西向断裂发育,还有部分南北向、北西向断裂。

(二)矿床地质特征

土屋铜矿由Ⅰ号、Ⅱ号两个矿体组成,Ⅰ号矿体(即土屋东矿床)基本上产于斜长花岗斑岩之中。以0.2%为边界品位圈定的矿化体长1300m、宽8.0~87.1m,平均38.94m。地表平均品位0.3%;钻孔平

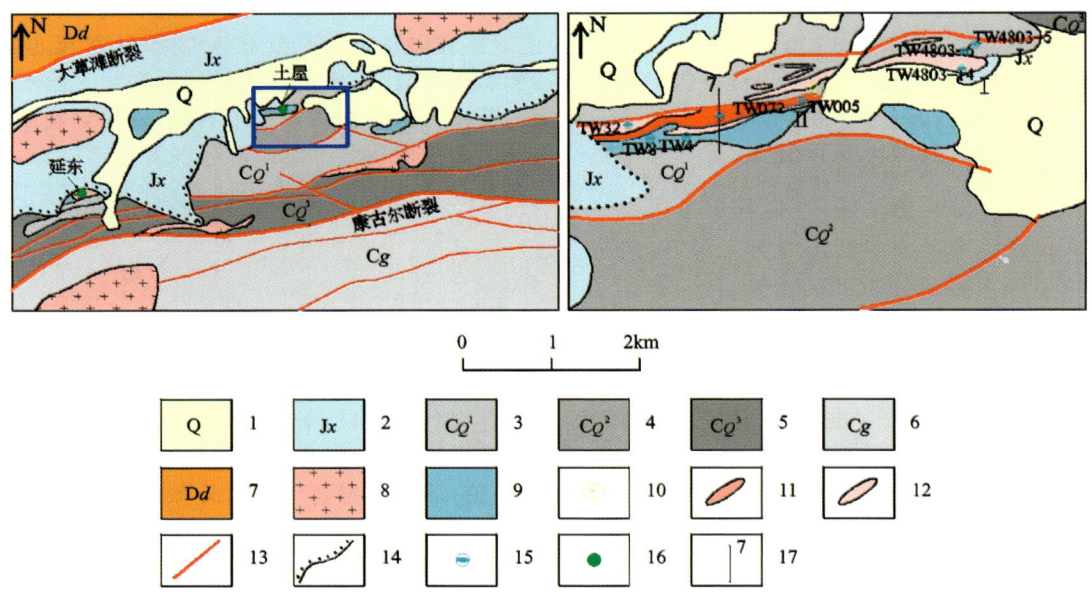

图 3-9 矿区地质简图(据王银宏等,2014;Wang et al.,2015)

1.第四系;2.侏罗系西山窑组;3.企鹅山群第一段;4.企鹅山群第二段;5.企鹅山群第三段;6.石炭系干墩组;7.泥盆系大南湖组;
8.花岗岩类;9.闪长玢岩;10.英云闪长岩;11.矿体(铜品位大于0.5%);12.矿体(铜品位为0.2%~0.5%);13.断层;
14.角度不整合界线;15.取样位置及编号;16.铜矿体;17.勘探线位置及编号

均品位0.35%。钻孔中Au组合分析品位0.2~0.24g/t。Ⅱ号矿体(即土屋矿床)紧靠Ⅰ号矿体西段南侧,向西延伸。矿化一半以上在围岩——玄武岩及其凝灰岩中,其余在斜长花岗斑岩中。以0.2%为边界品位圈定的地表矿化体长1400m,宽7.6~125.0m,平均65.87m。Cu品位0.44%。钻孔中矿体厚6.94~319.95m,平均96.02m。单工程Cu品位最高2.87%,一般0.2%~0.8%。其中以0.5%为边界品位圈定的矿体长1100m,平均宽19.09m,最宽87.2m,平均Cu品位1.03%。0~7线控制斜深500m(图3-10)。土屋铜矿床Ⅰ号、Ⅱ号矿体在平面上呈脉状,局部呈透镜状产出,走向近东西,倾向南,倾角61°~67°(图3-10),铜品位一般为0.2%~0.7%,矿化与英云闪长岩有关(张连昌等,2004;Han et al.,2006)。

(三)成岩成矿时代

已有资料表明,东天山地区花岗岩类主要产于386~230Ma之间,岩浆活动可分为晚泥盆世(386~369Ma)、早石炭世(349~330Ma)、晚石炭世—晚二叠世(320~252Ma)和早—中三叠世(246~230Ma)(王银宏等,2014)。与4个阶段花岗岩类岩浆活动有关的成矿作用由早到晚表现为无明显矿化→斑岩型铜矿、火山岩型铁矿→韧性剪切带型金矿、矽卡岩型银(铜)矿→斑岩-石英脉型钼矿的演化特点,其中以斑岩型铜矿和韧性剪切带型金矿最为发育(周涛发等,2010;Wang et al.,2014c)

土屋铜矿床一直被前人认为其致矿岩体斜长花岗斑岩年龄集中在339~332Ma(表3-1;陈富文等,2005;侯广顺等,2005;郭谦谦等,2010;张达玉等,2010;王银宏等,2014),与成矿年龄相差6Ma以上。秦克章等(2002)得到土屋-延东铜矿带蚀变绢云母K-Ar年龄为(341.2±4.9)Ma,与前人所得到的斜长花岗斑岩年龄在误差范围内一致,且绢云母主要形成于斑岩成矿期的绢英岩化阶段,与该期铜矿化形成于同一阶段,341.2~333.9Ma可代表斑岩成矿期的成矿年龄。辉钼矿主要形成于铜的矿化阶段(叠加改造期),因此辉钼矿Re-Os年龄被认为可以代表黄铜矿的成矿年龄(芮宗瑶等,2002a;张达玉等,2010)。芮宗瑶等(2002a)用4件土屋铜矿床辉钼矿样品、3件延东铜矿床辉钼矿样品,得到2个铜矿床共同的Re-Os同位素等时线年龄为(322.7±2.3)Ma;张达玉等(2010)用1件延西铜矿床(属于延东铜

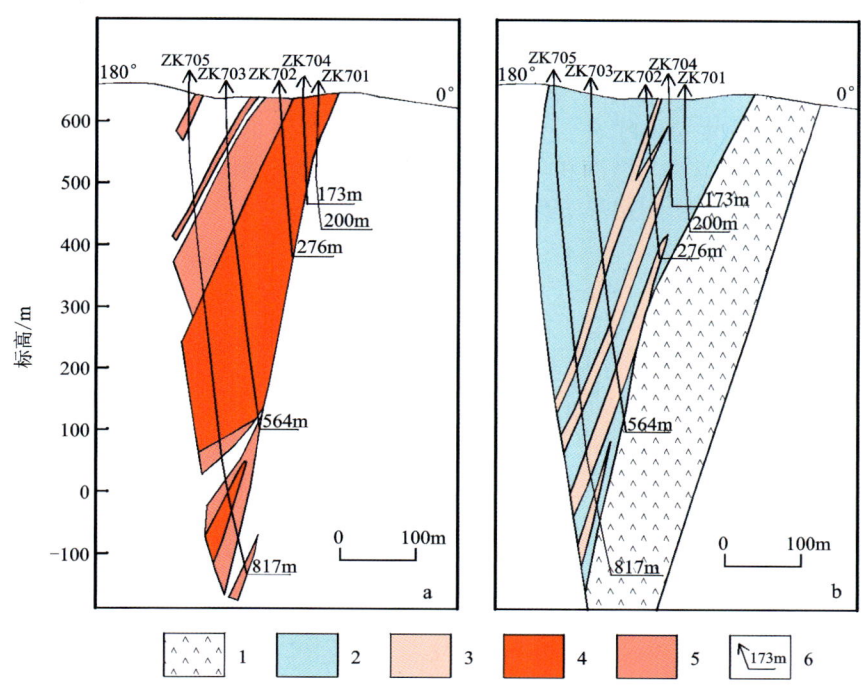

图 3-10 土屋铜矿矿体特征

1.石炭系企鹅山群；2.闪长玢岩；3.英云闪长岩；4.矿体（铜品位＞0.5％）；5.矿体（铜品位为 0.2％～0.5％）；6.钻孔深度

矿床)辉钼矿样品,得到其 Re-Os 同位素模式年龄为(326.2±4.5)Ma。由此得到土屋与延东铜矿床的成矿年龄主要为 326.2～322.7Ma。综上所述,土屋铜矿床均有两期成矿:前期为斑岩成矿,与斜长花岗斑岩的侵入相关,成矿年龄为 341.2～333.9Ma;后期为叠加改造成矿,与石英钠长斑岩的侵入相关,成矿年龄为 326.2～322.7Ma。

表 3-1 土屋铜矿成矿年龄一览表

位置	测试对象	测试方法	年龄/Ma	引自
土屋	闪长玢岩	SIMS	340±3	Shen et al.,2014a
	斜长花岗斑岩	SHRIMP	333±4	陈富文等,2005
	斜长花岗斑岩	SIMS	332.2±2.3	Shen et al.,2014a
	斜长花岗斑岩	SHRIMP	335.0±3.7	Wang et al.,2014c
	石英钠长斑岩	LA-ICP-MS	324.9±2.4	肖兵等,2017
	石英钠长斑岩	LA-ICP-MS	324.5±2.1	肖兵等,2017
	辉钼矿	Re-Os 等时线	343	张连昌等,2004
	辉钼矿	Re-Os 等时线	319.1±9.1	肖兵等,2017
土屋东	斜长花岗斑岩	SHRIMP	334±3	陈富文等,2005
	斜长花岗斑岩	SIMS	332.8±2.5	Shen et al.,2014b
	斜长花岗斑岩	SHRIMP	332.3±5.9	Wang,2015
	英云闪长岩	SIMS	334.7±3.0	王银宏等,2014
	辉钼矿	Re-Os 等时线	322.7±2.3	芮宗瑶等,2002a
延西	辉钼矿	Re-Os 模式年龄	326.2±4.5	张达玉等,2010

(四)成矿流体特征

刘敏等(2009)对土屋铜矿采集了含硫化物石英脉和含石英浸染状富矿石进行流体包裹体研究,包裹体较发育,但个体较小,主要为气液两相包裹体,偶见含子矿物三相包裹体,多相包裹体中子矿物体积占包裹体体积20%~30%,部分多相包裹体中含有非盐类子矿物。包裹体多小于10μm,长轴长一般5~9μm,气相所占比例为5%~25%,多数为10%~20%,部分气相包裹体占比在常温下跳动。包裹体一般呈孤立状、群状分布,形态以长条状、圆粒状及不规则状为主。

流体包裹体完全均一温度变化于125~363℃,主要集中于140~200℃,盐度变化于0.18%~15.37% NaCleqv,个别含子晶包裹体盐度可达58.28% NaCleqv,主要集中于2%~10% NaCleqv,盐晶消失温度为307~489℃,均大于气泡消失温度,经计算所得的包裹体密度为0.50~1.15g/cm³。流体包裹体气相成分主要以H_2O和CO_2为主,其次为N_2及O_2,并含有少量的CH_4、C_2H_2、C_2H_4、C_2H_6及微量CO。包裹体溶液总离子浓度为37.6%~50.3%,高于单个包裹体显微测温获得的盐度(0.18%~58.28% NaCleqv)。

石英中的δD_{V-SMOW}为-70‰~-66‰,平均-68.4‰。石英的$\delta^{18}O_{V-SMOW}$为9.4‰~12.3‰,平均为10.9‰。石英的$\delta^{18}O_水$为-5.1‰~-1.2‰。氧同位素远离变质水范围,并向岩浆水方向飘移,说明岩浆水在运移过程中受到了混染,表明成矿流体主要来源于混合的岩浆水与大气降水。

芮宗瑶等(2002a)对土屋-延东铜矿床矿石中黄铜矿、黄铁矿进行了硫同位素测定,$\delta^{34}S$变化于-0.9‰~1.3‰之间,说明可能有岩浆成因的硫源,其平均值为0.336‰,与陨石硫很接近,反映了硫的深部来源特征,说明成矿热液可能来源于深部。

(五)成矿模式

新疆北部地区晚古生代构造岩浆活动强烈,经历了板块俯冲、陆-陆碰撞及后碰撞构造演化阶段(王京彬和徐新,2006;韩宝福等,2006),早石炭世至晚二叠世期间的大规模构造岩浆活动,不仅使已经形成的地壳被改造,而且地幔岩浆侵入地壳中,使地壳增厚(李锦铁,2004)。根据MASH模型(熔融-混染-存储-均化)(Hildreth,2007),每一个大型弧火山的基线地球化学信号都可以不断被重置,重置过程发生在深部地壳发生重熔和岩浆混合的区域内,因此该区域内存在长时间的幔源岩浆诱捕、储存和改造过程。新疆土屋矿区火山岩样品均落入岛弧拉斑玄武岩和岛弧钙-碱性玄武岩区,英云闪长岩样品均落入火山弧花岗岩区,表明土屋火山岩及含矿岩体主体均具有岛弧岩浆岩的特点,形成于板块俯冲的构造环境(王银宏等,2014)。结合东天山造山带晚古生代区域构造演化特征,其成岩成矿机制为:早石炭世时期在北天山洋板块北向俯冲的地球动力学背景下,俯冲到深处的大洋板片熔融形成埃达克质岩浆,在熔融过程中同时析出金属,随埃达克质岩浆一起上升,并与地幔橄榄岩发生交代作用,在岩体顶部富集成矿(图3-11)。

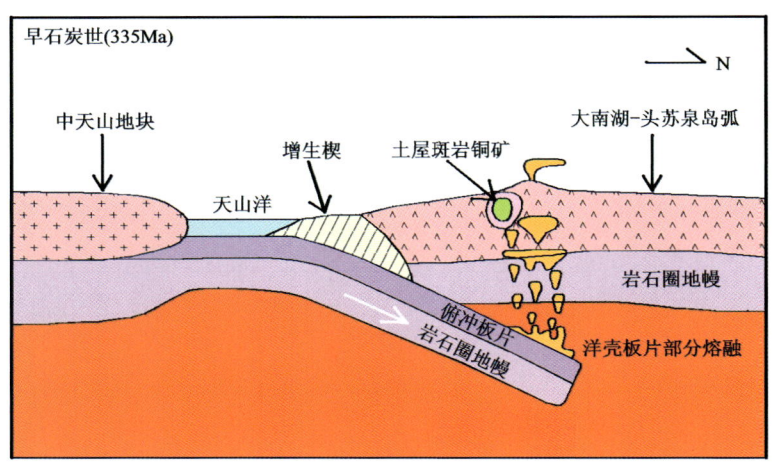

图 3-11　东天山地球动力学背景模式图

二、斑岩型（帕尔塔格西铜矿）

帕尔塔格西铜矿位于康古尔-土屋-黄山 Cu-Ni-Au-Mo 矿带，带内已发现有玉海、灵龙、土屋-延东等斑岩型矿产。帕尔塔格西铜矿床与土屋-延东斑岩铜矿处于区域布格重力场高值异常区，区域航磁处于哈密-山口-梧桐窝子异常段西部，正磁异常两侧为负磁异常。区域地球化学显示，该矿床处于 Cu、Mo 地球化学元素高背景区，Cu 元素含量 $45×10^{-6}$、富集系数 0.97、极大值 $1128×10^{-6}$；Mo 元素含量 $1.3×10^{-6}$、富集系数 1.03、极大值 $37.74×10^{-6}$。Cu、Mo 元素富集区有 3 处，均对应花岗闪长岩，与地表孔雀石化带吻合。

（一）地质背景

帕尔塔格西铜矿位于小热泉子石炭纪岛弧带，距鄯善县东南约 50km。矿区出露地层为下石炭统小热泉子组的一套海相火山岩、火山碎屑岩建造，岩性主要为英安岩、安山岩、岩屑凝灰岩等，呈残留体状分布。地貌为戈壁山丘，基岩整体出露较差，接触关系模糊。区内构造线总体呈北西向展布，为北东向倾斜的单斜构造。主要见有帕尔塔格西和与康古尔区域断裂平行的次级断裂。北东向为帕尔塔格西断裂，呈北西方向舒缓波状延伸，倾向北东，倾角 65°。断裂两侧岩层发生明显的右行错位，碎裂岩化、褐铁矿化、绿帘石化、绿泥石化较为发育；南部断裂沿 76°方向延伸，断裂西段被第四系覆盖，向东延出矿区，沿断裂带岩石节理裂隙发育，见有大量石英脉充填其中。南西为与康古尔塔格区域断裂平行的次级康古尔北断裂，呈近东西向展布。矿区岩浆活动强烈，火山岩和侵入岩发育。火山岩主要为早石炭世中酸性火山岩建造。

侵入岩岩石类型主要为花岗闪长岩、花岗岩、二长花岗岩、花岗闪长斑岩、闪长玢岩，呈不规则椭圆状，以岩基、岩株、岩枝状产出，侵入下石炭统小热泉子组，呈北西向展布，向西南被第四系掩盖。花岗闪长斑岩与闪长玢岩是铜矿主要含矿岩体，出露面积较大（图 3-12）。区内侵入岩节理裂隙发育，岩石较破碎，常见绿帘石化、绿泥石化、褐铁矿化沿裂隙面分布。脉岩发育，见有石英脉、霏细斑岩脉、花岗岩脉、安山玢岩脉、闪长玢岩脉等，脉岩走向对构造形迹显示明显。前人在土屋一带开展了同位素测年研究，刘德权等（2003）、陈富文等（2005）获得的土屋-延东铜矿床含矿英云闪长岩的成岩年代 340～330Ma，李少贞等（2006）获得克孜尔塔格花岗闪长岩体锆石 U-Pb 定年年龄为（317.6±2.8）Ma；王银宏等（2014）采用 SIMS 锆石 U-Pb 定年，认为土屋含矿岩体年龄为 335Ma。结合本次野外地质工作和岩体与地层穿插关系，认为含矿的花岗闪长岩的成岩年代为 340～330Ma，属晚石炭世。

（二）矿床地质

铜矿体赋存于花岗闪长岩中，隐伏于地表 30m 以下，呈北西-南东向条带状展布，圈定 4 个矿体，其中 M1 铜矿体、M2 铜矿体规模最大。M1 铜矿体走向与斑岩体展布特征一致，走向工程控制长 2750m，斜深 103～188m，厚 1.95～219.69m，Cu 品位 0.2%～0.52%，伴生 Mo 品位 0.011%～0.051%。M2 铜矿体与 M1 铜矿体平行，走向控制长 3150m，斜深 269～334m，厚 1.92～52.6m，Cu 品位 0.2%～0.58%，伴生 Mo 品位 0.014%～0.052%。沿走向具分支复合特征（图 3-13）。

矿石金属矿物以黄铜矿、黄铁矿、辉钼矿为主，次为磁黄铁矿、磁铁矿、闪锌矿、辉铜矿、赤铜矿、方铅矿；氧化物主要为孔雀石、黑铜矿、黄钾铁矾、褐铁矿；脉石矿物主要为绿泥石、绢云母、绿帘石、黑云母、白云母、石英、斜长石、钾长石等。矿石结构为他形粒状结构、半自形粒状结构；矿石构造多见细脉状、浸染状构造，部分具团斑状和脉块状构造（图 3-14）。

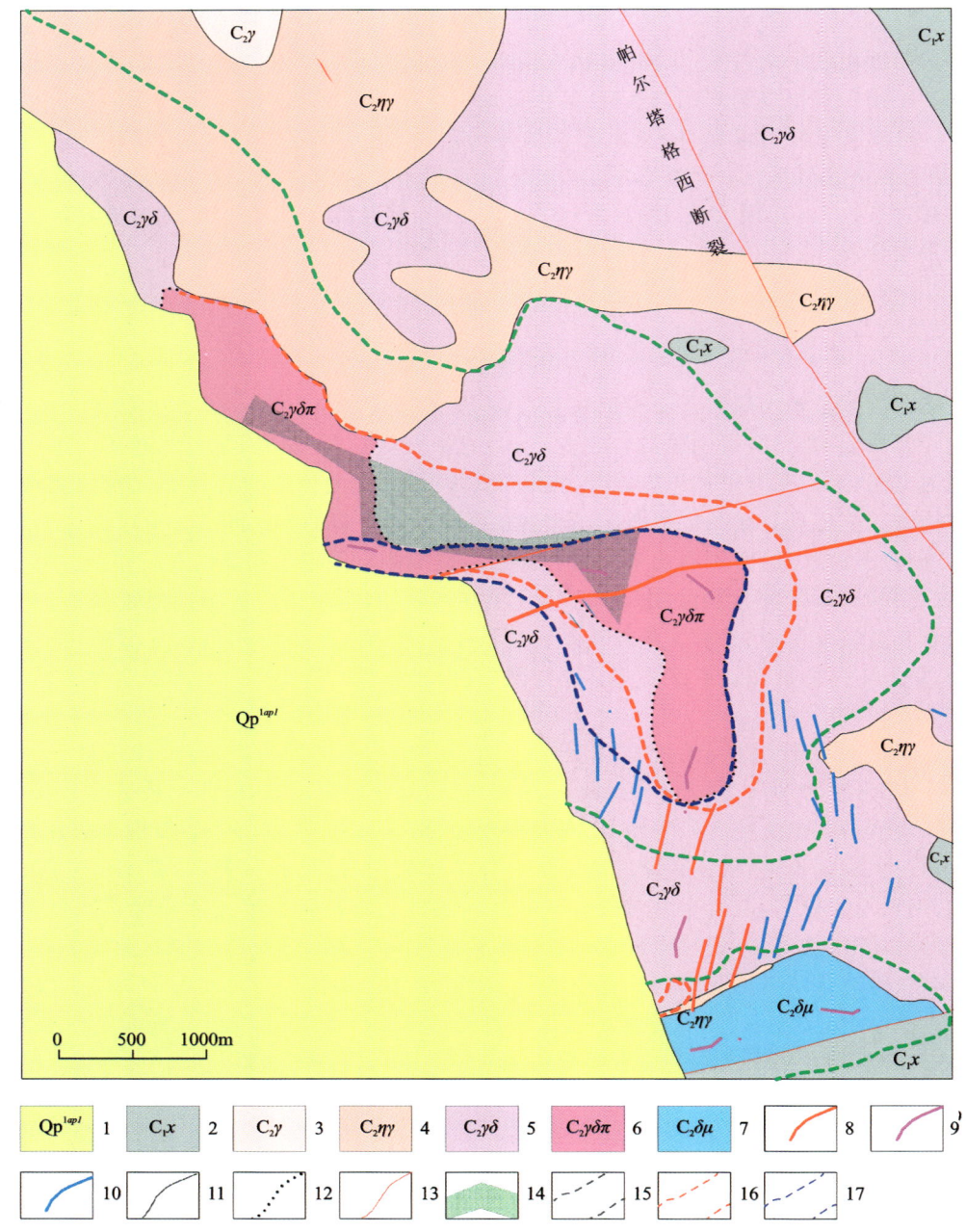

图 3-12 帕尔塔格西铜矿区地质简图

1.下更新统冲洪积物；2.下石炭统小热泉子组；3.晚石炭世花岗岩；4.晚石炭世二长花岗岩；
5.晚石炭世花岗闪长岩；6.晚石炭世花岗闪长斑岩；7.晚石炭世闪长岩；8.酸性岩脉；
9.石英脉；10.中性岩脉；11.地质界线；12.岩相界线；13.性质不明断层；14.矿体地表投影；
15.青磐岩化带；16.绢云母-硅化带；17.黄铁绢英岩化带

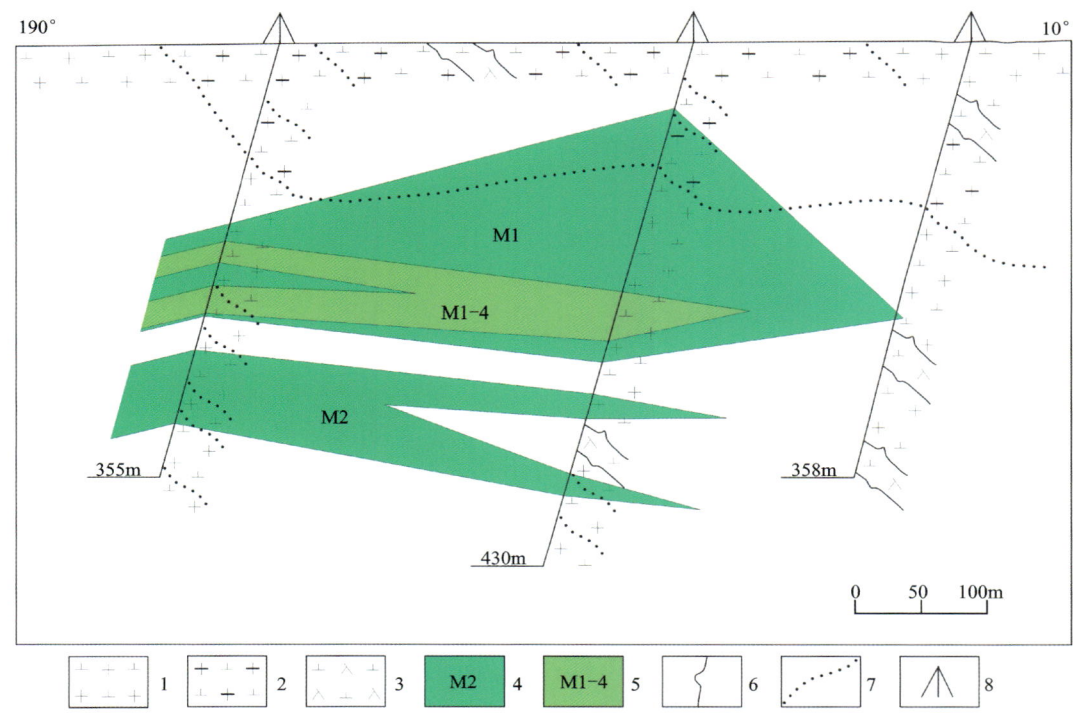

图 3-13 帕尔塔格西铜矿 30 号勘查线剖面图
1.花岗闪长岩；2.花岗闪长斑岩；3.闪长玢岩；4.铜矿体；5.铜工业矿体；
6.侵入界线；7.相变界线；8.钻孔位置

图 3-14 脉块状(a)和细脉-浸染状(b)铜矿石岩心照片

（三）矿床成因

目前在觉罗塔格构造-岩浆带已发现多处斑岩型铜矿床，自西向东依次为帕尔塔格西、延西、延东、土屋-土屋东、灵龙、赤湖、玉海、三岔口和白山等一系列矿床。对比西藏玉龙（超大型）、江西德兴（超大型）、准噶尔、东天山典型斑岩型铜矿（表 3-2），认为帕尔塔格西铜矿与已知的斑岩型铜矿大地构造背景相似，控矿因素、矿床类型、矿种组合相近，围岩蚀变与斑岩型铜矿蚀变组合分带特征类似，因此帕尔塔格西铜矿有理由成为斑岩铜矿的找矿目标区。

表 3-2 国内斑岩铜矿地质特征对比

对比项目	西藏玉龙（超大型）	江西德兴（超大型）	西准包古图（大型）	土屋-延东（大型）	三岔口（中型）	帕尔塔格西（大型远景）
大地构造	特提斯构造域东段三江构造带羌塘地体	扬子陆块东南缘的江南台隆——扬子陆块与华夏陆块新元古代缝合带	西准噶尔包古图岛弧	大南湖-头苏泉晚古生代岛弧	大南湖-头苏泉晚古生代岛弧	小热泉子石炭纪岛弧带
赋矿围岩	下三叠统马拉松多组、上三叠统甲丕拉组和波里拉组	中—新元古界双桥山群九都组	早石炭世凝灰岩	早石炭世中基性火山岩	早石炭世粉砂岩、页岩、凝灰岩和砂岩等	下石炭统小热泉子组
含矿岩体	二长花岗斑岩、石英二长斑岩和花岗闪长斑岩	花岗闪长斑岩、石英闪长玢岩、细晶岩、煌斑岩	花岗闪长（斑）岩、石英闪长岩	主要为玄武岩、斜长花岗斑岩	海西早期花岗闪长（斑）岩	主要为花岗闪长斑岩、石英闪长玢岩
侵入岩	隐伏花岗斑岩、二长花岗岩	花岗闪长斑岩	花岗闪长斑岩	海西早期花岗闪长（斑）岩	海西晚期花岗闪长（斑）岩和英云闪长岩	海西中期花岗岩
控矿构造	近南北走向的甘龙拉-恒星错背斜的轴部或倾没端	北东向断裂	北西向、东西向和南北向断裂	东西向区域性断裂和韧性剪切带	东西向区域性断裂和韧性剪切带	东西向区域性断裂和韧性剪切带
金属矿物	辉钼矿、黄铁矿、黄铜矿	黄铁矿、黄铜矿、辉钼矿、砷黝铜矿、斑铜矿	黄铁矿、黄铜矿、磁黄铁矿、辉钼矿、辉铜矿、赤铜矿等	黄铜矿、斑铜矿、辉钼矿、黄铁矿和辉铜矿	黄铜矿、辉钼矿和黄铁矿	黄铜矿、黄铁矿、磁黄铁矿、磁铁矿
脉石矿物	石英、钾长石、黑云母、绿帘石、绿泥石、斜长石、绢云母	石英、绢云母、钾长石、黑云母、绿泥石及碳酸盐矿物	石英、绢云母、绿泥石、绿帘石及碳酸盐矿物	石英、绢云母、高岭石、绿泥石、钾长石和方解石	石英、绢云母、绿泥石、绿帘石和方解石	绿泥石、绢云母、绿帘石、黑云母、白云母、石英、斜长石、钾长石
围岩蚀变	钾硅酸盐化、青磐岩化、绢英岩化、泥化	硅化、绢云母化、钾长石化、黑云母化、绿泥石化、碳酸盐化	钾化带、石英-绢云母化带、青磐岩化带	硅化、绢云母化、黑云母化、泥化、青磐岩化	硅化、绢云母化、绿泥石化、碳酸盐化	绢云母化、硅化、青磐岩化

续表3-2

对比项目	西藏玉龙（超大型）	江西德兴（超大型）	西准包古图（大型）	土屋-延东（大型）	三岔口（中型）	帕尔塔格西（大型远景）
矿体形态	岩筒状、岩株状	岩株状、岩脉状	条带状、透镜状	厚板状、似层状	脉状、透镜状	不规则脉状、透镜状
矿石品位	Cu 0.52% Mo 0.04%	Cu 0.46% Mo 0.03%	Cu 0.1%～0.5%	Cu 0.35%～0.86% Mo 0.015%～0.23%	Cu 0.35%～2.34% Mo 0.024%～0.047%	Cu 0.2%～0.58%

从大地构造环境看，处于东天山古生代造山带小热泉子石炭纪岛弧带，成矿与晚石炭世早期汇聚阶段钙碱性火山-深成岩建造有关。赋矿岩石类型主要有花岗闪长斑岩、花岗闪长岩，成矿斑岩体具有多期次、高侵位的特征。岩体出露面积不大，且剥蚀程度相对较低。具有叠加改造的特征，常在深部形成矽卡岩型铜矿化，浅部形成低温热液脉状铜金矿化，围岩中形成火山-沉积型层状铜矿化。矿石类型以铜-钼型为主，次为铜-金型、铜-硫型，均伴有不同程度的钼、金和银矿化。从高温到低温，围绕岩体向外呈环状分布，早期形成钾化带和黑云母带，以及钾质角岩带、矽卡岩化带；中期生成绢云母带-黄铁绢云岩带和青磐岩带；晚期形成低温蚀变的泥化带、浊沸石-碳酸岩化带。成矿多与早、中期有关。矿体主要为脉状、似层状、透镜状，展布严格受岩体控制；矿石矿物主要为黄铁矿和黄铜矿，少量斑铜矿、辉钼矿、辉铜矿等，呈星散状、浸染状、细脉浸染状、条带状不均匀分布。矿石结构以自形—半自形粒状为主，次为他形粒状；矿石构造以浸染状、细脉状为主，少量条带状、致密块状。芮宗瑶等（2002a）获得了土屋-延东铜矿床323Ma的辉钼矿Re-Os年龄；秦克章等（2002）测得土屋-延东矿区内蚀变绢云母K-Ar年龄为341Ma；张连昌等（2004）测得延东矿区细脉浸染状的辉钼矿Re-Os年龄为343Ma；张达玉等（2010）测得延西铜矿床辉钼矿Re-Os年龄为326Ma。从已有的同位素年代学数据可见，土屋-延东铜矿床成矿年龄为340～320Ma，土屋矿床成矿时代与成岩时代基本一致或略晚。总体看，矿区成岩成矿构造环境为晚石炭世岛弧；矿床严格受一套花岗质火山杂岩所控制，矿化集中产于岩体内部及其边缘接触带中，表明铜矿化与岩体具密切的亲缘关系。矿床为早石炭世晚期岛弧边缘环境下形成的斑岩铜矿床。

三、斑岩型（东戈壁钼矿）

东戈壁钼矿床位于阿其克库都克深大断裂带以北的觉罗塔格晚古生代岛弧增生带内（杨兴科等，1996）。早石炭世之后，觉罗塔格地区强烈褶皱隆起，形成以阿奇山-雅满苏为中心的复背斜，发育多期次中酸性侵入岩。该区二叠纪地层褶皱变形，伴有中酸性岩体侵入和断裂构造产生（王新昆等，2009）。觉罗塔格岛弧增生带的多期次构造-岩浆事件形成了多时代、多类型的成矿系统，包括与基性—超基性杂岩带有关的土墩-黄山-镜儿泉铜镍成矿带，与浅侵位中酸性岩浆活动有关的土屋-延东斑岩铜（金钼）矿带和白山-东戈壁斑岩钼矿带，与深侵位花岗岩浆活动有关的小白石头-沙东钨锡成矿带，与陆相火山-次火山作用有关的石英滩-马庄山-南金山浅成低温热液型金矿带，与海相火山-沉积作用有关的红云滩、库姆塔格、雅满苏等铁—铜-金矿床，与大型剪切带或走滑断裂作用有关的康古尔塔格金矿带等（吴艳爽等，2013）。杨志强等（2011）获得斑状花岗岩和细粒花岗岩SHRIMP锆石U-Pb年龄为（227.6±1.3）Ma，花岗斑岩脉年龄为（292.2±2.8）Ma。

(一) 矿床地质

东戈壁钼矿体赋存于隐伏斑状花岗岩东、西两侧的外接触带，将矿区分为东、西两个矿段，两矿段内的矿体均受同一个斑状花岗岩体控制。其中，东矿带Ⅰ号矿体为矿床的主矿体，赋矿围岩主要为石炭系干墩组浅变质的砂岩、泥质砂岩、砂质泥岩等一套碎屑岩。矿体平面形态为形状不规则的近圆形，剖面形态为近似层状—透镜状，总体产状平缓，由中心向周边缓慢倾斜，倾角0°~5°，局部矿体倾角变陡，倾角30°左右。

矿石类型以石英网脉型为主。钼矿物主要为辉钼矿，多呈薄膜状、浸染状赋存于围岩表面或石英脉与围岩接触面上，或是呈自形—半自形粒状、叶片状、团块状、鳞片状赋存于石英细脉中。其他金属矿物主要有黄铁矿、黄铜矿、磁黄铁矿、方铅矿、闪锌矿、白钨矿、黑钨矿等；脉石矿物主要为石英、绢云母、黑云母、钾长石、斜长石、白云母、方解石等。矿石结构包括鳞片-叶片状结构、他形粒状结构、半自形粒状结构、自形粒状结构、共边结构、交代结构、乳滴状结构、碎裂结构等。矿石构造包括细脉浸染状、脉状、条带状、颗粒状-斑块状、放射状、角砾状等构造。

围岩蚀变主要有钾化、硅化、黄铁矿化、电气石化、碳酸盐化、萤石化、绢云母化(白云母化)、黑云母化等。其中，硅化、钾长石化与钼矿化关系密切。围岩蚀变显示空间分带性，从岩体至围岩依次是钾硅酸盐化带→绢英岩化带→青磐岩化带。时间上也显示明显的变化，由钾硅酸盐化演变为绢英岩化。

根据东戈壁钼矿床热液期矿化蚀变特征和脉体穿切关系，结合矿物的共生组合关系及结构、构造特征，将热液成矿作用过程划分为：石英-钾长石化阶段、石英-辉钼矿阶段、石英-多金属硫化物阶段、石英-碳酸盐阶段(杨志强等，2013)。

(二) 成岩成矿时代

前人对东戈壁钼矿的成岩成矿年龄开展了大量研究，如表3-3所示。

表3-3 东戈壁钼矿成岩成矿年龄汇总

测试对象	成岩成矿年龄/Ma	测试方法	参考文献
矿石	231.9±6.5	辉钼矿Re-Os等时线	吴艳爽等，2013
矿石	234.3±1.6	辉钼矿Re-Os等时线	杨晓梅等，2013
斑状花岗岩	227.6±1.3	锆石U-Pb年龄	付治国，2012
矿石	231.1±1.5	辉钼矿Re-Os等时线	涂其军等，2012
矿石	233.2±2.2	辉钼矿Re-Os等时线	吴云辉等，2017
斑状花岗岩	237.0±4.7	锆石U-Pb年龄	吴云辉等，2017
矿石	234.2±1.6	辉钼矿Re-Os等时线	Han et al.，2018
斑状花岗岩	236	SIMS锆石U-Pb	Han et al.，2018
矿石	234.0±2.0	辉钼矿Re-Os等时线	Sur. et al.，2017
斑状花岗岩	234.6±2.7	锆石U-Pb年龄	Sur. et al.，2017
细粒花岗岩	231.8±2.4	锆石U-Pb年龄	Sur. et al.，2017

(三) 成矿流体特征

杨晓梅等 (2013) 开展了流体包裹体测温,测得东戈壁钼矿的成矿温度为 140~380℃,主要集中在 200~260℃之间,成矿流体的盐度为 0.88%~21.33% NaCleqv,主要集中于 2%~5% NaCleqv,表明东戈壁钼矿总体上属于中低温热液型岩浆矿床,成矿流体为中低盐度流体。估算出东戈壁钼矿成矿压力的变化范围为 527.65×10^5~861.85×10^5Pa,成矿深度为 1.76~2.87km。

(四) 成矿物质来源

硫化物的 $\delta^{34}S$ 值范围为 1.5‰~3.8‰,平均值为 2.81‰($n=22$),反映了深部硫源。大多数辉钼矿样品具有较高的 $\delta^{34}S$ 值[相对于第一阶段至第三阶段的其他硫化物矿物(即黄铁矿和黄铜矿)($\delta^{34}S=$ 1.5‰~3.8‰,$n=18$),为 3.36‰]。根据花岗岩类的地质历史和时空分布,提出东天山造山带东部钼矿床形成于中生代早期碰撞后的伸展环境。

(五) 成矿模式

东戈壁斑岩型钼矿隐伏的花岗质岩体与矿体在空间上密切共生,矿体分布在斑状花岗岩体的外围,围绕岩体分布,矿体形态与斑状花岗岩体的顶面起伏变化一致,矿体就像包在斑状花岗岩体顶面的一层巨厚皮壳状外壳,而花岗斑岩岩脉则零星分布于矿体中。结合东戈壁岩体与矿体在时间上和空间上的关系,可以推断出岩浆演化及成矿的一些过程(图 3-15),东戈壁花岗质岩浆首先在深部聚集形成岩浆房(斑状花岗岩体);岩浆在岩浆房中经过一段时间的演化,演化的花岗质岩浆沿构造裂隙侵位到浅部,冷却结晶形成花岗斑岩岩脉;结晶的过程中,岩浆释放富含成矿物质的热液流体,在合适的空间形成石英脉及矿体。

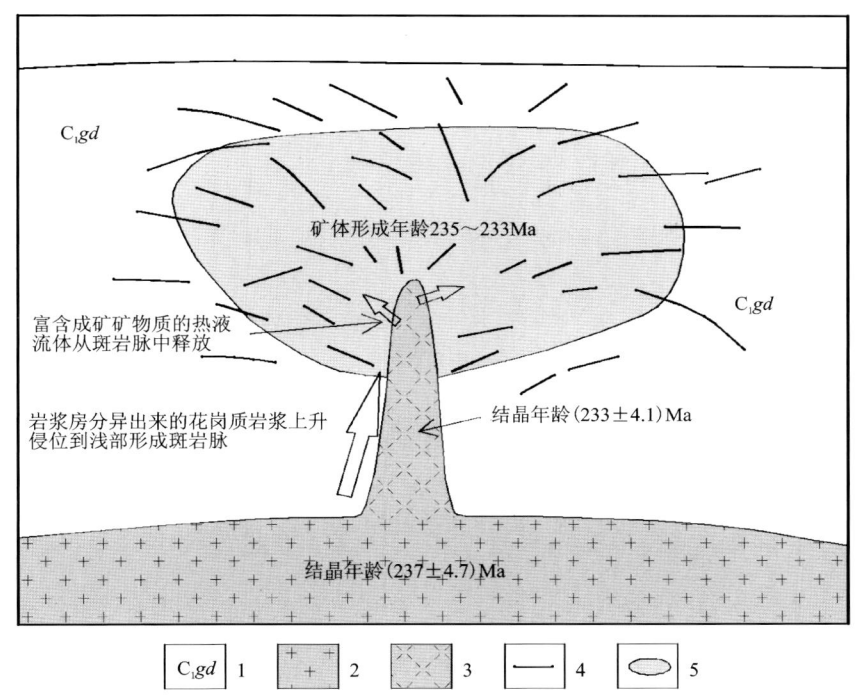

图 3-15 东戈壁斑岩型钼矿床形成模式图

1.下石炭统干墩组;2.斑状花岗岩岩基;3.花岗斑岩岩脉;4.含矿石英脉;5.矿体

四、斑岩型（铁岭铜钼矿）

（一）矿床地质

铁岭矿床位于阿奇山雅满苏弧的西段。它赋存于百灵山侵入杂岩中，由花岗闪长岩（约318Ma；Zhang et al.，2016a）、二长花岗岩（约313Ma；Zhang et al.，2016a；Zhao et al.，2019a）、正长花岗岩（约307Ma；Zhang et al.，2016a）和细粒花岗岩组成。出露的土古土布拉克组地层主要由英安质凝灰岩、安山岩英安质熔岩（约324Ma；Zhang et al.，2016a）和安山岩凝灰岩（约318Ma；Zhao et al.，2019a）组成，它们被百灵山侵入杂岩侵入。岩墙由百灵山侵入杂岩的辉绿岩、闪长斑岩和花岗岩组成（Long et al.，2020）。上述所有侵入岩均被北东向左旋走滑断层横切（图3-16a）。

铁岭矿床由89个铁矿体组成，赋存于花岗闪长岩和二长花岗岩中，受侵入体内的北东向断层控制（Fan et al.，2018）。板状或透镜状铁矿体通常延伸10~300m。主要矿体的深度为300~500m，而次要矿体的深度约为100m。矿石矿物以磁铁矿为主，含少量赤铁矿、黄铁矿和黄铜矿，而脉石矿物主要包括石英、电气石、绿帘石、绿泥石、绢云母、钠长石和钾长石。矿石结构主要为块状和浸染状，以及小细脉和角砾状。钾盐蚀变带和硅化带通常出现在铁矿体附近的围岩中（Fan et al.，2018）。

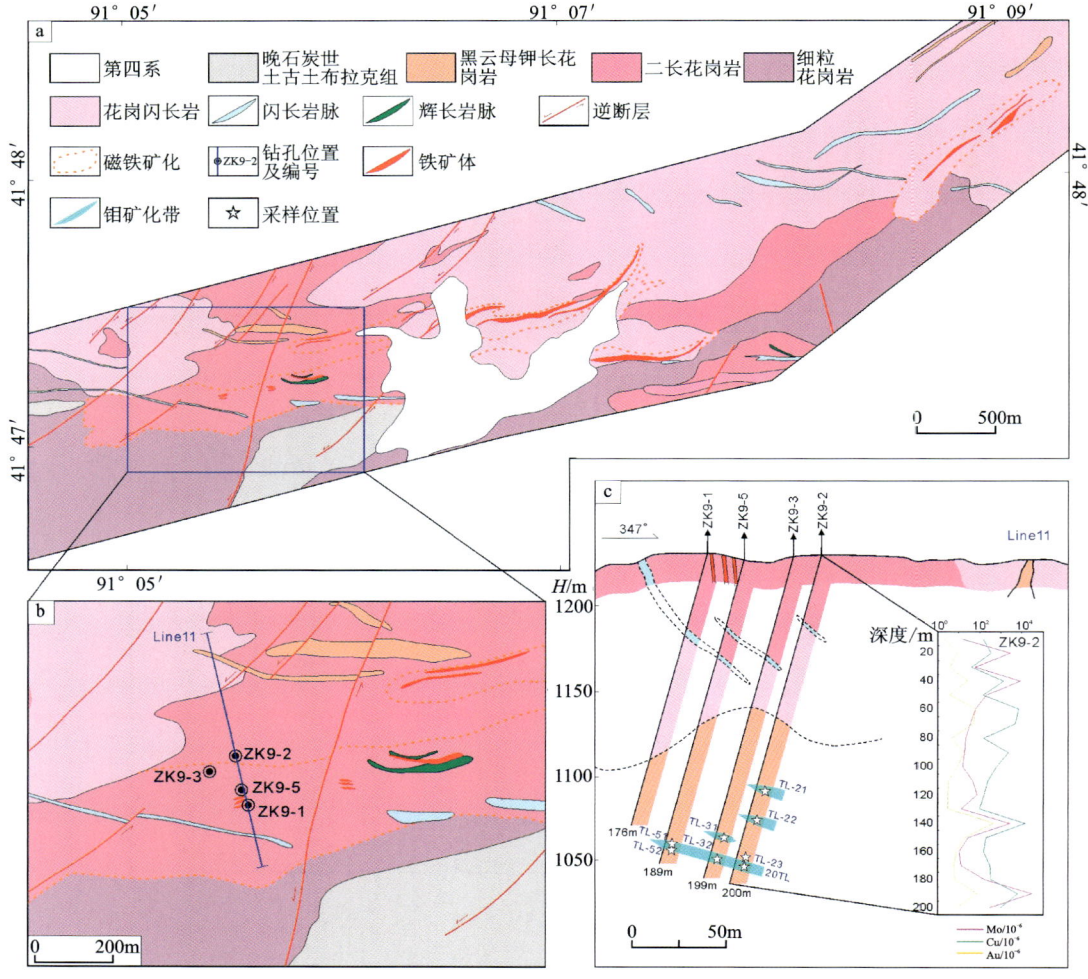

图3-16 铁岭矿区地质简图（a）、铁岭钼矿化地质简图（b）以及11号勘探线剖面图（c）（据Li et al.，2022）

在铁岭矿区西部的钻孔中新发现了钼矿体(图 3-16a,b)。然而,最初对铁矿石进行勘探时,通过地球化学钼异常,在隐伏黑云母钾长花岗岩(图 3-16c)中意外发现了钼矿化。除了高钼浓度外,还可以识别出金和铜异常(图 3-16c),这表明了 Mo、Cu 和 Au 元素组合的勘探潜力。辉钼矿是主要的金属矿石,散布在黑云母钾长花岗岩和细粒花岗岩中(图 3-17a,b),并集中在石英脉中(图 3-17c,d,e)。辉钼矿独立出现(图 3-17c,e,g)或偶尔与黄铜矿和黄铁矿共存(图 3-17d,f,h)。脉石矿物主要包括石英、钾长石、黑云母、绿泥石、角闪石和绿帘石(图 3-17d,j,k)。热液蚀变类型出现在细粒花岗岩中,少量出现在黑云母钾长花岗岩中,主要包括钾蚀变、硅化、绿帘石化和绿泥石化(图 3-17i,j,k)。

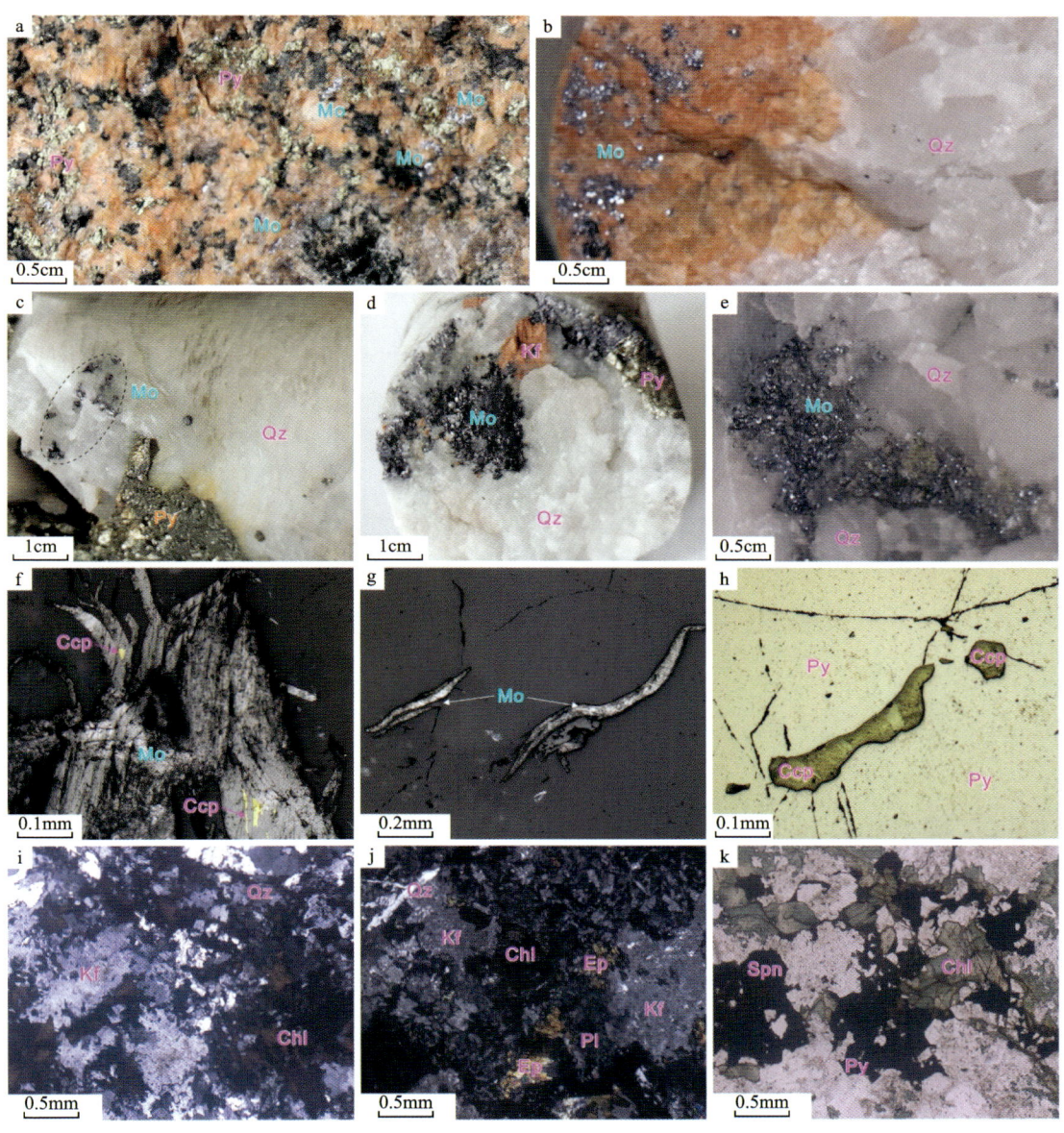

图 3-17 铁岭矿床代表岩矿石特征

a.黑云母钾长花岗岩中的浸染状辉钼矿和黄铁矿;b.细粒花岗岩中的浸染状辉钼矿;c.石英脉中的浸染状辉钼矿和黄铁矿;d.辉钼矿和黄铁矿共存于石英脉中;e.石英脉中的块状辉钼矿;f.黄铜矿偶尔与辉钼矿共存;g.孤立辉钼矿;h.黄铜矿偶尔被黄铁矿包裹;i.含绿泥石化的黑云母钾长花岗岩;j.细粒花岗岩,绿泥石化和绿帘石化;k.具有强烈绿泥石化的细粒花岗。Mo.辉钼矿;Py.黄铁矿;Ccp.黄铜矿;Qz.石英;Kf.钾长石;Pl.斜长石;Chl.绿泥石;Ep.绿帘石;Spn.榍石根据矿物学的野外和微观观察以及各种热液矿物的结构和共生关系,铁岭矿床确定了3个共生成矿阶段(图3-18)。这些层序为石英+钾长石+黄铁矿+辉钼矿±磁铁矿、石英+辉钼矿+黄铁矿+黄铜矿、石英+黄铁矿+绿帘石±辉钼矿±绿泥石。

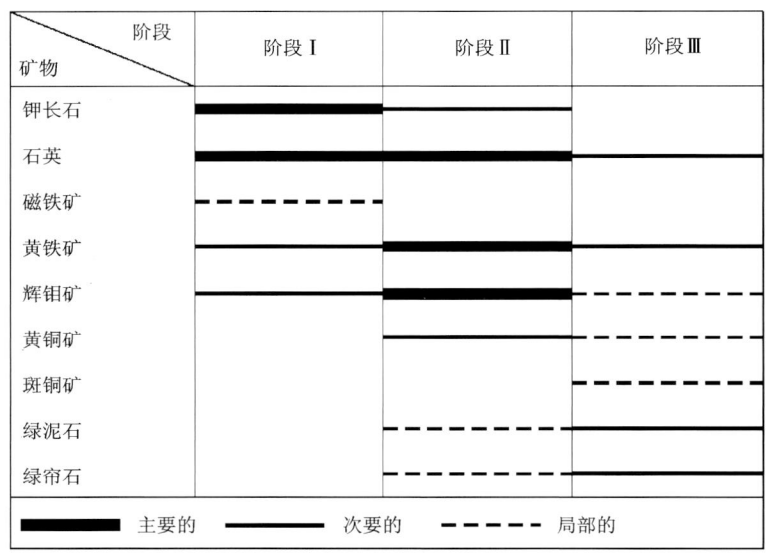

图 3-18　铁岭铜钼矿床的共生序列

(二)成岩成矿时代

LA-ICP-MS 锆石 U-Pb 数据见表3-4。这些岩石中锆石颗粒的代表性 CL 图像如图3-19所示。所有分析的锆石均为棱柱状、自形、无色,且大部分呈振荡分带模式,这意味着岩浆成因。所分析的锆石具有可变的 U($114.8×10^{-6}$~$294.7×10^{-6}$)和 Th($56.8×10^{-6}$~$232.6×10^{-6}$)含量,Th/U 值在 0.42~0.79 之间(主要大于 0.1)。20TL 的 20 个锆石颗粒限定了一个狭窄的范围,$^{206}Pb/^{238}U$ 年龄为 312.2~295.3Ma,一致年龄为($304.6±1.3$)Ma(MSWD=10.3;图3-20a),加权平均年龄为($304.5±2.4$)Ma(MSWD=0.70;图3-20b)。

国家地质分析测试中心对浸染状和脉状矿石中的7个辉钼矿样品进行了分析,结果见表3-5。这些样品显示出不同的 Re 含量($300.46×10^{-6}$~$470.47×10^{-6}$)和普通 Os 含量($0.011\ 7×10^{-9}$~$0.018\ 0×10^{-9}$),^{187}Re 值在 $188.85×10^{-6}$~$295.70×10^{-6}$ 之间,^{187}Os 值在 $0.94×10^{-6}$~$1.48×10^{-6}$ 之间,因此产生了 300.6~298.7Ma 之间的一致的单独计算模型年龄,等时线年龄为($300.1±7.0$)Ma(图3-21a)。7 个样品的加权平均年龄为($299.6±1.6$)Ma(MSWD=0.083;图3-21b)。总之,辉钼矿 Re-Os 测年结果揭示了矿床形成于晚石炭世。

(三)成矿流体特征

根据铁岭矿床的室温物相特征、加热和冷却过程中的相变以及激光拉曼光谱结果,铁岭矿床流体包裹体主要为富液包裹体(WL 型)。以孤立包裹体、随机分布或团簇形式出现的流体包裹体被解释为不同阶段的主要特征(图3-22)。沿生长带的每一簇或一组流体包裹体被认为代表一个 FIA。沿裂缝或晶界呈线性排列的流体包裹体被认为是次生流体包裹体,未通过显微测温法进行分析,因为它们形成较晚。包裹体呈椭圆、多边形和不规则状,直径在 3~18μm 之间,集中在 5~10μm 之间,并且含有占总体积 10%~40% 的气泡。加热时,这些包裹体均化为液相。

表 3-4 铁岭矿床黑云母正长花岗岩 LA-ICP-MS 锆石 U-Pb 数据

点号	Pb/$\times 10^{-6}$	Th/$\times 10^{-6}$	U/$\times 10^{-6}$	Th/U	同位素比值 $^{207}Pb/^{206}Pb$	1σ	$^{207}Pb/^{235}U$	1σ	$^{206}Pb/^{238}U$	1σ	同位素年龄/Ma $^{207}Pb/^{206}Pb$	1σ	$^{207}Pb/^{235}U$	1σ	$^{206}Pb/^{238}U$	1σ	谐和率/%
20TL-01	6.5	60.3	116.0	0.52	0.054 69	0.004 57	0.350 92	0.027 76	0.047 23	0.000 95	398.2	182.4	305.4	20.9	297.5	5.8	97
20TL-02	9.1	78.2	152.1	0.51	0.056 28	0.003 57	0.378 84	0.024 68	0.048 63	0.000 91	464.9	140.7	326.2	18.2	306.1	5.6	93
20TL-03	7.2	63.8	126.0	0.51	0.056 45	0.003 66	0.364 34	0.023 93	0.046 92	0.000 96	477.8	144.4	315.4	17.8	295.6	5.9	93
20TL-04	8.8	73.0	148.7	0.49	0.055 40	0.003 91	0.362 31	0.023 19	0.048 46	0.000 89	427.8	163.9	313.9	17.3	305.1	5.5	97
20TL-05	9.5	81.2	158.4	0.51	0.059 00	0.006 99	0.399 88	0.041 60	0.049 62	0.000 95	568.6	259.2	341.6	30.2	312.2	5.8	91
20TL-06	13.1	99.1	234.4	0.42	0.052 12	0.002 71	0.346 95	0.017 72	0.048 30	0.000 81	300.1	118.5	302.4	13.4	304.1	5.0	99
20TL-07	6.9	64.1	114.8	0.56	0.057 08	0.004 08	0.375 65	0.027 43	0.048 35	0.000 87	494.5	163.9	323.8	20.2	304.4	5.4	93
20TL-08	9.7	98.9	167.0	0.59	0.056 08	0.003 21	0.359 38	0.020 17	0.046 88	0.000 82	453.8	125.9	311.8	15.1	295.3	5.0	94
20TL-09	7.0	56.8	121.5	0.47	0.060 82	0.007 68	0.412 14	0.056 97	0.049 37	0.001 01	631.5	269.4	350.4	41.0	310.6	6.2	97
20TL-10	10.6	99.1	181.2	0.55	0.056 77	0.004 82	0.372 96	0.028 11	0.048 05	0.000 84	483.4	188.9	321.8	20.8	302.5	5.1	93
20TL-11	14.1	148.3	231.3	0.64	0.057 96	0.003 09	0.378 56	0.018 69	0.047 82	0.000 74	527.8	118.5	326.0	13.8	301.1	4.6	92
20TL-12	10.6	103.7	179.9	0.58	0.055 97	0.007 61	0.368 56	0.038 53	0.048 49	0.000 93	450.0	166.6	318.6	21.4	305.3	5.7	95
20TL-13	11.6	113.7	186.5	0.61	0.065 95	0.005 50	0.423 94	0.031 06	0.049 42	0.000 92	805.6	225.0	358.9	22.2	310.9	6.5	95
20TL-14	19.4	232.6	294.7	0.79	0.057 28	0.004 12	0.383 33	0.020 44	0.048 69	0.000 76	501.9	120.4	329.5	15.0	306.5	4.6	92
20TL-15	11.5	119.0	186.2	0.64	0.055 69	0.004 63	0.374 22	0.021 12	0.049 14	0.000 83	438.9	125.9	322.8	15.6	309.3	5.1	95
20TL-16	11.3	111.1	183.8	0.60	0.061 64	0.003 18	0.394 96	0.038 53	0.048 50	0.000 93	661.1	266.6	338.0	28.1	305.3	5.7	99
20TL-17	8.7	79.0	144.7	0.55	0.056 72	0.005 50	0.380 42	0.039 73	0.049 11	0.000 92	479.7	216.6	327.3	29.2	309.0	5.6	94
20TL-18	7.6	69.1	123.7	0.56	0.047 19	0.004 12	0.321 14	0.026 74	0.048 57	0.001 29	57.5	196.3	282.8	20.6	305.7	7.9	92
20TL-19	12.7	132.3	206.9	0.64	0.052 14	0.004 63	0.328 30	0.024 43	0.048 30	0.001 17	300.1	203.7	288.3	18.7	304.1	7.2	94
20TL-20	10.4	98.3	173.9	0.57	0.054 29	0.003 51	0.355 57	0.020 98	0.048 50	0.000 91	383.4	146.3	308.9	15.7	305.3	5.6	98

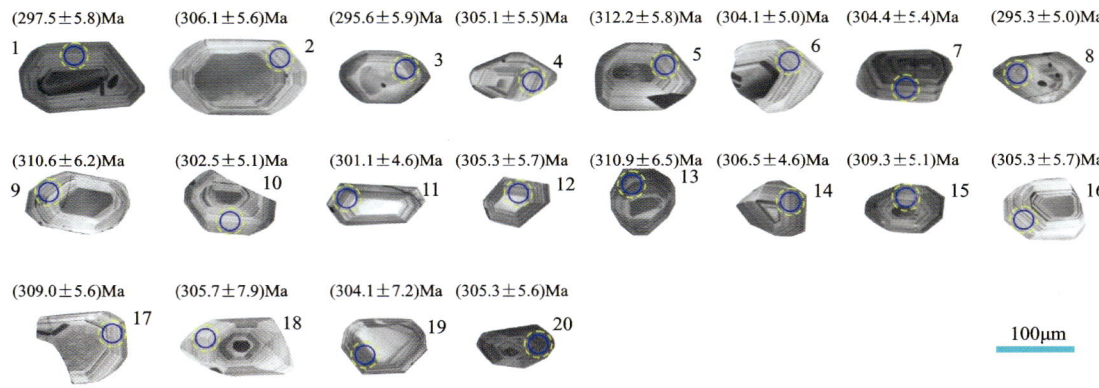

图 3-19 铁岭矿床花岗斑岩典型锆石阴极发光照片

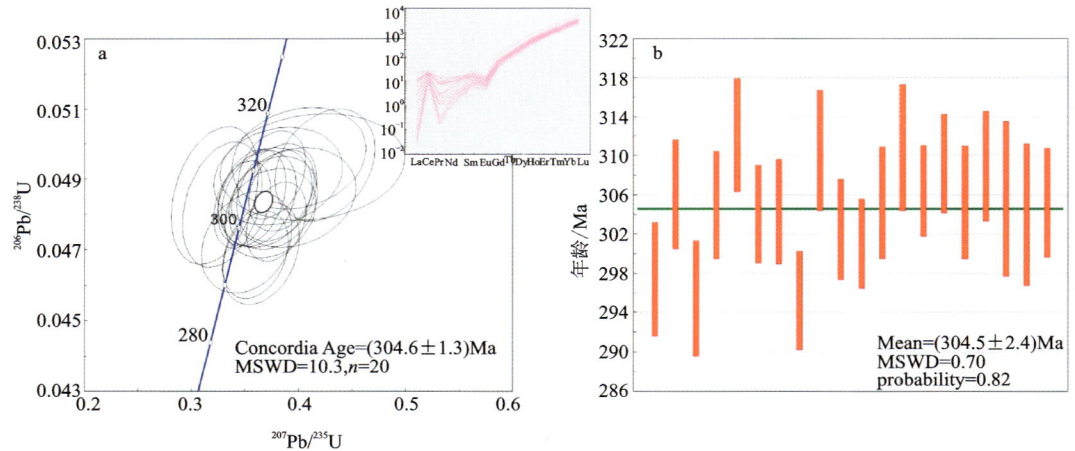

图 3-20 铁岭花岗斑岩锆石的 U-Pb 谐和图(a)和加权平均年龄(b)

显微测温结果和流体包裹体参数见表 3-6。对于第二阶段石英中的流体包裹体，WL 型流体包裹体的冰点温度范围为 $-13.8 \sim -4.5$℃（平均 -9.1℃），相应的盐度为 $7.2\% \sim 17.2\%$ NaCleqv（平均 12.9% NaCleqv）。流体包裹体的均一温度范围为 157℃ ~ 262℃（平均 193.1℃）流体密度为 $0.897 \sim 1.025 \mathrm{g/cm^3}$。

对于第三阶段石英（样品 20TL-3-83）中的流体包裹体，WL 型流体包裹体的冰点温度为 $-6.3 \sim -3.6$℃（平均 -5.0℃），盐度为 $5.9\% \sim 9.6\%$ NaCleqv（平均 7.9% NaCleqv），包裹体均一温度为 $135 \sim 173$℃（平均 154.2℃）流体密度为 $0.959 \sim 0.995 \mathrm{g/cm^3}$。以往的研究表明，斑岩矿床的侵位深度一般在 $3 \sim 5 \mathrm{km}$ 之间，由于缺乏该矿床的压力数据，我们使用 5km 处的岩石静压来计算所分析流体包裹体的包裹温度。铁岭矿床的流体静压力估计为 1350bar。然后，将第二阶段和第三阶段的平均成矿温度校正为 $268 \sim 225$℃（图 3-23）。

对铁岭矿床石英流体包裹体中的气相组分进行了激光拉曼光谱扫描。典型的激光拉曼光谱分析结果如图 3-24 所示。石英脉中 WL 型流体包裹体的主要气体成分是 H_2O。

（四）成矿物质来源

寄主矿物和流体包裹体水的氢氧同位素数据列于表 3-7，第二阶段的 4 个样品的石英 δD_{H_2O}（V-SMOW）值范围为 $-79.5‰ \sim -63.3‰$，$\delta^{18}O_Q$（V-SMOW）值在 $8.8‰ \sim 9.5‰$ 之间，计算获得 $\delta^{18}O_{H_2O}$（V-SMOW）值在 $0.5‰ \sim 1.3‰$ 之间；第三阶段 1 个样品的石英 δD_{H_2O}（V-SMOW）值为 $-67.6‰$，$\delta^{18}O_Q$（V-SMOW）值为 $9.1‰$，计算获得 $\delta^{18}O_{H_2O}$（V-SMOW）值为 $1.1‰$。对铁岭矿床的黄铁矿和黄铜矿

表 3-5 铁岭矿床辉钼矿的 Re-Os 同位素数据

序号	样品编号	矿石	采样位置	质量/g	Re/(ng·g^{-1}) Measured	2σ	普通 Os/(ng·g^{-1}) Measured	2σ	^{187}Re/(ng·g^{-1}) Measured	2σ	^{187}Os/(ng·g^{-1}) Measured	2σ	模式年龄/Ma Measured	2σ
1	TL-21	石英脉	ZK9-2/142m	0.002 36	388 880.03	3 639.06	0.012 2	0.406 1	244 418.88	2 287.35	1 221.73	7.13	299.3	4.4
2	TL-22	花岗斑岩	ZK9-2/161m	0.002 1	323 113.80	2 418.59	0.013 7	1.636 0	203 083.49	1 520.21	1 018.01	6.20	300.1	4.1
3	TL-23	花岗斑岩	ZK9-2/180m	0.002 46	441 187.00	3 485.07	0.011 7	0.149 0	277 294.85	2 190.56	1 391.97	8.27	300.6	4.2
4	TL-31	石英脉	ZK9-3/173m	0.002 07	300 463.90	2 196.52	0.014 0	0.317 1	188 847.57	1 380.63	944.61	5.44	299.5	4.1
5	TL-32	花岗斑岩	ZK9-3/186m	0.002 47	425 272.81	3 682.90	0.011 7	1.018 1	267 292.47	2 314.91	1 338.77	9.10	299.9	4.4
6	TL-51	石英脉	ZK9-5/176m	0.002 27	367 737.46	2 803.02	0.012 8	0.424 6	231 130.35	1 761.85	1 153.13	7.79	298.7	4.2
7	TL-52	石英脉	ZK9-5/178m	0.001 61	470 466.88	3 381.78	0.018 0	0.983 4	295 697.84	2 125.63	1 478.65	9.48	299.4	4.1

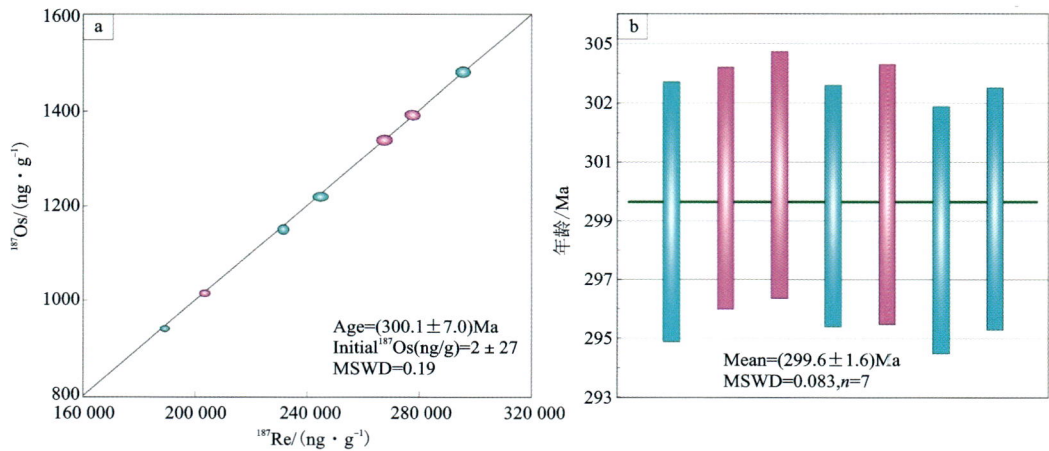

图 3-21　铁岭矿床辉钼矿的 Re-Os 定年图

a. Re-Os 等时线年龄；b. Re-Os 加权平均年龄

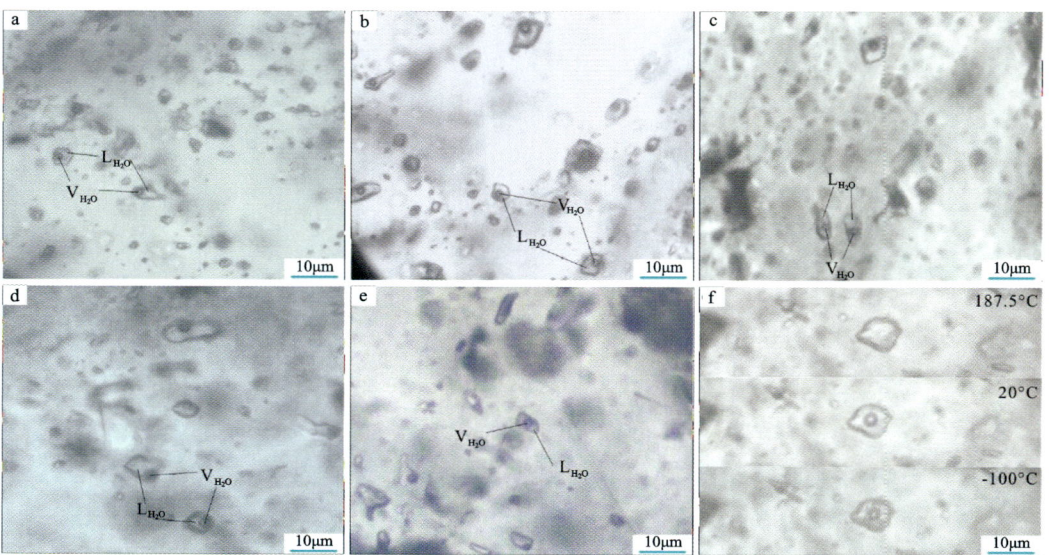

图 3-22　铁岭铜钼矿床石英晶体中代表性流体包裹体的显微照片

a. 第二阶段石英中的富液包裹体；b. 第二阶段石英中的富液包裹体；c. 第二阶段石英中的富液包裹体；
d. 第二阶段石英中的富液包裹体；e. 第三阶段石英中的富液包裹体；f. 不同温度下石英中富液包裹体的形态
L_{H_2O}-液相 H_2O；V_{H_2O}-气相 H_2O

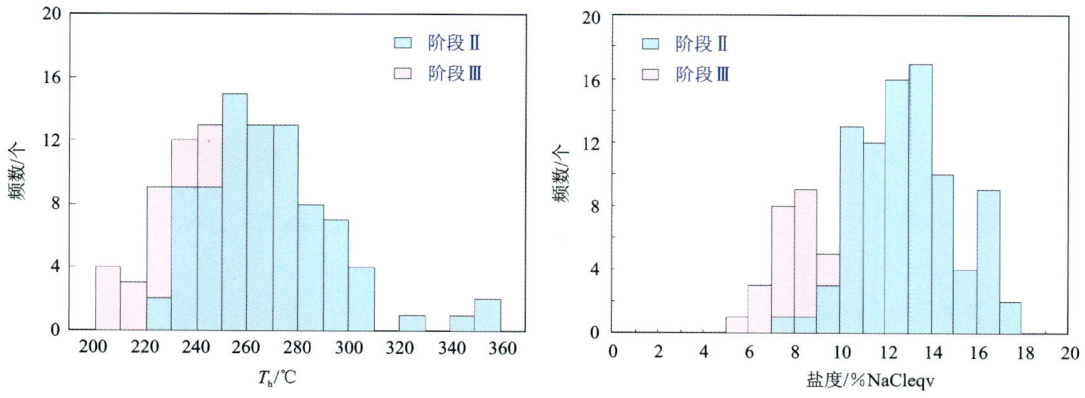

图 3-23　铁岭铜钼矿床中流体包裹体的均一温度和盐度直方图

表 3-6 铁岭矿床流体包裹体的显微测温数据和相关参数

样品编号	采样位置	矿物组合	类型	大小/μm	v/%	No.	$T_{m(ice)}$/℃	T_h/℃	T_c/℃	盐度/% NaCleqv	密度/(g·cm^{-3})
Quartz of stage Ⅱ											
20TL-3-78	ZK9-3/78m	石英+黄铁矿	WL	5~14	10~60	28	-13.2~-6.7	182~262	251~355	10.1~17.2	0.897~1.013
20TL-3-80	ZK9-3/80m	石英+黄铁矿+黄铜矿	WL	6~15	10~45	16	-12.8~-7.2	157~242	224~328	10.7~16.8	0.934~1.025
20TL-3-87	ZK9-3/87m	石英+黄铁矿+辉钼矿	WL	5~15	10~40	23	-13.8~-4.5	168~222	237~301	7.2~17.1	0.922~1.019
20TL-2-167	ZK9-2/167m	石英+辉钼矿	WL	6~12	10~40	21	-12.8~-6.1	165~250	232~340	9.3~16.8	0.906~0.999
Quartz of stage Ⅲ											
20TL-3-83	ZK9-3/83m	石英	WL	3~8	10~20	21	-6.3~-3.6	135~173	201~246	5.9~9.6	0.959~0.995

注：$T_{m(ice)}$为冰的最终融化温度；T_h为完全均一温度；T_c为校正温度；V为气相百分比。

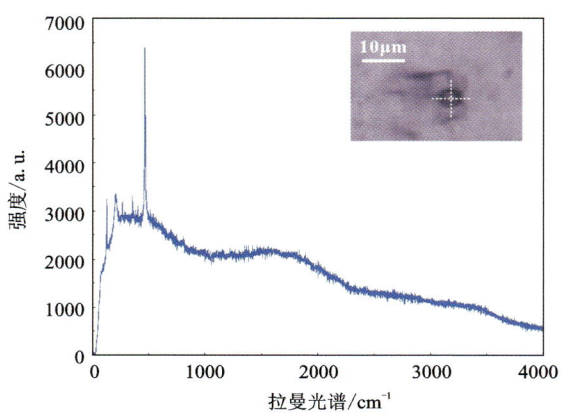

图 3-24　铁岭铜钼矿床 WL 型流体包裹体气相成分的激光拉曼光谱

进行硫同位素分析,包括 7 个黄铁矿样品和 1 个黄铜矿样品的硫同位素组成,测定的硫同位素组成列于表 3-7。矿物的 $\delta^{34}S$ 值为 $-1.6‰\sim1.4‰$。浸染矿、脉状矿和块状硫化物的硫同位素组成是一致的。黄铁矿与黄铜矿晶体共生硫化物的平衡温度为 275℃。

表 3-7　铁岭铜钼矿床的氢、氧和硫同位素组成

样品编号	采样位置	成矿阶段	测试矿物	$\delta^{18}O_Q/‰$	$T_c/℃$	$\delta D_{H_2O}/‰$	$\delta^{18}O_{H_2O}/‰$	$\delta^{34}S_{CDT}/‰$
20TL-1-160	ZK9-1/160m	阶段 Ⅰ	黄铁矿					-0.8
20TL-1-166	ZK9-1/166m	阶段 Ⅰ	黄铁矿					-1.1
20TL-3-78	ZK9-3/78m	阶段 Ⅱ	石英	8.9	282	-63.9	1.3	
			黄铁矿					0.2
20TL-3-80	ZK9-3/80m	阶段 Ⅱ	石英	9.5	249	-63.3	0.5	
20TL-3-87	ZK9-3/87m	阶段 Ⅱ	石英	8.8	266	-67.7	0.6	
			黄铁矿					1.3
20TL-2-26	ZK9-2/26m	阶段 Ⅱ	黄铁矿					1.4
20TL-2-167	ZK9-2/167m	阶段 Ⅱ	石英	9.3	267	-79.5	1.1	
20TL-5-54	ZK9-5/54m	阶段 Ⅱ	黄铁矿					-1.6
20TL-3-83	ZK9-3/83m	阶段 Ⅲ	石英	9.1	225	-67.6	-1.1	
			黄铁矿					1.4
			黄铜矿					-0.1
D443/2		阶段 Ⅰ	黄铁矿					-1.5
D434/1		阶段 Ⅰ	磁黄铁矿					0.5
D436/1		阶段 Ⅰ	磁黄铁矿					0.1

流体包裹体显示成矿流体具有中低温、中高盐度、中高密度的特征,表现为 $NaCl-H_2O$ 体系。第二阶段和第三阶段的平均校正矿化温度范围为 268～225℃,这与硫同位素的平衡温度(275℃)校正后的矿化温度在可接受的误差范围内。石英 $\delta^{18}O$ 值在 8.8‰～9.5‰之间,平均值为 9.1‰(表 3-7),与地壳重熔花岗岩(10.0‰～12.0‰;Chen et al.,2000a)一致,表明热液石英的形成与石炭纪长英质侵入岩有关,来源于岩浆流体。流体的 δD 值大多在 -79.5‰～-63.3‰之间(表 3-7),接近岩浆水和大气降水(Taylor,1974;Zheng and Chen,2000)。第二阶段和第三阶段的氢氧同位素数据投在初始岩浆水和大

气水降水之间(图3-25),这与同一成矿带中的其他矿床相似,表明铁岭铜钼矿的成矿流体来源于石炭纪岩浆热液与大气降水的混合流体。

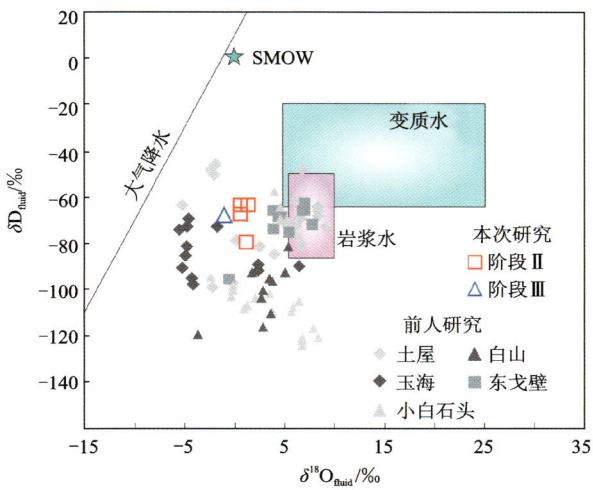

注:岩浆水和变质水的区域数据引自Taylor(1997)和Sheppard(1986);
前人研究的数据引自Zhang et al., 2019, Wang et al., 2018, and Li et al., 2020。

图 3-25 铁岭铜钼矿床不同阶段的 δD_{fluid} 流体与 $\delta^{18}O_{fluid}$ 流体值

铁岭矿床硫化物组合以辉钼矿和黄铁矿为主,黄铜矿含量较少,未发现硫酸盐矿物。因此,铁岭矿床成矿过程中的热液系统以 H_2S 为主。辉钼矿、黄铁矿和黄铜矿是在低 f_{O_2} 和低 pH 条件下形成的(Ohmoto,1972)。根据表3-7,从铁岭矿区采集的7个黄铁矿样品的平均 $\delta^{34}S_{V-CDT}$ 值为 0.1‰,一个黄铜矿样品的 $\delta^{34}S_{V-CDT}$ 值为 -0.1‰。基本顺序与 $\delta^{34}S$ 富集条件($\delta^{34}S_{Py} > \delta^{34}S_{Ccp}$)处于同位素平衡,表明矿物硫同位素已达到平衡(Ohmoto,1972)。因此,黄铁矿的硫同位素组成与热液系统的总硫同位素组成接近,可用于硫源的示踪。铁岭矿床硫化物的 $\delta^{34}S_{V-CDT}$ 值总体范围较窄,说明成矿热液中硫化物的硫源是均一的。这个 $\delta^{34}S_{V-CDT}$ 值与长英质岩浆和其他与岩浆作用有关的代表矿床的值一致,表明铁岭矿床中的硫主要来自晚石炭世长英质岩浆(图3-26)。

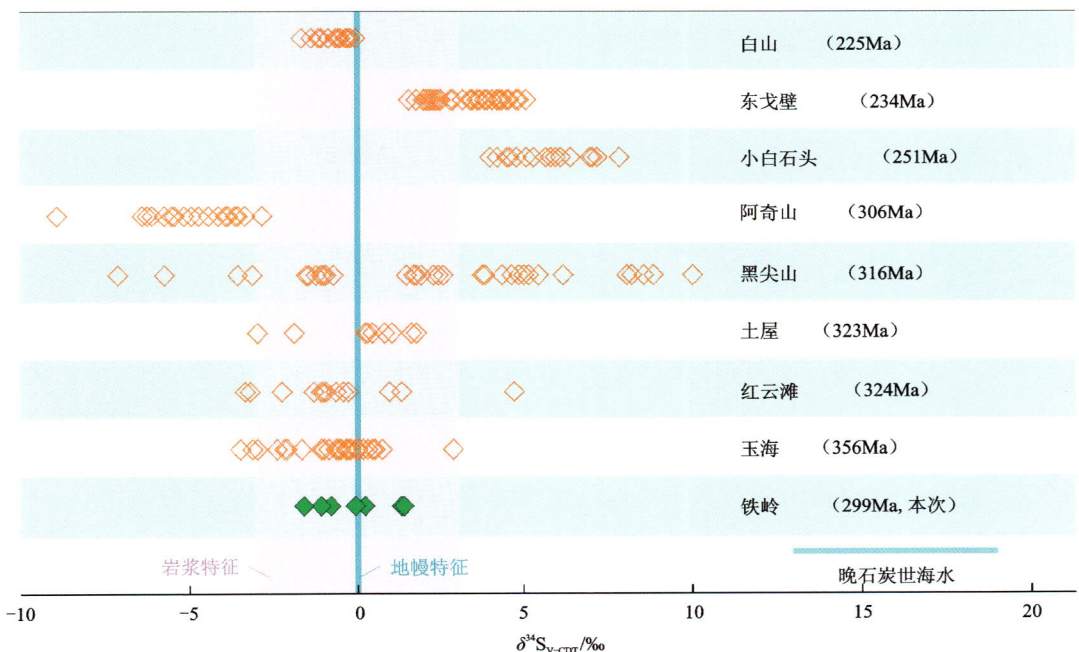

注:晚石炭世全球海水的硫同位素组成引自 Holser,1977. 典型矿床的硫同位素组成引自 Han et al.,2014b, Wang et al.,2015, Sun et al.,2019, Zhang et al.,2019, Wang et al.,2018, and Zhao et al.,2017。

图 3-26 铁岭及东天山其他主要矿床成矿流体 $\delta^{34}S_{V-CDT}$ 值

(五)成矿模式

前人研究表明,铁岭矿床呈板状或透镜状的铁矿体赋存于沿断裂的二长花岗岩和花岗闪长岩中(Fan et al.,2018)。铁矿体的形成被认为与324～303Ma期间康古尔洋板块向南俯冲至伊犁-中天山地块下方所形成的百灵山杂岩有关(Fan et al.,2018;Zhao et al.,2019),铜钼矿化比铁矿化晚。因此,铁岭矿床的成矿过程可分为两个不同的成矿期,即铁成矿期和铜钼成矿期。与火山岩有关的铁矿体首先形成于晚石炭世早期俯冲阶段的地层中(Fan et al.,2018)。随着百灵山杂岩的侵位,铁矿体形成于二长花岗岩和花岗闪长岩中,部分位于矽卡岩化接触带中(图3-27a)。在后来的基性岩脉中发现了磁铁矿(Long et al.,2020)。晚石炭世末,结晶晚期含矿花岗斑岩释放的热液与大气降水混合,在有利的构造位置形成沉淀成矿(图3-27b)。

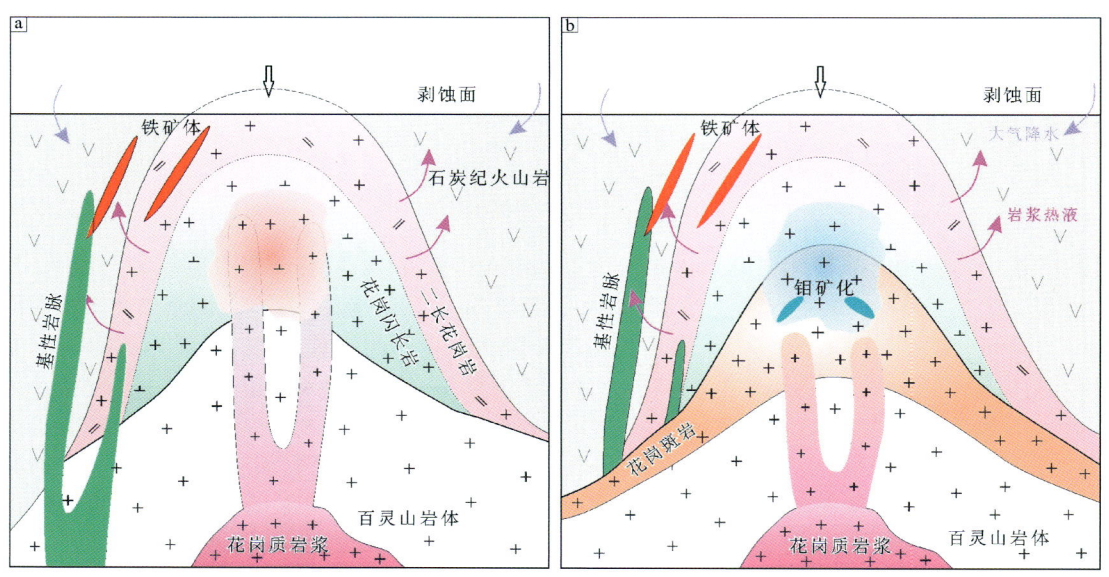

图3-27　铁岭铜钼矿成矿模式图(据Li et al.,2021)

a.晚石炭世早期铁矿化期;b.晚石炭世末铜钼矿化

(六)构造背景与成矿作用

形成铁岭矿床的石炭纪阿奇山-雅满苏带的构造背景仍存在争议,主要集中在:①准噶尔洋向南俯冲形成的弧后盆地(李源等,2011;Jiang et al.,2017;Zhang et al.,2018b);②南天山洋向北俯冲形成的岛弧(Xiao et al.,2004;吴昌志等,2006;Han et al.,2014a;Du et al.,2018a,2019);③岛弧与康古尔洋的双向俯冲有关,南部形成了阿奇山-雅满苏带,北部形成了大南湖-头苏泉带(Wang et al.,2015b;Zhang et al.,2018c;Zhao et al.,2019a,2021);④康古尔洋向南俯冲至中天山地块下方形成的弧前盆地(Chen et al.,2019;Han et al.,2019)。

广泛分布的早石炭世花岗岩和火山岩以钙碱性岩系为特征,富集LILE(如Rb、Ba和Sr),亏损HFSE(如Nb和Ta),$\varepsilon_{Hf}(t)$和$\varepsilon_{Nd}(t)$值为正值,表明在康古尔洋向南俯冲期间,阿奇山-雅满苏带早石炭世岩浆侵位于岛弧环境中(吴昌志等,2006;Su et al.,2009;Wang et al.,2016;Zhao et al.,2019b,2021)。晚石炭世(约320Ma)的安山质岩浆表明,岛弧环境是由康格尔洋的持续俯冲引起的(Jiang et al.,2017;Zhao et al.,2019a),并在约310Ma时结束(Zhang et al.,2016a;Long et al.,2020)。中天山地块南缘的A型花岗岩(307～284Ma;Du et al.,2018b)和康古尔-黄山剪切带的镁铁质—超镁铁质岩石(288~269Ma;Zhou et al.,2004;Chen et al.,2018;Li et al.,2021)表明这些岩石形成于晚石炭世至早二叠世的区域伸展环境中。广泛认为斑岩矿床产于汇聚板块边缘俯冲带的岩浆弧中(Sillitoe,1972, 2010;Richards,2001,2003),然而,在俯冲停止后在汇聚后和其他构造环境中开发的少数矿床也占据了重要部分(Pirajno et al.,2009;Richards,2011;Sillitoe,2010)。铁岭矿床的花岗岩落在火山弧花岗岩中,我们认为铁岭钼矿化形成于康古尔洋俯冲后的伸展地球动力学环境。

先前的研究表明,阿奇山-雅满苏带的成矿类型主要包括矽卡岩型铁和铅锌矿床(例如,百灵山和阿奇山;Mao et al.,2005;Pirajno,2013;Zhang et al.,2016a;Dai et al.,2020)、海相火山岩型铁矿床(例如雅满苏;Hou et al.,2014)和氧化铁铜金(IOCG)矿床(例如黑尖山、多头山;Huang et al.,2013;Zhao et al.,2017,2018b;Zhang et al.,2018b),表明铁(-铜)矿化发生在324~312Ma之间(图3-28,表3-8)。本研究新发现的钼矿化是阿奇山-雅满苏带中的一种特殊成矿类型,发生时间晚于铁岭矿床的铁矿化。黑云母钾长花岗岩和石英脉中的辉钼矿具有相同的Re-Os同位素体系(图3-27),它与百灵山侵入杂岩中的黑云母钾长花岗岩同时形成。与钼矿化同期的花岗质侵入岩主要分布在百灵山侵入杂岩周围,包括红云滩矿床的钾长花岗岩[(297.36±0.51)Ma;Zheng et al.,2015]、赤龙峰矿床的花岗闪长岩[(305.8±1.9)Ma;Zhao et al.,2018a]、维权矿床的花岗闪长岩[(297±3)Ma;王龙生等,2005],以及百灵山侵入杂岩的花岗岩[(307.2±2.3)Ma;Zhang et al.,2016a]。因此,我们推断,这些广泛发生在晚石炭世末的花岗质岩浆作用值得注意,并且在阿奇山-雅满苏带具有斑岩钼矿床的找矿潜力。

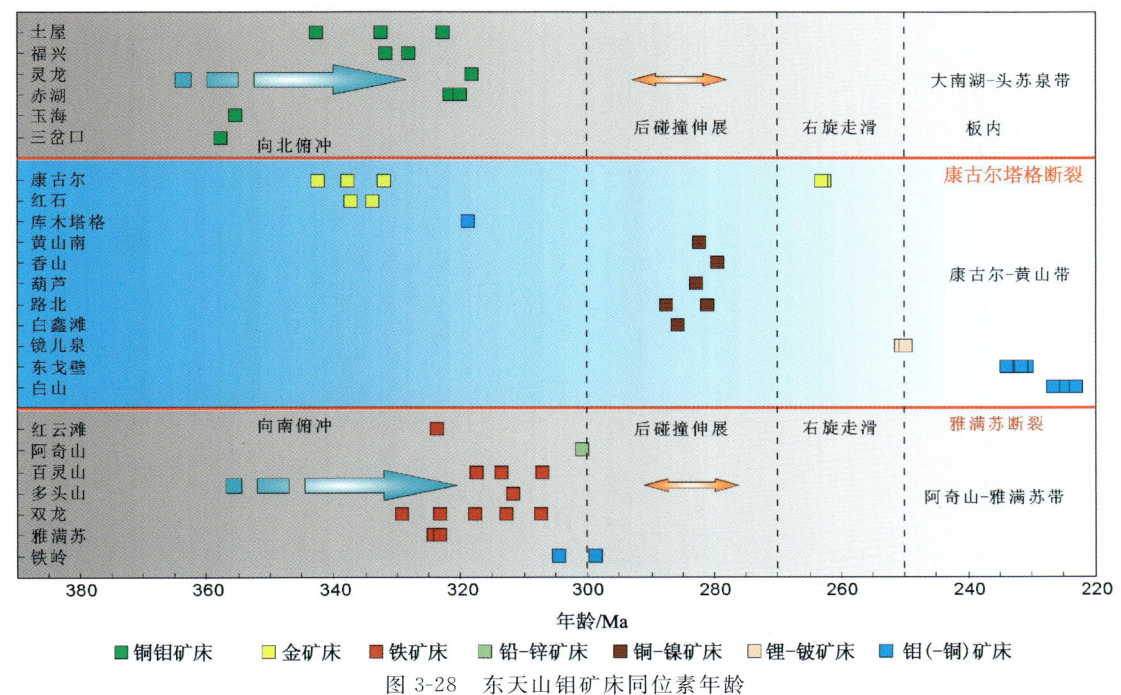

图3-28 东天山钼矿床同位素年龄

结合已发表的数据和本次研究,我们得出结论,东天山的岩浆作用从早古生代持续到中生代(450~200Ma;图3-29a~d),对应于不同构造环境下形成的不同成因类型的矿化(Zhao et al.,2019a)。康古尔洋形成于早古生代[(494±10)Ma,李文铅等,2008],随后进入弧盆系演化阶段(Li et al.,2021)。头苏泉-大南湖岛弧主要由奥陶纪至泥盆纪长英质中弧岩浆作用组成,形成于康古尔洋向北俯冲引起的岛弧和局部弧后盆地构造环境中(Wang et al.,2016b;Rui et al.,2002;Xiao et al.,2015),伴随着大量斑岩铜(-钼)和VMS铜(-锌)矿床(如红石、玉带、玉海、三岔口和黄土坡;Cheng et al.,2019;Sun et al.,2018;Wang et al.,2018;Chai et al.,2019;Zhang et al.,2021)。中天山地块晚古生代弧构造环境中也有许多闪长岩侵入体,由康古尔洋向南俯冲触发(Ma et al.,2014;Zhang et al.,2015)。这表明康古尔海盆(或北天山海盆)的双向俯冲在早石炭世之前发生(图3-29a),而阿奇山-雅满苏带作为弧前盆地存

表 3-8 东天山典型矿床的地质年代学

序号	矿床	类型	矿种	规模	测试对象	方法	年龄/Ma	文献
大南湖-头苏泉弧
1	土屋-延东	斑岩型	铜-钼	大型	斜长花岗斑岩	锆石 U-Pb	332.8±2.5	Shen et al.，2014b
					矿石	辉钼矿 Re-Os	323±2	Rui et al.，2002b
					矿石	辉钼矿 Re-Os	343±26	Zhang et al.，2008a
2	福兴	斑岩型	铜	小型	斜长花岗斑岩	锆石 U-Pb	332.1±2.2	Wang et al.，2016b
					二长花岗岩	锆石 U-Pb	328.4±3.4	Wang et al.，2016b
3	灵龙	斑岩型	铜	小型	英云闪长岩	锆石 U-Pb	318.6±3.0	Sun et al.，2020
4	赤湖	斑岩型	铜	小型	斜长花岗斑岩	锆石 U-Pb	322±10	Wu et al.，2006c
					花岗闪长岩	锆石 U-Pb	320.2±2.4	Zhang et al.，2016b
5	玉海	斑岩型	铜-钼	小型	矿石	辉钼矿 Re-Os	355.7±2.4	Wang et al.，2016b
6	三岔口	斑岩型	铜-钼	小型	矿石	辉钼矿 Re-Os	358±6.2	Liao et al.，2020
康古尔塔格-黄山带
7	康古尔	造山型	金	大型	安山岩	锆石 U-Pb	338.0±1.7	Muhtar et al.，2020
					英安岩	锆石 U-Pb	338.1±2.2	Muhtar et al.，2020
					流纹岩	锆石 U-Pb	332.4±2.8	Muhtar et al.，2020
					花岗斑岩	锆石 U-Pb	342.6±1.9	Muhtar et al.，2020
					矿石	Sericite Ar-Ar	262.71±2.95	Muhtar et al.，2021
					矿石	Sericite Ar-Ar	263.40±2.94	Muhtar et al.，2021
8	红石	造山型	金	中型	正长花岗岩	锆石 U-Pb	337.6±4.5	Wang et al.，2016a
					碱长花岗岩	锆石 U-Pb	334.0±3.7	Wang et al.，2016a
9	库木塔格	矽卡岩型	钼	小型	矿石	辉钼矿 Re-Os	319.1±4.5	Zhang et al.，2010a
10	黄山南	岩浆硫化物型	铜-镍	中型	辉长岩	锆石 U-Pb	282.5±1.4	Zhao et al.，2015
11	香山	岩浆硫化物型	铜-镍	小型	辉长岩	锆石 U-Pb	279.6±1.1	Han et al.，2010
12	葫芦	岩浆硫化物型	铜-镍	中型	矿石	Re-Os	283±13	Chen et al.，2005
13	路北	岩浆硫化物型	铜-镍	中型	闪长岩	锆石 U-Pb	281.2±1.5	Li et al.，2021
					角闪辉长岩	锆石 U-Pb	287.9±1.6	Chen et al.，2018

续表 3-8

序号	矿床	类型	矿种	规模	测试对象	方法	年龄/Ma	文献
14	白鑫滩	岩浆硫化物型	铜-镍	中型	橄榄苏长岩	锆石 U-Pb	286.0±1.6	Feng et al., 2018
15	镜儿泉	伟晶岩型			锂辉石伟晶岩 过铝质花岗岩	铌钽矿 U-Pb 锆石 U-Pb	250.8±1.0 250±4	Feng et al., 2021 Muhtar et al., 2018
16	东戈壁	斑岩型	钼	超大型	矿石	辉钼矿 Re-Os	233.2±2.2 231.1±1.5 231.9±6.5 234.3±1.6	Wu et al., 2013a Tu et al., 2012 Wu et al., 2013b Han et al., 2014b
17	白山	斑岩型	钼	超大型	矿石	辉钼矿 Re-Os	224.8±4.5 227±4.3 223.2±2.7	Zhang et al., 2005 Zhang et al., 2009b Tu et al., 2014
阿奇山-雅满苏弧								
18	红云滩	火山岩型	铁	小型	矿石	黄铁矿 Re-Os	324±31	Sun et al., 2019
19	阿奇山	矽卡岩型	铅-锌	大型	矿石	黄铁矿 Re-Os	301±13	Dai et al., 2020
20	百灵山	火山岩型	铁	中型	花岗闪长岩 二长花岗岩 花岗岩	锆石 U-Pb 锆石 U-Pb 锆石 U-Pb	317.7±1.8 313.7±2.1 307.2±2.3	Zhang et al., 2016 Zhang et al., 2016 Zhang et al., 2016
21	多头山	火山岩型	铁-铜	小型	矿石	黄铁矿 Re-Os	312±24	Zhang et al., 2018a
22	双龙	火山岩型	铁-铜	中型	闪长质包体 闪长岩 二长花岗岩 花岗闪长岩 安山质凝灰岩	锆石 U-Pb 锆石 U-Pb 锆石 U-Pb 锆石 U-Pb 锆石 U-Pb	329.3±2.1 323.4±2.6 313.0±2.0 307.5±1.7 318.0±2.0	Zhao et al., 2019 Zhao et al., 2019 Zhao et al., 2019 Zhao et al., 2019 Zhao et al., 2019
23	雅满苏	火山岩型	铁-铜	大型	玄武岩 矽卡岩	锆石 U-Pb 锆石 U-Pb	324.4±0.94 323.47±0.95	Hou et al., 2014 Hou et al., 2014
24	铁岭	斑岩型	铜-钼	矿化	花岗斑岩 矿石	锆石 U-Pb 辉钼矿 Re-Os	298.4±0.7 299.0±7.7	本次工作 本次工作

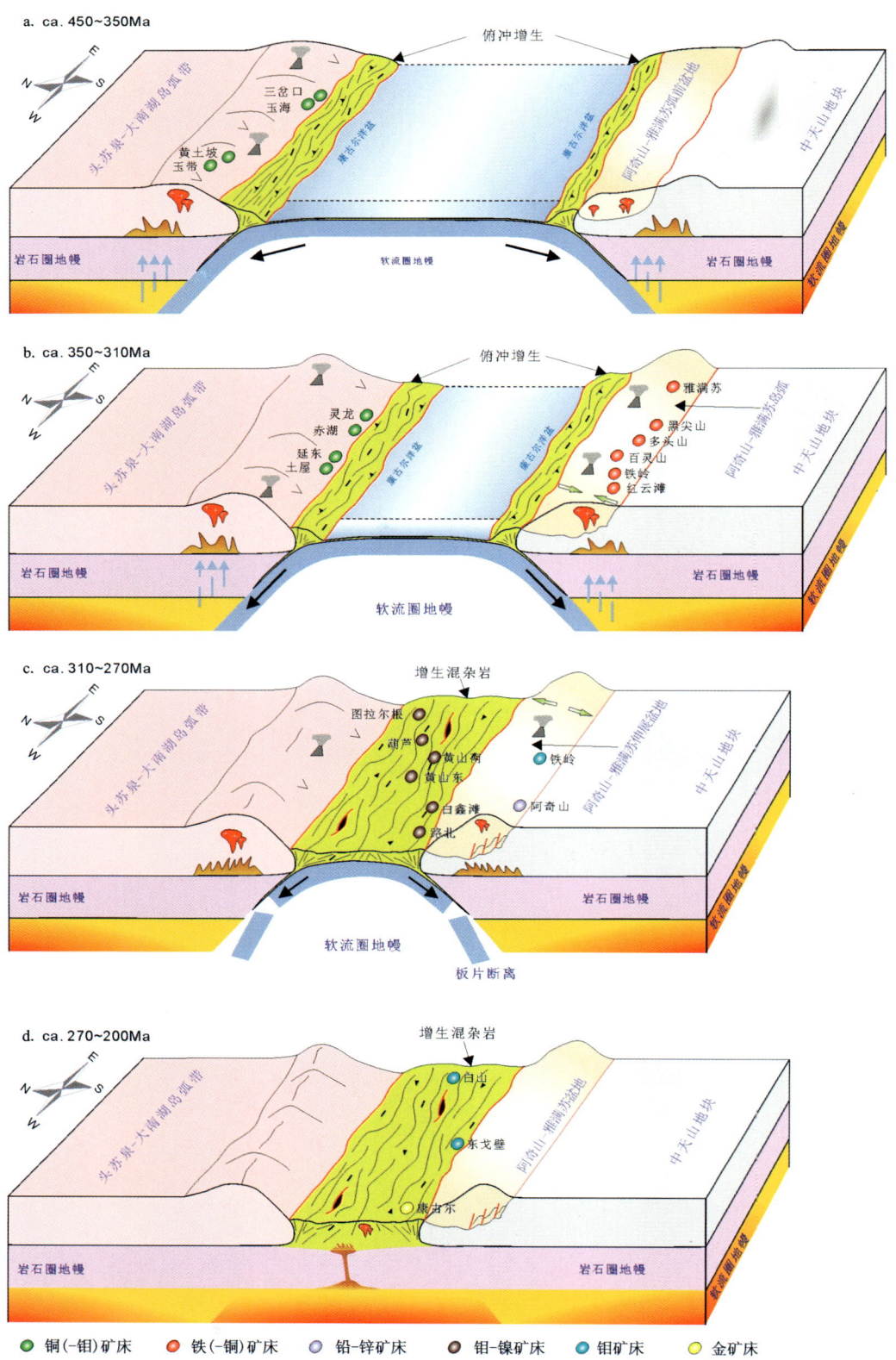

图 3-29 晚石炭世阿奇山-雅满苏岛弧的地球动力学成矿模型

在(Chen et al.,2019;Han et al.,2019;Zhao et al.,2019a)。随着康古尔洋在石炭纪的持续俯冲,在头苏泉-大南湖岛弧带(350~320Ma;Sun et al.,2020;Wang et al.,2016b;Zhang et al.,2016b)中形成了早石炭世花岗斑岩、花岗闪长岩和相关斑岩铜(-钼)矿床,同时,康古尔带为半深海沉积环境(Li et al.,2006)。阿奇山-雅满苏带的特征是广泛分布的海相火山岩和相关铁矿的发育(330~310Ma;图3-29b;Hou et al.,2014;Sun et al.,2019;Zhang et al.,2018c)。伴随着从晚石炭世到早二叠世(310~270Ma)康古尔海盆的关闭,从挤压环境到伸展环境的过渡有助于形成斑岩矿床,如埃斯孔迪达(Richards et al.,2001,2009;Sillitoe,2010)和冈底斯地区(侯增谦等,2003)。矽卡岩铅锌矿床和斑岩钼矿床形成于阿奇山-雅满苏带的伸展环境中(例如阿奇山、白山和东戈壁;图3-29c;Dai et al.,2020;Sun et al.,2017),而岩浆型铜镍硫化物矿床形成于康古尔带(Mao et al.,2016;Feng et al.,2018;Li et al.,2021)。康古尔洋盆闭合后,板块内环境中地壳增厚和部分熔融形成的岩浆形成了三叠纪伟晶岩型锂-铍和斑岩型钼矿床(270~200Ma;图3-29d;Wu et al.,2017;Han et al.,2018;凤永刚等,2021)。

五、火山岩型(彩珠自然铜矿)

(一)区域地质

东天山自然铜矿化带位于新疆东天山地区十里坡—长城山一带,处于觉罗塔格晚古生代岛弧带南部、阿其克库都克深大断裂带北缘3~5km处。受阿其克库都克断裂影响,带内断裂构造十分发育,岩浆活动强烈。常见石炭纪酸性侵入岩和中基性火山岩。出露的地层主要是上石炭统土古土布拉克组,与下伏下石炭统雅满苏组为不整合接触。目前该带内已发现的自然铜矿化由西向东包括十里坡、彩珠、玉西、赤龙峰、长城山等地区(图3-30),自然铜矿化主要发育在玄武岩、杏仁状玄武岩及凝灰岩夹层中(袁峰等,2010)。长城山自然铜矿是2001年新疆地质调查院第一地质调查所在对2000年大调查项目喀拉塔格一带1∶5万化探所圈出的铜异常进行查证时发现的,该矿化带东西断续长约20余千米,包括黄碱滩、长城山铜矿、东尖峰铜矿和黄羊沟4处自然铜矿点;2002年新疆地质调查院在东天山中段承担了"十五"国家科技攻关计划重大项目,通过对百灵山一带1∶20万铜化探异常查证,新发现了十里坡自然铜矿化带,该矿化带东西断续长约14km。长城山和十里坡自然铜矿化带相距约100km,均产于上石炭统土古土布拉克组火山凝灰岩中,明显受同一层位控制,显示出较大的找矿前景(董连慧等,2003)。

张达玉等(2012)获得的黑尖山玄武岩SHRIMP锆石U-Pb年龄为(306.2±4.0)Ma;东尖峰玄武岩LA-ICP-MS锆石U-Pb年龄为(308.9±5.8)Ma,确定了玄武岩是晚石炭世岩浆作用的产物,土古土布拉克组玄武岩层是自然铜矿化的重要矿源层。袁峰等(2007)获得十里坡玄武岩LA-ICP-MS锆石U-Pb年龄为(307±4)Ma,其构造背景、成矿系统和矿化类型与峨眉山玄武岩自然铜矿化和美国基威诺铜矿床均存在差异。通过有机质特征研究显示,自然铜的成矿以火山活动间歇期的同生火山热液成矿作用为主(袁峰等,2008)。自然铜矿化带玄武岩与地幔柱岩浆活动无直接关系,而是起源于亏损岩石圈地幔的演化岩浆产物,形成于后碰撞构造阶段的伸展期,是在拉张应力体制下,由软流圈上涌导致岩石圈地幔部分熔融而形成(袁峰等,2010)。

(二)矿区地质

彩珠自然铜矿位于十里坡自然铜矿东侧,为新疆地质调查院2016年在化探异常查证过程中发现。自然铜矿化产于上石炭统土古土布拉克组中,该组下部以中酸性火山碎屑岩为主,夹沉凝灰岩和灰岩透镜体,底部有一层较稳定的底砾岩;中部以玄武岩为主,夹少量酸性凝灰岩;上部为中性火山碎屑岩,夹灰岩透镜体。赋矿岩石为沉凝灰岩和强葡萄石化凝灰岩等,其围岩为玄武岩和安山岩。含铜凝灰岩矿

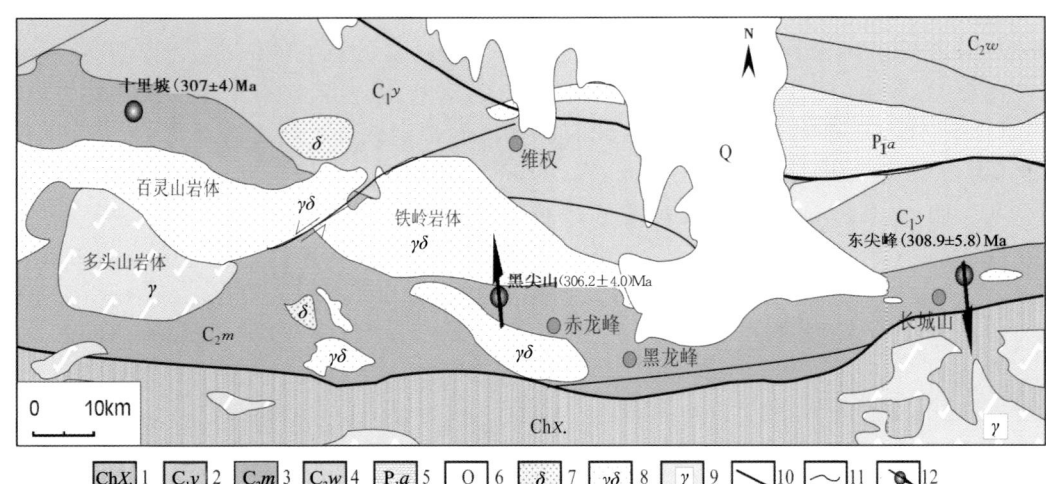

图 3-30 东天山自然铜矿化玄武岩地质图(据张达玉等,2012)

1.长城系星星峡岩群;2.石炭系雅满苏组;3.石炭系马头滩组;4.石炭系梧桐窝子组;5.二叠系阿尔巴萨依组;6.第四系;
7.闪长岩;8.花岗闪长岩;9.花岗岩;10.断裂;11.地层界线;12.玄武岩露头及采样探槽走向

石呈层状构造,沉凝灰结构,主要成分包括残留成分和蚀变矿物。

查证区整体为向南缓倾的单斜地层,构造不发育。南部为土古土布拉克组碎屑岩,包括岩屑砂岩、凝灰质细砂岩和凝灰质粉砂岩,在北部玄武岩过渡部位有一层含陆源碎屑粉晶灰岩,岩屑次圆状,以玄武岩为主。层状特征清楚,岩层向南偏东缓倾,倾角20°~30°之间。查证区北部单一块状特征玄武质熔岩,局部夹凝灰岩,产状不清,根据南部碎屑岩和北部(区外)相对较稳定的凝灰岩推断,产状与南部碎屑岩一致,向南缓倾。岩石中橄榄石(最高8%)常见,杏仁体(局部最高30%)发育、蚀变强烈,并有玢岩出现,岩性包括蚀变橄榄玄武玢岩、含橄榄石玄武玢岩、杏仁状橄榄玄武岩、蚀变杏仁状橄榄玄武岩、杏仁状含橄榄石玄武岩、蚀变杏仁状玄武岩、强蚀变杏仁状玄武岩、强蚀变玄武岩、玄武质凝灰岩、角砾岩屑凝灰岩。岩石普遍蚀变。杏仁体多呈较规则的圆状,少数为椭圆状,由方解石、石英、斜长石、透闪石、绿帘石、黝帘石、绿泥石、绿纤石、葡萄石等充填,充填矿物1~4种不等,充填矿物组合有单一石英、透闪石、石英-方解石、石英-绿泥石、石英-透闪石-绿泥石、石英-绿泥石-绿纤石、石英-绿泥石-绿帘石、石英-绿帘石-黝帘石、石英-方解石-绿泥石-葡萄石等。

玄武玢岩(2016DZT-b-95):浅红褐色,斑状结构,基质具间粒间隐结构,块状构造。斑晶为斜长石和橄榄石,斜长石(10%)半自形板状,粒径0.45~1.9mm,弱泥化、绢云母化;橄榄石(5%)半自形粒状,粒径0.45~1.9mm,强蚀变,已完全由蚀变矿物伊丁石取代并保留其外形。基质由斜长石、辉石、玻璃质和金属矿物组成。斜长石(42%)半自形板状,粒径0.05~0.45mm,弱泥化、绢云母化,粒径与斑晶斜长石呈渐变过渡关系;辉石(15%)他形粒状,粒径0.05~0.2mm,分布于长石之间;玻璃质(25%);金属矿物(3%)半自形—他形粒状,个别为自形粒状,呈立方体晶形,较均匀分布于斜长石之间。镜下见少量杏仁体,呈较规则的圆形,由方解石、石英充填。

杏仁状玄武岩(2016DZT-b-95):紫红褐色,斑状结构,基质具间粒间隐结构,杏仁状构造。斑晶为斜长石和辉石,斜长石(30%)半自形板状,粒径0.25~2.2mm,表面脏浊,弱泥化、部分弱绢云母化;辉石(2%)他形—半自形柱粒状,粒径0.25~0.55mm,分布于斜长石间,未见明显蚀变。基质由斜长石、辉石、橄榄石、玻璃质和金属矿物组成,斜长石(29%)半自形细长板条状,粒径0.03~0.3mm,弱泥化、弱绢云母化;辉石(3%)半自形—他形粒状,粒径0.05~0.25mm,分布于斜长石间;橄榄石(4%)半自形粒状,粒径0.05~0.15mm,多呈聚斑状分布,强蚀变,已完全被蚀变矿物伊丁石取代;玻璃质(30%)分布于长石间;金属矿物(2%)半自形—他形粒状,粒径0.01~0.15mm,为磁铁矿,较均匀分布于岩石中。杏仁体约6%,呈不规则的圆状,由石英、绿泥石充填。

侵入岩不发育,仅在查证区西南见一条顺层产出的闪长岩脉。蚀变闪长岩(D127b1):黄绿色,具变余细粒结构,块状构造,岩石主要由斜长石组成,另有少量绿帘石和微量石英、白钛石;斜长石呈半自形—自形细板状,具中—强黝帘石化,外形较模糊;在斜长石之间分布少部分蚀变他形细粒状绿帘石,少量的绿帘石中分布有微量绿泥石,应由暗色矿物蚀变而来。

以石英为主的脉体常见,主要产于玄武岩中,形态不规则,与围岩的边界也不规则,规模都很小,宽度几厘米,延伸方向连续性差。宽度较大的脉体为绿帘石葡萄石方解石石英脉,宽度可达10cm,显然属蚀变形成的复杂成分蚀变岩,这种脉与辉铜矿直接联系,填图区少见。石英脉延伸方向较为复杂,有东西向、北西西向、北西向、北北西向及近南北向,北东方向少见。石英脉存在两种状态:一种是完整细腻没有破碎的石英脉;一种是完全碎裂化、呈现石英质粒状集合体石英脉,这种粒状集合体形态浑圆、粒度均一。两种类型的石英脉都可见自然铜矿化,但块度较大、赤铜矿较多、矿化强度较高者,全为碎裂状石英脉。虽然单个石英脉延伸有限,但当脉体集中时,构成相对密集的石英脉带,可以形成规模,这也是查证区能圈出矿体的主要因素。

区内构造表现为规模不大的断裂,主要有东(F_1)、西(F_2)两条,两者均具右行特征,但错位很小,基本可以忽略。F_1位于中东部,北北西向延伸,长1.4km,向北延出图边,无论地形地貌还是对石英脉体的控制,特征都很清晰。地貌上为平台背景下下切、平直、狭窄的直线型沟谷。对石英脉体的控制体现在两个方面,一是F_1是脉体发育、矿化强弱的东西分界线,东部很少见到以孔雀石形式存在的铜矿化,目前未见自然铜、赤铜矿和辉铜矿,西部则是主要的矿化区域。二是控制了断层两侧脉体的分布,沿断裂石英脉发育,脉体走向与断层一致,远离断层与断层同方向的石英脉减少直至消失。另一特征是沿断层发育的石英脉,矿化强度西部的好于东部,中北部好于南部和北部。因此,该断裂基本控制了矿化东部边界。F_2长1.4km,与F_1相比,具有相似的地貌特征,所不同的是F_2走向北西,对矿化和脉体的控制不明显。3条南北向、1条东西向剖面,均获得了清晰的剩余重力低缓异常,最大幅值$0.5×10^{-5}m/s^2$,各剖面异常位置相互对应,投影到平面上,构成南北宽600m、东西长800m异常区,与铜矿化地段对应。

(三)矿体特征

地表圈定铜矿体两个:Ⅰ号矿体由3条探槽控制,长150m,宽5~25.6m,Cu品位0.15~22.38%,单工程平均品位0.74~4.92%;Ⅱ号矿体由2条探槽控制,长120m,宽1.2~2.1m,均为单样控制,Cu品位0.43~1.28%。伴生金、银,有两个样品Au品位为1.18g/t、1.15g/t,另有两个样品Ag品位为73g/t、67.5g/t。

(四)蚀变特征

蚀变类型有绿帘石化、绿泥石化、绿纤石化、泥化、阳起石化、次闪石化、绢云母化、硅化、葡萄石、碳酸盐化、伊丁石化,形成相应的绿帘石、绿泥石、绿纤石、阳起石、次闪石、绢云母、石英、葡萄石、方解石、伊丁石等蚀变矿物。蚀变强烈时原岩特征已不可见,形成蚀变岩,如硅化碳酸盐化透闪石岩、绿纤石石英蚀变岩、次生石英岩,或以脉体的形式析出,形成不规则石英脉、方解石石英脉、绿帘石方解石石英脉等。这些蚀变在玄武岩中具有普遍性,除硅化、绿帘石化外,多数与铜矿化关系不密切。区内硅化有不同的存在形式,基本都是呈析出的脉体,形成石英脉、方解石石英脉、绿帘石石英脉、绿帘石方解石石英脉、绿帘石葡萄石方解石石英脉及次生石英岩或石英含量较高的蚀变岩等,自然铜、赤铜矿化与石英脉、方解石石英脉、次生石英岩特别是碎裂状石英脉关系密切,辉铜矿、铜蓝则主要出现在绿帘石石英脉、绿帘石方解石石英脉、绿帘石葡萄石方解石石英脉中。

(五) 矿物学特征

铜矿化主要分布在 F_1 西部的玄武岩中,已确认的含铜矿物有自然铜、赤铜矿、蓝辉铜矿、辉铜矿、铜蓝和孔雀石,涵盖了自然铜、铜的硫化物、铜的氧化物和铜的碳酸盐。考虑成矿环境,以孔雀石化最易识别,自然铜、赤铜矿最为普遍,铜的硫化物最具特色。工作中,在自然铜矿物中还发现了银汞铜合金。

自然铜+赤铜矿(自然铜+氧化物)组合是区内主要铜矿化组合类型,与该组合有关的岩性可以是强蚀变杏仁状玄武岩、角砾岩屑凝灰岩、次生石英岩、石英脉、方解石石英脉中。区域上(土古土布拉克组中)还可以是弱蚀变杏仁状含橄榄石玄武岩、强绿纤石化杏仁状玄武岩、碎裂蚀变杏仁状安山岩、蚀变晶屑玻屑凝灰岩、蚀变晶屑凝灰岩、蚀变岩屑凝灰岩、蚀变玄武质角砾岩屑玻屑凝灰岩、蚀变岩屑晶屑凝灰岩、蚀变岩屑玻屑凝灰岩、蚀变晶屑岩屑凝灰岩、蚀变沉凝灰岩、孔雀石化透辉石绿帘石矽卡岩、石英绿帘石蚀变岩、葡萄石脉、绿纤石葡萄石脉、凝灰质岩屑长石粉-细砂岩、强蚀变粉砂质泥岩、碎屑微晶灰岩。从玄武岩、安山岩、蚀变岩、不同的凝灰岩及石英脉、方解石石英脉、葡萄石脉、绿纤石葡萄石脉,到砂岩、泥岩、灰岩,广泛存在自然铜+赤铜矿组合的铜矿化。自然铜呈他形粒状,粒径 0.002～0.27mm,个别可达 0.63mm,含量微量(约 1%),个别可到 4%;赤铜矿呈他形粒状,粒径 0.002～0.28mm,个别可达 0.35mm,含量微量(约 1%),个别样品可达 8% 或 15%。在彩珠异常区的个别样品中,可见蓝辉铜矿分布于自然铜中。

彩珠异常区还出现硫化物组合,即辉铜矿+蓝辉铜矿+铜蓝组合,与该组合相关的岩石中均出现绿帘石(或透闪石)和石英,具体可以是硅化碳酸盐化透闪石岩、孔雀石绿帘石石英蚀变岩、绿帘石葡萄石方解石石英脉、绿帘石方解石石英脉。辉铜矿呈半自形—他形粒状,粒径 0.003～0.05mm,集合体状分布,含量微量(约 1%),个别高达 12%;蓝辉铜矿呈他形粒状,粒径 0.002～0.03mm,少量;铜蓝呈他形粒状,粒径 0.03～0.25mm,交代蓝辉铜矿,少量(约 2%)。该组合中不出现自然铜,也不出现赤铜矿,但该类型矿化区域可见到赤铜矿。

彩珠异常区另一显著特征是发现了豆粒状、不规则团块状自然铜矿化,与区域上他形粒状(粒度多在 0.002～0.27mm 之间)铜矿化完全不同。以往及区域上产于土古土布拉克组玄武岩中的自然铜矿化,都是以他形粒状星散状分布于矿化岩石中,且前人发现的自然铜仅产于凝灰岩中。本次发现的豆粒状自然铜产于蚀变玄武岩中,粒径 2mm 不等,近等轴状,边界圆滑,各自独立,也有粒径小于 1mm 的,无明显赤铜矿,同时岩石中有稀疏细腻粗粒状硅质体(图 3-31a)。团块状自然铜见图 3-31b、c、d。a 标本中的自然铜呈中间厚、周边薄、单向延伸的板状体,长 4cm,最厚处 2cm,边缘厚 1cm 不等,切开后与围岩边界不规则,自然铜表面凹进或凸出,凸出部位局部呈不规则,可延出 0.5cm,周围有厚薄不等的赤铜矿分布。自然铜并不像 a 标本表面显示的那样纯,内部特征同 d 样品,含有不规则硅质团块。b 样品中的自然铜团块呈等轴状,直径达 5cm,是区内见到最大块度标本,外围赤铜矿清晰可见,含有约 30% 的硅质脉体,局部呈尖棱状,尖角指向自然铜。硅质脉体尖角指向自然铜的现象在 c 样品中同样清晰。按常规推断,是自然铜熔蚀石英所致,这也可以从本区自然铜常与碎裂状石英关系密切得到证明,硫化物组合铜矿化属断裂控制也佐证这一点。也就是说,玄武岩形成后,石英脉析出,然后破碎,自然铜最后析出。但其他各类岩石中微粒(<0.2mm)自然铜似乎是成岩过程中的产物。

自然铜与赤铜矿的关系,或为赤铜矿包裹自然铜;或为赤铜矿沿裂隙分布,自然铜分布于透明矿物中;或为赤铜矿沿裂隙分布,附近见不到自然铜;或为赤铜矿沿透明矿物颗粒间分布,附近无自然铜;或为赤铜矿沿长石晶体周边分布,自然铜可在赤铜矿中,也可在长石中;或为自然铜主要沿长石晶体周边分布,也有呈星点状分布在长石晶体中,两者均有少量赤铜矿。其中自然铜围绕长石晶体分布是很典型的特征。

在空间上,存在相对集中的4个矿化区域。A区位于西南,长480m,北东东向带状,顺玄武岩层分布,主要是稀疏完整的石英脉、方解石石英脉中弱的自然铜矿化,石英脉宽基本小于5cm,石英呈微粒状(0.02~0.1mm),形成后未受后期构造破坏改造,可称为细腻完整石英脉中的星点状自然铜,没有圈出矿体。

a. 蚀变玄武岩中的豆粒状自然铜　　b. 近球形以自然铜为主的自然铜石英集合体

c. 蚀变玄武岩中单向延伸的自然铜　　d. 团块状自然铜包裹边缘尖棱形态的石英集合体

图 3-31　彩珠铜矿不同特征矿石标本

B区位于中部,属矿化核心区,东西长250m,南北宽90m,铜矿化石英脉密集分布,呈大小不等的斑块,总体走向东西,北倾,石英脉快速变化,延伸几米即被新的脉体代替,期间矿化同样不均匀,直接围岩是玄武岩,豆粒状、团块状自然铜就出现在该区,矿体也分布在该区。值得强调的是,彩珠铜矿一系列与以往自然铜矿不同的特征,都体现在该区。不仅如此,采自区内的自然铜标本,经电子探针分析,还发现了银汞铜合金,与自然铜接触的边界不规整。自然环境条件下的银汞铜合金,在中文文献中没有检索到,不排除是一种新矿物的可能(表3-9,图3-32)

表 3-9　银汞铜合金电子探针分析结果

组分	Ag	Hg	Cu	Fe	Au	总量
含量/%	69.472	27.083	4.620	0.027	0.000	101.202

C区位于东北部,长320m,与F_1平行,处于F_1西侧,石英或方解石石英脉中同时有绿帘石存在,属构造影响,单脉延伸较为稳定,最长的一条方解石石英脉断续延伸达200m,局部厚度可达20cm,一般小于10cm,向西陡倾,矿化类型为铜的硫化物组合(辉铜矿＋蓝辉铜矿＋铜蓝),未见自然铜,野外可见赤铜矿,考虑局部矿化较集中而走向缺少延伸,未施工探槽。

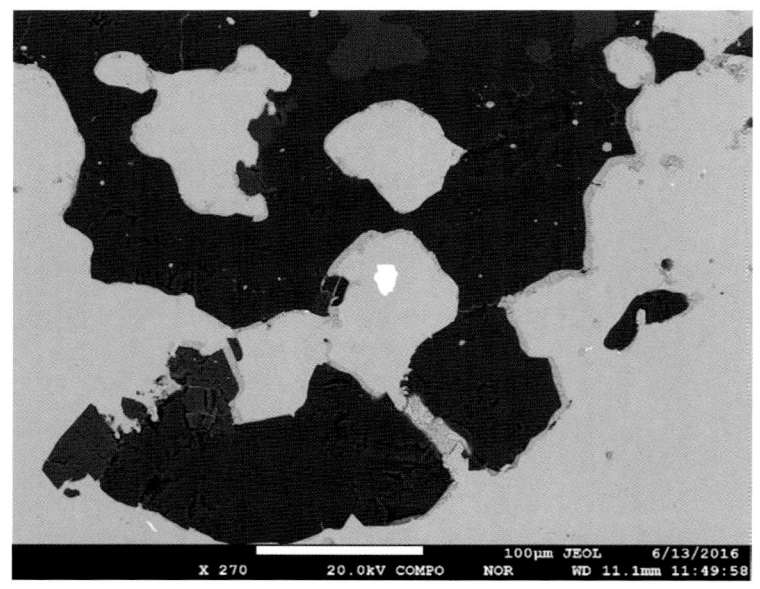

图 3-32 彩珠铜矿自然铜(灰色)银汞铜合金(亮白色)背散射图像

D区位于西部，F_2以西，B区正西700m处，矿化集中在120m×80m的区域，以出现大量赤铜矿为特征，自然铜可见，地表转石中最大的一块赤铜矿碎裂状石英集合体块度为13cm×8cm×6cm。同一标本中，石英可以出现两种粒度：一种粒径多在0.1～0.5mm之间，表面较混浊，呈集合体团块状分布，少量石英颗粒可见皮壳状构造；一类粒径多在0.02～0.05mm之间，多呈放射圆粒状集合体分布。除缺少自然铜外，其他特征更接近B区。

（六）成矿特征

与前期成果（土古土布拉克组中的自然铜矿化）相比，彩珠铜矿在以下8个方面存在明显不同：①自然铜除微粒状外，还可以是豆粒状、团块状，最大直径可达5cm；②赤铜矿普遍存在，与自然铜密切伴生，同构造带东、西25km以外均发现块度为15～30cm的块状赤铜矿；③玄武岩中出现铜的硫化物组合矿化类型，典型矿物组合为辉铜矿＋蓝辉铜矿＋铜蓝；④自然铜中存在银汞铜合金；⑤彩珠铜矿伴生金、银，有两个样品金品位为1.18g/t、1.15g/t，另有两个样品银品位为73g/t、67.5g/t，金与银不同位，铜与金、银也不完全同位；⑥含矿岩性前期为玄武岩中的凝灰岩夹层，彩珠铜矿则可直接产在玄武岩、杏仁状玄武岩中，与破碎的石英脉体关系密切，也可以是蚀变岩、石英脉、方解石石英脉、凝灰岩等，自然铜矿化岩性具有多元性，背后则是铜矿化的普遍性（灵北区域地质调查项目的工作成果也证明了这一点）；⑦典型地球化学特征是Cu-Ag-Hg组合，这3个元素高度相关，区域上具有普遍性；⑧首次圈出了工业矿体。

玄武岩中的自然铜是一个特殊的矿化类型，彩珠铜矿又有其特殊性和复杂性。同成铅黝帘石型铅矿的存在及两者处于土古土布拉克组不同层位，表明东天山成矿带中段，在地质演化过程中，石炭纪晚期有其特殊性，这种特殊性所产生的地质背景、诱导因素、控制条件、作用机制及与成矿的关系，构成今后基础地质研究的一个方向，同时在区域上探讨寻找成型铜矿床的可能。就具体查证区而言，应开展详细的专项地质填图，进一步了解查证区成矿地质背景和控矿因素，探讨火山构造控矿的可能，以此带动区域找矿工作。

第三节 铜镍矿

一、岩浆熔离型（黄山东铜镍矿）

黄山东铜镍矿是黄山-镜儿泉镁铁—超镁铁质岩带中规模最大的矿床，Ni+Cu 大于 50 万 t；Ni 平均品位为 0.52%；Cu 平均品位为 0.27%。黄山东超镁铁—镁铁质杂岩侵入上石炭统梧桐窝子组，该组为一套深灰—灰绿色海相喷发岩，主要岩性为细碧玢岩、辉绿玢岩、安山玢岩、斜长斑岩、石英钠长斑岩、霏细斑岩及相对应的同质凝灰岩、凝灰质砂岩、凝灰质粉砂岩及少量粉砂岩、细砂岩。黄山东杂岩体地表出露形态为菱形，近东西向分布，长轴长 5.3km，中间膨胀部分宽 1.15km，总面积约 2.8km²，侵位于下石炭统干墩组变余粉砂岩、含碳板岩和生物碎屑灰岩之中，岩体边缘发育角岩，为同源岩浆经深部分异，多期侵入形成的复式岩体（黄明渊，1990）。岩体主要由闪长岩、角闪辉长岩、橄榄辉长岩、辉长苏长岩和二辉橄榄岩组成（图 3-33）。

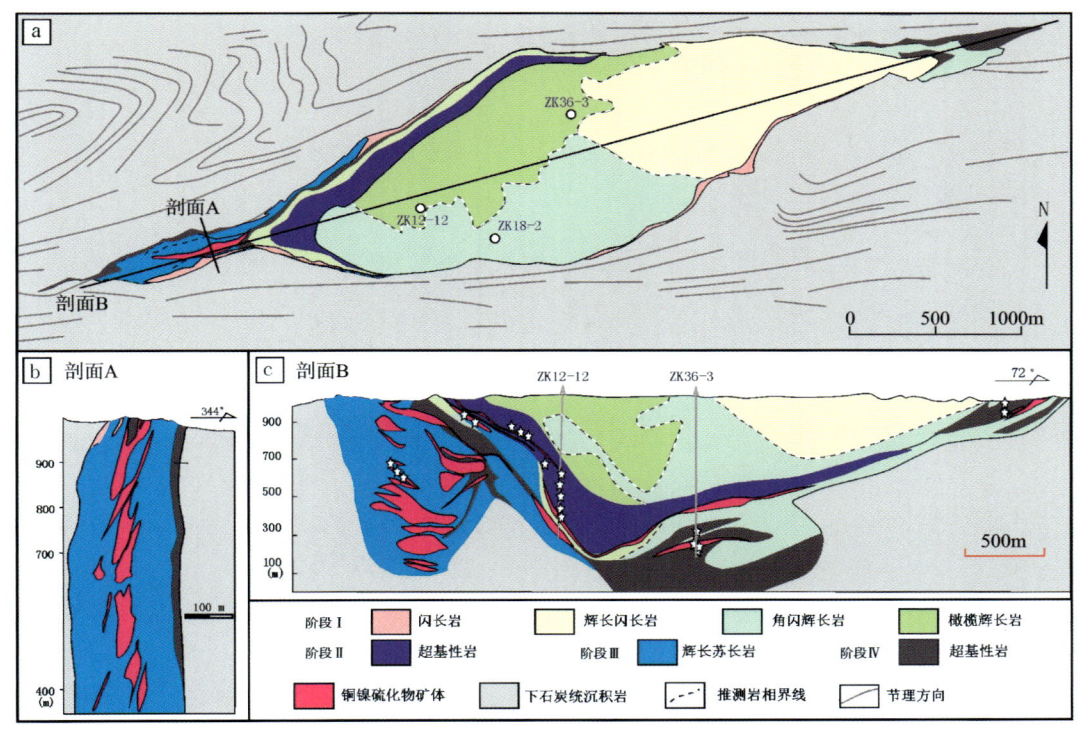

图 3-33　黄山东岩体地质略图（a）和 28 号勘探线剖面图（b、c）（据 Mao et al., 2015）

根据岩相间的接触关系，有 3 次岩浆侵入：①第一次岩浆侵入形成杂岩体的主体部分，约占岩体总面积的 75%，主要由闪长岩、角闪辉长岩、橄榄辉长岩组成，角闪辉长岩位于岩体上部和下部，橄榄辉长岩位于岩体中部，闪长岩围绕岩体边缘断续分布，各岩相之间呈渐变接触关系；②第二次岩浆侵入形成岩体西端和西北侧的辉长苏长岩相，规模较小，呈东西向延伸的不规则岩墙状，含第一次侵入的角闪辉长岩包体；③第三次岩浆侵入形成岩体下部含硫化物的二辉橄榄岩，在钻孔中可见第二次侵入的辉长苏长岩和第一次侵入的角闪辉长岩被第三次侵入的二辉橄榄岩穿插的现象（黄明渊，1990）。

(一) 矿床地质

根据矿体赋存部位、矿石类型、形态和产状,可以将矿体划分为 4 种:一是在超镁铁质岩体的中下部呈悬浮状分布;二是在超镁铁质岩体底部或边部与辉长岩的接触带上;三是在辉长苏长岩体中呈陡倾斜的侧幕状排列;四是在辉长岩体中呈富铜的小矿脉。矿石类型主要有块状、稠密浸染状、稀疏浸染状和星散状矿石。块状矿石与围岩界线清楚,并有围岩蚀变现象,在第二种和第四种矿体中都有分布;稠密浸染状、稀疏浸染状和星散状矿石分布广,在各种矿体中均可见到,它们间的接触界线不明显(王润民等,1987)。矿石中金属矿物主要有磁黄铁矿、镍黄铁矿、黄铜矿,其次有黄铁矿、钴黄铁矿、富镍黄铁矿、紫硫镍矿、方黄铜矿、三方硫铁镍矿、四方硫铁矿(马基诺矿)、针镍矿、毒砂、白铁矿、斑铜矿、辉铜矿、辉铁镍矿、墨铜矿、铜蓝、铬铁矿、钛铁矿、磁铁矿、金红石、白钛矿、铁镍辉砷钴矿、砷铂矿、碲银矿等;非金属矿物主要有橄榄石、辉石、斜长石、角闪石、蛇纹石、绿泥石、纤闪石(王润民等,1987)。

(二) 成岩成矿时代

毛景文等(2002)在黄山东矿床采集了 7 件矿石样品进行 Re-Os 同位素年龄测定,获得等时线年龄为 (282 ± 20) Ma,代表了黄山东铜镍硫化物矿床的成矿时限(图 3-34a)。Zhang 等(2008)对黄山东铜镍矿床进行 Re-Os 同位素年龄测定,获得成矿年龄为 (284 ± 14) Ma(图 3-34b)。

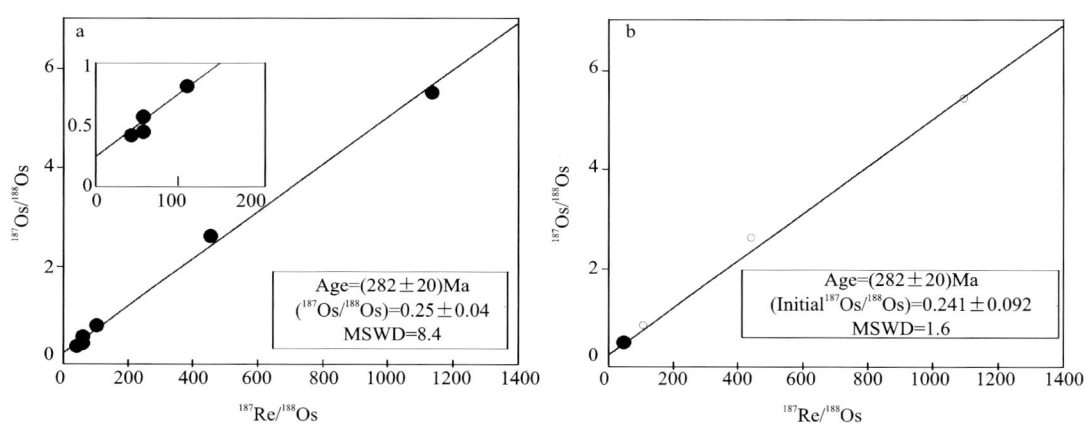

图 3-34 黄山东铜镍矿硫化物矿石 Re-Os 同位素等时线年龄(据毛景文等,2002;Zhang et al.,2008)

(三) 成矿模式

目前,关于黄山-镜儿泉铜镍成矿带内的镁铁—超镁铁岩体构造背景及源区特征的认识存在较大分歧:①认为这些镁铁—超镁铁岩体是蛇绿岩套的一部分(肖序常,1995;马瑞士等,1997;白云来,2000),其源区为软流圈地幔;②形成于板块俯冲碰撞阶段(刘德权,1983;胡受奚,1990;Xiao et al.,2008),其源区为俯冲交代地幔;③形成于碰撞造山后伸展环境(韩宝福等,2004;Zhou et al.,2004;王京彬等,2006;顾连兴等,2006;Mao et al.,2008),其源区为俯冲交代地幔或软流圈地幔;④与塔里木地幔柱活动有关(Pirajno et al.,2008),其源区为地幔柱。首先,黄山东岩体热侵位于下石炭统围岩中,说明它不属于蛇绿岩套组合。其次,与塔里木大火成岩省镁铁—超镁铁侵入岩和玄武岩地球化学特征的显著区别证明黄山东岩体直接由塔里木地幔柱岩浆活动形成的可能性较小。与俯冲有关的岩浆(如弧火山岩、阿拉斯加型杂岩体)相似的地球化学特征说明黄山东岩体与受俯冲事件改造的交代地幔的部分熔融有关,但并非阿拉斯加型岩体,也并非形成于岛弧环境。研究表明,在碰撞后伸展环境中形成的岩浆也可能具有岛弧或活动大陆边缘火山岩所特有的地球化学特征。黄山东岩体形成于280Ma左右(毛景文等,2002;韩宝福等,2004),明显晚于蛇绿岩带发育时代(336～503Ma,Ping et al.,2006);也晚于该地区岛弧中酸性侵入岩年龄(316～334Ma,陈富文等,2005;李文铅等,2006)和岛弧火山岩年龄(300～334Ma,侯广顺等,2005;李向民等,2004)。这些区域地质特征说明北天山地区的俯冲碰撞事件结束于晚石炭世,二叠纪该地区已进入碰撞后伸展阶段(Zhou et al.,2004;韩宝福等,2004;王京彬等,2006;顾连兴等,2006;Mao et al.,2008)。在碰撞后伸展阶段,俯冲过程的挤压应力的终止及俯冲板片比重增大(如变质为榴辉岩)导致俯冲板片的断离,伴随岩石圈地幔伸展减薄,引发软流圈地幔上涌,从而促使受石炭纪俯冲事件改造的交代地幔发生部分熔融,形成玄武质岩浆,这些玄武质岩浆上侵到下石炭统中形成了黄山东岩体。黄山东铜镍矿矿床的形成可能经历了以下主要地质作用过程:①来源于软流圈地幔经部分熔融形成的PGE不亏损的高镁拉斑玄武质原始岩浆,进入地壳后经历了硫化物的深部熔离作用,从而造成了该矿床成矿母岩浆PGE的亏损;②PGE亏损的母岩浆向上侵位,地壳物质的混染以及橄榄石、辉石等的分离结晶作用,导致了岩浆中的硫进一步过饱和,使硫化物发生熔离并成矿(钱壮志等,2009)。

二、岩浆熔离-贯入型(路北铜镍矿)

本次工作针对近年新发现的路北铜镍矿开展了典型矿床研究。路北铜镍硫化物矿床是2014年新疆地质调查院在东天山西段化探异常检查中新发现的(杨万志等,2017),平均品位0.036%(李大海等,2018)。路北岩体分布于康古尔塔格断裂北段,侵位于下石炭统小热泉子组凝灰质碎屑岩中(杨万志等,2017;李大海等,2018)。路北岩体最早侵位的角闪石辉长岩锆石U-Pb年龄为(287.9±1.6)Ma,为碰撞后伸展构造背景下交代地幔减压部分熔融形成的拉斑玄武岩岩浆(Chen et al.,2018,2019)。

(一)矿床地质

路北岩体分布于康古尔塔格断裂北侧,侵位到下石炭统小热泉子组的凝灰质碎屑岩中。岩体平面上呈半环状展布,出露面积1.35km²,由南、北矿带两部分组成。南部岩体为基性—超基性岩石,是富矿体的赋矿围岩,主要岩性为橄榄岩、辉石橄榄岩、橄榄辉石岩,外围及边部有少量辉长岩、闪长岩、石英闪长岩,地表长约2000m,出露宽度400～800m,平均500m,面积0.89km²;北部岩体为基性岩石,是低品位矿体的赋矿围岩,主要岩性为辉长岩、角闪辉长岩及外围少量闪长岩(图3-35a)。在地表和钻孔中的岩体接触部位的围岩多发生角岩化,并形成长英质角岩。

通过野外露头和钻孔岩心地质观察,结合空间分布、岩石组合和矿化蚀变特征,可将路北岩体由早到晚划分为5个岩相,依次为辉长岩相→橄榄岩相→辉石橄榄岩→橄榄辉石岩相(图3-35a)→闪长岩相(图3-35b,c)。各岩相特征详细介绍如下:

辉长岩相是赋矿岩石之一,包括辉长岩和角闪辉长岩。辉长岩分布于矿区南侧辉石岩的边部,具有弱铜镍矿化,主要形成了4～9号矿体。岩石以单斜辉石(25%)、斜长石(70%)为主,偶见橄榄石。单斜辉石呈短柱状,粒径0.1～0.24mm,具阳起石化、绿泥石化;基性斜长石,粒径0.12～0.6mm,具高岭土化。角闪辉长岩仅分布于矿区北部,成岩年龄为(287.9±1.6)Ma(Chen et al.,2018),主要形成了10～14号矿体。

橄榄岩相仅分布于岩体最南侧,被闪长岩侵入(图3-36b),岩石具伊丁石化、蛇纹石化(图3-36d)和碳酸盐化,由橄榄石(62%)、蛇纹石(25%)、方解石(10%)、磁铁矿(3%)组成(图3-36e)。橄榄石呈半自形粒状,粒径0.3～1mm,矿物内部多网状裂纹;蛇纹石分布于橄榄石间。

辉石橄榄岩相仅分布于路北岩体南侧,被闪长岩侵入,是赋矿岩石之一,主要形成了2号矿体。岩

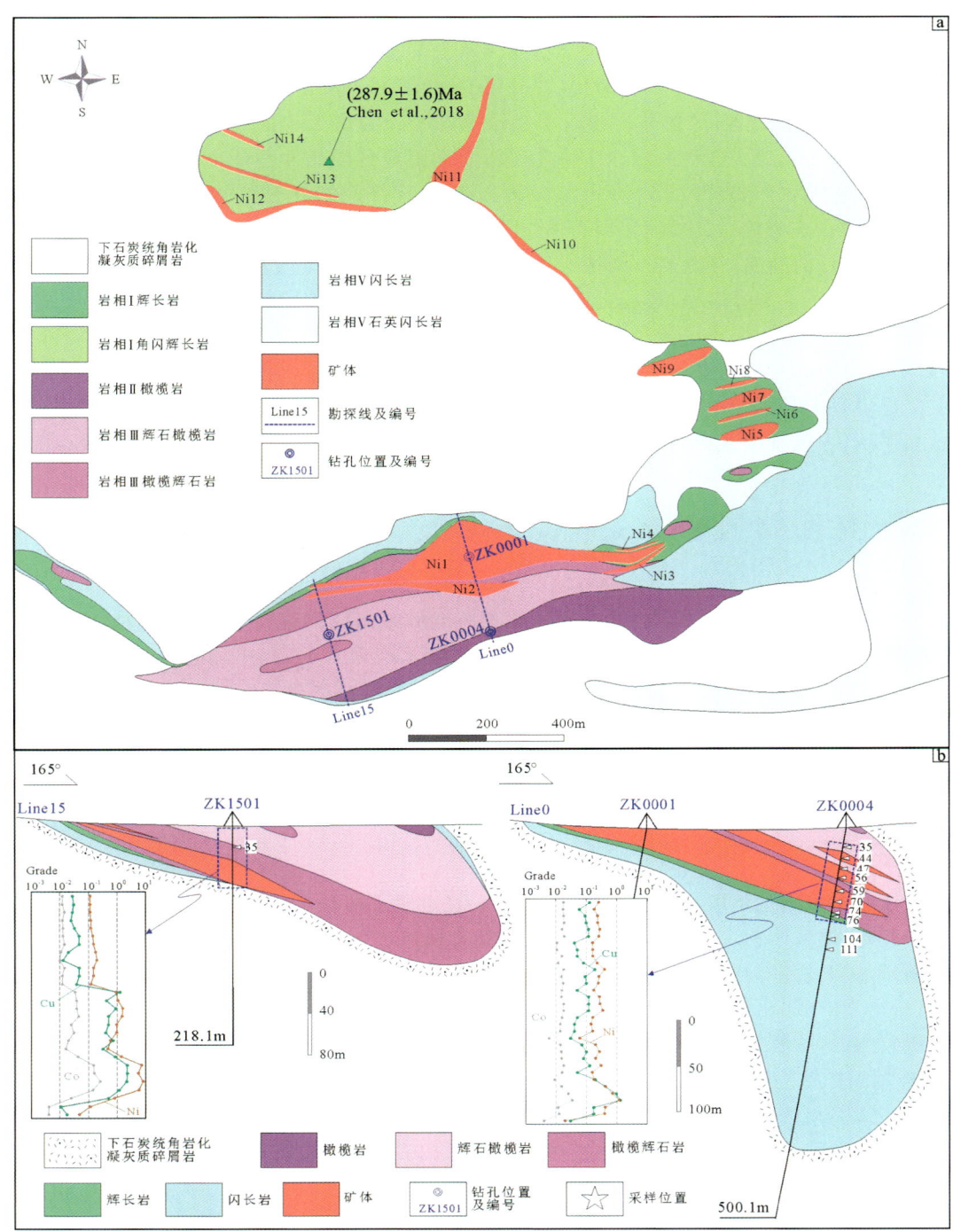

图 3-35 路北镍-铜-钴矿地质简图(a)和勘探线剖面图(b)(据 Li et al.,2021)

石具蛇纹石化、滑石化,主要由橄榄石(62%)、普通辉石(15%)、蛇纹石(15%)组成(图 3-36f)。橄榄石呈自形和半自形粒状,粒径 0.5~1.5mm;普通辉石分布于橄榄石间,呈半自形柱状,粒径 0.5~1mm;蛇纹石分布于橄榄石和辉石之间,呈纤维状;方解石呈脉状沿着橄榄石边缘和裂隙分布。

橄榄辉石岩相主要分布于矿区南部,被晚期闪长岩侵入,局部零星出露,是最重要的赋矿岩石,形成了最大的 1 号矿体。岩石主要由橄榄石(25%±)、斜方辉石(53%±)组成,偶见橄榄石,具纤闪石化、绿泥石化(图 3-36g)。橄榄石呈他形粒状,粒径 0.28±2.3mm;斜方辉石呈柱状,粒径 0.24±3.2mm。

闪长岩相包括闪长岩和石英闪长岩,主要分布于杂岩体边部和底部,为最晚期侵入产物,并含有围岩捕虏体(图 3-36c)。岩石由斜长石(75%±)、角闪石(15%±)、石英(10%±)组成,微量黑云母、磁铁矿(图 3-36h),具斑状结构(图 3-36i)。斜长石呈自形板状,粒径 0.4~2mm,具轻度高岭土化,大致定向分布。角闪石具阳起石化分布于斜长石之间。黑云母呈叶片状分布在斜长石之间。磁铁矿呈他形粒状分布在角闪石、斜长石之间。长英质基质具有轻微变形。

图 3-36 路北岩体的露头照片和代表性岩石的显微照片

a. 橄榄辉石岩与辉石橄榄岩的接触关系;b. 闪长岩与橄榄岩的接触关系;c. 石英闪长岩中的围岩捕虏体和橄榄辉长岩中的辉长岩捕虏体;d. 蛇纹石化橄榄岩;e. 辉石橄榄岩;f. 辉长橄榄岩;g. 碎裂橄榄辉石岩;h. 轻微变形的石英闪长岩;i. 具有斑状结构的变形石英闪长岩;Ol. 橄榄石;Opx. 斜方辉石;Cpx. 单斜辉石;Pl. 斜长石;Srp. 蛇纹石;Bi. 黑云母;Qz. 石英

路北铜镍矿共查明 14 个矿体,其中南部 4 个矿体主要赋存于橄榄辉石岩中,中部 5 个矿体主要赋存于辉长岩中,北部 5 个矿体主要赋存于角闪石辉长岩中(图 3-37a)。铜镍硫化物矿体呈层状(图 3-37b),向南倾斜,倾角为 14°~28°。1 号矿体是矿区最大的矿体,平面延伸 930m,深 265 多米,平均品位为镍 0.91%、铜 0.54%、钴 0.031%。

矿石矿物由镍黄铁矿、黄铜矿、磁黄铁矿、紫硫镍矿及少量黄铁矿组成。辉长岩中的矿石主要呈浸染状,橄榄石辉石岩中的矿石主要呈块状(图 3-37a,b,c)。镍黄铁矿和磁黄铁矿与黄铜矿共存(图 3-37d,f,g)。铬铁矿通常与磁铁矿(图 3-37e)或镍黄铁矿周围(图 3-37k,l,o)共存。磁黄铁矿显示出强烈的氧化作用(图 3-37h,i,m,n)。黄铜矿呈浸染状或脉状多分布于磁黄铁矿、镍黄铁矿裂隙中。镍黄铁矿呈他形—半自形粒状,呈浸染状及微裂隙脉状分布。常与黄铜矿、磁黄铁矿共生。磁黄铁矿呈他形粒状,常与镍黄铁矿呈连晶状产出,在微裂隙发育的磁黄铁矿中,常有微裂隙脉状黄铜矿充填。热液期磁黄铁矿沿着早期的镍黄铁矿边部发生交代作用。紫硫镍矿呈他形粒状分布于黄铁矿或黄铜矿之间。

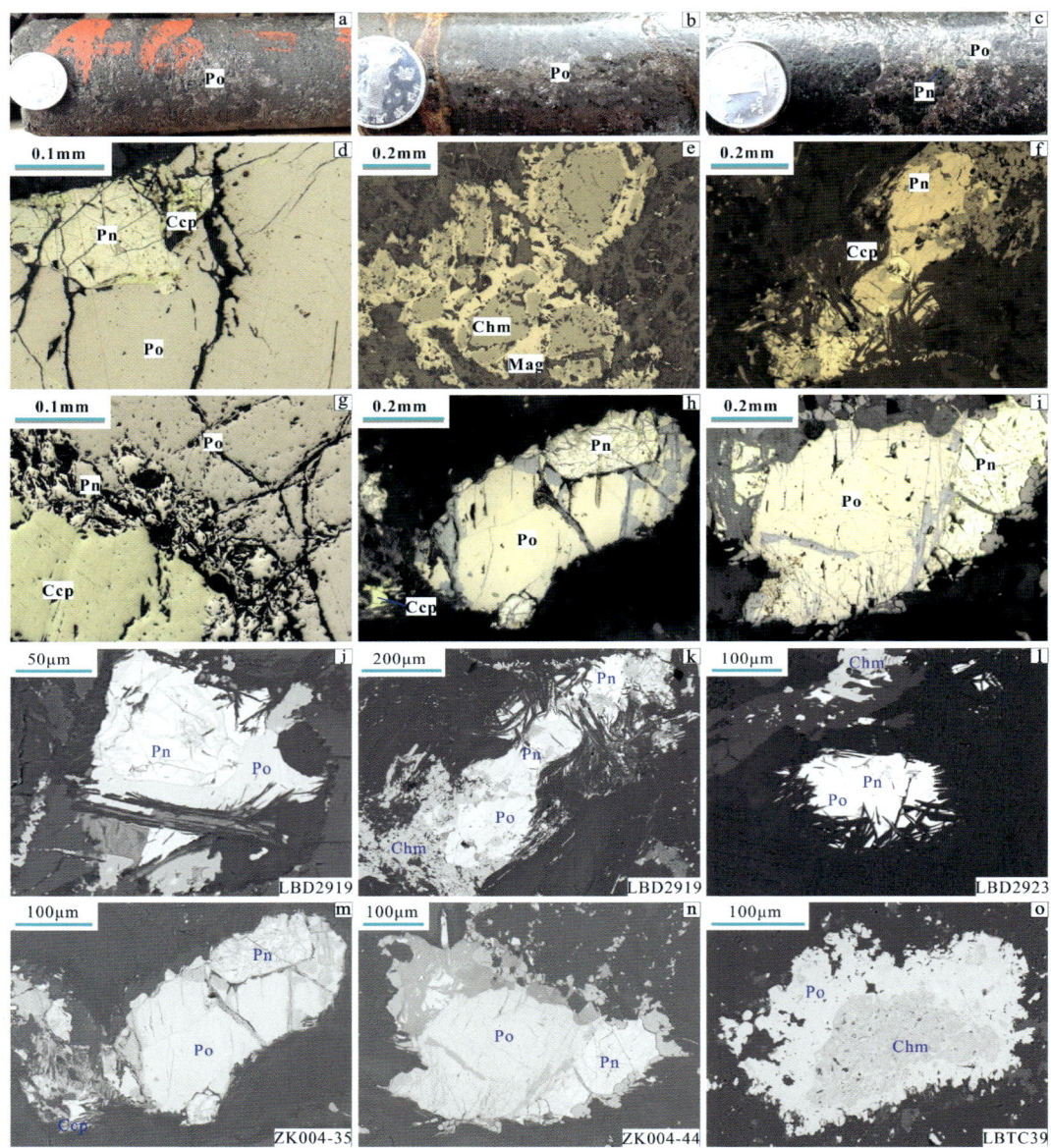

图 3-37 路北矿床的露头照片和代表性矿石的显微照片

a. 橄榄辉石岩中的镍黄铁矿；b. 含褐铁矿化脉的橄榄辉石岩中的镍黄铁矿；c. 辉石岩中的磁黄铁矿和镍黄铁矿；d. 磁黄铁矿、镍黄铁矿和黄铜矿共生；e. 被磁铁矿包围的铬铁矿；f. 镍黄铁矿与黄铜矿共存；g. 磁黄铁矿、镍黄铁矿和黄铜矿共生；h. 氧化的碎裂磁黄铁矿和镍黄铁矿；i. 被氧化的磁黄铁矿；j. 镍黄铁矿被磁黄铁矿包围；k. 镍黄铁矿与黄铜矿共存；l. 镍黄铁矿与磁黄铁矿共存；m. 被氧化的碎裂磁黄铁矿和镍黄铁矿；n. 被氧化的磁黄铁矿；o. 铬铁矿被磁黄铁矿包围；Pn. 镍黄铁矿；Po. 磁黄铁矿；Chm. 铬铁矿；Ccp. 黄铜矿；Mag. 磁铁矿

（二）成岩成矿时代

路北岩体地表露头风化严重，采集了钻孔 ZK004 岩体底部最晚期侵位的新鲜闪长岩（岩相Ⅴ）进行锆石 U-Pb 测年，数据列于表 3-10。闪长岩的锆石呈短柱状，长 50～120μm，宽 40～60μm，锆石具有生长环带，显示岩浆成因。锆石 U 含量介于 232.8×10^{-6}～630.1×10^{-6}，Th 含量介于 130.1×10^{-6}～509.2×10^{-6}，Th/U 值为 0.53～0.85，均大于 0.4，表明锆石为岩浆成因（吴元保等，2004）。所测定的 23 个有效点的锆石谐和年龄为 (281.3 ± 0.7)Ma（MSWD=4.2），^{206}Pb/^{238}U 加权平均年龄为 $(281.2\pm$

表 3-10 新疆东天山路北闪长岩 LA-ICP-MS 锆石 U-Pb 数据

点号	Th/$\times 10^{-6}$	U/$\times 10^{-6}$	Th/U	同位素比值							同位素年龄/Ma						谐和率/%
				$^{207}Pb/^{206}Pb$	1σ	$^{207}Pb/^{235}U$	1σ	$^{206}Pb/^{238}U$	1σ	$^{207}Pb/^{206}Pb$	1σ	$^{207}Pb/^{235}U$	1σ	$^{206}Pb/^{238}U$	1σ	
LBT-01	509.2	630.1	0.81	0.051 245	0.000 871	0.321 636	0.005 287	0.045 209	0.000 353	250.1	43.5	283.2	4.1	285.0	2.2	99
LBT-02	159.1	283.6	0.56	0.052 772	0.001 316	0.324 242	0.007 854	0.044 376	0.000 343	320.4	57.4	285.2	6.0	279.9	2.1	98
LBT-03	130.1	232.8	0.56	0.052 863	0.001 234	0.330 83	0.007 561	0.045 427	0.000 406	324.1	21.3	290.2	5.8	286.4	2.5	98
LBT-04	160.9	303.3	0.53	0.051 734	0.001 277	0.316 211	0.007 549	0.044 424	0.000 409	272.3	55.5	279.0	5.8	280.2	2.5	99
LBT-05	332.0	425.0	0.78	0.052 987	0.001 198	0.329 771	0.007 407	0.044 864	0.000 374	327.8	56.5	289.4	5.7	282.9	2.3	97
LBT-06	411.2	540.0	0.76	0.053 295	0.001 025	0.324 276	0.005 898	0.044 026	0.000 335	342.7	42.6	285.2	4.5	277.7	2.1	97
LBT-07	235.3	340.3	0.69	0.053 112	0.001 163	0.323 87	0.007 036	0.043 922	0.000 349	344.5	50.0	284.9	5.4	277.1	2.2	97
LBT-08	404.0	540.3	0.75	0.052 608	0.001 015	0.323 102	0.006 185	0.044 219	0.000 335	322.3	10.2	284.3	4.8	278.9	2.1	98
LBT-09	275.5	415.6	0.66	0.053 449	0.001 408	0.322 984	0.008 021	0.044 864	0.000 463	346.4	59.3	284.2	6.2	276.3	2.9	97
LBT-10	366.8	493.4	0.74	0.051 659	0.001 124	0.317 129	0.006 485	0.044 457	0.000 369	333.4	50.0	279.7	5.0	280.4	2.3	99
LBT-11	344.6	453.7	0.76	0.052 73	0.001 023	0.321 173	0.005 984	0.044 055	0.000 326	316.7	44.4	282.8	4.6	277.9	2.0	98
LBT-12	273.4	400.1	0.68	0.050 451	0.001 09	0.313 085	0.006 749	0.044 678	0.000 349	216.7	50.0	276.6	5.2	281.8	2.2	98
LBT-13	325.5	483.9	0.67	0.050 456	0.000 905	0.316 415	0.005 663	0.045 164	0.000 348	216.7	42.6	279.1	4.4	284.8	2.2	98
LBT-14	373.1	520.3	0.72	0.052 631	0.000 996	0.322 345	0.005 841	0.044 222	0.000 333	322.3	10.2	283.7	4.5	278.9	2.1	98
LBT-15	264.5	383.6	0.69	0.051 846	0.001 039	0.317 994	0.006 358	0.044 144	0.000 348	279.7	46.3	280.4	4.9	278.5	2.2	99
LBT-16	302.3	433.9	0.70	0.051 633	0.001 158	0.324 175	0.007 129	0.045 387	0.000 419	333.4	51.8	285.1	5.5	286.1	2.6	99
LBT-17	204.4	289.1	0.71	0.051 204	0.001 201	0.317 863	0.007 071	0.045 141	0.000 341	250.1	53.7	280.3	5.5	284.6	2.1	98
LBT-18	432.6	563.7	0.77	0.052 417	0.000 916	0.331 407	0.005 637	0.045 687	0.000 297	301.9	38.9	290.6	4.3	288.0	1.8	99
LBT-19	326.5	383.5	0.85	0.054 727	0.001 202	0.334 083	0.007 164	0.044 205	0.000 353	466.7	50.0	292.7	5.5	278.8	2.2	95
LBT-20	291.2	378.0	0.77	0.052 952	0.001 293	0.321 043	0.007 476	0.044 019	0.000 34	327.8	27.8	282.7	5.7	277.7	2.1	98
LBT-21	329.3	445.1	0.74	0.053 701	0.001 053	0.330 318	0.006 388	0.044 49	0.000 33	366.7	72.2	289.8	4.9	280.6	2.0	96
LBT-22	221.2	320.1	0.69	0.053 038	0.001 268	0.325 013	0.007 723	0.044 556	0.000 471	331.5	53.7	285.8	5.9	281.0	2.9	98
LBT-23	220.8	329.8	0.67	0.053 208	0.001 238	0.329 753	0.007 413	0.045 002	0.000 396	338.9	53.7	289.4	5.7	283.8	2.4	98

1.5)Ma(MSWD=2.4)(图3-38a),该年龄代表了闪长岩的结晶年龄(Li et al.,2018),也是路北岩体最晚期侵入岩浆活动的年龄,稍晚于最早侵位的角闪辉长岩(岩相Ⅰ)的成岩年龄[(287.9±1.6)Ma;Chen et al.,2018],该成矿区间与东天山地区黄山、黄山东、香山等典型铜镍矿床及镁铁质岩体形成时代一致(图3-38b)。

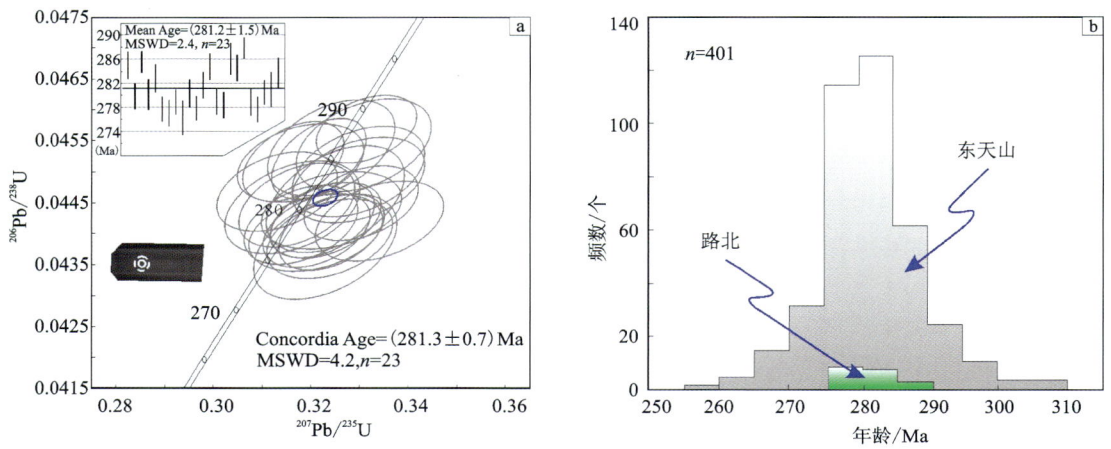

图3-38 路北闪长岩成岩年龄图(a)和东天山镍铜硫化物矿床成矿年龄柱状图(b)

(三)主量元素和稀土微量元素特征

岩相Ⅰ的2件辉长岩、岩相Ⅲ的2件辉石橄榄岩、岩相Ⅳ的5件(橄榄石)辉石岩和岩相Ⅴ的2件闪长岩用来分析主量和微量元素(表3-11)。变化的烧失量(LOI)值反映了样品具有不同程度的蚀变。在随后的绘图和讨论中,主量元素含量的变化通过校正LOI标准化为100%无水硅酸盐成分。

第Ⅲ、Ⅳ期超基性岩中SiO_2、Al_2O_3含量最低,MgO、FeO^T含量最高。第Ⅴ期闪长岩的SiO_2和Al_2O_3含量最高,MgO和FeOT含量最低。第Ⅰ期辉长岩成分介于第Ⅲ、第Ⅳ期超基性岩和第Ⅴ期闪长岩之间。路北岩体所有样品的特征是K_2O+Na_2O和TiO_2含量相对较低。在SiO_2-FeO^T/MgO图解上,样品主要落入拉斑系列区域(图3-39a)。在Perarce元素摩尔比值(Mg+Fe)/Ti-Si/Ti图解上,第Ⅲ期辉橄岩和第Ⅳ期辉石岩均落在橄榄石和斜方辉石控制线上,第Ⅰ期辉长岩落在斜方辉石和单斜辉石控制线上,第Ⅴ期闪长岩落在斜长石控制线上(图3-39b),与镜下观察一致。路北橄榄辉长岩、辉石岩、辉橄岩m/f值为3.07~3.47,有利于形成铜镍矿(m/f=2~6.5;吴利仁,1963);辉长岩m/f值为1.33~2.10,表明部分有利于形成铜镍矿,与矿区辉长岩具有弱的铜镍矿化特征一致;闪长岩m/f值为0.27~0.30,不利于形成铜镍矿(m/f<2;吴利仁,1963)。

路北岩体的稀土元素(ΣREE)总含量显示出从超基性岩到辉长岩再到闪长岩的增加趋势(表3-11),反映了层间液体体积的增加。路北侵入体显示轻稀土元素(LREE)相对于重稀土元素(HREE)富集,LREE/HREE比率较低。所有样本都有轻微的负Eu异常,平均Eu/Eu*值为0.89(图3-39c)。值得注意的是,闪长岩与超基性岩的分布格局一致,表明它们具有同源岩浆演化特征,与东天山地区典型的二叠纪铜镍硫化物矿床和镁铁—超镁铁质侵入体相似(图3-39d)。

(四)Sr-Nd-Hf同位素特征

路北岩体全岩Sr-Nd同位素测试数据列于表3-12。Rb含量为$0.643×10^{-6}$~$34.5×10^{-6}$,Sr含量为$39.1×10^{-6}$~$1171×10^{-6}$,初始$^{87}Sr/^{86}Sr$介于0.704 219~0.706 525,平均值为0.705 382,$\varepsilon_{Hf}(t)$($t=281Ma$)为-2.83~4.37,平均值为1.54。岩体Sr、Nd同位素组成表明路北岩体具有低初始$^{87}Sr/^{86}Sr$值

表 3-11 路北岩体样品的主量和微量元素组成

样品编号	ZK004-74	ZK004-76	ZK004-59	ZK004-70	ZK004-35	ZK004-44	ZK004-47	ZK004-56	ZK1501-35	ZK004-104	ZK004-111
岩石类型	辉长岩		辉石橄榄岩				橄榄辉石岩			闪长岩	
	（岩相Ⅰ）		（岩性Ⅲ）				（岩性Ⅳ）			（岩性Ⅴ）	
主要氧化物/%											
SiO_2	45.55	45.56	43.06	43.42	39.13	37.95	40.7	41.43	45.85	63.84	57.96
TiO_2	0.32	0.58	0.23	0.37	0.27	0.36	0.32	0.46	0.47	1.14	1.59
Al_2O_3	8.31	11.19	5.49	6.4	4.61	4.35	5.43	5.05	8.11	14.94	16.09
TFe_2O_3	12.08	12.38	10.99	9.88	12.28	14.62	12.07	11.81	10.16	6.99	8.93
Na_2O+K_2O	1.61	3.32	0.74	0.72	0.81	1.05	1.11	1.25	0.31	5.62	4.78
MnO	0.11	0.15	0.14	0.14	0.17	0.17	0.17	0.17	0.21	0.12	0.15
MgO	23.16	14.31	28.17	26.97	31.81	30.72	31.07	30.86	27.77	1.78	2.53
CaO	2.65	4.38	1.85	2.55	2.37	2.43	2.66	2.6	5.26	3.95	5.1
Na_2O	0.92	2.66	0.28	0.32	0.68	0.87	0.92	0.86	0.28	3.49	3.16
K_2O	0.69	0.66	0.46	0.4	0.13	0.18	0.19	0.39	0.03	2.13	1.62
P_2O_5	0.06	0.15	0.07	0.08	0.04	0.06	0.08	0.11	0.13	0.38	0.55
Cr_2O_3	0.24	0.14	0.31	0.3	0.34	0.33	0.34	0.33	0.35	0.01	0.01
FeO^T/MgO	0.39	0.57	0.21	0.24	0.17	0.17	0.2	0.22	0.25	3.16	2.88
$Mg^{\#}$	81.72	72.92	85.66	86.42	85.79	83.04	85.72	85.9	86.43	37.18	39.75
S	0.17	2.56	0.78	0.16	0.23	0.34	0.15	0.18	0.08	0.04	0.12
LOI	5.69	5.31	8.11	8.99	7.91	7.58	5.89	5.76	1.29	1.18	2.19
Total	99.29	100.3	99.4	99.73	99.65	99.6	99.78	100.12	100.1	99.7	99.67
微量元素/$\times 10^{-6}$											
La	5	8.1	3.2	5.1	1.7	2.4	2.9	4.1	5.5	19.8	18.1
Ce	11.4	20.2	7.6	11.5	4.2	5.9	6.7	9.8	13.6	46.9	44.1
Pr	1.46	2.49	1.01	1.38	0.55	0.81	0.85	1.23	1.7	5.94	5.71
Nd	6	10.5	4.2	5.7	2.4	3.7	3.5	5.6	7.5	25.1	23.8

续表 3-11

样品编号	ZK004-74	ZK004-76	ZK004-59	ZK004-70	ZK004-35	ZK004-44	ZK004-47	ZK004-56	ZK1501-35	ZK004-104	ZK004-111
岩石类型	辉长岩（岩相Ⅰ）		辉石橄榄岩（岩性Ⅲ）			橄榄辉石岩（岩性Ⅳ）				闪长岩（岩性Ⅴ）	
Sm	1.58	2.62	1.14	1.4	0.58	1.03	0.98	1.43	1.97	6.33	6.02
Eu	0.43	0.96	0.28	0.35	0.24	0.3	0.3	0.45	0.56	1.66	1.68
Gd	1.66	2.55	1.06	1.44	0.7	1.01	1.04	1.72	1.91	6.45	6.15
Tb	0.26	0.41	0.15	0.26	0.12	0.18	0.16	0.27	0.32	0.98	0.92
Dy	1.57	2.36	0.82	1.34	0.7	1.08	1.01	1.56	2.02	6.11	5.52
Ho	0.35	0.5	0.17	0.29	0.15	0.22	0.22	0.32	0.45	1.29	1.16
Er	1.02	1.36	0.43	0.82	0.4	0.61	0.63	0.91	1.29	3.56	3.27
Tm	0.16	0.19	0.06	0.12	0.06	0.09	0.09	0.13	0.19	0.51	0.46
Yb	1.07	1.19	0.39	0.78	0.39	0.57	0.57	0.82	1.18	3.16	2.82
Lu	0.18	0.17	0.06	0.12	0.06	0.09	0.09	0.13	0.18	0.47	0.43
Y	9.4	13	4.6	7.9	4.1	5.7	5.8	8.4	11.2	33.7	30.9
Cs	4.14	1.96	0.83	1.3	0.26	0.62	0.36	0.84	0.29	5.41	4.35
Rb	18.3	16.5	16.9	11.2	3	4.9	5	10.3	0.7	64.4	50.1
Ba	80	200	110	60	30	40	40	70	20	360	300
Th	1.12	2.01	0.74	1.28	0.27	0.49	0.51	0.8	0.76	5.62	4.45
U	0.39	0.51	0.29	0.33	0.1	0.19	0.19	0.3	0.49	1.72	1.24
Nb	1.6	3.1	2.1	1.8	0.5	0.9	1	1.5	2.3	7.5	7.2
Ta	0.1	0.2	0.1	0.1	0.1	0.1	0.1	0.1	0.1	0.6	0.6
Sr	39.1	376	73.4	131.5	110.3	104.6	141.8	92.9	53.7	395	382
Zr	42	77	27	55	19	27	27	46	46	180	143
Hf	1.2	2.1	0.8	1.5	0.5	0.8	0.7	1.2	1.4	5	4
Ti	0.208	0.351	0.154	0.226	0.168	0.234	0.205	0.313	0.28	0.69	0.979
Tb	0.26	0.41	0.15	0.26	0.12	0.18	0.16	0.27	0.32	0.98	0.92

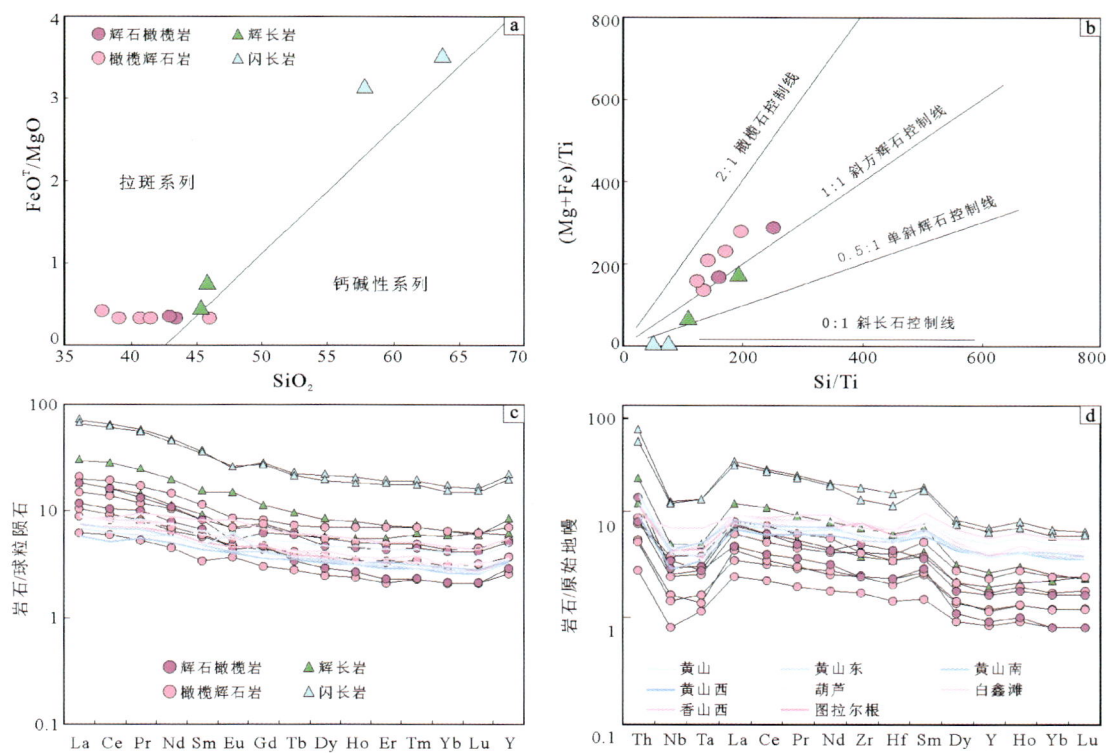

图 3-39 路北岩体地球化学图

a. SiO_2 与 FeO^T/MgO 图解；b. (Mg+Fe)/Ti 与 Si/Ti 图解；c. 路北岩体的球粒陨石标准化稀土元素模式；
d. 原始地幔标准化微量元素模式图

和高 $\varepsilon_{Nd}(t)$ 值型岩浆源区的特征，为亏损地幔源区特征。闪长岩锆石原位 Hf 同位素测试结果列于表 3-13，样品 $^{176}Hf/^{177}Hf$ 的变化范围在 0.282 916～0.282 937 之间，Hf 同位素成分比较均一，平均值为 0.282 938。$\varepsilon_{Hf}(t)$（t=281Ma）值为 11.3～13.4，平均 12.1；$\varepsilon_{Hf}(t)$ 值为 5.5～7.6，平均 6.3。

（五）岩浆源区特征

路北岩体与围岩接触带具有热接触变质现象，晚期侵位的闪长岩中可见暗色包体，表明其就位方式为岩浆热侵位方式，与构造就位的蛇绿岩套无关。目前，关于东天山铜镍成矿带镁铁—超镁铁质岩源区是否与塔里木大火成岩省有关（夏林圻等，2006；Pirajno et al.，2008）成为焦点。大火成岩省表现为相对集中的一段地质时期内（一般几百万年）大规模幔源岩浆活动，主要包括溢流玄武岩和放射状基性岩墙群（Coffin et al.，1994）；岩浆源区表现为相对"干"且低挥发分的特征（Campbell et al.，1993）。

大多数学者认为东天山地区含铜镍硫化物的镁铁—超镁铁质岩石源区被晚石炭世大洋俯冲作用下板片熔融和流体交代发生了改变（Mao et al.，2008；Gao et al.，2013）。在 $\varepsilon_{Nd}(t)$-$\varepsilon_{Hf}(t)$ 图解中，路北岩体样品点位于 MORB、火山弧玄武岩的下方，落入洋岛玄武岩以及下地壳区域（图 3-40a），表明源区可能遭受了下地壳的混染作用。在 La/Nb-La/Ba 图解中，几乎所有的样品均落入俯冲交代岩石圈地幔区域（图 3-40c）。$(^{87}Sr/^{86}Sr)_i$-$\varepsilon_{Nd}(t)$ 图解（图 3-40b）和 Th/Zr-Nb/Zr 图解（图 3-40d）均表明活动流体参与了岩浆演化。由于受早期俯冲板片流体的改造，许多造山后伸展环境中的岩浆也常显示弧岩浆特征（赵云等，2016），这与路北岩体具有与俯冲有关岩浆低 Nb、Ta 的微量元素地球化学特征一致。由此表明，路北岩体源区源于后碰撞伸展背景下软流圈上涌导致被晚石炭世俯冲流体改造的交代地幔发生部分熔融而形成高镁拉斑玄武质岩浆。

表 3-12 路北镁铁质—超镁铁质侵入体的 Sr-Nd 同位素组成

样品编号	岩石类型	岩相	Rb	Sr	$^{87}Rb/^{86}Sr$	$^{87}Sr/^{86}Sr$	2σ	$(^{87}Sr/^{86}Sr)_i$	Sm	Nd	$^{147}Sm/^{144}Nd$	$^{143}Nd/^{144}Nd$	2σ	$(^{143}Nd/^{144}Nd)_i$	$\varepsilon_{Nd}(t)$	数据来源
ZK004-59	橄榄辉石岩	IV	16.9	73.4	0.667 71	0.708 376	0.000 003	0.705 716	1.14	4.20	0.164 09	0.512 433	0.000 006	0.512 136	-2.83	本研究；$t=281Ma$
ZK004-70	辉石橄榄岩	III	11.2	131.5	0.246 99	0.705 203	0.000 003	0.704 219	1.40	5.70	0.148 49	0.512 698	0.000 005	0.512 429	2.88	
ZK004-74	辉石橄榄岩	III	18.3	39.1	1.357 29	0.711 383	0.000 004	0.705 976	1.58	6.00	0.159 20	0.512 676	0.000 005	0.512 388	2.08	
ZK004-44	辉长岩	I	4.9	104.6	0.135 85	0.707 066	0.000 003	0.706 524	1.03	3.70	0.168 10	0.512 648	0.000 004	0.512 343	1.20	
ZK004-47	橄榄辉长岩	IV	5.0	141.8	0.102 26	0.704 881	0.000 003	0.704 473	0.98	3.50	0.169 28	0.512 812	0.000 005	0.512 505	4.37	
LB16-14	角闪辉长岩	I	34.5	1171	0.085 3	0.704 2	0.000 011	0.703 89	3.2	13	0.149 2	0.512 9	0.000 01	0.512 58	6.0	Chen et al., 2018; $t=288Ma$
LB16-19	角闪辉长岩	I	8.77	560	0.045 3	0.704 3	0.000 011	0.704 09	2.95	12	0.148 0	0.512 8	0.000 012	0.512 48	4.01	
LB16-84	角闪辉长岩	I	17.6	532	0.095 7	0.704 4	0.000 01	0.704 02	3.46	14.5	0.144 5	0.512 8	0.000 006	0.512 53	5.0	
LB16-141	角闪辉长岩	I	15.7	475	0.095 7	0.704 2	0.000 013	0.703 86	2.96	11.8	0.151 8	0.512 8	0.000 009	0.512 50	4.38	
LB16-169	角闪辉长岩	I	22.4	531	0.122 4	0.704 5	0.000 008	0.704 04	3.92	16	0.148 5	0.512 8	0.000 013	0.512 53	4.91	
LB16-170	角闪辉长岩	I	20.5	510	0.116 2	0.704 5	0.000 011	0.703 99	3.18	13	0.148 2	0.512 8	0.000 01	0.512 55	5.3	
LB16-171	角闪辉长岩	I	19.3	513	0.108 7	0.704 5	0.000 015	0.704 07	3.6	14.8	0.146 6	0.512 9	0.000 008	0.512 58	6.04	
LB16-174	角闪辉长岩	I	19.6	561	0.101 1	0.704 9	0.000 013	0.704 45	3.21	13.1	0.148 0	0.512 8	0.000 011	0.512 52	4.83	
LB16-38	辉长岩	I	0.643	98.9	0.018 8	0.705 2	0.000 016	0.705 16	1.09	4.75	0.139 2	0.512 7	0.000 012	0.512 48	4.03	
LB16-16	辉长岩	I	1.27	309	0.011 9	0.704 1	0.000 017	0.704 03	2.83	11.7	0.146 6	0.512 8	0.000 008	0.512 53	4.99	
LB16-11	辉长岩	I	6.78	48.8	0.401 5	0.705 0	0.000 019	0.705 33	0.215	0.393	0.329 9	0.512 8	0.000 014	0.512 14	-2.61	
LB16-17	辉长岩	I	8.93	482	0.053 7	0.704 1	0.000 015	0.703 92	1.37	5.16	0.160 7	0.512 8	0.000 009	0.512 51	4.58	
LB16-50	辉长岩	I	2.22	49.2	0.130 5	0.705 7	0.000 006	0.705 15	1.72	6.5	0.159 9	0.512 8	0.000 007	0.512 52	4.79	
LB16-60	辉长岩	I	0.92	48.2	0.055 3	0.706 3	0.000 014	0.706 03	1.16	3.1	0.226 3	0.513 0	0.000 006	0.512 60	6.33	
LB16-06	辉长岩	I	2.67	62.4	0.123 9	0.706 9	0.000 009	0.706 36	2.83	12.1	0.140 8	0.512 8	0.000 008	0.512 51	4.58	
LB16-36	角闪辉长岩	II	4.8	63.8	0.217 7	0.705 8	0.000 008	0.704 95	0.325	1.26	0.155 7	0.512 8	0.000 009	0.512 51	4.63	

表 3-13 路北岩体闪长岩锆石原位 Hf 同位素数据

测点	T/Ma	^{176}Yb/^{177}Hf	1σ	^{176}Lu/^{177}Hf	1σ	^{176}Hf/^{177}Hf	1σ	^{176}Hf/^{177}Hf	$\varepsilon_{Hf}(t)$	$\varepsilon_{Hf}(t)$ (t=281Ma)	T_{DM1}/Ma	T_{DM2}/Ma	$f_{Lu/Hf}$
LBT-01	285.0	0.084 678	0.002 410	0.001 934	0.000 035	0.282 929	0.000 012	0.282 919	5.6	11.5	469	515	−0.94
LBT-02	279.9	0.080 116	0.000 625	0.002 376	0.000 015	0.282 934	0.000 019	0.282 922	5.7	11.5	467	512	−0.93
LBT-03	286.4	0.077 137	0.000 525	0.002 189	0.000 025	0.282 933	0.000 012	0.282 922	5.7	11.6	467	511	−0.93
LBT-04	280.2	0.074 035	0.000 490	0.002 106	0.000 016	0.282 927	0.000 010	0.282 916	5.5	11.3	474	522	−0.94
LBT-05	282.9	0.076 231	0.000 488	0.002 096	0.000 005	0.282 969	0.000 011	0.282 958	7.0	12.8	413	445	−0.94
LBT-06	277.7	0.107 847	0.000 984	0.002 777	0.000 014	0.282 960	0.000 013	0.282 945	6.6	12.2	435	470	−0.92
LBT-07	277.1	0.101 016	0.000 554	0.002 884	0.000 006	0.282 951	0.000 010	0.282 936	6.3	11.9	449	487	−0.91
LBT-08	278.9	0.117 920	0.000 701	0.002 970	0.000 019	0.282 952	0.000 012	0.282 936	6.4	12.0	448	485	−0.91
LBT-09	276.3	0.090 394	0.000 768	0.002 721	0.000 026	0.282 938	0.000 014	0.282 923	5.9	11.4	467	510	−0.92
LBT-10	280.4	0.107 763	0.001 190	0.002 560	0.000 020	0.282 974	0.000 013	0.282 961	7.2	12.9	410	440	−0.92
LBT-11	277.9	0.092 414	0.000 853	0.002 575	0.000 010	0.282 972	0.000 011	0.282 958	7.1	12.7	414	446	−0.92
LBT-12	281.8	0.079 379	0.000 871	0.001 897	0.000 010	0.282 959	0.000 011	0.282 949	6.6	12.5	425	461	−0.94
LBT-13	284.8	0.103 411	0.000 357	0.002 745	0.000 016	0.282 988	0.000 011	0.282 973	7.6	13.4	393	417	−0.92
LBT-14	278.9	0.104 828	0.000 401	0.003 213	0.000 009	0.282 936	0.000 013	0.282 919	5.8	11.3	476	517	−0.90
LBT-15	278.5	0.065 071	0.001 210	0.001 999	0.000 033	0.282 943	0.000 012	0.282 932	6.0	11.8	451	494	−0.94
LBT-16	286.1	0.060 055	0.001 300	0.001 659	0.000 028	0.282 941	0.000 012	0.282 932	6.0	11.9	449	492	−0.95
LBT-17	284.6	0.074 024	0.000 498	0.002 071	0.000 007	0.282 950	0.000 010	0.282 939	6.3	12.2	440	479	−0.94
LBT-18	288.0	0.094 269	0.000 402	0.003 067	0.000 013	0.282 947	0.000 013	0.282 931	6.2	11.9	458	494	−0.91
LBT-19	278.8	0.081 440	0.000 885	0.002 360	0.000 011	0.282 933	0.000 012	0.282 920	5.7	11.4	470	515	−0.93
LBT-20	277.7	0.076 051	0.001 030	0.002 344	0.000 021	0.282 981	0.000 012	0.282 969	7.4	13.1	398	426	−0.93
LBT-21	280.6	0.094 237	0.000 431	0.002 942	0.000 013	0.282 954	0.000 011	0.282 939	6.4	12.1	445	481	−0.91
LBT-22	281.0	0.069 772	0.000 376	0.002 141	0.000 009	0.282 946	0.000 014	0.282 935	6.1	11.9	447	488	−0.94
LBT-23	283.8	0.081 211	0.000 297	0.002 476	0.000 009	0.282 964	0.000 011	0.282 951	6.8	12.6	424	457	−0.93

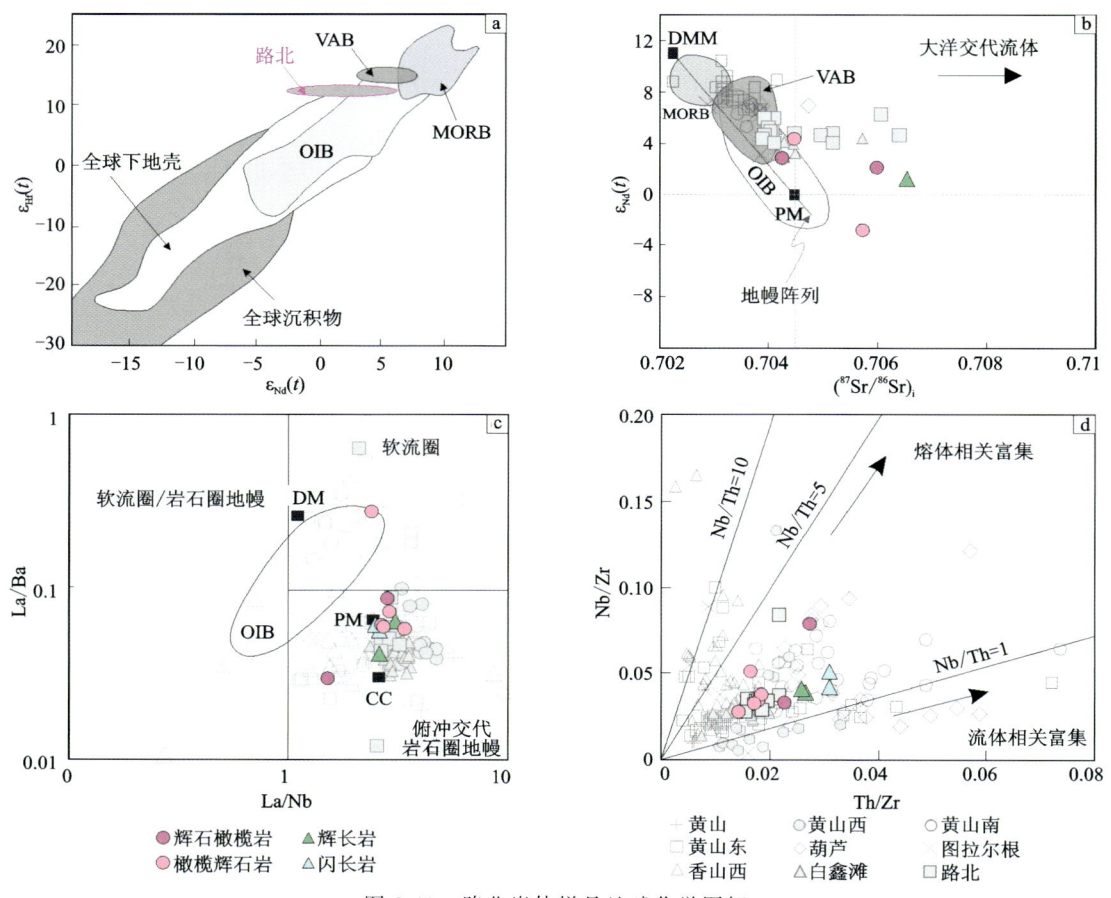

图 3-40 路北岩体样品地球化学图解

a. $\varepsilon_{Nd}(t)$-$\varepsilon_{Hf}(t)$图解;b. $(^{87}Sr/^{86}Sr)_i$-$\varepsilon_{Nd}(t)$图解;c. La/Nb-La/Ba 图解;d. Th/Zr 与 Nb/Zr 图解

(六)成矿机制及成矿过程

一般认为,使岩浆达到硫饱和有 4 种途径,包括温度和压力的改变、分离结晶、岩浆混合和地壳混染(Naldrett,1999;Li and Ripley,2005)。首先,硫饱和度随着温度的降低和压力的升高而降低(Li and Ripley,2005)。然而,即使初始岩浆是硫饱和的,但由压降引起的硫溶解度的增加程度远大于由温度下降引起的硫溶解度增加,在岩浆上升过程中,硫也不会饱和(Mavrogenes and O'Neill,1999)。其次,岩浆中的硫含量随着分离结晶 FeO 的带走而增加,然后硫将变得饱和而熔离成矿(Irvine,1975;Haughton et al.,1974)。根据科马提斯玄武质岩浆成分计算,母岩浆必须经历 40% 的结晶分异才能达到硫饱和度。即使矿石是硫饱和形成的,由于分配系数相似,Ni 也会随着橄榄石、辉石等硅酸盐矿物的结晶而被带走(赵云等,2016)。第三,两种或两种以上不同成分岩浆的混合,可以改变硫的饱和度曲线,使硫进入饱和带形成不混溶硫化物(Irvine et al.,1983),如 Bushveld 和金川矿床。实际上,路北岩体的岩石学和地球化学特征并没有表现出岩浆混合的特征。最后,地壳混染被认为是形成大型铜镍硫化物矿床的必要因素(Naldrett,2004;2010)。事实上,岩浆从地幔上升到地壳遭受一定程度的同化混染是难以避免的,关键是地壳混染的程度与混染物质来源。一般认为地壳混染主要是富硅或富硫的物质加入,前者能使岩浆中硫的溶解度降低,后者能增加岩浆中硫含量,这些都能促进地幔岩浆达到硫化物饱和而成矿。

边缘辉长岩早期受围岩影响,橄榄石含量从橄榄岩到斜方辉石橄榄岩再到橄榄石辉石岩逐渐降低,上述结构表明分馏作用主要是橄榄石的结晶和堆积,斜方辉石和单斜辉石,与矿物分离和结晶控制线一致(图3-41b)。闪长岩样品的趋势图与侵入体的其他岩石相同。MgO与主要氧化物和相容元素(如Cr和Co)的关系图说明了橄榄石、辉石和斜长石的分馏/堆积。例如,MgO与SiO_2、CaO、Na_2O+K_2O和TiO_2呈负相关,表明单斜辉石和斜长石的分馏/堆积;MgO与相容元素(如Cr、Co、Ni和V)的正相关关系与橄榄石和斜方辉石的分馏/聚集一致(图3-41)。

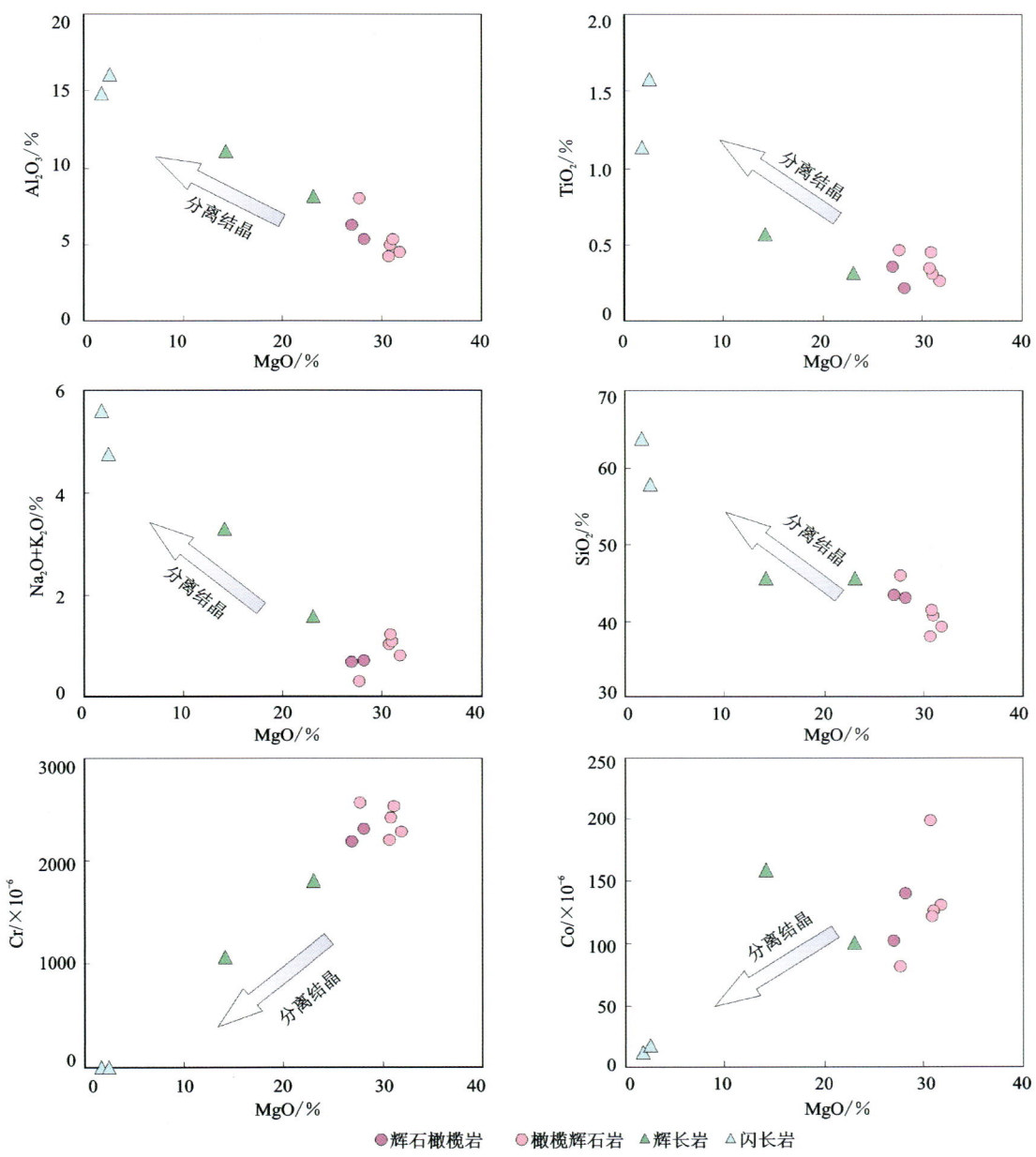

图3-41 路北侵入体MgO与主要氧化物和相容元素的协变图

事实上,岩浆从地幔到地壳的同化和混染是难以避免的,关键是地壳混染的程度和来源。地壳混染的来源包括硅和硫物质的添加。前者能降低硫在岩浆中的溶解度(Irvine,1975;Lightfoot,1997),后者可以增加岩浆中的硫含量(Lesher et al.,1993)。一些镍铜硫化物矿床的硫饱和主要是由地壳SiO_2的加入引起的,与富硫围岩无关,如Norilsk(Lightfoot,1997;Ripley et al.,2003)和Kalatongke(张招崇等,2003)矿床。此外,一些富含硫的围岩被并入岩浆中,从而引发硫化物饱和,如德卢斯和沃伊湾矿床(Lambert,1998)。闪长岩的Hf同位素明显偏离亏损地幔演化线(图3-42a),这表明闪长岩可能受到地壳污染。路北岩体Rb/Sr值(0.04~0.47)随时间变化较大,$\varepsilon_{Sr}(t)$值为0.7~33.4。Sr-Nd同位素岩浆混合模拟表明，岩浆源遭受了 4%～10% 的下地壳混染，上地壳受到轻微混染（图 3-42b），这与图拉尔根（<5%；焦建刚等，2012）、黄山东（5%～8%；夏明哲等，2010）、二红洼（<5%；Sun et al.，2013）、葫芦（5%～10%；Xia et al.，2009）和黄山南（约 5%；Mao et al.，2016）相似。路北矿石的 $\delta^{34}S$ 硫同位（-0.3‰～1.8‰；Chen et al.，2019）以地幔硫为特征（-3‰～3‰；Ohmoto，1986），与东天山的黄山南（-0.4‰～0.8‰；Mao et al.，2017b）和黄山西（-0.2‰～0.86‰；Zhang et al.，2011）矿床一致。因此，认为路北矿床硫饱和的主要机制是下地壳混染及少量上地壳混染。

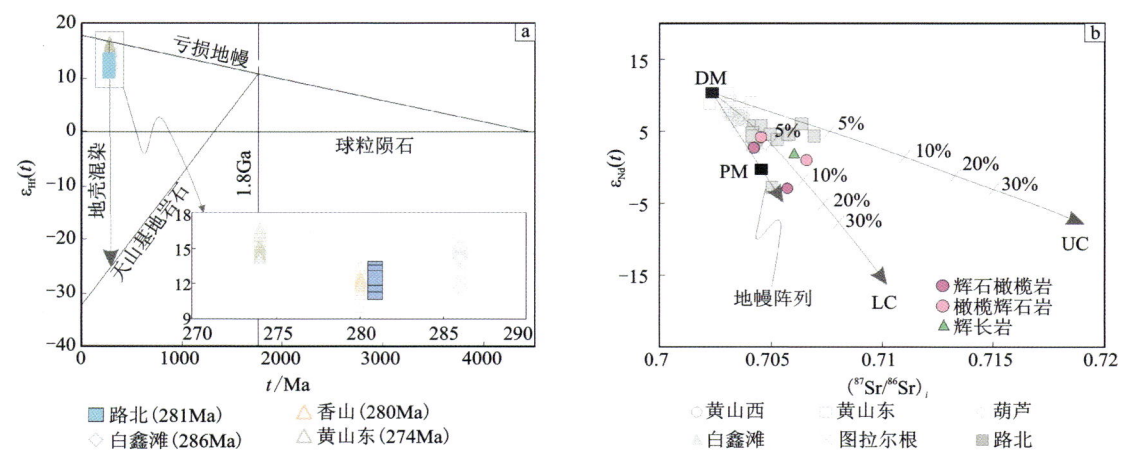

图 3-42 Hf(a) 和 Sr-Nd(b) 同位素地壳混染示踪图（LC 和 UC 数据源自 Rudnick et al.，2011）

岩浆通道在铜镍硫化物矿床形成中起着巨大作用（Maier et al.，2001；苏尚国等，2014；Barnes et al.，2016）。硫不饱和的上地幔玄武质岩浆熔体进入地壳后，随着温度、压力的改变以及围岩加入，通过分离结晶和地壳混染作用达到岩浆硫饱和形成硫化物珠滴，在岩浆通道的转折部位或者通道界面变大、分叉处由于岩浆速度降低硫化物珠滴在重力作用下不断沉降堆积成矿（Keays，1995；Lightfoot et al.，2012；Naldrett，1999；苏尚国等，2014）。路北铜镍硫化物矿床经历了如下成矿过程（图 3-43）。

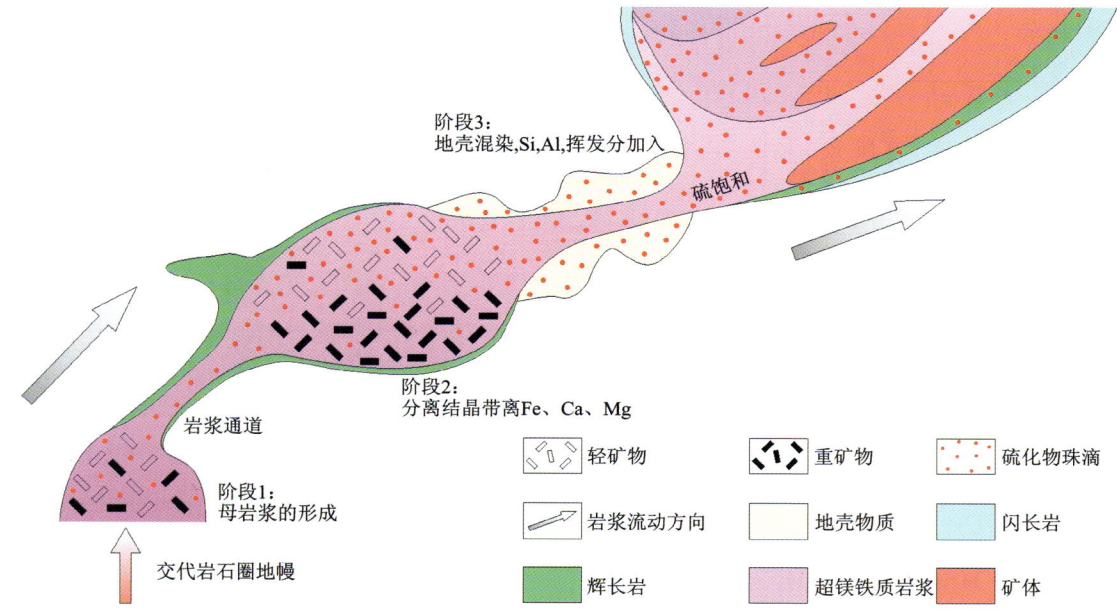

图 3-43 路北铜镍硫化物矿床管道相成矿模式示意图（修改自 Barnes et al.，2016）

第一阶段为母岩浆形成阶段。源于软流圈地幔经部分熔融形成的 PGE 不亏损的高镁拉斑玄武质原始岩浆，携带有微量珠滴状硫化物的初始岩浆，沿着早期构造裂隙的通道向上运移，岩体边部受围岩温度影响,快速结晶形成辉长岩等岩相。第二阶段为岩浆分离结晶。岩浆沿着通道向上运移与围岩接触的过程中温度逐渐下降,高温结晶矿物(如橄榄石、斜方辉石等)陆续开始结晶,从而带走了大量的Si、Mg、Fe元素,同时少量围岩物质的加入将会改变岩浆的黏度、硫的溶解度以及结晶的温度。岩浆中硫的溶解度将随着FeO的减少和富Si物质的增加而降低(Irvine,1975;Lightfoot and Hawkesworth,1997),从而能促使更多的金属组分进入到硫化物熔浆中,使硫化物珠滴逐渐得以聚集。第三阶段为地壳混染成矿。随着大量富硅物质的加入,硫的溶解度进一步降低而形成大量硫化物。岩浆的流动速度也因为SiO_2、Al_2O_3及挥发分的加入而减缓,使得硫化物熔体有充足的时间富集成矿。最后一个阶段为硫化物熔离成矿。在重力流和硫化物聚集作用下,一般在岩浆中部形成由浸染状矿石组成的上悬矿体,在岩浆下部形成由稠密浸染状和致密块状矿石组成的层状矿体,由构造作用会在岩浆底部裂隙、下伏岩石层理中形成脉状矿体。

三、岩浆熔离型(白鑫滩铜镍矿)

白鑫滩铜镍矿床是2012年在对1:25万五堡幅区域化探hs-15号Cu-Ni-Cr-Co综合异常,进一步开展异常查证(1:5万地球化学土壤测量)工作中发现的,后经过对超基性岩体的探槽揭露,在探槽中直接发现了铜镍矿体。以往认为黄山铜镍矿带东起图拉尔根一带,西至库姆塔格沙垄,未过库姆塔格沙垄,而白鑫滩铜镍矿的发现对于确认该矿带穿过库姆塔格沙垄继续西延具有重要意义(图3-44)。

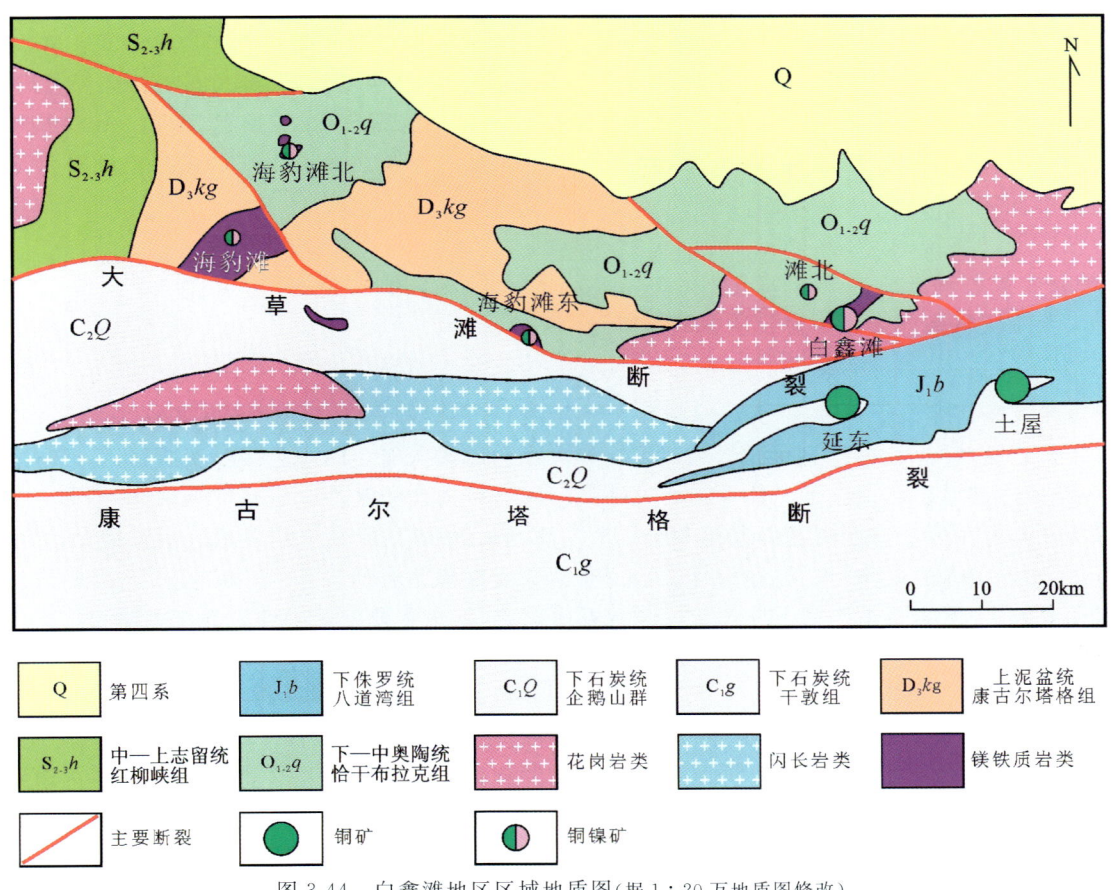

图3-44 白鑫滩地区区域地质图(据1:20万地质图修改)

白鑫滩铜镍矿区出露地层为下—中奥陶统恰干布拉克组（$O_{1-2}q$）以及泥盆纪中酸性侵入岩体。下—中奥陶统恰干布拉克组主要岩性为玄武岩、安山岩、英安岩、火山角砾岩、凝灰岩、沉凝灰岩夹含角砾岩屑砂岩。矿区位于大草滩断裂以北，区内构造线以近东西向为主，矿区北部为F_1断裂，呈近东西走向，在区内全长约1.9km，主要分布下—中奥陶统恰干布拉克组中，是基性—超基性杂岩体与下—中奥陶统恰干布拉克组的界线，走向65°～90°。断裂附近地质体碎裂岩化作用普遍，碎裂程度不一。岩石中褐铁矿化强烈发育。

矿区内侵入岩主要有北部的基性—超基性杂岩体以及南部的泥盆纪花岗闪长岩和二长花岗岩。岩体与围岩都有明显的界线，呈侵入接触关系。

基性—超基性杂岩体为普查区内主要含矿岩体，岩体地表平面上呈葫芦状，中部较窄，两侧较宽。长2800m，最宽760m，最窄250m，面积约1.5km²。岩体走向60°。剖面上，该岩体在7线以西，岩体南部北倾，北部也为北倾，倾角均为30°左右，空间上该岩体为一个向北倾伏的岩盆。但岩体在7线以东，无向北倾伏特征，而是变为岩体南侧北倾、北侧南倾的规则岩盆状。并且该岩体东部在剖面上（36线以东）也无向北倾伏特征，均为正常的岩盆状。地表见有褐铁矿化、黄钾铁矾及大量的孔雀石。岩体围岩为恰干布拉克组，及泥盆纪二长花岗岩，接触界面清楚，普遍有热变质形成的角岩。该岩体岩相分异较好，主要分为辉石橄榄岩相、橄榄辉长岩相、辉长岩相。

中酸性侵入体主要为泥盆纪花岗闪长岩、二长花岗岩。花岗闪长岩（$D\gamma\delta$）主要分布在矿区中部及西部，块状构造，花岗结构，岩石由斜长石、钾长石、石英、暗色矿物组成。斜长石巨片双晶发育，普遍中度绿帘石化、高岭土化，杂乱分布。岩石中见有少量不规则状微裂隙，内充填葡萄石、石英，宽0.1～1.2mm。花岗闪长岩北部侵入恰干布拉克组，南部与二长花岗岩及钾长花岗岩渐变过渡接触。二长花岗岩（$D\eta\gamma$）分布于矿区内中南部，大草滩断裂以北地区，主要侵位于恰干布拉克组。形状近似于"L"形，长约3.4km，最宽处约1.4km。岩石具花岗结构，块状构造。岩石由斜长石、钾长石、石英、黑云母组成。斜长石（30%）普遍中轻度绢云母化、高岭土化。钾长石（47%）他形粒状，粒径0.5～2.0mm，具稀疏条纹结构。石英（20%）他形粒状，波状消光，分布不均匀。该岩体西北部被含矿的基性—超基性杂岩体侵入。

（一）矿床地质

1. 岩体特征

白鑫滩铜镍矿床位于大南湖-头苏泉泥盆纪岛弧内，大草滩断裂以北。矿区出露地层为下—中奥陶统恰干布拉克组（$O_{1-2}q$），岩体直接围岩为英安岩和火山角砾凝灰岩。由于热接触变质作用，矿区发育角岩化，在西段白鑫滩岩体侵位于二长花岗岩中（图3-45）。矿体产于基性—超基性杂岩体，平面上似葫芦状，长2800m，两头较宽，中间较窄，最宽760m，平均600m，面积1.5km²。岩体地表呈负地形，局部发育球状风化，地表出露的主要岩石类型为辉长岩。经钻探及探槽工程验证，沿岩体走向，向南西方向岩石基性程度变大，主要岩石类型为橄榄辉长岩和辉石橄榄岩，其中主要赋矿岩性为辉石橄榄岩。

白鑫滩含矿镁铁—超镁铁岩体岩石类型较为简单，主要为辉长岩、橄榄辉长岩和辉石橄榄岩。各种岩石的岩相学特征如下：

辉长岩（υ）：辉长岩相为该岩体中分布最广的岩相，含矿性较差，主要为星点状矿石，品位一般偏低，含量0.2%左右。地表主要分布在岩体西北部，南部与橄榄辉长岩相为相变接触关系。岩石新鲜色为浅灰色，呈半自形粒状结构，块状构造。主要由斜长石和单斜辉石组成。其中斜长石含量约60%，多呈半自形板状，有较弱的钠黝帘石化；单斜辉石含量约40%，主要呈短柱状，粒径大于斜长石，发育辉石式解理，具纤闪石化。岩石整体较新鲜，蚀变不强。地表辉长岩中圈出矿体Ⅷ、Ⅸ、Ⅹ。

橄榄辉长岩（$\sigma\upsilon$）：橄榄辉长岩相为该岩体中含矿中等的岩相，主要为稀疏浸染状矿石。地表主要分布于白鑫滩岩体的中部，南部与辉石橄榄岩接触，北侧与辉长岩接触，接触关系均为相变接触关系，抗风

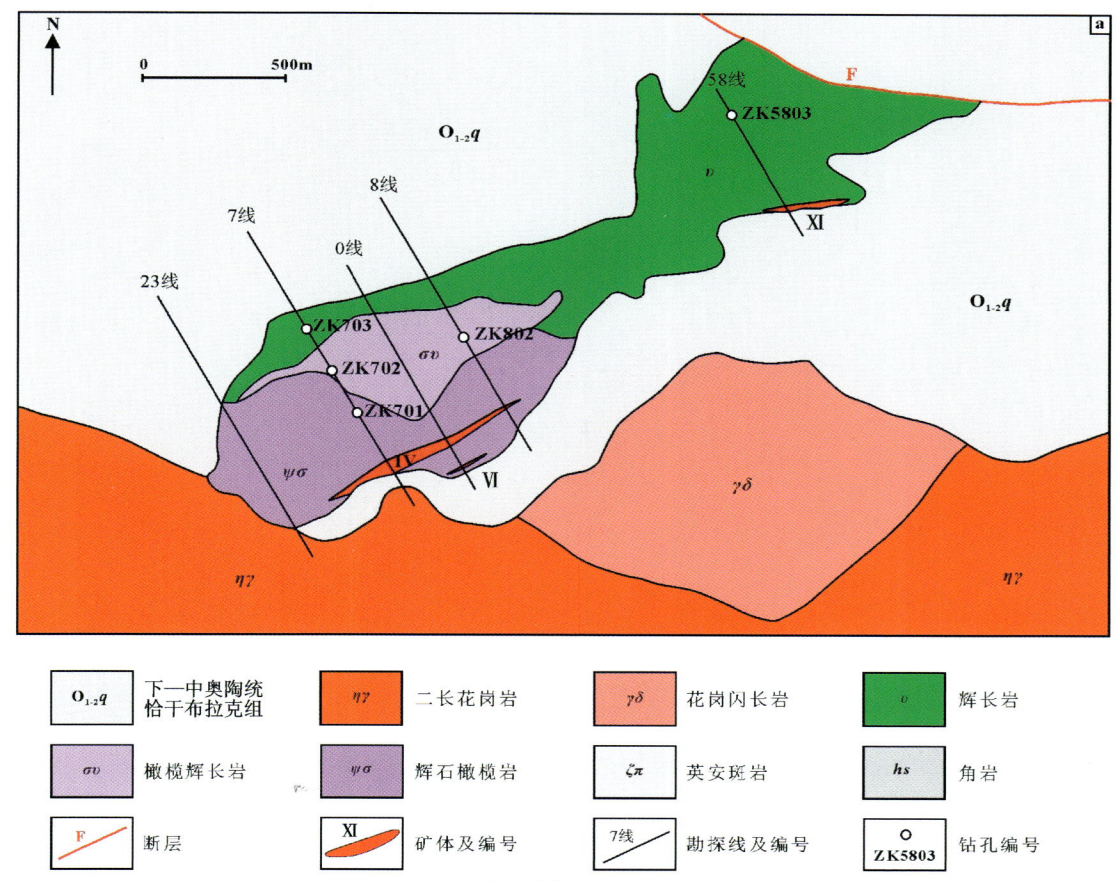

图3-45 白鑫滩铜镍矿矿区地质图

化能力较强(图3-46a,c)。地表该岩相在00线最宽,约400m,向东、西两侧变窄,为不规则透镜状,向东于23线尖灭,向西于24线尖灭。剖面上,该岩相在08线厚度最大,最厚可达140m。深部向东、西逐渐变薄并尖灭。橄榄辉长岩主要由辉石、橄榄石组成,含有少量的斜长石及角闪石,呈半自形粒状结构、嵌晶结构、包橄结构,块状构造。橄榄石含量20%～30%,大多数被辉石包裹,矿物颗粒多呈浑圆状和港湾状;辉石含量60%～70%,呈自形—半自形短柱状,有单斜辉石和斜方辉石,蚀变较弱,局部角闪石全部交代辉石,形成角闪石包含橄榄石的现象;斜长石呈半自形—他形充填于辉石颗粒之间。地表橄榄辉长岩中发育矿体Ⅶ、Ⅺ。

辉石橄榄岩(φo):辉石橄榄岩相为该岩体的主要含矿岩相,主要为稠密浸染状、斑杂状矿石,该岩相在地表主要分布在岩体的西南部,与北侧的橄榄辉长岩为相变接触关系。剖面上,该岩相在7线厚度最大,最厚可达188m,深部向东部厚度逐渐变小,直到24线渐趋尖灭。辉石橄榄岩主要由橄榄石、辉石和少量角闪石及硫化物组成,呈半自形粒状结构、嵌晶结构、包橄结构、块状构造(图3-46b,d)。橄榄石含量50%～70%,粒径0.2～1.5mm,表面裂纹发育,蛇纹石化程度较强,沿裂隙有大量粉尘状磁铁矿,堆晶结构和包橄结构发育;辉石含量20%～40%,呈较大的颗粒包裹橄榄石或呈他形粒状充填于橄榄石颗粒之间,部分颗粒有较强的次闪石化和透闪石化;局部见后期角闪石交代辉石,硫化物沿橄榄石颗粒边缘分布。辉石橄榄岩为主要赋矿岩相,地表已圈出6条矿体,其中Ⅳ号矿体为矿区最大的矿体。

2. 矿体特征

白鑫滩铜镍矿床共圈定矿体19个,可分为东、西两个矿带,其中西矿带圈出矿体13个,东矿带圈出矿体6个。西矿带Ⅳ号矿体和东矿带的Ⅺ号矿体为主矿体,其他矿体规模较小(图3-47)。

图 3-46 白鑫滩岩体特征照片

a.辉长岩地表风化特征；b.橄榄辉长岩岩心照片；c.橄榄辉长岩包橄结构；d.辉石橄榄岩包橄结构

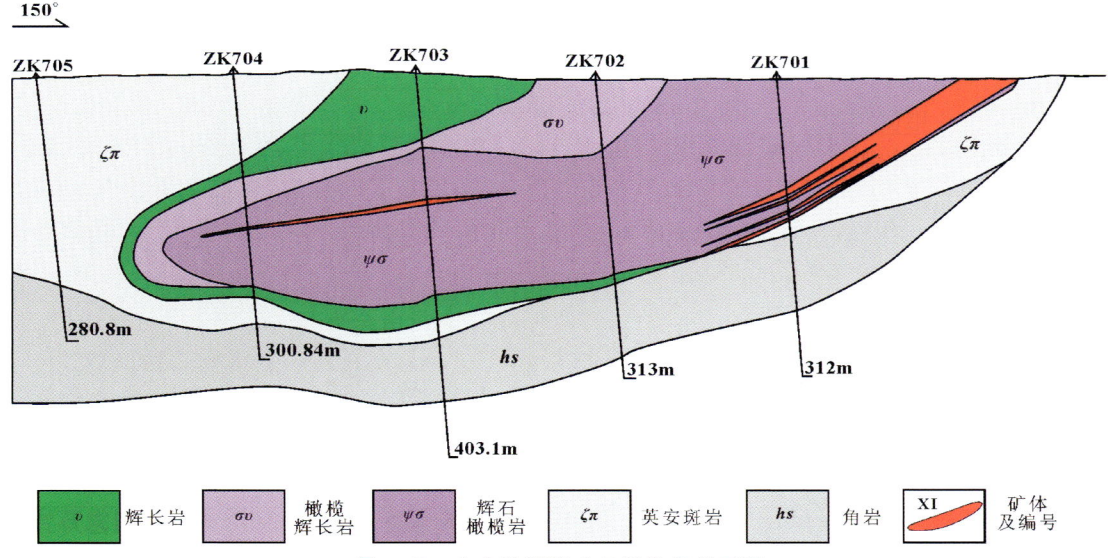

图 3-47 白鑫滩铜镍矿 7 线勘探剖面图

Ⅳ号矿体：位于白鑫滩杂岩体西段南部，为矿区规模最大的矿体，地表出露长约 800m。Ⅳ号矿体产于橄榄辉长岩岩相、辉石橄榄岩相中，含矿岩性有橄榄辉长岩、辉石橄榄岩。矿石类型有 3 种：星点状，稀疏浸染状，斑杂-团块状。其中斑杂-团块状矿体产于岩体底部，矿体形态总体呈似层状、板状。以 0 线为界，矿体向西厚度变化于 18.1～29.9m 之间，Cu 品位 0.37%～0.9%，Ni 品位 0.45%～0.48%；矿体向东厚度为 1.16～4.3m，Cu 品位 0.22%～0.56%，Ni 品位 0.15%～0.89%。在 7 线矿体视厚度达

60m,厚度18.1m,0线矿体厚度29.9m。矿体走向为60°,倾向在325°~330°之间,倾角在30°~50°之间,向深部倾角变缓。

Ⅺ号矿体:分布于白鑫滩杂岩体东段南部,为矿区最主要的矿体之一,地表出露长265m。Ⅺ号矿体产于橄榄辉长岩岩相中,含矿岩性主要为灰—灰黑色橄榄辉长岩,矿石类型有两种:呈星点状,斑杂-团块状。其中斑杂-团块状矿体产于橄榄辉长岩岩相底部,矿体形态总体呈楔板状。地表在58线矿体最厚,视厚度17.6m,Cu品位0.27%,Ni品位0.76%;向东变厚,厚度为21.6m,Cu品位0.26%,Ni品位0.46%;向西趋于尖灭。矿体向北延伸,厚度变薄,厚度变化在1.2~3.55m之间,Cu品位0.19%~0.59%,Ni品位0.26%~1.1%。矿体走向为80°,倾向为350°,倾角在30°~45°之间,向深部产状变缓。

3. 矿石特征

矿石中金属氧化物有磁铁矿,金属硫化物为黄铜矿、镍黄铁矿、磁黄铁矿、黄铁矿、闪锌矿、铬铁矿等,脉石矿物为橄榄石、辉石、角闪石、斜长石、云母及次生蚀变矿物透闪石、纤闪石、滑石、绿泥石、蛇纹石、绢石、葡萄石,有时可见少量铬云母、方解石等。矿石中部分金属硫化物的主要特征如下:

黄铜矿呈他形粒状结构,常与磁黄铁矿、镍黄铁矿共生在一起,呈浸染状共生分布(图3-48a)。部分分布于镍黄铁矿集合体中(图3-48d)、呈细脉状分布于磁黄铁矿间(图3-48b)、与镍黄铁矿、磁黄铁矿呈连生状分布(图3-48f)、与磁黄铁矿发生固溶体分离(图3-48e)。

镍黄铁矿呈半自形—他形粒状结构。浸染状矿石和块状矿石中的镍黄铁矿,以半自形晶为主,他形晶次之,粒度不等,多在0.1~0.5mm之间。浸染状矿石中部分镍黄铁矿常与黄铜矿、磁黄铁矿共生,常有镍黄铁矿被黄铜矿、黄铁矿等交代的现象出现,镍黄铁矿也有交代其他硫化物的现象。部分分布于磁黄铁矿周边(图3-48d),磁黄铁矿、镍黄铁矿共生状分布(图3-48c)。

磁黄铁矿是各类型矿石中分布最广的金属硫化物,主要呈他形晶,半自形晶少。粒度不等,多在0.1~1.5mm之间,最大可达10mm,以细粒和微细粒为主,呈浸染状或集合体分布。磁黄铁矿、镍黄铁矿共生状分布(图3-48b)。

图3-48 白鑫滩铜镍矿矿石组构特征
Po. 磁黄铁矿;Ccp. 黄铜矿;Pn. 镍黄铁矿;Chm. 铬铁矿

黄铁矿在矿石中少见,一般呈他形粒状,常与磁黄铁矿、镍黄铁矿连生在一起,有时被褐铁矿交代。

矿石构造主要有星散浸染状、稀疏浸染状、稠密浸染状以及致密块状构造。星散浸染型矿石中金属硫化物含量5%~10%,呈星点浸染状分布在造岩矿物中,形成硫化镍低品位矿石;稀疏浸染型矿石中金属硫化物含量10%~30%,呈稀疏浸染状分布在造岩矿物中,形成硫化镍低品位矿及少数硫化镍贫矿石，多见于超基性岩体以就地熔离方式形成的矿体中；稠密浸染型矿石中金属硫化物含量30%～50%，金属硫化物呈稠密浸染状，多见海绵陨铁结构。如ZK0001孔30.9～60.8m孔段所见Ⅳ号矿体；块状矿石中金属硫化物含量超过50%，金属硫化物呈细粒密集产出。如ZK0701孔158.83～154.45m孔段所见熔离型矿浆贯入矿脉。

橄榄岩、辉橄岩中的金属硫化物经熔离作用形成，矿体分布在岩相的中下部或底部，以星散-稀疏浸染状矿石为主，局部见稠密浸染状及准块状矿石，金属硫化物含量较多时呈陨铁结构。橄榄辉长岩中的金属硫化物品位较低且变化大，矿石多见细脉浸染状和斑点状构造。

（二）岩石地球化学特征

1. 主量元素

白鑫滩杂岩体主要岩石类型为辉长岩、橄榄辉长岩、辉石橄榄岩，本次分析数据见表3-14。样品的SiO_2含量介于40.21%～49.50%之间，属基性—超基性岩范畴，其余氧化物的变化范围均较大。其中，辉长岩中MgO含量为9.09%～13.45%，Al_2O_3含量为14.68%～16.82%，CaO含量为8.00%～12.70%，$Mg^\#$值为74.46～77.61；橄榄辉长岩和辉石橄榄岩中MgO含量为30.60%～31.60%，Al_2O_3含量为5.11%～5.61%，CaO含量为2.89%～3.23%，$Mg^\#$值为85.24～85.61。$Mg^\#$值均大于原始岩浆（63～73；Green，1975），与岩石中普遍存在橄榄石、辉石堆晶有关。在$FeO^T/MgO-SiO_2$图解中，有8件样品投影于拉斑玄武岩区，有2件样品投影在了钙碱性系列区域（图3-49）。辉长岩m/f值变化范围为1.43～1.61，平均值1.51，属于铁质基性岩；橄榄辉长岩和辉石橄榄岩m/f值变化范围为2.04～2.94，平均值2.61，属于铁质超基性岩，有利于形成铜镍矿（m/f=2～6.5）。样品LOI（烧失量）较高，介于2.08%～5.70%之间，表明岩体有一定程度的蚀变。

2. 稀土和微量元素

样品的稀土和微量元素数据及特征值见表3-15。样品的ΣREE含量较低，介于19.88×10^{-6}～38.06×10^{-6}之间，轻稀土总量介于15.93×10^{-6}～29.14×10^{-6}之间，重稀土总量介于3.79×10^{-6}～9.38×10^{-6}之间，LREE/HREE=3.05～4.25，La_N/Yb_N值介于2.49～3.65之间，δEu值介于0.85×10^{-6}～1.13×10^{-6}。其中辉长岩δEu值介于1.05～1.13之间，橄榄辉长岩和辉石橄榄岩δEu值介于0.85～0.97之间。在稀土元素球粒陨石标准化图解上，所有岩石类型配分曲线型式一致，均呈轻稀土略富集的右倾型，轻、重稀土元素之间的分馏程度较弱，具有较弱的Eu异常（图3-50）。

在微量元素原始地幔标准化图解上（图3-50），所有样品都相对富集大离子亲石元素K、Rb、Ba、Sr及高场强元素U、Pb；亏损Th、Nb、Ta、Ti，与东天山地区二叠纪典型铜镍矿床及镁铁—超镁铁岩体的微量元素特征相似。

3. 铂族元素

白鑫滩铜镍硫化物矿床镁铁质岩石的PGE含量低（表3-16），Ir组（IPGE，包括Os、Ir、Ru）含量（0.18×10^{-9}～1.98×10^{-9}）明显低于Pd组（PPGE，包括Pt、Pd）元素含量（1.43×10^{-9}～4.43×10^{-9}）。ΣPGE含量为3.01×10^{-9}～4.43×10^{-9}，平均3.80×10^{-9}，相对于原始地幔ΣPGE（23.5×10^{-9}；McDonough and Sun，1995）亏损。与国内典型矿床相比，略高于黄山东矿床岩石中PGE含量（0.67×10^{-9}～2.42×10^{-9}，平均2×10^{-9}；钱壮志等，2009），低于白石泉矿床岩石中PGE含量（2×10^{-9}～78×10^{-9}，平均15×10^{-9}；柴凤梅等，2006），与香山和图拉尔根岩石相当（1.21×10^{-9}～4.59×10^{-9}；孙赫等，2008）。橄榄辉长岩PGE平均含量为3.72×10^{-9}，辉石橄榄岩PGE平均含量为3.85×10^{-9}。原始地幔标准化PGE及Cu、Ni配分模式图表现为向左倾斜的曲线，体现出Pt、Pd、Cu、Ni较Os、Ir、Ru富集（图3-51），这与镁铁—超镁铁质侵入体PGE配分模式相同（Fleet et al.，1996；王瑞廷，2005）。

表 3-14 东天山白鑫滩杂岩体主量元素（%）组成表

样品编号	ZK5803-1	ZK5803-2	ZK5803-3	ZK5803-4	ZK0701-73	ZK0701-80	ZK0701-86	ZK0701-94	ZK0702-149	ZK0702-155	ZK2001-4	ZK2001-5	ZK2001-6	ZK802-1
样品岩性	辉长岩	辉长岩	辉长岩	辉长岩	橄榄辉长岩	橄榄辉长岩	辉石橄榄岩	辉石橄榄岩	辉石橄榄岩	辉石橄榄岩	辉石橄榄岩	辉石橄榄岩	辉石橄榄岩	辉石橄榄岩
数据来源	本次研究	本次研究	本次研究	本次研究	本次研究	本次研究	本次研究	本次研究	本次研究	本次研究	冯延清等，2017	冯延清等，2017	冯延清等，2017	冯延清等，2017
SiO_2	49.50	48.87	46.17	45.45	40.37	41.09	40.82	40.44	40.21	41.13	41.60	42.80	43.00	42.20
TiO_2	0.63	0.61	0.52	0.57	0.28	0.29	0.37	0.27	0.34	0.35	0.49	0.54	0.61	0.61
Al_2O_3	15.94	16.82	15.97	14.68	5.41	5.34	5.50	5.61	5.11	5.55	6.95	7.41	9.35	5.60
Fe_2O_3	7.24	6.65	8.94	10.75	12.30	12.57	12.47	12.31	12.42	12.34	13.60	12.50	11.90	13.90
FeO	4.94	4.69	6.81	6.84	7.86	8.33	8.22	7.65	8.11	8.22				
MnO	0.13	0.12	0.14	0.14	0.18	0.19	0.18	0.18	0.18	0.18	0.16	0.16	0.16	0.17
MgO	9.09	9.15	13.30	13.45	30.90	31.60	30.90	30.60	31.30	31.50	27.00	26.00	22.40	27.60
CaO	12.70	11.85	8.55	8.00	2.92	2.89	3.23	3.14	2.89	3.04	3.87	3.92	4.52	4.07
Na_2O	2.15	2.43	2.13	2.06	0.85	0.97	0.90	0.89	0.88	0.99	1.03	1.21	1.46	0.99
K_2O	0.30	0.30	0.36	0.37	0.31	0.26	0.28	0.27	0.24	0.28	0.35	0.52	0.76	0.41
P_2O_5	0.08	0.08	0.08	0.09	0.07	0.07	0.06	0.06	0.07	0.07	0.10	0.11	0.13	0.10
Cr_2O_3	0.04	0.10	0.05	0.08	0.37	0.39	0.37	0.36	0.37	0.37				
LOI	2.08	2.90	4.13	3.94	5.70	4.76	4.93	5.65	5.59	4.66	4.20	4.37	4.79	3.72
Total	99.88	99.88	100.34	99.58	99.66	100.42	100.01	99.78	99.60	100.46	99.35	99.54	99.08	99.37
Na_2O+K_2O	2.45	2.73	2.48	2.44	1.16	1.22	1.18	1.16	1.12	1.26	1.39	1.74	2.24	1.41
FeO^T/MgO	0.72	0.65	0.60	0.72	0.36	0.36	0.36	0.36	0.36	0.35	0.45	0.43	0.48	0.45
$Mg^\#$	74.53	76.23	77.61	74.46	85.41	85.42	85.24	85.28	85.45	85.61	82.23	82.90	81.44	82.23

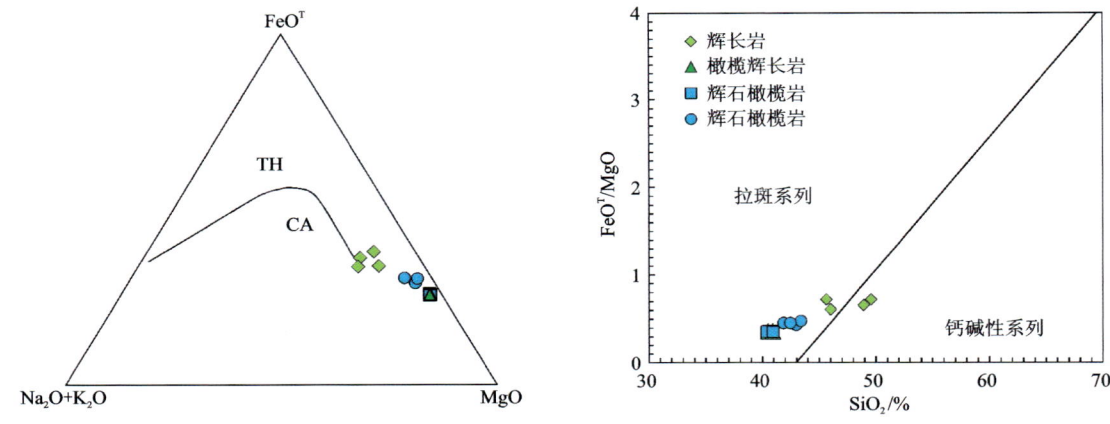

图 3-49 白鑫滩杂岩体岩浆系列判别图解

4. Sr-Nd 同位素

全岩 Sr、Nd 同位素前期分离工作在广州地球化学研究所同位素地球化学国家重点实验室完成。分析方法如下：称取 0.1～1g 粉末样品，置于聚四氟乙烯封闭容器中，用 HF 和 $HClO_4$ 在微波炉中分解样品并使其完全转化成过氯酸盐，采用阳离子交换法分离 Rb 和 Sr。Sr、Nd 同位素分析仪器为 NuPlasma HR 型多接收等离子质谱仪（MC-ICPMS），全流程空白 Sr<1.5ng，Nd<1.1ng，对样品的影响可以忽略不计。同位素用多接收器等离子体质谱（MC-ICPMS）分析，Sr 同位素国际标准样品 NBS987 测试值为 0.710 255，Nd 同位素国际标准样品 JNdi-1 测试值为 0.512 096，与标样的推荐值在误差范围内一致。

白鑫滩铜镍硫化物矿床 Sr、Nd 同位素分析数据见表 3-17。$(^{87}Sr/^{86}Sr)_i=0.702\ 239\sim0.704\ 381$，平均值为 0.703 555，$\varepsilon_{Nd}(t)=4.54\sim7.39(t=280Ma)$，平均值为 +6.18，表明其岩浆源区为亏损地幔。与东天山地区已知典型铜镍矿床相比，其 $(^{87}Sr/^{86}Sr)_i$ 和 $\varepsilon_{Nd}(t)$ 值明显偏小，白鑫滩岩体岩浆源区明显较东天山其他典型铜镍矿床富集，但都落入新生代岛弧玄武岩的范围内。

（三）成矿时代研究

王亚磊等（2015）选取了钻孔 ZK0703 铜镍矿化斜长辉石橄榄岩进行锆石测年，所测定 19 个有效点的锆石 U、Th 含量分别介于 $233\times10^{-6}\sim3011\times10^{-6}$、$239\times10^{-6}\sim7704\times10^{-6}$ 之间，Th/U 值为 0.36～2.56，多数都大于 1，表明锆石为岩浆成因，锆石 $^{206}Pb/^{238}U$-$^{207}Pb/^{235}U$ 谐和年龄为 (276.6±4.4)Ma，$^{206}Pb/^{238}U$ 加权平均年龄为 (277.9±2.6)Ma。冯延清等（2017）选取了钻孔中新鲜的橄榄辉长岩用于锆石 U-Pb 测年，锆石 Th/U 值为 1.52～2.31，且微量元素 U/Yb 值在 0.44～1.45 之间，表明所测定的锆石属于岩浆锆石，锆石 U-Pb 谐和年龄为 (284.8±0.91)Ma，加权平均年龄为 (285.6±1.9)Ma。由此表明，白鑫滩铜镍矿成矿时代与东天山地区黄山、黄山东、香山等典型铜镍矿床及镁铁质岩体形成时代一致（图 3-52）。

（四）岩石成因及构造环境

1. 源区分析

橄榄石中高的 Fo 含量表明其为原始岩浆在深部岩浆房中结晶的产物，低的 Fo 含量反映其为原始岩浆在深部岩浆房中经过分离结晶作用后形成的演化岩浆的产物。白鑫滩杂岩体中橄榄石的 Fo 介于

表3-15 东天山白鑫滩杂岩体稀土和微量元素（×10^{-6}）组成

样品编号	ZK5803-1	ZK5803-2	ZK5803-3	ZK5803-4	ZK0701-73	ZK0701-80	ZK0701-86	ZK0701-94	ZK0702-149	ZK0702-155
样品岩性	辉长岩	辉长岩	辉长岩	辉长岩	橄榄辉长岩	橄榄辉长岩	辉石橄榄岩	辉石橄榄岩	辉石橄榄岩	辉石橄榄岩
La	5.10	4.90	4.50	5.50	2.90	2.90	2.90	2.90	3.10	3.20
Ce	12.10	11.40	10.60	12.80	6.80	6.80	7.30	6.90	7.60	7.90
Pr	1.52	1.41	1.33	1.54	0.88	0.89	1.02	0.87	1.01	1.06
Nd	7.10	6.60	5.70	6.80	4.00	4.00	4.80	4.00	4.50	4.50
Sm	2.08	1.93	1.65	1.79	1.05	1.08	1.33	1.11	1.20	1.23
Eu	0.78	0.76	0.62	0.71	0.30	0.32	0.38	0.31	0.38	0.37
Gd	2.46	2.39	1.78	2.05	1.09	1.03	1.32	1.05	1.17	1.30
Tb	0.40	0.39	0.30	0.35	0.17	0.18	0.21	0.17	0.20	0.23
Dy	2.47	2.35	1.83	2.21	1.03	1.02	1.28	0.99	1.21	1.19
Ho	0.55	0.51	0.41	0.48	0.22	0.22	0.28	0.22	0.25	0.26
Er	1.57	1.44	1.13	1.38	0.67	0.65	0.81	0.61	0.73	0.75
Tm	0.23	0.21	0.17	0.20	0.10	0.10	0.12	0.09	0.11	0.11
Yb	1.47	1.35	1.11	1.25	0.67	0.63	0.78	0.57	0.71	0.76
Lu	0.23	0.21	0.17	0.19	0.10	0.10	0.12	0.09	0.11	0.11
Y	16.20	14.80	11.60	13.90	6.10	6.00	7.50	5.80	6.80	7.20
ΣREE	38.06	35.85	31.30	37.25	19.98	19.92	22.65	19.88	22.28	22.97
LREE	28.68	27.00	24.40	29.14	15.93	15.99	17.73	16.09	17.79	18.26
HREE	9.38	8.85	6.90	8.11	4.05	3.93	4.92	3.79	4.49	4.71
LREE/HREE	3.06	3.05	3.54	3.59	3.93	4.07	3.60	4.25	3.96	3.88
La$_N$/Yb$_N$	2.49	2.60	2.91	3.16	3.10	3.30	2.67	3.65	3.13	3.02
δEu	1.05	1.08	1.10	1.13	0.85	0.91	0.87	0.86	0.97	0.89
δCe	1.05	1.05	1.05	1.06	1.03	1.03	1.04	1.05	1.05	1.05

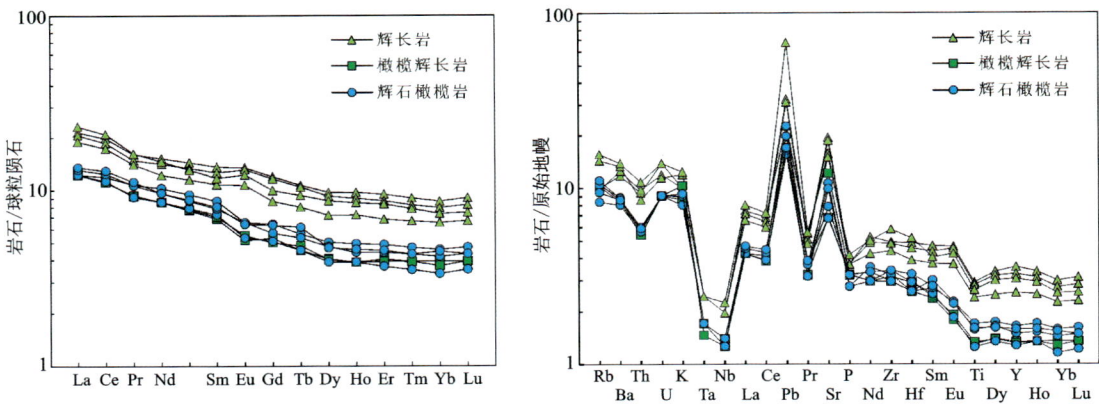

图 3-50 白鑫滩岩体稀土元素配分图及微量元素配分图

表 3-16 白鑫滩岩体铂族元素含量及特征值

样品编号	Os	Ir	Ru	Rh	Pt	Pd	Ni	Cu	Cr	MgO	Ni/Cu	Pd/Ir	Cu/Pd	Ti/Pd	Se/S
	10^{-9}	10^{-9}	10^{-9}	10^{-9}	10^{-9}	10^{-9}	10^{-6}	10^{-6}	10^{-6}	10^{-2}					
ZK0701-73	0.30	0.16	0.32	0.15	2.65	1.78	1280	140.50	1550	30.9	9.11	11.13	78.93	932.58	18.18
ZK0701-80	0.27	0.14	0.29	0.11	1.99	1.02	1280	105.00	1720	31.6	12.19	7.29	102.94	1 637.25	12.66
ZK0701-86	0.24	0.17	0.35	0.14	2.45	1.80	1320	168.00	1550	30.9	7.86	10.59	93.33	1 188.89	10.99
ZK0701-94	0.78	0.43	0.77	0.30	2.32	1.93	1210	83.90	1560	30.6	14.42	4.49	43.47	844.56	90.91
ZK0702-149	0.21	0.11	0.26	0.12	2.26	1.30	1530	303.00	1670	31.3	5.05	11.82	233.08	1 569.23	12.50
ZK0702-155	0.37	0.15	0.37	0.12	2.13	1.19	1310	111.00	1640	31.5	11.80	7.93	93.28	1 731.09	32.79

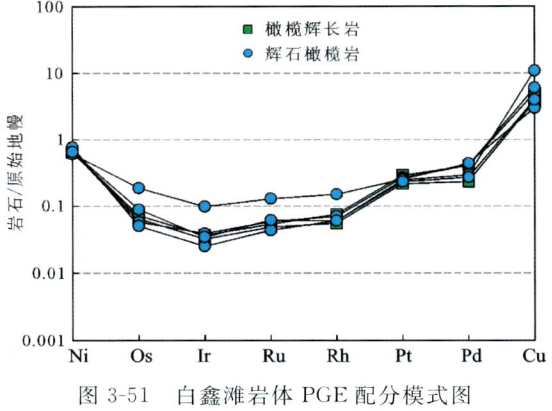

图 3-51 白鑫滩岩体 PGE 配分模式图

第三章　典型矿床研究

表 3-17　白鑫滩铜镍矿杂岩体 Sr、Nd 同位素特征

样品编号	岩性	Rb	Sr	$^{87}Rb/^{86}Sr$	$^{87}Sr/^{86}Sr$	2s	I_{Sr}	Sm	Nd	$^{147}Sm/^{144}Nd$	$^{143}Nd/^{144}Nd$	2s	$\varepsilon_{Nd}(0)$	$f_{Sm/Nd}$	$\varepsilon_{Nd}(t)$	T_{DM}/Ga	数据来源
BXT-03	辉长岩	16.6	305.3	0.158	0.703 860	7	0.703 23	2.63	9.40	0.169	0.512 858	5	4.3	−0.14	5.3	1.00	
BXT-04	橄榄辉石岩	34.3	323.7	0.307	0.704 232	10	0.703 01	2.03	7.74	0.159	0.512 853	7	4.2	−0.19	5.6	0.82	王亚磊等，2016
BXT-06	橄榄辉石岩	37.0	211.8	0.507	0.704 257	10	0.702 24	2.55	10.66	0.145	0.512 810	6	3.4	−0.26	5.2	0.75	
BXT-08		38.9	305.4	0.370	0.704 225	6	0.702 75	3.45	13.21	0.158	0.512 872	4	4.6	−0.20	6.0	0.76	
BXT-11	辉石橄榄岩	15.7	163.0	0.278	0.704 152	6	0.703 04	1.41	5.53	0.154	0.512 828	6	3.7	−0.22	5.2	0.82	
BXT-12		15.1	247.2	0.177	0.705 084	10	0.704 38	1.49	5.84	0.154	0.512 793	7	3.0	−0.22	4.5	0.92	
BX-YQ1		6.3	331.0	0.055	0.703 931	11	0.703 71	2.08	7.10	0.177	0.512 930	8	5.7	−0.10	6.4	0.92	本次研究
BX-YQ2	橄榄辉长岩	6.2	409.0	0.044	0.704 343	14	0.704 17	1.93	6.60	0.177	0.512 938	10	5.9	−0.10	6.6	0.88	
BX-YQ3		9.1	393.0	0.067	0.704 355	13	0.704 09	1.65	5.70	0.175	0.512 954	8	6.2	−0.11	6.9	0.77	
BX-YQ4		9.9	315.0	0.091	0.704 287	14	0.703 92	1.79	6.80	0.159	0.512 948	8	6.0	−0.19	7.4	0.57	
ZK2001-4		7.4	259.0	0.083	0.704 189		0.703 86	1.67	7.44	0.136	0.512 854		4.2	−0.31	6.4	0.58	
ZK2001-5	辉石橄榄岩	16.1	282.0	0.166	0.704 432		0.703 77	1.86	8.19	0.137	0.512 865		4.4	−0.30	6.6	0.57	
ZK2001-6		24.6	368.0	0.194	0.704 649		0.703 88	2.10	9.5	0.134	0.512 829		3.7	−0.32	6.0	0.61	
BXT-1	辉长岩	14.3	410.0	0.101	0.703 944		0.703 54	1.63	5.4	0.184	0.512 938		5.9	−0.07	6.3	1.08	冯延清等，2017
BXT-2		6.9	262.0	0.076	0.703 955		0.703 65	1.68	6.34	0.160	0.512 950		6.1	−0.19	7.4	0.57	
BXT-4	橄榄辉长岩	8.9	281.0	0.092	0.703 961		0.703 59	1.24	4.82	0.156	0.512 892		5.0	−0.21	6.4	0.68	
BXT-5		6.7	238.0	0.081	0.703 922		0.703 60	1.03	4.0	0.156	0.512 924		5.6	−0.20	7.0	0.60	

注：$\varepsilon_{Nd} = [(^{143}Nd/^{144}Nd)_s/(^{143}Nd/^{144}Nd)_{CHUR} − 1] \times 10\,000$，$f_{Sm/Nd} = (^{147}Sm/^{144}Nd)_s/(^{147}Sm/^{144}Nd)_{CHUR} − 1$，$(^{143}Nd/^{144}Nd)_{CHUR} = 0.512\,638$，$(^{147}Sm/^{144}Sm)_{CHUR} = 0.196\,7$；$T_{DM} = 1/1 \times \ln(1 + [(^{143}Nd/^{144}Nd)_s − 0.513\,15]/[(^{147}Sm/^{144}Nd)_s − 0.213\,7])$；$t = 280\,Ma$。

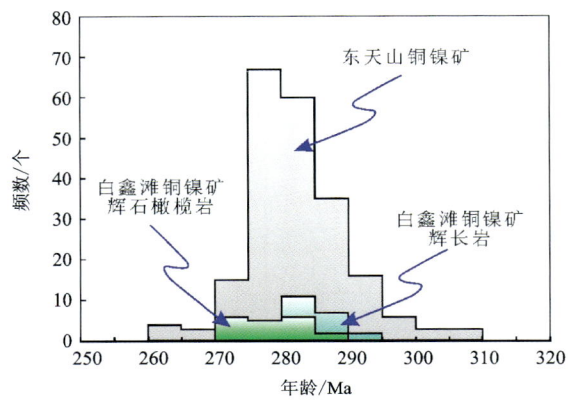

图 3-52 东天山铜镍矿成岩成矿时代直方图

测年数据引自冯延清等,2017;王亚磊等,2015;任明浩等,2013;孙涛等,2010;Zhao et al.,2015;
三金柱等,2010;肖庆华等,2010;李德东等,2012;毛启贵等,2006;唐冬梅等,2009;
Mao et al.,2016;Sun et al.,2013;陈继平等,2013;Zhou et al.,2004;
韩宝福等,2004;吴华等,2005;垄西、路北、海豹滩东未发表数据。

83.6%～84.4%之间,与东疆型造山带环境镁铁—超镁铁质杂岩中的橄榄石特征(顾连兴等,1994)以及一般的碱性玄武岩中橄榄石的 Fo 含量(一般在80%以上)一致,但它的 Fo 值较地幔橄榄岩中橄榄石的 Fo 值(Fo=90.8%;Dick and Bullen,1984)及岛弧钙碱性玄武岩中的橄榄石的 Fo 含量(大多在90%以上)低,较其他地区含岩浆型 Ni-Cu-(PGE)硫化物矿床的层状岩体中的橄榄石的 Fo 也略低。由此表明,白鑫滩杂岩体在深部发生过硫化物的熔离作用。矿物化学和岩石地球化学研究表明,白鑫滩杂岩体源区岩浆为拉斑玄武质岩浆系列,来源于上地幔。

经岩石圈地幔部分熔融作用形成的岩浆,其 Ni/Cu 值小于地幔值,而 Pd/Ir 值高于地幔值,但在硫化物/硅酸盐岩浆体系中,硫化物熔体不混溶作用对残余岩浆的 Ni/Cu 值和 Pd/Ir 值影响不大,因此可以用 Ni/Cu 和 Pd/Ir 值进行投图,指示铜镍矿床的母岩浆性质。Pt/(Pt+Pd)和 PPGE/IPGE 值也可用于推测母岩浆性质,玄武质岩浆范围值分别为 0.28～0.72 和 5.70～55.60,科马提质岩浆范围值分别为 0.36～0.38 和 0.44～3.50(Naldrett,1981)。白鑫滩铜镍矿床岩石的 Ni/Cu 和 Pd/Ir 值均落在高镁玄武质岩浆范围之内(图3-53)。Pt/(Pt+Pd)值为 0.44～0.66,PPGE/IPGE 值为 1.60～7.94,表现出玄武质岩浆的特点。

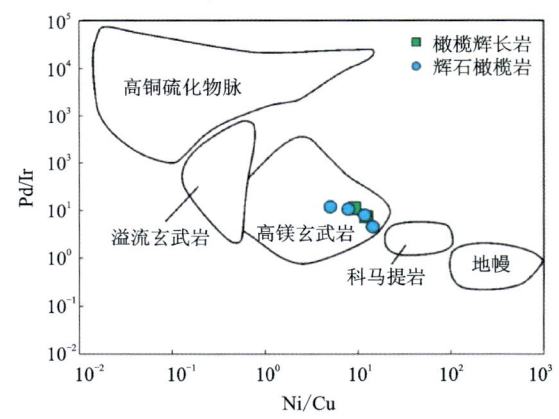

图 3-53 白鑫滩岩体 Ni/Cu-Pd/Ir 图解

2. 岩石成因

基性—超基性岩体主要形成于不同的构造环境,其成因能够为板块构造作用和地壳演化过程提供关键信息。蛇绿岩通常被认为是在板块汇聚带的洋壳残块,一些蛇绿岩中的基性—超基性单元具有形成豆荚状铬铁矿的潜力。大型层状(布什维尔德杂岩型)基性—超基性岩体通常形成于稳定的克拉通,与地幔柱作用有关,可能形成的矿产有 Ni-Cu-PGE 和 V-Ti-Fe 矿床(Naldrett,1999,2005)。阿拉斯加型杂岩体最大的特点就是与弧岩浆作用有关,形成于俯冲岛弧环境,可能形成 PGE 矿化(Irvine,1974),部分形成于弧后环境(Helmy et al.,2015)。东天山基性—超基性杂岩分布广泛,前人对该带岩体成因也存在不同认识。Pirajno等(2008)认为天山造山带基性—超基性杂岩为阿拉斯加型成因；毛启贵等(2006)对白石泉基性—超基性杂岩体的岩石组合、体积、地表形态、结构和分布等地质特征研究，认为白石泉杂岩体属于阿拉斯加型基性—超基性杂岩体，处于岛弧或活动陆缘环境；陈斌等(2013)认为白石泉基性—超基性杂岩体实际上是介于阿拉斯加型和布什维尔德型镁铁—超镁铁岩之间的一种过渡类型，形成于碰撞造山后的岩石圈伸展环境。

Nb、Ta、Ti负异常是受俯冲事件交代地幔部分熔融岩浆的典型特点之一。在岛弧系统中，地幔楔受流体交代作用，如果在交代过程中角闪石发生分异或者在地幔楔发生部分熔融时，金红石及榍石作为残留相，都会使得产生的岩浆中亏损Nb、Ta、Ti，从而使分配系数相近的不相容元素(如La、Ba、Th、Nb)发生明显的分异，因此较高的La/Nb和Ba/Na值和较低的Nb/Th值可以作为地幔楔遭受流体交代强度的指标。此外，Pb作为活泼的流体活动性元素在俯冲板片的脱水过程中会进入地幔楔(Brenan et al.,1995)。在地幔部分熔融的情况下，Pb和Ce具有相似的分配系数，但在流体中，Ce的分配系数比Pb偏大，从而使岛弧玄武岩Ce/Pb(约3)明显低于洋岛玄武岩(10.7~25)、洋中脊玄武岩(10.7~25)及地球平均值(约10)(Miller et al.,1994；Brenan et al.,1995)。

白鑫滩杂岩体主要由辉长岩、橄榄辉长岩和辉石橄榄岩组成，辉石既有单斜辉石，也有斜方辉石，属拉斑玄武质岩浆系列，ΣREE含量较低，稀土元素配分图上表现为轻稀土略富集的右倾型。富集大离子亲石元素K、Rb、Ba、Sr及高场强元素U、Pb；亏损Th、Nb、Ta、Ti。岩石地球化学表现出了类阿拉斯加型杂岩体的特征。软流圈上涌导致被晚石炭世俯冲事件改造的交代地幔发生部分熔融，在较低的温度下可以形成高镁钙碱性玄武质岩浆，白鑫滩及黄山-镜儿泉铜镍成矿带上其他含矿岩体与这种高镁钙碱性玄武质岩浆的侵入有关，具有与俯冲有关的岩浆(如弧火山岩、阿拉斯加型杂岩体)相似的地球化学特征，暗示白鑫滩岩体原始岩浆源于受俯冲事件改造过的交代地幔。

由于分配系数相似，大离子亲石元素对(如Th和U)在岩浆分离结晶过程中一般不会发生显著的分异(Chung et al.,2001)。矿物-流体的实验显示U相对于Th具有更强的活动性，在俯冲带的板片脱水过程中Th/U会发生显著分异(Brenan et al.,1995)。因此，与俯冲有关的岛弧型岩浆多具有较低的Th/U值(Chung et al.,2001)。白鑫滩岩体Th/U值低于平均地壳、MORB、OIB和塔里木地区镁铁—超镁铁岩，无法用地幔柱成因的岩浆经历地壳同化混染解释。因此，白鑫滩杂岩体各种岩相较低的Th/U值代表了岩浆源区特征(表3-18)，而与俯冲成因的岩浆(如阿拉斯加型岩体)相似性说明其岩浆源区可能为受俯冲事件改造过的地幔。

表3-18 白鑫滩杂岩体微量元素特征表

岩体类型	Th/U	Nb/U	La/Nb	Ba/Nb
白鑫滩	2.42~3.32	4.74~5.83	2.90~3.64	58.20~66.21
阿拉斯加型岩体	2.31	9.01	5.11	77.4
塔里木地区镁铁—超镁铁岩	4.46	31.9	0.98	13.6
原始地幔	4.05	34.0	0.96	9.80
MORB	3.00	49.6	1.07	2.70
OIB	3.92	47.1	0.77	7.29
平均地壳	3.94	8.45	1.50	32.5

3. 地球动力学背景

目前，关于黄山-镜儿泉铜镍成矿带镁铁—超镁铁质岩体形成的地球动力学背景存在4种不同的认识，主要有蛇绿岩套(姬金生等，1994；李文铅等，2000，2005，2008)、活动大陆边缘环境(Xiao et al.,

2004;毛启贵等,2006)、造山后岩石圈伸展环境(秦克章,2000;韩宝福等,2004;王京彬和徐新,2006;李锦轶等,2006;顾连兴等,2006;Mao et al.,2008;夏明哲,2009)以及与地幔柱有关(Zhou et al.,2004;毛景文等,2006;Pirajno et al.,2008)等观点。李文铅等(2000,2005)在恰特卡尔、康南识别出一套从变质橄榄岩—堆晶橄榄岩—辉长岩—斜长花岗岩—辉绿岩—玄武岩—角斑岩—放射虫硅质岩的无序岩石组合,通过岩石学、地球化学研究认为其形成于洋内岛弧/弧后盆地环境,为康古尔洋盆古洋壳残片,形成时代为(494±10)Ma(李文铅等,2008),而东天山含矿镁铁—超镁铁质岩体与该蛇绿岩中的基性—超基性岩存在明显差异,非同期构造作用产物。至于东天山地区的镁铁—超镁铁质岩体的形成是否与地幔柱活动有关一直是争论的热点之一,目前多数学者认为地幔柱活动的主要特征包括:①短时间内大规模的幔源岩浆活动(1~2Ma)(Campbell,1993;Mahoney and Coffey,1997);②形成大面积的无沉积夹层的溢流玄武岩和同源镁铁—超镁铁侵入体,一般属于拉斑玄武岩浆系列,尽管或多或少遭受了地壳混染,但这些岩石仍具有不少与OIB(洋岛玄武岩)类似的地球化学特征,地幔源区是干的,挥发分含量非常低;③可能形成大型—超大型岩浆矿床,如俄罗斯的Norilsk(诺里尔斯克)Ni-Cu-PGE矿床。许多学者认为东天山地区存在早二叠世地幔柱活动(Zhou et al.,2004;毛景文等,2006;夏林圻等,2006;Pirajno et al.,2008),并认为东天山的镁铁岩带中镍铜矿床的形成与地幔柱活动有关,二叠纪碰撞后伸展背景下的地幔柱叠加作用是形成东天山和北山镁铁—超镁铁质岩带的主要原因(Qin et al.,2011;苏本勋等,2011)。但同时也有学者认为东天山地区镁铁—超镁铁质岩体的形成与地幔柱无关,如邓宇峰等(2011)通过对黄山西岩体与塔里木大火成岩省镁铁—超镁铁侵入岩进行对比研究,认为其岩浆源区与地幔柱活动无关。毛启贵等(2006)对白石泉铜镍矿的基性—超基性岩进行研究,认为其为岛弧岩浆岩,在岩浆上升过程中可能混入了少量地壳物质,为阿拉斯加型杂岩体,形成于岛弧或活动陆缘环境,与Xiao等(2004)提出的古亚洲洋在东天山的闭合时限为晚石炭世—早二叠世的认识一致。

通过对白鑫滩杂岩体微量元素进行构造环境判别投图,几乎所有样品均落入CAB(钙碱性玄武岩)区域(图3-54),表明其具有岛弧玄武岩的特征,暗示原始岩浆源于受俯冲事件改造过的交代地幔,与阿拉斯加型岩体为富Fe拉斑质岩浆特征不符,这也说明白鑫滩杂岩体并非产于俯冲阶段的岛弧环境,而是形成于造山晚期的弛张伸展阶段,地幔部分熔融上涌,在地壳松弛薄弱部位上侵深部熔离成矿,但是否叠加了地幔柱的成矿效应有待深入研究。

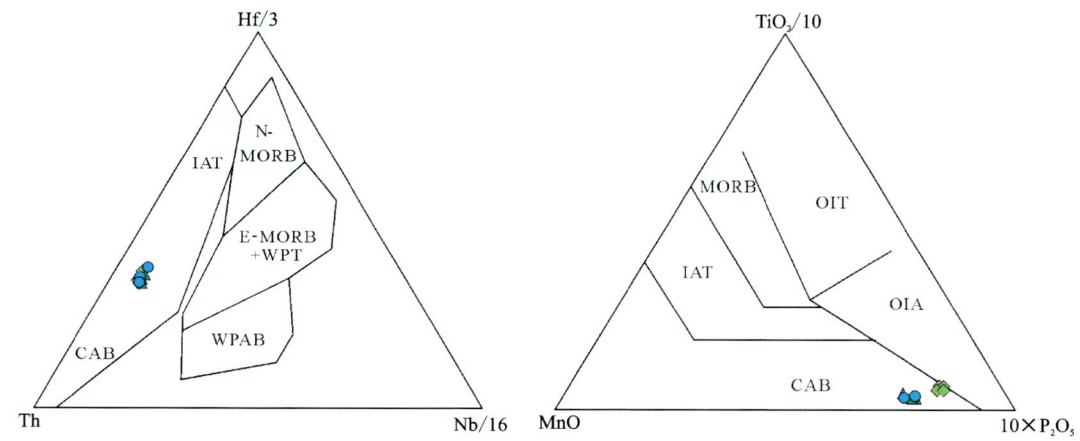

图3-54 白鑫滩杂岩体形成构造环境判别图解(底图据Wood,1980;Mullen,1983)
OIT.洋岛拉斑玄武岩;OIA.洋岛碱性玄武岩;MORB.洋中脊玄武岩;
IAT.岛弧拉斑玄武岩;CAB.钙碱性玄武岩

(五) 成矿机制与成矿模式

1. 成矿机制

关于岩浆 Cu-Ni-PGE 硫化物矿床的成因先后有学者提出了岩浆熔离说、热液交代说、变质成矿说,但自从 Vogt(1894)提出岩浆硫化物不混溶机制(即岩浆熔离说)以来,就一直被广为接受(王瑞廷,2002)。只有加拿大的 Sudbury 被认为是陨石撞击成因的典例(Naldrett,1989;1997;2004a;陈浩琉等,1993;汤中立等,1995)。研究岩浆型 Cu-Ni-PGE 硫化物矿床成矿机理实际上就是研究母岩浆如何产生、演化,成矿元素如何运移、富集、沉淀形成矿床的。一般认为,岩浆型 Cu-Ni-PGE 硫化物矿床的形成首先是基性—超基性岩浆中的硫化物达到饱和而与硅酸盐岩浆发生熔离,在此过程中亲铜元素进入分离出的硫化物熔体。硫化物熔体进而在一定的空间内与足够的硅酸盐岩浆混合导致亲铜元素品位提高(Naldrett,1999,2004a)。这些高品位的亲铜元素保存在合适的空间内就可以形成岩浆型 Cu-Ni-PGE 硫化物矿床。由此可见,形成岩浆型 Cu-Ni-PGE 硫化物矿床的首要条件是来自地幔的硅酸盐岩浆中的硫达到饱和而使硫化物熔体与硅酸盐岩浆发生熔离。

硫在上地幔中的含量为 $200\times10^{-6}\sim300\times10^{-6}$,主要以硫化物(以镍黄铁矿为主)形式存在(Keays,1995)。当上地幔中硅酸盐矿物发生熔融时,硫化物将随之一起熔融,在此过程中进入硅酸盐岩浆中的硫的数量主要是由地幔源特征和熔融程度决定的(Naldrett,1999;Keays,1995)。研究表明,当部分熔融程度达到 25% 时,上地幔中的硫将全部进入岩浆(Keays,1995)。当溶入硅酸盐岩浆中的硫达到饱和时,S 就会与 Ni、Cu、Fe、Co 及 PGE 等元素结合而形成一种不混溶的硫化物熔体,它的量主要由体系的氧逸度、硫逸度决定。这种不混溶的硫化物将从硅酸盐熔体中熔离出来聚集在一起而呈"珠滴"状,它们或者由于重力作用沉淀下来保留在源区,或者呈不混溶的硫化物液滴悬浮于硅酸盐岩浆中随其一起上升(Naldrett,1973),这取决于硫在硅酸盐岩浆中的溶解度、体系的氧化-还原状态、硅酸盐岩浆的黏度以及熔体温度持续的时间(解广轰等,1998)。如果岩浆黏度较大而且温度下降较快,硫化物"珠滴"则来不及沉降到岩浆底部,只能悬浮于硅酸盐岩浆中形成球颗(粒)或浸染状矿石构造;如果岩浆黏度较小而且温度下降较慢,硫化物"珠滴"则可以沉降于岩浆底部,从而形成块状矿石构造(Naldrett,1973;谭劲等,1998)。如果在岩浆形成的早期硫就达到饱和,那么硫化物从硅酸盐岩浆中熔离出来,就使岩浆中的 Cu、Ni、PGE 等元素的浓度大大降低,以后即使有大量的硫加入也难以形成岩浆型 Cu-Ni-PGE 硫化物矿床(Lightfoot et al.,1997)。研究表明,大多数玄武质岩浆(MORB 除外)在形成之初离开上地幔时硫都是不饱和的(Naldrett,1999;Keays,1995),而世界上大型岩浆型 Cu-Ni-PGE 硫化物矿床都位于与之相关的岩体底部,这表明岩浆最后就位时硫是饱和的。那么硫一定是在岩浆演化的过程中通过某种作用达到了饱和。因此讨论白鑫滩铜镍矿成矿机制的实质就是讨论岩浆演化过程中硫达到饱和的机制。

1) 硫饱和机制

高镁玄武质岩浆由岩石圈地幔较高程度部分熔融形成,且原生岩浆具硫不饱和性质(Keays,1995)。PGE 特征表明白鑫滩铜镍矿床存在深部硫化物熔离作用,故白鑫滩铜镍矿床含矿岩浆侵位地壳过程中,经历了由硫不饱和状态向硫饱和状态转变的过程。一般认为通过以下 5 种方式可使岩浆达到硫饱和(Naldrett,1999):①快速冷却。随温度降低,硫的溶解度也降低,使硫进入饱和区。②岩浆混合。2 种或 2 种以上成分差异较大的岩浆混合,改变硫的饱和曲线,使硫进入饱和区。③岩浆分离结晶。随橄榄石、辉石等偏基性矿物大量晶出,岩浆中 FeO 含量降低,硫的溶解度随之降低,使硫进入饱和区。④外来硫的加入。富含硫的围岩被岩浆同化,使岩浆达到硫饱和。⑤岩浆同化混染富 SiO_2 的围岩。富含 SiO_2 物质的加入,可以降低岩浆中硫的溶解度,使硫进入饱和区。由此可见,引起岩浆中的硫达到饱和的机制主要有:岩浆的结晶分异、温度压力的快速变化、地壳物质的混入以及不同成分岩浆的混合。然而对于任何一个岩浆型Cu-Ni-PGE硫化物矿床来说,其岩浆中的硫达到饱和的机制可以是一种,也可以是几种,如Kambalda矿床主要由温压条件的变化形成(Foster et al.,1996);而Duluth矿床、Voisey's Bay矿床、Noril'sk矿床及红旗岭矿床的形成则既有围岩混入作用又有岩浆的结晶分异作用(Naldrett,1997;Maier et al.,1998;Wu et al.,2004);Bushveld矿床及Still water矿床既有两种岩浆混合作用也有岩浆温压的快速变化及围岩的混染作用(Lambert,1998;Maier et al.,1998)。

通过对白鑫滩铜镍矿开展岩石学、地球化学、同位素示踪等综合研究认为,形成白鑫滩铜镍矿的硫饱和机制主要为岩浆分离结晶作用和地壳同化混染作用。

(1)岩浆分离结晶。分离结晶作用是镁铁质岩浆分异演化最重要的机制。$Mg^{\#}$[$Mg^{\#} = Mg/(Mg+Fe)$]是鉴别原生岩浆的重要标志之一。Green(1975)认为,与地幔橄榄岩平衡的原生岩浆的$Mg^{\#} = 0.63 \sim 0.73$;Freg等(1978)认为,$Mg^{\#} = 0.68 \sim 0.73$;Hess(1992)认为$Mg^{\#} > 0.68$。如果以$Mg^{\#} = 0.63 \sim 0.73$代表原生岩浆和近于原生岩浆的$Mg^{\#}$范围,就可以看出,白鑫滩杂岩体中辉长岩$Mg^{\#}$值为74.46~77.61,橄榄辉长岩和辉石橄榄岩$Mg^{\#}$值为85.24~85.61,$Mg^{\#}$值均大于原始岩浆(63~73;Green,1975),与岩石中普遍存在橄榄石、辉石堆晶有关。主量元素相关性图解上,MgO与SiO_2、CaO、Al_2O_3、Na_2O、K_2O和TiO_2之间呈负相关关系,Fe_2O_3、MnO、Cr和Co之间呈正相关关系,这与岩浆结晶时矿物的晶出顺序是对应的,说明结晶分异作用控制岩浆的主要化学成分变化。

(2)地壳同化混染。同化混染作用被认为是铜镍硫化物矿床中引起硫饱和的最主要机制(Ripley et al.,2003;Naldrett,2004a)。当地幔熔体到达地壳以后,由于地壳物质的加入,或者地壳硫的直接加入(王生伟等,2006;Walker et al.,1994),硫达到过饱和后以硫化物矿浆的形式从熔体中熔离出来,在此过程中亲铜元素进入分离出来的硫化物熔体,从而达到富集成矿作用。

通常,幔源岩浆侵入地壳过程中会不同程度受到地壳物质的影响,幔源岩浆上升过程若有地壳物质的加入往往会增加岩浆的SiO_2、K_2O和Zr、Hf、Th、Cs、Rb、Ba等大离子亲石元素的丰度,同时会升高La/Nb、Zr/Nb值,降低Ti/Yb、Ce/Pb值(Mecdonald et al.,2001;Barker et al.,1997;Campbell et al.,1993)。然而,总分配系数相同或很相近的元素比值不受分离结晶作用和部分熔融程度的影响,不同元素比值之间的相关变化可以准确地验证同化混染作用是否存在及混染程度。在图4-55上,Zr-Th、La/Nb-Zr/Nb、Ce/Pb-Th/Zr、Ce/Nb-Th/Nb、Nb/Ta-La/Yb之间均存在明显相关性,说明岩石形成过程受到了同化混染作用影响。Th和Nb在流体中活动性较差(Plank,1996;Keppler,1996),它们是高度不相容元素,丰度变化不受部分熔融和岩浆分异作用的影响,它们之间的正相关性(图3-55)也表明陆壳混染作用的存在(Zhu et al.,2001)。

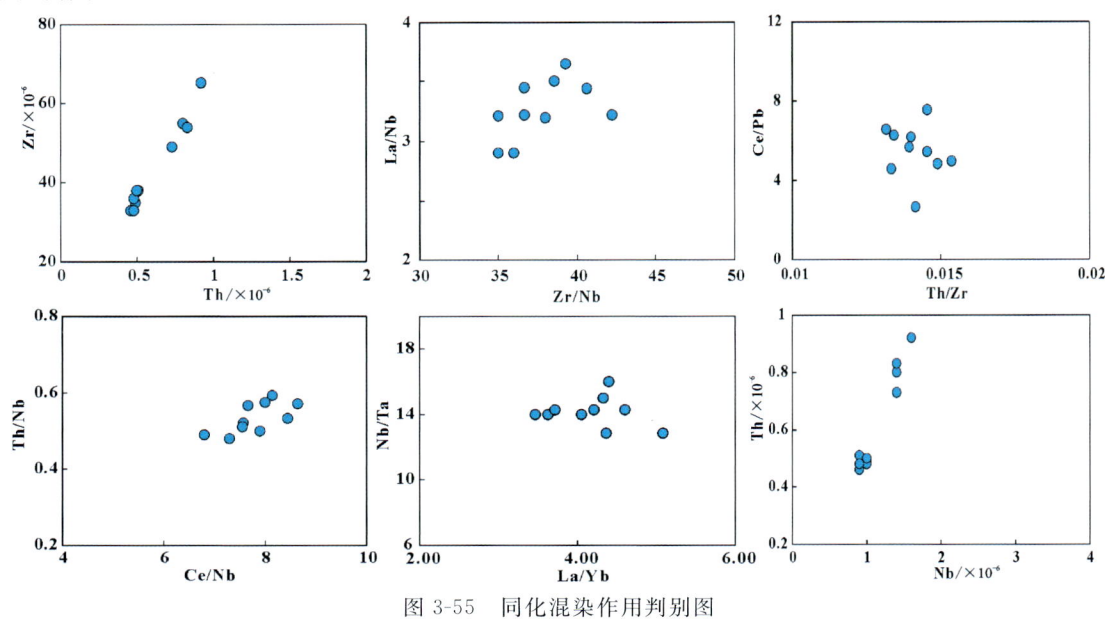

图3-55 同化混染作用判别图

白鑫滩铜镍矿区围岩地层为下—中奥陶统恰干布拉克组,其岩性组合包括碎屑岩和偏酸性的熔岩组分,长英质含量较高,故成矿岩浆同化混染上述物质之后,母岩浆的 SiO_2 含量会明显增加,导致岩浆体系中硫的溶解度降低,有利于岩浆达到硫饱和状态。Ir/Pd-Pt/Pd 图解可用于判别岩浆演化过程中地壳物质的同化混染作用(王生伟等,2006)。白鑫滩铜镍矿床岩石样品投点均落在地幔线和地壳线之间(图 3-56),说明该矿床存在地壳物质同化混染作用。

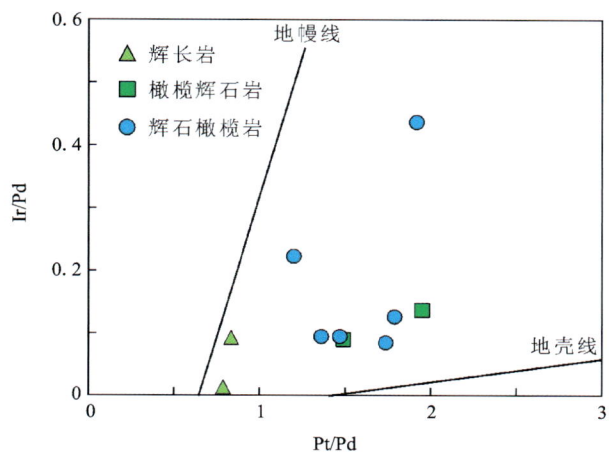

图 3-56　白鑫滩铜镍矿岩石 Ir/Pd-Pt/Pd 图解

一般来说,软流圈地幔和岩石圈地幔由于演化历史的差异存在系统的区别。大陆岩石圈地幔,尤其是古老的大陆岩石圈地幔往往具有低 Sm/Nd 值和高 Rb/Sr 值。所以,随着时间的积累,大陆岩石圈地幔往往具有低的 $\varepsilon_{Nd}(t)$ 值和高的 $\varepsilon_{Sr}(t)$ 值(Farmer et al.,1989;Menzies,1989)。而软流圈地幔在化学组成和同位素特性方面具有亏损地幔或原始地幔的特征。因此,来源于软流圈地幔的岩浆具有低的 $^{87}Sr/^{86}Sr$ 值和高的 $\varepsilon_{Nd}(t)$ 值(Saunders et al.,1992)。

白鑫滩杂岩体的 Sm/Nd 值为 0.22～0.30,略低于 MORB 的范围(平均值 0.32,Anderson,1994),Rb/Sr 值较低(0.02～0.15,平均 0.06),可能遭受了较弱的地壳混染及后期热液蚀变,$\varepsilon_{Nd}(t)=4.5$～7.4,$\varepsilon_{Sr}(t)=-27.4$～3,均显示出了亏损地幔,可能遭受了轻微俯冲交代的源区特征。鉴于微量元素蛛网图中的大离子亲石元素没有显著的不规则波动,对同化混染作用很敏感的 Sr 同位素,在 17 件样品初始值较低($^{87}Sr/^{86}Sr_{(t)}=0.702239$～$0.704381$,平均 0.703555),表明源区遭受了轻微的俯冲交代。橄榄辉长岩锆石 Hf 同位素表明亏损地幔岩浆源区遭受了 1%～5% 的基底岩石混染(图 3-57a),亏损地幔源区遭受了 2%～4% 的地壳物质混染(图 3-57b)。

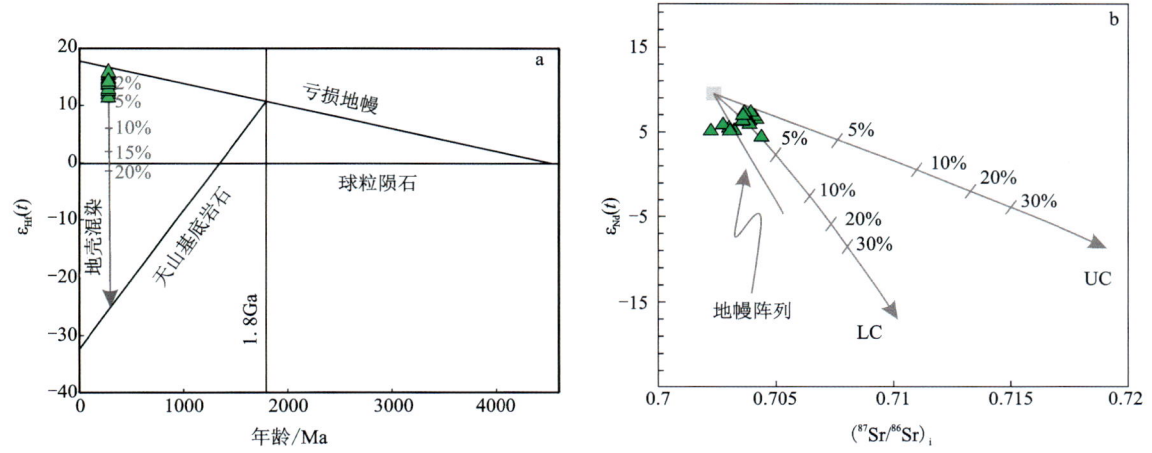

图 3-57　Sr-Nd-Hf 同位素源区示踪图解

2) PGE 亏损及硫化物熔离作用

原生岩浆源于岩石圈地幔的低程度部分熔融，因此原生岩浆体系 PGE 丰度较低。研究表明，13.5% 岩石圈地幔部分熔融即能完全溶解地幔中的全部硫/硫化物，使赋存于地幔中的大部分 PGE 进入原生硅酸盐熔浆中，因此，白鑫滩铜镍矿乃至东天山铜镍矿带普遍亏损 PGE，并非原生岩浆 PGE 浓度较低（肖凡等，2013）。一般认为，从硅酸盐岩浆中熔离出来的硫化物中 PGE、Ni、Cu 的含量是由它们在硅酸盐岩浆中的浓度和硅酸盐熔体与硫化物熔体的质量比所决定。PGE、Ni、Cu 在硫化物中的含量也可能因为与新鲜补给的岩浆发生反应以及硫化物熔体分异而改变，或者因为后期热液作用而改变（Ebel and Naldrett，1996）。通常情况下热液硫化物矿床具有极低的 Ir 含量和高的 Pd/Ir 值，受热液交代作用影响的岩体 Pd/Ir 值一般大于 100，而岩浆硫化物矿床则具有相对高的 Ir 含量和低的 Pd/Ir 值（Keays et al.，1982；Keays，1995；Maier et al.，1998），这是 Pd 和 Ir 在蚀变过程中发生分馏所致。白鑫滩杂岩体 Pd/Ir 值为 4.49～11.82（<100），平均 8.87，Ir 含量为 0.11×10^{-9}～0.43×10^{-9}，平均值为 0.19×10^{-9}，由此可见，白鑫滩矿床成矿过程后期的热液作用并不明显，进而由于后期热液作用改变 PGE 含量的可能性不大。

Pd 与 Ir 的地球化学性质差异最大，常用其比值表征铂族元素的总体分异特征。未分异的物质 Pd/Ir=1，部分熔融程度越大，Pd/Ir 值越小；岩浆结晶作用越强，Pd/Ir 值越大（Garuti et al.，1997）。Ni/Cu 值则相反，它随着部分熔融程度的增加而增加，随岩浆结晶分异程度的增大而减小。Pd/Ir 值与 Ni/Cu 值具有负相关关系。

研究表明，岩浆结晶产物及地幔部分熔融残留物均具有 Pd/Ir 值与 Ni/Cu 值负相关关系，但是 Pt/Pt* 值与 Pd/Ir 值的关系则可以很好地将它们区分，地幔部分熔融的残留物两者具有正相关关系，岩浆结晶产物则表现为负相关（Garuti et al.，1997）。

Cu/Pd 值是一个重要的岩浆演化评价参数，在 PGE 矿床研究中应用广泛。Pd 在硫化物/硅酸盐中的分配系数为 17 000，远大于 Cu 在硫化物/硅酸盐中的分配系数（约 1383），故 Pd 比 Cu 的硫化物亲和性更强（Fleet et al.，1996），因此在岩浆演化过程中，如岩浆体系 S 饱和，将会发生硫化物熔离作用，使 Pd 相对于 Cu 更多被带走，导致残余岩浆内 Pd 较 Cu 更亏损，Cu/Pd 值高于原生岩浆（近似于原始地幔值）。白鑫滩铜镍矿床的岩石和矿石 Cu/Pd 值为 43 470～233 080，远高于原始地幔值 7962（McDonough et al.，1995），说明矿区存在硫化物熔体深部熔离作用。

PGE 具有极高的硫化物熔体与硅酸盐熔体的分配系数（10^4～10^5；Fleet et al.，1996），Cu 与 Ni、Ti 在硫化物熔体和硅酸盐熔体中的分配系数较 PGE 小得多，硫化物的熔离会使岩浆中 PGE 与 Cu、Ni、Ti 发生分异，且岩浆中的 PGE 较 Cu、Ni、Ti 更为亏损。因此，发生了硫化物熔离作用的岩浆及其产物中 Cu/Pd、Ti/Pd 等的值应大于相应的原始地幔值[Cu/Pd=6500（Maier et al.，1998），Ti/Pd=300 000（Sun et al.，1991）]。白鑫滩岩体中的 Cu/Pd（43.47×10^3～233.08×10^3）及 Ti/Pd（844.56×10^3～1731.09×10^3）远远大于相应的原始地幔值[Cu/Pd=6.5×10^3（Maier et al.，1998），Ti/Pd=300×10^3（Sun et al.，1991）]，表明该岩体发生过硫化物的熔离。

Se 属亲硫的不活泼元素，当岩浆中的硫达到饱和时，易进入硫化物熔体中，且在岩石发生蚀变过程中不易发生变化（Lorand et al.，2001）。因此，Se/S 值对于岩浆中硫的饱和状态及是否有硫的散失具有一定的指示意义。研究表明，大部分岩浆硫化物矿床的 Se/S 值介于 50×10^{-6}～930×10^{-6} 之间（Maier et al.，1999），白鑫滩岩体中几乎所有样品的 Se/S 值介于 10.99×10^{-6}～90.91×10^{-6} 之间，进一步说明了母岩浆经历了硫化物的饱和过程。

2. 成矿模式

白鑫滩铜镍矿床的形成可能经历了以下主要地质作用过程：

（1）在早二叠世后碰撞伸展拉张环境下，来源于软流圈地幔经部分熔融形成的 PGE 不亏损的高镁拉斑玄武质原始岩浆，沿着早期构造裂隙的通道向上运移，其几何形态主要受控于早期的构造呈岩床或岩墙状。初始岩浆中可能携带有少量珠滴状的硫化物,岩体边部受围岩温度影响,快速结晶形成辉绿岩/辉长岩等岩相,局部发生围岩同化混染,围岩中的硫或者SiO_2等地壳物质会进入到岩浆中,降低岩浆中硫的溶解度,使熔浆中的珠滴状硫化物慢慢发生聚集,岩浆流动速度逐渐放缓,开始发生结晶分异作用。

(2)随着岩浆持续上涌,原先的岩浆通道逐渐发生拓宽,与围岩的同化混染作用进一步加强。随着围岩中富SiO_2、Al_2O_3、挥发分等物质的加入,岩浆的黏度、硫的溶解度以及结晶的温度发生改变,能促使更多的金属组分进入到硫化物熔浆中,使大量硫化物珠滴得以聚集,停积在岩浆流动速度减缓和流动受阻的地段富集成矿。一般在岩浆中部形成由浸染状矿石组成的上悬矿体,在岩浆下部形成由稠密浸染状和致密块状矿石组成的层状矿体,在岩浆底部裂隙、下伏岩石层理中会由于构造作用形成脉状矿体。

(3)随着岩浆温度逐渐下降,高温结晶矿物(如橄榄石、斜方辉石等)陆续开始结晶,使岩浆呈"晶粥"的形式缓慢流动。发生同化混染的岩浆随着原始岩浆的不断注入,岩浆逐渐转变成具斑杂状构造的辉长岩,甚至可能伴随有稀散浸染状矿化。岩浆底部稠密的硫化物熔浆在重力驱动下沿着岩浆通道底部向深部发生回流,可能形成脉状矿体。

(4)在成矿作用末期,岩浆上涌的动力逐渐减弱,岩浆通道上部逐渐结晶封闭,底部纯橄岩、斜方辉石橄榄岩等超基性岩以及铬铁矿、磁铁矿的分离结晶作用,使岩浆中FeO含量迅速降低,从而使硫的溶解度降低而达到硫饱和。在重力流和硫化物聚集作用下,硫化物会在岩浆通道颈项处发生沉淀,由于晚期挥发分含量的增加,矿体可能会以贯入的方式呈角砾状、脉状等形式形成于早期矿体中。

第四节 铅锌矿

一、火山岩型(阿奇山铅锌矿)

阿奇山铅锌矿床位于东天山成矿带西段,大地构造上位于阿奇山-雅满苏岛弧带西段。阿奇山-雅满苏岛弧带是一个近北东向的古生代岛弧带,该岛弧带北以雅满苏断裂带为界,南以阿其克库都克-沙泉子断裂为界,岛弧带内发育一套石炭系—二叠系火山岩-海陆相沉积岩(苏春乾等,2009;罗婷,2013),且岩浆岩非常发育,其中又以花岗岩类分布最为广泛,成矿作用与岩浆活动密切相关(周涛发等,2010)。阿奇山铅锌矿床是新疆地质调查院于2013年通过对该区域进行1:5万化探异常查证后新发现的矿床。

矿区出露地层为上石炭统雅满苏组(C_1y)和下石炭统土古土布拉克组(C_2tg),二者呈不整合接触。雅满苏组(C_1y)分为4个岩性段:第一岩性段岩性以流纹质凝灰岩为主,夹少量生物碎屑灰岩及凝灰质砂岩、熔结凝灰岩,为一套酸性火山碎屑岩组合夹少量沉积岩;第二岩性段岩性以(中)酸性火山碎屑岩为主,夹少量酸性熔岩及正常沉积岩;第三岩性段以沉积岩类为主,下部为长石砂岩、鲕粒状灰岩;上部为凝灰质砂岩夹生物屑灰岩、泥晶灰岩、酸性火山碎屑岩;第四岩性段岩性主要以火山岩及碎屑沉积岩为主,包括火山碎屑沉积岩和一些正常沉积岩,火山岩仅作为夹层产出,包括透镜状安山质凝灰岩、凝灰岩、英安岩、含角砾玄武岩等,最底部为一层河口相高密度碎屑流沉积砾岩。下石炭统土古土布拉克组,下部为灰色砾岩、砂岩;中部为中酸性火山岩,上部为杏仁状玄武岩、安山岩和流纹岩等基性—酸性火山岩。

矿床位于阿奇山背斜南翼,矿区地层以单斜构造的形式产出,均为南倾,倾角在35°~65°之间,产状稳定;发育有1条北东向主断层和3条北西向次生断层。根据3条北西向断层切穿地层和黄铁矿化花岗斑岩以及断层两盘的移动方向，推断断层为左旋平移性质，断距100~300m。野外实测剖面以及岩心编录发现矿区的断层对矿体的控制不明显（图3-58）。

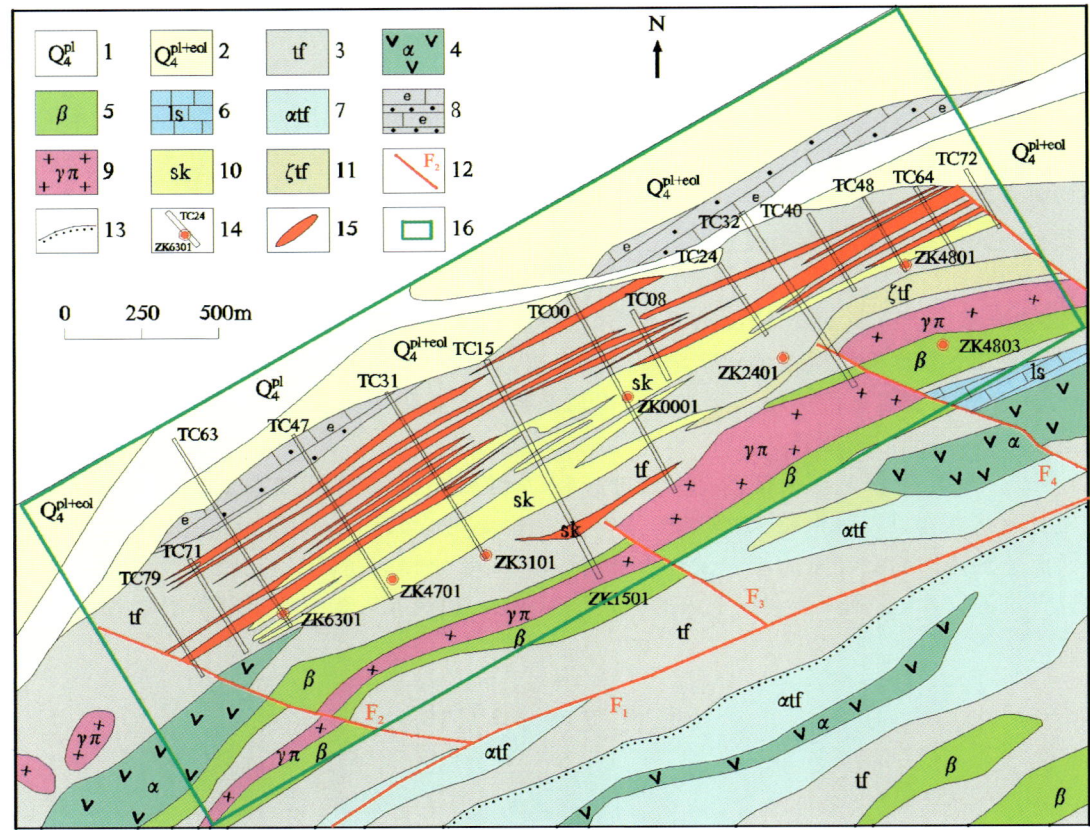

图3-58　阿奇山铅锌矿地质简图（据田江涛等，2014修编）
1.第四系洪积物；2.第四系洪风积物；3.凝灰岩；4.安山岩；5.玄武岩；6.灰岩；7.安山质凝灰岩；
8.砂岩灰岩互层夹凝灰岩（含生物碎屑灰岩）；9.黄铁矿化花岗斑岩；10.矽卡岩；11.英安质凝灰岩；
12.断层；13.不整合接触界线；14.探槽钻孔及编号；15.矿体；16.矿区范围

矿区岩体规模均较小，除小东山前一个顺层侵入的黄铁矿化花岗岩体出露面积较大外，其余岩体均呈脉状产出，岩性有花岗斑岩、辉绿岩、安山玢岩和钠长斑岩。前人测得小东山东北侧约30m处辉绿岩脉锆石U-Pb年龄为(237.5±1.9)Ma；夏冬等(2018)对阿奇山铅锌矿床成因进行研究时获得小东山花岗斑岩体锆石U-Pb年龄为(331.5±2.0)Ma。

（一）矿床地质

矿体主要产于雅满苏组第四岩性段中，围岩主要有石榴子石矽卡岩，石榴子石化凝灰岩、凝灰岩、灰岩等。矿体主要赋存于石榴子石矽卡岩、石榴子石阳起石矽卡岩、石榴子石透辉石矽卡岩中，其次为蚀变角砾凝灰岩、蚀变凝灰岩以及蚀变纹层状凝灰岩中。矿体受地层产状控制明显，产出形态连续，呈层状、似层状、网脉状。铅锌矿化集中在长4200m，宽300~800m的范围内，地表矿体37个，深部隐伏矿体8个，合计矿体45个。其中10号、8号、12号、6号矿体是矿区内规模最大的4个矿体，这4个矿体的铅锌金属资源量占到阿奇山铅锌矿床总金属储量的一半以上（夏冬等，2015）。铅锌矿体单矿体长度在140~3736m之间，真厚度2.06~48.54m，单工程Zn平均品位0.55%~2.5%，Pb平均品位0.05%~0.77%。矿体呈层状、似层状、脉状，向北东、向南西两端矿化整体趋于尖灭，矿体厚度、品位比较稳定。

矿体总体倾向150°，倾角32°～45°，平均约37.6°，与地层基本一致。

矿床金属矿物主要有闪锌矿、方铅矿、黄铁矿、黄铜矿、磁铁矿等；次要金属矿物为镜铁矿、毒砂、赤铁矿等。矿石结构主要为他形粒状结构、交代溶蚀结构、包含结构、固溶体分离结构、骸晶结构、填隙结构等，一般黄铁矿的结晶程度较高，黄铜矿和闪锌矿都以他形填充在黄铁矿、石榴子石等矿物的晶体间隙中。矿石的构造主要有脉状、网脉状、条带状、浸染状，其中以细脉状构造和浸染状构造最为明显。矿区的围岩蚀变主要以小东山黄铁矿化花岗斑岩体为中心向周围发育，蚀变程度依次减弱，以矽卡岩化、绿泥石化和绿帘石化规模最广泛，同时发育有阳起石化、透闪石化等。

铅锌成矿具有明显的多阶段活动特点。成矿作用主要发生2个热液成矿期，可进一步划分为硅酸盐阶段、硅酸盐-硫化物阶段、碳酸盐-多金属硫化物阶段、碳酸盐阶段，其中碳酸盐-多金属硫化物阶段是主要的成矿阶段（表3-19）。

表3-19 阿奇山铅锌矿成矿阶段及矿物生成顺序表

矿物	第1期热液		第2期热液		表生阶段
	硅酸盐阶段	硅酸盐-硫化物阶段	碳酸盐-多金属硫化物阶段	碳酸盐阶段	
石榴子石	───	───	───		
透辉石		───			
阳起石		───			
绿帘石	───	───			
石英	───	───			
黄铁矿		───	───	───	
黄铜矿		───	───		
闪锌矿		───	───		
方铅矿		───	───		
自然金			───		
毒砂		───			
镜铁矿			───	───	
褐铁矿					───
孔雀石					───
绿泥石			───	───	
方解石			───	───	

硅酸盐阶段：与花岗斑岩相关的岩浆热液与亚满苏组地层发生广泛交代，形成石英、绿帘石、石榴子石等矿物，闪锌矿初始活化，于火山碎屑岩中微量分布，后期形成少量阳起石、透辉石、绿帘石等交代石榴子石。

硅酸盐-硫化物阶段：岩浆作用持续加强，绿帘石、石英继续产出，黄铁矿及少量闪锌矿、黄铜矿、毒砂开始沉淀，并出现阳起石、透辉石等脉石矿物。

碳酸盐-多金属硫化物阶段：该阶段为铅锌铜成矿的主要阶段，流体中的金属元素含量和种类显著增加，与方解石、石榴子石及绿泥石伴生产出，方解石、石榴子石为主要的脉石矿物，金属矿物主要有黄铁矿、黄铜矿、闪锌矿、方铅矿、自然金等。本阶段矿化作用与硅酸盐-硫化物阶段于空间上存在叠加，表现为石榴子石粒度显著增大，铅锌矿化强度、规模最大且稳定。

碳酸盐阶段：该阶段流体中的金属硫化物含量和种类显著减少，多表现为碳酸盐沉淀，多形成方解石脉，少量绿泥石。金属矿物主要有黄铁矿、镜铁矿等矿物。

表生阶段：该阶段主要表现为褐铁矿、孔雀石的出现，至此整个成矿过程结束。

(二)成岩成矿时代

区域上雅满苏组火山岩年龄为(334±2.5)Ma(罗婷等,2012)。夏冬等(2018)认为侵位于早石炭世雅满苏组的小东山花岗斑岩为雅满苏矿源层元素初始活化、局部富集提供了热源,并提供了部分矿质。该花岗斑岩锆石 U-Pb 年龄为(331.5±2.0)Ma。文斌等(2021)通过对与矿体产状一致的层状石榴子石矽卡岩开展年代学研究,获得 $^{206}Pb/^{238}U$ 加权平均年龄为(314.6±3.9)Ma(MSWD=1.15),(323±15)Ma(MSWD=0.6),表明阿奇山铅锌矿床形成于早石炭世末—晚石炭世初(323~314.6Ma)。

(三)成矿物质来源

邓莉明等(2019)获得阿奇山铅锌矿床的 $\delta^{34}S$ 值分布范围为 −1.6‰~−7.3‰。变化范围较小。其中黄铁矿的 $\delta^{34}S$ 值为 −1.6‰~−7.3‰,平均为 −4.5‰;黄铜矿的 $\delta^{34}S$ 值为 −1.7‰~−5.7‰,平均为 −3.7‰;一件闪锌矿的 $\delta^{34}S$ 值为 −4.0‰,一件方铅矿的 $\delta^{34}S$ 值为 −3.8‰。铅锌成矿系统内 $\delta^{34}S$ 黄铁矿 > $\delta^{34}S$ 闪锌矿 > $\delta^{34}S$ 黄铜矿 > $\delta^{34}S$ 方铅矿,成矿系统内不同硫化物的硫同位素分馏基本达到平衡。估算成矿流体的总硫同位素值 $\delta^{34}S_{\Sigma S}$ 约为 −4.15‰,具岩浆硫的特征。14 件矿石围岩样品 $^{206}Pb/^{204}Pb$、$^{207}Pb/^{204}Pb$ 和 $^{208}Pb/^{204}Pb$ 值的变化范围分别为 18.112~18.427、15.553~15.646 和 37.980~38.441,表明铅来自于壳幔物质混合。

(四)成矿作用过程

阿奇山铅锌矿床为一新发现矿床,研究资料较为欠缺,因此,对于阿奇山铅锌矿床的成因仍有争议。仇银江等(2015)依据阿奇山-雅满苏-沙泉子带成矿规律和阿奇山铅锌矿床地质特征,认为阿奇山矿床为 VMS 型铅锌(铜)矿床。夏冬等(2018)依据矿床地质特征、成矿物质来源以及成矿时代,认为阿奇山铅锌矿床是与小东山黄铁矿化花岗斑岩体相关的火山沉积-热液叠加改造型铅锌矿床。也有学者依据围岩蚀变类型、矿体产出形态等因素认为阿奇山铅锌矿床为矽卡岩型或层控矽卡岩型矿床(学者讨论结果)。

前人研究表明,石炭纪东天山正处于后造山板内伸展、拉张环境(罗婷,2013;毛景文等,2002),在此地质背景下小东山火山机构可能是在晚石炭世后造山板内拉张环境下,软流圈物质上涌致使壳幔物质迅速熔融,造成小东山火山机构基性—酸性火山岩并存以及花岗斑岩顺层侵入的现状。同时成矿流体伴随岩浆活动,顺着上石炭统雅满苏组地层贯入,致使矿体受地层控制明显,并形成了以细脉状、浸染状为主的矿化类型,指示阿奇山铅锌矿床的形成与小东山火山机构密切相关。此外,在矿相学方面,阿奇山矿床的铅锌矿物主要以填充、交代为主,发育于石榴子石的晶体间隙中,石榴子石的形成早于热液交代作用;矿石硫、铅同位素分析结果显示,$\delta^{34}S$ 具有岩浆硫特征,铅源为壳幔混合铅,并与岩浆活动有密切联系。综上所述,邓莉明等(2019)认为阿奇山铅锌矿床可能为火山热液型矿床。

二、碳酸盐岩-碎屑岩型(彩霞山铅锌矿)

彩霞山铅锌矿床是我国东天山地区最大的碳酸盐岩型铅锌矿床(图 3-59)。该矿床包括Ⅰ号、Ⅱ号、Ⅲ号和Ⅳ号矿带(图 3-59),探明储量为 $1.31×10^8$t,Pb+Zn 含量为 3.95%(Gao et al.,2020)。彩霞山铅锌矿位于塔里木北缘活动带卡瓦布拉克-星星峡中间地块,北以阿其克库都克深大断裂为界,毗临觉罗塔格晚古生代岛弧带。矿区主要出露地层为青白口系卡瓦布拉克岩群第一段浅海相碎屑岩-碳酸盐岩，矿体产于其中的互层状粉砂岩、硅质岩、泥岩夹透镜状白云石大理岩之中。区内岩浆活动强烈，中酸性岩和中基性岩脉分布广泛，岩性主要为石炭纪花岗岩、石英闪长岩、花岗闪长岩等，多以规模不大的岩株状产出。区内断裂构造发育，其中北部的阿其克库都克断裂的次级断裂与成矿作用关系密切，方向总体呈近东西向，平行于阿其克库都克大断裂。由于挤压应力的减弱，断裂后期继续活动，表现为左行走滑和脆性特征，断裂带内较为刚性（白云石大理岩）的岩石呈碎裂角砾状，形成了导矿和容矿空间。

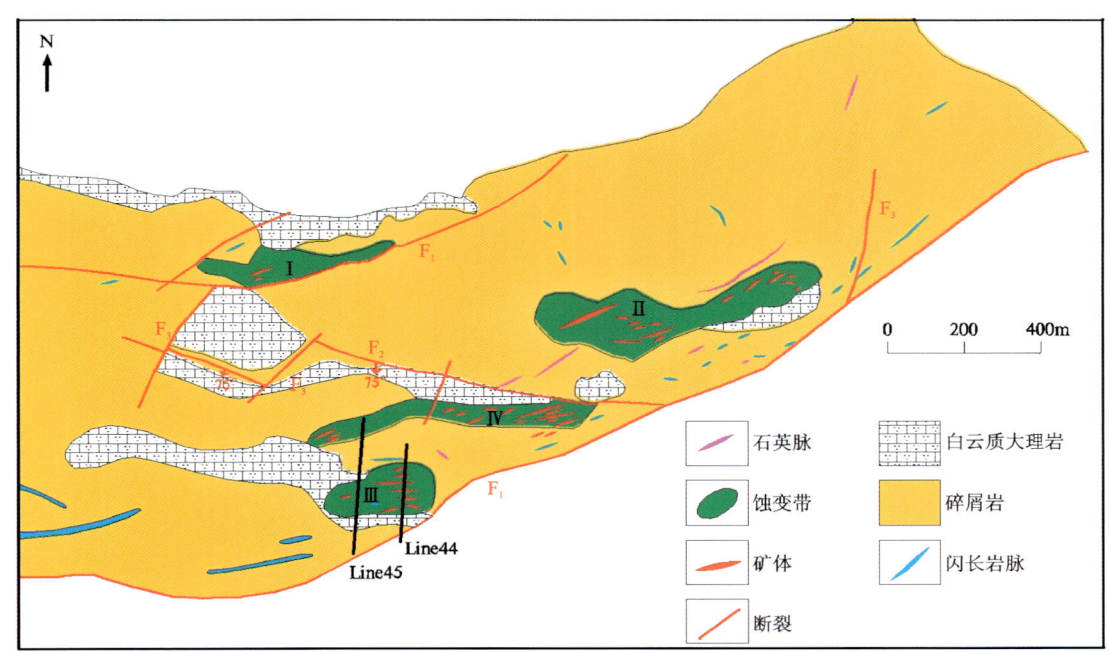

图 3-59　彩霞山铅锌矿地质简图（据 Peng et al.，2007）

（一）矿床地质

彩霞山铅锌矿床目前共圈出 4 个矿脉、11 个矿体和 13 个矿化体（高景刚等，2007）。矿体主要赋存于青白口系卡瓦布拉克岩群第一岩性段碎屑岩+碳酸盐岩组合之中，受碳酸盐岩和构造破碎带控制。矿体通常以不规则透镜体和豆荚状产于断层附近中元古界卡瓦布拉克岩群蚀变碳酸盐岩中（图 3-60）。矿化特征为块状、浸染状和脉状/细脉状硫化物，包括黄铁矿、磁黄铁矿、闪锌矿和方铅矿，少量毒砂和黄铜矿，以及银、砷、锑和铅的硫盐矿物。矿化与透闪石化、绿泥石化和硅化有关。矿石结构以细粒结构、微细粒结构和他形结构为主，毒砂及少量黄铁矿呈自形晶粒结构。矿石构造为脉状、网脉状、角砾状、块状和交代残留。

围岩蚀变较发育，岩石呈碎裂状，发育碳酸盐化、黝帘石化、绿泥石化、黄铁矿化、磁黄铁矿化、透闪石化及绢云母化等。由细脉、网脉状碳酸盐脉和石英脉充填于构造裂隙中。各种矿化蚀变与矿体混合赋存，不存在分带性。

（二）成岩成矿时代

彩霞山地区侵位于中元古界卡瓦布拉克岩群及新元古代片麻状花岗岩中的二长花岗岩，受卡瓦布拉克韧性剪切带的构造作用影响，二长花岗岩局部已发生糜棱岩化。陈雅茹等（2019）通过 LA-ICP-MS 锆石 U-Pb 测年，获得成岩年龄分别为（330.0±3.6）Ma、（333.3±3.6）Ma。Li 等（2016）获得彩霞山地区卡瓦布拉克岩群中的高镁闪长岩脉介于 353~348Ma 之间。Gao 等（2020）获得矿石中闪锌矿和磁黄

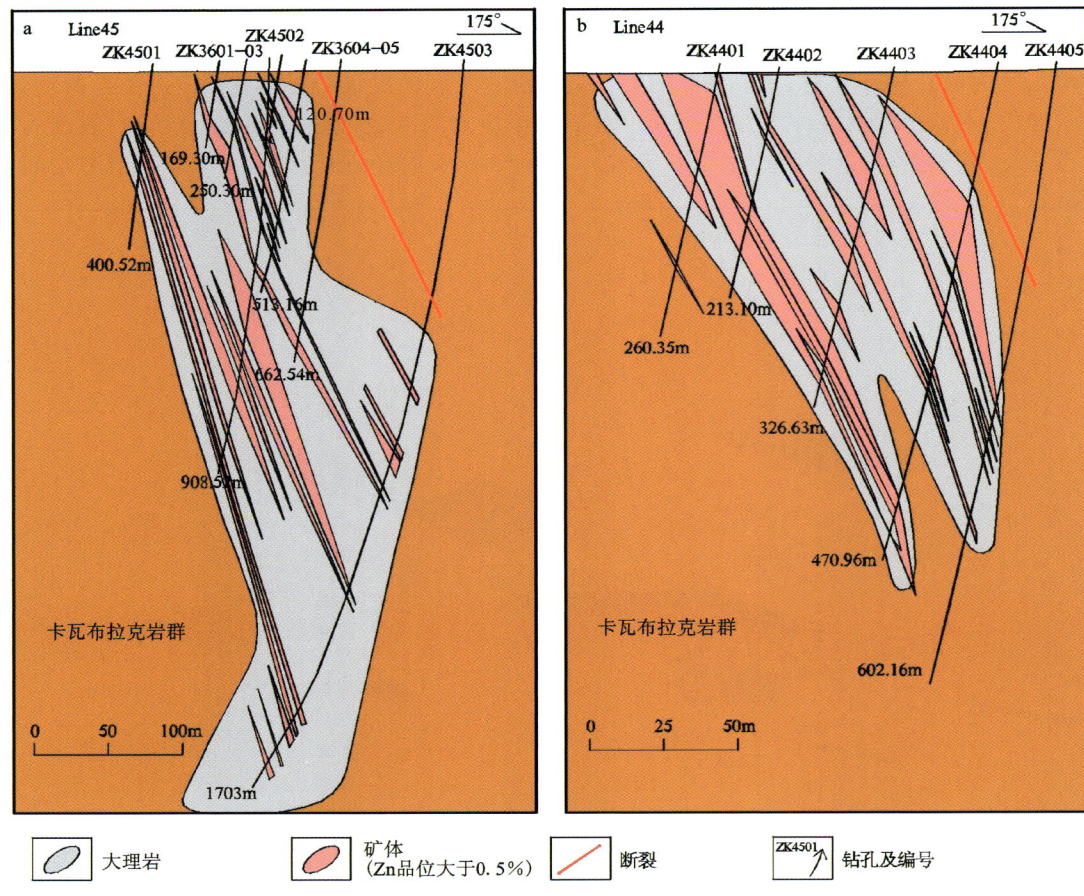

图 3-60 彩霞山铅锌矿 44-45 线勘探剖面图(据新疆地矿局第一地质大队)

铁矿的 Rb-Sr 同位素等时线年龄为(337.2±5.7)Ma,这被解释为成矿年龄。陈正乐等(2020)获得第一成矿阶段闪锌矿 Rb-Sr 等时线年龄为(315.3±4.2)Ma、黄铁矿 Rb-Sr 等时线年龄为(312.9±3.2)Ma;第二成矿阶段闪锌矿同位素年龄为(302.3±3.8)Ma、(299±15)Ma。综上同位素年代学结果(表 3-20),彩霞山铅锌矿床属赋存于中元古界卡瓦布拉克岩群碳酸盐岩建造中的后生热液矿床,成矿过程存在早石炭世、晚石炭世多阶段特点,主要与矿区同期中酸性侵入岩浆活动有关。

表 3-20 彩霞山铅锌矿床成岩成矿年龄汇总

序号	测试对象	年龄/Ma	测试方法	参考文献
1	二长花岗岩	330.0±3.6	LA-ICP-MS 锆石 U-Pb	陈雅茹等,2019
2	钾长花岗岩	333.3±3.6	LA-ICP-MS 锆石 U-Pb	陈雅茹等,2019
3	石英闪长岩	351.9±3.5	LA-ICP-MS 锆石 U-Pb	Gao et al.,2020
4	闪长岩	348.2±3.7	LA-ICP-MS 锆石 U-Pb	Gao et al.,2020
5	高镁闪长岩脉	353.0±2.5	LA-ICP-MS 锆石 U-Pb	Li et al.,2016
		352.0±1.6	LA-ICP-MS 锆石 U-Pb	Li et al.,2016
		348.2±2.0	LA-ICP-MS 锆石 U-Pb	Li et al.,2016
		352.2±2.7	LA-ICP-MS 锆石 U-Pb	Li et al.,2016
6	闪锌矿、磁黄铁矿	337.2±5.7	Rb-Sr 等时线	Gao et al.,2020

(三) 成矿物质来源

前人对彩霞山铅锌矿床中不同阶段硫化物（包括黄铁矿、方铅矿、闪锌矿、磁黄铁矿）开展了硫同位素分析，结果显示总体变化区间较小（高景刚等，2007；曹晓峰等，2013；Li et al.，2018；Gao et al.，2020；Wang et al.，2020）。其中同沉积型黄铁矿介于－8.6‰～－25.3‰之间、热液型黄铁矿介于8.3‰～19.1‰之间、方铅矿介于1.2‰～14.83‰之间、闪锌矿介于6.5‰～16.02‰之间、磁黄铁矿介于－2.42‰～16.0‰之间。综上表明，还原硫主要来源于海相沉积基底岩石中海水硫酸盐的热硫酸盐还原，少量来自同沉积黄铁矿的置换以及岩浆硫。

硫化物的铅同位素具有相似的组成，$^{206}Pb/^{204}Pb$范围为17.074～17.807，$^{207}Pb/^{204}Pb$范围为15.422～15.614，$^{208}Pb/^{204}Pb$范围为36.685～38.016（Gao et al.，2020；Wang et al.，2020）；花岗岩$^{206}Pb/^{204}Pb$范围为18.195～20.013，$^{207}Pb/^{204}Pb$范围为15.574～15.655，$^{208}Pb/^{204}Pb$范围为38.186～39.572；卡瓦布拉克岩群大理岩$^{206}Pb/^{204}Pb$为17.184，$^{207}Pb/^{204}Pb$为15.527，$^{208}Pb/^{204}Pb$为37.013；卡瓦布拉克岩群含粉砂岩夹层的碳质板岩$^{206}Pb/^{204}Pb$为17.226，$^{207}Pb/^{204}Pb$为15.531，$^{208}Pb/^{204}Pb$为37.083（Wang et al.，2020）。这表明铅具有混合性质，可能来源于上地壳和可能的地幔成分的混合物。此外，硫化物、大理岩和碳质板岩显示出类似的铅同位素分布，但变化有限，与花岗岩不同。彩霞山和前寒武纪基底碳酸盐岩的特征是铅和锌含量非常高，这可能为成矿流体提供足够的铅、锌和其他金属。因此，彩霞山成矿金属可能主要来源于前寒武纪基底（Wang et al.，2020）。

(四) 矿床成因

Gao等（2020）提出彩霞山铅锌矿床是一个高温碳酸盐岩交代型矿床，与埋藏在深部的同时代石炭纪花岗岩侵入体有关（图3-60a），可能是与南天山洋板块俯冲到中天山地块下方有关的弧环境中形成的远端岩浆热液产物。中元古代期间，中天山地块可能处于相对稳定的被动边缘环境，同沉积黄铁矿在卡瓦布拉克岩群的基岩中同时沉淀，它可能提供有利的成矿条件，如一些还原硫和矿石金属的来源，形成关键的成矿前阶段。石炭纪期间，南天山洋板块俯冲形成了广泛的长英质岩浆作用和相关的贵金属和贱金属矿化。源自成因花岗质侵入体的富含矿石金属和硫的岩浆流体沿区域阿其克库都克断裂及其次级断裂迁移。高温岩浆流体在长距离运输过程中，有利于从卡瓦布拉克岩群基底岩石中活化和提取成矿元素，形成成矿流体，然后流体流入具有高渗透性的层间裂隙和角砾岩带，它们和碳质白云石大理岩或板岩混合在一起（图3-60b）。石炭纪以后，矿床在一定程度上经历了动态变形和表生氧化的后成矿阶段。

在东天山的中天山地块中报道了与南天山洋板块俯冲和卡瓦布拉克岩群碳酸盐岩有关的广泛弧相关石炭纪岩浆作用。虽然在东天山卡瓦布拉克岩群中发现了与巨型彩霞山矿床相似的吉源、玉西、宏远等远源碳酸盐岩置换型锌铅矿床，大型铅锌矿床的数量有限。然而，在类似的成矿环境中，许多大型远源矽卡岩锌-铅-(银-铜)矿床与石炭纪弧相关岩浆作用有关，阿其克库都克断裂及其次级断裂（如F_1、F_2、F_3、F_4）提供了有利的成矿条件，这些都可能表明，在东天山发现类似于彩霞山的大型碳酸盐岩型铅锌矿床的潜力很大。

三、碳酸盐岩型（清白山铅锌矿）

清白山铅锌矿床位于中亚造山带南缘，塔里木地块北侧，北山构造带北部地区。清白山地区以发育前寒武纪变质基底和后期古生代大量中酸性弧岩浆为特征，受古亚洲洋盆闭合效应影响，区域上发育的三架山断裂对矿区成岩、成矿作用控制明显,清白山铅锌矿赋存于蓟县系平头山组,含矿岩性为灰—褐灰色条带状钙质白云石大理岩。铅锌矿体断续出露长约10km,单矿体厚1.5～59m,矿体长50～400m,走向约100°。矿体严格受蓟县系平头山组白云石大理岩控制,层位稳定。由于后期构造-岩浆事件叠加改造,原始沉积层序变质变形严重,原始沉积层理难以识别,多表现为片理S_1,构造面理S_2,且广泛发育的叠加褶皱加剧了矿体厚度的变化(图3-61)。

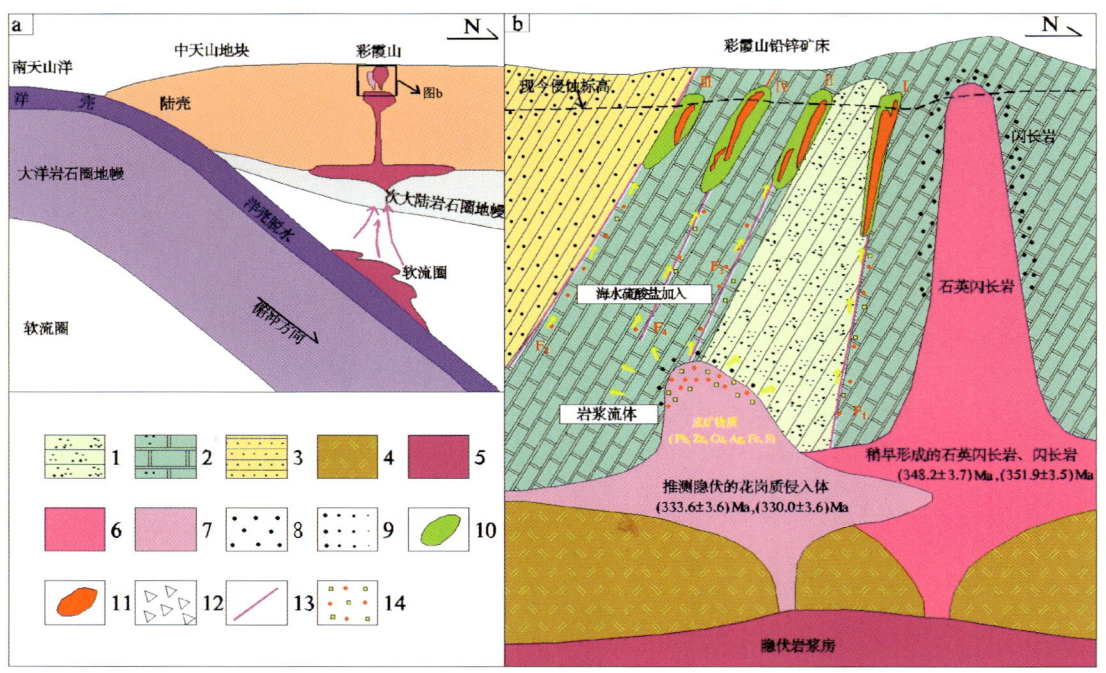

图3-61 彩霞山铅锌矿床成因模式(据Gao et al.,2020)

a.石炭纪期间广泛侵位的与南天山洋板块俯冲有关的长英质侵入体;b.337Ma隐伏花岗岩侵位并产生了大规模的铅-锌矿化,为成矿物质和流体流动提供了重要的热源

1.石英砂岩;2.白云岩化大理岩;3.粉砂岩、泥岩和燧石;4.麻粒岩;5.石英闪长岩;6.隐伏的花岗质侵入体;7.闪长岩脉;8.透闪石热液蚀变;9.角岩;10.硅化、碳酸盐化、透闪石化、方解石化热液蚀变带;11.铅锌矿体;12.构造角砾岩;13.断裂;14.成矿物质

矿区褶皱较发育,轴面走向北西西向,矿区总体上处于一套复杂的复背斜系统,相对刚性的地块在长期南北向应力作用及岩浆作用下形成近东西向宽缓的背斜(1级),多期次的拉张汇聚应力作用于中浅部构造层,形成次一级褶皱系(2级),浅表部动力变形使岩层及内部韧性变形形成固流褶皱(3级)。

矿体所在位置为区内次级褶皱系(2级)内背斜核部及南翼。矿体宏观形态位于枢纽东倾的背斜内,东部被上覆地层覆盖,西部因抬升被剥蚀。矿体微观形态为发育包络面随地层产状变化的层间褶皱、紧闭褶皱形成的复式褶皱。地表矿体(103线、55线、32线)主要位于褶皱转折端,矿体形态受构造控制作用明显。

(一)矿床地质

清白山铅锌矿床赋存于蓟县系平头山组,赋矿岩性为褐铁矿化白云石大理岩。地层走向近东西向,变形较强烈,多发育次级断裂,变质程度达低角闪岩相。原岩组合以正常碎屑沉积岩(长石砂岩、粉砂岩)为主,夹碳酸盐岩及少量酸性火山岩,沉积环境为滨海相。容矿岩性为一套白云石大理岩夹层。矿区内共发现3个矿化蚀变带,目前圈定铅锌矿体22个,矿体呈脉状、似层状产出,走向近东西向,宽2～60m,延伸100～600m。矿体Zn品位为0.5%～8%,围岩为白云石大理岩,顶板为石英岩,底板为黑云母片岩。

在围岩、手标本和钻孔中都可以看到明显孔洞充填，角砾岩化或者围岩蚀变交代的现象。围岩的角砾多被方解石胶结，与后生成矿作用现象相符。清白山矿区主要围岩蚀变有方解石化、透辉石化、硅化、白云石化。矿体在空间上与白云岩化大理岩关系密切，在白云石大理岩中，矿体多呈现出脉状。矿区出露的岩浆活动发育。矿区出现较多的闪长岩脉，比如石英闪长岩（图3-62），且常见切穿矿体，并在矿体中产生相当的透闪石化和绿帘石化作用。

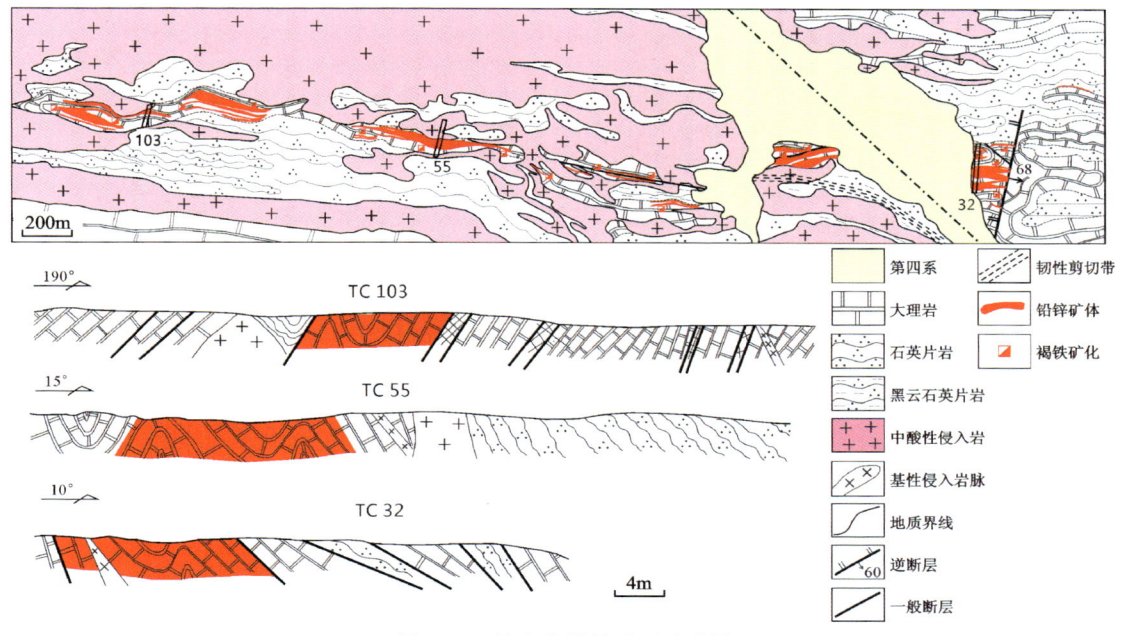

图 3-62　清白山铅锌矿区地质图

清白山铅锌矿矿物组合相对简单（图3-63），主要的矿石矿物为闪锌矿和方铅矿（图3-64、图3-65），并含少量黄铁矿。主要的脉石矿物为白云石、方解石、透闪石、绿帘石和少量石英。在野外详细地质工作的基础上，对代表性样品切片，进行薄片观测，根据矿物的组合和矿物之间的穿切关系，清白山铅锌矿成矿期次可以划分为主成矿期和岩浆改造期。主成矿期以闪锌矿和方铅矿为主。岩浆改造期主要矿物组合为透闪石＋绿帘石＋石英＋方解石，局部含有方铅矿、闪锌矿及少量黄铁矿。

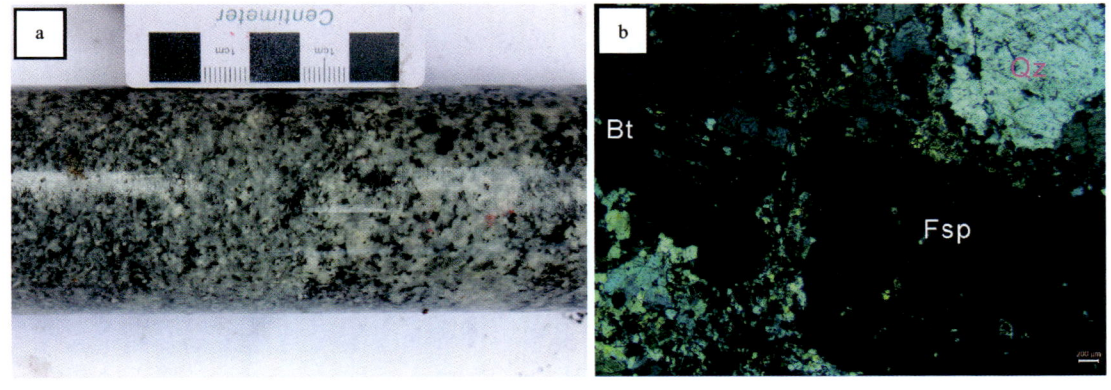

图 3-63　清白山矿区石英闪长岩岩相学特征
a. 岩心样品；b. 镜下显微照片（Bt. 黑云母，Fsp. 长石）

图 3-64 清白山铅锌矿床野外和矿石组构特征

a、b. 矿体；c. 块状矿石含方铅矿；d. 块状矿石含黄铁矿；e. 闪锌矿和方铅矿共生；
f. 闪锌矿和方铅矿共生，见少量黄铁矿出溶闪锌矿；Gn. 方铅矿；Sph. 闪锌矿；Py. 黄铁矿

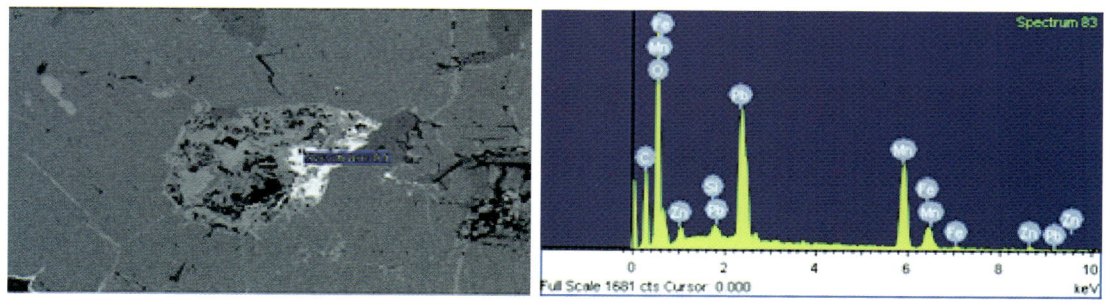

图 3-65 清白山铅锌矿方铅矿扫描电镜结果

（二）流体包裹体特征

根据室温下（21℃）流体包裹体的岩相学特征（卢焕章等，2004）、升温或降温过程中（-196～+600℃）的相变行为以及激光拉曼光谱分析，清白山铅锌矿仅发育水溶液包裹体（W型）（图3-66），室温下表现为气液两相（$L_{H_2O}+V_{H_2O}$），气液比为5%～40%（图3-66），偶见气液比大于50%；多呈椭圆形、不规则形或次椭圆形产出，大小4～15μm，成群或孤立分布。流体包裹体激光拉曼光谱测试表明，主成矿期石英中的W型包裹体中气液相成分主要为水，此外气相成分还有一定量的CH_4（特征峰2913～2919 cm^{-1}）（图3-67）。流体包裹体显微测温结果显示，W型包裹体的冰点温度为-14.8～-1.5℃，相应盐度为2.6%～18.5% NaCleqv；通过气相消失达完全均一，均一温度为126～277℃，主要集中在170～230℃之间（图3-68）。

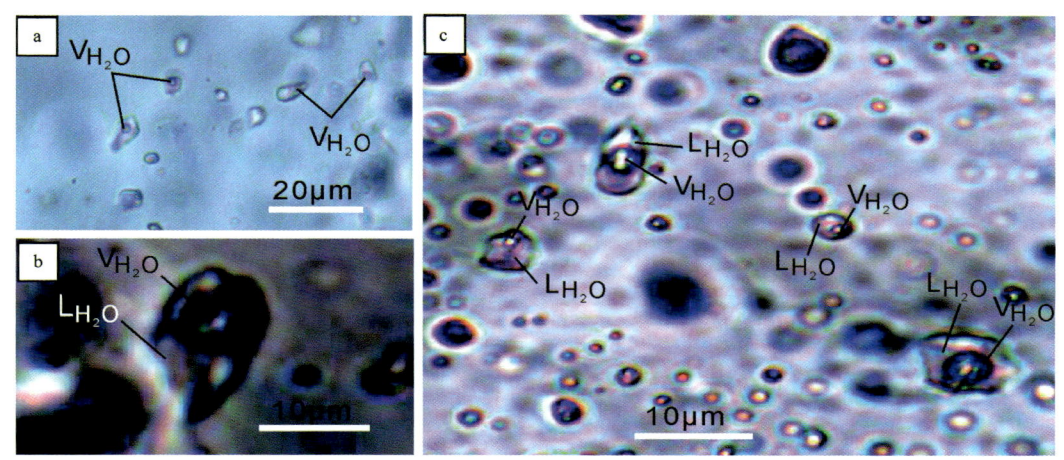

图3-66 清白山铅锌矿包裹体显微照片
a. W型包裹体；b. W型包裹体，含少量CH_4；c. 石英中不同气液比的W型包裹体；
（V_{H_2O}. 气相H_2O，L_{H_2O}. 液相H_2O）

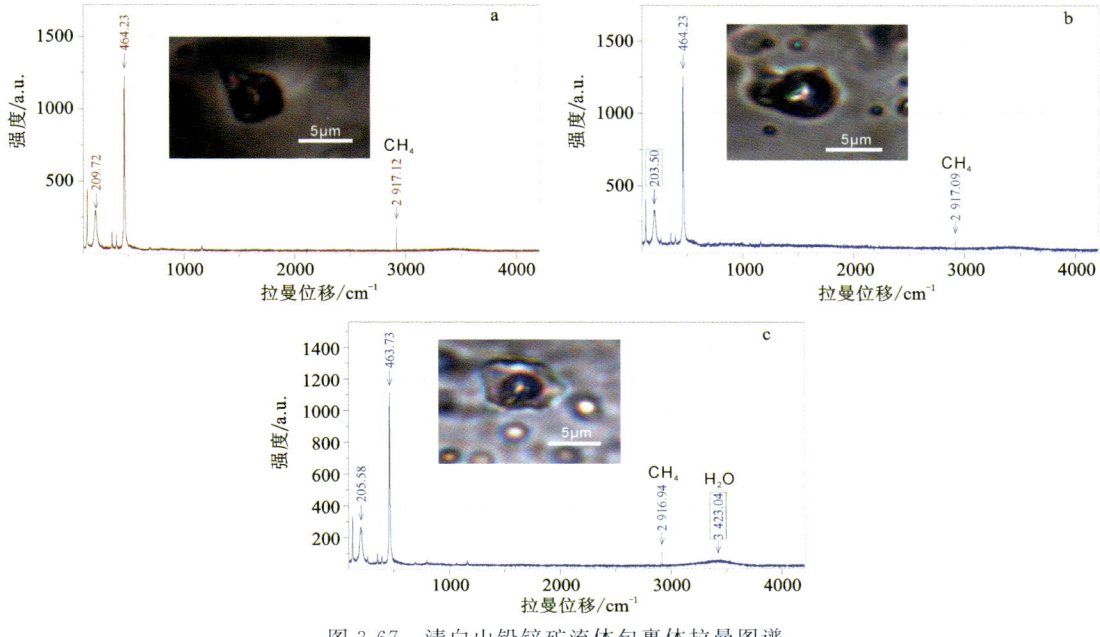

图3-67 清白山铅锌矿流体包裹体拉曼图谱
a～c. 含少量CH_4的水溶液包裹体

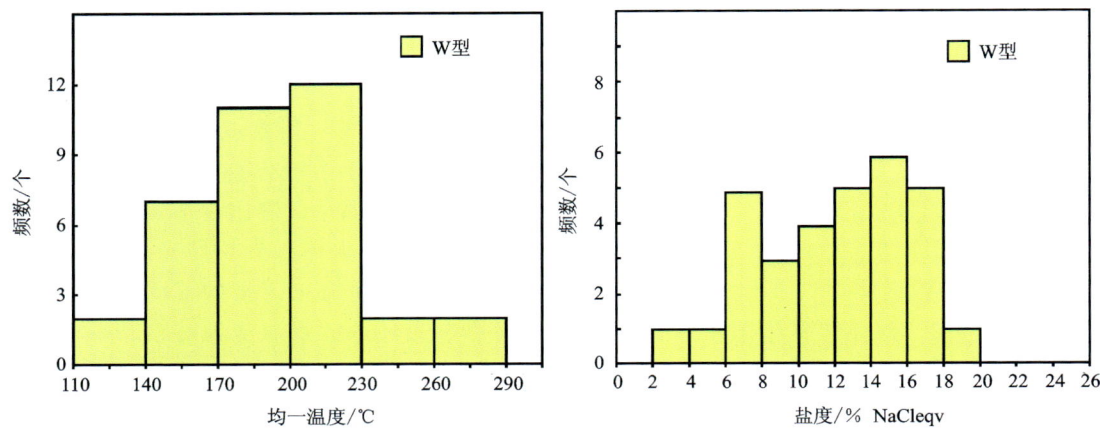

图 3-68 清白山铅锌矿主成矿期流体包裹体均一温度和盐度直方图

(三) 矿床成因

Leach 等(2005)将产于沉积岩中的铅锌矿床分为密西西比河谷型(MVT)和沉积喷流型(SEDEX)两种类型。清白山铅锌矿床与密西西比河谷型(MVT)和沉积喷流型(SEDEX)铅锌矿床基本地质特征对比见表 3-21。

由表 3-21 可知,清白山铅锌矿床在构造背景、成矿方式、矿体形态、赋矿围岩、矿石矿物组合、矿石组构以及围岩蚀变等基本地质特征方面均显示与密西西比河谷型(MVT)铅锌矿床具有相似的特征,而与沉积喷流型(SEDEX)铅锌矿床相差较大。

表 3-21 清白山铅锌矿床与 MVT 和 SEDEX 铅锌矿床基本地质特征对比

矿床类型	SEDEX	MVT	清白山铅锌矿床
构造背景	大陆裂谷或被动大陆缘	被动大陆边缘和伸展环境	被动大陆边缘和伸展环境
与岩浆活动关系	基本无关	无关	基本无关
成矿作用	同生	后生	后生
矿体形态	层状、似层状、网脉状	似层状、透镜状、筒状、脉状	脉状、似层状
赋矿围岩	碎屑岩为主:页岩、碳酸盐岩、粗粒碎屑岩	碳酸盐岩为主:碳酸盐岩、白云石大理岩、灰岩,少量出现砂岩	碳酸盐岩为主:白云石大理岩
矿石矿物组合	黄铁矿、磁黄铁矿、方铅矿、闪锌矿、黄铜矿及少量毒砂	闪锌矿、方铅矿、黄铁矿、白铁矿	方铅矿、闪锌矿及少量黄铁矿
矿石构造	条带状、纹层状、角砾状	块状、浸染状、胶状、角砾状	块状、细脉状、浸染状、角砾状
围岩蚀变	硅化、阳起石化、绿泥石化、绢云母化	白云岩化、碳酸盐化	方解石化、硅化、白云石化
流体包裹体均一温度和盐度	120～200℃,集中在 125℃;盐度 10%～30% NaCleqv	均一温度集中在 50～250℃之间;盐度 10%～35% NaCleqv	126～277℃,集中在 170～230℃之间;盐度 2.6%～18.5% NaCleqv

注:MVT 和 SEDEX 铅锌矿床基本地质特征据参考文献 Leach et al.,1993;2005;韩发等,1999。

清白山铅锌矿形成于拉张的背景之下,盆地热卤水通过拉张过程形成一系列断层淋滤渗透性强的碎屑岩地层及基性的组分,并且沿着断裂通道,萃取成矿物质,形成较氧化的(SO_4^{2-})且富含有 Pb、Zn 的成矿流体,随后与还原性的流体混合,这种还原性的流体可能源自细菌还原作用或者热化学还原作用(CH_4)(Leach et al.,2010a)。

矿体中发育的透闪石化可能和矿体附近的闪长岩脉作用有关,岩浆热液作用造成一些较早形成的硫化物活化,尽管岩浆热液或多或少会改变矿石原有的结构、同位素组成等,但对矿石的品位没有明显的增加,即富集作用不显著。

通过对清白山的成矿过程详细研究,根据矿物组合和矿物之间相互穿切关系划分 2 个成矿期:主成矿期和岩浆改造期。主成矿期硫化物沉淀发生的温度 126~277℃,成矿流体沿着断层形成的通道沉淀,紧随其后的白云岩化作用形成矿物保护的天然屏障。岩浆改造期对成矿作用影响微弱。清白山铅锌矿的成矿流体特征和主要的成矿作用与 MVT 铅锌矿成因类似(图 3-69)。

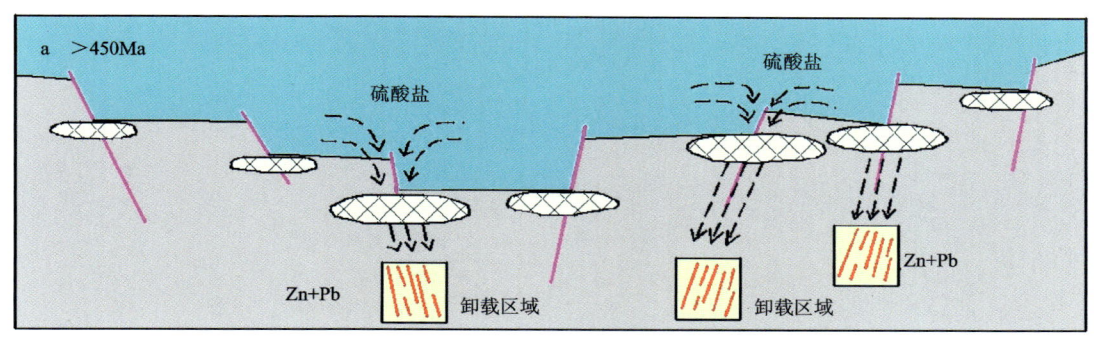

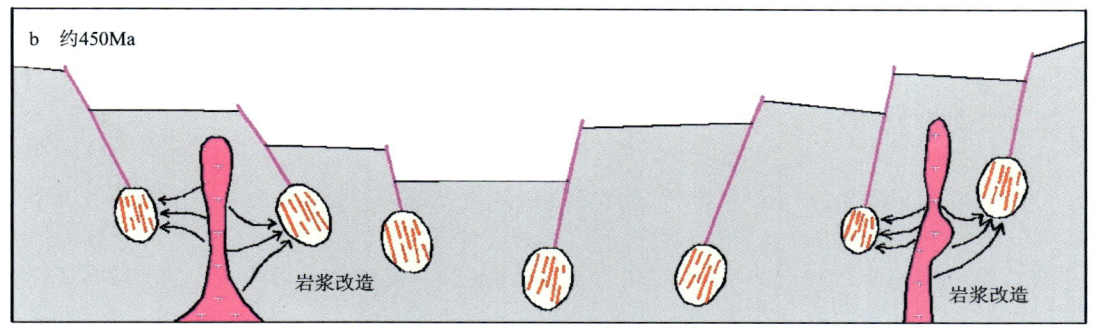

图 3-69 清白山铅锌矿成矿模式图

赵同阳等(2020)据清白山铅锌矿区地表大比例尺构造-岩性填图成果,结合探槽、钻孔中矿体展布特征及品位变化,基于成矿地质体、成矿构造与成矿结构面、成矿作用特征标志等因素,系统分析清白山铅锌矿控矿要素,建立清白山铅锌矿"三位一体"勘查找矿预测地质模型(图 3-70)。

第五节 金银矿

一、造山型(康古尔塔格金矿)

康古尔塔格金矿床位于阿奇山-雅满苏弧前盆地带的北缘。它受同构造侵入体和康古尔塔格-黄山

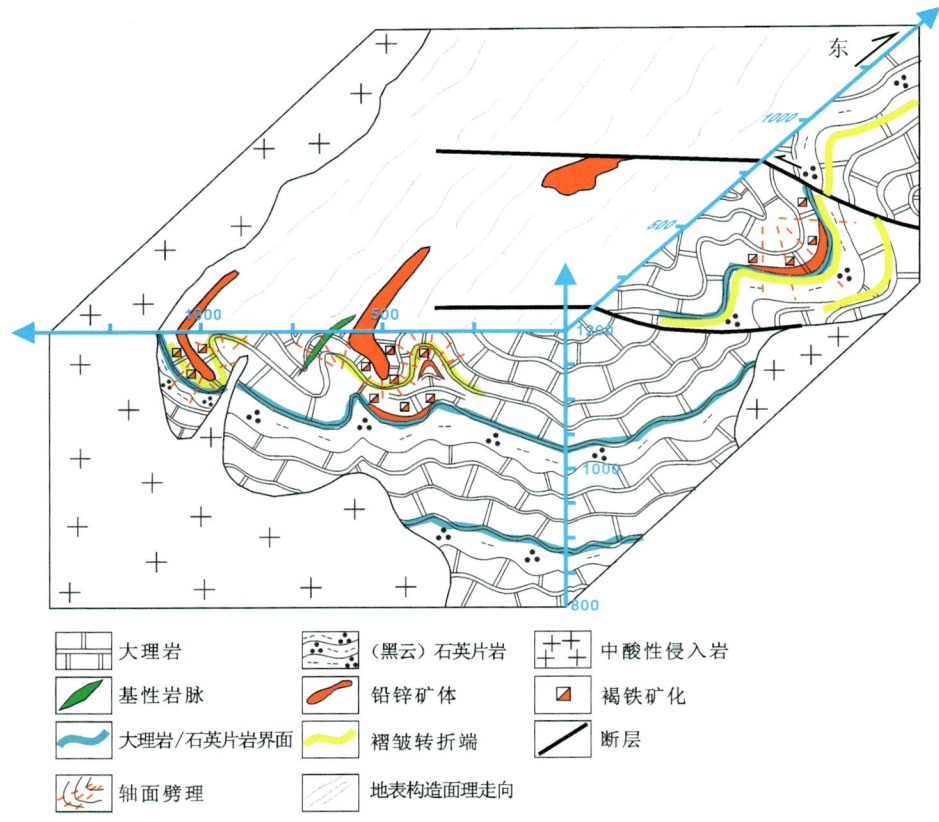

图 3-70　清白山铅锌矿"三位一体"勘查找矿地质模型(据赵同阳等,2020)

韧性剪切带控制。康古尔塔格矿区的岩石主要为下石炭统阿奇山组(Ji et al.,1994;Xue et al.,1995;Zhang et al.,2003)。阿奇山组主要分为两个岩性单元:下部单元由安山岩、凝灰岩和火山角砾岩组成,夹砂岩和生物碎屑灰岩,位于中部和南部矿区;上部单元由英安岩、流纹岩和火山碎屑岩组成,位于矿区北部。

康古尔塔格矿床的主岩主要为安山岩、英安岩和火山碎屑岩。次火山岩主要由石英正长斑岩和流纹斑岩组成。矿区内安山岩、英安岩普遍存在一定程度的蚀变。石英正长斑岩在矿区西部以岩堆和岩脉形式产出。这些斑岩显示斑状结构,主要包含长石、石英和少量细粒浸染黄铁矿基质中的石英和正长石。流纹斑岩作为岩块侵位在矿区东部。石英正长斑岩和流纹斑岩侵入体均被拉长,并大致平行于构造线理延伸,表明侵入体就位于造山晚期(Gu et al.,1999,2001;Xue et al.,1995;Zhang et al.,2003)。

康古尔塔格矿区的主要构造包括一条东西向的脆—韧性剪切带和一组北东向和北西向的共轭脆性断层(图 3-71)。矿区北部的变形比南部更强烈。作为区域巨型韧性剪切带的一部分,片理是康古尔塔格地区的主要构造元素;它以 70°～80°的角度向 350°～360°倾斜,属于单一变形过程(Ma,1998;Zhang et al.,2003)。在康古尔塔格地区识别出两条正常的脆—韧性剪切带,并包含两条矿化带(Ji,1994;Zhang et al.,2003)。然而,其中一组共轭脆性断裂为矿后断裂,对成矿作用没有影响。

(一)矿床地质特征

康古尔塔格金矿床由一组矿化体中的第六和第八矿体组成。第六和第八矿体具有相似的地质特征。Ⅵ矿体由分布在南部脆—韧性剪切带的 3 个子矿体(Ⅵ-1、Ⅵ-2 和 Ⅵ-3)组成。矿体 Ⅵ-1 的长度为 1000m,厚度为 1.05～10.26m(平均 3.95m);其趋势为 85°,以 70°～75°的角度向 355°倾斜。与 Ⅵ-1 号矿体类似,Ⅵ-2 号和 Ⅵ-3 号矿体呈东西走向,倾角为 75°～85°;它们的长度分别为 640m 和 0.5～

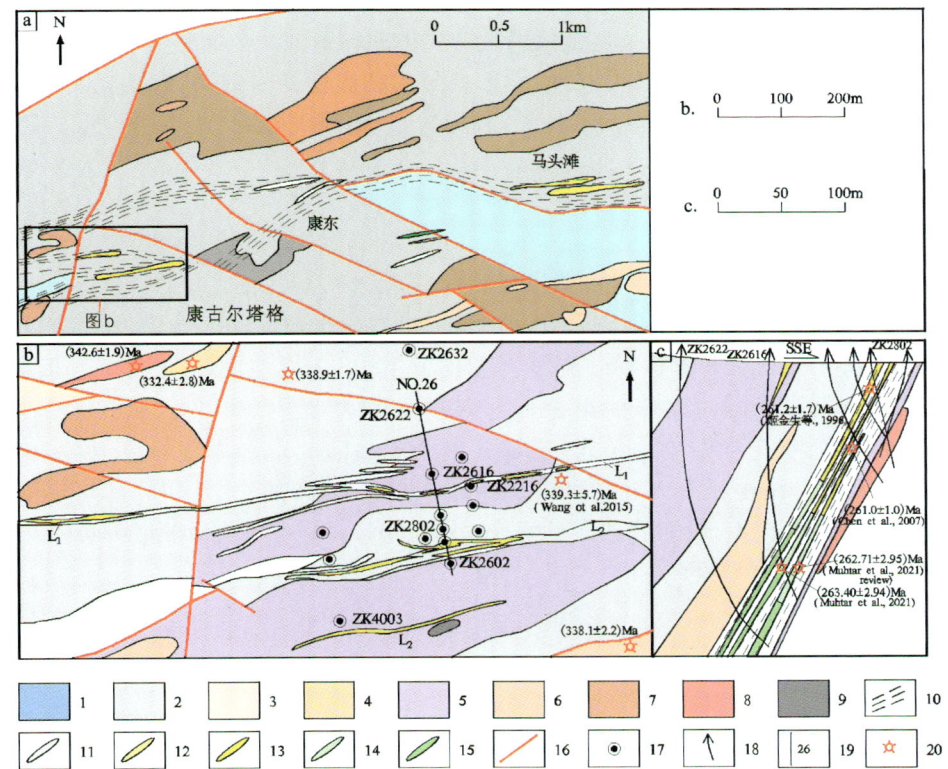

图 3-71 东天山康古尔塔格地区金矿地质简图(据 Muhtar et al.,2020 修改)
a.康古尔塔格-马头滩矿区地质简图；b.康古尔塔格矿床简化地质图；c.26 号勘探线剖面图
1.灰岩；2.安山岩；3.英安岩；4.流纹岩；5.凝灰岩；6.石英正长斑岩；7.石英斑岩；8.花岗斑岩；
9.燧石；10.糜棱岩；11.金多金属带；12.金矿带；13.富金矿带上带；14.富金铅锌矿中带；
15.富铜金矿下带；16.断裂；17.钻孔位置；18.钻孔；19.勘探线；20.同位素位置

6.33m,厚度分别为 700m 和 0.30~5.6m。这些矿体的深度超过 600m(图 3-71b)。Ⅵ-1 号矿体的剖面显示出明显的垂直分带；金富集在上部区域，中间为铅和锌，下部为铜(图 3-71b)。矿石品位与矿体厚度成正比。矿石含 Au 3.2~40.5g/t(平均为 9.92g/t)、含 Ag 0.5~14.6g/t(平均为 4.66g/t)、含 Zn 0.7%~3.7%(平均为 1.35%)、含 Pb 0.5%~2.1%(平均为 0.82%)、含 Cu 0.3%~1.6%(平均为 0.76%)。

矿石矿物主要为自然金、银金矿、黄铁矿、黄铜矿、方铅矿和闪锌矿，并伴有少量毒砂和斑铜矿。脉石矿物主要为石英、绿泥石、磁铁矿和绢云母，含少量方解石、白云石、菱铁矿和重晶石。与黄铁矿和绿泥石伴生的自然金和银通常以包裹体形式出现在黄铁矿中，或以晶间金形式出现在黄铁矿和绿泥石的裂隙中。自然金的大小从 7μm 到 15μm 不等，具有针状、粒状、片状和树状结构(Zhang et al.,2003)。矿石以细脉、浸染状、块状和角砾岩结构以及自形、半自形和碎裂结构出现。

康古尔塔格金矿热液蚀变从矿体到围岩分带。根据矿物组合和蚀变强度，该蚀变可分为 3 个带：①硅化、绿泥石化、黄铁矿和磁铁矿带；②黄铁矿和/或绢云母带；③绢云母-绿泥石蚀变带。热液蚀变带②对应于含金带。

根据矿石组构和矿物组合以及矿脉的横切关系，成矿过程可分为 5 个阶段。第一阶段(Ⅰ)为自然金+黄铁矿+绢云母+石英，其特征为石英、绢云母和浸染状黄铁矿的定向分布。在第一阶段，一些自然金以颗粒形式出现在矿物中或包裹在黄铁矿中。第二阶段(Ⅱ)由自然金+石英+黄铁矿+磁铁矿+绿泥石组成，为主要成矿阶段；它由沿黄铁矿千枚岩片理面分布的细脉组成。天然金以颗粒形式存在于绿泥石或其他矿物中。第三阶段(Ⅲ)为自然金+石英+黄铁矿阶段，其中自然金以包裹体形式出现在黄铁矿中或以石英矿物间粒的形式出现。第四阶段（Ⅳ）为自然金＋黄铁矿＋黄铜矿＋方铅矿＋闪锌矿＋石英，特征为多金属硫化物石英脉；自然金通常以颗粒形式出现在黄铁矿的裂缝微裂缝中。第五阶段（Ⅴ）为贫硫化物＋石英＋碳酸盐。第一和第二阶段与剪切带的韧脆性变形有关，称为动力变形热液期。后3个阶段与次火山岩侵入和剪切带脆性活动有关，称为岩浆-热液成矿期。

（二）成岩成矿时代

Wang 等（2015）获得矿区安山岩锆石 U-Pb 加权平均年龄为（339.3±5.7）Ma。Muhtar 等（2020）获得新的 LA-ICP-MS 锆石 U-Pb 年龄数据表明，围岩形成于早石炭世（约 340）Ma[安山岩形成于（338.0±1.7）Ma，英安岩形成于（338.1±2.2）Ma，流纹岩形成于（332.4±2.8）Ma，花岗斑岩形成于（342.6±1.9）Ma]。Muhtar 等（2021）通过将新的绢云母 $^{40}Ar/^{39}Ar$ 坪年龄[（262.71±2.95）Ma 和（263.40±2.94）Ma]与先前的地质年代学结果相结合，确定了整个天山的 3 个金矿化峰值：约 330Ma 的早期峰值，在此期间形成了俯冲-增生相关斑岩型和造山型金矿，约 290Ma 的一个中峰，在此期间，碰撞后岩浆相关造山金矿形成于碰撞挤压-碰撞后伸展环境中；约 260Ma 的一个晚峰，在此期间，与走滑剪切带相关的造山金矿形成于碰撞后伸展环境中。

（三）岩石地球化学特征

这些围岩富集轻稀土元素（LREES）和大离子亲石元素（例如 U、K、Pb），并贫高场强元素（例如 Nb、Ta、和 Ti）。基于小热泉子-大南湖弧中缺乏古地壳基底岩石、安山岩-英安岩-流纹岩的岩性组合、硅质岩的存在以及安山岩和英安岩在 Na_2O（3.35%～6.89%）中相对于 K_2O（0.67%～2.42%）的富集，推测该矿床早石炭世火山岩围岩形成于洋弧环境。考虑到安山岩、英安岩、流纹岩和花岗斑岩的相似同位素组成[安山岩 $\varepsilon_{Nd}(t)=0.12～0.64$，$\varepsilon_{Hf}(t)=6.05～8.96$；英安岩 $\varepsilon_{Nd}(t)=1.01～3.02$；流纹岩 $\varepsilon_{Nd}(t)=4.20～4.91$，$\varepsilon_{Hf}(t)=11.02～13.79$；花岗斑岩 $\varepsilon_{Nd}(t)=1.65～2.13$，$\varepsilon_{Hf}(t)=4.70～6.80$]和 Hf 模型年龄（对于安山岩，$T_{DM1}=610～730Ma$；对于流纹岩，$T_{DM2}=460～640Ma$；对于花岗斑岩，$T_{DM2}=910～1050Ma$），安山岩和英安岩结晶的原生岩浆来源于交代地幔楔的部分熔融，而流纹岩和花岗斑岩结晶的岩浆来源于新生下地壳的部分熔融。

（四）成矿物质来源

Muhtar 等（2020）获得围岩的硫同位素组成（$\delta^{34}S_{V-CDT}$）从－0.8‰～8.7‰（平均 4.8‰），安山岩和流纹岩的硫同位素组成与矿化岩中黄铁矿的硫同位素组成相似。Muhtar 等（2021）获得矿石中的黄铁矿硫（$\delta^{34}S_{V-CDT}$）为－1.0‰～2.5‰，围岩中的黄铁矿硫（$\delta^{34}S_{V-CDT}$）为－1.9‰～2.6‰。Wang 等（2015）获得 18 个硫化物样品的 $\delta^{34}S$ 值范围为－0.9‰～2.2‰，平均 0.54‰。

Wang 等（2015）获得 10 个硫化物样品的 $^{206}Pb/^{204}Pb$、$^{207}Pb/^{204}Pb$ 和 $^{208}Pb/^{204}Pb$ 值分别为 18.166～18.880、15.553～15.635 和 38.050～38.813，显示出与造山 Pb 的相似性；Muhtar 等（2020）获得围岩的整体铅同位素组成范围为 17.561～18.258（$^{206}Pb/^{204}Pb$）、15.535～15.602（$^{207}Pb/^{204}Pb$）和 37.593～38.118（$^{208}Pb/^{204}Pb$），安山岩的铅同位素组成与康古尔塔格金矿含金矿石中的黄铁矿相似。Muhtar 等（2020）获得铅同位素组成（矿石中的黄铁矿 $^{206}Pb/^{204}Pb$ 为 18.199～18.231，$^{207}Pb/^{204}Pb$ 为 15.585～15.624，$^{208}Pb/^{204}Pb$ 为 38.104～38.229，围岩中的黄铁矿 $^{206}Pb/^{204}Pb$ 为 18.176～18.244，$^{207}Pb/^{204}Pb$ 为 15.583～15.611，$^{208}Pb/^{204}Pb$ 为 38.090～38.205）。

Wang 等（2015）获得 $\delta^{18}O_w$ 和 δD_w 值为－9.1‰～3.8‰以及－66.0‰～－33.9‰，成矿流体为变

质水和大气降水的混合物。Wang 等(2015)获得 13 个石英样品的 $\delta^{30}Si$ 值范围为 $-0.3‰ \sim 0.1‰$,平均 $-0.15‰$。

综合地质学、地质年代学、岩石地球化学和 H-O-Si-S-Pb 同位素系统学研究的数据,Wang 等(2015)认为康古尔塔格金矿床是在二叠纪后碰撞构造作用期间在东天山造山带形成的造山型矿床。

(五)成矿作用过程

康古尔塔格金多金属矿是以下石炭统的海相中酸性火山熔岩为矿源层,后经南北向板块的碰撞拼贴,火山岩系产生强烈变形和碎裂,与此同时海西中期的中酸性重熔岩浆广泛侵位,带来大量热源和热液,促使矿源层产生去硅、去铁变化,分散的 Au 随着热液活动而活化、迁移。多期热液活动,一方面使围岩产生多种蚀变,另一方面 Au 不断运移、富集,当进入韧性剪切带内破碎的糜棱岩等有利构造部位,便冷凝结晶而形成中—低温韧性剪切带金多金属矿。成矿模式如图 3-72 所示。

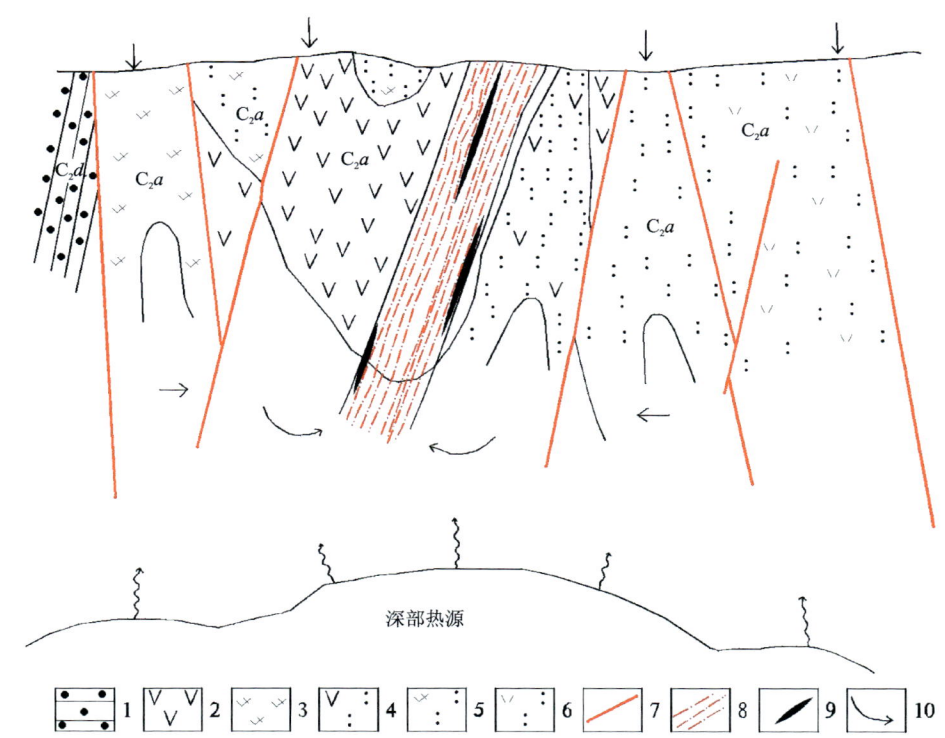

图 3-72 康古尔塔格韧性剪切带型金矿床成矿模式图
1.砂岩;2.安山岩;3.英安岩;4.安山质凝灰岩;5.英安质凝灰岩;6.流纹质凝灰岩;
7.断层;8.韧性剪切带;9.矿(化)体;10.矿液(热液)运移方向

二、火山岩型(马庄山金矿)

马庄山金矿床是新疆东天山地区代表性金矿床之一,1982 年由甘肃省地质局第二区域地质调查队发现,后经进一步工作,已探明金储量达大型规模。有关矿床成因认识争议较大,主要有构造动力成矿(周济元等,1996)、低温热泉型矿床(富士谷,1993)、火山—次火山热液成矿(马瑞士等,1997;靖军和徐斌,1997;曾长华等,1997;李华芹等,1999)等几种观点。

马庄山金矿床位于中天山地体东侧的明水-双井子-南金山火山岩盆地内(图 3-72),矿区内主要出露下石炭统白山组中性—长英质火山岩。根据岩性特征,白山组可进一步分为3个层位,下段主要岩性为砂岩、板岩、安山岩、玄武岩夹凝灰岩、火山角砾岩、灰岩和大理岩;中段为安山岩、英安质角砾岩、凝灰岩、流纹岩以及板岩;上段为(生物)灰岩、安山岩和英安质火山碎屑岩。白山组地层发生褶皱,在马庄山矿区呈单斜构造产出,倾向40°,倾角35°~50°(李华芹等,1999)。

矿区内以石英斑岩为代表的次火山岩广布,是马庄山已探明金矿体的主要赋矿围岩。石英斑岩总体上呈北东走向,倾角30°~70°,沿矿区中部断裂、英安质凝灰岩和安山岩侵入,与下石炭统白山组火山岩近于平行呈带状产出,在矿区及外围不连续出露。目前矿区内揭露石英斑岩面积约1.2km²,总体上北东端膨大,西南端狭窄,最宽约有1000m;石英斑岩深部延深较大,目前钻孔揭露尚未见底。前人利用全岩的Rb-Sr定年将其侵入时间宽泛地限定为(303±26)Ma和(301±21)Ma(李华芹等,1999)。此外,在矿区深部或者外围,可见花岗岩、(花岗)闪长岩、辉绿岩等侵入岩。辉绿岩常表现为极强的片理化,侵入于石英斑岩体内;花岗岩、(花岗)闪长岩与石英斑岩体之间的关系尚不明确。

断裂构造主要呈北东向、北西向、东西向和近南北向,其中北西向、东西向和近南北向断裂为该矿床的主要控矿构造;矿体赋存于次级北西向张性断裂带中,多呈脉状、囊状与透镜体状,绝大多数金矿体赋存于石英斑岩体内,Au品位为0.1~23.3g/t。

(一)矿床地质

马庄山金矿床为含金石英脉型矿化和破碎带蚀变岩型矿化组成的复合型金矿床。已发现20多条金矿脉(图3-73)。矿脉走向北西或近东西,其次为北北西,倾向北—北东,倾角35°~71°,单条矿脉一般长110~400m,最长可达900m;矿脉厚度介于0.2~15.5m之间。矿脉常出现膨胀、分枝、复合。矿石品位平均6×10^{-6}~7×10^{-6},最高可达258×10^{-6},金矿脉与次火山岩呈渐变过渡关系,没有明显界线。1号、2号、5号矿脉是主要产金矿脉。与矿化有关的围岩蚀变一般宽0.2~3m不等,围绕矿脉呈线状分布,自矿体向外依次为硅化、黄铁绢英岩化、绢云母化。蚀变分带为过渡关系,在不同矿脉的发育不尽相同。

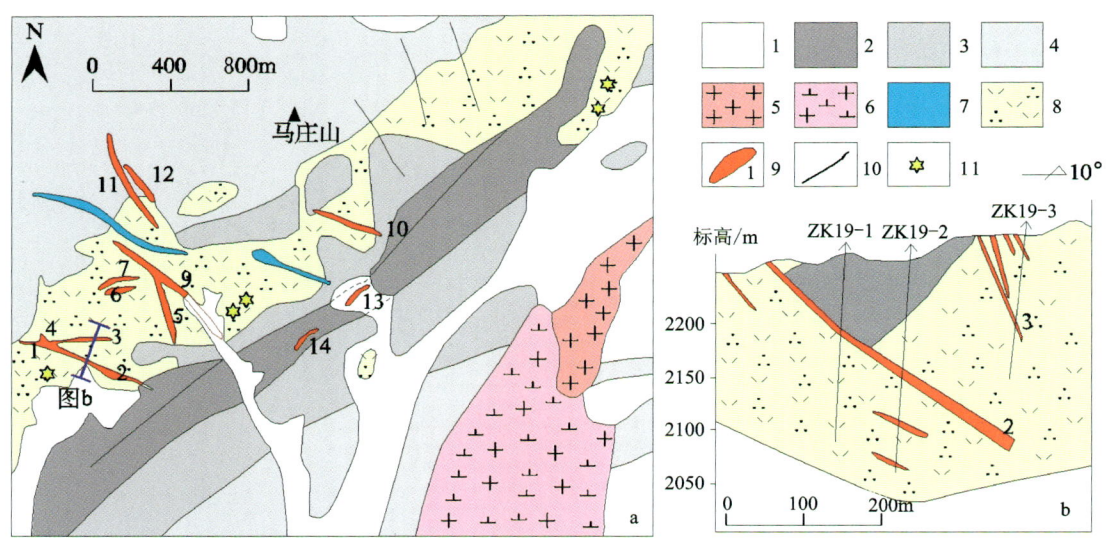

图3-73 马庄山金矿床地质图及19线勘探剖面图(据王琦崧等,2019修改)

1.新生代沉积物;2.白山组上段;3.白山组中段;4.白山组下段;5.花岗岩;
6.花岗闪长岩;7.辉绿岩;8.石英斑岩;9.金矿体及编号;10.断裂;11.采样位置

矿石主要为石英-金属硫化物型,其中金属矿物有自然金、银金矿、黄铁矿、黄铜矿、铁闪锌矿、方铅矿和少量磁黄铁矿。脉石矿物以石英为主,其次为绢云母和方解石。自然金和银金矿呈粒状、树枝状、不规则状,以裂隙金、晶隙金和包体金形式赋存于黄铁矿、黄铜矿和石英中。矿石结构包括交代结构、粒状结构、碎裂结构、残余结构。矿石构造主要为浸染状、块状、网脉状、条带状等。

(二)成岩成矿时代

马庄山石英斑岩中的锆石多呈无色透明长柱或短柱状,自形程度较好,粒径多为80～120μm,大部分具有清楚的振荡环带,显示岩浆锆石的特征。对21个锆石颗粒进行 LA-ICP-MS U-Pb 年龄测定,所有点的测试结果均落在谐和线上或附近,获得其 U-Pb 一致年龄为(315.4±0.6)Ma(MSWD=0.67), $^{206}Pb/^{238}U$ 加权平均年龄为(316.0±2.0)Ma(MSWD=0.23)(图3-74)。2号矿脉的石英流体包裹体 Rb-Sr 等时线年龄为(298±28)Ma(李华芹等,1999),与次火山岩的年龄非常接近,成矿时代亦为晚石炭世。

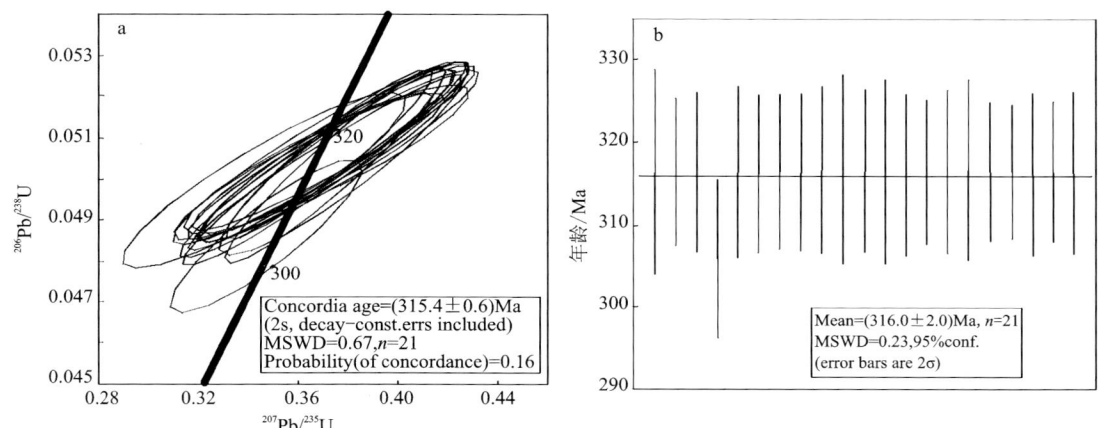

图3-74 马庄山石英斑岩 LA-ICP-MS 锆石 U-Pb 年龄一致曲线(a)和加权平均年龄谱图(b)

(三)成矿构造环境

马庄山次火山岩石英斑岩具有富碱高钾、过铝质特征,富集大离子亲石元素和轻稀土元素、亏损高场强元素,Eu 显示弱的负异常。全岩$(^{87}Sr/^{86}Sr)_i=0.7077～0.7102$, $\varepsilon_{Nd}(t)=-1.62～1.82$,锆石的 $\varepsilon_{Hf}(t)=-3.2～0.4$,认为石英斑岩的源区可能来源于下地壳物质的部分熔融,原始岩浆在上侵过程中有部分地幔物质的加入。结合次火山岩的侵位年龄(314～318Ma),认为马庄山金矿床形成于与俯冲相关的陆缘弧环境下。

(四)成矿流体和成矿物质来源

石英流体包裹体测温结果表明,均一温度主体介于220～270℃之间,冰融温度介于-7.8～-4.8℃之间。将冰融温度换算成盐度,为7.5～16.2% NaCleqv,平均9.6% NaCleqv。可见,成矿流体为中温、中低盐度的流体。石英和黄铁矿流体包裹体的气相成分的含量表现出较大差异。石英流体包裹体明显富 H_2O,而黄铁矿流体包裹体明显富 CO_2、O_2、H_2S 和 CO,表明在成矿过程中存在成分上有明显差异的两种流体。石英流体包裹体水的 δD 值变化于-93‰～106‰之间,表现出大气降水来源的特征;石英的 $δ^{18}O$ 值变化较小,集中于10.6‰～11.9‰之间,经平衡温度换算出流体 $δ^{18}O$ 值为1.1‰～2.4‰,表明成矿流体中水有两个主要来源:岩浆水与大气水,二者发生了混合作用。

马庄山金矿黄铁矿的 $δ^{34}S$ 值集中分布于4.5‰～6.5‰范围内,峰值为6.0‰,具岩浆硫特点。考虑到岛弧火山岩带地质背景,可以认为马庄山金矿床中硫可能主要与形成石英斑岩体的岩浆有关。矿区石英斑岩含金量介于 $16.6×10^{-9}$～$50.25×10^{-9}$ 之间,白山组英安质火山岩的平均含金量为 $18.8×10^{-9}$,是区内其他地质体的 1～3 倍。因而上述岩石构成了马庄山金矿的矿源岩。

(五) 矿床成因

综合氢、氧、硫、铅同位素组成和流体包裹体研究,马庄山金矿的形成主要与次火山热液活动有关,与石英斑岩等次火山岩体有关的次火山岩浆活动,一方面释放出富含 CO_2、CO、O、H_2S 等挥发分和 Au、Pb 等成矿物质的岩浆流体,另一方面提供大量热量驱动地下水循环渗透地壳岩石,从中萃取了部分成矿物质。在近地表处,岩浆流体与循环地下水发生混合,导致了矿石矿物和金的沉淀。

三、热液型(维权银矿)

维权银矿床位于哈萨克斯坦-准噶尔板块之觉罗塔格晚古生代沟弧带中段,康古尔塔格-黄山韧性剪切带南缘影响带。矿床产于下石炭统雅满苏组砂岩、凝灰岩和灰岩互层地层中。矿体产于矽卡岩化砂岩夹凝灰岩、含砾砂岩夹凝灰岩、灰岩夹砂岩层中。矿区南侧为百灵山花岗岩-花岗闪长岩体,并有花岗斑岩、闪长玢岩小岩株或岩脉出露。

出露地层主要为下石炭统雅满苏组和上石炭统土古土布拉克组,下石炭统雅满苏组主要由火山碎屑岩、内源碎屑岩、沉凝灰岩,局部夹少量生物灰岩、砂砾岩等,发育条带状糜棱岩。上石炭统土古土布拉克组主要为中酸性火山岩、火山碎屑岩夹沉凝灰岩和灰岩透镜体,其底部有一层底砾岩。受岩体接触交代变质作用影响,岩石普遍发生矽卡岩化。区内断裂较为发育,东西向和北西向断裂规模较大,北东向断裂规模较小。区内侵入岩以海西晚期的酸性深成侵入岩为主,岩石有花岗岩、花岗闪长岩及少量的闪长岩,另外零星分布有少量的浅成中酸性脉岩。与成矿有关的侵入岩主要为矿区南部 2～3km 处的百灵山岩体。该岩体以岩基产出。岩体东西长 100km,南北宽达 15km。岩石类型以二长花岗岩为主,次为石英闪长岩。

矿区出露地层主要为下石炭统雅满苏组第二岩性段和上石炭统土古土布拉克组第二岩性段,雅满苏组第二岩性段属一套浅海相以岩屑为主的碎屑岩夹碳酸盐岩建造,主要岩性为凝灰质岩屑砂岩、沉凝灰岩、凝灰质长石岩屑砂岩、砂砾岩、细砾岩夹大理岩化灰岩、大理岩、矽卡岩薄层及透镜体,大致呈东西向带状分布。上石炭统土古土布拉克组第二岩性段为一套中酸性火山岩建造,主要岩性为灰绿色、绿褐色、黄绿色强蚀变、局部矽卡岩化中酸性火山碎屑岩夹岩屑砂岩(图 3-75)。矿区断裂较发育,按其走向大致可归为 3 组:北西向、东西向、北东向,矿体明显受断裂构造的控制(包括矿区南部的骆驼峰铁矿)。

矿区侵入岩较发育,主要岩性有石英闪长岩、二长花岗岩。矿区脉岩种类较多,主要有闪长岩、闪长玢岩、斜长花岗斑岩。

矿区变质作用主要为热接触交代变质作用,主要形成矽卡岩及矽卡岩化砂岩。矽卡岩在本区一般呈孤岛状分布。多受断裂构造(包括层间小断裂)控制,与矽卡岩化砂岩、岩屑砂岩等相间排列。矽卡岩由石榴子石、阳起石、绿帘石、绿泥石、钙铁辉石、石英、方解石、长石等组成,主要形成复杂矽卡岩、钙铁榴石矽卡岩(矿区主要矽卡岩类型)、钙铁辉石钙铁榴石矽卡岩、阳起绿帘石岩。

矿区矽卡岩体均不直接与岩体接触,而是直接与岩屑砂岩(岩屑多为中基性熔岩或沉凝灰岩)和大理岩接触(少见),这种接触关系有两种类型:一是矽卡岩体两侧均直接接触岩屑砂岩;二是矽卡岩体一侧为岩屑砂岩,一侧为大理岩。在接触带上,靠岩屑砂岩一侧形成复杂矽卡岩,少见钙铁辉石石榴子石矽卡岩,即由中基性(少中酸性)岩屑砂岩变质而成(Ⅰ带);靠大理岩一侧形成钙铁石榴子石矽卡岩,即由碳酸盐岩变质而成(Ⅱ带)。两带主要不同点是:①矿物共生组合,Ⅰ带矽卡岩中矿物为石榴子石、阳

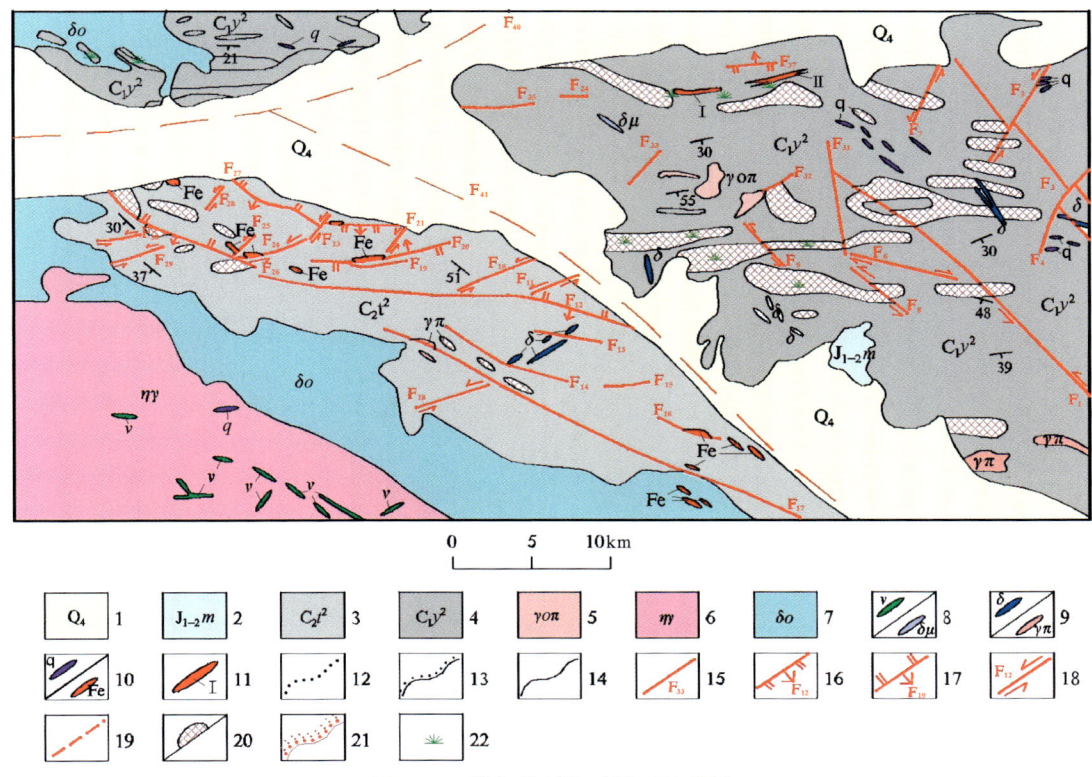

图 3-75 维权银（铜）矿平面地质图

1.第四系冲洪积物；2.侏罗系煤窑沟组；3.上石炭统土古土布拉克组；4.下石炭统雅满苏组；5.斜长花岗斑岩；6.二长花岗岩；7.石英闪长岩；8.辉长岩闪长玢岩脉；9.闪长岩脉/花岗斑岩脉；10.石英脉/铁矿脉；11.银（铜）矿体及编号；12.相变界线；13.不整合界线；14.地质界线；15.实测性质不明断层及编号；16.实测正断层及编号；17.实测逆断层及编号；18.平推断层及编号；19.推测断层；20.矽卡岩；21.角岩化；22.孔雀石化

起石、绿帘石、绿泥石、钾长石等；Ⅱ带矽卡岩以钙铁榴石为主，其他矿物少量。②副矿物种类，Ⅰ带矽卡岩中含有磷灰石、榍石、锆石等；Ⅱ带则没有，含少量磁铁矿。③与围岩关系，Ⅰ带内含有岩屑砂岩（矽卡岩化）残留体；Ⅱ带则少见大理岩。

（一）矿床地质

1.矿体特征

维权银（铜）矿床共有 32 个矿体，其中规模较大的银（铜）矿体 3 个，编号分别Ⅰ、Ⅱ、Ⅲ，部分矿体伴生铅锌。

1）Ⅰ号银（铜）矿体

矿体中心位于 0 线，是以银为主共（伴）生铜的矿体，且伴生铅、锌、钴、镓等多种有益元素（李立兴等，2018）。该矿体是矿床主矿体，规模最大，呈半隐伏状。控制矿体平均长度 190m，平均延深 208m。矿体在剖面上呈单一的脉状，矿体内部无夹石及分枝现象。矿体走向 86°～266°，倾向北，倾角在 42°～67°之间，平均 50°。总体在走向上由东向西倾角变陡，在剖面上由上到下倾角变缓（图 3-76）。

矿体单工程最大厚度为 14.78m，最小厚度为 0.67m，平均厚度 5.05m。钻孔平均厚度 4.95m，坑道平均厚度 5.13m。地表只有一个见矿点（0 线），厚度 2.84m。沿走向中部厚度较大，向东、西两侧变薄。矿体厚度变化系数 73.61%，属厚度稳定—较稳定的矿体。矿体单工程银最高品位 $1\,902.0\times10^{-6}$，最低品位 70.2×10^{-6}，平均 321.4×10^{-6}。钻孔平均品位 325.9×10^{-6}，坑道平均品位 309.8×10^{-6}，银品

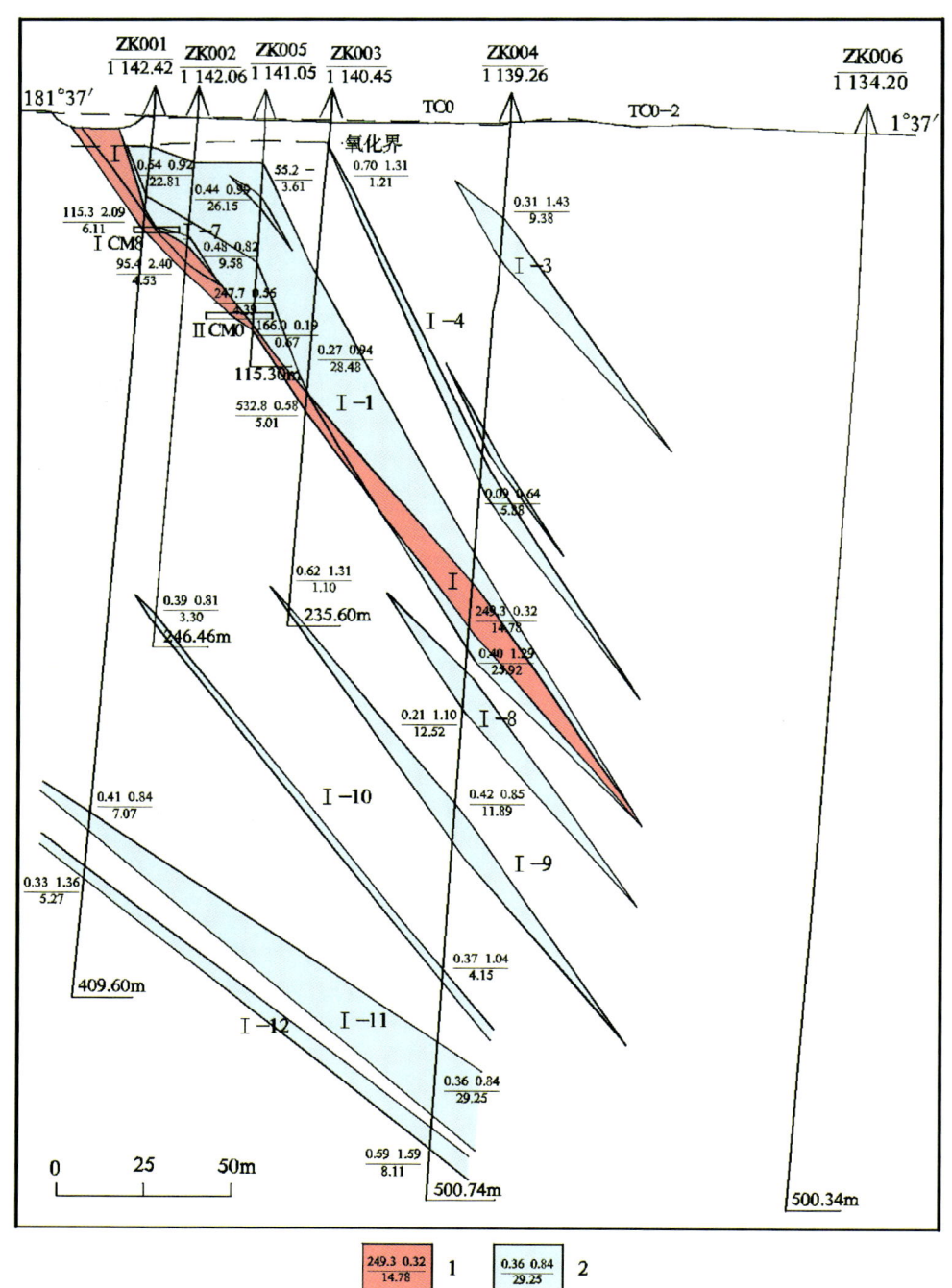

图 3-76　维权银铜矿床 0 线剖面图

1.银铜矿体 $\frac{\text{Ag 品位}(\times 10^{-6})\ \text{Cu 品位}(\%)}{\text{真厚度}(m)}$；2.铅锌矿体 $\frac{\text{Pb 品位}(\%)\ \text{Zn 品位}(\%)}{\text{真厚度}(m)}$

位大多分布在 $80.0\times10^{-6}\sim700.0\times10^{-6}$ 之间，单样最高品位为 $2\,679.4\times10^{-6}$。品位变化系数为 132%，属有用组分分布不均匀的矿体。铜作为银的共（伴）生元素，单工程最高品位 2.40%，平均 0.73%，个别工程铜含量为 0，不少工程（约 25%）品位在 0.30% 以下，品位变化系数为 119%。总体来讲，矿体中、上部铜品位较高，向深部品位逐渐降低。铅、锌作为Ⅰ号矿体的伴生元素，分布不均匀，当铅、锌单独圈连成低品位矿体部分与Ⅰ号矿体重叠时，其铅、锌的品位较高。单工程伴生铅、锌最高品位 2.06%，最低 0.12%，平均 0.93%。组合样分析结果显示，钴、镓刚好达到伴生组分的要求。

2) Ⅱ号银矿体

矿体位于Ⅰ号矿体东偏北560m处。矿体规模较小,地表控制长度200m,延深较浅,为30m。矿体形态较简单,平面上呈脉状,剖面上呈楔形。矿体走向78°～258°,倾向348°,倾角在60°～64°之间,平均62°。矿体单工程最大厚度为12.22m,最小厚度为0.44m,平均厚为4.62m。剖面上矿体呈楔形,沿倾向很快变薄尖灭。厚度变化系数为85.28%,属厚度稳定一较稳定的矿体。矿体单工程最高银品位 $1085.9×10^{-6}$,最低品位 $150.0×10^{-6}$,平均 $374.0×10^{-6}$,一般在 $200.0×10^{-6}$～$400.0×10^{-6}$ 之间。品位变化系数为228%,属主要组分分布极不均匀的矿体。银矿体内伴生铜,铜分布极不均匀,铜品位最大值为4.63%,平均为0.21%。品位变化系数为304%,属有用组分极不均匀分布。

3) Ⅲ号银矿体

Ⅲ号矿体为盲矿体,分布在8线垂深51.7～81.0m处,规模未查清,仅由ZK802孔控制,推测矿体北倾,倾角约57°。矿体单工程厚度为17.22m,单样最高银品位 $1540.0×10^{-6}$,平均 $421.5×10^{-6}$。

矿体主要金属矿物有自然银、辉银矿、黄铜矿、闪锌矿、方铅矿,次为含银、铜等的系列矿物。主要氧化物及次生矿物为褐铁矿及孔雀石。主要的脉石矿物为石榴子石、阳起石、绿帘石、绿泥石、方解石。矿石结构主要为他形粒状结构,矿石构造为稀疏浸染状、细脉状构造。

2. 成矿期次

维权银铜多金属矿演化特征可大致分为4个期,即海相火山喷发沉积期、矽卡岩期、热液期和表生期(表3-22)。

1) 海相火山喷发沉积期

海相火山喷发沉积期主要是下石炭统雅满苏组地层沉积过程中对成矿元素Pb、Zn、Ag的初步富集,在沉积后期矿物质又经受构造挤压作用发生活化,沿构造薄弱面沉淀。矿化以星点状-细脉浸染状闪锌矿、方铅矿矿化为特征。矿化规模较小,强度较弱。

2) 矽卡岩期

(1) 石榴子石-阳起石阶段:在高温高压条件下,形成一套高温矿物组合,典型矿物有石榴子石(钙铁榴石)、阳起石以及少量的石英、斜长石。金属矿物呈星点浸染状赋存于矽卡岩中的石榴子石颗粒间或其晶洞中。黄铜矿在局部富集成矿,但未形成规模。

(2) 绿帘石-绿泥石-黄铁矿阶段:该阶段以绿帘石、绿泥石、黄铁矿等矿物沿石榴子石晶粒间分布或沿其裂隙充填或沿其边部交代为特征,除以上矿物外,还有方解石和少量的黑云母。

该成矿期形成了矿区的主体岩石——石榴子石矽卡岩以及矽卡岩化凝灰岩等,基本未形成有益矿产,但为后期有益元素的富集成矿提供了场所。

3) 热液期

(1) 石英-硫化物-氧化物阶段:典型矿物为黄铜矿、毒砂、磁黄铁矿、磁铁矿与方解石等,明显特征为上述矿物或矿物组合呈脉状、网脉状穿插于矽卡岩期矿物裂隙中。

(2) 硫化物-自然银-碳酸盐阶段:该阶段为矿区主成矿阶段,包括两个亚阶段。第一亚阶段为方铅矿-闪锌矿阶段,该阶段方铅矿、闪锌矿大量发育,呈浸染状、细脉浸染状、星点状-团块状沿裂隙充填于早期形成的矿物中,形成了矿区普遍的低品位铅锌矿体。第二亚阶段为自然银-辉银矿-方解石阶段,该阶段含矿热液携带着成矿物质对早期矿物进行穿插、充填,同时融入了部分早期矿物聚集成矿。这也是在银矿体中有早期矿物富集的原因。典型矿物有自然银、辉银矿及少量浓红银矿。

4) 表生期

表现在地表及浅表处,由于氧化淋滤作用,部分早期形成的矿物发生氧化分解形成次生矿物。典型矿物有孔雀石、辉铜矿、斑铜矿、铜蓝、褐铁矿及少量赤铁矿,同时有石膏细脉充填。

表 3-22 矿物生成顺序表

矿化期 矿物	海相火山喷发沉积期	矽卡岩期		热液期		表生期
		石榴子石-阳起石阶段	绿帘石-绿泥石-黄铁矿阶段	石英-硫化物-氧化物阶段	硫化物-自然银-碳酸盐阶段	
石榴子石		▬▬				
阳起石		▬▬				
石英			▬▬▬▬▬▬▬▬▬▬			
斜长石	▬▬▬▬▬▬▬					
绿帘石	▬▬▬▬▬▬▬▬▬▬▬▬▬▬▬▬▬					
绿泥石	▬▬▬▬▬▬▬▬▬▬▬▬▬▬▬▬▬					
黄铁矿			▬▬▬▬▬▬▬▬▬▬▬▬▬▬▬▬▬▬▬▬▬			
黑云母		▬▬▬▬▬▬▬▬▬▬				
方解石			▬▬▬▬▬▬▬▬▬▬▬▬▬▬▬▬▬▬▬▬			
黄铜矿		▬	▬▬▬▬▬▬▬▬▬▬▬▬▬▬▬▬			
毒砂			▬▬▬▬▬▬▬▬▬▬▬▬▬▬			
磁黄铁矿			▬▬▬▬▬▬▬▬▬▬▬▬▬▬			
磁铁矿			▬▬▬▬▬▬▬▬▬▬▬▬▬▬			
方铅矿	▬▬▬▬▬▬▬▬▬▬▬▬▬▬▬▬▬▬▬▬▬▬▬					
闪锌矿	▬▬▬▬▬▬▬▬▬▬▬▬▬▬▬▬▬▬▬▬▬▬▬					
自然银					▬▬▬▬▬	
自然泌				▬▬		
辉银矿					▬▬▬▬▬▬	
浓红银矿					▬▬▬▬▬▬	
汞银矿					▬▬▬	
孔雀石						▬▬▬
褐铁矿						▬▬▬
辉铜矿						▬▬▬
斑铜矿						▬▬▬
赤铁矿						▬▬▬
铜蓝						▬▬▬

(二)成岩成矿时代

王龙生等(2005)选取了靠近矿区东南部约3km的百灵山花岗岩体中的锆石进行年龄测定,以判断该矿床的形成时代。通过SHRIMP锆石U-Pb年龄测定,获得谐和年龄为(297 ± 3)Ma($n=12$,MSWD$=1.04$),反映了花岗岩的侵位年龄,应为成矿年龄的下限,即成矿发生在晚石炭世末—早二叠世期间。

(三) 成矿物质来源

维权矿区矿石中黄铁矿、黄铜矿、磁黄铁矿的硫同位素 $\delta^{34}S_{CDT}$ 介于 $-2.7‰$~$-0.6‰$ 之间,平均 $-1.73‰$,反映矿区硫源均一,硫同位素具有壳幔混合来源特征。

铅同位素组成较均一,矿石铅的 $^{206}Pb/^{204}Pb$ 值变化范围为 17.984 8~18.278 5, $^{207}Pb/^{204}Pb$ 为 15.518 8~15.653 6, $^{208}Pb/^{204}Pb$ 为 37.812 5~38.465 0。μ 值为 9.35~9.58, ω 值为 35.11~37.87,表明铅同位素主要来自地幔,少量铅是与岩浆作用有关的壳幔混合铅。

(四) 矿床成因

前人研究表明,维权银(铜)矿床属于矽卡岩型矿床(王龙生等,2005;王新昆等,2008)。在晚海西期造山背景下,花岗质岩浆侵入到钙质围岩中,接触变质作用和交代作用形成石榴子石矽卡岩带。矽卡岩形成后,以残余岩浆矿液为主的流体,通过韧性断裂发生运移、循环,硫化物大量沉淀于矽卡岩带上被断裂切割的地段,形成叠加型硫化物矿化。部分学者认为主要成矿期为热液期,其成因属岩浆热液脉状型矿床(董连慧等,2017)。本次研究认为维权银(铜)矿属于钙矽卡岩型银(铜)多金属硫化物矿床。

第四章　区域成矿规律与成矿模式

第一节　矿产资源特征

一、矿产资源分布

觉罗塔格成矿带目前发现矿产36种,包括煤、铁、锰、铬、钒、钛、铜、铅、锌、镍、钴、钨、铋、钼、金、银、锂、铼、硫铁矿、萤石、盐、水晶、硅灰石、叶蜡石、石膏、冰洲石、钠硝石、钾硝石、石灰岩、白云岩、脉石英、砂(建筑用砂)、辉长岩、安山岩、花岗岩、大理岩等。优势矿种为:铁、铜、镍、钼、铅锌、金、花岗岩等。该带重要矿产特征见表4-1。带内已发现矿产地295处,其中成型矿床88处(占29.8%),包括超大型2处、大型9处、中型25处、小型52处以及矿点207处(占70.2%)。该成矿带优势矿产已查明资源储量如下:铁$20510×10^4$t,铜$970.1×10^4$t,锌36403t,镍$7.25×10^4$t,钼$78.62×10^4$t、金51.73t,银2062t、锂$0.15×10^4$t,硫铁矿$706.8×10^4$t。

二、矿床类型划分及其特征

(一)矿床类型划分

按照《中国矿产地质志·新疆卷》(2021)中的矿床类型划分方案,觉罗塔格成矿带涉及2个一级分类、3个二级分类及13个三级分类和20个四级分类(表4-1)。

(二)矿床类型的成矿特征

区内重要、主要、次要及较为典型的矿床类型特征如下。

岩浆型矿床:重要成矿类型,划分四级类型2个,主要分布于康古尔矿带,其次为小热泉子、雅满苏,成矿时代为C、P、T,有矿产地32处,成型矿床20处。岩浆熔离型,矿产地23处,成型矿床13处,主要为二叠纪铜镍矿化,共伴生钴、硫铁矿、钒、钛及稀散元素,个别岩体可做饰面石材,代表性矿床有黄山东、图拉尔根、香山西、路北;中酸性岩型,矿产地9处,成型矿床7处,主要为石炭纪、二叠纪、三叠纪的花岗岩(饰面用)矿产,代表性矿产地有咸水沟等。

斑岩型矿床:重要成矿类型,主要分布在康古尔矿带,其次为雅满苏矿带,发育石炭纪—二叠纪铜(钼)矿化,三叠纪钼(铜铼)矿化,矿产地11处,成型矿床6处,代表性矿床有土屋-延东、东戈壁、白山、帕尔塔格西。

表 4-1 东天山觉罗塔格成矿带矿床类型划分表

二级分类	三级分类（处/%）	四级分类	主要矿种	矿产地数（处/%）	重要程度	代表性矿床	备注
岩浆作用矿床	岩浆型矿床（32/9.97）	岩浆熔离型	铜、镍、辉长岩（钴、钒、钛）	23/7.17	重要类型	图拉尔根、黄山东、香山西、白鑫滩、路北	
		中酸性岩型	花岗岩（饰面用）	9/2.80	次要类型	咸水沟	
	伟晶岩型矿床（2/0.62）	花岗伟晶岩型	锂、玉石	2/0.62	次要类型	镜儿泉北山、镜儿泉西	
	矽卡岩型矿床（8/2.49）	钙矽卡岩型	铁、铜	7/2.18	次要类型	沙泉子北、红岭	
		镁矽卡岩型	硅灰石	1/0.31	次要类型	白春祥	
	斑岩型矿床（11/3.43）		铜、钼（铼）	11/3.43	重要类型	土屋、白山、东戈壁、帕尔塔格西	
	岩浆热液型矿床（82/25.55）	构造蚀变岩型	金、银、铜、铅、锌	4/1.25	重要类型	维权	
		脉状岩浆热液型	铁、锰、金、铜、铅、锌、钨、水晶、萤石、冰洲石、脉石英、宝石	45/14.02	主要类型	铁岭、红山梁、雅满苏西北、黄碱滩	
		中酸性侵入体内外接触带型	金、钨、钼（铋）	33/10.28	主要类型	康南、红滩	
	陆相火山岩型矿床（2/0.62）	陆相火山气液型	金	2/0.62	次要类型	石英滩	
	海相火山岩矿床（84/26.17）	海相火山气液型	铁、铜、金、铅、锌、硫铁矿、叶蜡石	82/25.55	主要类型	小热泉子、阿奇山、雅满苏、白山泉	
		海相火山-沉积型	铁、石膏	2/0.62	重要类型	库姆塔格	
变质作用矿床	变成型矿床（57/17.76）	区域变成型矿床	大理岩	5/1.56	次要类型	白山	
		动力变成（动力热液）型矿床	金、银、铅、锌	52/16.20	主要类型	康古尔、马头滩	造山型金矿
沉积作用矿床	砂矿型矿床（2/0.62）	冲洪积型	砂	2/0.62	次要类型	甘沟西	
	机械沉积型矿床（6/1.87）	海相机械沉积型	铁、钛（钒）	5/1.56	次要类型	鱼峰	
		陆相机械沉积型	铜	1/0.31	次要类型	沙西	
	化学沉积型矿床（30/9.35）	海相化学沉积型	铁、锰	29/9.03	次要类型	铁岭Ⅱ号	
		陆相化学沉积型	锰	1/0.31	次要类型	巴喀	
	蒸发沉积型矿床（2/0.62）	现代盐湖型	钾硝石、盐、钠硝石	2/0.62	次要类型	西戈壁	
	生物化学沉积型（2/0.62）	陆相生物化学沉积型	煤、铁	2/0.62	次要类型	野马泉	

海相火山岩型矿床：主要成矿类型，划分四级类型2个，主要分布在小热泉子、雅满苏矿带中，矿产地84处，成型矿床26处。海相火山气液型，主要为形成于石炭纪铁、铜、铅、锌、金、硫铁矿、叶蜡石矿化，共伴生有锌、银、硫铁矿等矿产，矿产地82处，成型矿床23处，代表性矿床有小热泉子、阿奇山、雅满苏、白山泉；海相火山-沉积型，主要为形成于石炭纪铁矿化，共伴生石膏，有2处成型矿床，代表性矿床有库姆塔格。

岩浆热液型矿床：主要成矿类型，划分四级类型3个，广泛分布在康古尔矿带、雅满苏矿带，其次分布在小热泉子矿带中，成矿时代为C、P，有矿产地82处，成型矿床9处。构造蚀变岩型，主要为石炭纪—二叠纪的金、银矿化，共伴生铜、铅、锌，有矿产地4处，成型矿床2处，代表性矿床有西凤山、维权；中酸性侵入体内外接触带型，主要为石炭纪—二叠纪的金、铜矿化，共伴生钨、钼、铋元素，有矿产地33处，成型矿床2处，代表性矿床有红滩、康南；脉状型，为石炭纪—二叠纪的铁、锰、铜、铅、锌、钨、金、银、萤石、冰洲石、脉石英、宝石（电气石、水晶）等矿化，其中以铁、铜、金为主，矿产地45处，成型矿床5处，代表性矿产地有铁岭、红山梁、垱西。

变成型矿床：主要成矿类型，划分四级类型2个，主要分布在康古尔、雅满苏矿带中，成矿时代为C、P，矿产地57处，成型矿床11处。区域变成型，为石炭纪大理岩矿化，有矿产地5处，成型矿床2处，代表性矿床有白山；动力变成（动力热液）型（造山型），为石炭纪—二叠纪的金矿化，部分矿区共伴生有银、铜、铅、锌，矿产地53处，成型矿床9处，代表性矿床有康古尔、马头滩。

矽卡岩型矿床：次要成矿类型，划分四级类型2个，主要分布在Ⅳ-8-①、Ⅳ-8-③矿带中，成矿时代为C、P，矿产地8处，成型矿床1处。钙矽卡岩型，为石炭纪—二叠纪铁、铜矿化，代表性矿产地有木头井子铁矿床、金滩铜矿点；镁矽卡岩型，主要为石炭纪硅灰石矿化，代表性矿床有白春祥小型硅灰石矿床。

伟晶岩型矿床：次要成矿类型，划分四级类型1个——花岗伟晶岩型，主要分布在Ⅳ-8-②矿带中的三叠纪锂、玉石（丁香紫）矿化，矿产地2处，成型矿床1处，代表性矿床为镜儿泉北山小型锂矿床。

陆相火山岩型矿床：次要成矿类型，划分四级类型1个——陆相火山气液型，主要分布在Ⅳ-8-②矿带中的二叠纪金矿化，矿产地2处，成型矿床1处，代表性矿床为石英滩小型金矿床。

蒸发沉积型矿床：次要成矿类型，划分四级类型1个——现代盐湖型，分布在Ⅳ-8-②矿带中，主要为第四纪钠硝石、钾硝石、盐矿化，矿产地1处，为西戈壁钠硝石大型矿床。

第二节　主要成矿区（带）

一、成矿区带划分

东天山地区成矿带进一步划分为4个Ⅳ级矿带，详见表4-2。

二、Ⅳ级矿带特征

（一）小热泉子Cu-Ni-Pb-Zn-Au-硅灰石-硫铁矿矿带（Ⅳ-8-①）

该矿带位于成矿带西段，相当于小热泉子晚古生代残留弧（I-1-7¹）。呈近东西走向，向南突出的弓状，长约210km，宽10~44km，面积约$0.53×10^4$km²。主要发育石炭纪火山-沉积岩系及二叠纪火山岩，侵入岩较少发育。矿带内已发现铜、锌、镍、金、硫铁矿、硅灰石、冰洲石、石灰岩、建筑用砂等9个矿

表 4-2 东天山地区成矿区带划分表

Ⅰ级成矿区域名称及编号	Ⅱ级成矿省及编号	Ⅲ级成矿区带及编号	Ⅳ级矿带及编号	Ⅴ级找矿远景区编号	代表性矿床
古亚洲成矿区域Ⅰ-1	准噶尔成矿省Ⅱ-2	Ⅲ-8 觉罗塔格 Cu-Ni-Fe-Mn-V-Ti-Au-Ag-Mo-W-Pb-Zn-RM-钠硝石-石膏-硅灰石-煤-硫铁矿-硅灰石-玉石-水晶-萤石-叶蜡石-石灰岩-大理岩成矿带（V_e-V_m；V_{m-l} I-Y；Mz；Cz）	Ⅳ-8-① 小热泉子 Cu-Ni-Pb-Zn-Au-硅灰石-硫铁矿矿带（Vm）	Ⅴ-35 小热泉子 CuAuZnAg 找矿远景区（C）	小热泉子石炭纪海相火山气液型铜矿床
			Ⅳ-8-② 康古尔-土屋-黄山 Cu-Ni-Ti-Au-Ag-Mo-W-Pb-Zn-RM-钠硝石-硫铁矿-硅灰石-宝石-水晶-玉石-萤石-叶蜡石-大理岩矿带（V_{m-l}；I-Y；Mz；Cz）	Ⅴ-36 康古尔 FeAuAg 找矿远景区（V_{m-l}；I-Y）	康古尔石炭纪造山型金多金属矿床
				Ⅴ-37 土屋 CuMoNiAuAgS 找矿远景区（V_{m-l}；I-Y）	土屋石炭纪斑岩型铜矿床、帕尔塔格西铜矿床
				Ⅴ-38 黄山东 CuNiMoAuAgSLi 找矿远景区（V_{m-l}；I-Y）	黄山东岩浆熔离型铜镍矿床
			Ⅳ-8-③ 阿奇山-雅满苏-沙泉子 Fe-Mn-Co-V-Ti-Au-Cu-Ag-Pb-Zn-石膏-煤-硫铁矿-石膏-石灰岩矿带（V_{m-l}；Mz）	Ⅴ-39 雅满苏 FeCuMoAu 找矿远景区（V_{m-l}）	雅满苏海相火山气液型铁矿床
				Ⅴ-40 库木塔格 FeCuMoAuAg 钾盐找矿远景区（V_{m-l}；I-Y；Mz-Cz）	库姆塔格石炭纪海相化学沉积型铁矿床
	塔里木成矿省Ⅱ-4	Ⅲ-11 那拉提-巴伦台-卡瓦布拉克 Fe-Mn-Pb-Zn-Au-Ag-Cu-Ni-Co-Cr-V-Ti-REE-RM-U-W-Sn-Mo-Re-Pt 族-天青石-蓝晶石-硅灰石-钾硝石-钠硝石-芒硝-石墨-盐-云母（白云母）-磷灰石-硫铁矿-水晶-长石-滑石-冰洲石-萤石-红柱石-蛭石-花岗岩（饰面用）-煤-宝玉石矿带（Pt；Cl；V_e；V_{m-l}；Mz；Cz）	Ⅳ-11-③ 卡瓦布拉克-星星峡 Fe-Mn-Pb-Zn-Au-Ag-Cu-Ni-Co-Cr-V-Ti-REE-RM-U-W-Sn-Mo-Re-硅灰石-钾硝石-钠硝石-芒硝-石墨-盐-云母（白云母）-磷灰石-水晶-长石-宝玉石-冰洲石-萤石-红柱石-蛭石-花岗岩（饰面用）矿带（Pt；C_e；V_e；V_{m-l}；I-Y；Cz）	Ⅴ-56 彩霞山 FePbZnAgCr 钾盐找矿远景区（Pt；C_e；V_e；V_{m-l}；Cz）	彩霞山中元古代碳酸盐-碎屑岩型铅锌矿床
				Ⅴ-57 天湖 FeCuNiPbZnWSnAgCr 钾盐找矿远景区（Pt；C_e；V_e；V_{m-l}；Cz）	天湖新元古代区域变质型铁矿床
				Ⅴ-58 马庄山 FeCuNiPbZnWSnAuAg 找矿远景区（V_e；V_{m-l}；I-Y）	马庄山石炭纪海相火山气液型金矿床

种，重要矿产为铜、镍、金3种。矿带内各类矿产地17处，成型矿床10处，其中中型4处，小型6处，成矿强度18.87。

该矿带内主要成矿地质事件及矿化类型有：与早石炭世拉张环境火山岩建造有关铜、多金属、硫铁矿矿化（鄯善县小热泉子中型铜锌硫铁矿床）；与石炭纪汇聚阶段中酸性火山-深成岩建造有关铜、金、硅灰石、冰洲石矿化（托克逊县白春祥小型硅灰石矿床、鄯善县色尔特能铜矿点）；与石炭纪末碰撞后伸展期镁铁—超镁铁岩建造有关铜、镍、铁、钛矿化（鄯善县路北中型铜镍矿床）；与晚石炭世汇聚阶段海相火山-沉积建造有关的石灰岩矿化（托克逊县湖西包矿区中型石灰岩矿床）；与新近纪陆相沉积有关锰、砂矿化（托克逊县干康古尔-土屋-黄山 Cu-Ni-Ti-Au-Ag-Mo-W-Pb-Zn-RM-钠硝石-硫铁矿-硅灰石-宝石-水晶-玉石-萤石-叶蜡石-大理岩矿带沟西小型砂矿床）。

（二）康古尔-土屋-黄山 Cu-Ni-Ti-Au-Ag-Mo-W-Pb-Zn-RM-钠硝石-硫铁矿-硅灰石-宝石-水晶-玉石-萤石-叶蜡石-大理岩矿带（Ⅳ-8-②）

该矿带位于成矿带中段北部，相当于康古尔-苦水蛇绿混杂岩带（I-1-7²）。呈近东西走向，长约540km，宽11~50km，面积约1.72×10⁴km²。主要发育下石炭统火山岩建造及汇聚阶段上石炭统下部复理石-中酸性火山岩建造，侵入岩发育，自酸性至超基性均有出露，康古尔塔格韧性剪切带为主要构造。矿带内已发现煤、铁、锰、铬、铜、铅、锌、镍、钼、金、银、锂、铼、硫铁矿、萤石、盐、水晶、叶蜡石、钠硝石、钾硝石、石灰岩、脉石英、辉长岩、安山岩、花岗岩、大理岩、宝石、玉石28个矿种。重要矿产有铜、镍、钼、金、花岗岩5种矿产。矿带内有各类矿产地150处，成型矿床44处，其中超大型2处，大型6处，中型12处，小型24处，成矿强度25.64。

带内成矿主要地质事件及矿化类型有：与早石炭世伸展环境火山岩建造有关铁、铜、金、硫铁矿、叶蜡石、安山岩矿化（鄯善县阿奇山北金兰小型铁矿床、鄯善县红石小型叶蜡石矿床）；与石炭纪汇聚阶段中酸性火山-深成岩建造有关铁、铜、钼、铅、锌、金、银、萤石、水晶、脉石英、花岗岩矿化[哈密市土屋超大型铜矿床、帕尔塔格西铜矿床、哈密市红滩小型金矿床、鄯善县咸水沟必尔阿塔中型花岗岩（饰面用）床、鄯善县石西小型萤石矿床、哈密市垄西小型宝石矿床、哈密市镜儿泉小型锂矿床、哈密市镜儿泉西玉石矿点]；与早二叠世上叠地堑陆相火山岩建造有关金、银矿化（鄯善县石英滩中型金矿床）；与石炭纪末碰撞后伸展期镁铁—超镁铁岩建造有关铜、镍、铁、钛矿化（哈密市黄山东大型铜镍矿床、哈密市图拉尔根中型铜镍矿床）；与早石炭世汇聚阶段海相沉积建造有关的铁、锰、石灰岩矿化（哈密市967高地铁锰矿点、哈密市白石头矿区中型石灰岩矿床）；与石炭纪汇聚阶段变质岩系有关的大理岩矿化（哈密市白山大型大理岩矿床）；与石炭纪含矿流体作用有关的金矿化（鄯善县齐石滩金矿点）；与晚石炭世—早二叠世后碰撞阶段韧性剪切带作用有关的构造蚀变岩型金矿化（鄯善县康古尔中型金铜铅锌矿床、鄯善县马头滩中型金矿床）；与三叠纪板内中酸性岩浆侵入有关的哈密市白山斑岩型大型钼铼矿床；与早—中侏罗世含煤建造有关的煤、铁矿化（哈密市野马泉一井田小型煤矿床、哈密市野马泉铁矿点）；与全新世表生蒸发作用有关钠硝石、盐、钾硝石矿化（哈密市西戈壁大型钠硝石矿床、鄯善县喀拉乔盐钾硝石矿点）。

（三）阿奇山-雅满苏-沙泉子 Fe-Mn-Co-V-Ti-Au-Cu-Ag-Pb-Zn-石膏-煤-硫铁矿-石膏-石灰岩矿带（Ⅳ-8-③）

该矿带位于成矿带中段南部，相当于雅满苏晚古生代弧前盆地（I-1-7³）。呈近东西走向，长约460km，宽5~33km，面积约1.09×10⁴km²。矿带内发育石炭系火山-沉积岩系，二叠纪火山碎屑岩，侵入岩发育。矿带内已发现铁、锰、钒、钛、铜、铅、锌、钨、铋、钼、金、银、石膏、石灰岩、脉石英、花岗岩、大理岩、宝石18个矿种。重要矿产有铁、钼、铅、锌、银等5种矿产。矿带内有各类矿产地158处，成型矿床

34处,其中超大型1处,大型2处,中型10处,小型21处,成矿强度31.15。

矿带内成矿主要地质事件及矿化类型有:与早石炭世拉张环境火山岩建造有关铁、铜、铅、锌矿化(鄯善县阿奇山大型铅锌矿床、哈密市雅满苏中型铁矿床、哈密市长城山小型铜矿床);与石炭纪汇聚阶段中酸性火山-深成岩建造有关铁、铜、钼、铅、锌、钨、铋、金、银、脉石英、花岗岩、宝石矿化(鄯善县铁岭中型铁矿床、鄯善县红山梁小型铜矿床、鄯善县维权小型银多金属矿床、哈密市白干湖中型铅锌矿床);与早石炭世汇聚阶段海相沉积建造有关的铁、锰、铜、钒、钛、白云岩、石灰岩矿化(哈密市鱼峰小型钒钛铁矿床、哈密市图兹雷克锰矿点、哈密市雅满苏东大型石灰岩矿床);与晚石炭世汇聚阶段海相火山-沉积建造有关的铁、石膏矿化(哈密市库姆塔格中型铁石膏矿床);与石炭纪末—早二叠世上叠盆地火山-沉积岩有关铜矿化(哈密市沙西铜矿点);与石炭纪汇聚阶段变质岩系有关的大理岩矿化(哈密市雅满苏大理岩矿点);与晚石炭世—早二叠世后碰撞阶段韧性剪切带作用有关的构造蚀变岩型金矿化(哈密市夹白山小型金矿床);与三叠纪板内中酸性岩浆侵入有关的钼矿化(哈密市东戈壁斑岩型超大型钼矿床。

(四)卡瓦布拉克-星星峡 Fe-Mn-Pb-Zn-Au-Ag-Cu-Ni-Co-Cr-V-Ti-REE-RM-U-W-Sn-Mo-Re-硅灰石-钾硝石-钠硝石-芒硝-石墨-盐-云母(白云母)-磷灰石-水晶-长石-宝玉石-冰洲石-萤石-红柱石-蛭石-花岗岩(饰面用)矿带(Ⅳ-11-③)

该矿带位于成矿带东段,呈近东西向展布,长约460km,宽15~90km。带内基本为前寒武纪变质基底,东端包括觉罗塔格石炭纪造山带部分。

矿带内已发现铁、铅、锌、铜、镍、铬、银、钒、钛、稀土金属、云母(白云母)、蛭石、盐、芒硝、硅灰石、花岗岩石材16个矿种,但以铁、铅、锌、铜、镍、钒、钛、白云岩、云母(白云母)、盐、芒硝、花岗岩石材为主。矿带内各类矿产地计217处,其中大型矿床6处、中型矿床13处、小型矿床35处,成矿强度居全疆Ⅳ级矿带之冠,达35。

矿带内主要成矿地质事件及矿化类型有:与中元古代双峰式火山-沉积建造有关铁、铜矿化(哈密池西铁铜矿点);与中元古代镁质碳酸盐岩-碎屑岩沉积建造变质岩系中有关铅锌、银、白云岩、石墨矿化(彩霞山铅、锌、银大型矿床,星星峡大型白云岩矿床,白石头泉小型石墨矿床);与新元古代碳酸盐岩建造有关铜、铅锌、银矿化(西铅炉子小型铅、锌、银矿床);与新元古代花岗岩类岩浆作用有关稀土、金、云母(白云母)、宝石矿化[红柳井及石英滩2处小型稀土矿床,石英滩及图兹雷克中型云母(白云母)矿床、宝石矿床];与新元古代变质岩系有关铁、铜、磷矿化(天湖大型铁矿床、沙垅中型铁矿床、玉山小型铁矿床和尖山子Ⅰ号磷灰石矿点);与寒武纪盖层沉积有关沉积磷、钒、铀矿化(卡瓦布拉克21号钒铀矿点);与寒武纪沉积作用有关沉积铁、玉石矿化(大水北矿点、天湖绿松石矿点);与泥盆纪蛇绿岩有关铬铁矿化(碱泉Ⅰ号及阿拉塔格南13号铬铁矿点);与石炭纪海相火山岩建造有关铁、金、铅锌、银矿化(马庄山中型金矿床、坡子泉小型铁矿床、小白石头泉小型铅锌银矿床);与石炭纪末—早二叠世弛张期基性—超基性岩建造有关铜镍矿化(白石泉小型铜镍矿床、天宇中型铜镍矿床及天香小型铜镍矿床);与晚石炭世—二叠纪活化岩浆作用有关铁、钒、钛、铜、金、银、铅锌、钨、钼、铍、玉石、硅灰石、花岗岩石材矿化[沙垅东大型钨(萤石)矿床、尾亚中型钒钛磁铁矿床、库姆塔格Ⅱ号中型铁矿床、阿拉塔格中型铁矿床、双井子小型铁矿床、黄龙山小型铜矿床、库姆塔格小型钼矿床、照壁山及修翁哈拉小型金矿床、砖井山小型钨矿床及小白石头中型钨矿床、明水西小型铅锌矿床、吉源小型铅锌银矿床、白石头泉铍天河石矿、芨芨槽子哈密翠矿点、星星峡大型花岗岩石材矿床及独峰山中型硅灰石矿床];与印支期构造旋回构造-岩浆作用有关金、钨矿化(金窝子3号中型金矿床、黄羊泉小型钨矿床);与印支期含矿流体作用有关金矿化(南金山中型金矿床、金窝子210小型金矿床);与第四纪盐湖沉积有关盐、芒硝、钠硝石、钾硝石等盐类矿床(裤子山东盐池小型钠硝石及钾硝石矿床、图兹雷克小型盐、芒硝矿床)及与风化作用有关蛭石矿化(石英滩1361高地南蛭石)。

第三节　主要矿产时空分布规律

一、空间分布规律

研究区铜、镍、金、铅锌、银、钨、钼等有色及贵金属在空间上具有成带分布、集中成矿的特点。根据成矿环境、控矿因素、成矿特征等将研究区划分为3个Ⅲ级成矿带。下面对区内主要的金属矿产在自然地理上的空间展布规律进行总结。

（一）北部铜锌-铜钼矿带

沿恰特卡尔-克孜勒塔格一带分布，对应大地构造环境为岛弧带，南以康古尔塔格深大断裂为界，向北及两侧延出研究区以外。主要发育火山岩型铜锌矿床、镁铁—超镁铁岩型铜镍矿床和斑岩型铜钼矿床。

火山岩型铜锌矿床产于两个层位：中奥陶统荒草坡群大柳沟组安山岩-玄武岩-英安岩建造和下石炭统小热泉子组砾凝灰岩-凝灰岩夹安山岩建造，含矿岩系均为钠质钙碱性系列，长英质火山岩，矿体处于两个火山喷发旋回之间的火山沉积夹层中。奥陶纪火山岩型铜锌矿以喀拉塔格铜锌矿为代表，主要位于研究区以北，产出于中奥陶统荒草坡群，具有典型上部层状、下部交切网脉状的双层矿化结构，含矿层中条带状硅质岩、重晶石岩、铁碧玉岩等热水沉积岩类发育。在研究区内克孜勒塔格一带发育该套地层，具有寻找喀拉塔格式火山岩型铜锌矿潜力。石炭纪火山岩型铜锌矿以小热泉子铜矿为代表，产出于下石炭统小热泉子组地层中，主矿体呈层状产出，矿床形成后受到后期构造-岩浆作用改造强烈。在色尔特能-雅勒伯克及恰特卡尔一带，小热泉子组广泛发育，具有相似的成矿地质条件。

斑岩型铜钼矿以土屋-延东超大型铜钼矿和帕尔塔格西铜矿为代表，外围有赤湖、灵龙、福兴等矿床，构成了康古尔塔格断裂北侧的斑岩型铜矿带。铜矿主要产于斜长花岗斑岩、闪长玢岩及其安山质、玄武质围岩中，形成时代361～341Ma，为早石炭世初期。该类型矿床目前仅发现于研究区东部土屋一带东西40km范围内，在研究区向西200km范围内尚未发现斑岩型铜矿点，具有巨大的找矿潜力。

（二）中部金镍银铅锌矿带

矿带位于研究区中部，阿奇山、康古尔、维权、夹白山一带，对应构造环境为石炭纪拉张环境，雅满苏大断裂两侧范围内，主要发育造山型金矿、浅成低温热液型金矿、海相火山岩型铅锌银矿。在该带内亦有明显的分带性，自北而南为Au(Pb、Zn)→Pb、Zn、Ag(Cu)→Fe(Cu、Mo)，代表性矿床分别为康古尔金多金属矿-马头滩金矿、阿奇山铅锌矿-维权铅锌银矿等矿床。

浅成低温热液型金矿床以石英滩金矿为代表，产出于雅满苏大断裂以南早二叠世上叠陆相火山盆地中，受古火山机构控制，含矿构造为破火山口环状断裂系统。矿床处在东西向和南北向褶皱交会（横跨）处。含金微晶石英脉的容矿围岩以长英质火山岩为主，少量安山岩类，矿化类型属低硫化物的冰长石-绢云母型。成矿年龄集中在(288 ± 7)～(276 ± 7)Ma和(261.6 ± 7)～(244 ± 9)Ma两个时间段内。矿石石英包裹体测温显示成矿热液温度为108.5～190.5℃（完全均一温度），平均149.9℃，略低于康古尔塔格金矿（100～280℃）和马头滩金矿（130～250℃），成矿热液盐度为9.18%～19.24%NaCleqv，平均13.84%，与康古尔塔格金矿（平均12.08%）相当，换算成矿深度小于1km，属较为典型的浅成低温热液型金矿床。

造山型金矿，以康古尔金多金属矿和马头滩金矿为代表，产出于雅满苏断裂南侧下石炭统雅满苏组火山-沉积岩系，金矿体赋存在中部凝灰岩、安山岩、英安岩、粗面岩岩层中，岩石普遍发育糜棱岩化。侵入岩主要为石英正长斑岩，岩体中黄铁矿金含量普遍偏高，推测其可能为成矿提供了一定的物源。对各成矿阶段同位素年龄测定显示，第一成矿阶段磁铁绿泥蚀变岩阶段石英流体包裹体 Rb-Sr 等时线年龄为(282±5)Ma，磁铁矿和黄铁矿 Sm-Nd 等时线年龄为(290.4±7.2)Ma，第二成矿阶段为黄铁矿石英脉阶段；第三阶段为多金属硫化物阶段，Rb-Sr 等时线年龄为(258±21)Ma；第四成矿阶段为碳酸盐石英脉阶段，石英流体包裹体 Rb-Sr 等时线年龄为(254±7)Ma。通过康古尔塔格金矿与石英滩金矿的对比发现，二者成矿具有很大的相似性，成矿时间上分两段，分别为 280Ma 和 250Ma 左右，二者分别与早二叠世的火山喷发活动及浅成侵入岩的侵入活动时间相一致，从二者流体包裹体温度、成分来看也基本一致。二者的差异之处在于石英滩金矿未见明显的韧性剪切变形，康古尔塔格金矿处于秋格明塔什-黄山韧性剪切带的影响带中，这说明区域金矿成矿与早二叠世的陆相火山活动及晚二叠世的浅成侵入岩浆活动关系密切，韧性剪切带仅是提供了一定的构造条件。区内晚二叠世浅成侵入体极为发育，具有极大的找矿前景。

岩浆熔离型铜镍矿为最近几年有突破的矿种类型，岩体沿康古尔塔格深大断裂北侧分布，目前已发现白鑫滩、路北两个中型铜镍矿及红岭、海豹滩等铜镍矿点，均产出于早二叠世镁铁—超镁铁岩体中，岩体普遍呈岩盆状，矿体产出于岩体边部及底部，同一侵入期次岩体的基性程度偏低的岩相中。与沙垄以东黄山东式铜镍矿相比，矿体产状普遍较缓，小于 45°。在白鑫滩及路北铜镍矿床中均发现有后期矿浆贯入式铜镍富矿体，具有品位高、埋藏浅、富含铂族元素及贵金属元素的特征(田江涛，2019)。本次工作在康古尔塔格深大断裂两侧发现了数十处镁铁—超镁铁岩体(田江涛，2018)，主要集中分布于恰特卡尔、克孜勒塔格、海豹滩等地区，展示了较大找矿潜力。

海相火山岩型铅锌(银)矿床，以阿奇山铅锌矿、维权银铅锌矿为代表，受层位控制明显，主要产出于下石炭统雅满苏组第三、第四岩性段火山-沉积岩系中，夹碳酸盐岩。目标层位中 Pb、Zn、Ag 元素具有较高的背景值，发育似层状矽卡岩，主要矿物为石榴子石、透辉石、绿帘石。该矽卡岩为热水溶液顺层交代灰岩、钙质粉砂岩而形成，在阿奇山和维权矿区均有大面积出露。矿区侵入岩不甚发育，矿体呈层状、似层状，产状与地层产状一致。其中主要成矿元素为 Pb、Zn，伴生 Ag，主要赋矿岩石为矽卡岩及灰岩、火山灰凝灰岩。受后期构造及热液叠加成矿作用，在构造破碎带有 Ag、Pb、Zn 元素的再富集作用，形成后期构造热液型银多金属矿，其产状与地层产状相交。下石炭统雅满苏组在研究区内及区外延伸大于 400km，呈带状展布，展现出极大的找矿潜力。

自然铜矿化分布于阿其克库都克断裂北侧，产于上石炭统土古土布拉克组的玄武岩夹凝灰岩层中，已发现十里坡、黑龙峰、长城山、彩珠等多处矿点，形成东西长约 100km 的自然铜矿化带。自然铜主要赋存于玄武岩及凝灰岩层中，矿化不均匀，以浸染状、团块状自然铜为主，局部发育赤铜矿，偶见黄铜矿。

(三)南部铁铅锌金银钨矿带

矿带位于研究区南部，卡瓦布拉克至阿拉塔格一带，对应构造环境为中天山地块，北以阿其克库都克大断裂为界，向南及两侧延出研究区以外，主要发育层控热液型铅锌(银)矿、矽卡岩型钨矿、火山岩型铁矿，具有寻找岩浆熔离型铜镍矿的前景。

海相火山岩型铁矿床主要产于雅满苏组地层中，个别产于上石炭统土古土布拉克组中，以火山喷流沉积型为主，铁矿体呈似层状、透镜状分布于火山岩与沉积岩的过渡层位，其被后期花岗岩侵入的部位可发育矽卡岩化。不同成矿元素组合与含矿火山岩的地球化学特点密切相关。火山喷流沉积铁矿床(雅满苏、赤龙峰、黑峰山、百灵山等)的含矿火山岩系，以粗面质火山岩类占优势，具有高碱高钾特征；铁铜矿床(沙泉子)的含矿火山岩则为正常钙碱系列的玄武安山岩-英安岩-流纹岩组合；而以银帮山为代表的VMS型铜(锌)矿床,则与钠质的玄武岩-英安岩-流纹岩有关。

碳酸盐岩-碎屑岩型铅锌(银)矿床主要产于蓟县系卡瓦布拉克岩群碳酸盐岩地层中,具有明显的层控性,又经历了海西期花岗岩的改造富集。代表性矿床有彩霞山、吉源等矿床。赋矿岩石为黄铁矿化白云石大理岩、含碳质粉砂岩。矿体受阿其克库都克大断裂之次级断裂形成的破碎带控制。矿体形态多为脉状、透镜状、似层状。近矿围岩蚀变强烈,主要有透闪石化、硅化、白云石化、碳酸盐化、滑石化、绿泥石化等。主要矿石矿物为闪锌矿、方铅矿、黄铁矿、磁黄铁矿,金属硫化物呈细脉状、网脉状沿岩石裂隙充填。与石炭纪钙碱性花岗岩浆活动密切相关。

矽卡岩型钨(铷)矿,在研究区内尚未发现成型矿床,但在同一成矿带的东邻区发现有沙东大型钨铷矿床。主要沉积地层为蓟县系卡瓦布拉克岩群浅海-滨海相富含硅质碳酸盐岩夹碎屑岩建造。岩浆活动具多期次侵位特征,矿区发育正长花岗岩、黑云母花岗岩及灰绿色闪长岩,阿拉塔格-尖山子断裂及其分支断裂从矿区通过,矿体以似层状为主,次为脉状或分枝复合体。矿体WO_3品位一般为0.064%~0.4%,最高品位为1.3%,矿床平均品位为0.265%。共伴生铷矿多赋存于花岗伟晶岩、片麻岩和大理岩的绢云母、锂云母、白云母中,矿体Rb_2O品位一般为0.044%~0.061%,最高品位为0.134%,矿床平均品位为0.054%,矿体形态与钨矿一致。

二、时间分布规律

研究区经历了漫长的地质演化,在地壳发育的不同阶段,不同的成矿作用形成了不同规模、不同类型的各类矿产,这些矿产在时间分布上具有明显的不均匀性,形成了一些成矿作用比较明显的主成矿期和成矿作用相对较弱的次要成矿期。研究区主要金属矿产的主成矿期对于不同矿种,其成矿的具体时间规律还有所差别,下面对铜镍、金、铅锌等主要矿种时间分布规律进行分析。

铜(镍)矿:研究区铜矿主要产于石炭纪,其次为奥陶纪、早二叠世,主要类型为斑岩型,其次为海相火山岩型及岩浆熔离型。铜矿的时间分布规律与区域大地构造演化期相对应。奥陶纪—泥盆纪,区域环境为拉伸环境,发育大规模的火山喷发作用,伴随着较为强烈海相喷流-沉积成矿作用发育,形成卡拉塔格式的VMS型铜矿床,主要为红石铜矿;晚泥盆世—石炭纪时期,区域构造应力由拉伸变为挤压,伴随着洋壳的俯冲重熔,在俯冲板片上盘斑岩型铜矿化发育,代表性矿床为土屋-延东铜矿和帕尔塔格西铜矿,土屋含矿斜长花岗斑岩中锆石的U-Pb年龄为361~356Ma(王京彬等,2006),延东矿区细脉浸染状辉钼矿Re-Os等时线年龄为约323Ma(芮宗瑶等,2002a)。二叠纪区域构造环境为大陆碰撞后的弛张期,发育与上地幔岩浆沿区域性大断裂上侵形成的基性—超基性杂岩体,形成镁铁—超镁铁岩型铜镍矿床,代表性矿床主要为白鑫滩铜镍矿、路北铜镍矿,其成矿年龄在290~277.9Ma之间(Mao et al.,2008;Chen et al.,2018;Feng et al.,2018;Li et al.,2021)。在觉罗塔格石炭纪裂谷带晚石炭世土古土布拉克组中基性火山岩中发育自然铜矿化,具有较高的区域构造背景演化的研究价值,经济意义不大,未发现成型自然铜矿床。

金矿:金矿是成矿期比较长的矿种,在各个地质历史时期中都有出现。对研究区金矿研究较多的主要是康古尔塔格金矿、马头滩金矿及石英滩金矿,此外沿雅满苏断裂也发现有一系列带状展布的金矿点,在其他地区也发现有金矿点,但规律性不强,而康古尔塔格金矿、马头滩金矿一直以来均被认为与秋格明塔什-黄山韧性剪切带关系密切。根据前人大量同位素数据[红石金矿床石英Rb-Sr同位素定年等时线年龄为(257 ± 4)Ma(孙敬博等,2013),成矿期绢云母$^{40}Ar/^{39}Ar$测年结果为256~254Ma(陈文等,2010)]基本限定了金矿主成矿期的时代为晚二叠世。康古尔塔格金矿分两个阶段,分别为:早期成矿阶段,Rb-Sr等时线年龄282Ma,Sm-Nd等时线年龄为290Ma,二者限定了康古尔早期成矿段为早二叠世早期;多金属硫化物阶段,Rb-Sr等时线年龄为258~254Ma(张连昌等,1997),对应时代为晚二叠世。石英滩金矿成矿年龄集中在(288 ± 7)~(276 ± 7)Ma 和(261.6 ± 7)~(244 ± 9)Ma两个时间段内。

通过康古尔塔格金矿与石英滩金矿的对比发现，二者成矿具有很大的相似性，成矿时间上分两段，分别为280Ma和250Ma左右，二者分别与早二叠世的火山喷发活动及浅成侵入岩的侵入活动时间相一致，从二者流体包裹体温度、成分来看也基本一致。二者的差异之处在于石英滩金矿未见明显的韧性剪切变形，康古尔塔格金矿处于秋格明塔什-黄山韧性剪切带的影响带中，这说明区域金矿成矿与早二叠世的陆相火山活动及晚二叠世的浅成侵入岩活动关系密切，韧性剪切带仅提供了一定的构造条件。区内晚二叠世浅成侵入体极为发育，具有极大的找矿前景。

铅锌矿：本区铅锌矿主要产于前寒武纪和石炭纪地层中。区内层控-热液型铅锌矿主要产于长城系—蓟县系地层中（如东天山长城系—蓟县系碳酸盐岩地层中的彩霞山铅锌矿、吉源多金属矿），明显受层位控制，但这些控矿地层主要起到了矿源层的作用，主成矿期仍为海西期，是海西期岩浆及热液活动使矿源层中丰度值比较高的成矿元素进一步富集、运移，并在有利的构造部位沉淀成矿，因此，彩霞山铅锌矿、霍什布拉克铅锌矿都具有同生沉积及热液叠加改造的特点；火山岩型矿床则产于石炭系地层中，主要为下石炭统雅满苏组上部层位中，具喷流沉积特征，受后期火山热液叠加及构造-岩浆热液叠加作用影响。阿奇山铅锌矿为喷流-沉积成矿，后期火山热液顺层交代叠加，形成以铅、锌为主的矿床，维权银铅锌矿床为喷流-沉积成矿，期后火山热液顺层交代叠加，晚期构造-岩浆活动活化成矿物质，在破碎带富集成以银为主的多金属矿体。

铁矿：研究区铁矿主要形成于石炭纪，且以与火山作用有关的铁矿最为重要。早石炭世中期，产有与火山喷溢-次火山热液交代成因的雅满苏中型富磁铁矿床，早石炭世中晚期，于火山质碎屑岩中出现机械沉积的薄层含钒钛磁铁砂矿；到晚石炭世早期，在石英角斑岩、安山岩、凝灰岩等一套中酸性火山岩中，形成火山气液交代的沙泉子小型铁铜矿床，也发育有与变辉绿岩有关的类铁硅质建造型的赤（磁）铁矿沉积（999铁矿）；晚石炭世晚期火山活动转为间歇期，形成有与火山-沉积建造有关的菱铁矿矿床（库姆塔格）。显然，此阶段铁矿成矿构造聚敛场是受基底断裂控制的线型和中心式火山喷发活动形成的火山机构控制成矿（如阿奇山中心、雅满苏中心、沙泉子中心及其古火山机构），形成近火山口喷溢-热液交代充填的矿化类型和远火山口的火山-沉积菱铁矿型及含铁硅质岩矿化类型。

第四节　矿床成矿系列划分及特征

根据东天山成矿带构造演化及矿床在空间、时间上的分布及物质组成特征，划分出6个矿床成矿系列（10个亚系列）。按成矿旋回，晚古生代成矿作用最强，中生代、新生代渐弱。按成矿作用类型可划分为岩浆、变质、含矿流体及沉积成矿作用，以岩浆成矿作用为主（表4-3）。下面仅以觉罗塔格成矿带进行叙述。

一、晚古生代矿床成矿系列

晚古生代矿床成矿系列划分为岩浆、变质、沉积成矿作用矿床成矿系列3个，亚系列8个，重要成矿（亚）系列特征如下。

1. 与石炭纪海相火山-沉积建造有关铁、铜、铅、锌、金、银、硫铁矿床成矿亚系列

该成矿亚系列主要产出于雅满苏、小热泉子，其次为康古尔，主要矿床类型为海相火山气液型和海相火山-沉积型，发育铁、铜、铅、锌、金、银、硫铁矿、叶蜡石矿化。雅满苏带以铁、铅、锌矿化为主，其次为铜、硫铁矿、叶蜡石等，代表性矿床为雅满苏铁矿、阿奇山铅锌矿、长城山铜矿（自然铜），产出于火山喷发

表 4-3 东天山成矿带矿床成矿系列划分表

成矿区带	矿床成矿（亚）系列		矿床式	相关地质信息
觉罗塔格成矿带	Pz$_2$-21I 觉罗塔格岩浆成矿系列	※Pz$_2$-21Ia 与早石炭世拉张阶段火山-沉积建造有关的铁、铜、铅、锌、金、银、硫铁矿床成矿亚系列	小热泉子式海相火山气液型，雅满苏式海相火山气液型，阿奇山海相火山气液型、库姆塔格式海相火山-沉积型	小热泉子安山岩 Rb-Sr 测年（313±8.5）Ma；雅满苏 Sm-Nd 测年（352±46）Ma
		※Pz$_2$-21Ib 与石炭纪汇聚阶段中酸性侵入岩建造有关的铁、铜、钼、铅、锌、金、银、稀有金属、萤石、水晶、硅灰石矿床成矿亚系列	土屋式斑岩型、维权式构造蚀变岩型、铁岭Ⅰ号式脉状型、石西式脉状型、白春祥式镁矽卡岩型	土屋斜长花岗岩 SHRIMP 锆石 U-Pb 年龄（334±3）Ma；西凤山锆石 U-Pb 年龄（349.0±3.4）Ma
		Pz$_2$-21Ic 与早二叠世上叠地堑陆相火山岩建造有关的金、银矿床成矿亚系列	石英滩式陆相火山气液型	石英滩 Rb-Sr 测年为（287±9.9）Ma
		※Pz$_2$-21Id 与二叠纪碰撞后伸展期镁铁—超镁铁岩建造有关的铜、镍（钒、钛）-辉长岩矿床成矿亚系列	黄山式岩浆熔离型，图拉尔根式岩浆熔离型、香山西式岩浆熔离型	黄山、黄山东、香山西、葫芦等岩体 300~285Ma
	Pz$_2$-22S 觉罗塔格沉积成矿系列	Pz$_2$-22Sa 与早石炭世汇聚阶段海相沉积建造有关的铁、锰、铜、钛、石灰岩、白云岩矿床成矿亚系列	鱼峰式海相机械沉积型、白石头式海相化学沉积型	雅满苏组，底坎儿组
		Pz$_2$-22Sb 与二叠纪上叠盆地沉积建造有关的铜、锰矿床成矿亚系列	沙西式陆相机械沉积型、1106 高地式陆相化学沉积型	阿其克布拉克组
	Pz$_2$-23M 觉罗塔格变质成矿系列	Pz$_2$-23Ma 与石炭纪汇聚阶段区域变质作用有关的大理岩矿床成矿亚系列	白山式区域变成型大理岩	梧桐窝子组
		※Pz$_2$-23Mb 与晚石炭世—早二叠世后碰撞阶段韧性剪切带作用有关的构造蚀变岩型金（铜、铅、锌、银）矿床成矿亚系列	康古尔塔格式造山型	康古尔塔格 Rb-Sr 测年（290.4±7）Ma
	Mz-15S 阿奇山-雅满苏-沙泉子与早—中侏罗世含煤建造有关的煤、铁矿床成矿系列		野马泉式陆相生物化学沉积型	水西沟群
	※Mz-16I 康古尔-土屋-黄山与印支-燕山期花岗建造有关的钼、铼、稀有金属、玉石矿床成矿系列		东戈壁式斑岩型、白山式斑岩型、镜儿泉北山式花岗伟晶岩型	东戈壁辉钼矿 Re-Os 测年（231.9±6.5）Ma；白山花岗斑岩锆石 U-Pb 测年（240±5）Ma，辉钼矿 Re-Os 测年（229±4）Ma；镜儿泉白 ^{40}Ar-^{39}Ar 测年（243±2）Ma
	Cz-21S 觉罗塔格新生代沉积成矿系列	Cz-21Sa 康古尔-土屋-黄山与新近纪陆相沉积有关的锰、建筑用砂矿床成矿亚系列	巴喀式（陆相化学沉积型锰）	葡萄沟组
		Cz-21Sb 康古尔-土屋-黄山与全新世表生蒸发作用有关的钠硝石矿床成矿亚系列	西戈壁式（现代盐湖型-钠硝石）	

续表 4-3

成矿区带	矿床成矿(亚)系列		矿床式	相关地质信息
那拉提-巴伦台-卡瓦布拉克成矿带	那拉提-巴伦台-卡瓦布拉克与中元古代构造旋回沉积、岩浆、变质及流体成矿作用有关的铁、铜、铅、锌、银、宝石、冰洲石、水晶、石墨、刚玉、红柱石、磷灰石、白云岩矿床成矿系列组	Pt₂-3I 那拉提-巴伦台-卡瓦布拉克与中元古代岩浆作用有关的矿床成矿系列	※Pt₂-3Ia 与中元古代双峰式火山-沉积建造有关的铁、铜矿床成矿亚系列	池西式(海相火山气液型铁、铜)	卡瓦布拉克岩群片麻岩锆石 U-Pb 等时线(1216±74)Ma(刘树文等,2004)
		Pt₂-3Ib 与中元古代岩浆作用有关的铁、冰洲石、宝石矿床成矿亚系列	1061 高点式(脉状型铁)、石英滩式(花岗伟晶岩型绿柱石类宝石)、尾亚东南式(碳酸盐岩型冰洲石)	片麻状花岗岩 LA-ICP-MS 锆石 U-Pb 年龄(1551~1378)Ma(Lei et al.,2011),SHRIMP 锆石 U-Pb 年龄(1453±15)Ma~(1458±40)Ma(施文翔等,2010)
	Pt₂-4M 那拉提-巴伦台-卡瓦布拉克与中元古代变质作用有关的铁、石墨、刚玉、红柱石、白云岩矿床成矿系列		哈密市 M-40 式(区域变质型铁)、小白石头式(区域变成型石墨)、图兹雷克式(区域变成型刚玉)、大红山式(区域变成型红柱石)、尖峰式(区域变质型白云岩)	卡瓦布拉克岩群
	※Pt₂-5N 那拉提-巴伦台-卡瓦布拉克与中元古代镁质碳酸盐岩-碎屑岩沉积建造及含矿流体成矿作用有关的铅、锌、银、冰洲石矿床成矿系列		彩霞山式(碳酸盐岩型铅、锌、银)、宏源式(碳酸盐岩型铅、锌)	星星峡岩群,全岩 Sm-Nd 等时线年龄(1829±143)Ma(胡霭琴等,1998,2000)
	那拉提-巴伦台-星星峡与新元古代构造旋回岩浆、变质及流体作用有关的铁、铜、铬、镍、铂族、铅、锌、银、稀土、金、云母(白云母)、宝石、磷、白云岩矿床成矿系列组	Pt₃-3I 那拉提-巴伦台-星星峡岩浆矿床成矿系列	Pt₃-3Ia 卡瓦布拉克与新元古代蛇绿岩有关的铬矿床成矿亚系列	碱泉式(基性—超基性岩型铬)	蛇绿岩中辉橄岩和辉绿岩 SHRIMP 锆石 U-Pb 年龄 952~785Ma(李金阳等,2011)
		Pt₃-3Ib 那拉提-巴伦台-星星峡与新元古代花岗岩类岩浆作用有关的稀土、云母(白云母)、宝石矿床成矿亚系列	红柳井式(碱性岩-碳酸岩型稀土)、石英滩式[花岗伟晶岩型稀土、云母(白云母)、海蓝宝石]	红柳井片麻状黑云母混合花岗岩的全岩 Rb-Sr 等时线年龄(682±28)Ma(李华芹,2004);卡瓦布拉克二长花岗片麻岩 SHRIMP 锆石 U-Pb 年龄(942.1±7.2)Ma(彭明兴等,2012)
	Pt₃-4N 星星峡及那拉提与新元古代镁质碳酸盐岩-碎屑岩沉积建造及含矿流体作用有关的铅、锌、银、金矿床成矿系列		西铅炉子式(碳酸盐岩型铅、锌、银)、克拉克赛依式(黑色岩系型金)	帕尔岗塔格群(天湖群)
	※Pt₃-5M 那拉提-巴伦台-星星峡与新元古代变质岩系中铁、蓝晶石、大理岩矿床成矿系列		天湖式(区域变质型铁)、库米什式(区域变成型蓝晶石)、哈拉萨依源头式(区域变成型大理岩)	帕尔岗塔格群(天湖群)

续表 4-3

成矿区带	矿床成矿（亚）系列			矿床式	相关地质信息
那拉提-巴伦台-卡瓦布拉克成矿带	那拉提-巴伦台-卡瓦布拉克与海西构造旋回岩浆、沉积、变质作用有关的铁、锰、铜、铅、锌、钼、银、钨、菱镁矿、萤石、滑石、硅灰石、萤石、冰洲石、云母（白云母）、石墨、玉石、重晶石、自然硫矿床成矿系列组	Pz_1-14S 那拉提-巴伦台-星星峡沉积矿床成矿系列	Pz_1-14Sa 星星峡与寒武纪盖层沉积有关的沉积磷、钒、铀、白云岩、大理岩矿床成矿亚系列	卡瓦布拉克 21 号式（海相生物化学沉积型磷、钒、铀）	双鹰山组
		Pz_2-29I 那拉提-巴伦台-卡瓦布拉克岩浆矿床成矿系列	Pz_2-29Ib 那拉提-卡瓦布拉克与石炭纪末—早二叠世弛张期基性—超基性岩建造有关的铜、镍、钒、钛、铂族矿床成矿亚系列	白石泉式（岩浆熔离型铜、镍）、天宇式（岩浆熔离型铜、镍）、库姆塔格西式（岩浆熔离型铁、钛）	天宇辉长岩 SHRIMP 锆石 U-Pb 年龄（285±25）Ma（李华芹等，2006）
			Pz_2-29Ic 那拉提-星星峡与石炭纪海相火山岩建造有关的铁、锰、铜、金、银、铅、锌、重晶石、自然硫矿床成矿亚系列	马庄山式（海相火山气液型金、银）、坡子泉东式（海相火山气液型铁）	马庄山含金石英脉包体 Rb-Sr 测年为（298±28）Ma（李华芹等，2004）
			Pz_2-29Id 那拉提-星星峡与晚石炭世—二叠纪活化岩浆作用有关的金、铜、钼、铁、钒、钛、铅、锌、银、萤石、水晶、滑石、花岗岩石材矿床成矿亚系列	阿拉塔格式（钙矽卡岩型铁、铜）、沙东式（钙矽卡岩型钨、萤石）、库姆塔格II号式（钙矽卡岩型铁）、双井子式（脉状型铁）、吉源式（脉状型铜、银）、库姆塔格式（斑岩型钼）、尾亚式（花岗伟晶岩型水晶）	库姆塔格钼矿斑岩测年 Re-Mo 法（319.1+4.5）Ma（张长青等，2010）
			※Pz_2-29Ie 星星峡与晚二叠世板内碱性辉长岩有关的铁、钒、钛矿床成矿亚系列	尾亚式（基性—超基性岩型铁、钒、钛）	尾亚正长岩-碱性辉长岩体 SHRIMP 锆石、LA-ICP-MS 年龄 260～252Ma，为谐和数据点，为晚二叠世
		Pz_2-30S 巴伦台与泥盆纪海相沉积岩建造有关的铁、石膏、石灰岩矿床成矿系列		哈尔提沟式（海相化学沉积型铁）	阿尔皮什麦布拉克组

续表 4-3

成矿区带	矿床成矿（亚）系列		矿床式	相关地质信息
那拉提-巴伦台-卡瓦布拉克成矿带	那拉提-巴伦台-卡瓦布拉克与海西构造旋回岩浆、沉积、变质作用有关的铁、锰、铜、铅、锌、钼、银、钨、菱镁矿、萤石、滑石、硅灰石、萤石、冰洲石、云母（白云母）、石墨、玉石、重晶石、自然硫矿床成矿系列组	Pz₂-31M 那拉提-巴伦台-卡瓦布拉克变质矿床成矿系列		
		Pz₂-31Ma 巴伦台-卡瓦布拉克与泥盆纪—石炭纪变质作用有关的大理岩矿床成矿亚系列	桑树园子式（区域变成型大理岩）	艾尔肯组
		Pz₂-31Mb 巴伦台-卡瓦布拉克与石炭纪韧性剪切带作用有关的构造蚀变岩型金、银床成矿亚系列	三石岭式（造山型金）	伊什基里克组
	那拉提-巴伦台-卡瓦布拉克中生代构造旋回上叠内陆盆地与沉积、岩浆及变质作用有关的金、钨、铷、铍、天河石、煤矿床成矿系列组	※Mz-21I 星星峡与印支期构造旋回构造-岩浆作用有关的钨、铅、锌、铷、铍、天河石矿床成矿系列	白石头泉（碱性岩-碳酸岩型铷、铍、天河石）、砖井山式（钙矽卡岩型钨）	窝子 3 号含金石英脉包体 Rb-Sr 测年（228±22）Ma（李华芹等，2004）；白石头泉铷铍矿 Rb-Sr 等时年龄为（209.6±9.6）Ma，SHRIMP 锆石 U-Pb 年龄为（241.4±4.8）Ma（顾连兴等，1994；刘四海等，2008）
		※Mz-21I 星星峡与印支期构造旋回构造-岩浆作用有关的钨、铅、锌、铷、铍、天河石矿床成矿系列	白石头泉（碱性岩-碳酸岩型铷、铍、天河石）、砖井山式（钙矽卡岩型钨）	
	那拉提及卡瓦布拉克-星星峡新生代构造旋回与新生代表生及沉积作用有关的蛭石、钾硝石、钾盐、盐、芒硝矿床成矿系列组	Cz-27S 那拉提及卡瓦布拉克-星星峡与全新世陆相沉积有关的铜、钾硝石、钾盐、盐、芒硝矿床成矿系列	裤子山东盐池式（现代盐湖型钠硝石、钾硝石）、东盐湖式（现代盐湖型钾盐、盐、芒硝）	全新统
		Cz-28H 那拉提及卡瓦布拉克-星星峡与全新世表生风化作用有关的蛭石、绿松石矿床成矿系列	石英滩 1361 高地南式（氧化型蛭石）	

注：※表示成矿区带内重要矿床成矿系列。

沉积盆地中。受火山机构控制，以下石炭统雅满苏组中酸性火山-碎屑岩建造和上石炭统土古土布拉克组中基性火山熔岩-碎屑岩中为主要赋矿层位，铁（铜）矿产出于近火山口相粗火山碎屑岩建造中，铅锌矿化产出于远火山口相细火山碎屑岩-火山碎屑沉积岩中，铁、铜、铅、锌成矿过程均经历硫化物、铁氧化物和热液叠加成矿期，受控于物质基础和火山构造演化的差异，形成了不同的矿种组合。近年来，阿奇山、白干湖铅锌矿床的突破（二者相距 290km），结合区域化探异常组合，在雅满苏带内寻找海相火山气液型铅锌矿及受控于后期岩浆-构造叠加作用形成的银铜铅锌矿床，将大有可为。小热泉子地区以铜、金矿化为主，代表性矿床为小热泉子铜矿、哈尔拉金矿，以下石炭统小热泉子组为主要赋矿层位，铜（锌）矿发育于细碧-角斑岩组合（或玄武岩—流纹岩组合）上部基性岩与酸性岩界面的酸性岩一侧，多与火山角砾岩、粗粒火山碎屑岩有关,构造上受控于小热泉子穹窿;金矿化发育于上部酸性火山碎屑岩及次火山岩体中,在该构造带阔台克力克—恰舒乌瓦和恰特卡尔山东部发育粗晶玄武岩并见铜矿化,次火山岩体发育,富含细粒黄铁矿,具强硅化,具穹窿构造特征,并有铜异常对应,具有寻找小热泉子式铜矿的前景。

2. 与晚石炭世—早二叠世后碰撞阶段韧性剪切带作用有关的构造蚀变岩型金(铜、铅、锌)矿床成矿亚系列

该成矿亚系列主要发育于康古尔、雅满苏构造带的结合部位,是带内金最重要的成矿区域,代表性矿床为康古尔、马头滩,主要产出于石炭纪基性—中酸性火山熔岩、火山碎屑岩夹碳酸盐岩建造中,次火山岩体发育。金矿(化)带产于影响带边缘的脆-韧性剪切带中,矿体产于剪切带雁列张扭性裂隙带之中,矿(化)带具有上金、下铜、中部富铅锌的特点;垂深200m以上以金为主,到垂深300m以下则铜、铅、锌等有色金属增加。蚀变分带以矿体为中心,绿泥石-硅化带基本上与矿带分布相一致,黄铁绢英岩化带与强韧性剪切变形带相对应,青磐岩化带属最外层的蚀变带。区内中酸性火山岩层,特别是粗面岩,提供了矿源;矿带和矿体的分布均明显受断裂构造的控制,磁铁矿、绿泥石、自然金组成的矿石是本矿最富特色的金矿石类型。在有利成矿地质背景下,有充足的物源,通过区内的构造-热事件,造就最佳的物理化学环境,从而促使Au元素在脆-韧性剪切带内的有利空间卸载,形成了金矿。康古尔、雅满苏构造带仍有很好的金多金属矿找矿前景。

3. 与石炭纪汇聚阶段中酸性侵入岩建造有关铁、铜、钼、铅、锌、金、银、稀有金属、萤石、宝石(水晶)、硅灰石矿床成矿亚系列

该成矿亚系列是矿带内已知矿产地最多、矿床类型最丰富的成矿系列,涉及岩浆型、斑岩型、岩浆热液型和矽卡岩型4个三级矿床类型。以康古尔带矿化最强,向两侧渐弱。康古尔带内,以发育斑岩型铜(钼)矿床著称,代表性矿床为土屋铜矿床和帕尔塔格西铜矿床,石炭纪中酸性浅成岩体是重要的控矿地质体,赋矿岩石类型为闪长玢岩、花岗斑岩、斜长花岗斑岩;岩浆热液型矿产地众多,产出有金、铁、铜、铅、锌、锰、萤石、宝石(电气石)等矿种,金矿化普遍,最具经济价值,目前多为小型和矿点规模,代表性矿产地有康南、麻黄沟,在康南一带次火山岩体中富集金、砷、铜、钼、铋等元素,其中金、铜、钼等成矿元素异常规模大,呈现连续高含量,铜、金找矿潜力大;中酸性岩型花岗岩(饰面用)是新疆重要的建筑石材产地。小热泉子带主要形成晚石炭世侵入岩相关的钙矽卡岩型硅灰石矿床和中酸性侵入体内外接触带型金矿、脉状型冰洲石矿点。雅满苏带以岩浆热液型矿床最为发育,产出有铁、银、金、铜、铅、锌、钼、钨、铋、宝石(水晶)矿产,其中以铁、银、金最具找矿价值,代表性矿床为铁岭(脉状型);维权(构造蚀变岩型),刘家泉(中酸性侵入体内外接触带型)。近年,在铁岭铁矿区西段发现规模化辉钼矿化,阿奇山古火山机构中酸性侵入体分布区钼普遍富集,找矿前景值得重视。维权银矿为产出于下石炭统雅满苏组火山碎屑岩-碳酸盐岩建造构造破碎带中,与地层、侵入体密切相关,受控于构造破碎带,维东即为与阿奇山铅锌一致的受控于一定层位的海相火山气液型铅锌矿床,对于叠加于铅锌矿化带上的破碎带中极易富集形成高品位银多金属矿床,极具开发价值;此外还有钙矽卡岩型铁铜矿床、中酸性岩型花岗岩石材矿。

4. 与早二叠世上叠地堑陆相火山岩建造有关的金、银矿床成矿亚系列

该成矿亚系列主要分布与陆相中酸性火山岩密切相关的一类金矿床,是区内一种仅次于造山型的金矿床类型,已知有石英滩金矿床,产出于康古尔带西段二叠纪拉伸火山盆地下二叠统阿其克布拉克组中,火山机构控矿,金矿化多产于破火山口内及附近,石英霏细斑岩、流纹斑岩等次火山岩体被与火山热液有成因联系的石英脉充填其中,形成矿体。按照缺位找矿思想,在恰特卡尔及库姆塔格二叠纪火山岩发育区,值得引起注意。

5. 与二叠纪碰撞后伸展期镁铁—超镁铁岩建造有关的铜、镍（钒、钛）-辉长岩矿床成矿亚系列

该成矿亚系列主要形成于板块汇聚碰撞阶段晚期的弛张期，分布于康古尔裂陷槽和小热泉子坳折裂谷带中，是成矿带中重要的成矿亚系列之一，以发育岩浆熔离型铜镍矿而著称。以沙垄为界，以东代表性矿床有黄山东铜镍矿床、香山西铜镍（钒钛）矿床、图拉尔根铜镍矿床，共伴生硫铁矿及多种稀有元素；以西代表性矿床为路北铜镍矿床，沿康古尔大断裂，自西向东出露有色尔特能岩体、恰特卡尔岩体群、康古尔岩体群，在恰特卡尔岩体群中各项指标显示，其最具找矿潜力。此外在研究区内的觉罗塔格裂谷带中，红云滩铁矿北侧、康古尔塔格金矿南侧以及星星峡地块中均发现有镁铁—超镁铁岩体，其含矿性有待进一步评价。

二、中生代矿床成矿系列

中生代矿床成矿系列以发育岩浆成矿作用为主，以与印支-燕山期花岗岩建造有关的钼（铼）、稀有金属、玉石矿床成矿系列为代表。

该系列形成于三叠纪大陆碰撞造山体制下，发育强烈的岩浆活动，并伴随有多种金属矿床的形成，主要为斑岩型和花岗伟晶岩型，矿种组合为钼（铼）和锂、玉石。斑岩型矿床与晚三叠世早期高硅高钾钙碱性花岗岩密切相关。花岗伟晶岩型矿床与早三叠世白云母花岗岩、二云母花岗岩关系密切；鄯善采石场钾长花岗岩、石英滩石英流体体包裹体、土墩正长花岗岩年龄介于 246~226Ma 之间，可以看出，带内印支期成矿作用应引起重视，尤其是咸水沟岩体至秋格明塔什岩体一带发育的稀有金属及 Mo、W 等元素富集，对于寻找中生代钼、钨、稀有金属矿化具有较好的指示意义。

三、新生代矿床成矿系列

根据成矿作用的差异，其下又划分出两个成矿亚系列，分别为与新近纪陆相沉积有关的锰、建筑用砂矿床成矿亚系列和与全新世表生蒸发作用有关的钠硝石矿床成矿亚系列，前者主要发育陆相生物化学沉积型锰矿化和冲洪积型砂矿，均为矿点；后者主要产出于戈壁台地，代表性矿床为西戈壁现代盐湖型钠硝石矿床，在富含氮源的戈壁台地，在极端干旱条件下，通过淋滤作用、毛细蒸发作用和蒸发干化作用等形成钠硝石矿床。

第五节 成矿演化模式及成矿谱系

觉罗塔格成矿带成矿系列经历了以下 3 个构造-成矿演化阶段（图 4-1），时空演化的区域成矿模式如图 4-2 所示。

一、晚古生代成矿演化阶段

该阶段是区内主要成矿阶段，可分为拉张期、汇聚期、弛张期、固结期，各阶段代表性矿床成矿系列如下。

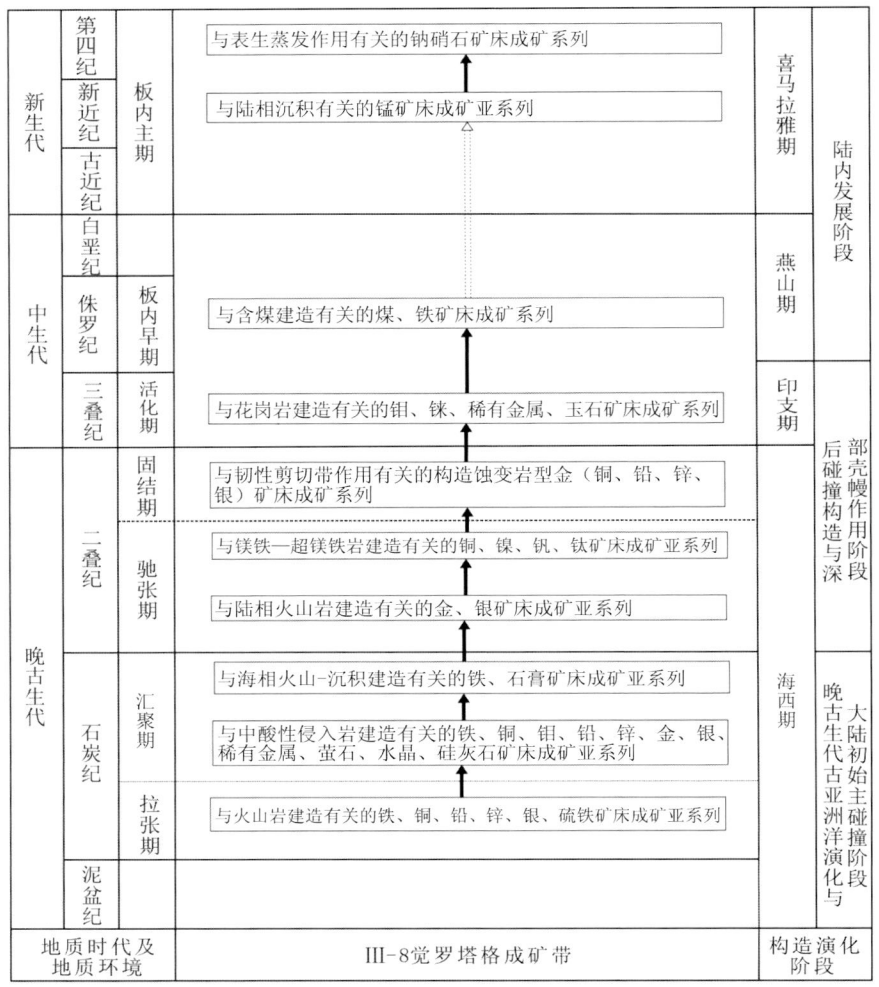

图 4-1　东天山觉罗塔格成矿带成矿谱系图(田江涛,2020)

拉张期:发育与早石炭世拉张阶段火山岩建造有关的铁、铜、铅、锌、金、银、硫铁矿床成矿亚系列,堆积的火山岩系南侧钙碱系与拉斑系并存,以铁、铅、锌、金矿化为主,北侧以及后期基本为拉斑系,以铜(锌)、金矿化为主,并向深海-半深海沉积发展。

汇聚期:晚石炭世开始转入汇聚,堆积复理石建造、基性—中性—酸性火山岩组合,相继生成碰撞前钙碱性花岗岩序列、后碰撞正长花岗岩序列,发育与石炭纪汇聚阶段中酸性侵入岩建造有关的铁、铜、钼、铅、锌、金、银、稀有金属、萤石、水晶、硅灰石矿床成矿亚系列,成矿特征为斑岩型铜、钼矿化,岩浆热液型铁(钼)矿化、银(铜、铅、锌)矿化、金矿化,矽卡岩型铁铜硅灰石矿化。在火山沉积洼地中发育与海相火山—沉积建造有关的铁、石膏矿床成矿亚系列,在上石炭统土古吐布拉克组中形成了以库姆塔格铁矿为代表的矿化。

弛张期:二叠纪进入碰撞后的伸展期,首先发育上叠地堑型火山-磨拉石局部沉积,受古火山机构控制,发育与早二叠世上叠地堑陆相火山岩建造有关的金、银矿床成矿亚系列,成矿特征为陆相火山气液型金(银)矿化;其次发育基性—超基性岩的侵入活动,发育与镁铁—超镁铁岩建造有关的铜、镍、钒、钛矿床成矿亚系列,是东天山铜镍矿的集中形成发育期。

固结期:受区域构造挤压背景,发育与晚石炭—早二叠世后碰撞阶段韧性剪切带作用有关的金(铜、铅、锌、银)矿床成矿系列,发育造山型金矿化,共伴生银、铜、铅、锌矿产。

以上成矿(亚)系列反映了晚古生代时期拉张→汇聚→弛张→固结等各时期的有序演化,反映出以

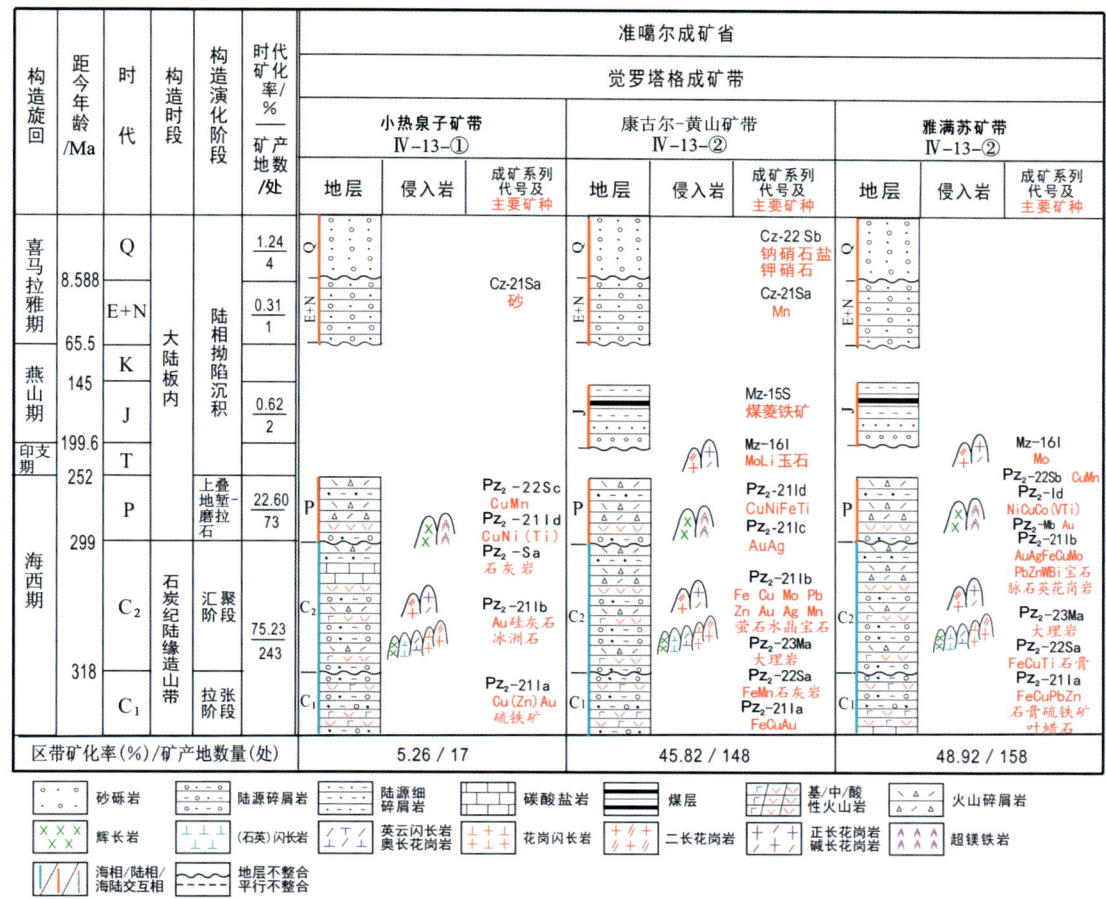

图 4-2 觉罗塔格成矿带时空演化模式图（田江涛，2020）

岩浆成矿作用为主，沉积成矿作用、流体成矿作用次之的成矿特色，构成了觉罗塔格与海西构造旋回岩浆、沉积及流体作用有关的铁、锰、铜、镍、钼、铅、锌、金、银、钒、钛、稀有矿床成矿系列组。

二、中生代成矿演化阶段

活化期：三叠纪大陆碰撞造山体制下，地壳物质重熔上侵，形成自西向东广泛发育的 S 型花岗岩，发育与印支-燕山期花岗岩建造有的关钼、铼、稀有金属、玉石矿床成矿系列，主要成矿特征为斑岩型钼（铜）矿化和花岗伟晶岩型稀有金属矿化。

板内早期：至侏罗纪受吐哈盆地下陷影响，成矿带边缘及内部局部发生凹陷，发育侏罗系湖相沉积，发育与早-中侏罗世含煤建造有关的煤、铁矿床成矿系列，主要成矿特征为陆相生物化学沉积型煤、铁矿化。

上述成矿系列反映以岩浆成矿作用为主，沉积作用次之，构成了觉罗塔格与中生代构造旋回内陆盆地岩浆及沉积作用有关的钼、铼、稀有、铀、铁、玉石、煤矿床成矿系列组。

（三）新生代成矿演化阶段

新近纪至第四纪，区内环境基本处于干旱—半干旱气候，根据成矿作用的差异，其下又划分出两个成矿亚系列，分别为与新近纪陆相沉积有关的锰、建筑用砂矿床成矿亚系列和与全新世表生蒸发作用有关的钠硝石矿床成矿亚系列,前者主要发育陆相生物化学沉积型锰矿化和冲洪积型砂矿;后者主要产于戈壁台地,发育现代盐湖型钠硝石、盐、钾硝石矿化。

本成矿带已查明一批重要的大型—超大型矿床,其中斑岩型铜、钼矿床易于形成超大型矿床,海相火山气液型(铁、铜、金、银)、基性—超基性岩型(铜、镍)矿床具有较好的经济价值,为区内正在开发的主要矿产,铜、钼、铅、锌、银矿产在未来具有较大的找矿前景。

第五章 预测评价

找矿预测是应用成矿地质理论，通过成矿规律研究，分析成矿要素，结合地球物理和地球化学等探测信息，总结预测要素，经过类比预测，判断成矿远景地段，指导勘查工作，发现工业矿床的方法技术（叶天竺等，2014）。

第一节 思路与方法

找矿预测方法类型一般划分为侵入岩体型、沉积型、火山岩型、复合内生型、层控内生型和变质型6种（叶天竺等，2013，2014），预测方法类型的选择取决于预测类型的必要要素和预测底图。在本次研究中，涉及主要矿种为铁、铜、镍、铅、锌、金、银。主要矿产类型为海相火山岩型、陆相火山岩型、岩浆熔离型、斑岩型、热液型、造山型、沉积变质型、碳酸盐岩-碎屑岩型。预测类型可以分为雅满苏式海相火山岩型铁矿（以雅满苏、白山泉、百灵山、红云滩等铁矿为代表）、小热泉子式海相火山岩型铜矿（以小热泉子、黑尖山等铜矿为代表）、阿奇山式海相火山岩型铅锌矿床、石英滩式陆相火山岩型金矿（以石英滩金矿为代表）、维权式热液型银矿，矿产预测方法类型分别划归为火山岩型；土屋式斑岩型铜矿床（以土屋-延东和帕尔塔格西铜矿为代表）、黄山东式岩浆熔离型铜镍矿（以黄山东、黄山、图拉尔根、路北等铜镍矿为代表），预测方法类型为侵入岩体型；康古尔式造山型金矿床（以康古尔、天目等金矿为代表）、碳酸盐岩-碎屑岩型铅锌矿床，预测方法类型为复合内生型；天湖式沉积变质型铁矿床，预测方法类型为变质型。通过对研究区区域地质资料的收集分析，结合典型矿床和区域成矿规律研究成果，编制完成了研究区建造-构造底图，为研究区矿产预测工作的开展提供了基础性图件。本次工作采用MRAS作为找矿预测的技术支撑软件（叶天竺等，2007；肖克炎等，1999，2000，2007），其工作大致包括以下6个步骤：预测方法类型的选择、预测要素分析与建模、预测单元划分、预测要素变量的构置与选择、定位预测和定量预测（娄德波等，2010；冯京等，2009b）。

第二节 建模与信息提取

根据铁、铜、镍、铅、锌、金、银等大宗矿产的典型矿床成矿要素及成矿模式、典型矿床预测要素等研究结果，通过分析已知矿产地与各预测要素（地质、矿化、化探、重砂、物探、遥感）之间的关系，经过定性和半定量分析，确定成矿有利的预测要素及其重要程度，从而建立起主要金属矿产定性和资源量定量评价的预测模型。

一、预测模型

(一)铁矿预测模型

1. 天湖式沉积变质型铁矿床

1)区域地球物理特征

(1)区域重力场特征。天湖铁矿处于1:20万红柳井重力高的西北边缘。红柳井重力高为一宽缓的重力异常,其异常中心高出背景$(4\sim5)\times10^{-5}\mathrm{m/s^2}$,可能与这一带元古宙地层出露地表有关,其中在这个宽缓重力高范围内分布有密集的铜、铁、金矿(化)点,其中包括天湖铁矿,可见红柳井重力高及其周围是找矿的有利区段。

(2)区域磁力场特征。区域高磁背景场和局部异常沿东西向展布,与区域地层、构造走向一致。北部纵贯东西的磁异常带,由沿断裂带分布的花岗闪长岩、闪长岩引起,强度最高可达1152nT。天湖铁矿则处于C-61-36椭圆形磁异常上。该异常长轴呈东西向展布,长6km、宽3km、面积约$15km^2$。处在十分平静的磁场之中,强度最高可达1365nT,北部伴生弱负磁异常。

2)矿区地球物理特征

(1)1:5万航磁特征。在1:5万航磁等值线平面图上,天湖铁矿磁异常大致呈椭圆形,近东西向展布,具正负伴生特点,负值出现在北侧,正极值强度2050nT,负极值较小,只有-12nT。经化极处理异常形态变化不大,而异常中心向北偏移,极值增大到2358nT,属斜磁化磁性体的反映。ΔT化极后的垂向一阶导数图上区域背景以负值出现,异常显示更加突出。

(2)矿区物探异常特征。天湖铁矿区1:5000地面磁法工作显示,矿区ΔZ主体磁异常以高值、平缓、光滑、封闭、正异常为特征,最大值3321nT,近东西向带状展布,长约4200m、宽约1200m,背景场清晰。以1500nT等值线圈定长约1200m、宽600m范围推测为矿体富集地带,其平面投影呈透镜状。中心部位矿体厚度较大,向边部逐渐减薄,矿体延长深度减小。

(3)异常剖面特征。根据对矿区50号剖面磁测正演计算图的分析,剖面上剩余磁异常曲线圆滑,磁异常正极大值大于3200nT,推断磁异常由隐伏磁铁矿引起(图5-1)。通过反演模拟计算推测铁矿体为向北陡倾的透镜板状体,矿体厚度约34m,顶板埋深约230m,向下延深约1180m。后期经钻孔验证发现,ZK507孔在540m深度见磁铁矿体。ZK509孔在670m深度见磁铁矿体,ZK512孔在900m深度见磁铁矿体。

3)预测模型

根据上述地质、地球物理信息,综合找矿模型如表5-1所示。

2. 雅满苏式海相火山岩型铁矿床

1)典型矿床所在区域重磁场特征

在1:20万区域布格重力图上,雅满苏铁矿位于黑山-松土梁向东伸出的局部布格重力高值带中,剩余重力异常为区域高重力异常带中的与中基性火山岩相关的雅满苏局部重力高,该局部重力高呈椭圆状,近东西走向,最大剩余重力异常值$4.95\times10^{-5}\mathrm{m/s^2}$,它的北边是白鱼山重力低,西南和东南被重力高和重力低围绕。雅满苏铁矿位于布格剩余重力异常的重力高向重力低的过渡带上。

区域航磁平面图上,雅满苏铁矿位于呈近东西走向、向南凸出的弧形长条状航磁正磁异常带中,并在雅满苏地区形成明显的局部异常带。区域异常带长120km,宽5~10km,异常南部为较平稳的正磁场区,北部为负磁背景场。网格化数据强度值约144nT,1:50万航磁剖面平面图为高背景场中叠加的尖峰磁异常,3条线有反映,1条测线显著,与区域高磁背景场易于识别,异常强度在500nT以上。

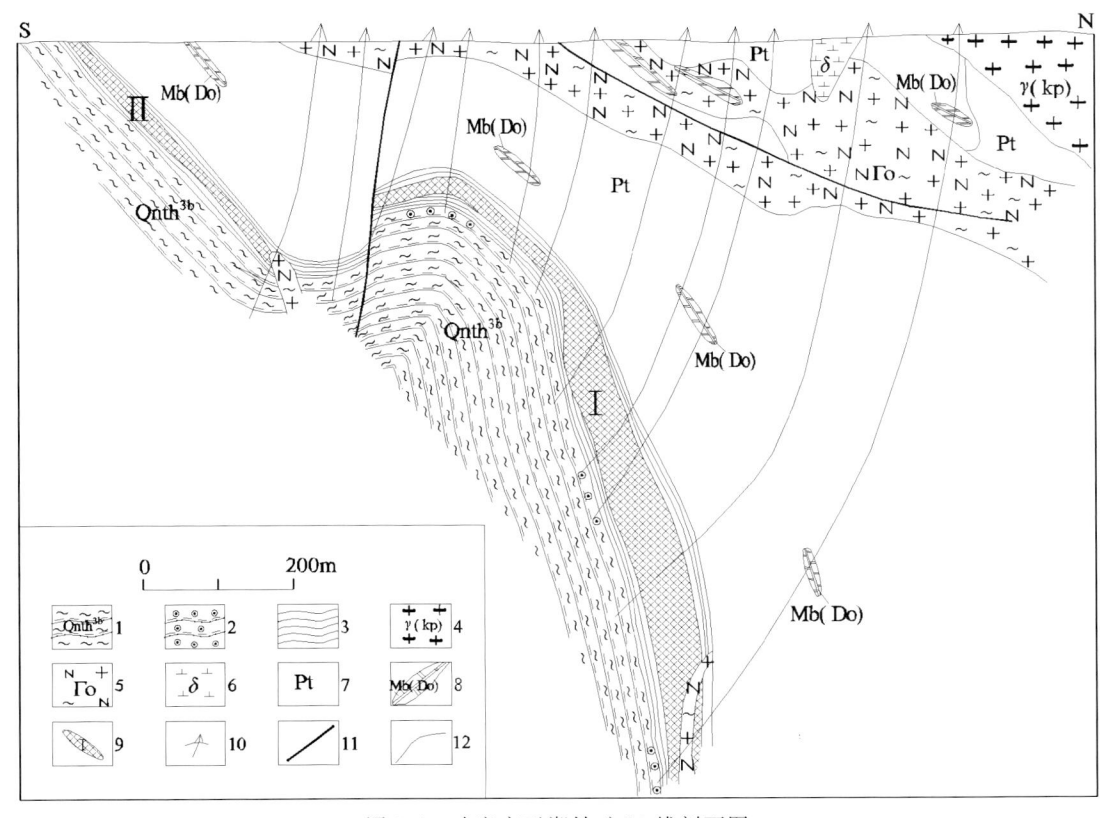

图 5-1 哈密市天湖铁矿 50 线剖面图

1.混合岩化黑云母斜长片麻岩;2.石榴子石黑云母角闪斜长片麻岩;3.片岩;4.斑状花岗岩;5.混合岩化斜长花岗岩;
6.闪长岩;7.未分组变质岩系;8.白云质大理岩;9.磁铁矿化及编号;10.钻孔位置;11.断层;12.地质界线

表 5-1 哈密市天湖沉积变质型铁矿床预测模型表

分类		主要特征
地质成矿条件和找矿标志	构造环境	塔里木地块北缘那拉提-红柳河中间地块
	含矿地层	新元古界青白口系天湖岩群
	含矿岩系	火山岩、碎屑岩、碳酸盐岩组成。变质热液相为绿片岩相,主要有黑云母石英片岩、黑云母斜长片麻岩、白云石大理岩等
	赋矿岩石和围岩	铁矿主要产于天湖岩群第三组地层白云大理岩、石英片岩中。矿层顶板以绿泥片岩、黑云斜长片岩、蛇纹石岩为主,局部为白云石大理岩。矿体底板以片岩为主,大理岩次之
	构造	含矿岩系走向近东西向,呈向北陡倾的单斜层产出
	侵入岩	矿区东部、中部有混合岩化花岗岩
	围岩蚀变	以阳起石化、透闪石化、蛇纹石化、滑石化和绿泥石化为主,它们与顶部混合岩化带构成由上而下的混合岩化带-强蚀变带-弱蚀变带的蚀变混合组合关系
	矿体产状和特征	有上、下两个含铁矿层,有 10 个矿体,以Ⅰ号盲矿体规模最大,其次为Ⅱ号矿体。矿体呈似层状、透镜状或脉状。Ⅰ号矿体为一盲矿体,矿体长 3760m,有三层矿,矿体向北倾斜,倾角上缓下陡,浅部为 50°～60°,深部为 80°～85°。Ⅱ号矿体走向 70°左右,倾向北北西,倾角 50°～60°

续表 5-1

分类			主要特征
地质成矿条件和找矿标志	矿石特征		金属矿物主要有磁铁矿，其次有黄铁矿、磁黄铁矿，少量黄铜矿、闪锌矿及微量钛铁矿。有浸染条带状构造、浸染状构造、准致密块状构造，以及反条纹状角砾状构造矿石，以及少量斑块状构造
	地表找矿标志		磁铁矿化、青白口系天湖岩群变质岩地层
	找矿历史标志		该矿是根据磁异常检查和地面磁铁矿石露头发现
地球物理标志	区域地球物理场特征		铁矿位于北东走向的长椭圆形布格重力异常低值区，布格重力值约 $-230\times10^{-5}\mathrm{m/s^2}$，磁场上位于北东走向的长条状航磁异常，最高强度 1365nT
	矿区主要物性特征		铁矿石的密度最高，平均 $4.22\mathrm{g/cm^3}$，高出围岩 $1.3\sim1.5\mathrm{g/cm^3}$。磁铁矿石的磁性最强，$J_r$ 常见值 $179\,000\times10^{-3}\mathrm{A/m}$。围岩中辉长岩和角闪岩磁性相对较高，花岗岩类基本无磁；磁铁矿石中含有黄铁矿。磁铁矿物性具有高磁特征
	矿区主要物探异常特征	磁异常平面特征	1:2000 磁法测量圈出两个磁异常带，北磁异常带长约 4000m，宽 100～500m，有 6 个高磁异常中心，$\Delta T_{\max}$ 均大于 6000nT，异常中心平均长 200m，平均宽 80m；南磁异常区长约 2000m，宽 100～200m，有多个高磁异常中心，$\Delta T_{\max}$ 由 3000nT 至 6000nT 不等，异常中心平均长 100m，平均宽 60m。目前发现的磁铁矿体均产在此磁异常带内
		磁测剖面特征	矿区 1:5000 地面磁测主体磁异常以高值、平缓、光滑、封闭、正异常为特征，最大值 3321nT。以 1500nT 等值线圈定长约 1200m、宽 600m 范围推测为矿体富集地带，其平面投影呈透镜状
		物探找矿标志	磁铁矿体具有高磁异常特征，峰值强度 $\Delta Z_{\max}>1500$nT 的高磁异常是本区发现和圈定磁铁矿体重要标志
遥感标志	矿区遥感标志		羟基异常，包括伊利石、绢云母、黑云母和绿泥石等含羟基的蚀变矿物，以及铁染异常两大类遥感蚀变异常

2）典型矿床所在地区磁场特征

1:5 万航磁平均飞行高度 80m，局部异常明显，为区域正磁背景场中的局部尖峰磁异常。区域高背景异常沿走向宽度大、宽缓，强度 200～500nT；局部异常清晰，在 4 条测线上反映明显，长约 1800m，宽 500～800m，强度 1140nT，走向近东西（图 5-2、图 5-3）。

3）矿床地球物理特征及典型矿床研究

（1）矿区岩（矿）石物性特征。岩（矿）石物性特征按磁性、密度、极化率、电阻率大小划分为高、中、低三类。

探测的目标矿种磁铁矿，具有强磁性、高密度、高极化特征，与其围岩比较存在明显的磁性、密度、电性差异。矿石具有强磁性（磁化率 $107\,320\times10^{-5}$SI，剩余磁化强度 $44\,700\times10^{-3}$A/m）、高密度（$4.15\mathrm{g/cm^3}$）、高极化（极化率 30%～50%）特征；伴生矿物赤铁矿、铜钴黄铁矿大多无磁性，有少数属弱-无磁性类，高密度（$3.64\sim3.86\mathrm{g/cm^3}$）。

顶、底板围岩石榴子石矽卡岩、复杂矽卡岩、安山玢岩、火山角砾岩、安山岩及各种凝灰岩等，大多具中等磁性（磁化率 $2500\times10^{-5}\sim25\,160\times10^{-5}$SI，常见值小于 $10\,000\times10^{-5}$SI）、高密度（$2.81\sim3.56\mathrm{g/cm^3}$）、中等—低极化特征，是铁矿重磁异常的干扰因素，同时也是重要的间接找矿标志。当铁矿埋深较浅时二者易于识别。各种灰岩、砂岩为无磁性或弱磁性、中等密度，构成正常的物理背景场。

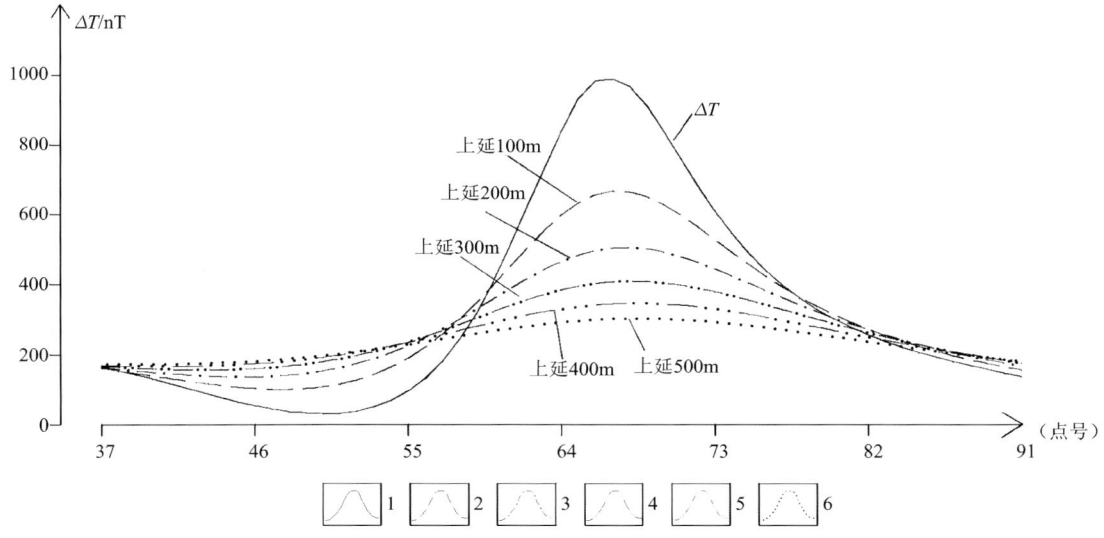

图 5-2 哈密市雅满苏铁矿区航磁测量 ΔT 不同延拓高度剖面图
1.磁法剖面曲线;2.磁法上延 100m 剖面曲线;3.磁法上延 200m 剖面曲线;
4.磁法上延 300m 剖面曲线;5.磁法上延 400m 剖面曲线;6.磁法上延 500m 剖面曲线

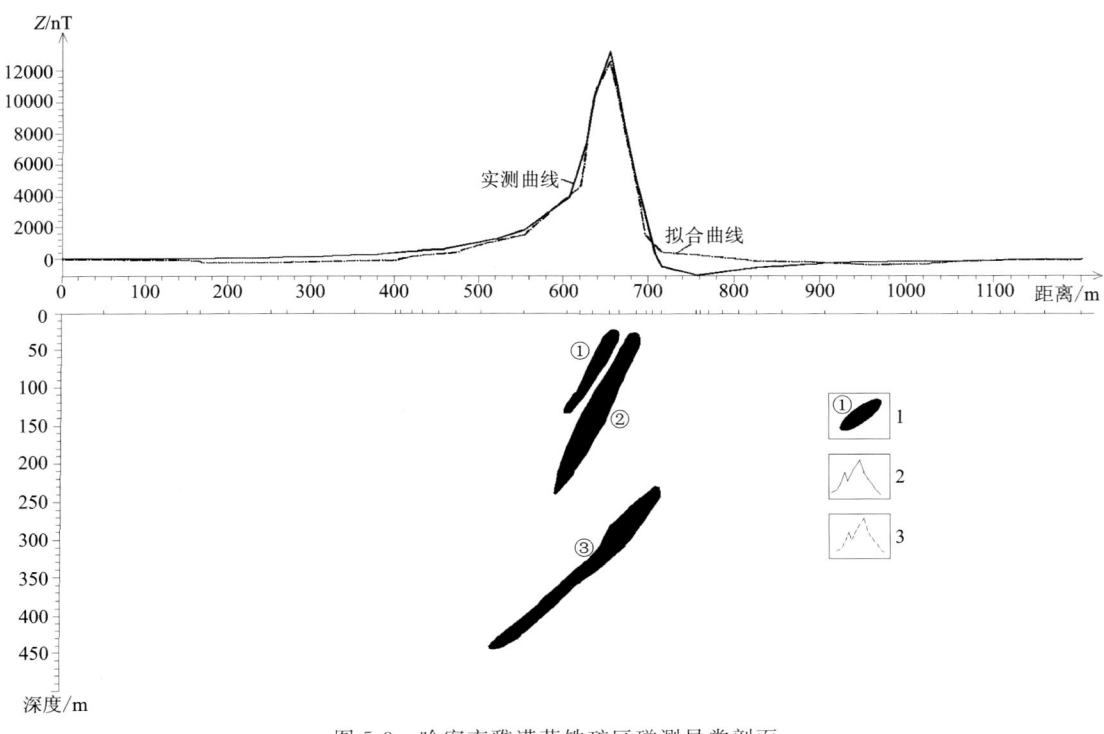

图 5-3 哈密市雅满苏铁矿区磁测异常剖面
1.矿体及编号;2.实测磁曲线;3.拟合磁曲线

(2)矿床所在位置物探异常特征。

平面特征分析:矿区 1∶1 万磁测、重力异常图显示,磁异常由西—中—东表现为由宽缓—强磁尖峰异常-宽缓,中部异常变小;重力异常范围由大到小直至尖灭,强度由高变低(中部异常由雅满苏铁矿引起)。全区共圈定 7 处以重磁为主参数的物探异常,按其异常组合情况可分为三类。

第一类为以 GZ-17-2、GZ-17-3 异常为代表的高磁、高重力异常组合,属于中部高磁、高重力异常,属雅满苏铁矿矿致异常。其中磁异常为高背景(400~800nT)基础上叠加的强磁异常,正磁异常清晰,南、北两侧均伴生有明显的负磁异常,1000nT 等值线长约 1800m,宽 100~200m,ΔZ_{max} 可达 40 000nT,一般大于 5000nT,ΔZ_{min} 约 -400nT。布格重力异常明显,53×10^{-5} m/s² 布格重力异常等值线区域长 600~1100m、宽 350~500m,剩余布格重力异常极大值大于 2.5×10^{-5} m/s²。重力、磁法异常分布一致。重磁异常区经钻探验证见到 3 层磁铁矿体,总厚度 26m。

第二类属高重力、低缓磁异常、高极化率、低阻组合,属西部综合异常。例如 GZ-17-1 异常,53×10^{-5} m/s² 布格重力异常等值线区域长约 1300m,宽 400~700m,布格重力异常极大值大于 55×10^{-5} m/s²;磁异常 ΔZ 一般在 300~500nT 之间;极化率 η_a 极大值达 18.4%,一般 10%~15%;视电阻率 ρ_a 为低阻,最小值 66Ω·m,而且重力与激电异常范围相当。经钻孔验证,在矽卡岩中见到含钴的硫化物矿体,认为激电异常由金属硫化物引起。推断浅部重磁异常由矽卡岩引起,重磁异常与深部磁铁矿的关系尚待深入研究。

第三类为高重力、低磁异常组合。例如 GZ-19 异常,长约 400m,宽 40~100m。布格剩余重力异常极大值约 5.25×10^{-5} m/s²,对应磁测 ΔZ 约 100nT,这类重磁异常属大理岩和矽卡岩等引起的异常。

剖面特征分析:183 线综合剖面位于异常的西段,综合剖面布格重力异常极大值约 $55 000\times 10^{-8}$ m/s²,异常宽度(半极值宽度)约 370m,曲线左枝较缓,右枝较陡,峰值区叠加局部异常,重力异常上对应有峰值 10 000nT 以上磁异常,变化梯度大,磁异常总体表现为南缓北陡,右翼负值异常明显,异常极值对应 660 点,反映的磁性地质体应为斜磁化向南倾斜的板状体。对布格重力异常的剩余异常正演推断,认为重力剩余异常是铁矿体和矽卡岩共同引起,重力剩余异常区的磁异常与铁矿有关,经正演推断,矿体延深可能大于 400m。根据钻探成果控制矿体的形态,正演计算地质体(矿体)引起的磁异常,设计 3 个磁性地质体模型进行正演,正演计算模型使用的参数为 $\kappa=70 000\times 10^{-5}$ SI、Jr$=40 000\times 10^{-3}$ A/m,磁化倾角为 56°,走向长度分别为 -70m 和 300m。正演结果:1 号模型的顶板埋深约 25m,宽 10~20m,向下延深度约 120m;2 号模型顶板埋深约 30m,宽 20~35m,向下延深深度约 220m;3 号模型正演顶板埋深约 225m,宽 10~35m,向下延深约 450m。正演异常与实测磁异常基本一致,说明磁异常是由磁铁矿体所引起(图 5-4)。

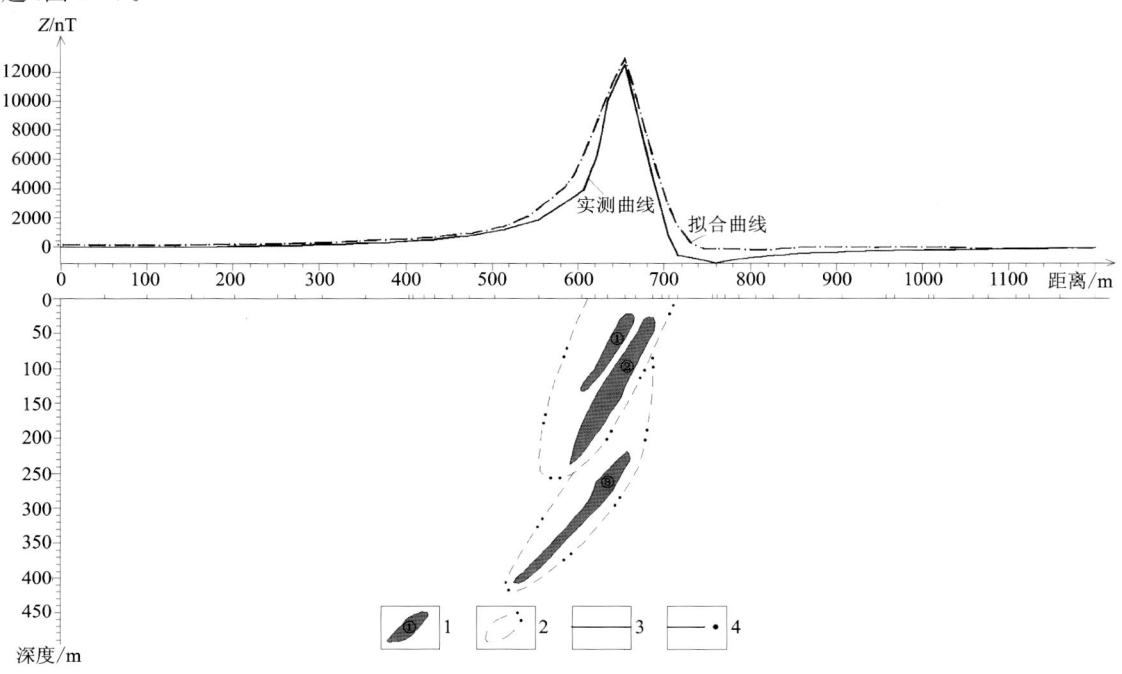

图 5-4 哈密市雅满苏铁矿区 183 线磁异常正演推断剖面图

1.铁矿体;2.正演复杂矽卡岩;3.实测曲线;4.虚拟曲线

4) 矿产地质遥感解译特征

遥感解译线要素主要反映出区内各级断裂构造,区内断裂构造发育,有近东西向、近南北向及北东向、北西向4组断裂,其中以近东西向和近南北向断裂为主,规模较大,控制着区内的地层构造格架。区内解译出1个带,呈东西向展布,出露长18～22km,宽3～7km,带内主要出露地层为下石炭系雅满苏组中亚组,为海相火山-沉积岩系、钾细碧岩-石英角斑岩建造。遥感影像特征为深褐灰—灰黑色色调,条带状影纹,纹理清晰,矿区主要分布灰黑色斑块状,地貌影像特征为低山,植被不发育。

5) 雅满苏铁矿床地质-物探综合预测模型

雅满苏铁矿床地质-物探综合预测模型如表5-2所示。

表5-2 哈密市雅满苏海相火山岩型铁矿床地质-物探综合预测模型表

分 类		主 要 特 征
地质成矿条件和标志	构造环境	矿床位于塔里木板块北缘活动带的觉罗塔格石炭纪裂陷槽(陆缘裂谷)内
	含矿地层	赋矿地层为下石炭统雅满苏组中亚组
	含矿岩系和围岩	双峰式玄武质-流纹质岩火山岩系,属于钾细碧岩-石英角斑岩建造,具有高钾、富钠、低钙的基本特征。主矿体产于雅满苏组中亚组上、下部岩性段之间的火山喷发不整合面之上的石榴子石矽卡岩夹复杂矽卡岩带中
	构造	矿床产于雅满苏背斜南翼近轴部,总体为一向南倾的单斜构造,次一级断裂较发育,有近东西向、近南北向及北东向、北西向4组,其中以近东西向和近南北向为主,规模较大。主矿体产于古火山机构中心附近的火山喷发不整合面之上
	侵入岩	区内侵入岩不发育,主要为海西中期次火山岩相玄武玢岩、辉石安山玢岩、辉石闪长玢岩及同期细碧玢岩、辉绿岩及闪斜煌斑岩脉
	围岩蚀变	矿化蚀变有钠长石化、绿泥-绿帘石化、透辉-石榴子石化、黄铁矿化、葡萄石化、高岭土化及碳酸盐化等,以前三者为主。石榴子石-透辉石化是矿区最主要的蚀变类型,在矿层顶板形成巨厚的石榴子石-透辉石交代蚀变带
	矿体产状和特征	矿体形态呈似层状、透镜状,平面呈侧列式,剖面呈斜列式。矿体产状与顶、底板围岩产状基本一致,走向近东西向,倾向近南,倾角35°～60°;平面呈侧列式,剖面呈斜列式
	矿石特征	矿石中金属氧化物主要为磁铁矿(35%～95%)、假象赤铁矿、褐铁矿,次为赤铁矿、水锰矿、针铁矿、镜铁矿、穆磁铁矿;金属硫化物主要为黄铁矿(4%～35%),次为方铅矿、闪锌矿、磁黄铁矿、辉铜矿、白铁矿、斑铜矿、黄铜矿等;脉石矿物主要为石榴子石(10%～30%),次为绿泥石、绿帘石、黄钾铁矾、透辉石、透闪石、阳起石、钠长石、方解石、石英等。矿石结构主要为半自形-他形晶粒状结构,次为交代结构。构造以块状为主,次为条带状、浸染状构造
	地表找矿标志	透辉石-石榴子石矽卡岩化蚀变矿化带和磁铁矿石
	找矿历史标志	该矿是根据检查航空磁测高磁异常而发现
地球物理标志	区域地球物理场特征	位于区域重力高、磁力高值带上,局部磁异常明显。1:5万航磁为明显的在高磁背景上以正磁异常为主,正负伴生的磁力高,峰值约1100nT
	矿区主要物性特征	铁矿石具有高磁、高密度特征,密度常见值4.15×10^3 kg/m³;磁化率常见值$407\,320\times10^{-5}$ SI,极化率值46.6%。其围岩-矽卡岩密度$3.16\times10^3\sim3.56\times10^3$ kg/m³,磁化率$2000\times10^{-5}\sim10\,000\times10^{-5}$ SI,极化率值2.15%～6.33%

续表 5-2

分类			主　要　特　征
地球物理标志	矿床地球物理场特征及物探找矿标志	磁法	CZ-5 异常与矿区内矿体的分布相对应，异常长 1.4km，宽 200m，ΔZ 极大值达 60 000nT，北侧出现负值，可达 -1000nT，无矿地段小于 200nT
		重力	矿区圈定的布格重力异常，对应矽卡岩、闪长玢岩、安山玢岩及矿体等，矿体分布段为 GZ-17 异常区，Δg 布格重力异常长 3.0km，宽 300~500m 不等，剩余异常最高大于 2.5×10^{-5}m/s^2，异常面积约 1.5km^2，Δg 布格重力异常中的叠加局部异常与出露矽卡岩及矿体对应
		物探找矿标志	位于与中基性火山岩相关的区域高磁、高重力带上，存在局部磁力高，1:5 万航磁局部异常明显，为高磁背景中叠加的尖峰磁异常。矿体出露时磁异常在高背景叠加的强磁异常，ΔZ_{max} 可达 60 000nT，并有高重力局部异常与之对应；当矿体浅埋深（≤200m）航磁和地面磁异常清晰，航磁一级、二级异常划分明显，剩余异常分别为 900nT、500nT，易于识别；当埋深在 300m 时，一级、二级异常尚可提取；矿体埋深超过 400m 时，矿致异常与火山岩、接触交代蚀变岩异常叠加在一起，航磁法难以识别

（二）铜（镍）矿预测模型

1. 土屋式斑岩型铜矿

1）矿床所在区域重磁场特征

区域重力场总体呈东西方向展布，重力场变化梯度大，重力场以康古尔塔格重力梯度带为界，北面分布着近东西走向的高重力异常，南面分布着走向各异的高、低重力异常，造成的原因是梯度带以南断裂、构造复杂。土屋铜矿分布在康古尔塔格重力梯度带中重力场的突（或急）变带，局部高重力异常区，该区域是内生金属矿床形成的有利部位。

区域航磁异常反映的磁场变化比重力场要复杂，有多处局部磁异常分布。磁场总的趋势是东西向、近东西向展布，南北分带。北部高磁异常东西走向，分布上明显受到康古尔塔格深断裂的影响。带内局部磁异常范围大、强度高，ΔT 最大值达 800nT，与矿区附近分布的石炭纪基性火山岩有关。化极前后磁场强度与形态变化不大，垂向导数异常将铜矿区的构造与岩浆岩的分布反映得更加清晰，铜矿位于一个近东西向展布的长条形负磁异常区。

2）矿床所在地区 1:5 万航磁特征

1:5 万航磁等值线平面图反映矿区内磁场比较平稳，基本都是正磁场，而且场值在 100nT 左右；化极后的场值高与低较为明显（图 5-5），铜矿仍在高磁区；垂向导数异常显示矿区处在北东东向的带状异常上，西侧即为延东铜矿。土屋铜矿及其以西的延东、延西铜矿均与酸性岩浆岩有关，因此带状的磁异常可以为圈定与成矿有关的岩体提供便捷的途径。

3）矿区物化探异常特征及研究

岩（矿）石物性特征显示，地层和酸性侵入岩大于 100Ω·m 相对高阻，小于 1.5% 的低极化特征，含矿斜长花岗斑岩、闪长玢岩具相对低阻、高极化特征；含碳地层为明显小于 50Ω·m 低阻、大于 5% 高极化特征。密度方面，从斜长花岗斑岩→碎屑岩→闪长玢岩（含矿或不含矿）、玄武岩具有密度逐渐增大特点。其中，碎屑岩平均密度为 2.66×10^3kg/m^3，斜长花岗斑岩密度小于正常围岩（-0.02×10^{-5}~-0.16×10^3kg/m^3）；中基性火山岩、闪长玢岩密度高出正常围岩（0.09×10^3~0.18×10^3kg/m^3）。含矿的斜长花岗斑岩、闪长玢岩无磁—弱磁性，而闪长岩、基性火山岩具中等—强磁性。

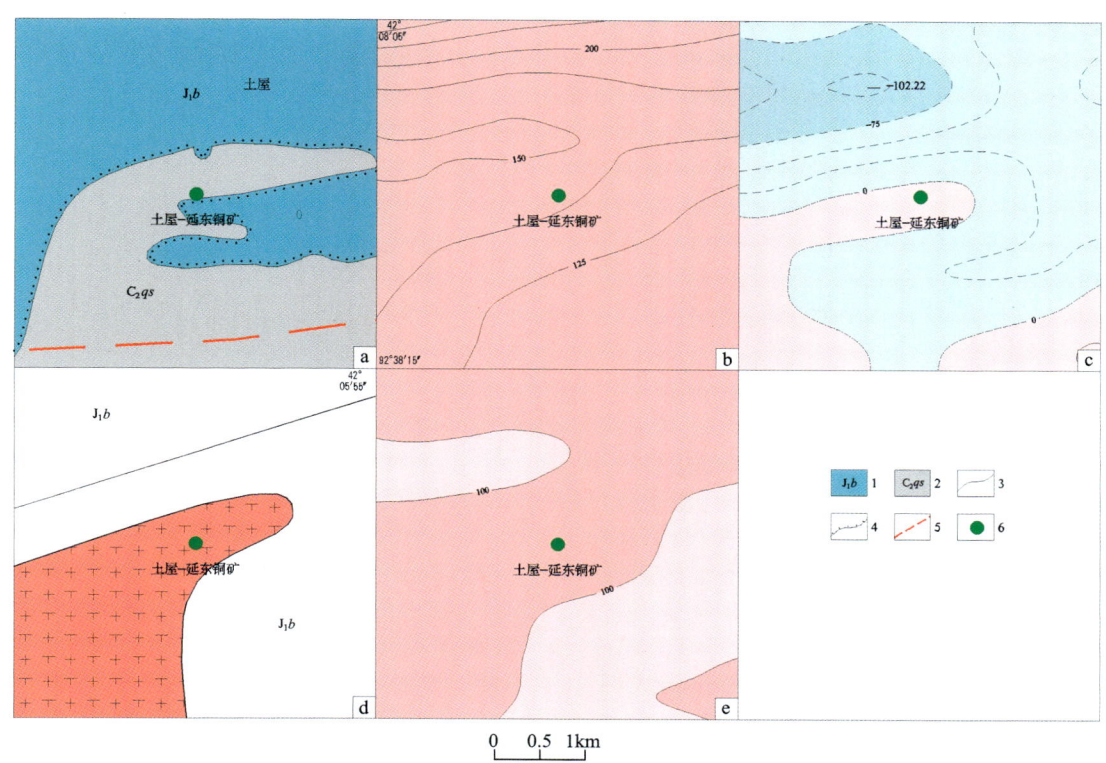

图 5-5 哈密市土屋铜矿 1∶5 万航磁剖析图

a.地质矿产图;b.航磁 ΔT 等值线平面图;c.航磁 ΔT 化极垂向一阶导数等值线平面图;
d.重磁推断地质构造图;e.航磁 ΔT 化极等值线平面图

1.下侏罗统八道湾组;2.上石炭统脐山组;3.不整合界线;4.逆断裂;5.推测断层;6.土屋-延东铜矿

土屋铜矿 1∶2 万物探圈定的 DJ-Ⅰ高极化异常带东西长 800m,宽 100~180m,最宽 210m,极化率异常值为 3‰~4‰,最高 5.4‰,高极化率异常反映了土屋铜矿床的分布(图 5-6)。与激电异常对应,在激电异常上及其北部为相对高阻区,视电阻率一般为 50~100Ω·m,激电异常南侧为相对低阻区,视电阻率一般为 30~50Ω·m;磁异常位于 11~4 线间,异常中心位于 11~3 线,平面形态呈西大东小的"瓢"状,150nT 等值线长约 380m,宽 380m,$\Delta Z_{max}=360nT$。7 线剖面显示,矿体、矿化体与高极化率异常对应关系良好,在含矿岩体上出现微弱重力低。

4)土屋地球化学特征

(1)区域化探资料显示,土屋铜矿处于富镁、铝、铜、铬、镍、钴、钛,高铁、锰、钒、锌、镉、汞、锶、磷、金、硼、锂、硅,低铍、钍、铌、铅、锡、铋、铀、钡、钼,贫钾的地球化学环境,高背景及富集元素包括全部铁族元素(含基性度元素 Cr、Ni、Co)及成矿元素铜、锌、镉、汞、金,是一套基性火山岩的反映,地球化学环境较为复杂,与找矿目标对应关系不明。

(2)化探普查。化探普查成果显示,土屋铜矿异常清晰,以 Cu 为主,局部出现 Mo、Au、Ag,叠加大范围、位置偏南的基性度元素异常区,呈现 Cu-Mo-Au-Ag 组合(图 5-7)。

1∶5 万土壤测量圈定的主成矿元素 Cu 异常以强度高、规模大、伴生元素异常弱小为特征,元素组合为 Cu-Mo-Au-Ag-(Cr-Ni-Co),Cu 异常面积 6.7km²,Mo、Au、Ag 异常面积在 0.34~1.02km² 之间,综合异常面积 7.24km²。成矿元素 Cu 最大值 2614×10^{-6},平均值 240.13×10^{-6},全区 1356 个单元素异常中排序第 3 位。主要伴生元素 Mo 最大值 17.1×10^{-6},为单点异常,全区 655 个单元素异常中排序第 257 位;Au 最大值 56.3×10^{-9},平均值 15.3×10^{-9},全区 668 个单元素异常中排序第 102 位;Ag 最大值 372×10^{-9},平均值 198×10^{-9},全区 702 个单元素异常中排序第 193 位,是典型以铜为主,其他元素为辅的综合异常。

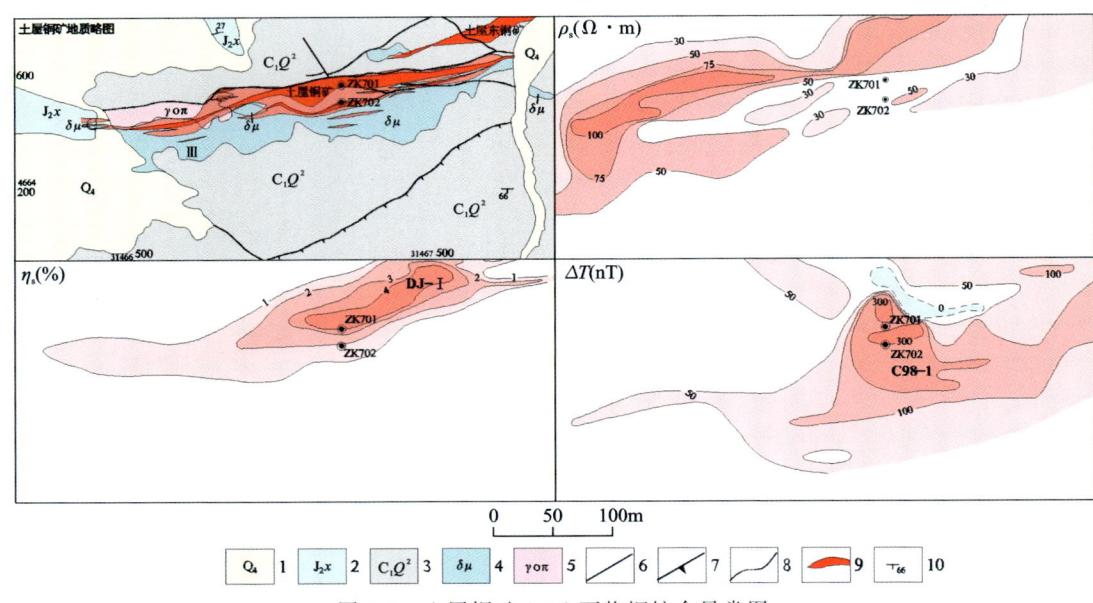

图 5-6 土屋铜矿 1∶2 万物探综合异常图

1.第四系；2.侏罗系；3.下石炭统企鹅山群；4.闪长玢岩；5.斜长花岗斑岩；6.断层；
7.火山管道相界线；8.地质界线；9.矿体；10.产状

(3)化探详查。采用 250m 线距、100m 点距的测网，在采样点的点距 1/3 范围内采集 3 个样品组合为一个分析样品，采集层位为残积层（风化基岩层）。分析 Cu、Pb、Zn、Au、Ag、As、Sb、Bi、Hg、Cd、Mo、Ni、W、CaO、K_2O、Mn、Na_2O 等元素（氧化物），获得了明显的 Cu 多元素组合异常。其中，Cu 与 Au、Ag、Pb、Zn、W、Mo、As、Sb、Bi、Cd 等元素具有共生组合关系，并处于高 Mn（$\geqslant 1000 \times 10^{-6}$）的地球化学环境中；而 Ni、Co 元素与之无相关关系，分析主要与基性火山岩有关。

土屋矿床的元素组合以 Cu 为主，伴有 Au、Mo、Ag、Bi 异常及零星的 Zn、Sb、Cd、W、Pb、As 等弱异常（图 5-8）。经聚类分析，在 0.25 相关系数水平，上述元素分为 Cu-Au-Bi、W-Zn、Pb-Mn 及其他单元素组合，反映土屋铜矿元素组合相关性不强。其中，采用 100×10^{-6} 为异常下限，圈出一条长 3.5km、宽 500～700m 的 Cu 异常带。该带具有两个浓集中心，与土屋、土屋东两个矿化带分布一致，异常极大值分别为 4598×10^{-6}（土屋）、2685×10^{-6}（土屋东）。就上述两个矿床地球化学特征而言，土屋东铜矿床的 Au、Mo、Bi、Cd 等元素普遍高于土屋铜矿床。

5）预测模型

预测模型见表 5-3。

2. 黄山东岩浆熔离型铜镍矿

1）矿床所在区域重磁场特征

矿床处于康古尔塔格布格重力梯度带中（图 5-9），梯度带北侧为骆驼圈子重力高，其重力值可达 $-145 \times 10^{-5} m/s^2$，南侧为星星峡重力低，重力值为 $-225 \times 10^{-5} m/s^2$，两侧重力差达 $75 \times 10^{-5} m/s^2$。区域剖析图显示布格重力等值线均呈北东东向密集展布，矿床附近更为密集。重力值由北北西向南南东方向急剧减小，由 $-166 \times 10^{-5} m/s^2$ 减小到 $-218 \times 10^{-5} m/s^2$。梯度带反映了康古尔塔格深大断裂的位置，黄山东铜镍矿则位于康古尔塔格断裂停止挤压后由于应力反弹形成的张性黄山深断裂之中。

磁场值（ΔT）由北向南呈台阶式下降是磁场区的基本特征，且磁异常的走向与区域构造方向一致。第一台阶位于图面北部，属强磁场区，ΔT 在 100nT 以上，最高 250nT；第二台阶在第一台阶的南面，呈带状展布，ΔT 在 50～100nT 之间，属中等强度磁场区；第三台阶位于图面中部，磁场强度在 50nT 左右，

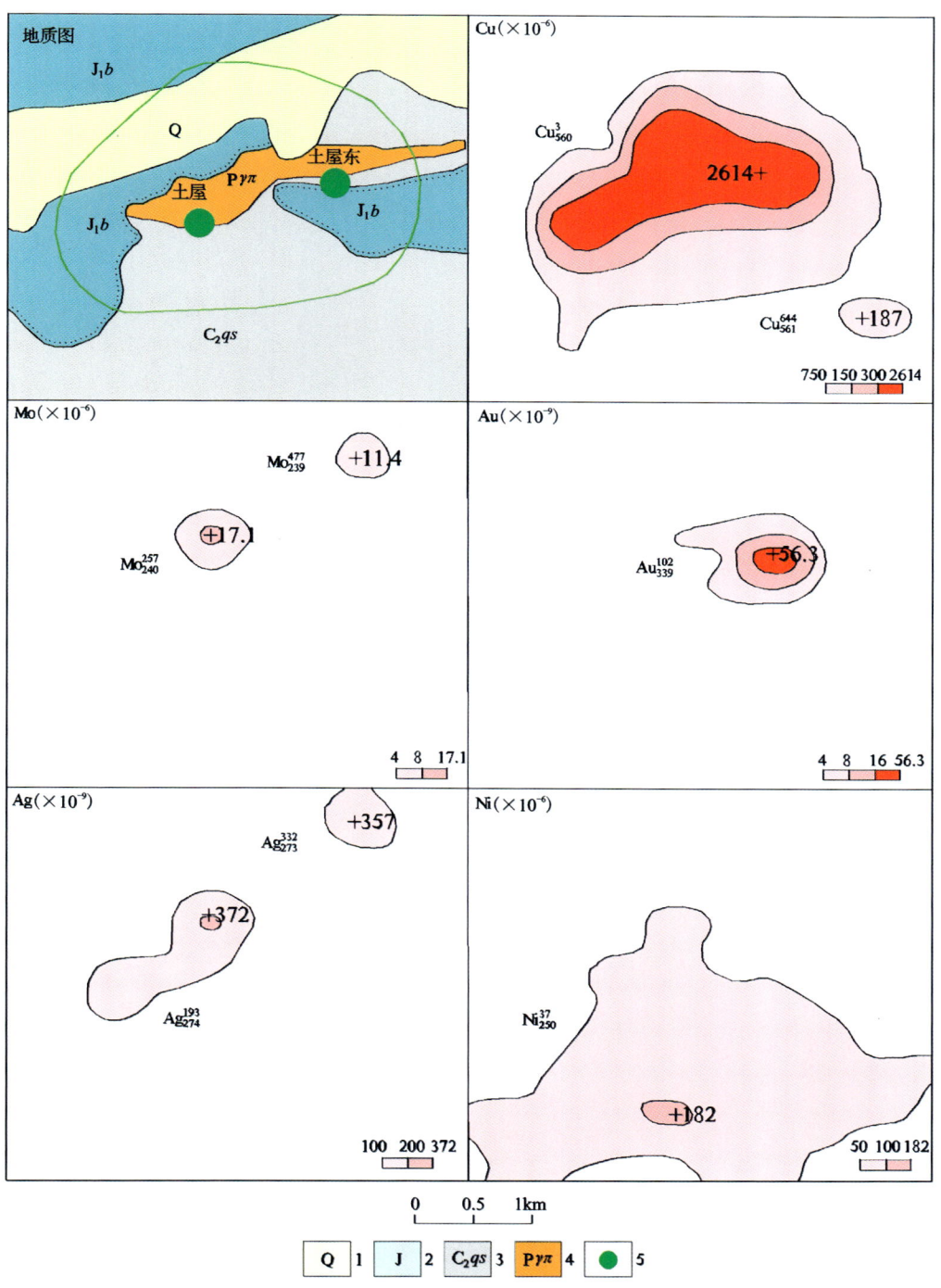

图 5-7 土屋铜矿 1∶5 万化探（DZHt-216）异常剖析图
1.第四系；2.侏罗系；3.复成分砾岩/砂岩；4.玄武岩/安山岩；5.铜矿点

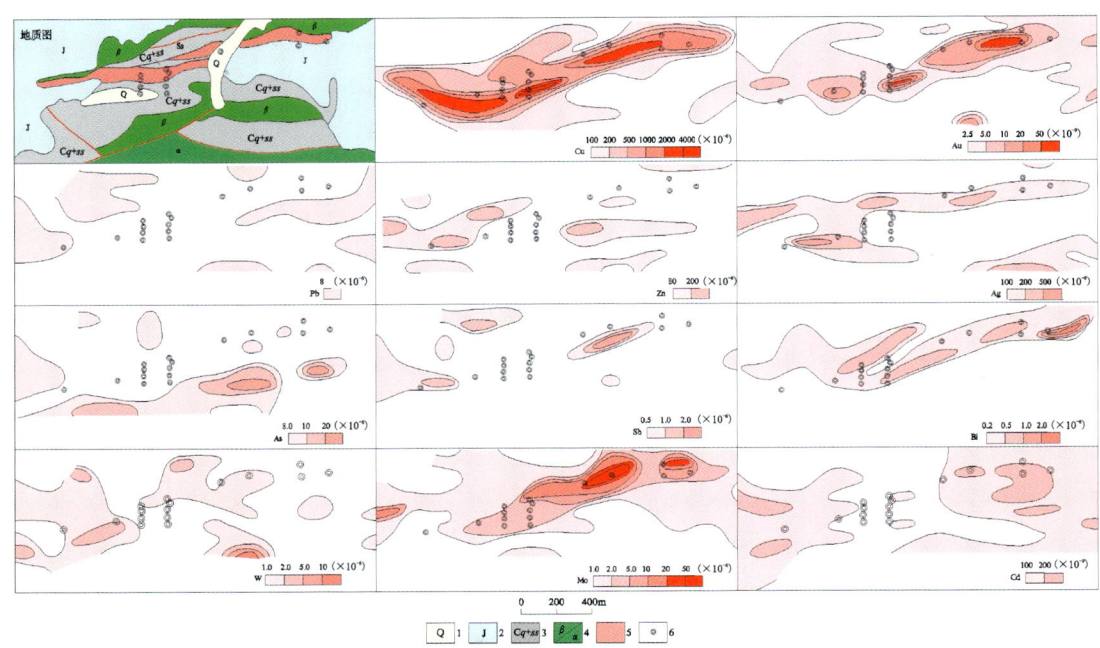

图 5-8　土屋铜矿土壤测量异常剖析图
1.第四系；2.侏罗系；3.复成分砾岩/砂岩；4.玄武岩/安山岩；5.矿体；6.钻孔

表 5-3　哈密市土屋-延东斑岩型铜矿床地质-物探综合预测模型表

分　类		主　要　特　征
地质成矿条件和标志	构造环境	矿床位于康古尔-苦水蛇绿混杂岩带
	含矿地层	下石炭统企鹅山群
	含矿岩系和围岩	围岩地层为下石炭统企鹅山群灰绿—紫红色拉斑玄武岩、杏仁状橄榄玄武岩、玄武安山岩，夹少量火山角砾岩，以及灰—灰绿色砂岩、含砾砂岩等
	构造	区内断裂构造主要为矿区南侧古火山作用形成的近东西向的层间断裂带和南北向的隐伏放射状线性断裂带，二者的交会控制着岩体和矿体的展布
	侵入岩	成矿斑岩体为斜长花岗斑岩
	围岩蚀变	矿体内带为强石英-黑云母-绢云母-硬石膏带，向外为较宽的石英-绢云母化带（绢英岩化带），更外侧为青磐岩化带
	矿体产状和特征	矿体形态呈似层状、透镜状，平面呈侧列式，剖面呈斜列式。矿体产状与顶、底板围岩产状基本一致，走向近东西向，倾向近南，倾角35°～60°；平面呈侧列式，剖面呈斜列式
	矿石特征	原生矿石包括玄武岩矿石和斜长花岗斑岩矿石。氧化矿石为这两种矿石的氧化带产物。矿石矿物组成为黄铜矿、斑铜矿、辉钼矿、黄铁矿、铜蓝、辉铜矿等，脉石矿物为石英、绢云母、高岭土、长石等。矿石结构为中—细粒半自形—他形粒状结构。局部中粗粒结构。矿石构造在斜长花岗斑岩矿石中以稀疏浸染状为主。玄武岩矿石中则以细脉状、团块状较多。含黄铜矿的石英-碳酸盐脉分布于两种矿体的裂隙中
	地表找矿标志	觉罗塔格晚古生代陆缘活动带，陆缘活动区的复理石沉积和钙碱性的双峰式火山岩建造；与成矿有关的斑岩属晚石炭世钙碱性花岗岩侵入岩类（斜长花岗斑岩）；斑岩铜矿特有的组合蚀变及其分带特征和地表孔雀石化及黄钾铁矾带；Cu、Mo、Ag、Sb元素组合异常；遥感图像断裂呈线型特征，而岩体呈椭圆形环状构造特征

续表 5-3

分　类			主　要　特　征
地球物理标志	区域地球物理场特征		铜矿分布在康古尔塔格重力梯度带中重力场的突(或急)变带，局部高重力异常区，铜矿区的构造与岩浆岩的分布反映更加清晰，铜矿位于一个近东西向展布的长条形负磁异常区
	矿区主要物性特征		地层和酸性侵入岩具大于100Ω·m相对高阻、≤1.5%的低极化特征，含矿斜长花岗斑岩、闪长玢岩相对低阻、高极化特征；含碳地层为明显小于50Ω·m低阻、大于5%高极化特征。密度方面，从斜长花岗斑岩→碎屑岩→闪长玢岩(含矿或不含矿)、玄武岩具有密度逐渐增大特点。含矿的斜长花岗斑岩、闪长玢岩无磁—弱磁性，而闪长岩、基性火山岩具中等—强磁性
	矿床地球物理场特征及物探找矿标志	磁法	铜矿位于高磁区；垂向导数异常显示矿区处在一北东东向的带状异常上
		电法	铜矿位于高极化异常带，极化率为3%～4%，最高5.4%，高极化率异常反映了铜矿床的分布。与激电异常对应，在激电异常上及其北部为相对高阻区，视电阻率一般为50～100Ω·m，激电异常南侧为相对低阻区，视电阻率一般为30～50Ω·m
		物探找矿标志	区域重力场的梯度带中的低重力区，高磁异常区中的低—局部低磁异常，高激化区，低阻区

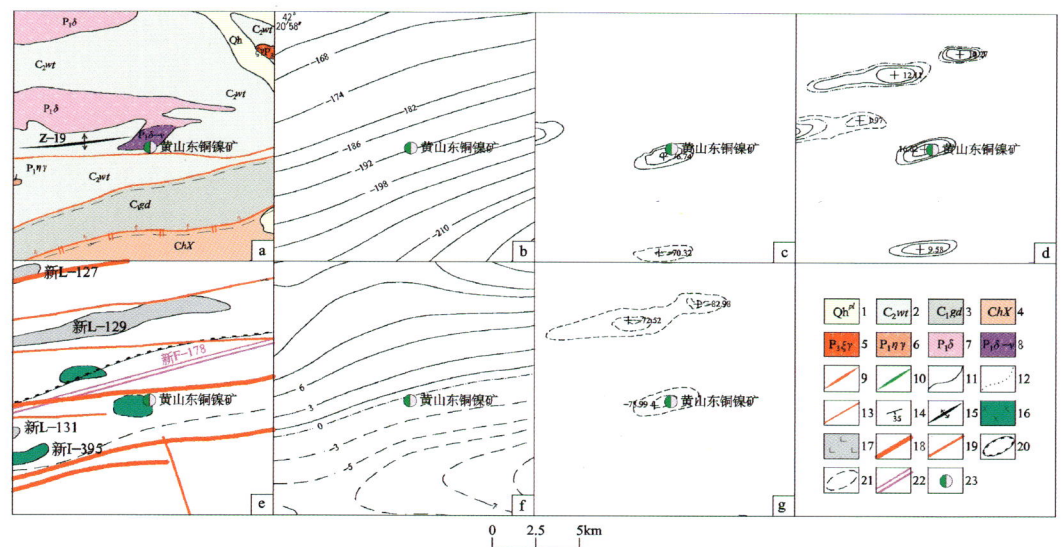

图 5-9　哈密市黄山东铜镍矿典型矿床所在区域地质矿产及物探剖析图

a.地质矿产图；b.布格重力异常图；c.航磁 ΔT 等值线平面图；d.航磁 ΔT 化极垂向一阶导数等值线平面图；
e.重磁推断地质构造图；f.剩余重力异常图；g.航磁 ΔT 化极等值线平面图

1.全新世洪积；2.梧桐窝子组；3.干墩组；4.星星峡岩群；5.正长花岗岩；6.二长花岗岩；7.闪长岩；8.橄榄岩-辉长岩；9.酸性岩脉；10.基性岩脉；11.地质界线；12.岩相界线；13.一般断层；14.岩层产状；15.背斜构造；16.磁法推断基性岩类；17.磁法推断火山岩地层；18.磁法推断一级断层构造；19.磁法推断二级断层构造；20.重力推断地层分界线；21.重力推断岩体分界线；22.重力推断一级断裂构造；23.铜镍矿

属弱磁场区，矿床就分布在该区内；第四台阶位于图面南部，为负磁场区，ΔT 在 $-100\mathrm{nT}$ 左右。前三类磁场均处于上石炭统梧桐窝子组，由中基性火山岩引起。南部的负磁场区对应下石炭统无磁性的沉积地层。在中、弱磁场区内存在几处局部磁异常，组成串珠状异常带，在 ΔT 化极图上很清晰地反映出来。这些局部异常均由中基性侵入岩体引起。黄山东铜镍矿就位于中部异常带中的一处局部磁异常之中，磁异常与基性、超基性杂岩体密切相关，串珠状的高磁局部异常是本区找矿的重要物探标志之一。

2) 矿区岩（矿）石物性特征

磁性统计结果显示，基性—超基性岩具有中等强度磁性；石炭纪砂岩、砾岩、含碳粉砂岩、灰岩均无磁性。因此用磁法来圈定岩体具有明显的效果。

密度测定结果显示，基性—超基性岩具有较高的密度，与石炭系（砂岩、砾岩、含碳粉砂岩、灰岩）之间具有明显的密度差（$0.16×10^3 kg/cm^3$以上），因此用重力来圈定岩体也具有较好的物理前提。

电性测定结果表明，铜镍矿石具有高极化率（20.7%）、低电阻率（$25Ω·m$）特征，可引起明显的激电异常。角闪橄榄岩也具有较高极化率（7.2%）、低电阻率（$24Ω·m$）特征；石炭系（砂岩、砾岩、灰岩）为低极化率（3.1%）、高电阻率（$1850Ω·m$）特征，当地层含碳时（碳质粉砂岩、碳质板岩）则反映为高极化率、低电阻率特征，可引起明显的激电异常，这是一种严重的干扰因素。地层含碳引起的干扰极化场不论强度和范围远比基性—超基性岩引起的极化场强得多，为了区分地层含碳引起的干扰异常，只有与已知地质资料和磁测成果进行对比，或者通过激电异常区实地观察，方可排除这种干扰，使异常定性更接近客观实际。

3) 物探异常特征

1:1万磁测结果显示，岩体的磁异常明显，呈现两头小、中间大的菱形分布，磁场强度为400~1650nT，磁异常长4.5km，宽约1.1km，异常和岩体的形态完全吻合，零等值线圈定的范围基本上反映出整个基性—超基性杂岩体的分布轮廓。纵观异常全貌，磁异常具有明显的分带现象，总的趋势是西部、西北部磁异常较强，且北部伴有强度不高的负磁异常。南部和东南部磁异常较弱，而在岩体周围上石炭世地层上反映为平静的正常场。Ⅱ号超基性岩体异常强度最高、规模最大。根据磁异常与岩体以及含矿岩体的对应关系，强度很大的磁异常往往是含铜镍矿超基性岩的反映。

重力成果反映在基性—超基性杂岩体上为有明显的重力高异常，剩余重力异常可达$1.5×10^{-5}$~$2×10^{-5} m/s^2$。

1:1万激电中梯成果显示的异常既有基性—超基性岩含硫化矿物引起的极化场，也有因地层内赋存电子导体（石墨或炭化）引起的干扰场。宏观异常全貌，总的趋势在基性—超基性岩体上（即超基性岩和矿化带上）反映为高极化率、低电阻率异常特征，$η_{smax}=39.5\%$，一般$η_s$值为15%~20%；$ρ_{smin}=3Ω·m$，一般$ρ_s$值为5~20$Ω·m$，这些明显的激电异常与基性—超基性岩内赋存硫化矿物有直接关系。在杂岩体的中间膨大部位（角闪辉长岩、橄榄辉长岩、辉长闪长岩），反映为低极化率、高电阻率的异常特征，$η_{smin}=3\%$，一般$η_s$值为4%~10%，$ρ_{smax}=3400Ω·m$，一般$ρ_s$值为500~1000$Ω·m$，这可能与杂岩体中间膨胀部位的角闪辉长岩、橄榄辉长岩不含硫化矿物有关。在杂岩体周围上石炭世地层上，反映为高极化率、低电阻率的异常特点，$η_{smax}=33\%$，一般$η_s$值为10%~20%；$ρ_{smin}=1.5Ω·m$，一般$ρ_s$值为6~30$Ω·m$，这些高极化率、低电阻率异常是由含碳砂岩、砂砾岩、灰岩所引起，地层内强度高、范围广的激电异常基本上反映出石墨矿化的富集地段。

4) 地球化学特征

区域地球化学特征：黄山铜镍矿位于1:20万水系沉积物测量的Cu、Cr、Ni、Co、V、Ti、Cd等元素高背景及异常区。其中，Cu、Cr、Ni、Co、Cd具有良好的相关性。Cu异常及高背景带长60km，宽10~12km，总面积约$350km^2$，在黄山东、黄山与香山铜镍矿床之间形成浓集中心，极大值$67.6×10^{-6}$。Cr、Ni、Co在黄山一带形成明显的高背景及异常区，面积约$200km^2$，极大值分别为$546×10^{-6}$、$91.2×10^{-6}$、$29.9×10^{-6}$；Cr、Ni、Co、Ti、V五元素累乘值形成明显的与基性—超基性岩体分布密切相关的组合异常。Au异常呈点状，As异常呈带状分布，而Sb为低背景（图5-10）。

矿区地球化学特征：1:5万水系沉积物测量，在各含矿岩体均有程度不等的Cu、Ni、Co、Cr组合异常。其中在黄山铜镍矿区圈出明显的Cu、Ni、Co、Cr组合异常，异常套合较好，具有明显的共生组合关系。

矿床地球化学特征：在黄山东铜镍矿区开展了$6.5km^2$的1:2万土壤测量，圈定了以Cu、Cr、Ni、Co

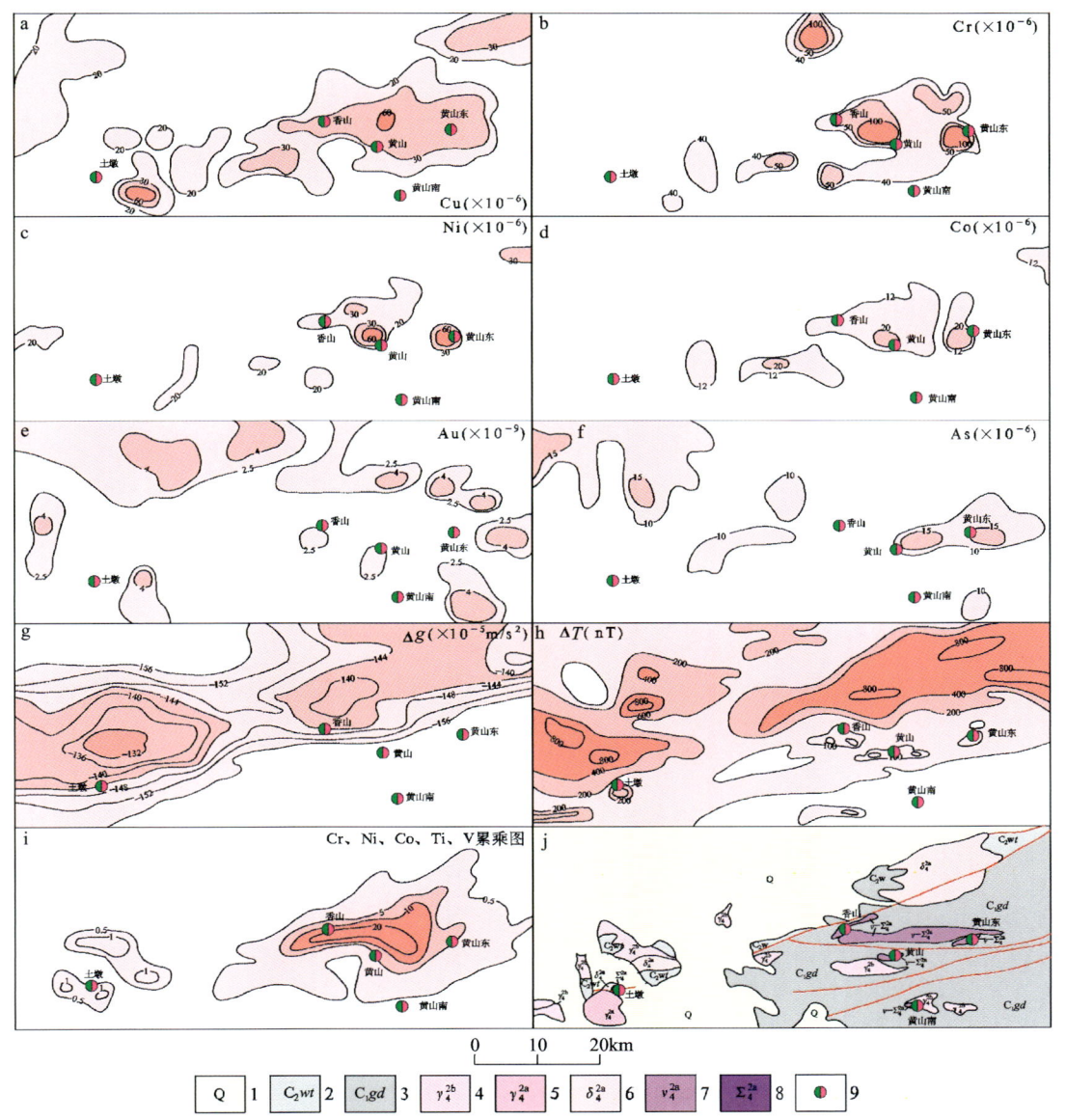

图 5-10 哈密市黄山铜镍矿区域物化探剖析图

1.第四系；2.上石炭统梧桐窝子组；3.下石炭统干墩组；4.海西期第二侵入次花岗岩；
5.海西期第一侵入次花岗岩；6.闪长岩；7.基性岩；8.超基性岩；9.铜镍矿

为主体，伴有 As、Sb、Bi、Au、Ag、V、Mn 等多元素的组合异常。异常分布在岩体及矿体上，呈北东向带状展布，长 3000m，宽 300m，浓集中心明显，Cu、Cr、Ni、Co 极大值分别为 2920×10^{-6}、951×10^{-6}、1000×10^{-6}、100×10^{-6}。

研究表明，含矿岩体与非含矿岩体的区别为：①成矿岩体以高 Cu、Co、Ni、Mn，低 Ti、V、Sr 为特征，而无矿岩体则相反；②成矿岩体元素含量 Cu $75\times10^{-6}\sim150\times10^{-6}$，Co $75\times10^{-6}\sim200\times10^{-6}$，Ni $300\times10^{-6}\sim850\times10^{-6}$，非成矿岩体 Cu 4×10^{-6}，Co $50\times10^{-6}\sim70\times10^{-6}$，Ni 100×10^{-6}。成矿岩体除 Cu、Co、Ni 呈高背景外，常形成 Co-Ni-Cu 组合异常。

地球化学特征总结：黄山铜镍矿矿区、区域地球化学特征类似，Cu、Ni、Co、Cr 为基本异常元素，但含量普遍偏低，并伴生有 As、B、Ba 等异常，地表出露基性—超基性杂岩体。

5)预测模型

通过典型矿床综合信息分析,建立黄山东典型矿床预测模型(表5-4)。

表5-4 新疆哈密市黄山东铜镍矿典型矿床评价预测模型表

分类		主要特征
地质成矿条件和标志	成矿区带	Ⅳ-8-②康古尔-土屋-黄山(岛弧带)Cu-Ni-Ti-Au-Ag-Mo-Pb-Zn-RM-钠硝石-硅灰石-玉石矿带(V_{m-l};I-Y;Mz-Kz)
	含矿岩体	角闪辉长岩、斜长角闪橄榄岩、角闪橄榄岩
	成矿时代	早二叠世 Sm-Nd 等时线同位素地质年龄法(285Ma)
	成矿环境	镁铁—超镁铁杂岩体的围岩地层是石炭系干墩组,为一套碎屑岩、火山碎屑岩、火山岩;导岩导矿构造为黄山断裂(F_9);含矿岩体为镁铁—超镁铁杂岩体
	构造背景	准噶尔弧盆系觉罗塔格晚古生代沟弧带,雅满苏晚古生代岛弧带
	矿化	褐铁矿化、黄钾铁矾化、孔雀石化
	蚀变	杂岩体的围岩蚀变主要是接触变质现象,角岩化、大理岩化、矽卡岩化、硅灰石化、透辉石化;杂岩体自变质现象:超基性岩中滑石-绿泥石化、蛇纹石化、石棉化。其中矿物蚀变:橄榄石的蛇纹石化、伊丁石化、透闪石化;辉石的纤闪石化、滑石化;角闪石的次闪石化。在基性岩中的斜长石发生绿泥石化、黝帘石化、葡萄石化
	控矿条件	受黄山断裂(F_9)及镁铁—超镁铁杂岩体中的超基性岩相控制
地、物、化、遥特征	目标物及其物性特征	镁铁—超镁铁岩具有弱—中等强度磁性;花岗岩及石炭系砂岩、砾岩、含碳粉砂岩、灰岩均无磁性。镁铁—超镁铁岩与石炭系地层之间具有明显的密度差。铜镍矿石具有高极化率、低电阻率特征,可引起明显的激电异常。角闪橄榄岩也具有较高极化率、低电阻率特征;石炭系地层为低极化率、高电阻率特征,当地层含碳时则反映为高极化率、低电阻率特征,可引起明显的激电异常
	矿床物探异常特征	重力局部异常的范围与基性—超基性杂岩体基本吻合。地磁 ΔZ 异常的走向和分布范围完全受基性—超基性岩体所控制,磁异常具有明显的分带现象,较强磁异常均与出露的角闪橄榄岩相对应,较弱磁异常对应在橄榄辉长岩和角闪辉长岩上,在岩体周围石炭系地层上反映为平静的正常场。在超基性岩和矿化带上反映高极化率、低电阻率异常特征,这些明显的激电异常与基性—超基性岩内赋存硫化矿物有直接关系
	矿床化探异常特征	矿区1:1万化探Cu、Ni、Co异常形态呈长条状、椭圆状,走向东西向,异常强度高,具一定规模,浓集中心和浓度分带明显,Cu、Ni、Co异常套合好,Cu、Ni、Co异常地表对应在超基性岩上
矿床找矿标志		带内铁质超基性岩体,岩相分异好且剥蚀较浅,岩体内 Cu、Ni 元素异常较高。高磁、高重力、高极化率、低电阻率的"三高一低"组合是发现和圈定黄山东铜镍矿出露—隐伏矿体的重要找矿标志

(三)铅锌(银)矿预测模型

1. 阿奇山式海相火山岩型铅锌矿

1)物性特征

根据地表岩性测定结果可以看出,除了褐锰矿化大理岩以外,其他岩性的极化率值均小于2%。褐锰矿化大理岩的电阻率值1000~10 000Ω·m,极化率值4%~7%,该岩性出露视厚度1~3m,不至于引起矿区大面积激电异常。从钻孔岩（矿）石物性特征来看，闪锌矿化矽卡岩、闪锌矿化凝灰岩、黄铁矿化凝灰岩、闪锌矿化黄铁矿化矽卡岩、黄铁矿化矽卡岩的极化率值较高，应该与高极化、高密度物探异常体有关。

对地表及钻孔中岩（矿）石标本进行密度特征测定，矽卡岩、褐锰矿化大理岩的密度为 28~346g/cm³，其他岩（矿）石的密度值均小于 28g/cm³，均为背景值。因此矽卡岩、褐锰矿化大理岩均为可能引起重力异常的原因，锰矿体出露范围极其有限，因此推断高密度体可能与矽卡岩有关。

2）激电异常

以极化率值 3.5% 圈定激电异常，该异常呈北东向和北西向分布，长约 3km，宽从几十米到几百米不等。该异常向东还未完全圈闭，有封闭的趋势。调查区中间存在一个极化率最大值达 9%，电阻率值为几十欧姆米到几百欧姆米的高极化中、低阻异常体。整体对比来看，调查区的激电中梯测量成果与地表的矿（化）体具有很好的一致性。

地表及探槽中采集的岩石标本由于风化、氧化等作用，表层岩（矿）石中的金属硫化物氧化流失，导致表层采集的岩性极化率值均较低。从钻孔岩石物性特征来看，含金属硫化物的岩心标本极化率值均较高，推断该中低阻、高极化率异常为该矿（化）体中的金属硫化物引起，且该矿（化）体在深度上有一定的延伸。

3）重力异常

矿区内剩余重力异常最大值达 2.8mGal，极值主要集中在调查区中部并呈北东向延伸的带状区域内。从岩石密度特征来看，矽卡岩及含矿化矽卡岩的密度均在 2.8g/cm³ 以上，因此推断该重力异常与矽卡岩及含矿化矽卡岩密切相关。

结合重力剩余异常与激电中梯视极化率异常分析，该物探异常体范围长约 3km，宽 700~1400m，该异常重力剩余异常值为 2~3mGal，电阻率值为 100~500Ω·m，极化率值为 3.5%~9%，为中低电阻率、高极化率、高密度异常体。

通过对矿区地质、激电、视电阻率、重力特征综合分析可以看出，在矿（化）体出露部位，呈现出高极化率、中低电阻率、高密度的物探特征，所圈定的激电异常范围与化探元素异常及地表矿（化）体具有很好的一致性。结合地质、化探和物性资料，我们基本上认定，探槽工程控制的矿化体含多金属硫化物，且与矽卡岩密切相关，它就是引起中低电阻率、高极化率、高密度异常体的原因。

4）化探特征

阿奇山地区 1∶5 万化探工作分析了 Cu、Pb、Zn、Ag、Au、As、Sb、Hg、W、Sn、Mo、Bi、Cr、Ni、Co 共 15 个元素，主要是与热液成矿密切相关的元素及基性度元素。对 2300km² 范围内的数据进行分析处理，发现在阿奇山及其以东地区存在一以 Zn 为主的多元素富集带，延伸方向与地层走向一致，为 58°。对应地质体为石炭系雅满苏组和土古土布拉克组中酸性火山岩、火山碎屑岩夹少量灰岩。阿奇山异常属该富集带的组成部分，是 Zn 富集程度最大的一个浓集区。

阿奇山地区以 Zn 为主的多元素富集带，长 20km，宽 6km，走向 58°，与地层走向一致。东北延出工作区，东南进入百灵山岩体，元素含量显著降低，构成平直的梯度带。

主要富集元素 Zn 含量在 (5~6612)×10⁻⁶ 之间，平均值 227×10⁻⁶，中位数 106×10⁻⁶，平均值是新疆东天山的 4.53 倍，上地壳克拉克值的 3.2 倍，属高度富集元素；富集区面积 120km²，也是典型的区域富集。共同富集的元素有 Pb、Ag、Cu、As、Sb、Bi、Mo、Co，全为亲硫元素，均出现特高含量。相对富集在 1.27~2.59 之间，浓集克拉克值多为 1.20~5.55。富集带内 Au、Hg、W、Sn、Cr、Ni 显著贫化。聚类分析将 15 个元素分成 Pb-Zn-As-Sb-Mo、Cu-Ag、W-Sn-Bi、Cr-Ni-Co 四组。Au、Hg 各自独立，两者之间及与其他元素都不相关。

阿奇山以 Zn 为主的多元素富集带内，圈定以 Zn、Pb、Cu、Ag 为主的综合异常 8 处，以阿奇山异常最为典型（图 5-11）。阿奇山综合异常形态规整，呈纺锤状，长 4.7km，宽 0.6~1.5km 不等，长轴方向 55°，面积 4.4km²。元素组合为 Zn-Pb-Cu-As-Ag-(Sb-Hg-Mo-Bi-Co-Au)。其中 Zn、Pb、Cu、As、Ag 异常面积基本相当,在 $2.4\sim3.1\text{km}^2$ 之间,吻合程度高,是异常主要元素;Sb、Hg、Mo、Bi、Co、Au 异常仅在局部出现异常,最大值分别为 Sb 6.8×10^{-6}、Hg 33.4×10^{-9}、Mo 14.6×10^{-6}、Bi 12×10^{-6}、Co 104×10^{-6}、Au 104×10^{-9},是异常次要元素。

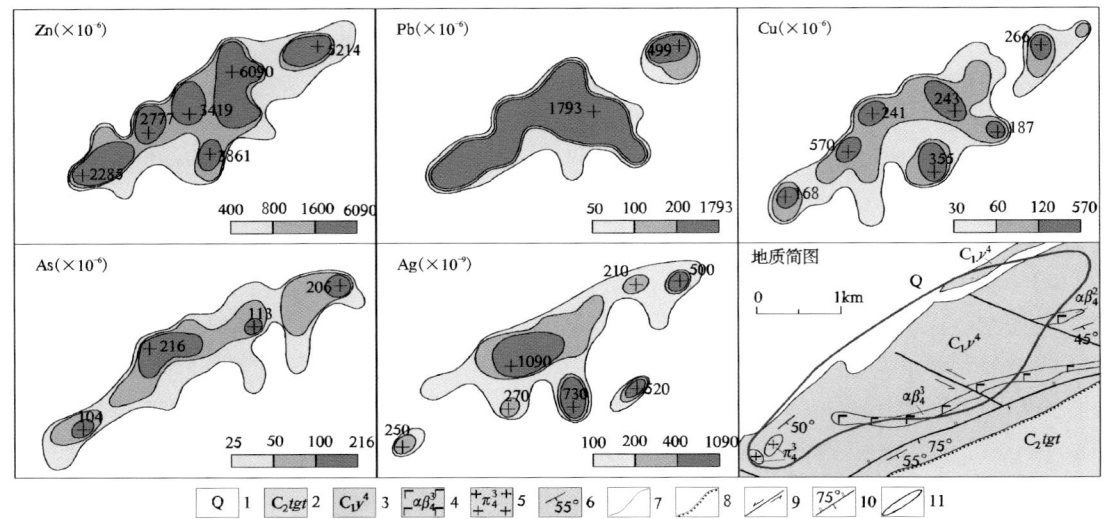

图 5-11 阿奇山铅锌矿 1:5 万综合异常剖析图(据田江涛,2018)
1.第四系;2.上石炭统土古土布拉克组;3.下石炭统雅满苏组第四岩性段;4.玄武玢岩;5.花岗斑岩;
6.产状;7.地质界线;8.不整合界线;9.左旋走滑断层;10.逆断层;11.综合异常

异常主要元素普遍出现特高含量,衬值为 $2.8\sim4.94$,均具三级浓度分带,变化系数为 $0.70\sim3.47$,以及多浓集中心等特点。其中 Zn 有 6 个浓集中心,面积 $0.08\sim0.4\text{km}^2$,在异常区内相对均匀分布,各中心极大值依次为 3861×10^{-6}、2777×10^{-6}、3419×10^{-6}、5214×10^{-6}、2285×10^{-6}、6090×10^{-6},处于同一数量级含量,推测是矿化强度相对均匀的反映。

单元素异常形态与多元素富集带相反,异常边界在西北形态规整,在东南形成不规则凸起或凹陷,这些凸起或凹陷不一致,因元素不同而存在明显差异。同时,各元素的浓集中心多集中在异常西北部。

5)预测模型

根据阿奇山铅锌矿地质和综合信息,建立了预测模型(表 5-5)。

表 5-5 鄯善县阿奇山海相火山岩型铅锌矿床地质-物探综合预测模型表

分 类		主 要 特 征
地质成矿条件和标志	构造环境	位于阿奇山-雅满苏弧前盆地之古火山机构附近的火山沉积洼地
	含矿地层	下石炭统雅满苏组第四岩性段一套中基性火山碎屑岩、火山熔岩夹陆源碎屑岩、碳酸盐岩建造
	含矿岩系和围岩	粉砂岩、凝灰质砂岩夹灰岩、英安质凝灰岩、含角砾凝灰岩等,矽卡岩化普遍而强烈,是矿区最重要的赋矿层位
	构造	北东向断裂为控矿断裂,控制区域矿化带的展布方向,北西向断裂为后期断裂,对原始矿化带具有破坏作用,但同时又是后期热液脉状矿化的集中分布区
	侵入岩	南距离百灵山岩体5km,在矿区发育闪长玢岩体
	围岩蚀变	矽卡岩化普遍而强烈
	矿体产状和特征	矿体呈层状、似层状、透镜状,中部矿体数量多,厚度小,矿化厚度大,向两端矿体数量减少,矿体厚度增大,矿化范围趋于集中

续表 5-5

分 类			主 要 特 征
地质成矿条件和标志	矿石特征		矿石结构主要半自形—他形粒状结构,自形粒状结构,浸染状、细脉状构造及角砾状构造。矿石矿物主要为闪锌矿、方铅矿、黄铜矿、赤铁矿、黄铁矿、磁黄铁矿;脉石矿物为石榴子石、透辉石、绿帘石以及大量凝灰质成分
	地表找矿标志		铅锌矿体主要赋存于下石炭统雅满苏组第四岩性段灰岩、钙质粉砂岩和蚀变火山灰凝灰岩中,底部发育含砾砂岩、砂砾岩等粗碎屑岩石组合,顶板发育层状矽卡岩。蚀变特征主要表现为强烈的石榴子石化、透辉石化、黝帘石化、绿帘石化、绿泥石化、葡萄石化、榍石化、绢云母化、硅化、方解石化。具有明显的以低温元素 Zn、Pb、Ag、As、Sb 等为主的综合异常区,是寻找铅锌矿的靶区。地表有浅薄层残坡积物覆盖,揭露后褐铁矿化强烈
地球物理标志	区域地球物理场特征		孤岛状的局部重力高区域,区域航磁负磁异常区中
	矿床地球物理场特征及物探找矿标志	磁法	呈现高极化率、低电阻率的特征,其中以极化率值 3.5% 圈定激电异常,该异常呈北东向和北西向分布,长约3km,宽从几十米到几百米不等,其对应电阻率值为几十欧姆米到几百欧姆米中低电阻异常体,与地表矿体出露区域完全套合
		电法	矿区剩余重力高值区呈北东-南西走向带状延伸,区内剩余异常最大值达 2.8mGal,以 2mGal 圈定重力剩余异常与矿化带范围极为吻合
		物探找矿标志	矿体出露区呈现重力剩余异常值为 2~3mGal,电阻率值为 100~500Ω·m,极化率值为 3.5%~9%,为中低电阻率、高极化率、高密度异常体
地球化学标志	区域地球化学特征		异常走向与地层走向一致,呈北东-南西走向椭圆状,具 Zn、Cu、Pb、Ag、Au、As、Hg、Sb 等元素异常,各元素异常套合关系紧密,具有三级浓度分带,异常区 Zn 最高值达到 6090×10^{-6},其余在 $309\times10^{-6}\sim5214\times10^{-6}$ 之间;铅最高值达到 1793×10^{-6},其余在 $342\times10^{-6}\sim1444\times10^{-6}$ 之间,铜最高值达到 3262×10^{-6},其余在 $232\times10^{-6}\sim249\times10^{-6}$ 之间
	矿区地球化学特征		1:2 万化探呈现 Zn、Pb、Ag、As、Sb、W、Mo、Mn、Zn 组合异常,以 500×10^{-6} 圈定异常范围宽 300~800m,长 3600m,平均值 2240×10^{-6},极大值 56543×10^{-6},含量高、连续而稳定,与地表矿区出露范围基本一致。在 Zn 浓集区范围内,Pb 元素平均值 603×10^{-6},极大值 28040×10^{-6},Ag 平均值 0.23×10^{-6},极大值 1.42×10^{-6},Cu 平均值 109×10^{-6},极大值 1222×10^{-6},Ag、Cu、As、Sb、W、Mo、Mn 元素含量特征与 Zn 极为相似,异常范围高度重叠

2. 鄯善县维权银多金属矿

1) 矿床所在区域重磁场特征

矿区位于康古尔 1:20 万北西走向区域重力梯度带南侧,矿区内呈现北西向局部重力高(图 5-12),异常长约 20km、宽 3~5km,强度 $-130\times10^{-5}m/s^2$,剩余重力异常 $8\times10^{-5}m/s^2$。航磁图上矿区处于大南湖磁力高和帕尔岗磁力高所夹持的 $-300\sim0nT$ 负磁背景场中。

2) 矿床所在地区 1:5 万重、磁场特征

矿田 1:5 万电法、航磁和重力普查成果显示,对应银多金属矿床部位,极化率异常明显(4%~7%),电阻率为中—低阻(150~250Ω·m)特征,存在明显的重力剩余异常,航磁异常与重力异常基本相对应,ΔT 异常幅值 400nT。综合分析认为重、磁基本为同源异常,高极化率异常与银多金属硫化物矿体有关,重力高与磁力高异常则是闪长岩、矽卡岩和银多金属矿体的综合反映。

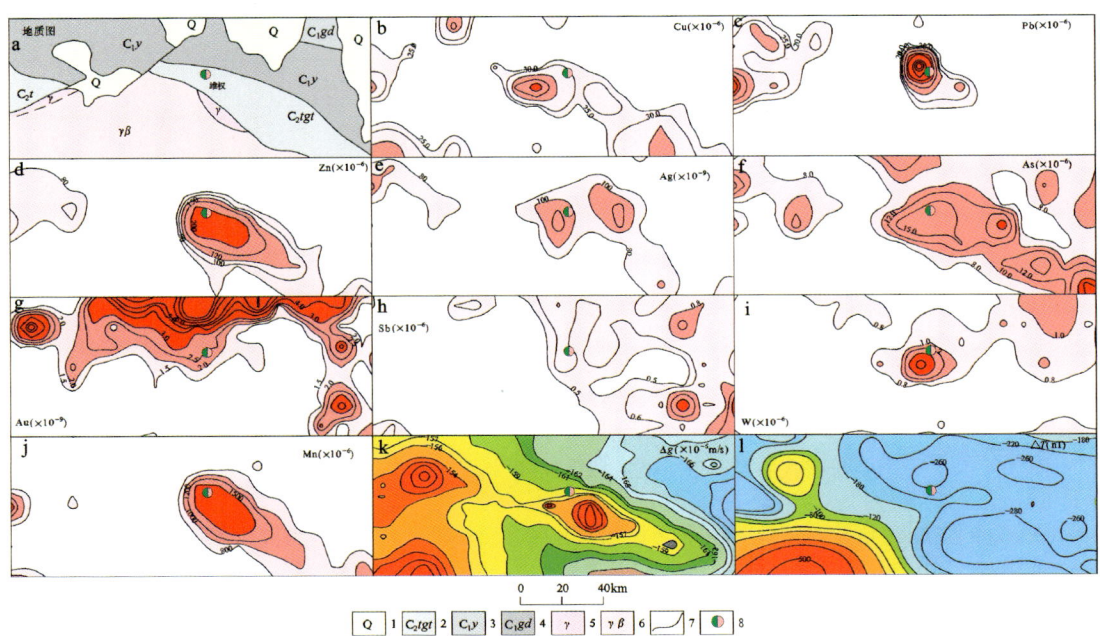

图 5-12　维权银矿床区域地球物理、地球化学异常剖析图

1.第四系；2.上石炭统土古土布拉克组凝灰岩、玄武岩夹灰岩；3.下石炭统雅满苏组凝灰岩、灰岩；
4.下石炭统干墩组基性熔岩、硅质岩、砂岩；5.花岗岩；6.黑云母花岗岩；7.地质界线；8.铜银矿

3）岩（矿）石物性特征

矽卡岩具弱—中等磁性，磁化率 $679×10^{-6}×4π×SI$，剩余磁化强度 $290×10^{-3} A/m$；银多金属矿（化）体赋存于矽卡岩中，具有不稳定的中等—强磁性，磁化率平均值 $9256×10^{-6}4π×SI$，剩余磁化强度值 $324×10^{-3} A/m$；围岩为弱磁—无磁性。矿石密度 $3.46×10^{3} kg/m^{3}$，矽卡岩、角砾岩密度 $2.92×10^{3} kg/m^{3}$。银多金属矿石具高极化、中低阻特征，极化率为 6.24%，电阻率为 $225Ω·m$。正常围岩极化率小于 3%，电阻率为中高阻。闪长岩、花岗斑岩因黄铁矿化具有高极化和中低阻特征。物性分析表明，矽卡岩及矽卡岩型银多金属矿石相对围岩均具有高密度、中等—强磁性的特点，而围岩一般为正常密度、无磁性，因此采用重力、磁法可有效划分矽卡岩。鉴于矽卡岩型多金属矿石极化率较矽卡岩高，可采用激发极化法在矽卡岩带中圈定找矿有利部位。

4）矿床平面物探异常特征

1∶2万激电、磁法普查圈定了明显的综合物探异常。其中，激电异常具有双峰特点，控制长 2000m、宽 300m，异常幅值一般 3%～6%，最高 9.6%。异常北带Ⅰ号异常位于高阻—低阻过渡带（$ρ_s=200～400Ω·m$），维权银多金属矿就处于该带上；南带（Ⅱ号异常）位于相对高阻区中（$ρ_s=600～800Ω·m$），与黄铁矿化砂岩、凝灰岩有关。磁异常呈椭圆状，长 600m，宽 150m，异常幅值 $ΔT$ 达到 300nT（图 5-13）。

典型剖面特征：0 线勘探综合剖面显示，在矿体上分布有明显的低阻、高极化、高磁异常（图 5-14）。

5）地球化学特征

维权银多金属矿位于东天山干旱荒漠地球化学景观区，采用岩屑地球化学测量，控制不够完善。

区域地球化学特征：1∶20万区域化探显示，维权银多金属矿区有明显的 Cu、Pb、Zn、W、Ag、As、Mn 等元素组合异常，共生组合较好，异常面积约 36km²（图 5-15），属于中心式分布，元素组合包括低温、中温和高温元素组合和高 Mn 等背景元素组合。Cu、Pb、Zn、W、Ag 极大值分别为 $76.6×10^{-6}$、$149×10^{-6}$、$291×10^{-6}$、$2.6×10^{-6}$、$130×10^{-9}$，而 Mn 含量一般在 $1000×10^{-6}$ 以上，极大值 $1980×10^{-6}$。

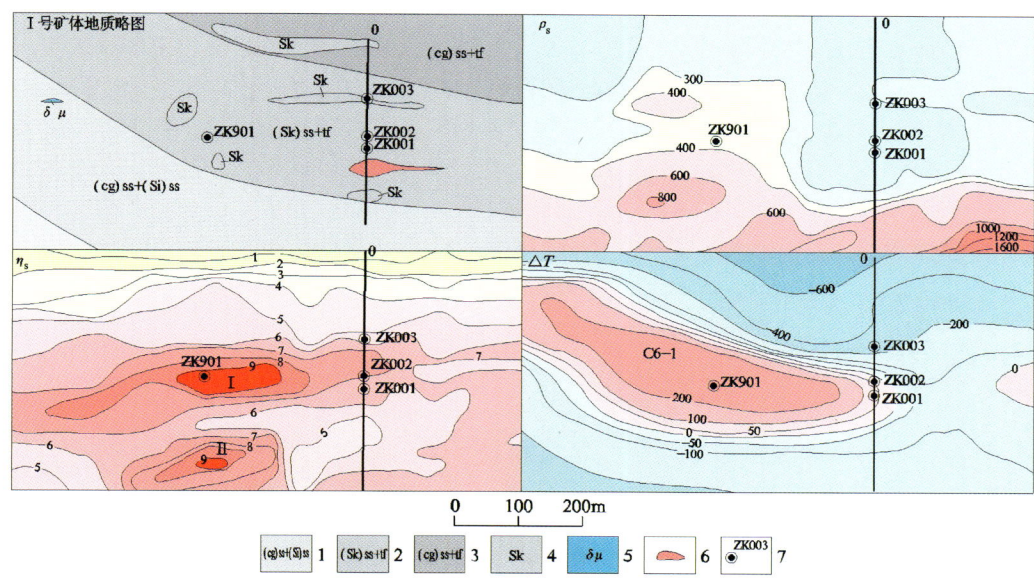

图 5-13 维权银多金属矿田 1:2 万地质、物探综合异常平面图

1.含砾砂岩夹硅质砂岩；2.矽卡岩化砂岩夹凝灰岩；3.含砾砂岩夹凝灰岩；4.矽卡岩；5.闪长玢岩；6.矿体；7.钻孔及编号

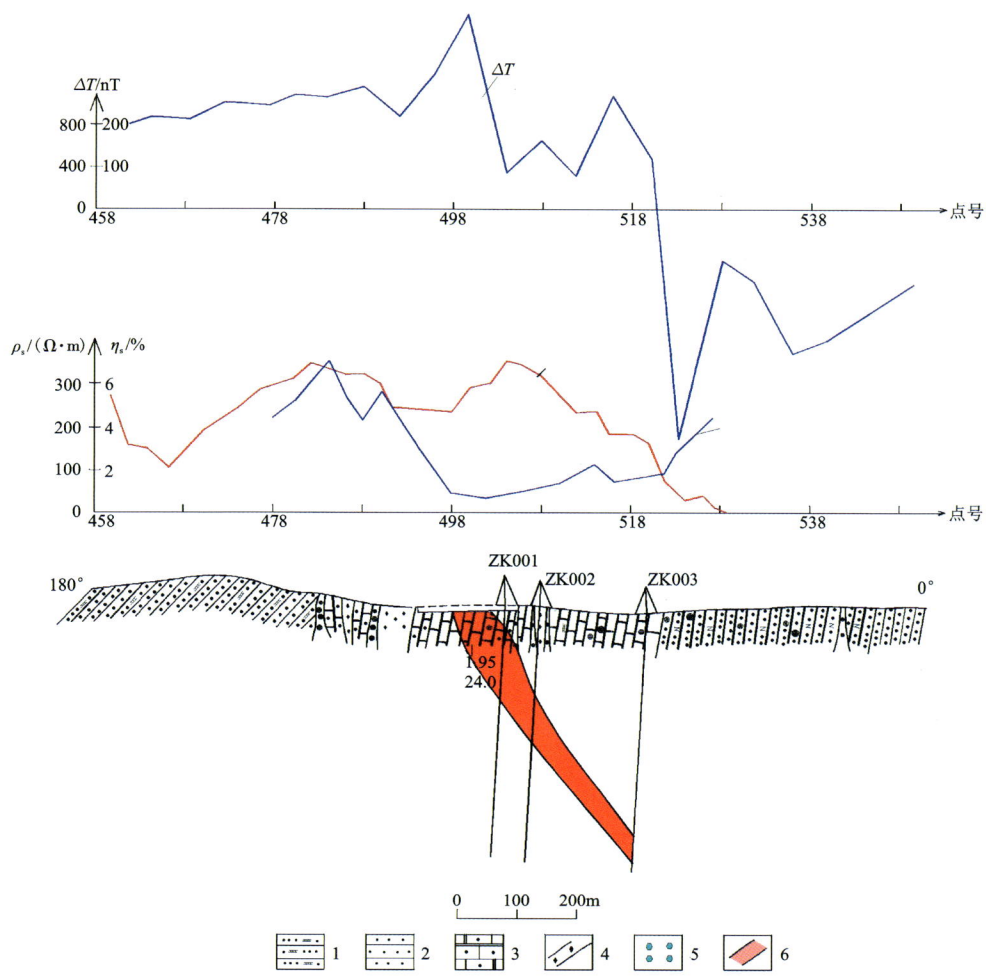

图 5-14 维权银多金属矿 0 线地质、物探异常综合剖面图

1.黄铁矿化砂岩；2.矽卡岩化砂岩；3.石榴子石矽卡岩；4.构造角砾岩；5.斜长花岗斑岩；6.矿体

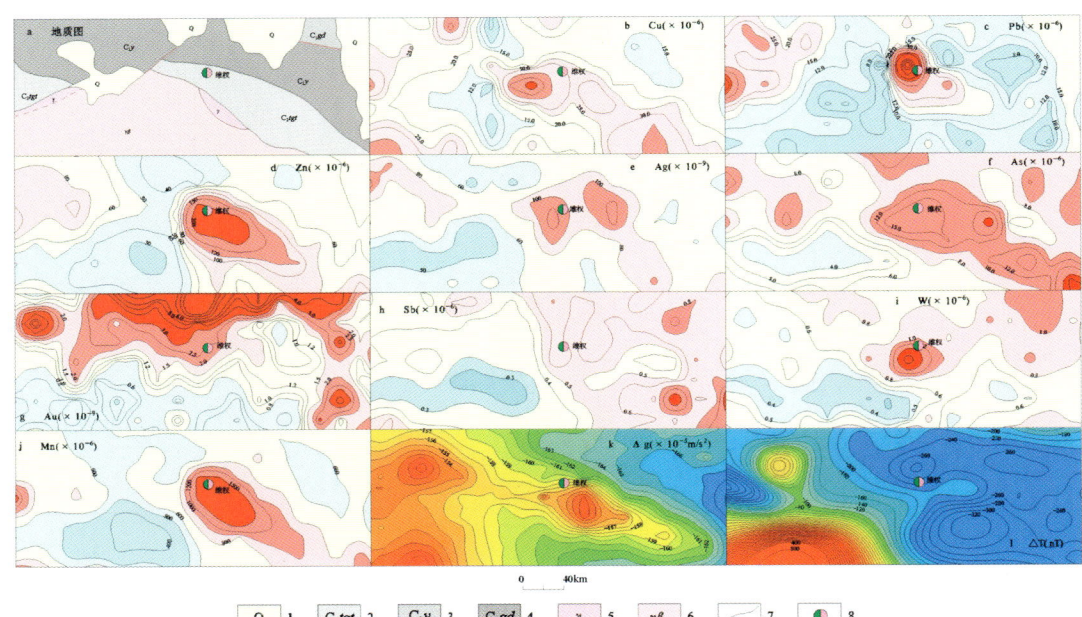

图 5-15 维权银多金属矿区域物化探异常剖析图

1.第四系;2.上石炭统土古土布拉克组;3.下石炭统雅满苏组;4.下石炭统干墩组;
5.花岗岩;6.黑云母花岗岩;7.地层界线;8.铜银矿

矿区化探异常特征:1∶5万化探圈定出 Zn、Pb、Cu、Ag、As、Sb、Bi、Mo、Au、Hg等多元素异常,为典型的多金属异常组合,但 Ag 异常尽管较 1∶20 万化探明显,却仍不是重要富集元素,与银矿主要在深部富集特点符合。该异常位于百灵山岩体北东部外接触带上,呈北西向展布,长 11km,宽 3~4km,面积约 40km^2。Zn、Pb、Cu、Au、Ag、As、Sb、Hg、Bi、Mo 套合较好,Ag 位于上述组合异常上及其北侧(远岩体一侧),Mo、W、Sn 位于组合异常上及其南侧(岩体上及内外接触带)。以 Zn 异常最为显著,主要位于岩体的外接触带上,由 3 个浓集中心组成,维权银多金属矿床处在北西部浓集中心,Zn 极大值 2208×10^{-6};中部和东部浓集中心 Zn 极大值分别为 1537×10^{-6}、1947×10^{-6}。Ag 异常极大值 588×10^{-9},其主体位于矿床的北侧,而且与 Zn、Pb 异常存在明显的水平分带。Pb 极大值 338×10^{-6};Cu 含量普遍较低,其极大值仅 137×10^{-6}。

地球化学特征总结:维权热液型银多金属矿矿区、区域地球化学特征类似,为以 Zn、Pb、Cu、Au、Ag、As、Sb、Bi、Hg、W、Sn、Mo 等元素的复杂组合,但主成矿元素 Ag 不够突出,位于中酸性侵入岩与碎屑岩地层的内外接触带上。从岩体→接触带→外接触带,上述元素存在明显的 W、Sn、Mo→Zn、Pb、Cu、Au、Ag、As、Sb、Hg、Bi、Mo→Ag、Au、As、Sb、Hg(Mo)水平分带。

6)预测模型

根据维权银多金属矿地质和综合信息特征,建立了预测模型(表 5-6)。

表 5-6 新疆哈密市维权热液型银矿床预测模型简表

预测要素分类		主 要 特 征
地质成矿条件和标志	成矿区带	Ⅳ-8-③阿奇山-雅满苏-沙泉子(裂陷槽)Fe-Mn-Au-Cu 矿带
	构造环境	塔里木板块北缘活动带觉罗塔格晚古生代岛弧带
	控矿侵入岩	晚石炭世斜长花岗斑岩、闪长玢岩
	主要赋矿地层	下石炭统雅满苏组第一岩性段矽卡岩、矽卡岩化砂岩、凝灰质岩屑砂岩、沉凝灰岩等
	控矿构造	东西向、北西西向及北西向压扭性次级断裂

续表5-6

预测要素分类		主 要 特 征
地质成矿条件和标志	围岩蚀变	矽卡岩化、绿泥石化、绿帘石化、碳酸盐化、黄铁矿化、阳起石化
	矿体产状和特征	矿体严格受破碎带及其次级裂隙控制,呈脉状产出,矿体较连续,与围岩界线极为清晰。矿体倾向与地层倾向相反,倾向北,倾角42°~67°
	矿石特征	矿物主要有自然银、辉银矿、黄铜矿、闪锌矿、方铅矿及石榴子石、阳起石、绿帘石等。矿石结构为粒状变晶结构、半自形—他形粒状结构,矿石构造为细脉状构造、稀疏浸染状构造、不规则团块状构造等
	区域变质作用及建造	接触变质作用的辉石角岩相和矽卡岩带及动力变质作用的低绿片岩相
	区域成矿类型和成矿期	晚石炭世矽卡岩型叠加中低温热液内生型矿床
地球物理特征	磁法特征	磁场呈东西向带状展布,主要有两个高磁带,两带场值均大于0nT,之外为低磁场,其值小于0nT。北带长1.68km,宽100~450m,分布3个串珠状高磁区,其值大于0nT。南带长4.7km,宽150~1200m,带中有串珠状、互相平行的椭圆状高磁区8处,其西南部(端)未封闭。局部突起,为高航磁异常,强度达—100~100nT
	重力特征	局部高布格重力为—160~—158mGal
	极化率特征	视极化率大于2%的等值线均呈面状和带状。面状区长2.6km,宽1.4km,场值2%~12%,东部未封闭,包含4个圆状高极化区,其值均大于4%,对应为矽卡岩、矽卡岩化砂岩以及硅质砂岩区;带状区长5.2km,宽580~1200m,东南端未封闭,场值2%~8%,包含7个圆状高极化区,对应凝灰岩、砂岩、玄武岩
	物探找矿标志	高极化、低阻、高磁异常特征
地球化学特征	化探异常特征	1:20万化探异常显示Ag、Cu、Pb、Zn、As等综合异常,异常与该区矽卡岩带分布一致,1:5万化探异常基本与1:20万化探异常套合
	化探找矿标志	范围较大、各元素套合较好的Ag、Cu多金属综合异常及Ag、Cu、Pb、Zn、As、Co等中低温元素异常

3. 彩霞山式碳酸盐岩-碎屑岩型铅锌矿

1)矿床所在区域重磁场特征

区域布格重力异常图显示,彩霞山铅锌矿处在阿奇山大重力高东缘形成的一个局部重力高的东段,高重力异常呈北东东走向,周围重力场的变化不一,反映出该地区地质构造的复杂性。剩余重力异常呈现一处形似梨状的重力高,极值为 $4.1\times10^{-5}\,\mathrm{m/s^2}$,是古元古代地层单元的反映,北部的石炭系雅满苏组地层表现为相对重力低(图5-16)。

区域航磁等值线图显示,彩霞山铅锌矿区处在阿其克库都克深大断裂中的阿奇山断裂一带,磁场北高南低,北部有一条近东西向分布的高磁异常带,而彩霞山铅锌矿区位于高磁带的南界梯度带上。化极后磁场强度变化不大,异常中心向北偏移,可以划分为两个不同性质的磁性单元,分别反映了南部以沉积变质为主的古元古代地层以及北部以火山岩分布并伴有大量岩浆活动晚古生代地层。

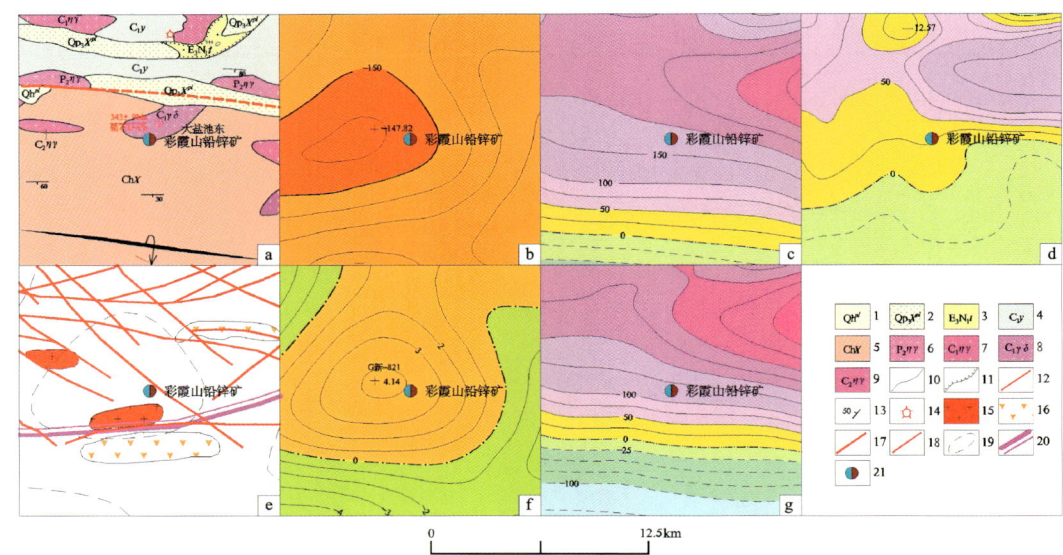

图 5-16 鄯善县彩霞山铅锌矿典型矿床所在区域地质矿产及物探剖析图

a.地质矿产图;b.布格重力异常图;c.航磁 ΔT 等值线平面图;d.航磁 ΔT 化极垂向一阶导数等值线平面图;
e.重磁推断地质构造图;f.剩余重力异常图;g.航磁 ΔT 化极等值线平面图

1.全新世洪积;2.晚更新世洪积;3.桃树园组;4.雅满苏组;5.星星峡岩群;6.中二叠世二长花岗岩;7.早石炭世二长花岗岩;8.早石炭世花岗闪长岩;9.晚石炭世二长花岗岩;10.地质界线;11.不整合界线;12.一般断裂;13.地层产状;14.火山口;15.磁法推断酸性岩类;16.磁法推断磁性蚀变带;17.磁法推断二级断层构造;18.磁法推断三级断层构造;19.重力推断岩体边界线;20.重力推断一级断裂构造;21.铅锌矿

2)矿区岩(矿)石物性特征

铅锌矿(化)体与围岩密度差达到 $0.4 \times 10^3 \sim 0.8 \times 10^3 \text{kg/m}^3$,密度值为 $3.2 \times 10^3 \sim 3.54 \times 10^3 \text{kg/m}^3$。大理岩、闪长玢岩具有相对高密度的特性,与围岩密度差为 $0.2 \times 10^3 \sim 0.4 \times 10^3 \text{kg/m}^3$,密度值为 $2.82 \times 10^3 \sim 2.92 \times 10^3 \text{kg/m}^3$,其他各类砂岩具有低密度的特性,密度值为 $2.67 \times 10^3 \sim 2.84 \times 10^3 \text{kg/m}^3$。

矿(化)体、含黄铁矿的粉砂岩、含黄铁矿蚀变粉砂岩、含碳粉砂岩、含碳含黄铁矿蚀变岩具有低阻特性,其值在 $0.1 \times 10^3 \sim n \times 10^3 \Omega \cdot m$ 之间。大理岩、闪长玢岩、各类硅化砂岩均具有高阻的特性,电阻率在 $1 \times 10^5 \sim n \times 10^5 \Omega \cdot m$ 之间。其他岩性介于上述两者之间,其值为 $1 \times 10^4 \sim n \times 10^4 \Omega \cdot m$,矿体与围岩的电阻率差异明显。

含碳粉砂岩、含碳含黄铁矿蚀变粉砂岩的极化率最高,达到 5%~12%,含黄铁矿的粉砂岩、矿(化)体、含碳含黄铁矿蚀变岩的极化率次之,在 3%~5%之间,大理岩、闪长玢岩、各类硅化砂岩均具有中低极化的特性,其值在 3%以下。

矿区的多数岩石包括矿体的磁性很弱,基本呈无磁特征,仅有闪长玢岩、杂砂岩具有弱磁性,其磁化率值 $(0 \sim 8000) \times 10^{-6} \times 4\pi \times SI$。

矿区岩石的综合物性特征显示,铅锌矿(化)体与其他岩石最明显的特征体现在密度差异,局部的重力高往往与矿化地质体有直接的关系,矿区的闪长岩往往具有高磁和高重力的异常组合。赋矿岩石大理岩与其他岩石体现了密度差异。含碳粉砂岩、各类富硫化岩石与其他岩石电阻率差异明显,成矿有利的地段均体现高极化、低阻的特性,非含矿的大理岩和硅化砂岩的电阻率高于铅锌矿体和矿化体。

重力法圈定大理岩和闪长玢岩的分布非常有效,而不同磁场特征为进一步区分赋矿岩石——大理岩提供了依据,反映赋矿岩石大理岩中的重力异常中的次级重力异常往往是铅锌矿体的反映。利用可控源音频大地电磁法(CSAMT)或瞬变电磁法(TEM)发现控矿大理岩底板的低阻含碳粉砂岩,间接指示了底板之上的控矿大理岩,或发现低阻富硫化物砂岩与围岩之间的接触带,间接发现接触带中的铅锌矿。

3)矿区布格和剩余异常平面重力异常

矿区内布格重力异常呈由北西向南东方向(幅值)逐渐衰减、形态逐渐减小的舌状等值线束。若以 $-0.5\times10^{-5}\mathrm{m/s^2}$ 为异常下限,高异常区与地表互层状粉砂岩、硅质岩、泥岩,包括透镜状白云石大理岩体和闪长岩的范围吻合,低异常区与地表石英砂岩吻合。若以 $-0.1\times10^{-5}\mathrm{m/s^2}$ 为异常下限,高异常仅包括大理岩体和闪长岩范围。重力布格异常衰减的特征反映了大理岩体和闪长岩埋深增大或逐渐尖灭的特点,同时低密度的粉砂岩等沉积地层的分布规模也逐渐增大。

矿区的剩余重力异常呈弧形展布,局部异常多呈面状椭圆形分布,分布上明显受矿区的构造所控制,局部重力高的出现主要反映了控矿大理岩和闪长玢岩的分布。矿区内分布有 10 处局部重力高,长 300~900m、宽 100~400m 不等,异常幅值为 $0.3\times10^{-5}\sim0.7\times10^{-5}\mathrm{m/s^2}$,6 处局部重力高经验证是由矿(化)体所引起,说明重力测量是本区找矿的一个重要地球物理勘探方法。

4)重力剖面

彩霞山铅锌矿Ⅱ30 线重力剖面的剩余重力异常呈山峰状,对应蚀变大理岩和闪长玢岩。针对剩余重力异常,进一步分解求得剩余重力异常,在矿化蚀变大理岩上方出现 3 个明显次级异常,呈多级锯齿状,以及一个由闪长玢岩引起的异常(闪长玢岩引起的次级异常经钻探验证,埋深 40m)。

叠加在剩余重力异常上的 3 个次级异常分别为:北部的次级异常对应大理岩底板内接触带,其幅值为 $0.4\times10^{-5}\mathrm{m/s^2}$,地表出露薄层铅锌矿,它是找矿过程中的地面标志。中部的次级异常对应矿体下延的膨大部位(蚀变带中心),其幅值为 $0.55\times10^{-5}\mathrm{m/s^2}$,它是钻探验证的目标体。南部的次级异常对应大理岩顶板内接触带,其幅值为 $0.3\times10^{-5}\mathrm{m/s^2}$。综上所述,剩余重力异常反映控矿大理岩,次级异常反映铅锌矿体。利用矿区岩矿石密度参数计算的矿体模型与钻探控制的矿体分布基本一致。

综上所述,次级重力异常是铅锌矿脉体赋存的重要条件,对应 CSAMT 法(断面上)的低阻区指示了铅锌矿脉体可能赋存的位置。

5)其他各类物探方法剖面

激发极化法对称四极联动装置剖面分析,矿区沉积岩地层极化率普遍较高,其值为 6%~25%,而电阻率普遍较低,其值为 5~250Ω·m。沉积岩地层中的控矿大理岩以及矿化段对应出现极高阻异常,其电阻率为 25~250Ω·m。其他岩性介于上述两者之间,表现低阻、相对高极化,其电阻率和极化率值分别小于 25Ω·m,小于 15%。

6)地球化学特征

区域化探异常特征:处于区域 Zn、Pb、Au、Ag、Cd、Cu、W、Sn、Mo、As、Sb、Bi、Hg 多元素综合异常中,属于复杂的多元素异常集中区。其中 Zn、Pb、Au、Ag、Cd 异常位于北部,处于 Fe、Mn、P、V、Ti 的高背景地球化学环境中,包括北部处于石炭系碎屑岩中的异常和南部彩霞山铅锌矿中的异常,组合异常面积约 200km²;As、Sb、Bi、Hg 位于主成矿元素中南部并与已知铅锌矿带分布一致;W、Sn、Mo 异常包括上述异常且分布范围更大,其组合异常面积 300 余平方千米。与彩霞山铅锌矿区有关的 Pb、Zn 异常面积 8km²,最高值分别为 90.6×10^{-6}、129×10^{-6},As、Sb、Bi、Hg 为高异常显示,W、Sn、Mo 呈背景分布。

矿区地球化学特征:1:5 万化探清晰反映了地表矿化带的分布,异常强度大。矿区异常元素组合为 Pb、Zn、Hg、Sb、Au、As、Mn、Ag,其中 Pb、Zn 为主成矿元素,Sb、Au、Ag 为伴生元素,Hg、As、Mn 为找矿指示元素。Pb、Zn 具三级浓度分带特征,极大值分别为 772×10^{-6}、1773×10^{-6}。

矿床地球化学特征:在彩霞山铅锌矿床Ⅰ号矿化带进行了系统的岩石地球化学测量,分析了 As、Sb、Bi、Pb、Zn、Ag、Cu、Au、Ni、Co、Mo、Sn 共 12 种元素。以相关系数 R 为 0.2 划分元素组合,为 As、Sb、Pb、Zn、Au、Ag、Cu、Bi、Mo、Co、Ni、Sn 3 组。其中低-中温元素组合平面分布大致一致,反映了以 Pb、Zn 为主成矿元素的分布特征;而 Ni、Co、Bi、Mo、Sn 位于主成矿元素的南侧,与岩浆热液活动有关。矿体原生晕横向分带总体特征表现为主成矿元素、矿上元素异常相互重叠,高温元素分布于矿体两侧。元素横向分带从矿体中心依次向两侧为:Pb、Zn、Ag、Au、Sb→As、Cu→Sn、Bi、Co、Ni。

钻孔原生晕特征:在Ⅰ号矿化带 24 线进行了钻孔原生晕测量,主成矿元素 Pb、Zn 与地表矿体套合很好；Ag、Au、Sb 异常与 Pb、Zn 套合，As 异常略有北移，反映了它们作为矿上元素的化学特征；Cu、Bi 异常发育于矿体两侧；Sn、Co、Ni 异常较为远离矿体，主要发育于矿体的南侧。

矿体原生晕轴向分带由上往下为：As、Au→Pb、Zn、Ag、Sb→Cu→Sn、Bi→Co、Ni，其中 As、Au、Sb 为矿体前缘晕，Pb、Zn、Ag 为矿体晕，Sn、Bi、Co、Ni 为矿体尾晕。

地球化学特征总结：彩霞山铅锌矿矿区、区域地球化学特征有所差异，其中区域地球化学具有 Pb、Zn、Ag、As、Sb 等元素异常或高背景的元素组合，而矿区多元素异常更加明显。并处于 W、Sn、Mo 高温元素组合异常一侧，位于碎屑岩-碳酸盐岩建造中，有中酸性侵入岩分布。

7）预测模型

根据彩霞山铅锌矿床地质和综合信息特征，建立了相应的预测模型（表 5-7，图 5-17）

表 5-7 鄯善县彩霞山碳酸盐岩-碎屑岩型铅锌矿床找矿模型表

标志分类		特征
地质背景	成矿区带	卡瓦布拉克-星星峡 Fe-Pb-Zn-Ag-Cu-Ni-Cr-V-Ti-REE-MR-U-W-Re-硅灰石-钾硝石-钠硝石-芒硝石-石盐-白云母-磷灰石-宝玉石-冰洲石-萤石-红柱石-蛭石-饰面用花岗岩矿带（Ⅳ-11-③）
	构造位置	塔里木板块北缘星星峡-卡瓦布拉克中间地块
	赋矿层位	长城系星星峡岩群第一岩性段
	岩性建造	浅海相沉积的碎屑岩-碳酸盐岩建造，岩性为含碳质互层状粉砂岩、硅质岩、泥岩、白云质大理岩、硅质岩、石英砂岩
	岩浆岩	活动大陆边缘或岛弧型Ⅰ型钙碱性侵入岩，岩石类型为闪长岩、石英闪长岩。岩体外接触带，距离岩体 200~1200m 范围
	构造	走向近东西向-北东向的韧—脆性断裂构造影响带
	围岩蚀变	围岩蚀变不具有明显的分带特征，蚀变为碳酸盐化、硅化、透闪石化、绿泥石化
	含矿母岩	白云石大理岩、透闪石化硅化角砾状硅质岩
	赋矿位置	白云石大理岩的底部与含碳质粉砂岩接触部位
	矿石矿物组合	方铅矿、闪锌矿、黄铁矿、磁黄铁矿
	结构、构造	粒状变晶结构、他形粒状结构；细脉状构造、网脉状构造、碎裂状构造
	矿化标志	褐铁矿化、黄钾铁矾化、菱铁矿、铅矾、菱锌矿、白铁矿
地球物理	区域航磁	正磁场，磁场值 0~500nT
	重力	区域上为两个重力高值带之间的低值区，重力值 -140~-120mGal。矿区为"两重力低夹一重力高"，布格重力高中的剩余次级重力异常区段对应含矿白云石大理岩
	CSAMT	"南北两个高阻夹中间一低阻"，低阻区指示含矿层位，低阻中的局部高阻指示白云石大理岩及铅锌矿体
	综合测井	激发极化法测井能指示硫化物层物理性质，地-井方式方位测量能有效判断极化体相对于钻孔的形态特征，井-地方式充电测量能有效判断极化体平面投影展布特征
	电导率	40~180Ω·m 低阻异常区
地球化学	矿区	以 Pb、Zn、Ag、As、Sb 为主的异常组合
	矿床	水平（横向）分带由中心向外：Pb、Zn、Ag、Sb-Au、Cu-Sn-Mo-Bi、Co-Ni；垂直（轴向）分带向上而下：As、Au-Ag、Pb、Zn、Sb-Cu-Sn-Bi-Mo-Co、Ni

续表 5-7

标志分类		特征
遥感特征	含矿母岩	蓝色影像、不规则条带状、较为粗糙、斑点状图案、残丘地貌、实地灰白色
	矿化蚀变带	灰绿色影像、透镜状、较柔和、碎点状图案、坡地地貌、实地灰褐色
	含炭质粉砂岩	蓝—深蓝色影像、条带状、粗糙、斑点状图案、垄岗或蛋丘地貌、实地深灰色
	石英闪长岩	浅灰褐色影像、不规则面状、柔和、条纹状图案、岗丘地貌、实地灰绿色

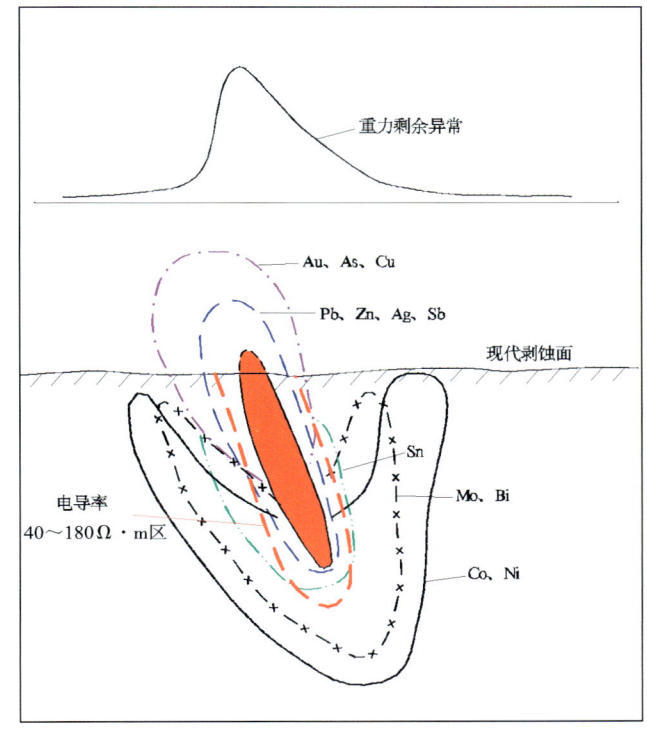

图 5-17　鄯善县彩霞山铅锌矿床地球物理-地球化学找矿模型

（四）金矿找矿模型

1. 鄯善县康古尔塔格金矿

1）矿床所在区域重磁场特征

区域布格异常图上矿床位于近东西向展布的康古尔塔格条带状重力高的南缘，区域剖析图反映布格等值线分布稀疏，总体处在重力高值区，并在金矿形成局部圈闭。在剩余重力异常展示为矿床北东部位为一局部重力高，而金矿就位于局部重力高向西南凸出部位（图 5-18）。

区域航磁 ΔT 等值线平面图显示矿床及其周边大部为低负磁区，仅在金矿西南 10 多千米出现一个强度较大的异常，呈椭圆状分布，可能与岩浆活动有关。化极后的 ΔT 异常特征变化不大，而其垂向一阶导数异常则金矿北部还分布近东西向展布的串状异常，反映在次级断裂中基性岩浆岩的活动强烈。

2）矿区岩（矿）石物性特征

本区磁性由强到弱依次为玄武质（铁化）安山岩—铁硅质岩—闪长岩—安山岩—安山质（铁化）凝灰岩，其磁化率大于 $1078 \times 10^{-6} \times 4\pi \times SI$，其他岩石大多呈弱磁性，差异不明显。主要岩（矿）石的极化性由强到弱依次为：碳质灰岩—凝灰岩—铁硅质岩，其极化率大于 2%，其他岩性均为弱极化，其极化率小于 1%。电阻率由强到弱依次为：安山岩—英安岩—闪长岩—铁硅质岩—凝灰岩—碳质灰岩—砂岩。

其中石英岩、安山岩、英安岩、闪长岩、流纹岩等为高阻，其电阻率大于200Ω·m，凝灰岩、碳质灰岩、砂岩为低阻，其电阻率小于150Ω·m。

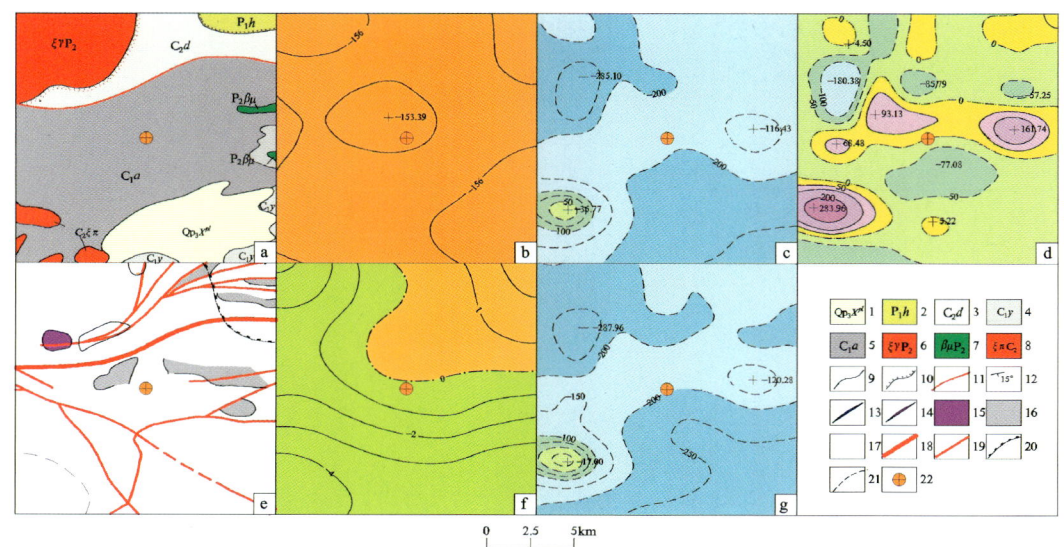

图 5-18 鄯善县康古尔塔格金矿典型矿床所在区域地质矿产及物探剖析图
a.地质矿产图；b.布格重力异常图；c.航磁 ΔT 等值线平面图；d.航磁 ΔT 化极垂向一阶导数等值线平面图；
e.重磁推断地质构造图；f.剩余重力异常图；g.航磁 ΔT 化极等值线平面图
1.第四系上更新统；2.二叠系哈尔加乌组；3.石炭系底坎尔组；4.下石炭统雅满苏组；5.下石炭统阿奇山组；
6.二叠纪正长花岗岩；7.二叠纪辉长辉绿岩；8.石炭纪英安斑岩；9.地质界线；10.不整合界线；11.实测性质不明断层；12.地层产状；13.中性脉岩；14.石英脉；15.重力推断岩体；16.重力推断地层；17.磁法推断火山岩地层；18.磁法推断超基性岩体；19.磁法推断磁性蚀变带；20.磁法推断二级断裂；21.磁法推断三级断裂构造；22.金矿

3) 金矿田物探异常特征

(1) Ⅵ号金矿区物探特征：激电中梯反映矿区的视极化率为 0.5%～8%，极化场呈东西向带状，以 2.5% 为极化异常的下限，共划分出 13 个极化异常。极化异常反映了硫化物凝灰岩。与金矿相关的硅铁质岩脉赋存于极化异常体的顶、底板上。

(2) 电场和电阻异常：矿区的电阻率在 50～300Ω·m 之间，电场呈东西向宽带状，以 150Ω·m 为高、低阻的分界线，高阻异常反映了安山岩、流纹岩、岩石裸露区，低阻异常反映了凝灰岩、砂岩、岩石覆盖区。$D\rho$-1 高阻异常对应 L3 含金蚀变带，$D\rho$-2 与 $D\rho$-3 高阻异常夹持的低阻异常对应 L2 含金蚀变带，$D\rho$-3 与 $D\rho$-4 高阻异常夹持的低阻异常对应 L1 含金蚀变带。

(3) 磁场和异常：该区磁场强度在 -100～550nT 之间，磁场呈东西向带状，共划分出 7 个磁异常，与矿有关的磁异常主要有 C—1、C—1(1)。磁异常反映了蚀变安山岩，金矿相关的硅铁质岩脉均夹持于蚀变安山岩之中，也赋存于磁异常体之中。

(4) 典型剖面特征：以康古尔塔格Ⅵ金矿区 26 线为例，以 L1 矿体为中心，各类异常具有明显的分带性，南、北部以蚀变凝灰岩为主，中部以蚀变安山岩为主，金矿体产于蚀变安山岩中。表现出的物探特征为：南、北部以低阻、高极化异常、低磁为主，其阻值、极化率、磁场幅值分别为 100Ω·m、6%、-200nT。中部以高阻、弱极化、高磁为主，其阻值、极化率、磁异常幅值分别为 200Ω·m、4%、250nT。

4) 地球化学特征

区域地球化学特征：1:20 万区域化探属于中心式分布，康古尔塔格金矿、马头滩金矿均分布于异常中心区。具有明显的 Au、Ag、Cu、Pb、Zn、As、Sb、Bi、W、Mo 组合异常（图 5-19）。Au、Ag、Cu、Pb、Zn 具有明显的浓集中心和分带现象，是东天山地区重要的"异常强度高、分布范围大、元素组合全"的综合异常之一。其中，Au 元素以 2×10^{-9} 圈定异常面积约 $80km^2$，形成 3 个浓集中心，极大值分别为 13×10^{-9}、61×10^{-9}、69×10^{-9}。Cu 极大值为 819×10^{-6}。

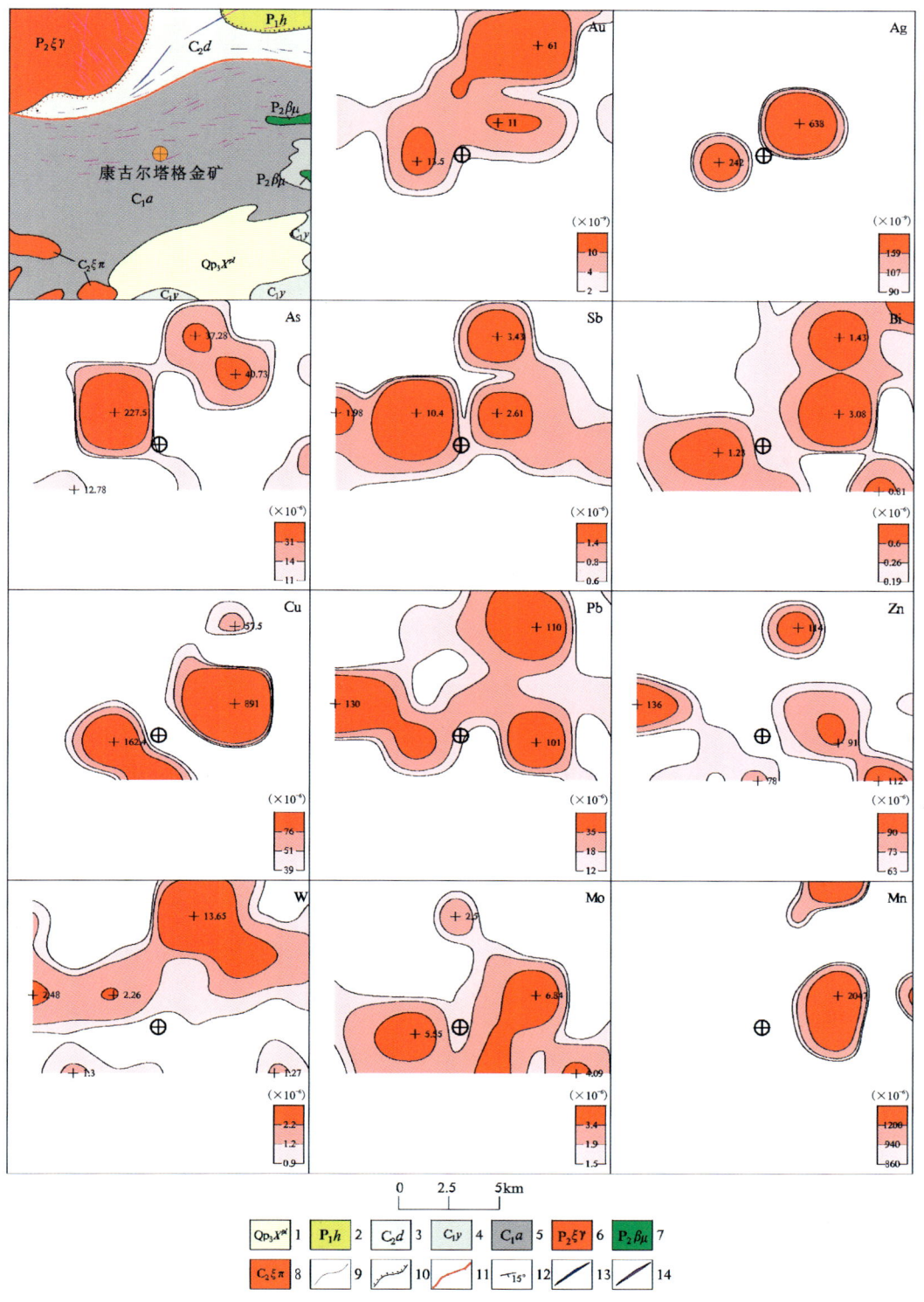

图 5-19 康古尔塔格金矿区域化探剖析图

1.第四系上更新统;2.下二叠统哈尔加乌组;3.上石炭统底坎尔组;4.下石炭统雅满苏组;5.下石炭统阿奇山组;
6.二叠纪正长花岗岩;7.二叠纪辉长辉绿岩;8.石炭纪英安斑岩;9.地质界线;10.不整合界线;
11.实测性质不明断层;12.地层产状;13.中性岩脉;14.石英脉

矿区及矿床地球化学特征:在康古尔塔格金矿区、马头滩金矿区开展的1:2万土壤化探圈出了十分复杂的多元素组合异常,且在东、中、西部形成异常强弱分明的元素组合。其中,西部与康古尔塔格金矿对应,以 Au、Ag、As、Sb、Pb、Mo、W 等元素异常为主;东部与马头滩金矿对应,异常元素组合为 Au、Ag、As、Sb、Cu、Pb、Zn、Bi、Mo 等;中部异常以 Cu、Mo、Bi、Pb 为主,在其边部伴有 Zn、Au、Ag、As、Sb 等弱异常。

康古尔塔格金矿 Au 异常长 1200m,宽 500m,极大值 $14\,829\times10^{-9}$;Ag、Pb、Mo、W 极大值分别为 2000×10^{-9}、1000×10^{-6}、50×10^{-6}、20×10^{-6};马头滩金矿 Au 异常控制长约 800m,宽 300~600m,极大值 455×10^{-9};Ag、Cu、Pb、Zn、Bi、Mo、W 极大值分别为 2000×10^{-9}、1500×10^{-6}、1000×10^{-6}、500×10^{-6}、30×10^{-6}、50×10^{-6}、20×10^{-6}。

岩石测量显示,Au 元素强度高,浓集中心明显,原生晕组分除 Au 外,伴生有 As、Ag、Cu、Pb、Zn、Bi、Mo、W、Sb 等。Au 含量超过 25×10^{-9} 的分布范围与糜棱岩带一致。矿体垂向元素变化:地表及浅部(150m 以上)为 Au 富集带,中部(150~300m)为 Au、Ag、Pb、Zn 富集带;深部(300m 以下)为 Cu 富集带。原生晕水平分带序列为 Ag-Sb-Au-Ba-Pb-Zn-As-Bi-Mo-W-Cu-Ni。其中 Ag-Sb-Au-Ba 为前晕指示元素,(Au)-Pb-Zn-As-Bi 为矿体指示元素,Mn-Co-W-Cu-Ni 为尾晕指示元素。

地球化学特征总结:康古尔塔格与韧性剪切带有关的火山热液型金(多金属)矿矿区和区域地球化学特征类似,异常受干旱荒漠景观及采样方法影响小,以 Au、Ag、Cu、Pb、Zn、As、Sb、Bi、W、Mo 复杂的"高、大、全"元素组合,分布于韧性变形强烈的火山岩中。

5) 预测模型

矿床预测模型见表 5-8 和图 5-20。

表 5-8 鄯善县康古尔塔格造山型金多金属矿床预测模型简表

分 类		主 要 特 征
地质成矿条件和标志	成矿区带	康古尔-土屋-黄山 Cu-Ni-Au-Mo-Pb-Zn-RM 矿带(Ⅳ-8-②)
	构造环境	位于准噶尔板块与塔里木板块对接部位,觉罗塔格石炭纪裂陷槽,康古尔-黄山褶皱带
	含矿地层	下石炭统阿奇山组中酸性火山碎屑岩及火山熔岩
	含矿岩系和围岩	英安岩、安山岩和英安质角砾熔岩、英安质凝灰岩、安山质凝灰岩
	构造	康古尔塔格-黄山韧性剪切带
	控矿条件	金矿化带的分布明显受韧性剪切带的控制,所有的金矿体及金矿化体均赋存于剪切带中的不同部位,但均未出韧性剪切带。与下石炭统阿奇山组一套中酸性火山岩密切相关
	围岩蚀变	绿泥石化、黄铁绢英岩化、硅化和碳酸盐化等
	矿体产状和特征	矿(化)体主要呈脉状、似层状、透镜状,呈 255°~260°方向展布,倾向北西,倾角 70°~85°,总体呈近平行排列,沿走向有胀缩现象,局部断续相连,产状 345°~5°∠68°~82°,与糜棱面理产状基本一致
	矿石特征	金属矿物:自然金、黄铁矿、磁铁矿、黄铜矿、方铅矿、闪锌矿等,脉石矿物:石英、绢云母、绿泥石、方解石、白云石。自形-他形粒状结构,浸染状、团块状、角砾状构造
地球物理和地球化学标志	物探找矿标志	航磁幅值-100~100nT 和零等值线圈闭异常组成的异常带
		相对高磁异常、高极化、中低电阻率、高能谱总值、低钍、低铀、高钾异常
	化探找矿标志	Au 异常二级浓度带和 Au、Cu、Pb、Zn、Ag、As 综合叠加异常,是重要地球化学标准,有一定组合指示意义的元素还有 Hg、Cd、Co、Ni、Ba、Li、Mn、Ti、Mg

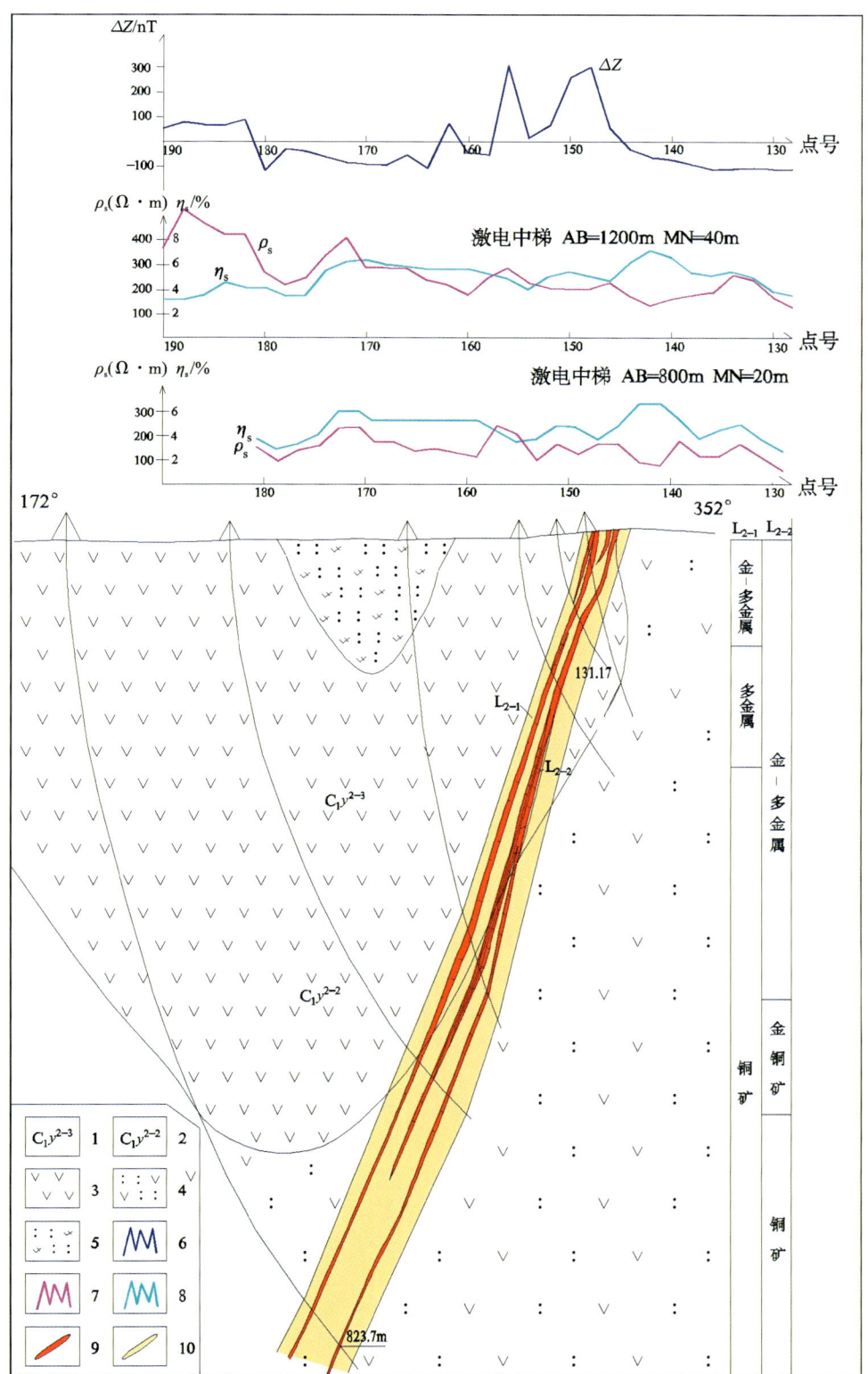

图 5-20　鄯善县康古尔塔格金矿床找矿模型图

1.雅满苏组第二岩性段安山岩层；2.雅满苏组第二岩性段安山质凝灰岩；3.安山岩；4.安山质凝灰岩；
5.英安质凝灰岩；6.磁异常曲线 $\Delta Z(\mathrm{nT})$；7.极化率异常曲线 $\eta_s(\%)$；8.电阻率异常曲线 $\rho_s(\Omega \cdot \mathrm{m})$；
9.金矿体及多金属矿体；10.含金蚀变带

二、综合信息提取

地质找矿信息包括地层、构造、岩体等地质条件对成矿有利的信息,并将其有利的条件作为找矿预测要素提取出来。

(一)地层要素提取

对于地层条件的分析,重要的是对赋矿地层进行提取。除了依据实际地质工作中总结出的经验外,可以通过二维统计对各地层含矿性进行分析。地层含矿性的分析主要通过地层中已有的成矿事实数量进行分析。在第四章第四节中已对区域大宗矿产的地层控矿作用作了详细的分析研究,此处不予赘述。

1. 与铜矿有关地层要素提取

海相火山岩型铜矿主要赋存于下石炭统小热泉子组第一岩性段火山灰凝灰岩、凝灰质细—粉砂岩、岩屑凝灰岩、角砾凝灰岩、安山岩中,此外在东天山十里坡—长城山一带,铜矿主要赋存于上石炭统土古土布拉克组玄武岩、安山岩、英安岩及火山碎屑岩组合,以及火山熔岩中的凝灰岩夹层中。

土屋延东式斑岩型铜矿虽然主要受浅成岩浆侵入活动控制,但对围岩亦有一定选择性,主要产于上石炭统企鹅山群中,含矿斑岩体侵位于企鹅山群第二、第三亚组中基性火山岩、火山碎屑岩和碎屑岩中,矿化多产于岩体与围岩接触带内侧岩体中,部分产于地层中。

2. 与金矿有关地层要素提取

蓟县系卡瓦布拉克岩群,分布于卡瓦布拉克-星星峡地块中,为一套碳酸盐岩夹陆源碎屑岩建造,区内已发现有黄龙山金矿,具有寻找卡林型金矿的潜力。石炭系小热泉子组一套火山碎屑岩夹火山岩建造,区内已发现哈尔拉金矿,在其周边含金石英脉密集发育。石炭系雅满苏组,主要分布于觉罗塔格裂谷带中,雅满苏断裂与阿其克库都克断裂之间,为一套火山碎屑岩-陆源碎屑岩建造,局部夹碳酸盐岩,发现十余处金矿。二叠系阿其克布拉克组,上叠火山盆地中发现金矿床,如石英滩金矿床及黄泥坡、东北夼金矿点。

3. 与铅、锌、银矿有关地层要素提取

长城系星星峡岩群分布于巴伦台-星星峡离散地块中,由一套片岩、片麻岩、千枚岩、大理岩组成,主要赋矿岩石为大理岩、白云质大理岩、灰岩等,少数产于千枚岩、片岩、片麻岩中,产有彩霞山铅锌矿、沙泉子铅锌矿等,是区内最重要的铅锌银赋矿层位。蓟县系卡瓦布拉克岩群,为大理岩夹片岩、石英岩等,产有玉西银矿等。

海相火山岩型铅锌矿的主要赋矿层位为下石炭统雅满苏组海相中酸性火山岩及火山沉积碎屑岩,产有阿奇山铅锌矿、维权银铅锌矿,地层中有较高背景的 Pb、Zn、Ag 值,主要容矿岩石为雅满苏组第三岩性段火山灰凝灰岩、凝灰质细—粉砂岩等。

4. 与铁矿有关地层要素提取

下石炭统雅满苏组是区内最重要的铁矿赋矿地层。区内已发现有红云滩铁矿、百灵山铁矿、阿奇山铁矿,铁矿床受不同时代的古火山活动中心控制,产于火山—次火山岩或火山-沉积建造内,常具有一定的层位,围岩一般为中基性—中酸性火山岩、次火山岩或火山碎屑岩。

(二)构造要素提取

构造对成矿作用的控制是研究区金属矿成矿的一个显著特点,无论是在板块俯冲-碰撞阶段、碰撞造山阶段或是陆内拉张阶段,通过构造-热事件的不同形式,构成不同的成矿作用,从而形成不同矿种、不同类型的矿产。在宏观上,大地构造环境对矿产的空间分布产生直接的影响,形成不同级别的成矿带;对具体矿床来说,矿产往往产于断裂破碎带、韧性剪切带、火山机构等特定的构造部位,构成所谓的控矿构造。

成矿构造信息提取主要包括两方面的内容,一是直接提取控矿构造。二是从构造数据中提取地质异常变量,包括断裂密度、长度等要素,这些地质异常反映了一定地质体的空间分布特征。从中找出与成矿有关的"致矿地质异常"是成矿预测的要求。

地质构造对于矿产的分布及其产出形态都有重要影响,成矿地质条件优越,本次研究区域构造分析从1:25万建造构造图中提取,结合遥感解译推断的构造,综合成本次研究的构造图。可看到该区构造主要为近东西向,西部为北西-南东走向,东部为北东-南西走向,局部有近南北向断裂。此外还有康古尔-黄山韧性剪切带,石炭纪、二叠纪的古火山机构发育。

区域性的断裂构造控制着沉积构造环境的界线,同时又控制着岩体侵入,同时也控制了热液的运移,对成矿起着至关重要的作用,探讨区域性断裂构造展布特征能够更好地指明区域找矿方向。通过矿床成矿规律分析,矿体均分布在断裂的旁侧,强烈构造活动区域是成矿流体运移的通道,而矿质沉积需要一个相对平静的环境,构造活动相对弱一点的部位是矿体就位的相对有利区。因此需要根据实际情况对断裂做一定范围内的缓冲区处理,通过按500m、1000m、1500m及2000m缓冲区进行分析,发现在距离为2000m时包含80%以上的矿产地,因此,本区构造最佳影响域为2000m。

(三)岩体要素提取

研究区不同的矿种、矿床类型受控于不同的侵入岩体,故根据各矿种的矿床类型,对相应的岩体进行信息提取,并分析研究其与已知矿床及各类综合信息之间的关系。

1. 与岩浆熔离型铜镍矿有关岩体要素提取

在原1:25万建造构造图中对基性—超基性岩体表达不足,通常成矿基性—超基性岩体规模较小,多在1km²以内,故本类信息提取,采用了大量的1:5万甚至1:1万地质填图成果,对研究区内近几年新发现的基性—超基性岩体进行了表达,此外由于闪长岩也是基性—超基性岩体端元的一个成分,根据近两年铜镍实际找矿经验,在闪长岩体发育部位如果套合有铜镍化探异常,亦具有发现基性—超基性岩体的可能,目前已得到野外地质找矿实践证明,故本次亦将闪长岩体作为铜镍矿预测的要素之一进行提取。

2. 与斑岩型铜矿有关岩体要素提取

在潜力评价1:25万建造构造图基础上,结合1:5万区域地质图和矿区地质图,提取闪长玢岩体、花岗闪长斑岩和各类花岗斑岩体作为斑岩型铜矿的预测要素。

3. 与金矿有关岩体要素提取侵入岩与金矿的关系

康古尔塔格金矿、石英滩金矿、哈尔拉金矿矿区外围及矿区内分布有花岗闪长岩及花岗闪长玢岩株。与金矿化有关的岩体常侵入石炭纪中,岩体主要为正长斑岩、流纹斑岩、二长花岗岩,个别为浅成火山岩。

4. 与侵入岩有关的碳酸盐岩-碎屑岩型铅、锌、银矿

层控铅锌银矿都具有热液叠加改造作用。彩霞山铅锌矿区，海西期石英闪长岩、正长花岗岩等侵入岩及基性—中酸性脉岩非常发育。因此，一是对海西期造山期花岗岩，主要为花岗岩、花岗闪长岩、闪长玢岩、花岗斑岩等，二是对海西晚期非造山期碱性花岗岩，主要对正长花岗岩进行要素提取。

（四）航磁要素信息提取

1. 各类地质体的磁性特征

（1）沉积岩和变质岩的磁性特征：区内大部分沉积岩和变质岩，如砂岩、石英岩、灰岩、大理岩、千枚岩、片岩等一般为无磁—微弱磁性；部分岩石具有弱磁性，如斜长角闪片岩等，磁化率平均值达 100×10^{-5} SI 以上，当其分布面积和厚度较大时，可以引起宽缓异常。

变质岩具有随着变质程度的提高、磁性增强的特点。其中千枚岩类为无磁—微弱磁性；片岩类具微弱—弱磁性，其中黑云母片岩、斜长角闪片岩具微弱磁性，而绿泥石片岩磁性增强，磁化率平均值达 500×10^{-5} SI 以上，当其有一定分布范围或厚度时，可引起较强的磁异常；片麻岩类通常为强磁性，磁化率平均值达 4000×10^{-5} SI 以上，剩磁平均值在 2000×10^{-5} SI 以上，研究区南部的大片升高磁异常即是由这类岩石引起的。

（2）火山岩、火山碎屑岩磁性特征：火山岩、次火山岩及火山碎屑岩磁性变化很大，具有从酸性到基性逐渐增强的特点。酸性火山岩如流纹岩、火山碎屑岩无磁—微弱磁性，其磁化率平均值为 $(40\sim224) \times 10^{-5}$ SI；中基性火山岩和次火山岩如玄武岩、安山岩、安山玢岩、安山质火山熔岩等磁性较强且变化大，其磁化率平均值达 2000×10^{-5} SI 以上，可引起跳跃变化的磁场或局部异常，研究区中部的条带状高背景及尖峰高值异常主要由这类岩石引起。各种凝灰岩磁性变化较大，但多数表现为微弱—弱磁性。

（3）侵入岩磁性特征：区内侵入岩的磁性特征整体上具有从酸性—中性—基性磁性逐渐增强的规律。辉长岩及基性—超基性岩磁性很强，其磁化率平均值达 4000×10^{-5} SI 以上；但本区橄榄岩磁性不强，属中弱磁性。闪长岩具有两种不同磁性，一种为弱磁性，其磁化率平均值为 300×10^{-5} SI 左右；另一种为强磁性，磁化率平均值达 6000×10^{-5} SI。花岗岩亦具有两种磁性，一种为中等—弱磁性，磁化率平均值为 370×10^{-5} SI；另一种具微弱磁性，可能由于中酸性岩体形成时期不同，磁性矿物含量不同，其磁性有一定差异。浅成侵入岩如闪长玢岩、花岗斑岩、石英斑岩等磁性一般为中等偏弱，岩体规模一般也不大，因此在磁场图上常表现为弱异常。

（4）（磁）铁矿特征：区内铁矿主要包括磁铁矿、磁赤铁矿、赤铁矿、褐铁矿、菱铁矿、镜铁矿 6 类，一般独立存在，有时共生。其中以磁铁矿磁性最强，其强度与品位密切相关，磁化率变化范围 $4914 \times 10^{-6} \sim 1\,253\,700 \times 10^{-6}$ SI，平均 $412\,965 \times 10^{-6}$ SI；磁化强度变化范围 $1400 \times 10^{-3} \sim 4\,900\,000 \times 10^{-3}$ A/m，平均 $91\,195 \times 10^{-3}$ A/m，在近地表可引起数千纳特至上万纳特的磁异常，当埋藏较浅、具有一定规模时在不同比例尺航空磁测中往往形成强度高、梯度变化大、易于识别的尖峰磁异常。磁赤铁矿磁性较磁铁矿低 5~10 倍，仍是基性—超基性岩体磁性的 2~5 倍。其他赤铁矿、褐铁矿、菱铁矿、镜铁矿一般为无磁—微弱磁性。

在航磁分区研究的基础上，开展地质构造推断解释工作。限于数据精度，重点开展断裂构造解释，圈定中基性火山岩-侵入岩及磁性地层。

2. 磁法推断断裂构造

主要以化极后航磁异常等值线平面图为基础资料，结合垂向一阶导数和 4 个方向水平一阶导数资料。识别推断断裂构造的依据如下：不同磁场区的分界线，以不同磁场区的分界线位置作为断裂位置或断裂带的中心位置,鉴于本区属火山沉积地层区,不同磁场分界线作为断裂构造的主要标志;磁异常梯度带,以磁异常梯度带中间线为断裂所在位置;串珠状磁异常带往往反映断裂带内断续有充填物的情况,磁异常轴线反映的断裂是岩浆岩的通道,以异常极值附近(化极资料)或水平导数零值线附近为断裂顶线位置;线性异常带,以线性磁异常带的中间线为断裂所在位置;磁异常突变带预示磁异常反映的地质体可能被断裂断开,以磁异常突变带为断裂或断裂带之所在;异常错动带,以将磁异常错动位置作为断裂构造的位置;雁行状异常带,以磁异常北侧拐点连线为断裂所在位置;放射状的异常带组,以线性磁异常带的中间线为断裂所在位置。全区共推断断裂构造25条,其中含康古尔塔格、阿其克库都克、卡瓦布拉克深大断裂3条,一般断裂22条(图5-21)。

(1)康古尔塔格断裂:东西向横贯示范区,磁场特征表现为区域性异常的梯度带,南北磁场变化较大,南侧为降低的负磁场,北侧为升高的正磁场。磁场梯度20~50nT/km。沿磁场梯度带反映一些串珠状小异常,表明断裂南北存在磁性差异,沿断裂分布有磁性侵入岩体,这是利用磁测判别的标志之一。

(2)阿其克库都克断裂:东西向横贯示范区,磁场特征表现为不同区域场的分界线,磁场北高南低,断裂两侧有大量的中酸性岩体侵入。从本次解译的结果看,我们认为阿其克库都克断裂是一个断裂带,控制了中性—基性火山岩带的分布。

(3)卡瓦布拉克断裂:位于示范区西南部,磁场特征表现为不同区域场的分界线和梯度带。断裂两侧岩石磁性相差不是很大,磁场过渡较为平缓。从磁场特征分析,断层产状较陡。

3. 磁法推断中基性火山岩-侵入岩体

超基性岩类一般磁性最强,常可见到上千纳特的磁异常。超基性岩磁性不均匀,岩体上的磁异常呈现出在升高背景上的起伏变化。不同岩相、不同蚀变情况的超基性岩其磁性特点不同。蛇纹石化常使其磁性增强,而碳酸岩化使其磁性减弱。

基性岩类一般可观测到几百纳特以上的磁异常。基性—超基性岩类经常在磁场上无法区分,不再细分。中性岩类包括闪长岩和花岗闪长岩类,一般均有弱—中等磁性,有的甚至具强磁性,可观测到几十、数百纳特甚至更强的异常。中酸性岩类的中性岩和酸性岩有时不易区分,不再细分。酸性岩类磁场变化较大,在新疆基本上是无磁性的,但少量燕山期花岗岩磁性比较明显。

岩浆岩带的边界通常采用磁异常的梯度陡变带;对规模较小的磁性体,采用磁异常一阶导数零值线;对规模较大的磁性体,采用磁异常二阶导数零值线。

火山岩磁场基本特征同侵入岩,但磁性更不均匀,沿剖面方向场值跳跃变化,同时在走向上延伸较大。用磁测资料圈定火山岩地层的方法是,首先依据地质环境判断是否为火山岩地层,在此基础上利用磁异常带外部异常的外侧拐点或垂向一阶导数零值点等圈定火山岩地层的边界。

本次磁法解译主要采用磁异常一阶导数零值线(或磁异常二阶导数零值线)对中基性侵入岩体(火山岩)进行了划分和圈定,鉴于数据精度和示范区岩浆-火山沉积高度发育,除少量出露侵入岩而直接推断外,从磁场角度很难判断火山岩与侵入岩,在区域环型构造解译中按中基性侵入岩-火山岩、基性—超基性侵入岩-火山岩、沉积岩大类进行划分。同时为了明确局部异常性质,对不同比例尺局部异常都进行了初步再解释。全区共推断与中基性火山岩、侵入岩相关的环型构造116个。

(五)重力要素信息提取

1. 重力断裂推断要素

根据推断断裂构造的依据和方法,对本区重力场进行了分析研究,由布格重力异常、不同方向的布格重力水平方向导数重力异常(0°、45°、90°、135°),全区线性异常特征以东西向为主,西部地区重力异常特征有转为北西向的趋势,局部地区0°、45°、90°、135°水平方向导数重力异常上存在明显的北西向、南北向及北东向的带状异常特征,表明本区的断裂构造主要以东西向为主,存在北西向、南北向及北东向的断裂构造。由此划分并确定了本区的断裂构造共计58条。

根据现有的研究区范围,难以把握深大断裂构造的规模,故断裂级别上仅粗略地分为3种,即深大断裂、大断裂、一般断裂。对于在具有相对深部信息的布格重力上延4km的水平方向导数异常上,仍有明显反映,且在区内有数十千米延伸的断裂构造,初步确定为大断裂,结合地质等资料沿断裂存在深源物质(超基性岩)信息,且绵延数百千米的大断裂为深大断裂,其余断裂为一般断裂,依此划分了4条深大断裂,16条大断裂,38条一般断裂(图5-22)。

(1)康古尔塔格深大断裂:东起研究区外,向西经镜儿泉、黄山、土墩、康古尔塔格南到东经91°,西端于推断的北北西向独秀山大断裂的北侧呈北西向延伸出研究区外,区内长度约600多千米,整体走向为近东西。

该断裂与地质上划出的康古尔塔格深断裂基本重合。在东经93°以西,物探推断断裂偏南,93°以东物探推断断裂偏北。因为地质上划分断裂以地表出露为主,而物理场上推断的断裂有一定的深度,所以上述现象说明,康古尔塔格深断裂在93°以西向南倾,93°以东向北倾,与地质上推测的该断裂的产状基本一致。该断裂在布格重力场上为一向南凸的弧形重力梯度带,梯度带在90°以东等值线排列紧密,宽15~20千米。该重力梯度带以北为康古尔塔格重力高,其南为秋格明塔什-苦水重力低。区域重力场上该断裂仍表现为近东西走向的区域重力异常梯度带。在剩余重力异常图上,对应于呈线性展布的零值线。从以上特征可以看出,在断裂(F_4)的两侧有较大的密度差异和磁性差异,这就从物理场上证明了康古尔塔格深大断裂的存在。

地质上,康古尔塔格深大断裂更是众所周知的。断裂带地貌特征为北高南低,断裂带处地层破碎,断裂带的东段和西段陆续发现有深成—超深成的基性—超基性侵入岩,在东段已发现有6个与基性—超基性杂岩体有关的铜、钴、镍矿床。

(2)中天山地块北缘深大断裂:呈近东西向横贯研究区南部,在研究区东西两端向北翘起并延伸到区外,区内长约580km。在布格重力异常图上,东经93°以西,断裂表现为异常等值线的同向弯曲或呈串珠状异常。东经93°以东,断裂基本上以异常梯度带反映。在重力0°、45°、135°水平导数图上均有反映。

在重力剖面上,该断裂反映不甚明显,范围较小,幅值也小。但在航磁剖面上却反映清楚。航磁异常变化范围为-56~350nT,梯度带宽度为35km。在大地电磁测深图上,该断裂电性差异明显,即断裂北侧为高阻体($50\,000\,\Omega\cdot m$),南侧为低阻($100\,\Omega\cdot m$),且电性差异从地表延伸到360km以下。根据电磁测深资料推断断裂北侧主要为闪长岩,南侧为花岗岩、玄武岩。在地震剖面上,断裂表现为垂向切割,即断裂两侧震相不连续。在断裂北侧为玄武岩、闪长岩、花岗岩层;南侧缺失闪长岩岩层,并在花岗岩下层之下有花岗岩岩层,这说明该断裂从地表断到莫氏面以下。综合各物理场的特征,推测该断裂为一深大断裂。

(3)黑乱石山大断裂:这是一条重力推断的隐伏大断裂。该断裂北起秋格明塔什东,穿过中天山向南延伸出研究区,区内长度约110km。该大断裂在布格重力异常图上呈北北西向的重力异常梯度带,局部地段受浅部或近东西向断裂的干扰使重力异常梯度带发生扭曲。梯度带宽约10km,自西而东重力值变小,变化范围为-134×10^{-5}~$-118\times10^{-5}\,m/s^2$,梯度每千米约$-1.6\times10^{-5}\,m/s^2$。梯度带上局部的重力高异常为浅部中基性岩体的反映。

在区域重力场上,该断裂表现更加清楚,以北北西向的重力异常梯度带反映。并且窗口越大,重力梯度带反映越清楚,说明该断裂断得深。另外,无论是布格重力异常图还是区域重力异常图上,该深断裂的东、西两侧异常都有明显差异。从布格重力异常图上可以看出该断裂起着阻隔康古尔塔格深断裂带的作用,即断裂东侧,梯度带表现清楚,西侧梯度带近于消失。同时还可看出,该断裂东侧,异常有整体向北推移的迹象,因而推测该断裂为一平推断裂,其东盘是向北推移的。在区域重力场上,该断裂东侧的东西向及南北向梯度带在此减弱以至消失,断裂西侧为较大的区域重力高,可见该断裂在区域重力场上是一很明显的场区分界线。

第五章 预测评价

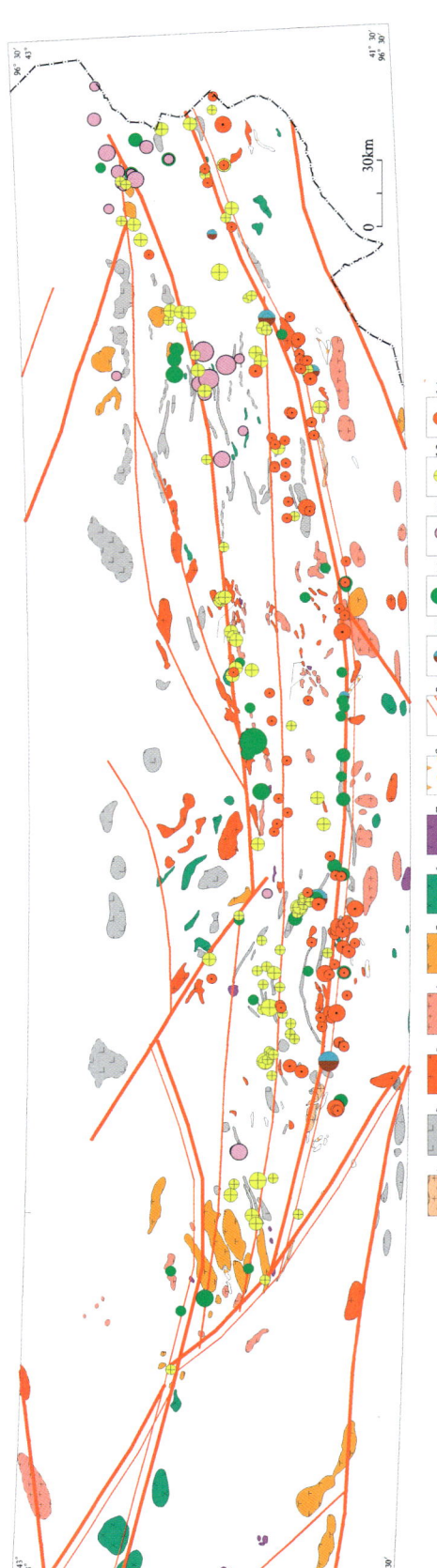

图 5-21 航磁解译推断要素信息提取
1.推断变质岩；2.推断长城系；3.推断火山岩；4.推断花岗岩；5.推断花岗闪长岩；6.推断闪长岩；7.推断超基性岩；8.推断磁性蚀变体；9.推断断裂；10.铅锌矿；11.铜矿；12.镍矿；13.金矿；14.铁矿

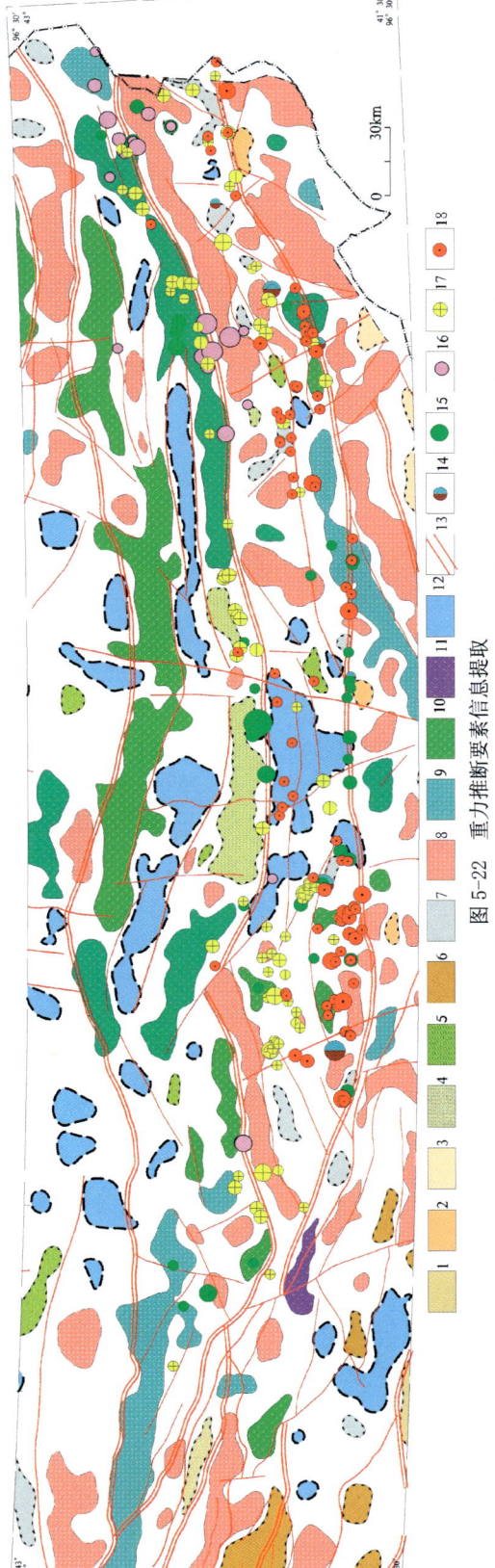

图 5-22 重力推断要素信息提取
1.推断古元古界；2.断推蓟县系；3.推断长城系；4.推断中、新元古界；5.推断古生界；6.推断泥盆系；7.推断石炭系；8.推断花岗岩；9.推断闪长岩；10.推断辉长岩；11.推断超基性岩；12.推断盆地；13.推断断裂；14.铅锌矿；15.铜矿；16.镍矿；17.金矿；18.铁矿

该断裂在地质上反映不十分清楚,断裂两侧出露的地层、岩浆岩无明显差异。但沿断裂有呈串珠状分布的闪长岩体出露,同时地质上划分的断裂,有几条终止在该断裂东侧。

2. 重力推断侵入体

依据侵入岩体的推断依据和方法,通过对重力资料的对比分析研究,区域上主要可比较明显判别圈定酸性侵入岩(花岗岩类重力低异常)、中基性—超基性侵入岩的平面范围和基本形态隐伏部分,一定条件下,可通过正反演计算,提供其一定可信度的空间几何参数。

受重力工作网度的限制,在各基性—超基性岩体上基本上没有异常反映,但从基性—超基性岩体及大中型铜钴镍矿床的平面分布来看均处于该重磁同高异常带南东侧零值线附近,并与重磁同高的局部小圈闭有关。该异常带上南东侧均有基性—超基性岩体及铜钴镍矿床出现,说明剩余重力异常零值线附近是寻找大中型铜钴镍矿床的极为有利的地段,特别是剩余异常零值线附近较小的航磁异常圈闭处更应加以注意。

3. 重力推断沉积盆地

中新生代沉积物与下伏古生代地层的平均密度差为$-0.87\times10^3\sim-0.33\times10^3\text{kg/m}^3$,只要中新生代沉积有一定的厚度和范围,均能引起可识别的剩余重力低异常。以等轴状、条带状异常显示多见,与地质图上中新生代覆盖区范围基本相合。使用重力资料,可从火成岩或中新生界正常沉积岩、火山岩中识别有密度差异的地层,如前寒武纪老地层、下古生界海相地层等。在隐伏与半隐伏地区,这种识别对内生金属矿产具有重要意义。深入分析岩石物性特征,综合应用重力与其他地球物理资料,会提高这种识别的成功率。老地层一般的重力场特征是地层分布区域出现条带状重力高异常;推覆体则表现为沿构造单元界线出现一条或多条两侧梯度不同的重力高异常带,或高、低相间的多条异常带。

(六)地球化学找矿信息提取

矿床是某些化学元素高度富集的地质体,地球化学信息是最直接的找矿信息,也就是说地球化学异常是一种比较直观的找矿标志,异常本身的特征在很大程度上反映了矿体的特征(图5-23～图5-28)。

(七)遥感信息提取

利用遥感手段建立近矿找矿标识,主要通过遥感找矿"五要素",是指与铁、铜、铅、锌、镍、金、银等矿产成矿相关的五类遥感图像信息,即"线、带、环、色、块"。在遥感图像上,解译者利用各种手段、设备和方法,通过对与成矿、控矿相关的五大类地质矿产信息的详细解译、识别,实现寻找矿产资源或发现矿产存在的线索。遥感找矿方法也可称为"五找",即找线、找带、找环、找色、找块的找矿法。

赋予地质内涵的遥感找矿"五要素"在某一局部地段的发育程度及其组合关系即代表该地段地质构造环境,成矿控矿条件和可能引发的矿床生成结果。因此,通过"五要素"解译和研究,反演成矿过程,推断矿化蚀变特性,预测矿产地是遥感找矿的重要途径。例如:单要素的找矿意义表明该区具有1种找矿线索。双要素则代表2种线索同时存在,如线-环组合代表岩浆-构造条件有利;色-环组合代表岩体具有蚀变(或矿化)现象等。三要素组合代表3种线索同时存在,如带-环-色组合表明赋矿岩层、中酸性侵入体/火山机构与蚀变同时发育在局部地区。四要素共有4种组合类型,表明找矿线索已经很集中。五要素为线-带-环-色-块组合,无论从遥感找矿角度还是从传统地质找矿角度讲,"线、带、环、色、块"同时出现在某一局部地段,都标志着该部位构造、岩浆岩、矿源层、矿化蚀变和成矿有利部位同处最佳组合状态下,是寻找铜金(多金属)矿床最理想的地段或靶区所在地。

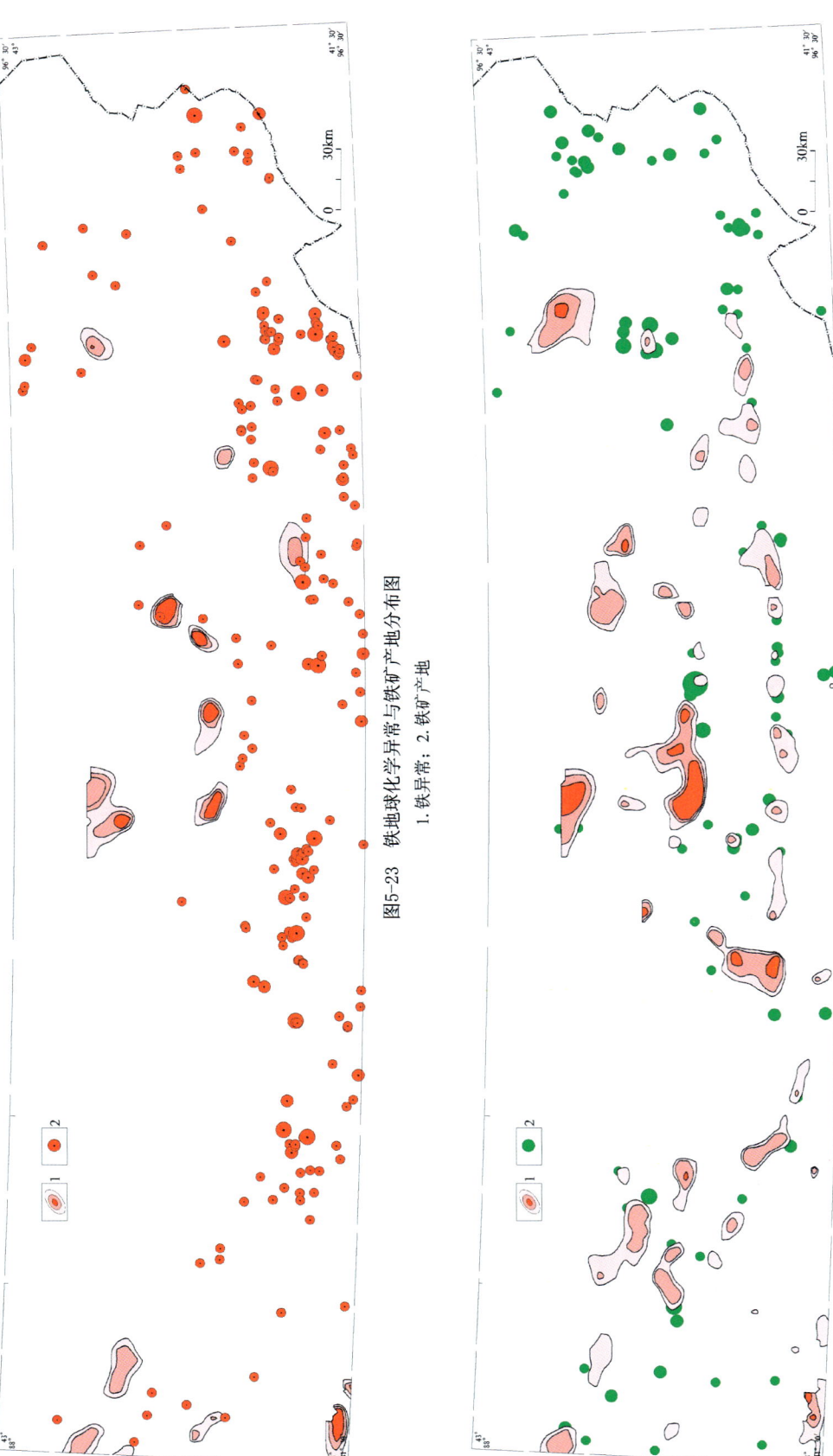

图5-23 铁地球化学异常与铁矿产地分布图
1. 铁异常；2. 铁矿产地

图5-24 铜地球化学异常与铜矿产地分布图
1. 铜异常；2. 铜矿产地

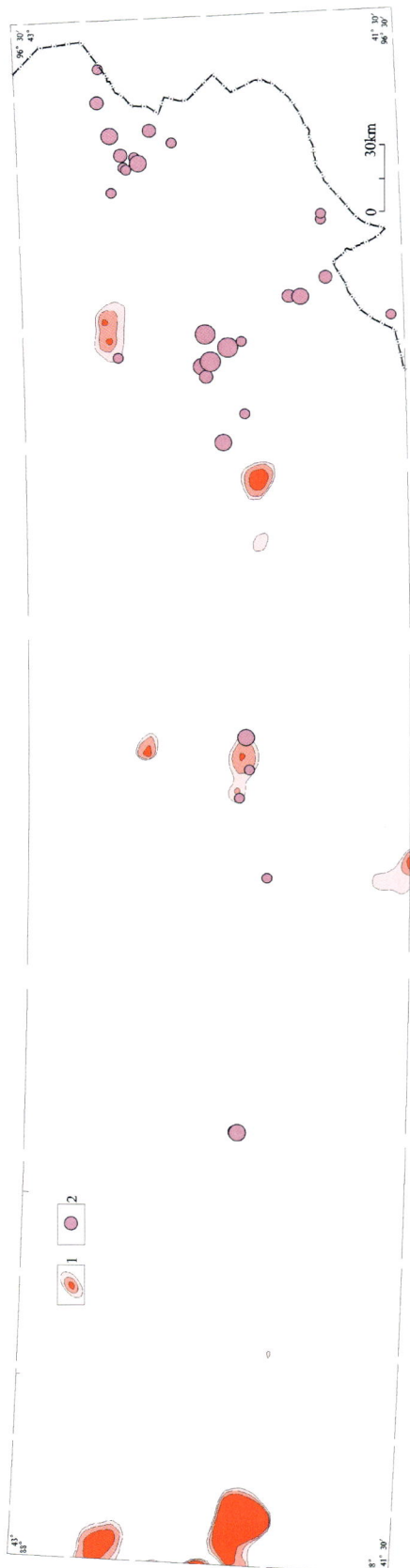

图5-25 镍地球化学异常与镍矿产地分布图
1. 镍异常; 2. 镍矿产地

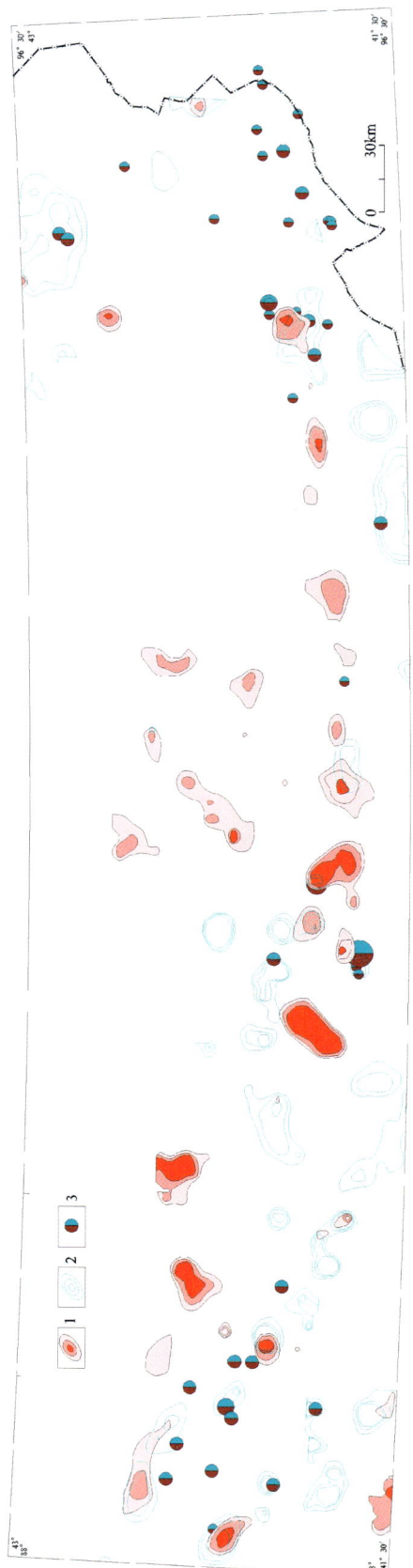

图5-26 铅锌地球化学异常与铅锌矿产地分布图
1. 锌异常; 2. 铅异常; 3. 铅锌矿产地

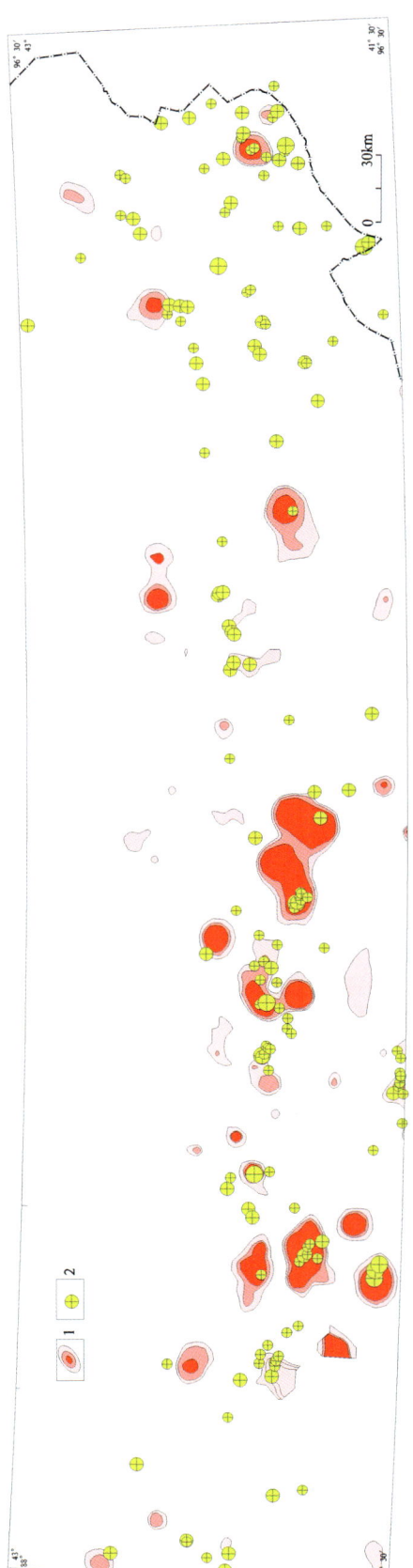

图5-27 金地球化学异常与金矿产地分布图
1. 金异常；2. 金矿产地

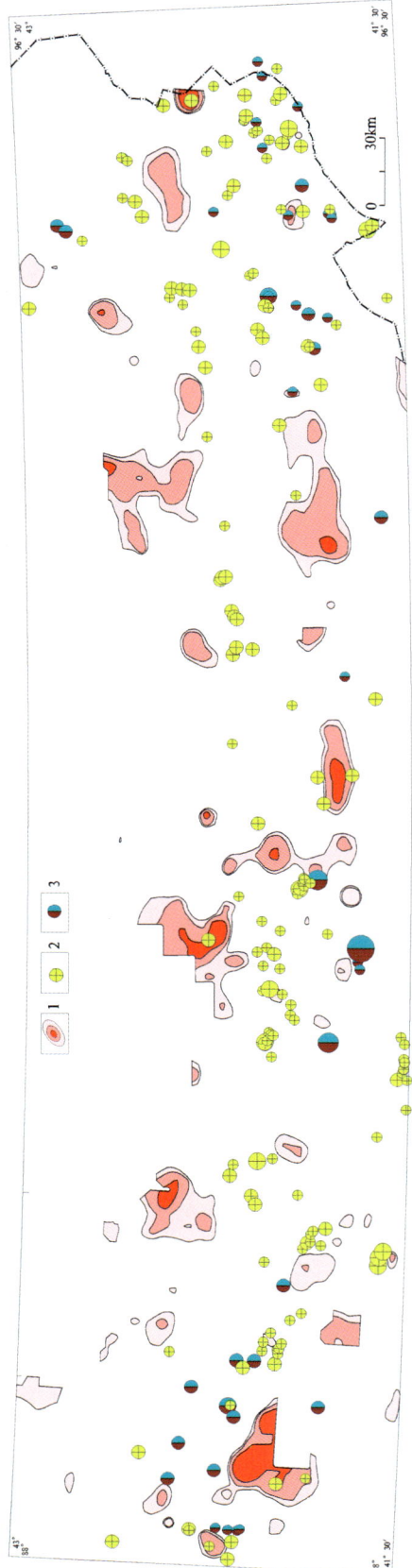

图5-28 银地球化学异常与银金铅锌矿产地分布图
1. 银异常；2. 金矿；3. 铅锌矿

"五要素"同时集中于一地,成矿条件最理想,找矿效果最好(图 5-29)。然而,一个矿床的形成并非成矿条件面面俱到即可成矿,或缺少某项条件就不能成矿,成矿作用始终遵循着矛盾的普遍性与矛盾特殊性的对立统一规律。在国内众多遥感找矿研究中发现,具有大—超大型找矿远景的铜、金成矿有利地段往往只受"五要素"中 1~2 项要素控制,就可形成大矿床。

第三节 找矿靶区圈定

一、圈定方法

预测单元的圈定采用 MRAS 软件中开发的综合信息地质单元法圈定,主要是根据建立的找矿模型,通过评价要素叠加圈定找矿靶区的方法;综合地质信息模式类比法则由人工综合各种地质成矿信息集合而成,依据已建立的找矿模型,圈定找矿靶区,最后由人工进行修正。

1. 综合地质信息法

在典型铜矿床的基础上研究其成矿的共性和差异性,建立起该区的预测概念模型,根据概念模型,通过相似类比法圈定找矿靶区,包括找矿靶区定位和找矿靶区边界确定两大类。

2. 综合地质信息法圈定原则

(1)判定成矿信息浓集的最小面积最大含矿率的空间范围。
(2)采用模式类比法,圈定不同类别的找矿靶区。包括 3 种情况:①地质+综合信息:在有利的含矿建造内,已发现有矿床(点)分布,并有明显化探异常、航磁异常、重砂异常、重力梯度带等异常显示。②综合信息地质+矿床点:在有利的含矿建造内,仅有已知矿床(点)分布,但化探异常、航磁异常、重砂异常、重力梯度带、遥感蚀变等异常显示不明显。③地质+X:在有利的含矿建造内,仅有化探异常、航磁异常、重砂异常、重力梯度带等单一信息显示。
(3)空间位置的确定首先以地质构造精细分区划分预测单元,以地质、物探、化探、遥感成矿信息综合标志确定找矿靶区的界线。
(4)基础数据与预测目标尺度对等。
(5)找矿靶区的面积一般不大于 $50 km^2$。

3. 圈定找矿靶区的边界条件

根据不同类型的控矿因素和找矿标志,以及本区资料的翔实程度,最终确定找矿靶区的边界。不同类型圈定边界条件有所不同。

火山岩型:根据火山岩或火山沉积建造,次火山岩体,Au、Cu、Pb、Zn 等化探异常,航磁解释火山岩地层,遥感解译环形构造(由破火山口引起),断裂构造,遥感解译线性构造,遥感羟基蚀变等确定火山岩型矿产找矿靶区边界。

斑岩型:通过与成矿关系密切的中酸性侵入体,Cu、Mo、Au 等化探异常,航磁、重力解释中酸性侵入岩类,遥感解译中酸性小侵入体,断裂构造,遥感解译线性构造等确定斑岩型铜矿找矿靶区边界。

岩浆熔离型:通过与成矿关系密切的基性—超基性杂岩体,Cu、Ni、Co 等化探异常,航磁、重力解释推断中基性岩类,遥感解译基性—超基性侵入体,孔雀石、自然重砂异常,断裂构造,遥感解译线性构造等确定基性—超基性铜镍硫化物型矿床找矿靶区边界。

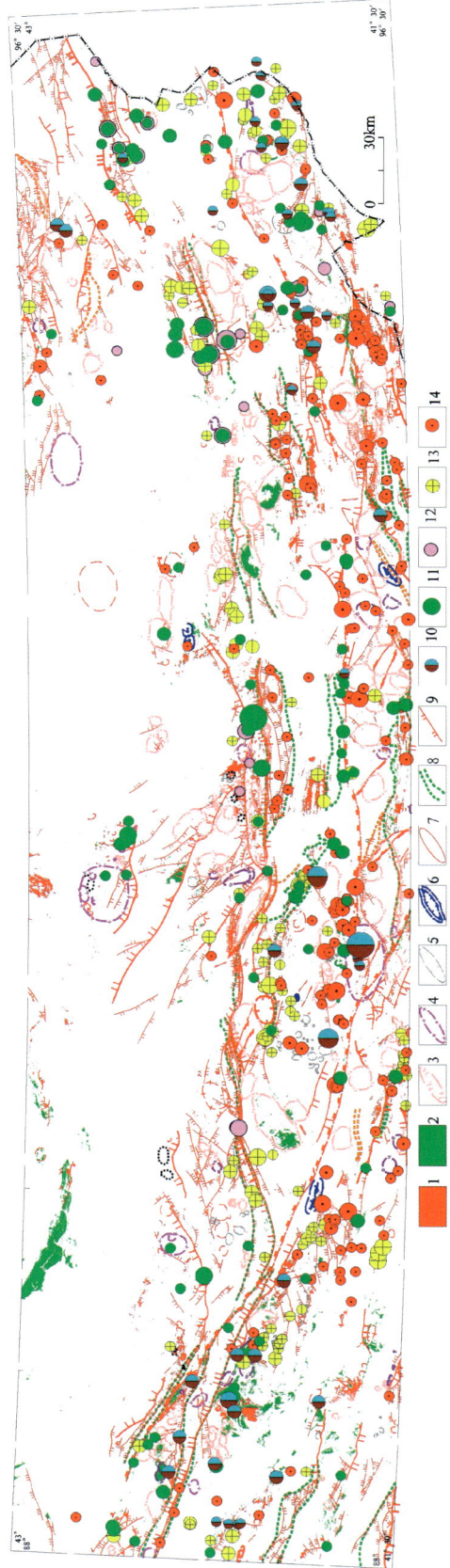

图5-29 研究区"五要素"解译及矿产分布图

1. 一级遥感异常; 2. 二级遥感异常; 3. 与出露岩体有关; 4. 与隐伏岩体有关; 5. 与出露地质体有关; 6. 与出露褶皱有关; 7. 与出露地质体关系不明确; 8. 韧性剪切带; 9. 推断断裂带; 10. 铅锌矿; 11. 铜矿; 12. 镍矿; 13. 金矿; 14. 铁矿

造山型：主要依据韧性剪切带内的变火山岩建造，Au化探异常，断裂构造，孔雀石、黄铜矿自然重砂异常等确定找矿靶区边界。

碳酸盐岩-碎屑岩型铅锌矿：前寒武系碳酸盐岩-碎屑岩建造，中酸性侵入体，Pb、Zn化探异常，断裂构造，航磁、重力解释推断中酸性侵入岩，遥感解译环形构造，自然重砂异常等要素，根据各个预测工作区主要成矿要素的不同，确定找矿靶区的边界。

4. 综合地质体单元法圈定找矿靶区

根据天湖、雅满苏铁矿的区域成矿地质环境及矿床地质特点研究的成果，在已建立区域找矿模型的基础上，最终确定该区铁矿的找矿靶区圈定要素组合（表5-9、表5-10）。

二、圈定结果

在综合分析本区地质综合信息的基础上，根据铁、铜、镍、铅、锌、金、银的成矿和控矿特点，选择综合信息地质体单元法在MRAS软件的建模器中，根据以上方法原理和圈区原则将其找矿靶区分别圈定出来。依据找矿靶区边界的确定依据，对其圈定的边界进行修饰，其结果见图5-30～图5-36。

第四节 找矿靶区优选

一、方法选择

找矿靶区优选是用统计方法解决矿产资源靶区的空间定位问题。它是对综合信息解译所圈定的由预测矿种或矿床成矿系列的成矿必要条件组合所限定的空间范围——矿产资源体作进一步的统计评价。目的是统计评估每一个矿产资源体的成矿可能性大小，从中优选出成矿可能性较大的矿产资源体作为进一步找矿工作的靶区，并查明这些矿产资源体成矿可能性变大的主要控制因素。在MRAS软件中，提供了基于类比思想的统计数学模型。并把基于类比思想的统计教学模型分成两类：一类是无监督分类统计模型，包括聚类分析、数量化理论Ⅲ、数量化理论Ⅳ和ART1神经网络模型，这些统计模型可以在研究区工作程度较低、不存在标准单元的情况下使用，其预测结果的可信度也相对较低；另一类统计模型以特征分析和BP神经网络为代表，相当于一种监督分类模型，可以在研究区工作程度相对较高、存在多个标准单元的情况下使用。

本次采用MRAS软件中提供的特征分析法进行找矿靶区优选，操作流程如图5-37所示。

二、预测要素及要素组合的数字化

（一）找矿靶区优选变量的确定

找矿靶区的优选实际上是一个找矿靶区的求异过程，即通过一定的数学或地质方法将找矿靶区分级，找矿靶区级别划分的主要依据是控制找矿靶区级别的变量（控矿因素或找矿标志），通过控制预测变量的差异性将找矿靶区区分开来，这些变量一般是与矿床的形成以及优劣有密切关系的变量，但并不是

表 5-9 海相火山岩型矿床找矿靶区圈定要素组合

要素类别	雅满苏式海相火山岩型铁矿	小热泉子式海相火山岩型铜矿	阿奇山式海相火山岩型铅锌矿	石英滩式陆相火山岩型金矿	彩霞山式碳酸盐岩-碎屑岩型铅锌矿
赋矿地层或建造	下石炭统雅满苏组中亚组双峰式玄武质-英安质-流纹质火山岩系	下石炭统小热泉子组双峰式玄武质-英安质岩岩系	下石炭统雅满苏组第四岩性段一套中基性火山碎屑岩、火山熔岩夹陆源碎屑岩、碳酸盐岩建造	下二叠统阿其克布拉克组中酸性火山岩	长城系星星峡岩群第一岩性段浅海相沉积的碎屑岩-碳酸盐岩建造
矿产地	铁矿产地	铜矿产地	铅锌矿产地	金矿产地	铅锌矿产地
构造要素	东西向断裂	北西向断裂,火山机构附近	东-南西走向断裂为控矿断裂	近东西走向断裂构造和破火山口	走向近东西向-北东向的韧—脆性断裂构造影响带
侵入岩要素	海西中期次火山岩玄武玢岩,辉石安山玢岩	次火山岩体	闪长玢岩,花岗斑岩	碎斑状流纹斑岩	闪长岩,石英闪长岩
变质要素	—	—	—	—	浅变质
蚀变要素	钠长石化、绿泥-绿帘石化、透辉-石榴子石化	硅化、碳酸盐化、绿泥石化	矽卡岩化、绿泥石化、绿帘石化、硅化	蚀变分带性,内核硅化,两侧泥化带外侧为黄铁绢英岩化带	碳酸盐化、硅化、透闪石化
物探要素	异常值(化极)大于 200nT 的区域,并伴有负磁异常,相对重力高	重力低的梯度带上。区域航磁显示强度为 150nT 磁异常,伴有负磁异常	孤岛状的局部重力高区中,区域航磁为负磁异常区	$-50\sim200$nT 正负变化磁场	区域上为两个重力高值带之间的低值区,重力值$-140\sim-120$mGal。矿区为"两磁场"夹一重力高",正磁场、磁场值 $0\sim500$nT
化探要素	Fe,Mn 累加异常	Cu-Zn 化探异常	Zn、Cu、Pb、Ag、Au、As、Hg、Sb 等元素异常	Au,As,Sb,Ag,Hg	Pb,Zn,Ag,As,Sb 为主的异常组合
遥感要素	"五要素"的相交部位	铁染、羟基蚀变异常	带要素和线要素、环要素的叠加区域	环要素和线要素的叠加部位	解译蚀变带、环要素与线要素叠加

第五章 预测评价

表 5-10 侵入岩体型和复合内生型矿床找矿靶区圈定要素组合

要素类别	土屋式斑岩型铜矿	黄山东式岩浆熔离型铜镍矿	维权式热液型银矿	康古尔式造山型金矿
赋矿地层或建造	下石炭统企鹅山群	下石炭统干墩组	下石炭统雅满苏组第一岩性段砂卡岩、砂卡岩化砂岩、凝灰质岩屑砂岩、沉凝灰岩	下石炭统阿奇山组中酸性火山碎屑岩及火山熔岩
矿产地	铜矿产地	铜镍矿产地	铅锌银矿产地	金矿产地
构造要素	东西向的层间断裂带和南北向的隐伏放射状线性断裂带	近东西走向断裂	北东向断裂，叠加北西走向次级断裂	近东西走向断裂
侵入岩要素	斜长花岗斑岩	角闪辉长岩、斜长角闪橄榄岩	斜长花岗斑岩、闪长玢岩	安山玢岩
变质要素	—	韧性剪切带	—	康古尔-黄山韧性剪切带
蚀变要素	强石英-黑云母-绢云母-硬石膏带	滑石-绿泥石化、蛇纹石化、石棉化	砂卡岩化、绿泥石化、绿帘石化、碳酸盐化、黄铁矿化、阳起石化	绿泥石化、黄铁绢英岩化、硅化和碳酸盐化
物探要素	重力梯度带中重力场的突变带；长条形负磁异常区（或急）	重力局部异常，较强地磁异常，露的角闪橄榄岩相对应	高布格重力为－160～－158mGal；正磁异常带	航磁幅值－100～100nT和零值线圈闭异常组成的异常带
化探要素	Cu-Ag-As-Ni化探组合异常	Cu-Ni-Co组合异常	Ag、Cu、Pb、Zn、As综合异常	Au、Cu、Pb、Zn、Ag、As综合叠加异常
遥感要素	环要素和线要素的叠加部位	带要素、暗色条纹	带要素、线要素叠加区	带要素、线要素叠加区

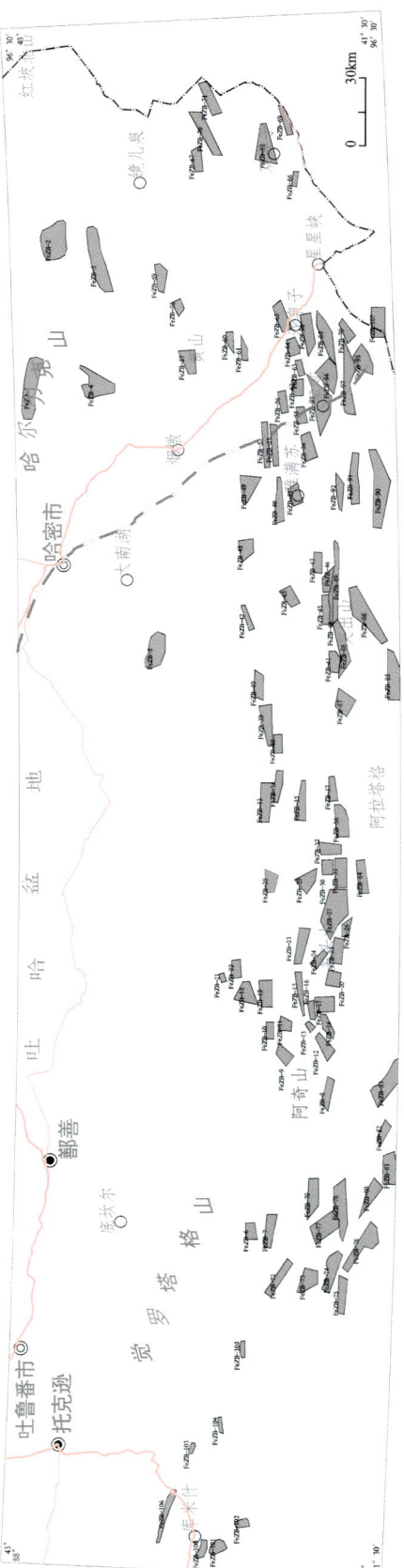

图5-30 东天山铁矿找矿靶区分布图

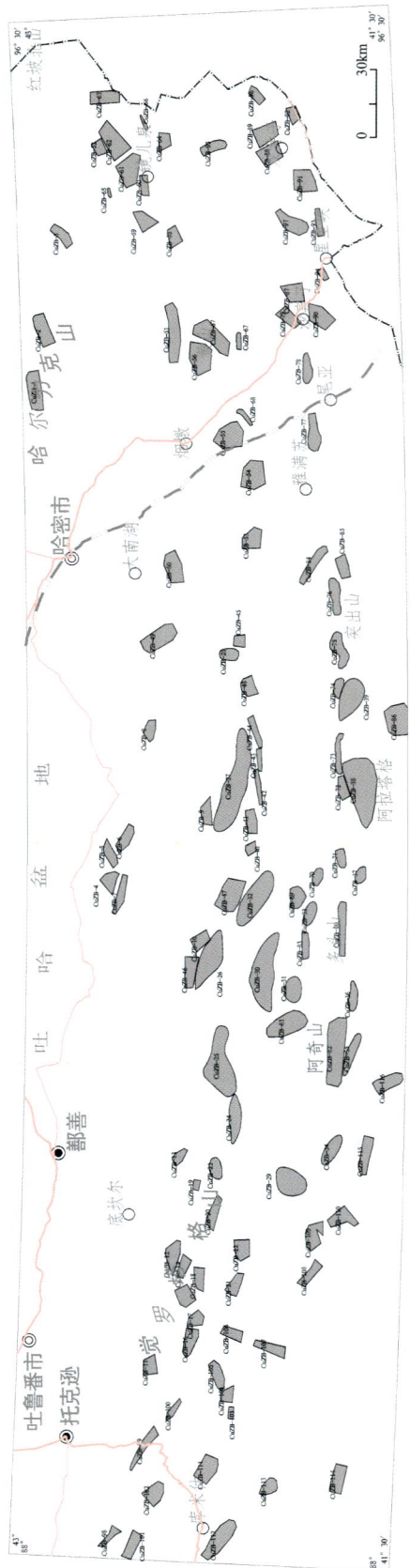

图5-31 东天山铜矿找矿靶区分布图

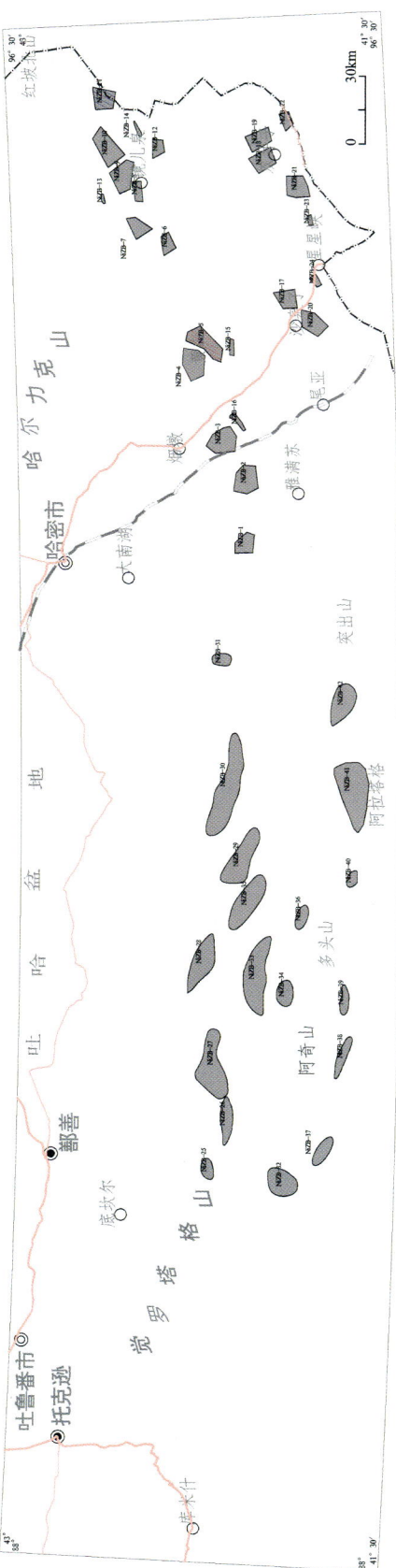

图5-32 东天山镍矿找矿靶区分布图

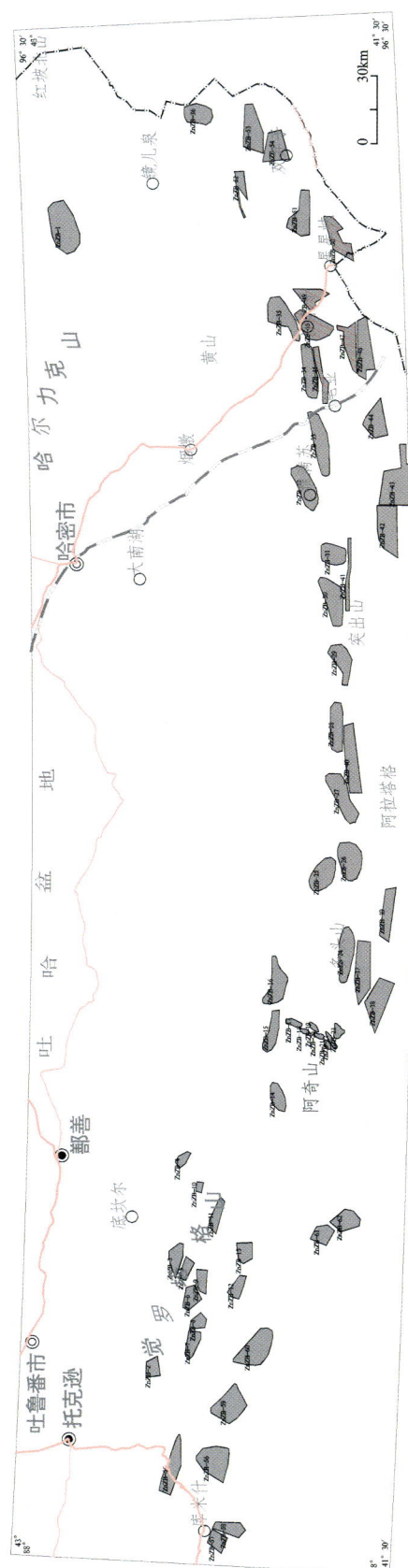

图5-33 东天山锌矿找矿靶区分布图

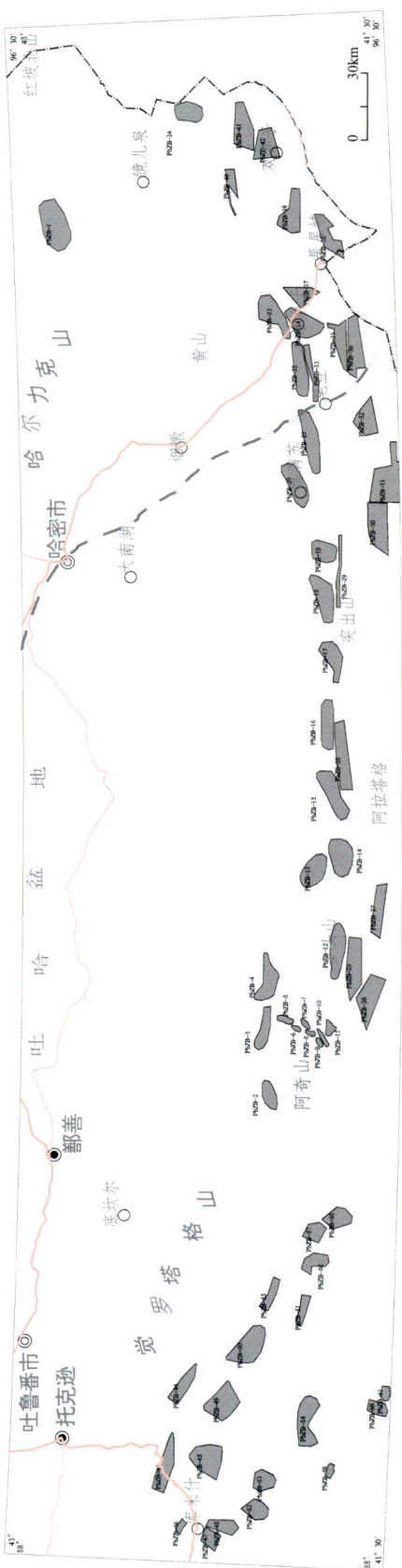

图5-34 东天山铅矿找矿靶区分布图

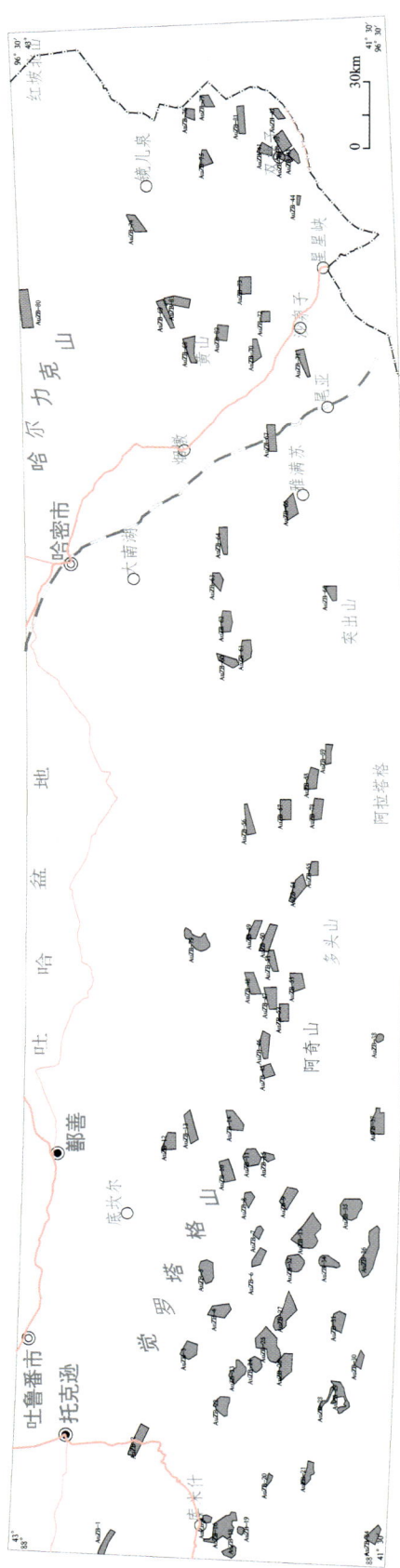

图5-35 东天山金矿找矿靶区分布图

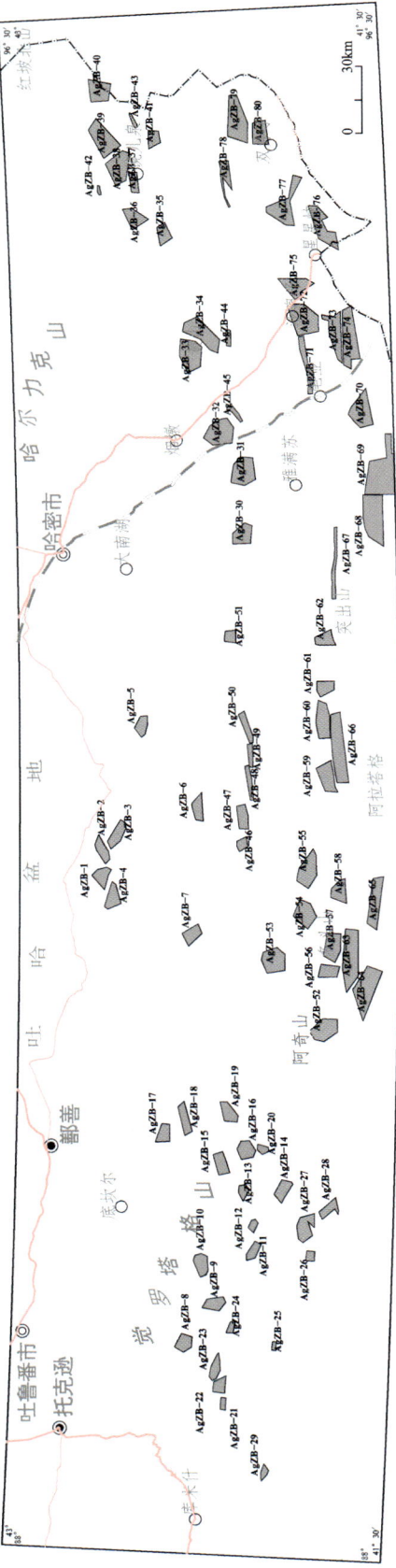

图5-36 东天山银矿找矿靶区分布图

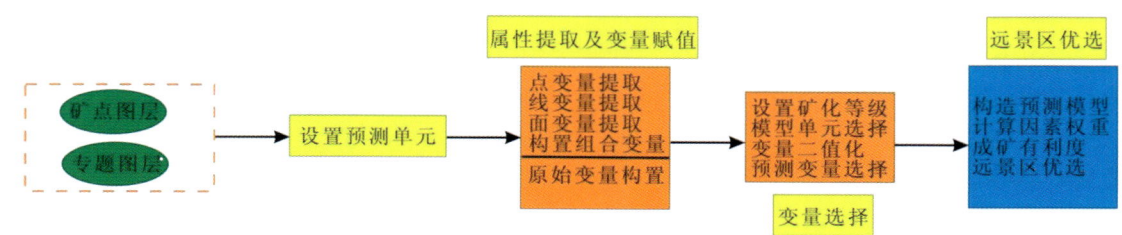

图 5-37　MRAS 软件中特征分析方法的操作流程图

控矿的必要条件。根据研究区铁、铜、镍、铅、锌、金、银等矿产的区域成矿地质特征及区域成矿要素组合，初步选择以下变量作为找矿靶区优选的要素组合，如表 5-9、表 5-10 所示。

（二）预测变量的提取及二值化

在 MRAS 软件平台中，提供了适用于资源靶区预测的 3 种二值化数学方法，即人工输入变化区间法、计算找矿信息量法和相关频数比值法。在本次预测过程中采用人工输入变化区间法，对预测变量进行二值化。在二值化过程中，根据变量属性及其与成矿关系的密切程度确定，一般采用其推荐的数据，个别无法满足要求的数据，则根据实际工作中变量的地质意义人为给定区间，进行二值化。

三、变量优选研究

定位预测变量的选择方法主要为匹配系数法、列联系数法、相似系数法 3 种；其中匹配系数法主要用来筛选二态地质变量，主要考虑两变量同时存在的找矿意义，如果某变量与其他所有变量的匹配系数均较大，则认为该变量重要，应保留，否则可以将变量剔除在实际操作中根据实际情况进行筛选应用，在保证有一定数量的变量的前提下，将剔除与成矿匹配关系弱的变量；列联系数法从两个名义尺度，变量独立性的角度出发来研究两个变量之间的相依关系，可用于任意有限个状态的名义尺度变量的筛选。相关系数法是度量两个变量间线性相关关系的统计量，当定量观测指标比较大，接近于 1 时，则说明观测指标与矿化强度的关系不可忽视；若观测指标较小，则认为二者相互独立，定量观测指标对矿化强度不产生影响。变量是否达到显著相关的程度可以通过查相关系数检验表来确定。

四、特征分析法定位预测

根据本区的实际情况，采用模型预测工程，预测的地质单元是采用综合信息地质单元法圈定的找矿靶区，用矿产点位图层矿床（点）中的规模字段作为矿化等级选项，矿化等级设置根据矿床点规模确定。对海相沉积型铁矿和沉积变质型铁矿分别采用特征分析法进行定位预测。在 MRAS 软件中，按照图 5-30 流程图，构造预测模型，计算因素权重，在 MRAS 软件中提供平方和法、矢量长度法两种方法进行定位预测变量权重计算，本次预测采用平方和法计算定位预测变量权重。共圈出找矿靶区 552 处。

铁矿圈定找矿靶区 107 个（图 5-38），其中 A 类 29 个、B 类 33 个、C 类 45 个；铜矿圈定找矿靶区 116 个（图 5-39），其中 A 类 29 个、B 类 40 个、C 类 47 个；镍圈定找矿靶区 42 个（图 5-40），其中 A 类 10 个、B 类 14 个、C 类 18 个；铅矿圈定找矿靶区 61 个（图 5-41），其中 A 类 18 个、B 类 7 个、C 类 36 个；锌圈定找矿靶区 62 个（图 5-42），其中 A 类 16 个、B 类 8 个、C 类 38 个；金矿圈定找矿靶区 84 个（图 5-43），其中 A 类 23 个、B 类 23 个、C 类 38 个；银矿圈定找矿靶区 80 个（图 5-44），其中 A 类 18 个、B 类 20 个、C 类 42 个。

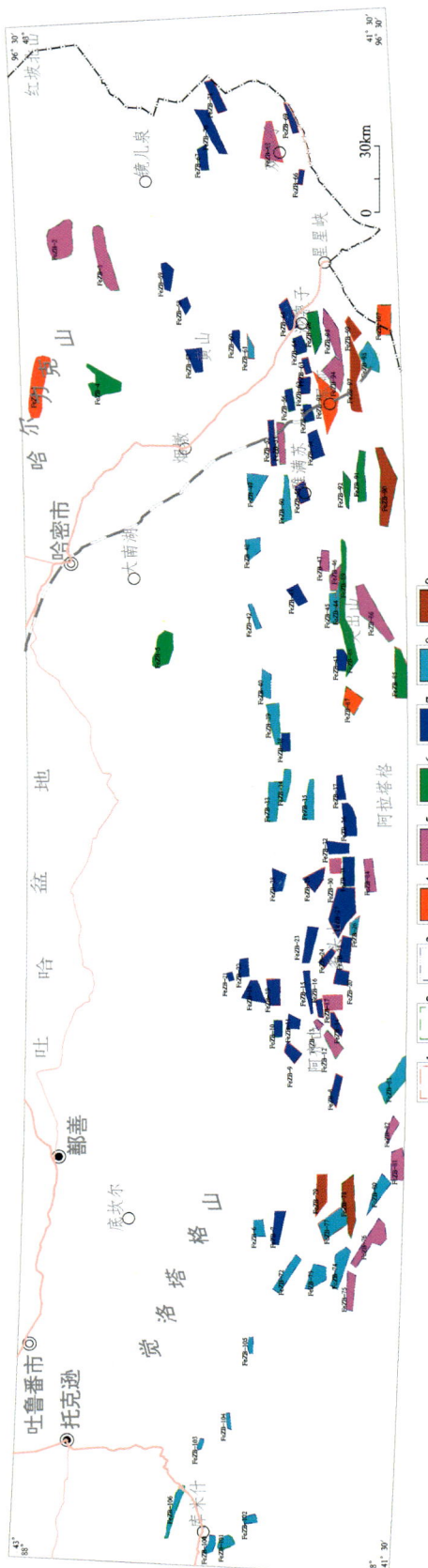

图5-38 东天山铁矿找矿靶区(按类别)分布图

1. A类找矿靶区; 2. B类找矿靶区; 3. C类找矿靶区; 4. 岩浆熔离型找矿靶区; 5. 岩浆热液型找矿靶区; 6. 矽卡岩型找矿靶区; 7. 海相火山岩型找矿靶区; 8. 斑岩型找矿靶区; 9. 沉积变质型找矿靶区

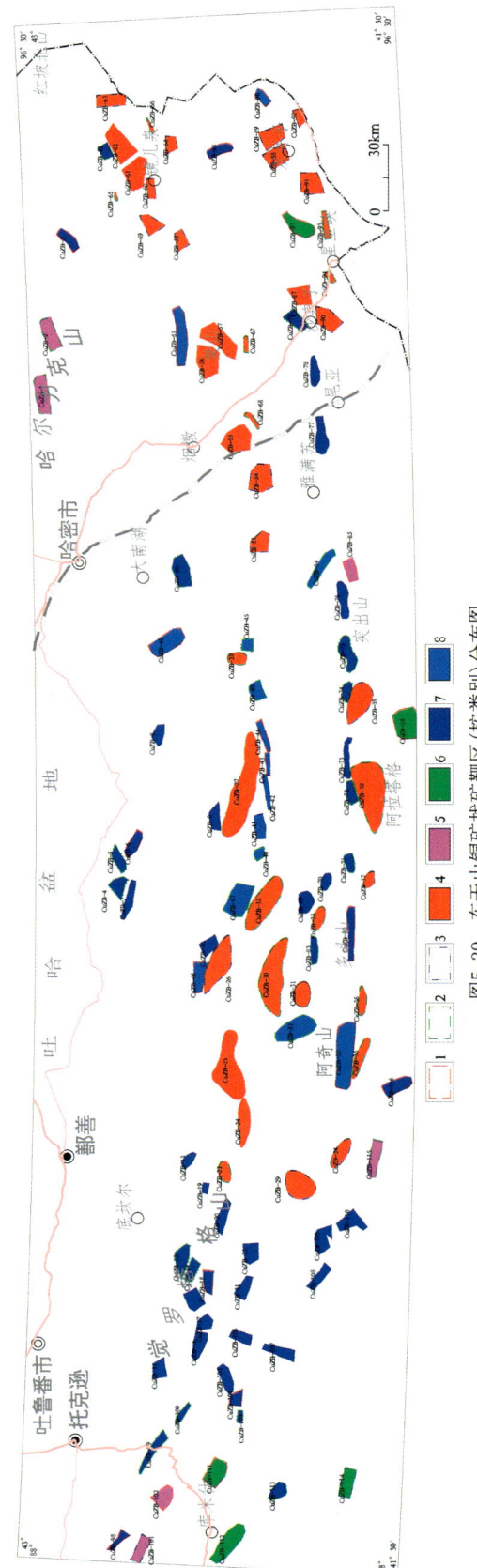

图5-39 东天山铜矿找矿靶区(按类别)分布图

1. A类找矿靶区; 2. B类找矿靶区; 3. C类找矿靶区; 4. 岩浆熔离型找矿靶区; 5. 岩浆热液型找矿靶区; 6. 矽卡岩型找矿靶区; 7. 海相火山岩型找矿靶区; 8. 斑岩型找矿靶区

第五章 预测评价

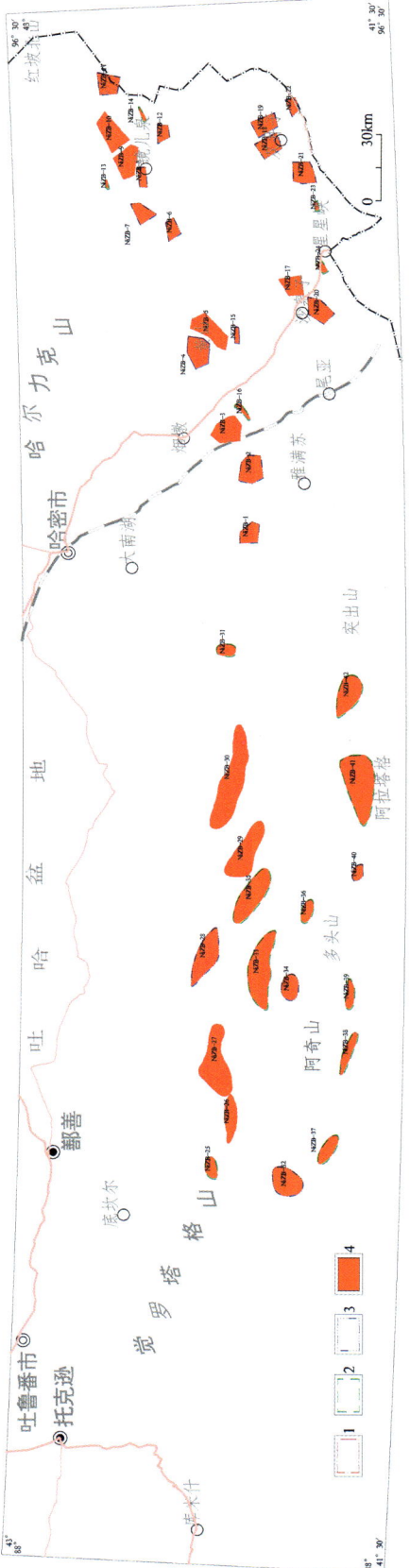

图5-40 东天山镍矿找矿靶区（按类别）分布图
1. A类找矿靶区；2. B类找矿靶区；3. C类找矿靶区；4. 岩浆型找矿靶区

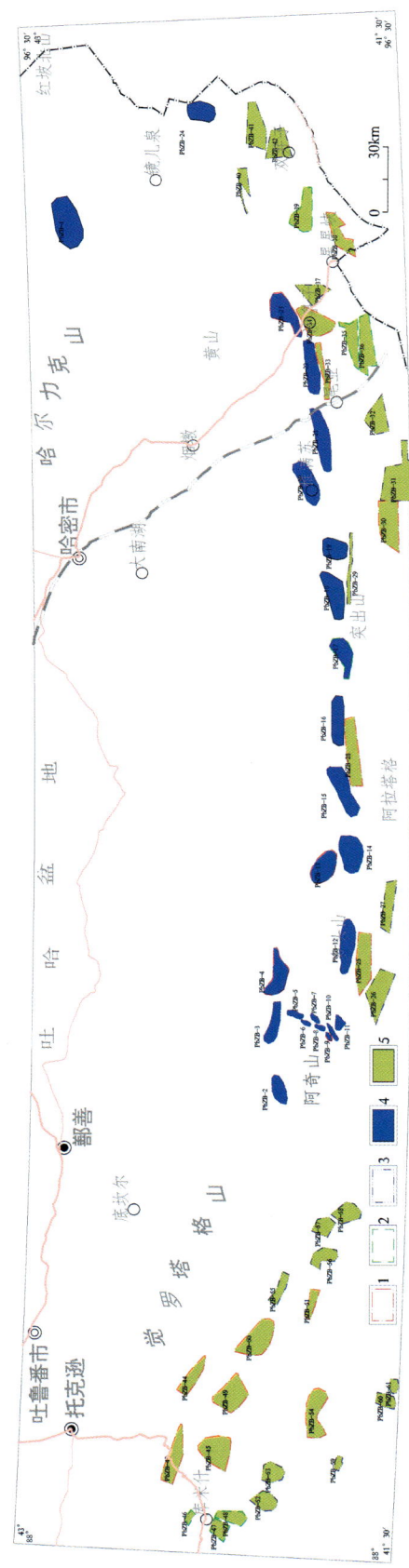

图5-41 东天山铅矿找矿靶区（按类别）分布图
1. A类找矿靶区；2. B类找矿靶区；3. C类找矿靶区；4. 海相火山岩型找矿靶区；5. 浅成中—低温热液型矿床及成因不明型找矿靶区

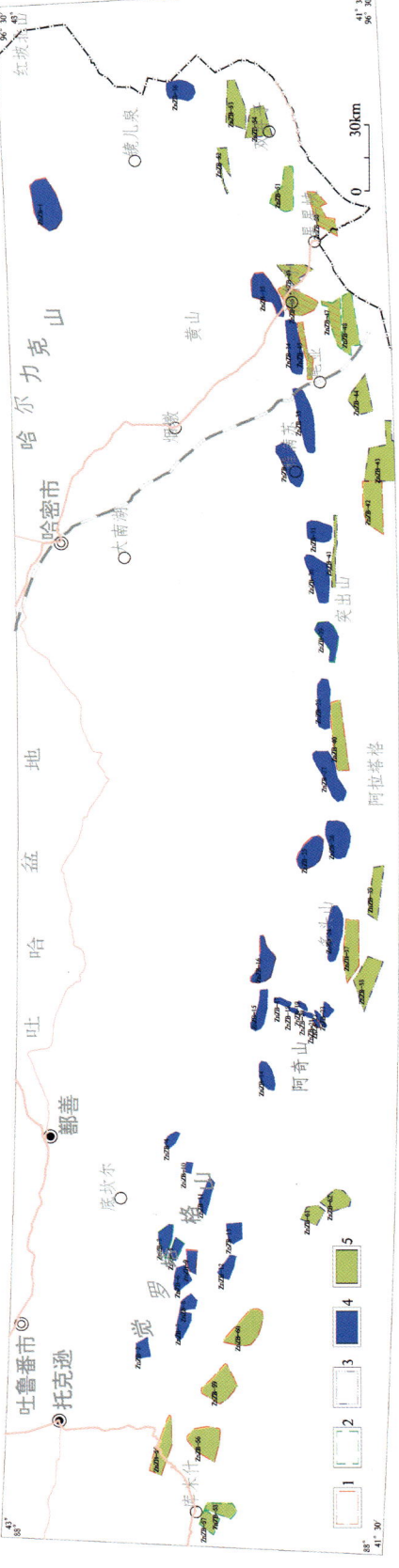

图5-42 东天山锌矿找矿靶区(按类别)分布图

1.A类找矿靶区；2.B类找矿靶区；3.C类找矿靶区；4.海相火山岩型找矿靶区；5.浅成中—低温热液型矿床及成因不明型找矿靶区

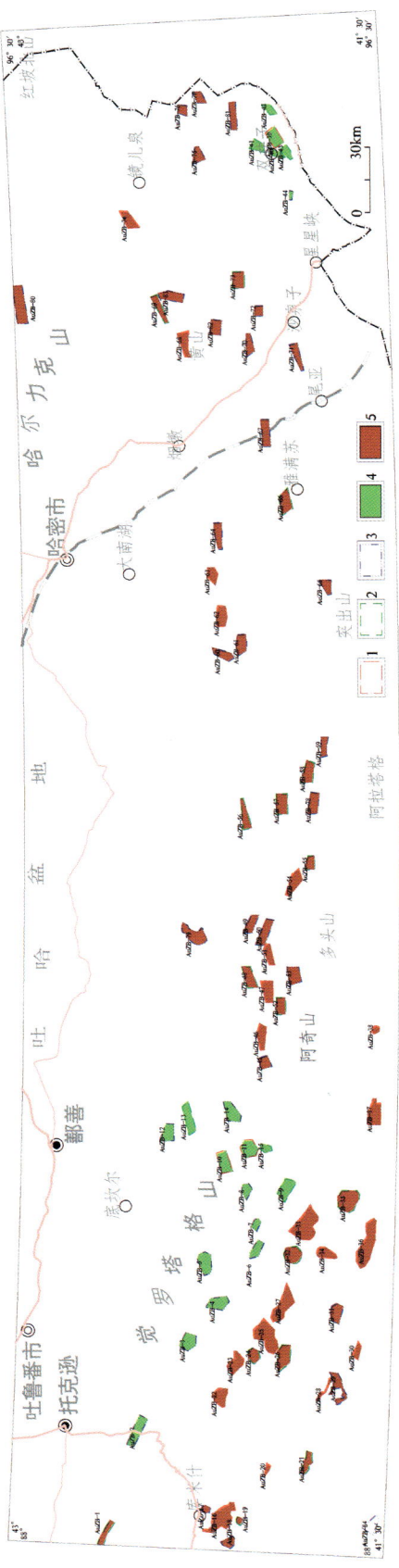

图5-43 东天山金矿找矿靶区(按类别)分布图

1.A类找矿靶区；2.B类找矿靶区；3.C类找矿靶区；4.陆相火山岩型找矿靶区；5.造山型找矿靶区

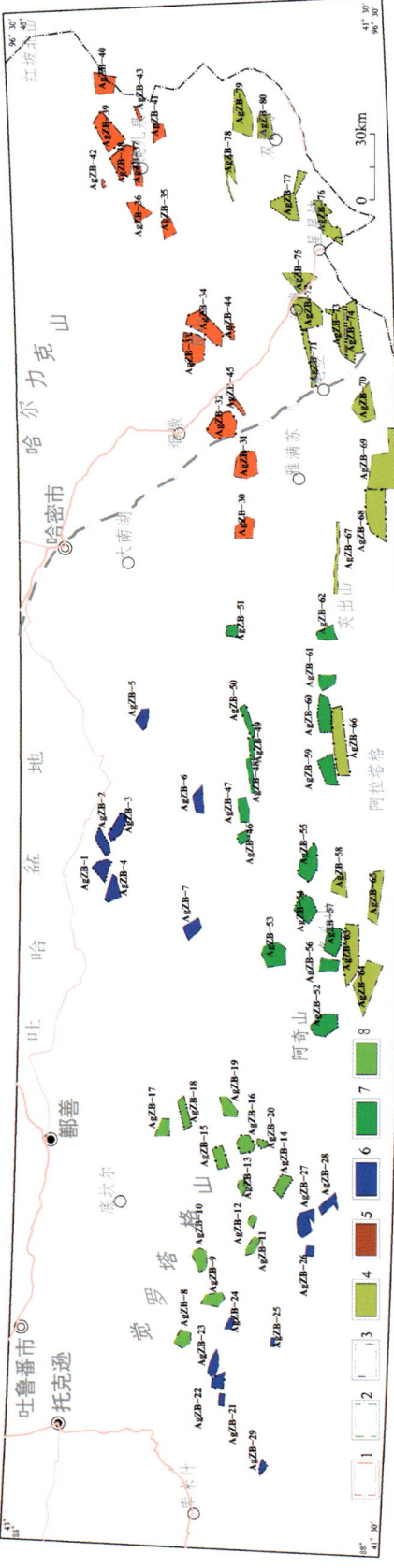

图5-44 东天山银矿找矿靶区(按类别)分布图

1. A类找矿靶区; 2. B类找矿靶区; 3. C类找矿靶区; 4. 浅成中低温热液型及成因不明型找矿靶区; 5. 岩浆熔离型找矿靶区; 6. 海相火山岩型找矿靶区; 7. 热液型找矿靶区; 8. 陆相火山岩型找矿靶区

第五节 资源量定量估算及找矿靶区评价

一、方法简介

(一) 理论支撑

矿床模型综合地质信息预测方法体系(叶天竺等,2007;肖克炎等,2007)是全国重要矿产资源潜力评价的核心技术方法。体积法是基于矿床模型综合地质信息预测方法中的定量预测方法之一,该方法针对传统体积法的计算精度问题、估算对象问题等进行了改进,使其更适合于中、大比例尺度的预测评价。其理论前提如下:

1. 岩石建造控矿理论

对于含矿建造与成矿关系,翟裕生(1999)曾概括总结为:岩石建造作为同生矿床主岩,岩石建造为矿源层,有些岩石本身就是矿层,岩石可供应成矿流体,一些火成岩可以提供热源等。通过计算与沉积矿床密切相关的沉积建造的分布范围及体积来估算资源潜力,是体积法应用的基础。可用于与一定建造岩石有关的内生金属矿产及沉积盆地内有利地段的沉积矿产的资源量估算。

2. 矿床成矿系统理论

成矿系统是指在一定地质时空域中,控制矿床形成和保存的全部地质要素和成矿作用过程,以及形成的矿床和异常系列所构成的整体,它是具有成矿功能的一个自然系统(翟裕生,1999),包括成矿背景条件、成矿流体能量、成矿作用过程、成矿产物及保存等成矿要素。

3. 成矿地质体

成矿地质体是以矿床成矿系统边界条件确定的系统内所有的地质对象的总和;成矿作用形成的自然岩石组合及制约其空间分布的构造,称之为建造构造;地质作用的产物就是地质体,因为并不是所有地质作用都成矿(如:并非所有斑岩体都成矿),因此,把与成矿有关的地质作用命名为成矿地质作用,故成矿地质作用的产物就叫成矿地质体,矿床的位置取决于成矿地质体的位置(叶天竺等,2014)。

(二) 方法流程

1. 体积法计算公式及意义

体积法计算方法如下:
含矿系数的计算公式为:

$$C = \frac{W}{V}$$

式中,C 为含矿系数;W 为模型区资源总量;V 为模型区成矿地质体体积。

则找矿靶区资源量为:

$$W_{找矿靶区} = C \times V_{找矿靶区}$$

式中,$W_{找矿靶区}$ 为找矿靶区的资源总量;$V_{找矿靶区}$ 为预测成矿地质体体积。

$$V_{找矿靶区} = S_{找矿靶区} \times H_{找矿靶区} \times F_{找矿靶区}$$

式中,$V_{找矿靶区}$为预测成矿地质体体积;$S_{找矿靶区}$为找矿靶区含矿地质体面积;$H_{找矿靶区}$为找矿靶区含矿地质体预测深度;$F_{找矿靶区}$为找矿靶区的相似系数。

决定成矿地质体体积法精度的3个参数是含矿系数、成矿地质体范围及延深(用以计算预测成矿地质体体积)。

含矿系数精度取决于模型区的资源量和成矿地质体体积。模型区的资源总量包括查明资源量、预测资源量和已剥蚀了资源量。其中,预测资源量是指在矿区深部及外围开展大比例尺预测求得的预测精度高的3341资源量。

成矿地质体体积由成矿系统空间平面分布范围和延深来决定。对于沉积型矿产和岩浆型矿产,可根据地质、物化探异常等信息来圈定成矿地质体范围;对于成矿地质体延深深度的确定,可以同时结合地质、物化探、遥感等各种资料,来反演、推测成矿地质体的延深。

由于影响内生矿产成矿的因素很多,成矿条件的差异较大,因此,不同找矿靶区的成矿有利性差别会很大。因此,实施定量预测时,要求对找矿靶区逐个进行定量估算参数的确定,每一个找矿靶区的面积、深度、相似系数等都可能是不同的,有的也可能变化不大,要据实际情况而定。

2. 模型区的确定

模型区指典型矿床所在的找矿靶区,是估算含矿系数的对象,公式1中模型区资源总量实际上包括两个部分:①典型矿床已查明的资源总量;②典型矿床深部及外围预测获得的预测资源量。

通过模型区可以达到定量预测的尺度对等和不遗漏矿石资源量。一是圈定的找矿靶区面积相对较小,典型矿床往往比较小,只有几平方千米甚至更小,根据预测尺度对等原则,需要圈定面积较大的模型区以实现典型矿床定量估算参数向模型区定量估算参数的转换,这样估算出来的定量参数才能够在对等的水平上向其他找矿靶区推广;二是受工作程度和工作手段的限制,许多典型矿床还属于未勘探完全的矿床,在典型矿床面积之外还存在矿化蚀变线索,如预测含磁性的铁矿床时,磁异常超出了1:1万典型矿床矿区地质图的范围,此时也需要对典型矿床范围重新调整,以保证圈定的模型区将整个异常地质体包含进来。

结合研究区的实际情况,本次的预测类型均受一定的含矿建造控制,其产出特点符合上述两个条件,因此可以利用体积法进行找矿靶区资源量的定量预测。

二、矿产预测成果汇总

本次矿产预测工作全程采用叶天竺在全国矿产资源潜力评价过程中提出的地质体积法进行资源量估算。铁、铜、镍、铅、锌、金、银等矿产预测成果见表5-11。其中铁矿预测资源量213 057万t,铜矿预测资源量2 438.7万t、镍矿预测资源量915.9万t、铅矿预测资源量912万t、锌矿预测资源量2 718.3万t、金矿预测资源量723t、银矿预测资源量33 473t。

三、找矿靶区评价

(一)级别划分

根据各矿种找矿靶区成矿特点、有无已知矿床(点)、物探和化探异常情况、估算资源量大小,将找矿靶区级别划分为A、B、C 3级。

A级:在有利的含矿建造内,已发现有小型以上规模矿床,物探和化探异常明显,估算资源量在大型以上,优选结果为A类。

表 5-11 研究区预测资源量汇总表

矿种	级别	找矿靶区数量/个	找矿靶区面积/km²	预测资源量	查明资源量	预测总资源量	备注(单位)
铁矿	A	29	1794	121 667	28 831	150 498	万 t
	B	33	2533	77 456	6210	83 666	
	C	45	2158	13 934	994	14 928	
合计		107	6485	213 057	36 035	249 092	
铜矿	A	29	2783	1567	655	2222	万 t
	B	40	2643	498.3	5.7	504	
	C	47	3204	373.4	14.6	388	
合计		116	8630	2 438.7	675.3	3114	
镍矿	A	10	1563	657	103	760	万 t
	B	14	1096	111.5	0.5	112	
	C	18	1394	147.4	1.2	148.6	
合计		42	4053	915.9	104.7	1 020.6	
铅矿	A	18	2325	533	30	563	万 t
	B	7	611	65		65	
	C	36	3056	314		314	
合计		61	5992	912	30	942	
锌矿	A	16	2078	1 213.3	723.3	1 936.6	万 t
	B	8	694	340		340	
	C	38	2956	1165		1165	
合计		62	5728	2 718.3	723.3	3 441.6	
金矿	A	23	1194	188.5	68.4	256.9	t
	B	23	810	114.4	1.6	116	
	C	38	1317	420.1	3.3	423.3	
合计		84	3321	723	73.3	769.4	
银矿	A	18	1726	12 139	3731	15 870	t
	B	20	1090	5964	15	5979	
	C	42	2467	15 370		15 370	
合计		80	5283	33 473	3746	37 219	

B 级:在有利的含矿建造内,已发现有矿点,物探和化探异常明显,估算资源量在中型,优选结果为 A 类或 B 类。

C 级:在有利的含矿建造内,仅有单一的物探、化探异常显示,估算资源量为小型及以下,优选结果为 B 类或 C 类。

(二)简要评价

根据各个找矿靶区的地质特征及物化探、遥感信息,针对铁、铜、镍、铅、锌、金、银找矿靶区进行简要评价,详见表 5-12～表 5-18。

1. 铁矿找矿靶区评价

本次研究共圈定107个铁矿找矿靶区（表5-12），其中A类找矿靶区29个，预测资源量12.1亿t，多集中分布于鄯善县阿奇山一矿、二矿北矿段、黑包山、多头山、白山泉、铁岭一号、彩虹山、百灵山、多头山、红铁山、黑尖山、骆驼峰以及哈密地区多头山、梧桐沟、尾亚、天湖等地段，其中最具潜力的为鄯善县梧桐沟和哈密地区尾亚、天湖等找矿靶区，预测资源量达1.5亿t。

B类33个，预测资源量7.74亿t，多分布于哈密地区景峡、苦水、双峰山、梧桐大泉、库姆塔格M203、路白山、库姆塔格一号、M1068南西、愚山、木头井南、天湖东、红柳河以及鄯善县M1366高地北西等地段，其中最具找矿潜力的为哈密地区路白山、愚山等靶区，预测资源量达1亿t。

C类45个，预测资源量1.4亿t，多分布于底坎尔乡南、铁岭Ⅱ号东北、红星戈壁南、吐鲁番市1号铁矿、3号铁矿、136号铁矿、184号铁矿、依尔图尔贡什布铁矿等靶区，仅见有含铁赋矿层位，铁锰累加异常和局部铁矿化。

研究区内圈定海相火山岩型、海相沉积型、沉积变质型、岩浆热液型、矽卡岩型、岩浆型6种铁矿重要类型，并进行了综合预测评价。

海相火山岩型成矿地质体主要为下石炭统雅满苏组中基性火山岩建造，其次为梧桐窝子组，上石炭统以吐古吐布拉克组中基性火山岩为主，其次为齐山组。靶区内具有航磁异常及相应的高值点、化探铁锰累加异常、遥感异常显示。分布于鄯善县黑包山、阿奇山二矿北矿段、彩虹山、百灵山、多头山、黑尖山、骆驼峰以及哈密地区黑山、黄岗南、雅满苏、翠岭西、景峡、苦水、黑峰山、双峰山、沙泉子、白水井、梧桐大泉、坡子泉、白山泉等地。

海相沉积型铁矿主要成矿地质体为下泥盆统阿尔彼什麦布拉克组绢云母石英片岩和大理岩建造，中泥盆统阿拉塔格组杂砂岩建造，下石炭统雅满苏组、干墩组、甘草湖组碎屑岩建造，上石炭统梧桐窝子组、土古土布拉克组碎屑岩建造；具有铁锰累加化探异常显示；航磁异常较为明显，局部显示具有重力异常和遥感异常。分布于鄯善县红铁山、梧桐沟、1366高地北西以及哈密地区967高地、967高地东南、950高地、疏纳诺尔库姆塔格、1113.4高地、鱼峰、天湖东等地。

沉积变质型铁矿成矿地质体为滹沱系天湖岩群片岩夹大理岩建造，长城系星星峡岩群板岩-大理岩建造，蓟县系平头山组白云岩－白云质大理岩建造，下中志留统叉口组砂岩和大理岩建造。具有甲类航磁、铁锰累加化探异常以及较弱的遥感铁染异常；分布于哈密尖山、愚山、天湖等地。

岩浆型铁矿成矿地质体为海西中期至晚三叠世辉长岩。航磁异常与遥感铁染异常零星分布，分布于牛毛泉、路白山、尾亚、红柳河等地。

岩浆热液型铁矿主要产出于海西中晚期中酸性岩体中及其外接触带，矽卡岩型主要产出于海西中晚期中酸性花岗岩体与长城系碳酸盐岩外接触带。有较为明显的铁锰累加化探异常，异常浓集中心明显。分布于鄯善县大石头泉、铁岭一号、双井子、库姆塔格M203、木头井南等地。

2. 铜矿找矿靶区评价

本次研究共圈定116个铜矿找矿靶区（表5-13），其中A类找矿靶区29个，预测资源量2783万t，多集中分布于鄯善县小热泉子、路北岩体群、恰特卡尔岩体群、海豹滩岩体群、南湖隔壁、黑尖山、葫芦坝、凌云以及经哈密地区小石头泉、黄土坡、福兴、土屋延东、突出山、三岔口、土墩、黄山、黄山东、葫芦、阿拉塔格、白石泉、河坝沿、沙井子、大红山北、小热泉子等地。其中最具找矿潜力的为哈密地区黄土坡、恰特卡尔岩体群、福兴、土屋延东南、南湖戈壁、三岔口等靶区，预测资源量约285万t。

B类40个，预测资源量2643万t，多分布于哈密地区玉带、红山、黄碱滩岩体群、翠岭、赤湖、黑山南、灵龙、大南湖乡、头苏泉、镜儿泉北、咸水泉、黄山以南、二红洼、黄熊滩、长城山、路白山、突出山、沙泉子、黄碱滩西南、峡东等靶区，以及鄯善县的小热泉子、雅勒伯克、路北岩体群、恰特卡尔、海豹滩、乱石滩岩体群、齐石滩、克孜尔岩体群、红柳沟岩体群、黑白山岩体群、白顶山岩体群等，其中最具找矿潜力的为玉带、红山、库木、翠岭、赤湖、灵龙等靶区,预测资源量约220万t。

C类47个,预测资源量3204万t,多分布于恰特卡尔、小热泉子北、白房子、小热泉子西、雅勒帕克北、阔台克、色尔特能西、色尔特能、康东岩体群等靶区,仅见有下石炭统小热泉子组火山岩建造;铜化探异常发育。

研究区内针对海相火山岩型、斑岩型、岩浆热液型、矽卡岩型、岩浆型5种铜矿重要类型进行了预测评价。

海相火山岩型铜矿成矿地质体主要为下中奥陶统且干布拉克组安山岩-玄武岩-英安岩建造,中奥陶统奈楞格勒达坂群火山岩建造,发育细碧-角斑岩;志留系红柳沟群,主要岩性为拉斑玄武岩-安山岩建造建造,下泥盆统阿尔彼什麦组中基性火山岩建造,下泥盆统大南湖组,主要岩性为安山岩-玄武岩-英安岩建造,下石炭统七角井组块状凝灰岩-砾岩-凝灰砂岩建造,下石炭统小热泉子组中酸性火山岩建造,下石炭统雅满苏组火山尘凝灰岩夹火山角砾岩建造,基性、中酸性火山熔岩;上石炭统土古土布拉克组玄武玢岩、霏细斑岩、中酸性火山熔岩夹微晶灰岩建造。分布于哈密地区玉带、红山、黄土坡、库木、克南、小热泉子、大南湖乡、头苏泉、黄熊滩、长城山、路白山、突出山、沙子、黑尖山、十里坡等地。最具潜力的靶区为黄土坡、小热泉子、可可乃克、彩华沟铜矿等,预测铜资源量近140万t以上。

斑岩型主要成矿地质体为海西中晚期各类岩株-岩枝状中酸性花岗岩体,围岩地层以石炭系火山岩为主,其次为奥陶系火山岩,其他碎屑岩次之。分布于鄯善县福兴、土屋延东、赤湖、南湖戈壁、黑山南、灵龙、突出山、三岔口等靶区,最具潜力的靶区为土屋延东、南湖戈壁、突出山、三岔口等,预测铜资源量约1400万t以上。

岩浆热液型铜矿主要成矿地质体为志留纪、石炭纪中酸性花岗岩体,围岩地层为各类碎屑岩;分布于巴什达坂、小铺、阿奇山等靶区,预测铜资源量3万t以上。

矽卡岩型铜矿主要成矿地质体为海西中晚期中酸性花岗岩体与各时代碳酸盐岩建造的外接触带;分布于阿拉塔格、大红山北、桑树园子南山、木斯布拉克等靶区,预测铜资源量14万t以上。

岩浆型铜矿与镍矿相伴产出,主要成矿地质体为二叠纪基性—超基性杂岩体。分布于路北岩体群、恰特卡尔岩体群、海豹滩岩体群、土墩、黄山、黄山东、葫芦、串珠-图拉尔根、白石泉等靶区,预测铜资源量390万t以上。

3. 镍矿找矿靶区评价

本次研究共圈定42个镍矿找矿靶区(表5-14),其中A类找矿靶区10个,预测资源量657万t,多集中分布于鄯善县路北岩体群、恰特卡尔岩体群、平顶包、海豹滩岩体群以及哈密地区土墩、黄山、黄山东、葫芦、串珠-图拉尔根、白石泉等靶区,其中最具潜力的靶区包括黄山、葫芦、路北岩体群、恰特卡尔岩体群、海豹滩岩体群等,预测资源量达120万t。

B类14个,预测资源量111万t,多分布于哈密地区镜儿泉北、咸水泉、黄山以南、二红洼、峡东、天香等地,以及鄯善县的雅勒伯克、乱石滩、齐石滩、克孜尔、红柳沟、黑白山、白顶山等,其中最具找矿潜力的为乱石滩岩体群、齐石滩岩体群、红柳沟岩体群、黑白山岩体群、白顶山岩体群等靶区,预测资源量达20万t。

C类18个,预测资源量147万t,多分布于雅满苏北、土墩西、野马泉西、红石岗、镜儿泉、红岭、马蹄、大马庄山、泉东山、白石泉西、黑虎山、马庄山北、康东岩体群、萨尔德兰岩体群、玄坑岩体群等靶区。

研究区内镍矿主要类型为岩浆型。主要成矿地质体为二叠纪基性—超基性杂岩体,岩浆型铜矿与镍矿相伴产出,主要成矿地质体为二叠纪基性—超基性杂岩体,沿区域性大断裂两侧出露。岩体套合有铜、钴、镍异常,位于剩余重力梯度带上,航磁化极对应为椭圆型正磁异常中,具有进一步寻找铜镍矿床的潜力。

4. 铅锌矿找矿靶区评价

本次研究共圈定 123 个铅锌矿找矿靶区（表 5-15、表 5-16），其中 A 类找矿靶区 34 个，预测资源量 1746 万 t，多集中分布于哈密地区的小石头泉、白干湖铅锌矿、黄碱滩-吉源、玉西-玉山 1 区、宏源-沙泉子 1 区、宏源-沙泉子 2 区、铅炉子-炭炭台子山 1 区等地，以及鄯善县康古尔、小热泉子、阿齐山、维山、彩霞山-碱泉 1 区等地，其中最具找矿潜力的为小石头泉、小热泉子、阿齐山、彩霞山-碱泉 1 区、玉西-玉山 1 区、宏源-沙泉子 1 区、马鞍桥、彩花沟等靶区，预测资源量达 853 万 t。

B 类 15 个，预测资源量 405 万 t，多分布于吐鲁番市库木、克南，哈密市 1918 高点铅、宏源-沙泉子 3 区、宏源-沙泉子 4 区、铅炉子-炭炭台子山 2 区，托克逊县库米什、地乡等靶区，其中最具找矿潜力的为宏源-沙泉子 4 区、铅炉子-炭炭台子山 2 区、库米什等靶区，预测资源量约 83 万 t。

C 类 74 个，预测资源量 3630 万 t，多分布于鄯善县咸水沟、红石、康南、屹立、彩云岭、月牙山、望齐、黑包山、百灵山、卡瓦布拉克 1 区、彩霞山-碱泉 2 区、伊尔托布什布拉克、萨尔德兰布拉克、灰山梁，哈密市双龙、长城山、路白山、库姆塔格、阿奇、雅满苏、阿克塔格、黑峰山、白金沟山、沙坳南段 2 区、玉西-玉山 3 区、玉西-玉山 4 区、宏源-沙泉子 5 区、双井子 1 区、双井子 2 区、双井子 3 区等地，其中预测资源量较大的靶区为彩云岭、月牙山、黑包山、百灵山、长城山、路白山、阿奇、雅满苏、黑峰山、卡瓦布拉克 1 区、沙坳南段 2 区、玉西-玉山 3 区、玉西-玉山 4 区、双井子 3 区等，以长城系星星峡岩群碳酸盐岩-细碎屑岩建造最为发育，以铅锌化探异常最为明显，局部具有重力异常。

研究区内铅锌矿主要类型为海相火山岩型和浅成中—低温热液型矿床及成因不明型矿床。

海相火山岩型主要成矿地质体为下石炭统小热泉子组火山岩建造，下石炭统七角井组块状凝灰岩-砾岩-凝灰砂岩建造，下石炭统阿齐山组石英霏细斑岩-石英斑岩-火山灰凝灰岩建造，下石炭统雅满苏组第三、四岩性段，主要岩性为火山尘凝灰岩-火山角砾岩建造和泥晶生物碎屑灰岩间建造，下二叠统哈尔加乌组霏细岩-玄武岩建造。靶区内具有铅锌矿赋矿地层，铅锌化探异常等显示。分布于小石头泉、库木、克南、小热泉子、康古尔、阿齐山、维山、1918 高点铅、白干湖铅锌矿等地。

浅成中—低温热液型矿床及成因不明型矿床主要成矿地质体为长城系星星峡岩群，岩性为白云石大理岩-石英片岩-绢云母片岩-片麻岩变质建造，蓟县系卡瓦布拉克组白云石大理岩-片岩建造，蓟县系帕尔岗岩群碳酸盐岩建造，滹沱系兴地塔格群大理岩-片岩-片麻岩建造，泥盆系阿尔彼什麦布拉克组下亚组主要由黑云母石英片岩、绿泥石石英片岩及大理岩组成，下石炭统马安桥组第二段主要岩性为粗粒岩屑砂岩、钙质细粒砂岩、泥质细砂岩、粉砂岩，围岩蚀变有硅化、萤石化、重晶石化、碳酸盐化等，均与铅锌矿化有关。靶区内具有铅锌矿赋矿地层，铅锌化探异常以及重力异常等显示。分布于彩霞山-碱泉 1 区、黄碱滩-吉源、玉西-玉山 1 区、宏源-沙泉子 1 区、铅炉子-炭炭台子山、马鞍桥、黑戈壁、库米什、地乡、彩花沟、亦格尔达坂等地。

5. 金矿找矿靶区评价

本次研究共圈定 84 个金矿找矿靶区（表 5-17），其中 A 类找矿靶区 23 个，预测资源量 188t，多集中分布于鄯善县哈尔拉、石英滩、库米什南、硫磺山、阿北、依格尔达坂、孔雀沟、孔雀沟东、央布拉克、黑山、如意、沙窝子、鸽形山、灰山梁、红石、康古尔、盐碱坡、云兴，以及哈密市马庄山、天目、红滩、黄山、红岭等靶区，其中最具找矿潜力的为石英滩、库米什南、孔雀沟、孔雀沟东、如意、沙窝子、鸽形山、黄山等靶区，预测资源量约 20t。

B 类 23 个，预测资源量 114t，多分布于哈密市双井子、梧桐大泉南、修翁哈拉、2049、雅满苏北、二柳沟、白石头泉，以及鄯善县南庐、恰西、黄泥坡、铜华山、甘草湖、依格尔南、乌勇布拉克、尖西、梧桐沟、齐石滩、康南、黑龙峰、企鹅山、新月山、岗南等地。其中最具找矿潜力的为梧桐沟、新月山、岗南、雅满苏北、二柳沟、白石头泉等靶区，预测资源量约 9t。

C 类 38 个，预测资源量 420t，多分布于哈密市大青山东、红东、库姆塔格、翠岭、白干湖、东干沟、沙泉子、梧桐大泉、银东、歪头山、柳树沟、泉东山、黄山东、红柳沟以及鄯善县库都克、大热泉子、小热泉子、色尔特能、色东、石英滩西、恰北、咸水沟、库米什、喀拉克孜勒南、黑红山、克孜勒塔格、岔北、石西、克孜尔塔格南、大东沟、黑山、黑包山南、西凤山、克孜尔塔格等靶区，其中预测资源量较大的为咸水沟、克孜勒塔格、石西、白干湖、东干沟、沙泉子、柳树沟、红柳沟等靶区。

研究区内金矿主要类型为造山型金矿和陆相火山岩型金矿。造山型金矿主要成矿地质体为海西晚期的韧性剪切带中，其中卷入的主要成矿地质体有中上奥套统硫磺山群(生物碎屑灰岩-千枚岩-结晶灰岩建造)，志留系尼勒克组砂岩-泥质粉砂岩-泥岩建造，下中志留统柯尔克孜塔木组石英片岩-千枚岩建造，下泥盆统阿尔皮什麦布拉克组生物屑灰岩-大理岩-钙质片岩建造，上泥盆统褐岭组凝灰岩-凝灰砂岩-集块凝灰熔岩建造，中泥盆统头苏泉组中基性火山熔岩及火山碎屑岩，下石炭统干草湖组(生物碎屑灰岩-硅质岩、砾岩建造)，中泥盆统阿拉塔格组杂砂岩建造，下石炭统甘草湖组生物碎屑灰岩-硅质岩、砾岩建造，下石炭统雅满苏组凝灰岩、凝灰质砂岩，下石炭统姜巴斯套组火山碎屑岩，上石炭统梧桐窝子组玄武岩。靶区均具有较好的金、砷、锑、钼、铅综合异常以及遥感异常。分布于哈密地区的天目、红滩、雅满苏北、黄山、二柳沟、白石头泉、红岭以及鄯善县库米什南、铜华山、硫磺山、甘草湖、阿北、依格尔达坂、依格尔南、孔雀沟、乌勇布拉克、孔雀沟东、央布拉克、黑山、尖西、如意、沙窝子、梧桐沟、鸽形山、灰山梁、红石、康古尔、齐石滩、盐碱坡、康南、云兴、黑龙峰、企鹅山等地，其中最具潜力的包括库米什南、孔雀沟、孔雀沟东、如意、沙窝子、鸽形山、新月山等靶区，预测资源量达133t。

陆相火山岩型金矿主要成矿地质体为下二叠统哈尔加乌组砾岩-英安质凝灰岩建造和杏仁状玄武岩-安山岩-流纹岩建造，上二叠统阿其克布拉克组钙质粉砂岩-长石砂岩-泥灰岩-硅质岩-砾岩-玄武岩。鄯善县的南庐、哈尔拉、石英滩、恰西、黄泥坡以及哈密地区的马庄山、双井子、梧桐大泉南、修翁哈拉、2049高地等靶区，预测资源量达63t。

6. 银矿找矿靶区评价

本次研究共圈定80个银矿找矿靶区(表5-18)，其中A类找矿靶区18个，预测资源量12139t，多集中分布于哈尔拉、石英滩、维权、彩霞山-碱泉1区、黄碱滩-吉源以及哈密市黄土坡、土墩、黄山、黄山东、葫芦、串珠-图拉尔根、福兴、土屋延东、玉西-玉山1区、宏源-沙泉子1区、宏源-沙泉子2区、铅炉子山1区等靶区，其中最具找矿潜力的为彩华沟、黄山、葫芦、土屋延东、彩霞山-碱泉1区、黄碱滩-吉、南湖戈壁等靶区，预测资源量约1800t。

B类20个，预测资源量5964t，多分布于哈密市玉带、红山、镜儿泉北、咸水泉、黄山以南、二红洼、翠岭、赤湖、宏源-沙泉子3区、宏源-沙泉子4区、铅炉子山2区以及鄯善县咸水沟、阿奇山、红柳沟、大盐池北、长城山、吉泉北等靶区，其中最具找矿潜力的为翠岭、赤湖、红柳沟、长城山、吉泉北等靶区，预测资源量约480t。

C类42个，预测资源量15370t，多分布于哈密市卡拉塔格西南、卡拉塔格东、克孜尔卡拉萨依东、克孜尔卡拉萨依西、雅满苏北、土墩西、野马泉西、红石岗、镜儿泉、红岭、马蹄、企鹅山、红石岗、玉西-玉山3区、玉西-玉山4区、宏源-沙泉子5区、双井子1区等靶区，仅见有下石炭统火山岩建造；位于剩余重力梯度带上，航磁异常较发育。研究区银矿主要呈共伴生矿种产出于铅、锌、铜、镍、金等矿产中，其成矿地质体亦与其一致。

本次研究对东天山铁、铜、镍、铅锌、金、银等不同矿种、不同成矿类型进行了找矿靶区划分，并对东天山成矿带已有地球物理、地球化学、遥感信息进行了系统梳理评价，有效支撑了东天山地区大宗矿产找矿勘查工作部署。

表 5-12 东天山地区铁矿找矿靶区特征一览表

编号	找矿靶区名称	地理位置	找矿靶区类别	预测类型	预测资源量/×10⁴ t	查明资源量/×10⁴ t	预测资源量/×10⁴ t	找矿靶区综合简评
FeZB-1	沁城北天生圈	哈密市	A	岩浆型矿床	4531	899	3632	出露下石炭统居里得能组，岩性为绿泥石英片岩、灰绿色千枚岩和石英片岩，断层及节理裂隙发育，侵入岩主要为海西中期辉长岩、含磁铁辉长岩、石英闪长岩和角闪斜长花岗岩，局部见石英闪长岩脉、辉长岩脉、含磁铁辉长岩脉、辉绿岩脉发育。磁异常发育。已发现有沁城北天生圈铁矿床、巴什达坂铁矿点，安耐沟铁矿点、老虎沟铁矿点，交通条件一般，经济技术开发条件一般
FeZB-2	大石头泉	哈密市	B	岩浆热液型	173	11	161	石炭系地层发育。矿区构造主要为断裂和裂隙，受近东西向区域构造活动的影响，次一级断裂与主断裂呈小角度斜交，次级断裂总体呈北东62°走向延伸，矿体受断裂控制。矿区内出露海西中期侵入的花岗岩。围岩蚀变类型复杂，主要为褐铁矿化、绿帘石化、硅化及云英岩化等。区内已发现大石头泉铁矿床。交通条件、经济技术开发条件较好
FeZB-3	塔夏尔沟	哈密市	B	岩浆热液型	134	19	115	出露的地层为泥盆系大南湖组第六亚组一套浅灰绿色条带状钢带一透闪绿片岩；石炭纪花岗闪长岩体。区内已发现有塔夏尔沟铁矿床和梧桐窝子泉北铁矿点。交通条件一般，经济技术开发条件一般
FeZB-4	牛毛泉	哈密市	B	岩浆型矿床	883	35	848	区内出露牛毛泉基性杂岩体多被新第四系覆盖。基性杂岩体具有明显的成层性和韵律层状构造特征；根据岩体的岩石类型组合，主要分为下、中、上3个岩性组。下岩组主要分布在测区西段北部，由灰黑色中细粒橄榄辉长岩、浅色粗粒辉长岩等岩石组成。中岩组主要由灰黑色中细粒橄榄辉长岩、浅色粗粒辉长岩、暗色中粗粒橄榄辉长岩、灰黑色中细粒含橄榄黄褐粗粒辉长岩、浅色粗粒辉长岩等岩石组成。上岩组主要由暗色中细粒含橄榄辉长岩、浅色粗粒辉长岩等岩石组成。磁异常发育，已发现牛毛泉铁矿床，具有较好的交通条件和经济技术开发条件

续表 5-12

编号	找矿靶区名称	地理位置	找矿靶区类别	预测类型	预测资源量/×10⁴ t	查明资源量/×10⁴ t	预测资源量/×10⁴ t	找矿靶区综合简评
FeZB-5	突出山	哈密市	B	矽卡岩型矿床	361	57	304	出露地层有长城系星星峡岩群一套大理岩，上石炭统底格尔组第一岩性段含石英砂岩、蚀变细碧岩岩粉岩、第二岩性段为凝灰岩、蚀变凝灰岩、沉凝灰岩、流纹岩、阳起－黝帘蚀变岩、矽卡岩、铁矿体等；第三岩性段由格结角砾岩和少量流纹岩组成。岩浆主要为海西早期第二侵入次糜棱岩化混合质花岗岩和海西中期第三侵入次肉红色钾长花岗岩，白色黑云母花岗岩。岩体侵位于上石炭统底格尔组下亚组中、岩体轴向近北东—南北向。已发现并评价有突出山铁铜矿床。具有较好的交通条件和经济技术开发条件
FeZB-8	红云滩	鄯善县	A	海相火山岩型	6839	2074	4765	含矿地质体为下石炭统雅满苏组中基性火山岩建造；有红云滩中型铁矿床1处、铁矿点1处；具有明显的航磁异常和遥感异常
FeZB-9	阿奇山一矿	鄯善县	A	海相火山岩型	3535	232	3303	含矿地质体为下石炭统雅满苏组中基性火山岩建造；有阿奇山小型火山岩型铁矿床2处；具有明显的航磁异常和遥感异常；靶区东侧分布有推断的基底隆起
FeZB-10		鄯善县	B	海相火山岩型	1202		1202	含矿地质体为下石炭统雅满苏组中基性火山岩建造的向斜构造南翼；有小型火山岩型铁矿床1处；具有2处明显的航磁异常点和遥感异常
FeZB-12		鄯善县	B	岩浆热液型	1442		1442	含矿地质体为上石炭统土古土布拉克组中酸性火山岩建造；有酸性花岗岩体侵入上石炭统土古土布拉克组中酸性火山岩，浓集中心明显。有已知热液型铁矿点1处
FeZB-14	黑包山	鄯善县	A	海相火山岩型	3616	122	3494	含矿地质体为上石炭统土古土布拉克中酸性火山岩建造；具有遥感异常特征和弱的航磁异常；有2处小型火山岩型铁矿床和1处热液型铁矿点
FeZB-16	阿奇山二矿北矿段	鄯善县	A	海相火山岩型	2271	88	2183	含矿地质体为上石炭统土古土布拉克组中酸性火山岩建造；具有遥感异常特征和甲类、乙类航磁异常点各1处；有小型火山岩型铁矿床1处和小菱型铁矿床1处

第五章 预测评价

续表 5-12

编号	找矿靶区名称	地理位置	找矿靶区类别	预测类型	预测资源量/×10⁴ t	查明资源量/×10⁴ t	预测资源量/×10⁴ t	找矿靶区综合简评
FeZB-17	铁岭一号	鄯善县	A	岩浆热液型	3071	1575	1496	海西中晚期大量花岗岩侵入,在阿奇山地区形成与火山-侵入作用有关的多成因多铁铜矿床。铁岭I号铁矿床是其中规模相对较大的一个。有3处甲类航磁异常点,处于1:20万弱磁异常西部;有中型和小型岩浆热液型铁矿床各1处。铁岭I号铁矿位于背斜南翼次级向斜构造中,含矿地质体为石炭纪钾长花岗岩侵入体。在长5000m,宽700m范围内,共圈定89个矿体,较大矿体17个,其中4个大矿体,长500~700m,平均厚度6.9~14.8m,深400m。矿体沿走向有分枝、复合、膨胀和收缩变化,有成带展布和成群集中的现象。经评查提交铁矿石综合评价(332+333)1535.4万t,为中型铁矿。该找矿靶区经综合评价结果显示,找矿靶区预测总资源量达3152.64万t,除已探明资源量1600多万吨的资源量提升空间,尚有1600多万吨的资源量提升空间。综合预测认为,该区具有较好的找矿前景。铁岭矿区深部(控制深度在400m以浅)及外延地段,若加强勘查工作,扩大资源储量的潜力极大。类似的找矿靶区还有双井子、路驼峰铁矿东南等7处找矿靶区
FeZB-19	鄯善县北带40号	鄯善县	A	海相火山岩型	7185	18	7168	含矿地质体为下石炭统雅满苏组中基性火山岩建造;有小型火山岩型铁矿床1处;具有明显的化探和遥感异常带;磁异常明显,有甲类磁异常点3处,乙类航磁异常点6处
FeZB-20	彩虹山	鄯善县	A	海相火山岩型	5448	36	5412	含矿地质体为上石炭统土古土布拉克组中酸性火山岩建造;具有化探和遥感异常特征及中等强度的航磁异常(200~500nT);有中型和小型火山岩型铁矿床1处
FeZB-24	百灵山	鄯善县	A	海相火山岩型	4899	1346	3554	含矿地质体为上石炭统土古土布拉克组中酸性火山岩建造与四周花岗岩体内接触带,具有遥感异常特征和中等强度的航磁异常(500nT);有中型和小型火山岩型铁矿床各1处

续表 5-12

编号	找矿靶区名称	地理位置	找矿靶区类别	预测类型	预测资源量/$\times 10^4$ t	查明资源量/$\times 10^4$ t	预测资源量/$\times 10^4$ t	找矿靶区综合简评
FeZB-25	多头山	鄯善县	A	海相火山岩型	6729	226	6503	含矿地质体为上石炭统土古土布拉克组中酸性火山岩建造；具有遥感和化探异常特征及弱的航磁异常，包含 1 个乙类磁异常点；有小型火山岩型铁矿床 1 处
FeZB-26	红铁山	鄯善县	A	海相沉积型	3118	17	3101	含矿地质体为上石炭统土古土布拉克组中酸性火山岩建造；具有遥感异常和中等航磁异常(500nT)特征，包含 1 处甲类磁异常点；有小型海相沉积型铁矿床 1 处
FeZB-27	黑尖山	鄯善县	A	海相火山岩型	5218	2197	3020	含矿地质体为上石炭统土古土布拉克组中酸性火山岩建造；具有遥感、化探异常和航磁异常特征，磁异常包含 4 处甲类磁异常点；有小型海相火山岩型铁矿床 5 处、中型海相沉积型铁矿床 1 处；靶区内分布有火山口 1 处
FeZB-29	骆驼峰	鄯善县	A	海相火山岩型	4868	284	4584	含矿地质体为下石炭统雅满苏组中基性火山岩建造；有中型和小型火山岩型铁矿床各 1 处；具有明显的化探和遥感异常；磁异常明显，有甲类磁异常点 2 处
FeZB-30		哈密市	A	岩浆热液型	1236		1236	含矿地质体为二叠纪中酸性岩体(二长花岗岩)；具有明显的化探和遥感异常；磁异常明显，有甲类磁异常点 1 处，乙类磁异常点 1 处。有小型岩浆热液型铁矿床和铁矿点 1 处
FeZB-31		哈密市	B	海相火山岩型	935		935	含矿地质体为上石炭统土古土布拉克组中酸性火山岩建造；有遥感和航磁异常特征，磁异常包含 1 处甲类磁异常点；靶区内分布有火山口 2 处
FeZB-33	967 高地	哈密市	B	海相沉积型	4218	10	4208	含矿地质体为下石炭统干墩组碎屑岩建造；具有铁锰累加化探异常显示；航磁异常较为明显，其中甲类磁异常 1 个，乙类磁异常点 1 个，矿化点 1 处。热液型矿点 1 处；靶区位于重力推断酸性侵入岩体西端

续表 5-12

编号	找矿靶区名称	地理位置	找矿靶区类别	预测类型	预测资源量/×10⁴ t	查明资源量/×10⁴ t	预测资源量/×10⁴ t	找矿靶区综合简评
FeZB-34	967高地东南	哈密市	B	海相沉积型	2441		2441	含矿地质体为上石炭统梧桐窝子组中基性火山岩建造;靶区有沉积型菱铁矿显示,有沉积型菱铁矿化探异常显示,化探异常显著,矿点1处
FeZB-35	950高地	哈密市	B	海相沉积型	1829		1829	含矿地质体为下石炭统雅满苏组中基性火山岩建造;靶区内有沉积型菱铁矿矿点,矿化点各1处;具有较为明显的遥感异常特征,成矿地质条件有利,处于重力推断构造交会部位
FeZB-38	黑山	哈密市	B	海相火山岩型	1495		1495	含矿地质体为上石炭统梧桐窝子组中基性火山岩建造;靶区有化探异常和大于200nT的航磁异常显示,有海相火山岩型铁矿点1处。靶区处于重力推断断裂交会部位,成矿地质条件有利
FeZB-39	疏纳诺尔	哈密市	B	海相沉积型	3137		3137	含矿地质体为上石炭统干墩组碎屑岩建造;靶区内有沉积型铁矿矿点,矿化点各1处;有较强的铁锰累加化探异常,浓度分带特征明显
FeZB-41	黄岗南	哈密市	B	海相火山岩型	2291		2291	含矿地质体为下石炭统土古土布拉克组中基性火山岩建造;靶区内有较为明显的铁锰累加异常,有相似火山岩型铁矿化点1处
FeZB-44	库姆塔格	哈密市	A	海相沉积型	3265	1174	2091	含矿地质体为下石炭统土古土布拉克组中基性火山岩建造;靶区内有较为明显的铁锰累加异常特征;遥感异常特征较为明显,有大型海相沉积型菱铁矿床1处,有沉积型钒钛磁铁矿矿点1处(古砂矿)和海相火山岩型铁矿点3处
FeZB-45	1113.4高地	哈密市	B	海相沉积型	2836		2836	含矿地质体为下石炭统雅满苏组中基性火山岩建造;靶区内有较为明显的1:20万航磁异常(>200nT)和乙类航磁异常3处;有化探铁锰累加异常及遥感异常显示(化)点6处,其中海相沉积型菱铁矿(化)点3处,沉积型钒钛磁铁矿3处(古砂矿)

续表 5-12

编号	找矿靶区名称	地理位置	找矿靶区类别	预测类型	预测资源量/×10⁴t	查明资源量/×10⁴t	预测资源量/×10⁴t	找矿靶区综合简评
FeZB-46		哈密市	B	岩浆热液型	1127		1127	含矿地质体为下二叠统阿奇克布拉克组中基性火山岩建造；区内有较为明显的铁锰累加化探异常，异常浓集中心明显。有热液型铁矿点1处
FeZB-50		哈密市	B	海相沉积型	4754		4754	含矿地质体为下石炭统雅满苏组中基性火山岩建造；靶区内有较为明显的1:20万航磁异常（>200nT）；有化探铁锰累加异常，遥感异常和重砂异常显示；有海相沉积型菱铁矿及遥感异常显示；靶区位于雅满苏铁矿床1处
FeZB-51	雅满苏	哈密市	A	海相火山岩型	5631	3370	2261	含矿地质体为下石炭统雅满苏组中基性火山岩建造；靶区内有较为明显的1:20万航磁异常（>200nT）；有化探铁锰累加异常，遥感异常显示；有中型海相火山岩型铁矿床，矿点各1处
FeZB-52	翠岭西	哈密市	A	海相火山岩型	6069	33	6035	含矿地质体为下石炭统雅满苏组中基性火山岩建造；靶区内有化探铁锰累加异常；有航磁甲类异常2个，有小型海相火山岩型铁矿点2处
FeZB-53		哈密市	B	岩浆热液型	1028		1028	含矿地质体为下石炭统雅满苏组中基性火山岩建造；靶区内有较为明显的1:20万航磁异常（>200nT）；有航磁乙类异常和遥感异常显示；推测中酸性岩体北侧。有热液型铁矿异常点2处，沉积型铁矿点1处
FeZB-55	景峡	哈密市	B	海相火山岩型	2113		2113	含矿地质体为下石炭统雅满苏组中基性火山岩建造；靶区内有较为明显的1:20万航磁异常（>200nT）；有化探铁锰累加异常，遥感异常显示；有火山岩型铁矿点1处，热液型铁矿点1处，靶区处于重力推断中基性岩体西侧构造交汇部位，成矿条件十分有利
FeZB-56	苦水	哈密市	B	海相火山岩型	1086	54	1032	含矿地质体为下石炭统雅满苏组中基性火山岩建造；靶区内有较为明显的1:20万航磁异常（>200nT）；有化探铁锰累加异常，遥感异常显示；有乙类航磁异常点1个，火山岩型铁矿点2处，沉积型铁矿点1处

第五章 预测评价

续表 5-12

编号	找矿靶区名称	地理位置	找矿靶区类别	预测类型	预测资源量/×10⁴ t	查明资源量/×10⁴ t	预测资源量/×10⁴ t	找矿靶区综合简评
FeZB-61	鱼峰	哈密市	A	海相沉积型	1965	219	1745	含矿地质体为下石炭统雅满苏组中基性火山岩建造;靶区内有较为明显的1:20万航磁异常,遥感异常显示;有甲类航磁异常,乙类航磁异常点2个,小型沉积型菱铁矿床1处
FeZB-63	黑峰山	哈密市	A	海相火山岩型	2287	112	2175	含矿地质体为下石炭统雅满苏组中基性火山岩建造;靶区内有较为明显的1:20万航磁异常显示;有化探铁锰累加异常,遥感异常显示;有海相火山岩型铁矿点1个。靶区处于重力推测中基性岩体东侧
FeZB-64	双峰山	哈密市	B	海相火山岩型	2930	196	2734	含矿地质体为下石炭统雅满苏组中基性火山岩建造;靶区内有较为明显的1:20万航磁异常显示;有化探铁锰累加异常,遥感异常显示;有海相火山岩型铁矿点3个,热液型铁矿点3处,海相火山岩型铁矿点1处
FeZB-65	沙泉子	哈密市	A	海相火山岩型	6358	174	6184	含矿地质体为下石炭统雅满苏组中基性火山岩建造;靶区内有较为明显的1:20万航磁异常(>200nT);有化探铁锰累加异常点1个。有小型海相重力推测于小型海相沉积型铁矿1处。靶区位于重力推测于海相沉积型铁矿东侧
FeZB-66	白水井	哈密市	A	海相火山岩型	1662	86	1576	含矿地质体为下石炭统雅满苏组中基性火山岩建造;靶区内有较为明显的1:20万航磁异常点1个;有遥感异常显示;有甲类航磁异常,有小型海相火山岩型铁矿床1处。靶区处于重力推断中基性岩体东侧
FeZB-67	梧桐大泉	哈密市	B	海相火山岩型	2545		2545	含矿地质体为下石炭统雅满苏组中基性火山岩建造;靶区内有较为明显的1:20万航磁异常点1个;有甲类航磁异常点1个,有遥感异常显示点4处

续表 5-12

编号	找矿靶区名称	地理位置	找矿靶区类别	预测类型	预测资源量/×10⁴t	查明资源量/×10⁴t	预测资源量/×10⁴t	找矿靶区综合简评
FeZB-68	双井子	哈密市	A	岩浆热液型	2466	153	2313	含矿地质体为下石炭统雅满苏组中基性火山岩建造,处于重力推断中基性岩体东侧。区内有较为明显的1:20万航磁异常(>200nT),有遥感异常显示。有甲类航磁异常点4个,有热液型铁矿点1处
FeZB-69	坡子泉	哈密市	A	海相火山岩型	3583	705	2878	含矿地质体为下石炭统雅满苏组中基性火山岩建造;靶区内有较为明显的1:20万航磁异常(>200nT);有遥感异常显示;有甲类航磁异常点1个,有小型海相火山岩型铁矿床1处
FeZB-71	白山泉	哈密市	A	海相火山岩型	7019		7019	含矿地质体为下石炭统雅满苏组中基性火山岩建造;有中型相火山岩型铁矿床和矿点各1处
FeZB-77	梧桐沟	鄯善县	A	海相沉积型	11 052	5437	5615	出露地层为下泥盆统阿尔彼什麦布拉克组云母石英片岩和大理岩建造,处于东西向断裂南北向断裂交会处。找矿靶区内见有航磁三级异常、甲乙类航磁异常点十余处,遥感铁染异常较弱,找矿靶区内见有11处矿床点、中型1处、小型1处、矿点4处、化点5处
FeZB-78		鄯善县	B	沉积变质型	12 250		12 250	含矿地质体为下中志留统又口组砂岩和大理岩建造,区内有甲类航磁异常点1处、乙类异常7处、遥感铁染2级异常、有8处矿床点、矿化点5处、矿化点3处
FeZB-79	尖山	鄯善县	A	沉积变质型	5709	2067	3642	含矿地质体为星星岩群富铝岩片麻岩建造。区内有航磁类异常明显,有航磁类异常点2处乙类异常点9处,铁锰累加异常浓集中心一处,遥感铁染异常较弱,有3处矿床点、中型1处、矿点1处
FeZB-83	1366高地北西	鄯善县	B	海相沉积型	4482	58	4424	出露地层为中泥盆统阿尔明组长石石英砂岩-岩屑石英砂岩互层建造,找矿靶区内大于200nT磁测等值线分布于中西部,重力异常分布在东部和西部,找矿靶区内见有8处矿点,6处矿化点

续表 5-12

编号	找矿靶区名称	地理位置	找矿靶区类别	预测类型	预测资源量/×10⁴t	查明资源量/×10⁴t	预测资源量/×10⁴t	找矿靶区综合简评
FeZB-85	阿拉塔格	哈密市	A	矽卡岩型	905	622	283	出露地层为长城系星星峡岩群板岩-大理岩建造，侵入岩为泥盆纪二长花岗岩，韧性剪切带发育，找矿靶区位于重力异常浓集中心，大于200nT航磁异常等值线分布于东北角，2处航磁甲类异常点，西北部见有遥感铁染2级异常，有接触交代型中型矿床1处，小型1处，矿点14处
FeZB-86	库姆塔格 M203	哈密市	B	岩浆热液型	308	56	251	出露地层为长城系星星峡岩群板岩-大理岩建造，有石炭纪花岗闪长岩、二长花岗岩等，西北角见有韧性剪切带。区内见有甲类异常点1处，东部有化探异常2处浓度分带，区内见有热液型矿化点3处，矿化点1处
FeZB-87	路白山	哈密市	B	岩浆型	7107	5185	1921	出露地层为长城系星星峡岩群板岩-大理岩建造，震旦纪花岗长岩、二长花岗岩等局部出露。西北角见有韧性剪切带，石炭纪岩浆岩分布较集中，大于200nT航磁等值线分布较集中，且位于重力异常集中心
FeZB-88	库姆塔格一号	哈密市	B	矽卡岩型	302	28	275	出露地层为长城系星星峡岩群板岩-大理岩建造，下石炭统甘草湖组复成分砂砾岩，石炭纪花岗闪长岩、二长花岗岩局部出露，位于那拉提红柳河缝合带南侧，大于200nT航磁等值线分布于那拉提红柳河等浓集中心，且位于异常稀少，接触交代型矿点1处
FeZB-89	1068 南西	哈密市	B	矽卡岩型	391		391	出露地层为长城系星星峡岩群板岩-大理岩建造，泥盆纪花岗岩、二长花岗岩局部出露，位于那拉提红柳河缝合带南侧，大于200nT航磁等值线分布浓集中心，且位于异常浓集中心，化探异常浓集中心，3处接触交代型矿点，1处岩浆型矿点
FeZB-90	愚山	哈密市	B	沉积变质型	14 653	339	14 314	含矿地质体为长城系星星峡岩群板岩-大理岩建造，有小型沉积变质型矿床1处，位于重力异常边缘，有2处甲类航磁异常点，2处乙类航磁异常点；化探异常点，矿点4处

续表 5-12

编号	找矿靶区名称	地理位置	找矿靶区类别	预测类型	预测资源量/×10⁴ t	查明资源量/×10⁴ t	预测资源量/×10⁴ t	找矿靶区综合简评
FeZB-93	尾亚	哈密市	A	岩浆型	9862		9862	该区处于卡瓦布拉克-星星峡缝合带东北部边缘，地质构造复杂，岩浆活动强烈，铁矿主要赋存于晚二叠世的辉长岩岩体中。其中有较为明显的航磁异常（大于200nT），甲、乙类航磁异常零星分布；有中型岩浆岩型铁矿床1处，矿点2处，遥感铁染异常星分布；有中型岩浆岩型铁矿床1处，面积约1.65km²。尾亚铁矿区长3.3km，宽0.25~0.8km，为中型铁矿。经勘查提交铁矿石储量（332+333）3287.30万t，为中型铁矿。经综合评价结果显示，找矿靶区预测总资源量达8875.71万t，除已探明储量外，尚有6574.60万t的资源量提升空间。该区铁矿主要赋存于那拉提红柳河缝合带的三叠纪辉长岩中，有明显的航磁异常带和航磁异常点对应，并有推叠断基性岩体存在。综合预测认为，在尾亚铁矿区深部及推断的断裂基性岩体分布地段，仍具有提高资源储量潜力的远景
FeZB-94	木头井南	哈密市	B	岩浆热液型	333		333	出露地层为长城系星星峡岩群板岩-大理岩建造，有石英岩、泥盆纪二长花岗岩，大于200nT航磁异常分布在南部，面积较大且分带明显。区内见有2处热液型矿点
FeZB-97	天湖	哈密市	A	沉积变质型	20101	5563	14538	该区处于卡瓦布拉克-星星峡缝合带东部，地质构造复杂变质作用强烈。铁矿主要赋存于星星峡岩群片岩夹天湖岩群大理岩建造，铁质来源与古陆剥蚀关系密切。其中有较为明显的航磁异常（大于200nT），甲、乙类航磁异常零星各1处，东部见有重力异常，遥感铁染异常零星分布；有大型沉积变质型铁矿床1处。天湖铁矿区有10个矿体，均赋存于一套以白云石大理岩、石英岩为主的岩系中。多呈似层状或大透镜体状产出，产状较严格受含矿层段性控制。其中1号矿体规模最大，长3600m以上，分上、中、下3个矿层，单层厚度2~10m，最大厚度24.56m，距地表埋深200~1000m。经综合评价结果显示，除已探明资源量外，找矿靶区预测总资源量达20101.03万t，找矿靶区预测显示，尚有14034.53万t

第五章　预测评价

续表 5-12

编号	找矿靶区名称	地理位置	找矿靶区类别	预测类型	预测资源量/$\times 10^4$ t	查明资源量/$\times 10^4$ t	预测资源量/$\times 10^4$ t	找矿靶区综合简评
FeZB-97	天湖	哈密市	A	沉积变质型	20 101	5563	14 538	的资源量提升空间。该区铁矿主要赋存层位溥沱系天湖岩群片岩夹大理岩建造中，赋矿层原岩为一套富铁变质陆源-泥质-碳酸盐沉积岩系，为古元古代时期的浅海盆地相对稳定、含铁含硅火山含铁丰富的碎屑经变质而成，含矿层位相对应，并极为有利的找矿区段，深部有物探推断岩体存在，是极为有异常和航磁异常点对应，在天湖铁矿区深部及西延伸段的预测认为，综合预测储量仍具有扩大资源储量的潜力
FeZB-98	天湖东	哈密市	B	海相沉积型	2868	117	2751	出露地层为破城山组硅质板岩建造，硅质板岩-砂岩建造。找矿靶区内乙类航磁异常点4处，西北部见有重力异常，找矿靶区见有沉积型、沉积变质型和热液型矿点共10处，沉积变质型矿化点1处
FeZB-101	库米什10号黄石山南	托克逊县	B	海相沉积型	1866		1866	所在地层为阿拉塔格组（生物屑灰岩-大理岩-钙质片岩建造），航磁异常、化探异常及遥感异常均有反映。为找矿靶区内库米什10号黄石山南铁矿，库米什1 596,1高地铁矿1447高地铁矿。已有矿产：托克逊县库米什10号黄石山南铁矿
FeZB-106	切改蒙古斯	托克逊县	B	海相沉积型	135	45	91	出露地层为下泥盆统阿尔皮什麦布拉克组黑云母石英片岩-大理岩建造，泥盆纪英云闪长岩，已评价有切改蒙古斯、甘草湖铁矿产地，交通条件和经济技术开发条件一般
FeZB-107	红柳河	哈密市	B	岩浆型	13		13	出露地层为泥盆系三个井组陆源碎屑浊积岩建造，侵入岩有石炭系二长花岗岩，羟基异常三级异常发育，发育岩浆型钒钛铁矿化点1处

表 5-13 东天山地区铜矿找矿靶区特征一览表

编号	找矿靶区名称	地理位置	找矿靶区类别	预测类型	预测总资源量/×10⁴ t	查明资源量/×10⁴ t	预测资源量/×10⁴ t	找矿靶区综合简评
CuZB-1	巴什达坂	哈密市	B	岩浆热液型	18 048		18 048	出露中上奥陶统大柳沟组安山岩-凝灰岩-长石石英片岩建造，发育晚石炭世二长花岗岩，呈岩基状产出，已发现有巴什达坂铁铜矿，交通和经济技术开发条件一般
CuZB-2	小铺	哈密市	B	岩浆热液型	8489		8489	出露中上奥陶统大柳沟组玄武岩-凝灰岩-长石石英片岩建造，侵入岩发育，晚志留世花岗闪长岩、石英闪长岩，发现有小铺铜矿点，交通和经济技术开发条件一般
CuZB-3	小石头泉	哈密市	A	海相火山岩型	136 071	905	135 166	出露下石炭统七角井组块状凝灰岩-砾岩-凝灰质砂岩建造，发育晚石炭世二长花岗岩岩基，具有铜异常，已发现有小石头泉、铜山等矿产地，交通、经济技术开发条件一般
CuZB-4	玉带	哈密市	B	海相火山岩型	586 557		586 557	出露地层为中下奥陶统且干布拉克组安山岩-玄武岩-英安岩建造，处于东西向断裂和南北向断裂交会处，找矿靶区内见有Cu元素异常、航磁异常和重力异常，找矿靶区内有2处铜矿点
CuZB-5	红山	哈密市	B	海相火山岩型	525 522		525 522	出露地层为中下奥陶统且干布拉克组和下泥盆统大南湖组，主要岩性为安山岩-玄武岩-英安岩建造，东西向断裂发育，矿靶区内见有Cu元素异常、航磁异常和重力异常，找矿靶区内有2处矿点（红山、东二区铜矿点）
CuZB-6	黄土坡	哈密市	A	海相火山岩型	749 024	187 708	561 316	出露地层为中下奥陶统且干布拉克组和下泥盆统大南湖组，主要岩性为安山岩-玄武岩-英安岩建造，东西向断裂发育，找矿靶区内见有Cu元素三级异常浓集中心、航磁异常和重力异常，找矿靶区内有1处中型铜矿即黄土坡铜矿，4处铜矿点，包括梅岭、红石、AP9、沙尔湖铜矿点
CuZB-12	库木	鄯善县	B	海相火山岩型	265 449		265 449	含矿地质体为下石炭统小热泉子组；有海相火山岩型铜异常突出；铜矿点1处

第五章 预测评价

续表 5-13

编号	找矿靶区名称	地理位置	找矿靶区类别	预测类型	预测总资源量/×10⁴t	查明资源量/×10⁴t	预测资源量/×10⁴t	找矿靶区综合简评
CuZB-14	克南	鄯善县	B	海相火山岩型	39 955		39 955	含矿地质体为下石炭统小热泉子组火山岩建造;有克南铜矿化点1处
CuZB-18	小热泉子	鄯善县	A	海相火山岩型	272 690	221 853	50 837	含矿地质体为下石炭统小热泉子组中酸性火山岩建造;具有中型中酸性火山岩型铜矿床各1处
CuZB-23	雅勒伯克岩体群	鄯善县	B	岩浆型	11 422		11 422	包括雅勒伯克岩体和东南的两条辉长岩岩脉。雅勒伯克岩体由二辉橄榄岩、含角闪石橄榄辉长岩、含黑云母辉长岩、辉长闪长岩组成。环状辉石闪长岩中央是晚期演化产物花岗闪长岩和二长花岗岩。雅勒伯克岩体普遍发育葡萄石、弱绿泥石、纤闪云母化、绢云母化、泥化,特征变质矿物为葡萄石、橄榄石蛇纹石化、辉石保存完好
CuZB-24	路北岩体群	鄯善县	A	岩浆型	261 730		261 730	出露路北两个含矿岩体,路北Ⅱ号岩体等9个岩体。路北Ⅰ号岩体岩性有橄榄岩、含角闪石橄榄岩、橄榄辉石岩、辉石岩、二辉岩、含角闪石辉石岩、辉长岩;路北Ⅱ号岩体岩性有橄榄岩、橄辉岩、辉石岩、斜方辉石岩、含重晶石岩、重晶石与磁黄铁矿、镍黄铁矿并存,云海阴长岩闪长岩就是从石英闪长岩中识别出来。蚀变有蛇纹石化、伊丁石化、滑石化、绿泥石化、阳起石化、黄铁矿、铜矿和紫硫镍矿
CuZB-25	恰特卡尔岩体群	鄯善县	A	岩浆型	1 193 360		1 193 360	位于恰特卡尔东南的康古尔塔格断裂带,超基性岩集中,硫化物普遍可见,岩石异常硫含量最多,以辉石岩为主体的岩群,围岩具有明显角岩化。康古尔塔格断裂构造的控制作用明显。岩石类型主要有蛇纹岩、橄榄岩、含橄榄石长岩、单辉橄岩、橄辉岩、二辉辉石岩、透辉石岩、含橄榄石角闪辉长岩、辉石角闪辉长岩、苏长岩、辉石角闪磁黄铁矿、镍黄铁矿、黄铜矿、红砷镍矿、金属矿物有磁黄铁矿、镍黄铁矿、黄铜矿、红砷镍矿、针镍矿等。在白梁山岩实施验证孔一个,孔内黄铜矿化、铁矿、镍黄铁矿化普遍

续表 5-13

编号	找矿靶区名称	地理位置	找矿靶区类别	预测类型	预测总资源量/×10⁴ t	查明资源量/×10⁴ t	预测资源量/×10⁴ t	找矿靶区综合简评
CuZB-27	海豹滩岩体群	鄯善县	A	岩浆型	736 064		736 064	海豹滩岩群位于土屋西北,大草滩断裂北,以基性岩为主,呈北西西向延伸,长48km,有大小岩体20个,具有超基性岩端元成分的岩体3个,橄榄辉长岩角闪辉长岩体1个,辉长岩4个,辉绿岩12个,3个超基性端元的岩体中2个已见矿,在白鑫滩西铜镍矿点发现隐伏超基性岩。该岩群以海豹滩37号,勾权山(原39号)岩体最为典型,两者岩体结构也类似,面积分别为7.2 km²和0.8km²。勾权山岩体超基性岩位于中部,基性岩位于边部
CuZB-28	乱石滩岩体群	鄯善县	B	岩浆型	167 523		167 523	乱石滩岩群由3个基性岩体构成,总面积6.87km²,位于康古尔塔格断裂北部。岩体东部、西部被石炭纪花岗闪长岩接触,北部和南部侵入到石炭系中,西部被依罗苏系不整合覆盖。岩石类型有橄榄辉长岩、辉长苏长岩、辉长岩、辉绿岩、辉长辉绿岩,辉长岩中见辉绿岩捕房体。蚀变有阴起石化和绿泥石化
CuZB-30	齐石滩岩体群	鄯善县	B	岩浆型	35 069		35 069	齐石滩岩群处于秋格明塔什剪切带内,在齐石滩一带构成近东西向延伸,以辉长岩为主的岩群。该岩群由13个岩体组成,出露面积1km²。小黑包(原27号)等岩体长400m～1.6km,宽数十米至200m的透镜状,侵入石炭系苦水组地层中,岩体长辅方向与韧性剪切带方向一致。围岩蚀变较弱,仅具暗化现象。岩石类型主要有辉长岩、角闪辉长岩、辉长玢岩、辉绿岩。齐石滩北岩体中可见斜长花岗岩及辉长岩与斜长花岗岩的混染体
CuZB-32	克孜尔岩体群	鄯善县	B	岩浆型	7334		7334	超基性岩体围绕克孜尔岩群分布,构成克孜尔岩群、构造位置处于秋格尔塔格断裂西南的秋格明塔什剪切带中,该岩群目前没有发现超基性岩。小黄包岩体长约150m,宽20m,位于克

续表 5-13

编号	找矿靶区名称	地理位置	找矿靶区类别	预测类型	预测总资源量/×10⁴ t	查明资源量/×10⁴ t	预测资源量/×10⁴ t	找矿靶区综合简评
CuZB-32	克孜尔岩体群	鄯善县	B	岩浆型	7334		7334	孜尔岩体西南干墩组中,其产状与围岩面理产状一致,两侧围岩为糜棱状透辉石长石角岩,边界清,岩性为辉石橄榄岩。此外,在黑山岩体与红岭岩体之间,在铬镍钻异常采集到阴起孜尔岩,根据矿物形态推测为辉石岩;铬镍钻的化探异常围绕孜尔岩体分布,小黄包岩体西北辉石角岩普遍存在。因此,沿孜尔岩体周边发现更多超基性岩
CuZB-33	红柳沟岩体群	鄯善县	B	岩浆型	65 723		65 723	红柳沟岩群位于雅满苏断裂与百灵山岩体之间,侵入地层为下石炭统雅满苏组第三岩性段凝灰岩,凝灰质砂岩,灰岩。侵入体边部普遍具绿泥岩、绿帘石化,砂卡岩化。局部为砂卡岩化,见有透灰石砂卡岩中有铅锌矿化。目前仅发现红柳沟一个岩体,属辉长岩、石英闪长岩、二长闪长岩和二长花岗岩演化系列中的基性单元组分。该岩体另一重要特征是与百灵山岩体接触带,新疆鄯善县灵北地区 1:5 万区域地质调查发现了橄榄辉长岩。岩石类型为深灰色角闪辉长岩
CuZB-35	黑白山岩体群	鄯善县	B	岩浆型	69 722		69 722	黑白山岩群位于阿其克库都克断裂南侧,由黑白山、横形梁两个岩体组成,区内及周边辉石闪长岩分布范围较广。黑白山、横形梁岩体就是在前人辉石闪长岩中识别出来的。黑白山岩体围岩为青白口系库什合岩群。包括 3 个露头:南部的橄榄岩、中部的辉石岩—辉长岩—闪长岩和西北部的辉长岩。横形梁岩体位于黑白山岩体东南部,南侧有蓟县纪地层,北侧与海西早期中性岩体接触。岩石类型有橄榄辉石岩、黑云橄榄辉长岩和角闪岩。岩石蚀变有伊丁石化、阴起石化、黝帘石化、绿泥石化

续表 5-13

编号	找矿靶区名称	地理位置	找矿靶区类别	预测类型	预测总资源量/$\times 10^4$ t	查明资源量/$\times 10^4$ t	预测资源量/$\times 10^4$ t	找矿靶区综合简评
CuZB-36	白顶山岩体群	鄯善县	B	岩浆型	79 303		79 303	白顶山岩群位于阿其克库都克断裂与卡瓦布拉克断裂交会构成的锐角区，由白顶山两个杂岩体构成，岩相复杂，两者之间原人圈定规模较小的两个岩体，岩体被海西中晚期第二侵入次红色次灰色花岗闪长岩和海西晚期第二侵入石英闪长岩脉穿切。同时被中生代侏罗纪地层超覆。前人原岩体鉴别出的岩石类型有蛇纹石化橄榄岩、角闪石化二辉橄榄岩、橄榄辉长岩、角闪辉长岩粉岩和细粒二辉闪长岩。岩石蚀变有蛇纹石化、绿泥石化、绢云母化
CuZB-38	黄碱滩岩体群	哈密市	B	岩浆型	39 732		39 732	黄碱滩为新元古代辉长岩、闪长岩和辉绿岩、强阴起石化
CuZB-40	翠岭	哈密市	B	斑岩型	409 861		409 861	位于Ⅴ-1翠岭-红岭 Cu,Au 成矿远景区西部，统底格尔组，有化探 Cu,Mo 异常、物探航磁异常及遥感蚀变异常。已有矿产：翠岭铜矿点
CuZB-43	福兴	哈密市	A	斑岩型	985 893	175 374	810 519	位于Ⅴ-2土屋-延东 Cu,Mo 成矿远景区上石炭统脏山组，有化探 Cu 异常、物探航磁异常及遥感蚀变异常。已有矿产：福兴铜矿点
CuZB-44	土屋延东	哈密市	A	斑岩型	10 152 312	4 621 128	5 531 184	位于Ⅴ-2土屋-延东 Cu 异常远景区，地层为上石炭统脏山组，有化探 Cu 异常、物探航磁异常及遥感蚀变异常。面积37.20 km²，找矿靶区排序 A。已有矿产：土屋铜矿、延东铜矿
CuZB-45	赤湖	哈密市	B	斑岩型	385 242		385 242	位于Ⅴ-3灵龙-赤湖 Cu(Mo) 成矿远景区东部，地层为上石炭统脏山组，有化探 Cu,Mo 异常、物探航磁异常及遥感蚀变异常。已有矿产：灵龙铜矿点、赤湖铜钼矿点
CuZB-46	南湖戈壁	鄯善县	A	斑岩型	2 544 193		2 544 193	出露下石炭统小热泉子组一套中酸性火山岩、火山碎屑岩建造，被斜长花岗岩、二长花岗岩、正长花岗岩、石英二长闪长岩侵入，少量中二叠世辉长岩。具有较好的铜异常，已发现南湖戈壁铜矿床，交通和经济技术开发条件较好

续表 5-13

编号	找矿靶区名称	地理位置	找矿靶区类别	预测类型	预测总资源量/×10⁴t	查明资源量/×10⁴t	预测资源量/×10⁴t	找矿靶区综合简评
CuZB-47	黑山南	哈密市	B	斑岩型	155 579		155 579	出露下—中奥陶统格干布拉组安山岩-玄武岩-英安岩建造,发育晚石炭世石英闪长岩、二长花岗岩,具有一定的铜异常,已发现有黑山南铜矿点,交通和经济技术开发条件较好
CuZB-48	灵龙	哈密市	B	斑岩型	268 341		268 341	出露上石炭统脐山组凝灰岩-砂岩-玄武安山岩建造,发育晚石炭世花岗闪长岩,具有铜异常,交通和经济技术开发条件较好
CuZB-49	笑出山	哈密市	A	斑岩型	404 641	1086	403 555	出露下泥盆统大南湖组细砂岩-凝灰质砂岩-灰岩透镜体建造,发育晚泥盆世花岗闪长岩、二长花岗岩,呈岩株状产出,具有铜异常,已发现有笑出山铜铁矿床,交通和经济技术开发条件较好
CuZB-50	大南湖乡	哈密市	B	海相火山岩型	196 630		196 630	出露下泥盆统大南湖组辉长岩-安山玢岩-凝灰角砾岩建造,遥感呈明显环形特征,具有铜异常,已发现有大南湖乡铜矿点,交通和经济技术开发条件一般
CuZB-51	三岔口	哈密市	A	斑岩型	1 853 147	399 120	1 454 027	出露下石炭统石英角斑岩或斑质凝灰岩、晶屑凝灰岩、凝灰岩等,侵入岩极为发育,岩性为石英闪长岩和黑云母花岗岩体、石英闪长玢岩与矿化关系密切,是铜矿化的直接容矿岩石或围岩,地表蚀变以钠长石化、绿泥石化、绿泥石化局部有绢云母化、硅化、褐铁矿化、高岭土化等蚀变,局部后期叠加也很明显,深部矿体的岩解化、黄铁矿化、黄铁矿化非常发育,已发现有王海、三岔口、三岔口西矿段 3 个铜矿床,交通和经济技术开发条件好
CuZB-52	头苏泉	哈密市	B	海相火山岩型	51 176		51 176	出露下泥盆统大南湖组霏细岩-细碧岩-安山玢岩建造,具有弱的铜异常,已发现有头苏泉铜矿点,交通和经济技术开发条件较好

续表 5-13

编号	找矿靶区名称	地理位置	找矿靶区类别	预测类型	预测总资源量/×10⁴ t	查明资源量/×10⁴ t	预测资源量/×10⁴ t	找矿靶区综合简评
CuZB-55	土墩	哈密市	A	岩浆型	203 687	19 148	184 539	区内地层出露以下石炭统干墩组火山碎屑、沉积岩建造为主，中北部有中二叠世石英闪长岩出露，石英闪长岩出露。有较弱的铜异常，位于中二叠世1:25万30km剩余重力梯度带上。1:25万航磁化极对应为椭圆形正磁异常中。区内见有土墩铜矿床，具有进一步寻找该种矿床的潜力
CuZB-56	黄山	哈密市	A	岩浆型	520 271	208 300	311 971	区内地层出露以下石炭统梧桐窝子组蛇绿混杂岩建造为主，有早二叠世闪长岩、二长花岗岩出露。沿断裂见早二叠世基性—超基性岩出露。见有较好的铜、钴异常，微弱的镍异常、异常套合较好，位于1:25万30km剩余重力梯度带上。1:25万航磁化极对应为椭圆形正磁异常中。区内见有黄山、香山等铜镍矿床，具有进一步寻找铜镍矿床的潜力
CuZB-57	黄山东	哈密市	A	岩浆型	210 555	198 378	12 177	区内地层出露以中石炭统梧桐窝组火山碎屑、沉积岩出露。下石炭统干墩组火山碎屑、沉积岩出露。有铜、钴异常，微弱的镍异常、辉长岩、早二叠世基性—超基性岩建造见早二叠世基性—超基性岩。1:25万30km剩余重力梯度带上，1:25万航磁化极对应为椭圆形正磁异常中。区内见有黄山东、黄山南等铜镍矿床，具有进一步寻找铜镍矿床的潜力
CuZB-61	葫芦	哈密市	A	岩浆型	502 599	27 834	474 765	区内地层零星出露长城系星星峡岩群为主，侵入岩较为发育，主要有早古志留世闪长岩、早石炭世闪长岩、辉长岩，早二叠世二长花岗岩、早二叠世基性—超基性岩出露。见有较好的铜异常，微弱的钴异常，1:25万航磁化极对应为椭圆形磁异常中。异常带上，1:25万30km剩余重力磁异常点，具有进一步找铜镍矿床的潜力。葫芦、鸭子泉北山等岩浆熔离型铜镍矿床的潜力

续表 5-13

编号	找矿靶区名称	地理位置	找矿靶区类别	预测类型	预测总资源量/×10⁴ t	查明资源量/×10⁴ t	预测资源量/×10⁴ t	找矿靶区综合简评
CuZB-62	串珠-图拉尔根	哈密市	A	岩浆型	339 550	63 740	275 810	出露地层为长城系星星峡岩群，侵入岩较为发育，主要有早志留世闪长岩、早石炭世闪长岩、辉长闪长岩、早二叠世二长花岗岩、早二叠世基性-超基性岩出露。见有较好的铜异常，位于 1:25 万 30km 剩余重力梯度带上，1:25 万航磁化极对应为椭圆形磁异常中。区内见有图拉尔根、串珠等岩浆熔离型铜镍矿床矿点，具有进一步寻找铜镍矿床的潜力
CuZB-65	镜儿泉北	哈密市	B	岩浆型	189 731		189 731	区内地层出露大南湖组，侵入岩发育，局部有早二叠世基性-超基性岩出露。区内见近东西向断裂通过，有 Cu 单元素化探异常，位于剩余重力高的地区（大于 10Gal），航磁化极对应为椭圆形正磁异常中。区内已发现有镜儿泉北岩浆熔离型铜镍矿床矿点，具有寻找岩浆熔离型铜镍矿床的潜力
CuZB-66	咸水泉	哈密市	B	岩浆型	225 095		225 095	区内地层出露下石炭统干墩组，侵入岩发育，局部有早二叠世基性-超基性岩出露。分布有遥感羟基蚀变异常。区内已发现咸水泉岩浆熔离型铜镍矿床矿点，具有寻找岩浆熔离型铜镍矿床的潜力
CuZB-67	黄山以南	哈密市	B	岩浆型	152 439		152 439	区内地层出露下泥盆统干墩组，侵入岩发育，局部有早二叠世基性-超基性岩出露。区内见近东西向断裂通过（大于 3Gal），有 Co 单元素化探异常，位于剩余重力高的地区（大于 3Gal），航磁化极对应为椭圆形正磁异常中。区内已发现有黄山以南岩浆熔离型铜镍矿床矿点，具有寻找岩浆熔离型铜镍矿床的潜力
CuZB-68	二红洼	哈密市	B	岩浆型	114 628		114 628	区内地层出露下泥盆统干墩组，侵入岩发育，局部有早二叠世基性-超基性岩出露。位于剩余重力异常中，具有遥感羟基蚀变信息。区内已发现二红洼红注岩浆熔离型铜镍矿床对应为椭圆形正磁异常，具有寻找岩浆熔离型铜镍矿床的潜力

续表 5-13

编号	找矿靶区名称	地理位置	找矿靶区类别	预测类型	预测总资源量/×10⁴t	查明资源量/×10⁴t	预测资源量/×10⁴t	找矿靶区综合简评
CuZB-71	黄熊滩	哈密市	B	海相火山岩型	34 392		34 392	含矿地质体为下石炭统雅满苏组火山沉凝灰岩夹火山角砾岩建造。基性、中酸性火山熔岩；具 Cu 元素化探异常分布；有近东西向线性航磁化极异常分布；有已知矿产地 4 处
CuZB-72	长城山	哈密市	B	海相火山岩型	100 127	17 755	82 372	含矿地质体为上石炭统土古土布拉克组玄武岩、霏细斑岩，中酸性火山熔岩夹微晶灰岩建造。发育北东向断裂，具 Cu 元素化探异常分布；有近东西向线性航磁化极异常分布；有铜矿点 2 处，矿化点 2 处
CuZB-74	路白山	哈密市	B	海相火山岩型	85 368		85 368	含矿地质体为上石炭统土古土布拉克组玄武岩、霏细斑岩，中酸性火山熔岩夹微晶灰岩建造与下石炭统雅满苏组火山沉凝灰岩夹火山角砾岩建造。基性、中酸性火山熔岩。发育北东向与北西向断裂。具 Cu 元素化探异常分布；有 10km 剩余重力异常分布；有北西向线性航磁化极异常分布；有已知矿点 1 处，矿化点 1 处
CuZB-75	突出山	哈密市	B	海相火山岩型	181 167		181 167	含矿地质体为上石炭统土古土布拉克组玄武岩、霏细斑岩，中酸性火山熔岩夹微晶灰岩建造。基性、中酸性火山熔岩。发育北东向与北西向断裂。具 Cu 元素化探异常分布；有 10km 剩余重力异常分布；三者套合较好，如沙西铜矿余重力异常分布；三者套合较好；分布有沙子泉铜矿点
CuZB-79	沙泉子	哈密市	B	海相火山岩型	33 020		33 020	含矿地质体为下石炭统雅满苏组火山沉凝灰岩夹火山角砾岩建造。基性、中酸性火山熔岩。近东西向断裂发育；有 10km 剩余重力异常分布。Cu 元素化探异常套合较好，发育航磁化极异常分布；分布有沙子泉铜矿点
CuZB-80	黑尖山	鄯善县	A	海相火山岩型	158 600		158 600	含矿地质体为下石炭统雅满苏组火山沉凝灰岩夹火山角砾岩建造。具 Cu 元素化探异常分布；有 10km 剩余重力异常分布。发育北东向线性航磁化极异常分布；有黑尖山小型铜矿，多东铜矿，阿拉塔格北 7 号铜矿点 3 处

续表 5-13

编号	找矿靶区名称	地理位置	找矿靶区类别	预测类型	预测总资源量/$\times 10^4$ t	查明资源量/$\times 10^4$ t	预测资源量/$\times 10^4$ t	找矿靶区综合简评
CuZB-81	秋格明塔什	鄯善县	B	斑岩型	245 482		245 482	出露下石炭统阿奇山组安山质凝灰岩-英安质凝灰岩-英安岩-安山岩建造,发育石炭晚世英安斑岩、中二叠世石英斑岩,具有较好的铜异常,已发现有秋格明塔什铜金矿点,交通和经济技术开发条件较好
CuZB-82	葫芦坝	鄯善县	A	斑岩型	126 139	963	125 176	出露上石炭统土古土布拉克组凝灰岩-玄武岩-安山岩-灰岩透镜体建造,发育石炭晚世闪长岩、中二叠世石英斑岩,具有较好的铜异常,已评价有葫芦坝铜矿床,交通和经济技术开发条件较好
CuZB-83	十里坡	鄯善县	B	海相火山岩型	47 413		47 413	出露上石炭统土古土布拉克组凝灰岩-玄武岩-安山岩-灰岩透镜体建造,具有较好的铜异常,已评价有十里坡铜矿点,交通和经济技术开发条件较好
CuZB-84	黄碱滩西南	哈密市	B	斑岩型	76 185		76 185	出露下二叠统哈尔加乌组辉细岩-玄武岩建造,发育中二叠世正长花岗岩,具有弱的铜异常,已发现有黄碱滩西南、库姆塔格阿奇 2 号铜矿产地,交通和经济技术开发条件较好
CuZB-85	阿奇	哈密市	A	岩浆热液型	5563	4965	598	出露长城系星星峡岩群斜长角闪岩-正片麻岩-大理岩建造,发育晚石炭世一长花岗岩体,已发现 1170 高点南东、阿奇铜矿产地,交通和经济技术开发条件较好
CuZB-86	阿拉塔格	哈密市	A	矽卡岩型	41 879	30 872	11 007	出露长城系星星峡岩群斜长片麻岩-板岩建造,发育花岗闪长岩-正长花岗岩峡岩体,呈岩基状产出,具有较弱的铜异常,已发现有阿拉塔格、双庆铜矿床,交通和经济技术开发条件较好
CuZB-87	白石泉	哈密市	A	岩浆型	16 980	4279	12 701	区内地层出露太古宇敦煌群角闪斜长片麻岩-云母石英片岩建造,白云质大理岩-二云石英片岩建造,侵入岩见石炭纪花岗闪长岩和二长花岗岩出露,位于沙泉子大断裂南侧。航磁化极对应异常,并目套合较好,剩余重力梯度异常中。区内发现有白石泉、天宇岩浆熔离型铜镍矿床,具有寻找岩浆熔离型铜镍矿床的潜力

续表 5-13

编号	找矿靶区名称	地理位置	找矿靶区类别	预测类型	预测总资源量/×10⁴ t	查明资源量/×10⁴ t	预测资源量/×10⁴ t	找矿靶区综合简评
CuZB-93	峡东	哈密市	B	岩浆型	6276		6276	出露地层主要为中元古界卡瓦布拉克岩群大理岩、片岩建造，出露有海西期基性-超基性杂岩体，区内见近东西向大型断裂构造及南北走向断裂，钻化探异常明显，并且套合较好，重力剩余负异常高（大于7GaD），航磁化极处于负磁异常相对高值区，有已知矿（化）点，综合分析认为具有寻找基性-超基性岩型铜镍矿潜力
CuZB-94	天香	哈密市	B	岩浆型	14 462		14 462	出露地层为中元古界卡瓦布拉克岩群大理岩、片岩建造，出露有海西期基性-超基性杂岩体。区内见近东西向断裂构造及南北向断裂，铜、镍化探异常明显，并且套合较好，位于重力剩余负异常梯度带上，航磁化极处于负磁异常带中相对高值区，有已知矿（化）点，综合分析认为具有寻找岩浆型铜镍矿潜力
CuZB-95	河坝沿	哈密市	A	海相火山岩型	69 766	1061	68 705	出露地层为雅满苏组第二亚组浅灰绿色凝灰岩，夹浅绿色凝灰岩、灰色大理岩、浅绿色凝灰质粉砂岩、凝灰岩互层呈薄层状大理岩。侵入岩为晚石炭世二长花岗岩，矿体产于砂卡岩与大理岩接触带上。已发现有银邦山、河坝沿铜矿矿产地。交通和经济技术开发条件好
CuZB-96	沙井子	哈密市	A	斑岩型	96 538	1568	94 970	以侵入岩为主，挤压破碎蚀变带中见少量泥绿绢云片岩，与岩体裂隙，石英脉混杂出露。侵入岩岩性为灰色细粒闪长岩、岩体多呈岩株或岩枝产出，岩石蚀变较强。酸性岩浆侵入岩有花岗岩，多以岩基产出，褐色细粒角闪斜长花岗岩。铜钼矿矿矿脉断续分布于贯通矿区的断裂破碎蚀变带内。已发现有沙井子铜钼矿点，交通和经济技术开发条件好
CuZB-97	大红山北	哈密市	A	砂卡岩型	72 899	32 371	40 528	出露蓟县系卡瓦布拉克岩群含碳结晶灰岩、条带状大理岩、硅化大理岩、透闪石化花岗岩、砂卡岩化大理岩及砂卡岩。侵入岩岩性主要为黑云花岗闪长岩、中细粒花岗岩等。侵入岩多分呈岩株、岩基状产出。脉岩仅见有少量石英脉、砂卡岩多分

第五章 预测评价

续表 5-13

编号	找矿靶区名称	地理位置	找矿靶区类别	预测类型	预测总资源量/×10⁴t	查明资源量/×10⁴t	预测资源量/×10⁴t	找矿靶区综合简评
CuZB-97	大红山北	哈密市	A	矽卡岩型	72 899	32 371	40 528	布在石英闪长岩与条带状灰岩接触部位,呈似层状、透镜状。在矽卡岩内接触带多见磁铁矿、石榴子石、辉石等;外接触带钙铁石榴子石、辉石、角闪石、绿泥石、阳起石、黄铁矿、黄铜矿等,矿体主要受矽卡岩或其附近的断裂构造所控制。已发现有大红山北、小白石头、小白石头东、长水、猴面、黄丰泉等6处铜矿产地,交通和经济技术开发条件好
CuZB-98	可可乃克	托克逊县	A	海相火山岩型	18 917	4259	14 658	含矿地质体为中奥陶统柒格勒达坂群火山岩建造,发育细碧-角斑岩。有铜及相关元素化探异常、航磁正异常床1处。有重力高异常
CuZB-99	干沟	托克逊县	B	海相火山岩型	14 118		14 118	含矿地质体为中奥陶统柒格勒达坂群火山岩建造,发育细碧-角斑岩。有铜及相关元素异常、有尕西等铜矿点4处、重力高异常
CuZB-100	平湖	吐鲁番市	B	海相火山岩型	10 265		10 265	含矿地质体为中奥陶统柒格勒达坂群火山岩建造,发育细碧-角斑岩。有铜及相关元素异常、有平湖铜矿点1处、有重力高异常
CuZB-102	阔什铁热克	托克逊县	A	岩浆热液型	10 369	3806	6563	出露下志留统尼勒克河组砂岩-泥质粉砂岩-泥岩建造,侵入岩发育,主要岩性为淡白色二长花岗岩、灰绿色花岗闪长岩及辉绿岩脉和石英岩脉等。岩体内硅化、褪色化、褐铁矿化较普遍,有孔雀石化、蓝铜矿、黄钾铁矾化、高岭石化、钾化局部可见。铜矿体赋矿岩性为花岗闪长岩
CuZB-103	彩虹	吐鲁番市	B	海相火山岩型	62 155	39 913	22 242	含矿地质体为下泥盆统阿尔彼什麦组中基性火山岩建造;有彩虹铜矿1处
CuZB-104	彩华沟铜矿	吐鲁番市	A	海相火山岩型	392 947	340 537	52 410	含矿地质体为下泥盆统阿尔彼什麦组中基性火山岩建造;具有化探异常特征;有小型火山岩型铜矿床2处,铜矿点1处

续表 5-13

编号	找矿靶区名称	地理位置	找矿靶区类别	预测类型	预测总资源量/×10⁴ t	查明资源量/×10⁴ t	预测资源量/×10⁴ t	找矿靶区综合简评
CuZB-111	桑树园子南山	托克逊县	A	砂卡岩型	18 674	1308	17 366	出露下泥盆统阿尔彼什麦布拉克组下亚组深灰色黑云母石英片岩、绿泥石石英片岩、钙质片岩夹大理岩，石英闪长岩，侵入岩为泥盆纪闪长岩、花岗岩，英云闪长岩、花岗岩均产于砂卡岩带内，已发现有桑树园子南山铜矿床，交通和经济技术开发条件较好
CuZB-112	木斯布拉克	托克逊县	B	砂卡岩型	6042		6042	出露中泥盆统阿拉塔格组灰岩岩建造，发育泥盆纪花岗岩岩体，具有铜异常，已评价有木斯布拉克砂卡铜矿点，交通和经济技术开发条件较好
CuZB-113	硫磺山	托克逊县	B	海相火山岩型	53 565		53 565	出露地层为中一上奥陶统硫磺山群，主要为灰绿色细砂岩、暗灰色硅质岩，含生物碎屑灰岩及砾状灰岩。南岩体蚀变有绢云母化、黄英斑岩和辉长岩和花岗岩。白云石化、重晶石化、高岭土化、黄碳酸盐化、硅化、褐铁矿化、明矾石化和石膏化。已发现有硫磺山铜多金属矿，交通和经济技术开发条件较好
CuZB-115	灰南	鄯善县	B	岩浆热液型	3929		3929	出露下石炭统甘草湖组生物碎屑灰岩夹砂砾岩、硅质岩建造，侵入岩为石炭纪花岗岩岩基状产出，具有铜异常，已发现有红柳沟铜矿点，交通和经济技术开发条件较好
CuZB-116	凌云	鄯善县	A	海相火山岩型	128 941		128 941	出露下一中志留统叉口组白云质大理岩-白云岩建造，中泥盆统萨阿尔明长石石英砂岩-岩屑石英砂岩建造，发育晚泥盆世二长花岗岩，具有铜异常，已发现有灰南铜矿点，交通和经济技术开发条件较好

表 5-14 东天山地区镍矿找矿靶区特征一览表

名称	找矿靶区名称	地理位置	优选级别	预测类型	预测总资源量/×10^4 t	查明资源量/×10^4 t	预测资源量/×10^4 t	找矿靶区综合简评
NiZB-3	土墩	哈密市	A	岩浆熔离型	328 527	72 508	256 019	区内地层出露下石炭统干墩子组，侵入岩发育，见有较弱的铜异常，位于1:25万30km剩余重力梯度带上，1:25万航磁化极对应为椭圆形正磁异常中。区内见有土墩岩浆熔离型铜镍矿床，具有进一步寻找岩浆熔离型铜镍矿床的潜力
NiZB-4	黄山	哈密市	A	岩浆熔离型	839 146	349 800	489 346	区内地层出露上石炭统梧桐窝子组，侵入岩发育，沿断裂见二叠世基性-超基性岩出露。有较好的铜、钴、镍异常，套合较好。位于剩余重力梯度带上，航磁化极对应为椭圆形正磁异常中。区内有黄山、香山等铜镍矿床，具有较大找矿潜力
NiZB-5	黄山东	哈密市	A	岩浆熔离型	459 832	410 600	49 232	区内地层出露上石炭统梧桐窝子组，侵入岩发育，沿断裂见基性-超基性岩出露。有铜、钴、镍异常。航磁化极对应为椭圆形正磁异常中。区内有黄山东、黄山南等铜镍矿床，具有进一步寻找岩浆熔离型铜镍矿床的潜力
NiZB-9	葫芦	哈密市	A	岩浆熔离型	810 644	56 300	754 344	区内出露地层为中元古界长城系星星峡岩群，侵入岩发育，局部有早二叠世基性-超基性岩出露。见有较好的铜、钴异常，位于剩余重力梯度带上，航磁化极对应为椭圆形磁异常中。区内见有葫芦、鸭子泉北一带岩浆熔离型铜镍矿床点，具有进一步寻找岩浆熔离型铜镍矿床的潜力
NiZB-10	串珠-图拉尔根	哈密市	A	岩浆熔离型	451 497	86 057	365 440	区内出露地层为中元古界长城系星星峡岩群，侵入岩发育，局部有早二叠世基性-超基性岩出露。见有较好的铜异常，位于剩余重力梯度带上，航磁化极对应为椭圆形磁异常中。区内见有图拉尔根、串珠等岩浆熔离型铜镍矿床点，具有寻找铜镍矿床的潜力
NiZB-13	镜儿泉北	哈密市	B	岩浆熔离型	28 534		28 534	区内地层出露下泥盆统大南湖组，侵入岩发育，局部有早二叠世基性-超基性岩出露。区内有近东西向断裂通过，航磁正磁异常中，区内已发现有镜儿泉北岩浆熔离型铜镍矿化点，具有寻找铜镍矿床的潜力。区内见有近东西向高值的地区（大于Cu 10GaD，航磁化极对应有Cu单元素化探异常）

续表 5-14

名称	找矿靶区名称	地理位置	优选级别	预测类型	预测总资源量/×10⁴t	查明资源量/×10⁴t	预测资源量/×10⁴t	找矿靶区综合简评
NiZB-14	咸水泉	哈密市	B	岩浆熔离型	33 853		33 853	区内地层出露下石炭统干墩组，侵入岩发育，局部有早二叠世基性-超基性岩出露，分布遥感羟基蚀变异常。区内已发现有咸水泉岩浆熔离型铜镍矿床，具有寻找岩浆熔离型铜镍矿床的潜力
NiZB-15	黄山以南	哈密市	B	岩浆熔离型	22 926		22 926	区内地层出露下泥盆统干墩组，侵入岩发育，局部有早二叠世基性-超基性岩出露。区内见干墩岩出露。位于剩余重力高分布近东西向断裂带通过，航磁化极异常呈椭圆形正磁异常中。区内已发现有黄山以南岩浆熔离型铜镍矿床，有Co单元素化探异常，具有寻找岩浆熔离型铜镍矿床的潜力
NiZB-16	二红洼	哈密市	B	岩浆熔离型	17 239		17 239	区内地层出露下泥盆统干墩组，侵入岩发育，局部有早二叠世基性-超基性岩出露。位于剩余重力高的地区(大于3Gal)，航磁化极对应为椭圆形正磁异常中，具有遥感羟基蚀变信息。区内已发现二红洼岩浆熔离型铜镍矿床，具有寻找岩浆熔离型铜镍矿床的潜力
NiZB-17	白石泉	哈密市	A	岩浆熔离型	57 753	53 587	4166	区内出露地层为太古字敦煌群，侵入岩为花岗岩和二长花岗岩，位于沙泉子大断裂南侧。有铜镍异常，套合较好，位于剩余重力梯度带上，航磁化极对应为椭圆形正磁异常中。区内已发现有白石泉天字岩浆熔离型铜镍矿床，具有寻找岩浆熔离型铜镍矿床的潜力
NiZB-23	峡东	哈密市	B	岩浆熔离型	21 345		21 345	区内出露地层为中元古界卡瓦布拉克岩群，地表有基性-超基性岩体出露，区内见近东西向大型断裂构造，南北向断裂破坏作用，铜、镍、钴化探异常明显，重力剩余负异常高(大于7Gal)，航磁化极处于负磁异常带中相对高值区，有已知矿点，具有寻找铜镍矿的潜力

第五章 预测评价

续表 5-14

名称	找矿靶区名称	地理位置	优选级别	预测类型	预测总资源量/×10⁴t	查明资源量/×10⁴t	预测资源量/×10⁴t	找矿靶区综合简评
NiZB-24	天香	哈密市	B	岩浆熔离型	49190	5600	43590	区内出露地层为中元古界卡拉布克岩群，地表出露有海西期基性-超基性杂岩体。区内见近东西向大型断裂构造，南北向断裂具破坏作用。铜、镍化探异常明显，重力剩余异常高值区，航磁化极处于负磁异常带中相对高值区。有已知矿点，具有寻找铜镍矿潜力
NiZB-25	雅勒伯克岩体群	鄯善县	B	岩浆熔离型	22844		22844	包括雅勒伯克岩体和东南的两条辉长岩岩脉。雅勒伯克岩体由二辉橄榄岩、含角闪石橄榄岩、含黑云母辉长岩、辉长闪长岩组成。二辉橄榄岩呈椭圆状，长轴约500m，短轴约450m，长轴方向大致为近南北向，处于环状分布的辉石岩闪长岩中。面积约1km²，与周岩小热泉子组呈侵入接触。环状辉石岩闪长岩中央是晚期演化的花岗闪长岩和二长花岗岩。雅勒伯克岩体普遍发育弱绿泥石化、纤闪石化、绢云母化，特征变质矿物为葡萄石、橄榄石蛇纹石化、辉石保存完好
NiZB-26	路北岩体群	鄯善县	A	岩浆熔离型	523460		523460	岩北岩群位于康古尔塔格断裂带，总体位于断裂北侧，呈长22km、宽3～6km的东西向带状，包括路北I号和云海两个含岩体。路北II号矿化岩体等9个岩体。路北I号岩体性有橄榄岩、含角闪橄榄岩、辉长岩；路北II号岩体性有橄榄岩、二辉橄榄岩、含角闪辉石岩、辉长岩、含重晶石阴起石岩、重晶石辉长岩、镍黄铁矿、斜方辉石岩、含重晶石英闪长岩、云海辉石英闪长岩就是从含石英闪长岩存；该岩群中蛇纹石化、伊丁石化、滑石化、纤石化、透闪石化、绿泥石化、重晶石化、阴起石化、砂卡岩化等。地表残留的超基性岩中识别出来。蚀变有蛇纹石化、伊丁石化、滑石化、纤石化、透闪石化、绿泥石化、重晶石化、阴起石化、砂卡岩化等。地表残留的超基性岩中，硫化物普遍可见，包括磁黄铁矿、镍黄铁矿、黄铜矿和紫硫镍矿

续表 5-14

名称	找矿靶区名称	地理位置	优选级别	预测类型	预测总资源量/×10⁴ t	查明资源量/×10⁴ t	预测资源量/×10⁴ t	找矿靶区综合简评
NiZB-27	恰特卡尔岩体群	鄯善县	A	岩浆熔离型	2 386 720		2 386 720	恰特卡尔岩群，位于恰特卡尔东南的康古尔塔格断裂带，呈东窄西宽的带状分布，有大小20余个，总面积31.24km²，是区内数量最多，超基性端元岩体最集中、硫化物普遍可见，岩石异常型硫化物含量最多。以辉石岩为主体的岩体的岩群，主要岩石类型之间均呈渐变过渡关系，野外不能分辨其各种岩石类型界线，围岩与岩石类型具有明显角岩化。变质相最高达普通角闪岩相，说明岩体与围岩呈侵入接触。西部及南部岩体围岩为小热泉闪长岩组和干墩组，东北呈大小不等的长条状、透镜状与细粒石英闪长岩和二长花岗岩相同产出。康古尔塔格断裂的控制作用明显。岩石类型主要有蛇纹岩、橄榄岩、辉橄岩、单辉橄岩、橄辉岩、二辉橄岩、透辉石岩、含橄榄岩辉长岩、苏长岩、辉石闪长岩等。蚀变类型包括蛇纹石化、水镁石化、角闪辉长岩、透闪石化、纤闪石化、黝帘石化、绿泥石化、矽卡岩化、阳起石化、碳酸盐化。金属矿物有磁黄铁矿、钛磁铁矿、镍黄铁矿、黄铜白云石化、针镍矿、黄铁矿、闪锌矿、斑铜矿、铜蓝等。新疆鄯善县恰特卡尔地区铜镍矿化。钛铁矿、镍黄铁矿化普遍。徐湘康等(1994)在围岩矿、磁铁矿化。钛铁矿、镍黄铁矿化普遍。徐湘康等(1994)在围岩尔地区铜镍调查评价项目在白梁山岩体实施验证孔一个，孔内英闪长岩钻得锆石U-Pb同位素年龄为278.5Ma，李驹铁等(2006)在蚀变辉长岩中测得SHRIMP锆石U-Pb年龄为(277±1.6)Ma，时代为早二叠世
NiZB-29	平顶包	鄯善县	A	岩浆熔离型	267 958		267 958	平顶包岩群主体位于大草滩断裂和康古尔塔格断裂交会处北侧的构造三角区，彩霞山岩体东侧，包括平顶包(原53号)超基性岩体和周边7个辉长岩、辉绿岩及东南7个辉长岩、泥盆系及奥陶纪岩体和周边7个辉长岩、辉绿岩及东南7个辉长岩、泥盆系及奥陶纪岩体，多呈脉状。平顶包及周边岩体围岩为奥陶系及奥陶纪岩体和基性火山岩，辉长岩、辉绿岩侵入地层为上石炭统脐山组。平顶包岩体呈近南北向透镜状产出，长1.6km，沿奥陶纪酸性火山岩和基性火山岩接触面侵入，围岩蚀变强烈，西侧出现烘烤褪色现象，东侧部形成角岩化带

第五章 预测评价

续表 5-14

名称	找矿靶区名称	地理位置	优选级别	预测类型	预测总资源量/×10⁴ t	查明资源量/×10⁴ t	预测资源量/×10⁴ t	找矿靶区综合简评
NiZB-30	海豹滩岩体群	鄯善县	A	岩浆熔离型	1 472 128		1 472 128	海豹滩岩群位于土屋西北、大草滩断裂北,以基性岩为主,呈北西西向延伸,长48km,有大小岩体20个,具有超基性端元成分的岩体3个,橄榄辉长岩12个,辉长岩-角闪辉长岩1个,辉长岩4个,辉绿岩3个。3个超基性端元的岩体中2个已见矿。在白鑫滩西铜镍矿点发现隐状超基性岩。该岩群以海豹滩(原37号)、勾权山(原39号)岩体最为典型,两者岩体结构也类似,面积分别为7.2 km²和0.8 km²。勾权山岩体超基性岩位于中部,基性岩位于边部,姜立丰等认为岩体具有外老内新,由中性→中基性→基性→超基性反序列岩浆侵位的特点,其成因类型与阿拉斯加型基性-超基性环状杂岩体相类似
NiZB-31	乱石滩岩体群	鄯善县	B	岩浆熔离型	335 046		335 046	乱石滩岩群由3个基性岩体构成,总面积6.87km²,位于康古尔塔格断裂北部。岩体东部与石炭纪花岗闪长岩接触,北部和南部侵入到石炭系中,西部被侏罗系不整合覆盖。岩石类型有橄榄辉长岩、辉长苏长岩、辉长岩、辉绿辉长岩,辉长岩中见辉绿岩捕房体。蚀变有阳起石化和绿泥石化
NiZB-33	齐石滩岩体群	鄯善县	B	岩浆熔离型	70 138		70 138	齐石滩岩群处于秋格明塔什格切带内,在齐石滩一带构成近东西向延伸,以辉长岩为主的岩群。该岩群由金矿西(原6号)、小黑包(原27号)等13个岩体组成,出露数十米至200m的透镜状,侵入石炭系苦水组地层中,多呈长400m~1.6km,宽数十米至200m的透镜状,侵入石炭系苦水组地层中,岩体长轴方向与韧性剪切带方向一致。围岩蚀变较弱,仅具暗化现象。岩石类型主要有辉长岩、角闪辉长岩、辉长辉绿岩、辉长岩、角闪辉长岩、阳起石化、辉长花岗岩及辉长岩与斜长花岗岩的混染体

续表 5-14

名称	找矿靶区名称	地理位置	优选级别	预测类型	预测总资源量/×10⁴ t	查明资源量/×10⁴ t	预测资源量/×10⁴ t	找矿靶区综合简评
NiZB-35	克孜尔岩体群	鄯善县	B	岩浆熔离型	14 669		14 669	超基性岩体围绕克孜尔岩体分布,构成克孜尔岩群,构造位置处于康古尔塔格断裂西南的秋格明塔什剪切带中,该岩群目前没有发现基性岩。小黄包岩体长约150m,宽20m,位于克孜尔岩体西南干墩组中,其产状与围岩面理产状一致,两侧围岩为糜棱岩化透辉石长岩角岩。岩性不清,岩性为辉石橄榄岩。此外,在黑山岩体与红岭岩体之间,在铬镍钴异常集中采集阳起石岩,根据矿物形态推测为辉石;铬镍钴的化探异常普遍存在。克孜尔岩体周边发现黄包岩体西北辉石角岩普遍存在。因此,克孜尔岩体周边有望发现更多超基性岩
NiZB-36	红柳沟岩体群	鄯善县	B	岩浆熔离型	131 447		131 447	红柳沟岩体群位于雅满苏断裂与百灵山岩体之间,侵入地层为下石炭统雅满苏组第三岩性段凝灰岩、灰岩,侵入体边部普遍具绿泥石、绿帘石化和角岩化,局部为砂岩化。见有透灰石砂卡岩,砂卡岩中有铅锌矿化。目前仅发现红柳沟一个基性岩体。岩石具闪长岩、石英闪长岩、二长闪长岩和二长花岗岩演化系列中的一个基性岩端元组分。该岩体另一重要特征是与同源重,磁异常特异对应。该岩体西南百灵山岩体接触带,新疆鄯善县县北地区1:5万区域地质调查发现了橄榄辉长岩、岩石类型为深灰绿色角闪辉长岩、辉绿岩
NiZB-38	黑白山岩体群	鄯善县	B	岩浆熔离型	139 444		139 444	黑白山岩体群位于阿其克库都克断裂南侧,由黑白山、横形梁两个岩体组成。区内及周边辉石闪长岩分布范围较广,黑白山、横形梁岩体就是在前人辉石闪长岩中识别出来的。黑白山岩体围岩为青白口系库什台群,包括3个露头:南部的辉橄岩,中部的辉石岩-辉长岩,西北侧岩和西北部的辉长岩。横形梁岩体位于黑白山岩体接触东南部,南侧侵入到蓟县纪地层中,北侧与海西早期中性岩和角闪辉长岩接触。岩石类型有橄榄岩、黑云橄榄辉长岩和角闪辉长岩。岩石蚀变有伊丁石化、阳起石化、黔帘石化、绿泥石化

续表 5-14

名称	找矿靶区名称	地理位置	优选级别	预测类型	预测总资源量/×10⁴ t	查明资源量/×10⁴ t	预测资源量/×10⁴ t	找矿靶区综合简评
NiZB-39	白顶山岩体群	鄯善县	B	岩浆熔离型	158 605		158 605	白顶山岩群位于阿其都克库都克断裂与卡瓦布拉克断裂交会构成的锐角区,由阿卡、白顶山两个杂岩体构成,岩相复杂,野外踏勘不典型,本次没有原有前人圈定规模较小的两个岩体。岩体敏与地层一致(近东西向),分布在长约11km,宽0.2~1.5km范围内。岩体敏海西中期第二侵入灰色花岗闪长岩,石英闪长岩和海西晚期第二侵入红色中-细粒花岗岩脉穿切,同时被中生代侏罗纪地层超覆。前人部分岩体鉴别出的岩石类型有蛇纹石化橄榄岩、角闪石二辉橄榄岩、角闪辉长岩、辉长岩、角闪辉长岩矿粉岩细粒闪长岩和闪长岩。岩石蚀变有蛇纹石化、绿泥石化、绢云母化
NiZB-41	黄碱滩岩体群	哈密市	B	岩浆熔离型	79 463		79 463	黄碱滩为新元古代辉长岩、闪长岩和辉绿岩,强阳起石化

表 5-15 东天山地区铅锌矿找矿靶区特征一览表

编号	找矿靶区名称	地理位置	找矿靶区类别	预测类型	预测总资源量/×10⁴ t	查明资源量/×10⁴ t	预测资源量/×10⁴ t	找矿靶区综合简评
PbZB-1	小石头泉(东源矿业)	哈密市	A	海相火山岩型	52 247	3600	48 647	出露下石炭统七角井组块状凝灰岩-砾岩-凝灰砂岩建造,石炭纪二长花岗岩和闪长岩;具有较弱的Pb化探异常,交通和经济技术开发条件一般
PbZB-4	康古尔	鄯善县	A	海相火山岩型	432 280		432 280	出露下石炭统奇尔阿山组石英霏细斑岩-石英斑岩-火山灰凝灰岩建造,下石炭统雅满苏组火山灰凝灰岩-沉凝灰岩-石英大理岩建造;具有较好的Pb-Zn化探异常,已评价有康古尔金铜铅锌矿床和马头滩金矿床,交通和经济技术开发条件一般

续表 5-15

编号	找矿靶区名称	地理位置	找矿靶区类别	预测类型	预测总资源量/$\times 10^4$ t	查明资源量/$\times 10^4$ t	预测资源量/$\times 10^4$ t	找矿靶区综合简评
PbZB-9	阿奇山	鄯善县	A	海相火山岩型	812 260		812 260	该靶区位于阿奇山火山机构南侧,面积8.24km²。靶区内主要综合异常有Hy-78(Zn,Pb,Cu,Ag,As,Co,Hg)。区内主要出露下石炭统雅满苏组第三、第四岩性段。主要岩性为含砾砂岩、凝灰质粉砂岩、钙质凝灰岩、火山灰凝灰岩、含角砾岩屑凝灰岩、玄武安山岩、灰岩透镜体。一条北东向断裂从找矿靶区南侧穿过,其北西向次级断裂从找矿靶区中部穿过。该综合异常强度高、发现有大型阿奇山铅锌矿床。采用地质体积法估算资源量214万t,铅资源量49万t,综合分析认为该区深部与外围具有巨大的找矿潜力。靶区级别为A类。建议增加深部钻探反外围找富矿体为目标
PbZB-13	维山	鄯善县	A	海相火山岩型	747 053		747 053	出露下石炭统雅满苏组、下部为泥晶生物碎屑灰岩建造、上部为火山沉凝灰岩-火山角砾岩建造;侵入岩为晚二叠世石英闪长岩、花岗闪长岩;具有较好的铅锌综合异常,已评价有维山大型铅锌矿床,交通和经济技术开发条件一般
PbZB-17	1918高点铅	哈密市	B	海相火山岩型	111 499		111 499	出露下石炭统雅满苏组、下部为泥晶生物碎屑灰岩建造、上部为火山沉凝灰岩-火山角砾岩建造、上石炭统土古土布拉克组安山岩-火山角砾岩建造、中二叠世阿其克布拉克组、长石砂岩-泥灰岩;下部为钙质粉砂岩,长石质砂岩互层,已发现1918高地铅矿点,Pb、Zn化探综合异常,具有较好的铅锌综合异常,交通和经济技术开发条件一般
PbZB-23	白干湖铅锌矿	哈密市	A	海相火山岩型	405 838	167 200	238 638	下石炭统雅满苏岩灰岩建造和凝灰粉砂岩建造,出露晚二叠世二长花岗岩、正长花岗岩、花岗闪长岩,具有较好的Pb、Zn化探综合异常,已评价有白干湖铅锌矿床,交通和经济技术开发条件较好

第五章 预测评价

续表 5-15

编号	找矿靶区名称	地理位置	找矿靶区类别	预测类型	预测总资源量/×10⁴t	查明资源量/×10⁴t	预测资源量/×10⁴t	找矿靶区综合简评
PbZB-25	彩霞山-碱泉1区	鄯善县	A	浅成中-低温热液型矿床及成因不明	1 514 800		1 514 800	位于V-2彩霞山-碱泉Pb,Zn,Ag成矿远景区长城系星星峡岩群细碎屑岩夹碳酸盐岩地层内,发育Pb,Zn,Cu,Ag,Au等元素化探异常和重力异常。面积为158.70km²,找矿靶区排序A1。已有矿产:鄯善县彩霞山铅锌矿、西霞铅锌矿点、赤岭铅矿点
PbZB-28	黄碱滩-吉源1区	哈密市	A	浅成中-低温热液型矿床及成因不明	463 655		463 655	位于V-3黄碱滩-吉源Pb,Zn,Ag(Cu)成矿远景区,所在地层为长城系星星峡岩群细碎屑岩夹碳酸盐岩建造,南侧发育泥盆纪花岗闪长岩。发育多元素组合异常和重力异常。已有矿产:哈密市吉源银多金属矿、黄龙山多金属矿Ⅰ、Ⅱ号脉,005铅银矿点
PbZB-30	玉西-玉山1区	哈密市	A	浅成中-低温热液型矿床及成因不明	7778	3811	3967	位于V-5玉西-玉山Pb,Zn,Ag成矿远景区,所在地层为长城系星星峡岩群碳酸盐岩-细碎屑岩建造,发育脉状石炭纪二长花岗岩。发育多元素异常和重力异常。已有矿产:哈密市玉西铅银矿
PbZB-33	宏源-沙泉子1区	哈密市	A	浅成中-低温热液型矿床及成因不明	103 923	30 022	73 901	位于V-6宏源-沙泉子-天湖Pb,Zn,Ag成矿远景区,所在地层为长城系星星峡岩群碳酸盐岩-细碎屑岩建造,发育Pb,Zn等多元素异常和重力异常。已有矿产:哈密市宏源铅锌矿、尾亚东铅矿
PbZB-34	宏源-沙泉子2区	哈密市	A	浅成中-低温热液型矿床及成因不明	276 997	27 700	249 297	位于V-6宏源-沙泉子-天湖Pb,Zn,Ag成矿远景区,所在地层为长城系星星峡岩群碳酸盐岩-细碎屑岩建造,发育Pb,Zn等多元素异常和重力异常。已有矿产:哈密市宝源铅锌矿、沙泉子铅锌矿
PbZB-35	宏源-沙泉子3区	哈密市	B	浅成中-低温热液型矿床及成因不明	82 519		82 519	位于V-6宏源-沙泉子-天湖Pb,Zn,Ag成矿远景区,所在地层为长城系星星峡岩群碳酸盐岩-细碎屑岩建造,位于红柳井西北侧边部,天湖异常无化探异常,铅锌矿化点、天湖铁矿东多金属矿

续表 5-15

编号	找矿靶区名称	地理位置	找矿靶区类别	预测类型	预测总资源量/×10⁴t	查明资源量/×10⁴t	预测资源量/×10⁴t	找矿靶区综合简评
PbZB-36	宏源-沙泉子4区	哈密市	B	浅成中-低温热液型矿床及成因不明	139 153		139 153	位于V-6宏源-沙泉子-天湖Pb、Zn、Ag成矿远景区,所在地层为长城系星星峡群碳酸盐岩-细碎屑岩建造,发育脉状石炭纪二长花岗岩,发育Pb、Zn多元素异常和重力异常
PbZB-38	铅炉子-岌岌台子山1区	哈密市	A	浅成中-低温热液型矿床及成因不明	279 796		279 796	位于V-7铅炉子-岌岌台子山Pb、Zn(Cu)成矿远景区,所在地层为蓟县系帕尔岗岩群碳酸盐建造,无化探异常,位于重力异常南侧。已有产,铅炉子铅锌矿,铅炉子铅矿化点
PbZB-39	铅炉子-岌岌台子山2区	哈密市	B	浅成中-低温热液型矿床及成因不明	251 710		251 710	位于V-7铅炉子-岌岌台子山Pb、Zn(Cu)成矿远景区,所在地层为蓟县系帕尔岗岩群碳酸盐岩建造,发育Pb、Zn等地球化学异常,位于大红山北铅铜矿点多处北侧。化探异常,黄羊泉多金属矿点、大红山北铅铜矿点多处化点
PbZB-43	马鞍桥	托克逊县	A	浅成中-低温热液型矿床及成因不明	133 982	3000	130 982	出露地层主要为下石炭统马安桥组,第一段主要岩性为暗紫色凝灰质砾岩,含生物碎屑泥晶灰岩,含生物碎屑晶灰岩,含硅质生物碎屑灰岩,凝灰质细粒砂岩,沉凝灰岩,暗紫色安山岩,暗紫色安山质火山角砾岩,钙质细粒山质凝灰岩;第二段主要岩性为粗粒岩屑砂岩,钙质细粒砂岩,泥质细砂岩,粉砂岩等,均与铅锌矿化有关。周岩为灰白色大理岩化灰岩。固变硅化、萤石化、透镜状、细脉状。区内已有马鞍桥铅锌矿床和五沟铅矿床,交通条件和经济技术开发条件一般
PbZB-44	阿其克	托克逊县	A	浅成中-低温热液型矿床及成因不明	148 944	2700	146 244	出露地层主要为第四系风成砂土和中泥盆统克孜勒陶组灰岩,砂岩。破碎带岩性为钙质和铁质胶结、灰岩、角砾岩,胶结程度较差。主要产出于灰岩、黑色灰岩之中,呈似层状。已发现阿其克小型铅锌矿床,交通条件和经济技术开发条件一般

第五章 预测评价

续表 5-15

编号	找矿靶区名称	地理位置	找矿靶区类别	预测类型	预测总资源量/×10⁴t	查明资源量/×10⁴t	预测资源量/×10⁴t	找矿靶区综合简评
PbZB-45	黑戈壁	托克逊县	A	浅成中-低温热液型矿床及成因不明	67 342	1400	65 942	主要地层为泥盆系阿尔彼什麦布拉组下亚组,主要由黑云母石英片岩、绿泥石石英片岩及大理岩组成。岩浆发育,主要为海西早期第三阶段第五次侵入的二云母花岗岩,铅锌矿产于彼克阿尔彼什麦布拉组阿尔彼什麦布拉组下亚组中,矿体与围岩呈整合接触,基本顺层产出。交通条件和经济技术开发条件一般
PbZB-46	拱拜孜	托克逊县	B	浅成中-低温热液型矿床及成因不明	1203		1203	位于拱拜子铅锌成矿远景区(V-1)内,预测铅锌资源量0.12万t。出露地层主要为海西残余泥盆系海盆地碎屑岩及碳酸盐岩变质岩建造,地层呈残留岩体状分布于钾长花岗岩岩体中,有较好的Pb、Zn异常。总体表现为含矿地层、分布有矿点、体等形成砂卡岩型矿床的必要条件具备的特征,找矿靶区内有矿点1处(库米什61铅锌矿点),具有较好的找矿前景
PbZB-47	库米什	托克逊县	B	浅成中-低温热液型矿床及成因不明	35 781		35 781	位于拱拜子铅锌成矿远景区(V-1)内,预测铅锌资源量3.58万t。出露地层主要为海西残余泥盆系海盆地碎屑岩及碳酸盐岩变质岩建造,地层呈残留岩体状分布于钾长花岗岩岩体中,有较好的Pb、Zn、Sb组合异常。总体表现为含矿地层、分布有矿点、体等形成砂卡岩型矿床的必要条件具备的特征,找矿靶区内有矿点2处(库米什61铅锌矿点),具有较好的找矿前景
PbZB-48	地乡	托克逊县	B	浅成中-低温热液型矿床及成因不明	32 409		32 409	位于库米什镇南铅锌成矿远景区(V-3)内,预测铅锌资源量3.24万t。出露地层主要为海西残余海盆地碎屑岩及碳酸盐岩变质岩建造,地层呈残留岩体状分布于含有矿地层、花岗岩型体,有较好的Pb、Zn、Sb组合异常。总体表现为含矿地层、体等形成砂卡岩型矿床的必要条件具备的特征,找矿靶区内有矿点2处,具有较好的找矿前景

续表 5-15

编号	找矿靶区名称	地理位置	找矿靶区类别	预测类型	预测总资源量/$\times 10^4$ t	查明资源量/$\times 10^4$ t	预测资源量/$\times 10^4$ t	找矿靶区综合简评
PbZB-49	彩花沟	托克逊县	A	浅成中-低温热液型矿床及成因不明	91 857	38 000	53 857	位于亦格尔达坂-觉东铅锌成矿远景区（V-2）内，预测铅锌资源量1.65万t。出露地层主要为泥盆系残余海盆地碎屑岩及碳酸盐岩变质岩建造，地层呈残留体状分布于钾长花岗岩岩体中，有较好的Pb,Gd,Sb组合异常，具有较好的找矿前景
PbZB-50	亦格尔达坂	吐鲁番市	A	浅成中-低温热液型矿床及成因不明	40 619	9500	31 119	位于亦格尔达坂-觉东铅锌成矿远景区（V-2）内，预测铅锌资源量1.73万t。出露地层主要为泥盆系残余海盆地碎屑岩及碳酸盐岩变质岩建造，地层呈残留体状分布于钾长花岗岩岩体中，有较好的Pb,Gd,Sb组合异常。分布有矿点2处，具有较好的找矿前景
PbZB-51	觉东	吐鲁番市	A	浅成中-低温热液型矿床及成因不明	38 220	12 740	25 480	位于亦格尔达坂-觉东铅锌成矿远景区（V-2）内，预测铅锌资源量3.82万t。出露地层主要为泥盆系残余海盆地碎屑岩及碳酸盐岩变质岩建造，地层呈残留体状分布于钾长花岗岩岩体中，有较好的Pb,Zn,Gd,Sb组合异常。分布有小型典型矿床（觉东铅锌矿）1处，具有较好的找矿前景
PbZB-54	北岭	托克逊县	A	浅成中-低温热液型矿床及成因不明	12 743	500	12 243	位于甘草湖北铅锌成矿远景区（V-4）内，预测铅锌资源量0.07万t。出露地层主要为泥盆系残余海盆地碎屑岩及碳酸盐岩变质岩建造，地层呈残留体状分布于钾长花岗岩岩体中，有较好的Pb,Zn,Gd组合异常。分布有小型典型矿床（北岭铅锌矿）1处，具有较好的找矿前景

第五章 预测评价

表 5-16 东天山地区锌矿找矿靶区特征一览表

编号	找矿靶区名称	地理位置	找矿靶区类别	预测类型	预测总资源量/×10⁴t	查明资源量/×10⁴t	预测资源量/×10⁴t	找矿靶区综合简评
ZnZB-1	小石头泉	哈密市	A	海相火山岩型	87 933	4100	83 833	出露下石炭统七角井组块状凝灰岩-砾岩-凝灰砂岩建造,石炭纪二长花岗岩和闪长岩;具有弱的 Pb 化探异常,交通和经济技术开发条件一般
ZnZB-3	库木	吐鲁番市	B	海相火山岩型	265 365		265 365	含矿地质体为下石炭统小热泉子组;Cu 异常突出;有海相火山岩型铜矿点 1 处
ZnZB-5	克南	吐鲁番市	B	海相火山岩型	39 997		39 997	含矿地质体为下石炭统小热泉子组火山岩建造;有克南海相火山岩型铜矿床 1 处
ZnZB-9	小热泉子	吐鲁番市	A	海相火山岩型	272 661	194 876	77 785	含矿地质体为下石炭统小热泉子组中酸性火山岩建造;具有化探异常;有中型火山岩型铜矿床各 1 处
ZnZB-16	康古尔	鄯善县	A	海相火山岩型	948 237		948 237	出露下石炭统阿奇山组石英霏细斑岩-石英斑岩-火山灰凝灰岩建造,下石炭统雅满苏组火山灰凝灰岩-沉凝灰岩-石英大理岩建造;具有较好的 Pb,Zn 化探异常,已评价有康古尔金铜铅锌矿床和马头滩金矿床;交通和经济技术开发条件一般
ZnZB-21	阿奇山	鄯善县	A	海相火山岩型	3 518 365	1 605 800	1 912 565	该靶区位于阿奇山火山机构南侧,面积 8.24km²。靶区内主要综合异常有 Hy-78(Zn,Pb,Cu,Ag,Co,Hg)。区内主要出露下石炭统雅满苏组第三、第四岩性段,主要岩性为含砾砂岩、凝灰质粉砂岩、钙质粉砂岩、火山灰凝灰岩,含角砾岩屑凝灰岩、玄武岩安山岩、灰岩透镜体。一条北东向断裂从找矿靶区南侧穿过,其北西向次级断裂从找矿靶区中部穿过。该综合异常强度高,发现有大型阿奇山铝锌矿床。采用地质体积法估算该估算区深部与外围具有巨大的找矿潜力,靶区级别为 A 类。建议增加深部钻探及外围探矿力度,以寻找富锌矿体为目标

续表 5-16

编号	找矿靶区名称	地理位置	找矿靶区类别	预测类型	预测总资源量/×10⁴ t	查明资源量/×10⁴ t	预测资源量/×10⁴ t	找矿靶区综合简评
ZnZB-25	维山	鄯善县	A	海相火山岩型	1 638 716	512 000	1 126 716	出露下石炭统雅满苏组，下部为泥晶生物碎屑灰岩建造，上部为火山沉凝灰岩-火山角砾岩建造；侵入岩为晚二叠世石英闪长岩、花岗闪长岩；具有较好的Pb、Zn综合异常，已评价有维山大型铅锌矿床，交通和经济技术开发条件一般
ZnZB-29	1918高点铅	哈密市	B	海相火山岩型	244 581		244 581	出露下石炭统雅满苏组，下部为泥晶生物碎屑灰岩建造，上部为火山沉凝灰岩-火山角砾岩建造，上石炭统土古土布拉克组安山岩、玄武岩-火山角砾岩建造，中二叠世阿其克布拉克组，下部为生物碎屑灰岩建造，上部为钙质粉砂岩-长石质砂岩互层-泥灰岩层；具有较好的Pb、Zn综合异常，已发现1918高点铅锌矿点，交通和经济条件一般
ZnZB-35	白干湖铅锌矿	哈密市	A	海相火山岩型	890 236	249 600	640 636	下石炭统雅满苏组灰岩建造和凝灰粉砂岩-砂岩建造，出露晚二叠世二长花岗岩、正长花岗岩、花岗闪长岩，具有较好的Pb、Zn化探综合异常，已评价有白干湖铅锌矿床，交通和经济技术开发条件较好
ZnZB-37	彩霞山-碱泉1区	鄯善县	A	浅成中-低温热液型矿床及成因不明	5 446 800	4 018 600	142 800	位于V-2彩霞山-碱泉成矿远景区长城系星星峡岩群细碎屑岩夹碳酸盐岩地层内，发育Pb、Zn、Cu、Ag、Au等元素化探异常和重力异常。已有矿产：鄯善县彩霞山铅锌矿、西霞岭铅锌矿、赤岭铅锌矿点
ZnZB-40	黄碱滩-吉源	哈密市	A	浅成中-低温热液型矿床及成因不明	1 660 012	7341	1 660 012	位于V-3黄碱滩-吉源Pb、Zn、Ag（Cu）成矿远景区，所在地层为长城系星星峡岩群夹碳酸盐岩建造，南侧发育泥盆纪花岗闪长岩。发育多元素异常和重力异常。已有矿产：哈密市铅银多金属矿、黄龙山多金属矿I、II号脉、005铅银矿点

第五章 预测评价

续表 5-16

编号	找矿靶区名称	地理位置	找矿靶区类别	预测类型	预测总资源量/×10⁴t	查明资源量/×10⁴t	预测资源量/×10⁴t	找矿靶区综合简评
ZnZB-42	玉西-玉山1区	哈密市	A	浅成中-低温热液型矿床及成因不明	4444	1496	2948	位于V-5玉西-玉山Pb、Zn、Ag成矿远景区，所在地层为长城系星星峡岩群碳酸盐岩-细碎屑岩建造，发育脉状石炭纪二长花岗岩，发育Pb、Zn等多元素异常和重力异常。已有矿产：哈密市玉西铅锌银矿
ZnZB-45	宏源-沙泉子1区	哈密市	A	浅成中-低温热液型矿床及成因不明	372 074	70 900	301 174	位于V-6宏源-沙泉子-天湖Pb、Zn、Ag成矿远景区，所在地层为长城系星星峡岩群碳酸盐岩-细碎屑岩建造，发育Pb、Zn等多元素异常和重力异常。已有矿产：宏源铅锌矿、尾亚东铅锌矿化点
ZnZB-46	宏源-沙泉子2区	哈密市	A	浅成中-低温热液型矿床及成因不明	991 724	57 900	933 824	位于V-6宏源-沙泉子-天湖Pb、Zn、Ag成矿远景区，所在地层为长城系星星峡岩群碳酸盐岩-细碎屑岩建造，发育Pb、Zn等多元素异常和重力异常、沙泉子铅锌矿、宝源铅锌矿化点
ZnZB-47	宏源-沙泉子3区	哈密市	B	浅成中-低温热液型矿床及成因不明	295 442		295 442	位于V-6宏源-沙泉子-天湖Pb、Zn、Ag成矿远景区，所在地层为长城系星星峡岩群碳酸盐岩-细碎屑岩建造北侧边部，无化探异常、天湖铁矿、红柳井西铅锌矿、天湖东多金属矿化点
ZnZB-48	宏源-沙泉子4区	哈密市	B	浅成中-低温热液型矿床及成因不明	498 206		498 206	位于V-6宏源-沙泉子-天湖Pb、Zn、Ag成矿远景区，所在地层为石炭纪二长花岗岩，发育Pb、Zn等多元素异常和重力异常
ZnZB-50	铅炉子-芨芨台子山1区	哈密市	A	浅成中-低温热液型矿床及成因不明	1 001 746		1 001 746	位于V-7铅炉子-芨芨台子山Pb、Zn(Cu)成矿远景区，所在地层为蓟县帕尔岗岩群碳酸盐岩建造，无化探异常、红星山铅锌矿、铅炉子铅锌矿，位于重力异常南侧。已有矿产：铅炉子铅锌矿、铅炉子铅矿化点

续表 5-16

编号	找矿靶区名称	地理位置	找矿靶区类别	预测类型	预测总资源量/×10⁴ t	查明资源量/×10⁴ t	预测资源量/×10⁴ t	找矿靶区综合简评
ZnZB-51	铅炉子-炭窑台子山2区	哈密市	B	浅成中-低温热液型矿床及成因不明	901 190		901 190	位于V-7铅炉子-炭窑台子山Pb,Zn(Cu)成矿远景区,所在地层为葡县系帕尔岗碳酸盐岩建造,发育Pb,Zn等化探异常,位于重力异常北侧。已有矿产:黄羊泉多金属矿点,大红山北铅铜矿点等多处矿化点
ZnZB-55	马鞍桥	托克逊县	A	浅成中-低温热液型矿床及成因不明	183 941	39 600	144 341	出露地层主要为下石炭统马安岩性,第一段主要岩性为暗紫色凝灰质砾岩,含生物碎屑泥岩灰岩,凝灰质细粒砂岩,沉凝灰岩,暗紫色安山岩,暗紫色安山质火山角砾岩,暗紫色安山质凝灰岩;第二段主要岩性为粗粒岩屑砂岩,钙质细粒砂岩,泥质细砂岩,粉砂岩。围岩蚀变有硅化,萤石化,重晶石化,碳酸盐化等,均与铅锌矿化有关系。矿体呈豆荚状,透镜状,细脉状。已有白色大理岩矿化点。矿体呈豆荚状和五沟桥铅锌矿床和五沟桥铅锌矿床,交通条件和经济技术开发条件一般
ZnZB-56	黑戈壁	托克逊县	A	浅成中-低温热液型矿床及成因不明	92 453	2300	90 153	主要地层为泥盆系阿尔彼什麦布拉克岩及下亚组,主要由黑云母石英片岩,绿泥石英片岩及大理岩组成。岩浆发育;主要为海西早期第三阶段第五侵入的二云母花岗岩;铅锌矿产于泥盆系阿尔彼什麦布拉克组下亚组中,矿体与围岩呈整合接触。基本顺层产出。组和经济技术开发条件一般
ZnZB-57	库米什	托克逊县	B	浅成中-低温热液型矿床及成因不明	609 336		609 336	位于拱拜子铅锌成矿远景区(V-1)内,预测铅锌资源量3.58万t。出露地层主要为泥盆系残余海金地碎屑岩及碳酸盐岩变质岩建造,地层呈残留体状分布于钾长花岗岩岩体中,有较好的Pb,Zn铅锌矿点,分布有矿点1处(库米什61铅锌矿点)。总体表现为含矿地层,Sb组合异常形成砂卡岩型矿床的必要条件具备的特征,找矿靶区内有矿点2处,具有较好的找矿前景

第五章 预测评价

续表 5-16

编号	找矿靶区名称	地理位置	找矿靶区类别	预测类型	预测总资源量/×10⁴t	查明资源量/×10⁴t	预测资源量/×10⁴t	找矿靶区综合简评
ZnZB-58	地乡	托克逊县	B	浅成中-低温热液型矿床及成因不明	551 918		551 918	位于库米什镇南铅锌成矿远景区（V-3）内，预测铅锌资源量3.24万t。出露地层主要为泥盆系残余海盆地碎屑岩及碳酸盐岩变质岩建造，地层呈残留体状分布于钾长花岗岩岩体中，有较好的Pb、Zn、Sb组合异常。总体表现为含矿地层、花岗岩型矿床的特征，具备成矿的必要条件，找矿靶区内有矿点2处（库米什61铅锌矿点），具有较好的找矿前景
ZnZB-59	彩花沟	托克逊县	A	浅成中-低温热液型矿床及成因不明	1 564 502	452 000	1 112 502	位于亦格尔达坂-觉东铅锌成矿远景区（V-2）内，预测铅锌资源量1.65万t。出露地层主要为泥盆系残余海盆地碎屑岩及碳酸盐岩变质岩建造，地层呈残留体状分布于钾长花岗岩岩体中，有较好的Pb、Cd、Sb组合异常，具有较好的找矿前景
ZnZB-60	亦格尔达坂	吐鲁番市	A	浅成中-低温热液型矿床及成因不明	691 820	16 600	675 220	位于亦格尔达坂-觉东铅锌成矿远景区（V-2）内，预测铅锌资源量1.73万t。出露地层主要为泥盆系残余海盆地碎屑岩及碳酸盐岩变质岩建造，地层呈残留体状分布于钾长花岗岩岩体中，有较好的Pb、Cd、Sb组合异常。分布有矿点2处，具有较好的找矿前景

表 5-17 东天山地区金矿找矿靶区特征一览表

编号	找矿靶区名称	地理位置	优选级别	预测类型	预测总资源量/kg	查明资源量/kg	预测资源量/kg	找矿靶区综合简评
AuZB-1	天嵜	昌吉市	B	造山型	2080	885	1195	地层为志留系尼勒克组砂岩-泥质粉砂岩-泥岩建造,受推覆构造影响蚀变为构造岩(绢云母千糜岩)。航磁、重力异常,重沙、化探异常明显,遥感异常少量。已有矿产:托克逊县天霄金矿点
AuZB-9	南庐	鄯善县	B	陆相火山岩型	5331		5331	位于Ⅴ-6石英滩Au成矿远景区西端,所在地层为下二叠统阿其克布拉克组和下石炭纪雅满苏组,分布有Au-15单元素异常,套合As、Sb、Hg异常。已有矿产:南庐金矿点
AuZB-10	哈尔拉	鄯善县	A	陆相火山岩型	3894	1207	2687	地层为下石炭统小热泉子组安山岩-英安质角砾凝灰岩建造,发育晚石炭世二长花岗岩-安山岩-英安质凝灰岩建造和玄武岩。分布有一个面积较大的Hg异常。已有矿产:哈尔拉小型金矿床、麦契齐金矿点
AuZB-11	石英滩	鄯善县	A	陆相火山岩型	25 428	10 761	14 667	地层为下二叠哈尔加乌组咪咔-英安质岩建造和杏仁状玄武岩-安山岩-流纹岩建造。发育二叠纪流纹岩斑岩。具三级浓度分带,套合As、Sb、Hg异常,Au-9单元素异常。已有矿产:石英滩中型金矿、黄泥坡金矿点等
AuZB-13	恰西	鄯善县	B	陆相火山岩型	4067		4067	位于Ⅴ-1恰舒乌瓦Au成矿远景区上石炭底坎尔组地层内,发育二叠纪流纹岩斑岩,东部分布有Au-1单元素异常,西部分布有Hg-3异常
AuZB-15	黄泥坡	鄯善县	B	陆相火山岩型	1279		1279	所在地层为雅满苏组,发育二叠纪流纹岩。已有矿产:南庐金矿点
AuZB-16	库米什南	鄯善县	A	造山型	21 786		21 786	位于阿尔彼什麦布拉克组生物屑灰岩-大理岩-钙质片岩建造,花岗闪长岩-黑云母岩片岩-绿泥片岩建造、石英砂岩夹粉砂岩建造中,与1处Au化探异常中心吻合。已有矿产:彩北金化点,天彩金矿等

续表 5-17

编号	找矿靶区名称	地理位置	优选级别	预测类型	预测总资源量/kg	查明资源量/kg	预测资源量/kg	找矿靶区综合简评
AuZB-19	铜华山	鄯善县	B	造山型	383		383	位于 V-1 铜华山 Au(Fe Cr Ni Cu)成矿远景区,所在地层为阿尔彼什麦布拉克组石英云母片岩-大理岩建造;凝灰质粉砂岩-凝灰岩建造,靶区内有海西早期酸性侵入岩,与 1 处 Au 异常中心吻合,同时具有 Sb 元素异常,具有一定的航磁异常
AuZB-20	硫磺山	鄯善县	A	造山型	647		647	位于 V-1 铜华山 Au(Fe Cr Ni Cu)成矿远景区,所在地层为中上奥陶统硫磺山群(生物碎屑灰岩-千枚岩-结晶灰岩建造),具有较好的 Au,As,Sb,Mo,Pb 综合异常,同时具有较好的遥感异常,已有矿产:硫磺山金多金属矿点
AuZB-21	甘草湖	鄯善县	B	造山型	2783		2783	位于 V-3 鸽形山 Au(Fe W Mo Sn)成矿远景区,所在地层为下石炭统干草湖组(生物碎屑灰岩-硅质岩,砾岩建造),附近有海西中期的酸性侵入岩,具有较好 Au,As,Sb 化探异常,具有较好的铁染异常,位于航磁异常的内接触带
AuZB-22	阿北	鄯善县	A	造山型	2686		2686	位于阿尔彼什麦布拉克组黑云母石英片岩-大理岩建造中,海西早期酸性侵入岩的内外接触带上,具有 Cu,Mo,As,Pb 化探异常,具有一定航磁轻基异常。已有克孜勒塔格金矿点
AuZB-23	依格尔达坂	鄯善县	A	造山型	4521		4521	位于阿尔塔格组杂砂岩建造中,有海西早期闪长岩,具有较好Au,Cu,Pb,As,Sb,W 化探综合异常,具有很好遥感异常。已有矿产:铜环金矿化点,伊山金矿化点,银环金矿化点
AuZB-24	依格尔南	鄯善县	B	造山型	3170		3170	位于 V-2 孔雀沟 Au(Fe Cu Pb Zn)成矿远景区内,所在地层为阿尔塔格组(杂砂岩建造),靶区附近有海西早期的闪长岩,具有较好的 Au,Cu,Mo,Pb,As,Sb,W 化探综合异常,遥感异常较弱
AuZB-25	孔雀沟	鄯善县	A	造山型	20 903		20 903	位于下-中志留统柯尔克孜塔木组黑云母石英片岩-大理岩建造和阿尔彼什麦布拉克组黑云母石英片岩-大理岩建造中,具有很好 Au,As,Bi,Cu,Mo,Pb,Sb,W 的化探综合异常。已有矿产:亦格尔金矿点,金源山金矿点,孔雀山金矿点等

续表 5-17

编号	找矿靶区名称	地理位置	优选级别	预测类型	预测总资源量/kg	查明资源量/kg	预测资源量/kg	找矿靶区综合简评
AuZB-26	乌勇布拉克	鄯善县	B	造山型	3829		3829	位于 V-2 孔雀沟 Au(Fe Cu Pb Zn)成矿远景区内,所在地层为阿尔彼什麦布拉克组(黑云母石英片岩-大理岩建造),靶区附近有大量的海西早期酸性侵入岩,具有 Au,Mo,W 化探异常
AuZB-27	孔雀沟东	鄯善县	A	造山型	17 065		17 065	位于下-中志留统柯尔改塔木组石英片岩-千枚岩建造和阿尔彼什麦布拉克组黑云母石英片岩-大理岩建造中,具有很好的 Au,Cu,As,Bi,Mo,Pb,W 的化探综合异常。已有矿产:托克逊金矿化点,伏风坪金矿点等
AuZB-28	央布拉克	鄯善县	A	造山型	1758		1758	位于褐岭组凝灰岩-凝灰质砂岩-集块凝灰熔岩建造,靶区附近海西中期的酸性入岩,化探异常有 Pb,Bi,W 元素异常,具有一定的遥感异常。已有矿产:星火沟地区金矿化点
AuZB-30	黑山	鄯善县	A	造山型	1590		1590	位于下石炭统甘草湖组生物碎屑灰岩-硅质岩、砾岩建造中,具有较好的铁染遥感异常。已有矿产:黑山钨钼矿Ⅰ号矿脉
AuZB-32	尖西	鄯善县	B	造山型	2171		2171	位于下-中志留统柯尔改什彼布拉克组黑云母石英片岩-千枚岩-大理岩建造,下泥盆统阿尔彼什麦布拉克组杂砂岩建造和中期的酸性侵入岩。有海西早期的酸性侵入岩,军营沟,如意乔矿点,与 1 处 Au 异常中心吻合
AuZB-33	如意	鄯善县	A	造山型	14 312		14 312	位于下泥盆统阿尔彼什麦布拉克组黑云母石英片岩-大理岩建造中。具有较好的 Au,Cu,Pb,Mo,W 综合化探异常。已有矿产:红山金矿,卡拉乔金矿点,如意乔矿点,赤岭 851,乔尕滩金矿点,能风湾金矿
AuZB-34	沙窝子	鄯善县	A	造山型	18 265		18 265	位于矿区中上部,V-2 孔雀沟 Au(Fe Cu Pb Zn)成矿远景区内,所在地层为中泥盆统阿拉塔格组(杂砂岩建造),靶区东南有海西中期的酸性侵入岩,具有较好的 Au,As,Bi,Sb,Pb 综合化探异常。已有矿产:沙窝子大沟金矿化

续表 5-17

编号	找矿靶区名称	地理位置	优选级别	预测类型	预测总资源量/kg	查明资源量/kg	预测资源量/kg	找矿靶区综合简评
AuZB-35	梧桐沟	鄯善县	B	造山型	7151		7151	位于下一中志留统叉口组白云岩夹白云质大理岩建造和中泥盆统阿拉塔格组杂砂岩建造中，有海西中期的酸性侵入岩，具有较好的 Au、Cu、Pb、Mo、Bi、As 等化探综合异常
AuZB-36	鸽形山	鄯善县	A	造山型	29 546	8588	20 958	位于下石炭统干草湖组细晶白云岩-陆屑砂岩-陆屑砂岩石英砂岩-陆屑砂岩中，具有较好的 Au、Cu、Bi、W 化探综合异常，位于航磁异常的外接触带。已有矿产：梧桐沟千枚岩金矿，鸽形山金矿
AuZB-37	灰山梁	鄯善县	A	造山型	7378		7378	位于萨阿尔明组长石石英砂岩-岩屑石英砂岩互层建造中，有大量海西中期酸性侵入岩。具有 Cu、Pb、Sb 化探综合异常，具有径基遥感异常。已有矿产：笔架山金矿点
AuZB-39	马庄山	哈密市	A	陆相火山岩型	10 587	8177	2410	区内出露地层为下石炭统白山组的一套流纹质-英安质凝灰岩。区内有 1 条北西向断裂通过，靶区内有 Au、As、Hg 组合化探异常，异常套合关系较好。区内有 1 处火山岩型金矿产地
AuZB-40	双井子	哈密市	B	陆相火山岩型	3105		3105	区内地层为下石炭统白山组。区内未见有断裂通过。位于岩体旁侧。北东部被北第四系覆盖。位于 1:25 万剩余重力缓梯度带上。区内有 1 处火山岩型金矿点
AuZB-41	梧桐大泉南	哈密市	B	陆相火山岩型	6607		6607	区内出露地层有 2 条北东向断裂通过。侵入岩主要为石炭纪中酸性岩体。区内有较弱的 Au、As 组合化探异常，二者中 Au 异常较高，异常套合关系一般。区内有火山岩型金矿小型矿床 1 处
AuZB-42	修翁哈拉	哈密市	B	陆相火山岩型	3007		3007	区内地层主要以一套下石炭统白山泉火山岩组为主。区内未见有断裂构造通过。靶区内有较弱的 Au 异常，有较强的 As、Sb 异常，As、Sb 异常套合较好，由北至南异常呈增强趋势。区内有 1 处火山岩型金矿小型矿床

续表 5-17

编号	找矿靶区名称	地理位置	优选级别	预测类型	预测总资源量/kg	查明资源量/kg	预测资源量/kg	找矿靶区综合简评
AuZB-43	2049	哈密市	B	陆相火山岩型	6508		6508	区内出露地层主要为下石炭统白山组的一套火山岩地层。北侧为石炭纪中酸性侵入岩体。区内有1条近东西向断层通过。找矿靶区内酸性侵入的Au、As、Sb异常、As、Sb异常套合较好，与Au异常套合一般。区内无矿产地产出
AuZB-46	红石	鄯善县	A	造山型	8957	5570	3387	出露地层为C_1a，容矿岩石为凝灰质砂岩，韧性剪切带控矿，近矿围岩蚀变为硅化、黄铁矿化、绿泥石化。有Au、Ag、As、Sb、Hg化探异常，靶区南部有$c_1\eta\gamma$侵入。区内无小型金矿1处、矿产出
AuZB-47	康古尔	鄯善县	A	造山型	26 234	25 840	394	出露地层为C_1a，容矿岩石为安山岩、英安岩、凝灰岩，近矿围岩蚀变为硅化、绢云母化、黄铁矿化、绿泥石化、方解石化等。有Au、Ag、As、Sb、Hg元素异常，受韧性剪切带控制，靶区内发现并探明中型金矿床2处
AuZB-48	齐石滩	鄯善县	B	造山型	3433	230	3203	出露地层为C_2d，容矿岩石为凝灰质砂岩，韧性剪切带控矿，近矿围岩蚀变为硅化、绢云母化。韧性剪切带控矿，见金矿点3处
AuZB-51	盐碱坡	鄯善县	A	造山型	6328	3000	3328	出露地层为$C_1\gamma$，容矿岩石为凝灰岩、安山岩等，韧性剪切带控矿，近矿围岩蚀变为硅化、黄铁矿化发育。有Au、Ag、As、Sb、Hg化探异常，黄钾铁矾极为发育，有矿点1处
AuZB-52	康南	鄯善县	B	造山型	5421	290	5131	出露地层为C_1a，容矿岩石为安山岩。有Au、Ag、As、Sb、Hg化探异常，近矿围岩蚀变异常，矿区南部见$C_2\xi\pi$岩株，靶区内有金矿点3处，矿化点1处
AuZB-54	云兴	鄯善县	A	造山型	9546	1170	8376	出露地层为$C_1\gamma$，容矿岩石为凝灰质砂岩、韧性剪质砂岩、近矿围岩蚀变为硅化、绢云母化，黄铁矿化，有Au、Ag、As、Hg化探异常，区内见小型金矿1处，矿化点10处

续表 5-17

编号	找矿靶区名称	地理位置	优选级别	预测类型	预测总资源量/kg	查明资源量/kg	预测资源量/kg	找矿靶区综合简评
AuZB-55	黑龙峰	鄯善县	B	造山型	3843	150	3693	出露地层为 C_1y，容矿岩石为凝灰质砂岩，近矿围岩蚀变有硅化、黄铁矿化、黄铁绢英岩化、韧性剪切带控矿，有 Au 化探异常，靶区内发现金矿化点 1 处
AuZB-56	企鹅山	鄯善县	B	造山型	2464		2464	出露地层为 C_2d、C_2qs，容矿岩石为砂砾岩，近矿围岩蚀变有硅化、绢云母化、黄铁矿化、绿泥石化、韧性剪切带控矿，靶区内发现金矿点 1 处，矿化点 2 处
AuZB-57	新月山	鄯善县	B	造山型	11 325		11 325	出露地层为 C_2w，容矿岩石为玄武岩、安山岩等，近矿围岩蚀变为硅化，有 Au、As、Sb、Hg 化探异常，韧性剪切带控矿，发现金矿点 3 处，矿化点 1 处
AuZB-58	岗南	鄯善县	B	造山型	8078		8078	出露地层为 C_1y，容矿岩石为凝灰岩、安山岩等，近矿围岩蚀变为硅化、黄铁矿化、绢云母化、韧性剪切带控矿，有 Au 化探异常，靶区内见金矿化点 1 处
AuZB-62	天目	哈密市	A	造山型	2694	2310	384	区内出露地层为 C_2qs，容矿岩石为英安岩，矿体周围见 $C_2\delta$，近矿围岩蚀变为硅化、黄铁矿化、绿泥石化、碳酸盐化，有 Au、As、Sb、Hg 化探异常，矿体受北东向构造破碎带控制，以及矿体与地层接触带金矿床 1 处，矿点 1 处
AuZB-63	红滩	哈密市	A	造山型	6258	1230	5028	出露地层为 C_1y，容矿岩石为凝灰岩、中低温近矿围岩蚀变组合，有 Au 化探异常，北西向、北东向构造破碎带控矿，靶区四周被有 $P_1\eta\gamma$ 岩体包围，见小型金矿 1 处，矿点 1 处
AuZB-66	雅满苏北	哈密市	B	造山型	10 945		10 945	出露地层为 C_1y，容矿岩石为凝灰质砂岩，有 Au 化探异常，北西向构造破碎带控矿，见金铜矿点 1 处

续表 5-17

编号	找矿靶区名称	地理位置	优选级别	预测类型	预测总资源量/kg	查明资源量/kg	预测资源量/kg	找矿靶区综合简评
AuZB-68	黄山	哈密市	A	造山型	11 964		11 964	出露地层为 $C_2\omega$，容矿岩石为玄武岩，韧性剪切带控矿，近矿围岩蚀变组合，靶区南北两侧有 $P_1\delta$ 侵入，有中低温探异常。区内有小型金矿床1处，矿化点1处
AuZB-69	二柳沟	哈密市	B	造山型	8978		8978	出露地层为 $C_2\omega$，容矿岩石为玄武岩，韧性剪切带控矿，有 Au 化探异常，靶区南侧有 $P_1\delta$ 侵入。见金矿点1处
AuZB-73	白石头泉	哈密市	B	造山型	10 031		10 031	出露地层为 C_1y，容矿岩石为凝灰质砂岩，破碎带控矿，有 Au 化探异常，靶区东、西两侧被第四系覆盖，东侧有 $P_1\eta\gamma$ 侵入。见金矿床2处，矿化点2处
AuZB-74	红岭	哈密市	A	造山型	4606	570	4036	区内出露地层为 $C_2\omega$，容矿岩石为玄武岩，韧性剪切带控矿，近矿围岩蚀变为中低温组合，有 Au 化探异常，靶区北侧和东侧出露 $P_1\eta\gamma$，区内见小型矿床1处

表 5-18 东天山地区银矿预测区特征一览表

编号	找矿靶区名称	地理位置	优选级别	预测类型	预测总资源量/t	查明资源量/t	预测资源量/t	找矿靶区综合简评
AgZB-1	玉带	哈密市	B	海相火山岩型	323.10		323.10	出露地层为下—中奥陶统目干布拉克组安山岩-英安岩-玄武岩建造，处于东西向断裂和南北向断裂交会处，预测区内见有 Cu 元素异常、航磁异常和重力异常，预测区内有2处矿点
AgZB-2	红山	哈密市	B	海相火山岩型	289.44		289.44	出露地层为下—中奥陶统目干布拉克组和下泥盆统大南湖组，主要岩性为安山岩-玄武岩-英安岩建造，东西向断裂发育，找矿靶区内见有 Cu 元素异常、航磁异常和重力异常，找矿靶区内有2处矿点（红山、东二区铜矿点）

第五章 预测评价

续表 5-18

编号	找矿靶区名称	地理位置	优选级别	预测类型	预测总资源量/t	查明资源量/t	预测资源量/t	找矿靶区综合简评
AgZB-3	黄土坡	哈密市	A	海相火山岩型	412.10	198.16	213.94	出露地层为下—中奥陶统目干布拉克组和下泥盆统大南湖组，主要岩性为安山岩-玄武安山岩-英安岩建造，东西向断裂发育，重力异常；航磁异常和重力异常集中心。找矿靶区内见有Cu元素三级浓集中心，找矿靶区内有1中型铜矿和下黄土坡铜矿，4处铜矿点，包括梅岭、红石、AP9、沙尔湖铜矿点
AgZB-14	南庐	吐鲁番市	B	陆相火山岩型	2.75		2.75	位于V-6石英滩Au成矿远景区西端，所在地层为下二叠统阿其克布拉克组和雅满苏组，西部分布有Au-15单元素三级浓集套合，As、Sb、Hg异常。已有矿产：南庐金矿点
AgZB-15	哈尔拉	鄯善县	A	陆相火山岩型	5.78		5.78	位于小热泉子火山盆地V-4哈尔拉Au成矿远景区，所在地层为下石炭统小热泉子组（安山岩-英安质角砾岩建造；玄武安山岩-安山岩-英安质凝灰岩建造），西部发育晚石炭世二长花岗岩，分布有一个面积较大的Hg异常。已有矿产：哈尔拉小型金矿床、麦契齐麦矿点
AgZB-16	石英滩	鄯善县	A	陆相火山岩型	18.67	5.55	13.12	位于V-6石英滩Au成矿远景区，所在地层下二叠统哈尔加乌组（砾岩-英安质凝灰岩建造，杏仁状玄武岩建造），发育二叠纪流纹斑岩。分布有Au-9单元素异常，具三级浓集分带，套合As、Sb、Hg异常。已有矿产：石英滩中型金矿、东北金矿点
AgZB-19	咸水沟	鄯善县	B	陆相火山岩型	3.60		3.60	位于V-4哈尔拉Au成矿远景区，西南部地层为上石炭统小热泉子组，西南部发育二叠世二长花岗岩，西部分布有Au-2单元素异常，具三级浓度分带，东部分布有Hg-6异常
AgZB-21	彩虹	吐鲁番市	B	海相火山岩型	816.23		816.23	含矿地质体为下泥盆统阿尔彼什麦组中基性火山岩建造；有彩虹铜矿1处

续表 5-18

编号	找矿靶区名称	地理位置	优选级别	预测类型	预测总资源量/t	查明资源量/t	预测资源量/t	找矿靶区综合简评
AgZB-22	彩华沟	吐鲁番市	A	海相火山岩型	3 275.28	245.74	3 029.54	含矿地质体为下泥盆统阿尔彼什麦组中基性火山岩建造；具有化探异常特征；有小型火山岩型铜矿床2处，铜矿点1处
AgZB-29	硫磺山	托克逊县	B	海相火山岩型	565.33	15.05	550.28	含矿地质体为下泥盆统阿尔彼什麦组中基性火山岩建造；有Cu、Pb、Sb化探异常，重力异常显示
AgZB-32	土墩	哈密市	A	岩浆熔离型	432.98		432.98	区内地层出露下石炭统干墩组，侵入岩发育。见有较弱的铜异常，位于1:25万剩余重力梯度带上，1:25万航磁化极对应为椭圆形正磁异常中。区内见有土墩岩浆熔离型铜镍矿床，具有进一步找岩浆熔离型铜镍矿床的潜力
AgZB-33	黄山	哈密市	A	岩浆熔离型	1 105.95		1 105.95	区内地层出露上石炭统梧桐窝子组，侵入岩发育。见有较好的Cu、Co异常，沿断裂见早二叠世超基性岩发育。异常套合较好，位于剩余重力梯度带上，航磁化极对应为椭圆形正磁异常中。区内见有黄山、黄山南等铜镍矿床，具有较大找矿潜力
AgZB-34	黄山东	哈密市	A	岩浆熔离型	212.46	189.71	22.75	区内地层出露上石炭统梧桐窝子组，下石炭统干墩组，侵入岩发育，沿断裂见一超基性岩出露。有Cu、Co、Ni异常套合较好，位于剩余重力梯度带上，航磁化极对应为椭圆形正磁异常中。区内见有黄山东、黄山南等铜镍矿床，具有进一步找铜镍矿床的潜力
AgZB-38	葫芦	哈密市	A	岩浆熔离型	1 068.39		1 068.39	区内出露地层为中元古界长城系星星峡岩群，侵入岩发育，局部有较好的Cu、Co异常，位于早二叠世重力梯度带上，航磁化极对应为椭圆形正磁异常中。见有葫芦、鸭子泉北山等铜镍矿床矿点，具有进一步找岩浆熔离型铜镍矿床的潜力

续表 5-18

编号	找矿靶区名称	地理位置	优选级别	预测类型	预测总资源量/t	查明资源量/t	预测资源量/t	找矿靶区综合简评
AgZB-39	串珠-图拉尔根	哈密市	A	岩浆熔离型	691.14	203.93	487.21	区内出露地层为中元古界长城系星星峡岩群，侵入岩发育，局部有早二叠世基性—超基性岩出露。见有较好的 Cu 异常，位于剩余重力梯度带上，航磁化极对应为椭圆形磁异常中。区内见有图拉尔根、串珠等岩浆熔离型铜镍矿床点，具有寻找铜镍矿床的潜力
AgZB-42	镜儿泉北	哈密市	B	岩浆熔离型	37.80		37.80	区内地层出露下泥盆统大南湖组，侵入岩发育，局部有早二叠世基性—超基性岩出露。区内见有近东西向断裂通过，有 Cu 单元素化探异常，位于剩余重力高的地区（大于 10Gal），航磁化极对应为椭圆形正磁异常中。区内已发现有镜儿泉北岩浆熔离型铜镍矿点，具有寻找岩浆熔离型铜镍矿床的潜力
AgZB-43	咸水泉	哈密市	B	岩浆熔离型	44.82		44.82	区内地层出露下石炭统干墩组，侵入岩发育，局部有早二叠世基性—超基性岩出露。分布有遥感羟基蚀变异常。区内已发现有咸水泉岩浆熔离型铜镍矿点，具有寻找岩浆熔离型铜镍矿床的潜力
AgZB-44	黄山以南	哈密市	B	岩浆熔离型	30.37		30.37	区内地层出露下石炭统干墩组，侵入岩发育，局部有早二叠世基性—超基性岩出露。区内见有近东西向断裂通过，有 Co 单元素化探异常，位于剩余重力高的地区（大于 3Gal），航磁化极对应为椭圆形正磁异常中。区内已发现有黄山以南岩浆熔离型铜镍矿点，具有寻找岩浆熔离型铜镍矿床的潜力
AgZB-45	二红洼	哈密市	B	岩浆熔离型	22.67		22.67	区内地层出露下石炭统干墩组，侵入岩发育，局部有早二叠世基性—超基性岩出露。位于剩余重力高的地区（大于 3Gal），航磁化极对应为椭圆形正磁异常中，具有遥感羟基蚀变信息。区内已发现有二红洼岩浆熔离型铜镍矿点，具有寻找岩浆熔离型铜镍矿床的潜力

续表 5-18

编号	找矿靶区名称	地理位置	优选级别	预测类型	预测总资源量/t	查明资源量/t	预测资源量/t	找矿靶区综合简评
AgZB-46	翠岭	哈密市	B	斑岩型	430.98		430.98	位于Ⅴ-1翠岭-红岭铜、金成矿远景区西部，出露石炭系火山岩、火山碎屑岩，中部有石炭纪花岗岩侵入，有物探航磁异常，有Cu、Mo元素化探异常，三级浓度分带，有明显浓度集中心。已有矿产：翠岭铜银矿点
AgZB-49	福兴	哈密市	A	斑岩型	648.02		648.02	位于Ⅴ-2土屋-延东铜、银成矿远景区中部，出露石炭系火山岩，有石炭纪花岗岩侵入，有物探航磁异常，有Cu矿物重砂异常，有Cu、Mo元素化探异常，三级浓度分带，有明显浓集中心。已有矿产：福兴铜矿（中型）
AgZB-50	土屋延东	哈密市	A	斑岩型	3 352.09	1 553.50	1 798.60	位于Ⅴ-2土屋-延东铜、银成矿远景区东部，出露石炭系火山岩地层，有石炭纪花岗岩侵入，有物探航磁异常，有明显浓度分带，有Cu矿物重砂浓集中心。已有Cu、Mo元素化探异常，三级浓度分带（大型），延东铜矿（中型）
AgZB-51	赤湖	哈密市	B	斑岩型	609.59		609.59	位于Ⅴ-3岑珑-赤湖铜、银成矿远景区，出露石炭系火山岩、火山碎屑岩，有石炭纪花岗岩侵入，有物探航磁异常，有Cu、Mo元素化探异常，三级浓度分带，有明显浓集中心。已有矿产：赤湖铜矿点
AgZB-52	阿奇山	鄯善县	B	矽卡岩型	408.98		408.98	位于Ⅴ-1阿奇山西Ag-Zn-Pb-Cu成矿远景区，所在地层为下石炭统雅满苏组火山沉凝灰岩夹火山角砾岩及上石炭土土布拉克组安山岩、玄武岩和泥晶生物碎屑灰岩，发育Pb、Zn、Cu、Ag化探异常。找矿前景一般
AgZB-54	红柳沟	鄯善县	B	矽卡岩型	426.60		426.60	位于Ⅴ-3维权Ag-Cu-Zn-Pb成矿远景区，所在地层为下石炭统雅满苏组火山沉凝灰岩夹火山角砾岩及上石炭统土布拉克组安山岩、玄武岩和泥晶生物碎屑灰岩，发育Pb、Zn、Cu异常。找矿前景较好

第五章 预测评价

续表 5-18

编号	找矿靶区名称	地理位置	优选级别	预测类型	预测总资源量/t	查明资源量/t	预测资源量/t	找矿靶区综合简评
AgZB-55	维权	鄯善县	A	矽卡岩型	617.68	305.32	312.36	位于 V-3 维权 Ag-Cu-Zn-Pb 成矿远景区，所在地层为下石炭统雅满苏组火山沉凝灰岩夹火山角砾岩及上古生土布拉克组安山岩、玄武岩和泥晶生物碎屑灰岩，发育 Pb,Zn,Cu 异常，磁法推断火山岩及重力推断地层与本预测模型吻合。已有矿产：鄯善县维权银矿床。找矿前景很好
AgZB-57	大盐池北	鄯善县	B	矽卡岩型	295.78		295.78	位于 V-4 多头山 Cu-Zn-Pb-Ag 成矿远景区，所在地层主要为下石炭统雅满苏组火山沉凝灰岩夹火山角砾岩建造，发育 Zn,Cu,Pb,Ag 异常。找矿前景较好
AgZB-59	长城山	鄯善县	B	矽卡岩型	483.87		483.87	位于 V-5 西戈壁 Ag-Cu-Pb-Zn 成矿远景区，找矿靶区南部地层为上石炭统土古土布拉克组泥晶生物碎屑灰岩、玄武岩和泥晶火山夹火山岩，北部为下石炭统雅满苏组火山沉凝灰岩夹火山角砾岩建造，发育 Ag,Zn,Cu 多元素异常，磁法推测有火山岩。找矿前景很好
AgZB-60	吉泉北	鄯善县	B	矽卡岩型	466.57		466.57	位于 V-5 西戈壁 Ag-Cu-Pb-Zn 成矿远景区，所在地层为下石炭统雅满苏组火山沉凝灰岩夹火山角砾岩建造，左下部有少量的上石炭统土古土布拉克组泥晶生物碎屑灰岩，发育 Ag,Zn,Cu 多元素异常。找矿前景较好
AgZB-63	彩霞山-碱泉 1 区	鄯善县	A	碳酸盐岩-碎屑岩型	1860.84	930.42	930.42	位于 V-2 彩霞山-碱泉 Pb-Zn-Ag 成矿远景区长城系星星峡岩群细碎屑岩夹碳酸盐岩地层内，发育 Pb,Zn,Cu,Ag,Au 等元素化探异常和重力异常。已有矿产：鄯善县彩霞山铅锌矿、西霞山铅锌矿、赤岭铅锌矿点
AgZB-66	黄碱滩-吉源	鄯善县	A	碳酸盐岩-碎屑岩型	705.78	38.00	667.78	位于 V-3 黄碱滩碎屑岩夹碳酸盐岩建造，南侧发育泥盆纪花岗闪长岩岩体，发育多元素组合异常和重力异常。已有矿产：哈密市吉源多金属矿、黄龙山多金属矿 I、II 号脉、005 铅银矿点

· 283 ·

续表 5-18

编号	找矿靶区名称	地理位置	优选级别	预测类型	预测总资源量/t	查明资源量/t	预测资源量/t	找矿靶区综合简评
AgZB-68	玉西-玉山1区	哈密市	A	碳酸盐岩-碎屑岩型	457.67	61.00	396.67	位于V-5玉西-玉山Pb-Zn-Ag成矿远景区,所在地层为长城系星星峡岩群碳酸盐岩-细碎屑岩建造,发育脉状石炭纪二长花岗岩,发育Pb、Zn等多元素异常和重力异常。已有矿产:哈密市玉西铅银矿
AgZB-71	宏源-沙泉子1区	哈密市	A	碳酸盐岩-碎屑岩型	158.19		158.19	位于V-6宏源-沙泉子-天湖Pb-Zn-Ag成矿远景区,所在地层为长城系星星峡岩群碳酸盐岩-细碎屑岩建造,发育Pb、Zn等多元素异常和重力异常。已有矿产:宏源铅锌矿、尾亚东铅矿化点
AgZB-72	宏源-沙泉子2区	哈密市	A	碳酸盐岩-碎屑岩型	421.65		421.65	位于V-6宏源-沙泉子-天湖Pb-Zn-Ag成矿远景区,所在地层为长城系星星峡岩群碳酸盐岩-细碎屑岩建造,发育Pb、Zn等多元素异常和重力异常。已有矿产:沙泉子铅锌矿、沙泉子东铅矿化点
AgZB-73	宏源-沙泉子3区	哈密市	B	碳酸盐岩-碎屑岩型	125.61		125.61	位于V-6宏源-沙泉子-天湖Pb-Zn-Ag成矿远景区,所在地层为长城系星星峡岩群碳酸盐岩-细碎屑岩建造,位于重力异常边部,无化探异常。已有矿产:红柳井西铅矿化点
AgZB-74	宏源-沙泉子4区	哈密市	B	碳酸盐岩-碎屑岩型	211.82		211.82	位于V-6宏源-沙泉子-天湖Pb-Zn-Ag成矿远景区,所在地层为长城系星星峡岩群碳酸盐岩-细碎屑岩建造,发育脉状石炭纪二长花岗岩,发育Pb、Zn等多元素异常和天湖铁矿东多金属矿点
AgZB-76	铅炉子山1区	哈密市	A	碳酸盐岩-碎屑岩型	425.91		425.91	位于V-7铅炉子-尕戈合山Pb-Zn(Cu)成矿远景区,所在地层为蓟县系帕尔岗岩群碳酸盐岩建造,无化探异常,位于重力异常,红星山铅锌矿、红星山铅矿南侧。已有矿产:铅炉子铅锌矿化点
AgZB-77	铅炉子山2区	哈密市	B	碳酸盐岩-碎屑岩型	383.15		383.15	位于V-7铅炉子-尕戈合山Pb-Zn(Cu)成矿远景区,所在地层为蓟县系帕尔岗岩群碳酸盐岩建造,发育Pb、Zn等化探异常,大红山北铅铜矿子重力异常北侧。已有矿产:黄羊泉多金属矿点、大红山北铅铜矿等多处矿化点

结 语

本书是在近年来开展的国家重点研发计划项目"天山-阿尔泰增生造山带大宗矿产资源基地深部探测技术示范"的基础上，集成新疆重要矿产资源潜力评价、东天山多年来铁铜等大宗矿产地质勘查研究成果，全面总结了东天山铁铜等大宗矿产资源特点、矿产类型、成矿规律和找矿预测，是一部针对东天山铁铜等大宗矿产研究的科技专著。本书聚焦铁、铜、镍、铅锌、金矿成因机制，总结增生造山过程、大宗矿产的成矿与控矿条件，揭示大宗矿产分布规律，完善区域成矿模式；结合已有的地球物理、地球化学、遥感信息，提取关键控矿要素，建立预测指标体系，圈定了找矿靶区，为新疆铁铜等大宗矿产和新一轮找矿突破战略部署服务。本书的研究内容主要有以下方面。

一、深化成矿地质背景认识，解析增生造山过程与成矿作用

东天山是破解中亚造山带南缘地壳增生与生长的关键地区，大地构造位置处于天山-兴蒙造山系，横跨西伯利亚南缘多岛弧盆系、科克森套-康古尔结合带、哈萨克斯坦-伊犁地块3个二级大地构造单元。基于全疆"三系两带一块"的大地构造新格局，根据东天山地质体的时空分布及构造属性特征，认为康古尔-苦水蛇绿混杂岩所代表的北天山洋的俯冲消减及随后的弧-弧碰撞控制了东天山增生造山过程及其成矿作用。自北向南可进一步分为：小热泉子-大南湖古生代残留弧、康古尔-苦水蛇绿混杂岩带、阿奇山-雅满苏弧前盆地、中天山复合岛弧带等次级构造单元，呈现出"一带、两弧、一盆地"的构造格架。

元古宙古地壳形成与演化阶段，主要形成以岩相控制的矿源层，为后期的热液改造提供成矿物质来源。古生代期间，北天山洋的北向俯冲，形成了以铜、锌为主的火山岩型、斑岩型矿床，南向俯冲形成了以铁、铅锌、银为主的火山岩型、岩浆热液型矿床。中部的蛇绿混杂岩带形成以金、镍为主的造山型、岩浆熔离型矿床。中生代，伴随着古洋盆的闭合，弧-弧碰撞阶段，形成以钼、稀有金属为主的斑岩型、伟晶岩型矿床。建立了东天山元古宙至中生代主要金属矿产的成矿系统。

二、提升东天山典型矿床关键控矿要素认识

聚焦铁、铜、镍、铅锌的成因机制，开展增生造山过程、深部矿产的成矿与控矿条件研究，揭示大宗矿产分布规律，完善区域成矿模式。开展了天湖铁矿、雅满苏铁矿、铁岭Ⅰ号铁矿、尾亚钒钛铁矿、土屋铜矿、帕尔塔格西铜矿、东戈壁钼矿、铁岭铜钼矿、彩珠自然铜矿、黄山东镍矿、白鑫滩镍矿、路北镍矿、彩霞山铅锌矿、阿奇山铅锌矿、清白山铅锌矿、康古尔塔格金矿、马庄山金矿、维权银矿18个典型矿床研究，系统总结了东天山大宗矿产典型矿床关键控矿要素。铁矿与元古宙磁铁石英岩建造、石炭纪中基性火山岩建造、晚石炭世花岗岩建造、三叠纪基性岩建造相关；铜矿与奥陶纪—石炭纪基性火山岩建造以及浅成中酸性侵入岩建造相关；铜镍矿与晚石炭世—早二叠世基性—超基性岩建造相关；铅锌矿与中元古代碳酸盐岩建造、石炭纪中酸性火山岩建造相关；钼矿与晚石炭世—三叠纪中酸性浅成侵入体密切相

关;金矿与石炭纪—二叠纪火山岩建造有关,且受控于古火山机构或韧性剪切带;银矿与石炭纪火山岩建造和区域大断裂的次级断裂构造有关。

三、深化区域成矿规律认识,构建不同构造环境下的区域成矿模式

全面梳理和分析研究区地质、物探、化探、遥感、矿产资源评价及科研成果资料,厘清了东天山地区构造演化过程及大宗矿产的分布规律;进一步明确了研究区区域演化关键地质事件对成矿作用的制约;建立研究区沉积-构造-岩浆成矿系统的时空结构模型。

研究区铜(镍)、金、铅锌、银、钨、钼等有色及贵金属在空间上具有成带分布、集中成矿的特点。北部为铜锌-铜镍-铜钼矿带、中部为金银铅锌铁矿带、南部为铅锌金银钨矿带。从成矿时间上来说,区域大宗矿产具有明显的不均匀性。铁矿主要为石炭纪时期,以与火山作用有关的铁矿最为重要。铜(镍)矿主要产出于石炭纪、奥陶纪和早二叠世地层中,主要类型为斑岩型,其次为海相火山岩型及岩浆熔离型。铅锌矿主要产于前寒武纪和石炭纪地层中,以层控-热液型为主。金矿成矿期集中见于二叠纪,与秋格明塔什-黄山韧性剪切带关系密切。

针对东天山铁、铜、镍、铅锌、金等不同矿种和不同成矿类型,对东天山成矿带已有地球物理、地球化学、遥感信息进行了系统梳理,提取了关键控矿要素,建立了东天山铁、铜、镍、铅锌、金预测模型,并对大宗矿产预测要素进行了优选。

地层要素:与铁矿有关的地层以下石炭统雅满苏组火山-次火山岩或火山-沉积建造为主。与铜矿有关的地层主要为下石炭统小热泉子组、小热泉子式海相火山岩,其次为上石炭统土古土布拉克组玄武岩、安山岩;土屋延东式斑岩型铜矿与上石炭统企鹅山群围岩关系密切。与铅、锌、银有关地层主要为长城系星星峡岩群大理岩,其次为蓟县系卡瓦布拉克岩群大理岩夹片岩、石英岩。与金矿有关地质建造主要为蓟县系卡瓦布拉克岩群碳酸盐岩夹陆源碎屑岩建造,其次为石炭系雅满苏组火山碎屑岩-陆源碎屑岩建造。

岩体要素:与斑岩型铜矿有关的岩体主要包括闪长玢岩体、花岗闪长斑岩和各类花岗斑岩体;与金矿有关的岩体主要包括花岗闪长岩及花岗闪长玢岩株。海西期造山期花岗岩与层控-热液型铅、锌、银矿关系密切。

构造要素:断裂破碎带、韧性剪切带、火山机构等。

四、开展铁铜等大宗矿产资源预测

根据铁、铜、镍、铅、锌、金、银的成矿和控矿特点,采用综合信息地质单元法圈定找矿靶区552处,其中铁矿107个、铜矿116个、镍矿42个、铅矿61个、锌矿62个、金矿84个、银矿80个。根据大宗矿产成矿特点、已知矿床(点)出露情况、物探和化探异常以及估算资源量大小进行了级别划分。

采用含矿率法预测了东天山资源潜力:铁矿石21.3亿t、铜2439万t、镍916万t、铅912万t、锌2718万t、金723t、银33 473t,有效支撑了东天山地区大宗矿产找矿勘查工作部署。

五、研究方向与工作建议

1. 加强区域构造、成矿地质背景研究,为进一步梳理含矿地质体奠定基础

研究区处于中亚造山带中段南缘,图瓦-蒙古山弯构造南翼,是破解中亚造山带南缘地壳增生与生

长的关键地区。整体上,研究区地质建造-构造受康古尔塔格、雅满苏和阿其克库都克 3 条主干断裂控制,但本研究对 3 条主干断裂之间的关系以及构造样式差异、主次关系、与成矿的关系很少论及,这影响了对区内控矿构造的认识,所以亟需以区域优势矿种为目标,聚焦含矿地质体时空分布规律,加强区域构造、成矿地质背景研究。

2. 开展元古宙地层厘定与沉积变质型铁矿关系研究

东天山广泛发育天湖岩群、星星峡岩群、卡瓦布拉克岩群等元古宙地层,出露于中天山复合岛弧带,作为岩浆弧的变质基底,变质变形程度强烈。主体成岩块状,条带状展布于阿其克库都克断裂与卡瓦布拉克断裂之间。接下来还需对老地层的解体和细分、变质岩的原岩建造和恢复及片理化程度开展进一步研究和分析,这对于东天山铁矿找矿具有重要参考价值。

3. 开展东天山沙垄东、西成矿地质条件与成矿地质特征对比研究

东天山处于准噶尔板块和塔里木板块结合部位,是我国重要铁、铜、铜镍、金、铅锌、钼及稀有金属成矿带。虽然横亘于 93°08′、南北贯通的库姆塔格沙垄不具地质分隔意义,但以此为界,在矿产分布和成矿特征方面,还是可以看出明显差异。东部铜镍、钼及稀有金属明显具有优势,而铜、金、铅锌、银远不及西部。白鑫滩、路北等铜镍矿和多头山钼矿、铁岭铜钼矿的发现,使这两个矿种的西部与东部差异可能缩小,但铜矿、金矿、铅锌矿、银矿和稀有金属矿产的差异仍然明显。实际上,两者的布格重力异常存在显著差异,只是被忽略了,西部布格重力异常值显著高于东部,平均至少高出 $40×10^5 m/s^2$。因此,建议开展东天山沙垄东、西成矿地质条件与成矿地质特征对比研究,共同促进、推动东天山地质找矿新突破。

4. 开展石炭纪—二叠纪古火山机构控矿作用研究

火山机构与成矿的关系早为大家所重视,火山机构作为火山岩型矿床成矿地质体,与火山岩型矿床密切相关。区内两个规模较大的火山机构位于西部,分别是觉罗塔格岛弧带中的阿奇山和大南湖岛弧带中的恰特卡尔,阿奇山火山机构对铅锌矿及钼矿等有明显的控制作用,铅锌矿等主要沿火山机构外缘分布,钼矿主要位于火山机构内部。地球化学特征显示,构成恰特卡尔火山机构的哈尔加乌组,第一、第二岩性段富集铬、镍、钴,第四岩性段富集铜、铬、镍、钴;在基性度元素累加值地球化学图上,铬、镍、钴共同富集区明显呈环状,结合火山机构东部和西南基性—超基性岩体密集分布及成岩时代的一致性,恰特卡尔火山机构与基性—超基性岩的关系,是一个有意义的课题,建议开展专题研究。

5. 开展中天山复合岛弧带与阿奇山-雅满苏弧前盆地成矿规律对比研究

中天山复合岛弧带已发现有铁、钒、钛、铅、锌、金、银、钨、铜、镍等金属矿产,同样在阿奇山-雅满苏弧前盆地中已发现有与中天山复合岛弧带近乎一致的矿种组合。尤其是在阿奇山-雅满苏弧前盆地中,钒、钛矿主要以薄层状产于砂砾岩中,独具特色,其物源值得探讨。种种迹象显示,阿奇山-雅满苏弧前盆地和中天山复合岛弧带,均呈现受中天山东段卡瓦布拉克—碱泉—星星峡一带前寒武纪变质基底控制,又产出近乎一致的铁、铜、镍、铅、锌、金矿床成矿系列组合,表明其成矿物质具有相似性,是否来自同一源区值得研究,加强两个构造带内相似矿种组合成矿规律对比研究和典型矿床精细化剖析对比,提升区域成矿地质背景认识,助力东天山地区大宗矿产找矿突破。

6. 深化东天山成矿系列研究在矿产勘查中的应用

不同矿床成矿系列之间仍有一定成因联系,不同成矿系列可以彼此复合,作为彼此的找矿标志。维权银矿是在拉张期火山碎屑岩建造之上叠加汇聚期岩浆-构造作用形成的富银矿床,康古尔是在拉张期火山碎屑岩建造之上叠加韧性剪切作用形成的金矿床;石炭纪汇聚阶段中酸性侵入岩建造与三叠纪构造活化期在空间位置和岩浆演化序列上具有良好的对应性,可以作为地质找矿的成矿系列组合标志。

各个成矿旋回的矿床成矿系列共同构成成矿带内有序的成矿谱系,为"缺位找矿"奠定了基础。建议今后在东天山地区地质找矿过程中,不要孤立地去寻找某一个矿种或矿床类型,而是采用矿床成矿系列思维去开展全面的、系统的矿产勘查,实现成矿规律研究与地质找矿的相互促进、互相融合,进一步深化成矿系列研究成果在新一轮找矿突破战略行动中的应用。

主要参考文献

白云来,2000.新疆哈密黄山-镜儿泉镍铜成矿系统的地质构造背景[J].甘肃地质学报(2):1-7.

曹晓峰,吕新彪,张平,等,2013.新疆中天山东部彩霞山铅锌矿床稳定同位素特征及成因探讨[J].中南大学学报(自然科学版),44(2):662-672.

柴凤梅,张招崇,毛景文,等,2005.岩浆型 Cu-Ni-PGE 硫化物矿床研究的几个问题探讨[J].矿床地质,24(3):325-335.

陈斌,贺敬博,陈长健,等,2013.东天山白石泉镁铁—超镁铁杂岩体的 Nd-Sr-Os 同位素成分及其对岩浆演化的意义[J].岩石学报,29(1):294-302.

陈富文,李华芹,陈毓川,等,2005.东天山土屋-延东斑岩铜矿田成岩时代精确测定及其地质意义[J].地质学报,79(2):256-261.

陈浩琉,吴水波,傅德彬,等,1993.镍矿床[M].北京:地质出版社.

陈文,孙敬博,纪宏伟,等,2010.红石金矿床 Ar-Ar 年龄及其地质意义[J].矿床地质(S1):419-420.

陈雅茹,尼加提·阿布都逊,木合塔尔·扎日,等,2019.中天山卡瓦布拉克地区彩霞山花岗岩体年龄及成因[J].矿物岩石地球化学通报,38(3):604-615.

陈衍景,2013.大陆碰撞成矿理论的创建及应用[J].岩石学报,29(1):1-17.

陈郑辉,王登红,龚羽飞,等,2016.新疆哈密镜儿泉伟晶岩型稀有金属矿床 $^{40}Ar-^{39}Ar$ 年龄及其地质意义[J].矿床地质,25(4):470-476.

邓莉明,杨永强,李智,等,2019.新疆东天山阿奇山铅锌矿床成矿物质来源及矿床成因[J].矿床地质,38(1):158-169.

董连慧,胡建卫,刘拓,等,2003.新疆东天山地区首次发现自然铜矿化带[J].矿床地质(2):113.

董连慧,冯京,刘德权,等,2013.新疆铁矿床成矿规律及矿产预测评价[M].北京:地质出版社.

董连慧,刘德权,唐延龄,2017.新疆矿床类型分级划分探讨[J].新疆地质,35(1):35-42.

冯京,李永军,王晓刚,等,2007.东天山库姆塔格沙垄地区石炭纪化石新资料及地层厘定[J].中国地质,34(5):942-949.

冯京,徐仕琪,田江涛,等,2009a.东天山海相火山岩型铁矿成矿规律研究方法[J].新疆地质,27(4):330-336.

冯京,徐仕琪,田江涛,等,2009b.要素类比趋同法在新疆东天山铁矿定量预测中的应用研究[J].地质与勘探,45(6):722-728.

冯京,徐仕琪,赵青,等,2010.新疆斑岩型铜矿成矿规律及找矿方向[J].新疆地质,28(1):43-51.

冯京,阮班晓,邓刚,等,2014.东天山-北山镁铁—超镁铁质岩特征、成矿意义及构造背景[J].新疆地质,32(1):58-64.

冯京,李建军,徐仕琪,等,2021.东天山帕尔塔格西铜矿床地质特征及找矿方向[J].新疆地质,39(4):515-523.

冯延清,钱壮志,段俊,等,2017.新疆东天山铜镍成矿带西段镁铁—超镁铁质岩体成因及成矿潜力研究[J].地质学报,91(4):792-811.

凤永刚,梁婷,雷如雄,等,2021.稀有金属伟晶岩过度冷却与侵位之关系:基于野外地质观察及年代学的思考[J].地球科学与环境学报,43(1):100-116.

付治国,2012.东天山东戈壁超大型钼矿床地质地球化学特征与成因分析[J].矿产勘查,3(6):745-754.

高景刚,彭明兴,梁婷,等,2007.新疆彩霞山铅锌矿床地质及同位素地球化学特征[J].地球科学与环境学报,29(2):137-140.

顾连兴,诸建林,郭继春,等,1994.造山带环境中的东疆型镁铁—超镁铁杂岩[J].岩石学报(4):339-356.

顾连兴,张遵忠,吴昌志,等,2006.关于东天山花岗岩与陆壳垂向增生的若干认识[J].岩石学报,22(5):1103-1120.

郭芳放,姜常义,苏春乾,等,2008.准噶尔板块东南缘沙尔德兰地区A型花岗岩构造环境研究[J].岩石学报,24(11):2778-2788.

郭谦谦,潘成泽,肖文交,等,2010.哈密延东铜矿床地质和地球化学特征[J].新疆地质,28(4):419-426.

郭召杰,韩宝福,张志诚,等,2007.中天山东段古生代淡色花岗岩的发现及其构造意义[J].岩石学报,23(8):1841-1846.

郭新成,余元军,徐晟,2008.新疆鄯善色尔特能蛇绿岩及构造意义[J].新疆地质,26(3):225-230.

韩宝福,季建清,宋彪,等,2004.新疆喀拉通克和黄山东含铜镍矿镁铁—超镁铁杂岩体的SHRIMP锆石U-Pb年龄及其地质意义[J].科学通报,49(22):2324-2328.

韩宝福,季建清,宋彪,等,2006.新疆准噶尔晚古生代陆壳垂向生长(Ⅰ):后碰撞深成岩浆活动的时限[J].岩石学报,22(5):1077-1086.

贺振宇,张泽明,宗克清,等,2012.星星峡石英闪长质片麻岩的锆石年代学:对天山造山带构造演化及基底归属的意义[J].岩石学报,28(6):1857-1874.

侯广顺,唐红峰,刘丛强,等,2005.东天山土屋-延东斑岩铜矿围岩的同位素年代和地球化学研究[J].岩石学报,21(6):1729-1736.

侯广顺,唐红峰,刘丛强,等,2006.东天山觉罗塔格构造带晚古生代火山岩地球化学特征及意义[J].岩石学报,22(5):1167-1177.

侯增谦,曲晓明,王淑贤,等,2003.西藏高原冈底斯斑岩铜矿带辉钼矿Re-Os年龄:成矿作用时限与动力学背景应用[J].中国科学(D辑:地球科学),33(7):609-618.

胡霭琴,韦刚健,邓文峰,等,2006.天山东段1.4Ga花岗闪长质片麻岩SHRIMP锆石U-Pb年龄及其地质意义[J].地球化学,35(4):333-345.

胡霭琴,韦刚健,张积斌,等,2007.天山东段天湖东片麻状花岗岩的锆石SHRIMP U-Pb年龄和构造演化意义[J].岩石学报,23(8):1795-1802.

胡霭琴,韦刚健,江博明,等,2010.天山0.9Ga新元古代花岗岩SHRIMP锆石U-Pb年龄及其构造意义[J].地球化学,39(3):197-212.

胡远清,廖群安,施文翔,等,2009.中天山路白山一带晚石炭世I型和A型花岗岩组合的厘定及其意义[J].地质科技情报,28(3):10-18.

黄明渊,1990.黄山东铜镍矿床地球化学特征及靶区优选[J].新疆地质(2):142-152.

姬金生,陶洪祥,曾章仁,等,1994.东天山康古尔塔格金矿带地质与成矿[M].北京:地质出版社.

蒋宇翔,李文亮,王哲,等,2019.哈密苦水蛇绿混杂岩带岩石化学、年代学特征及地质意义[J].矿产勘查,10(3):445-462.

焦建刚,汤中立,钱壮志,等,2012.东天山地区图拉尔根铜镍硫化物矿床成因及成矿过程[J].岩石学报,28(11):3772-3786.

焦建刚,郑鹏鹏,刘瑞平,等,2013.东天山图拉尔根Ⅲ号岩体锆石年龄及地质意义[J].地质与勘探,49(3):393-404.

靖军,徐斌,1997.马庄山金矿地质特征及成矿地球化学条件[J].新疆地质(4):327-341.

李大海,田江涛,2018.东天山路北铜镍矿地质特征及岩石地球化学特征[J].新疆地质,36(4):423-428.

李德东,王玉往,王京彬,等,2014.东天山尾亚镁铁—超镁铁岩体侵位年龄新证据[J].新疆地质,32(1):1-5.

李厚民,丁建华,李立兴,等,2014.东天山雅满苏铁矿床砂卡岩成因及矿床成因类型[J].地质学报,88(12):2477-2489.

李华芹,谢才富,常海亮,等,1998.新疆北部有色贵金属矿床成矿作用年代学[M].北京:地质出版社.

李华芹,陈富文,蔡红,等,1999.新疆东部马庄山金矿成矿作用同位素年代学研究[J].地质科学(2):126-131.

李华芹,陈富文,李锦轶,等,2006.再论东天山白山铼钼矿区成岩成矿时代[J].地质通报,25(8):916-922.

李季霖,陈正乐,周涛发,等,2021.东天山觉罗塔格构造带钙碱性侵入岩角闪石矿物学特征及其对区域找矿的启示[J].大地构造与成矿学,45(3):534-552.

李锦轶,王克卓,李文铅,等,2002.东天山晚古生代以来大地构造与矿产勘查[J].新疆地质,20(4):295-301.

李锦轶,2004.新疆东部新元古代晚期和古生代构造格局及其演变[J].地质论评,50(3):304-322.

李锦轶,王克卓,李亚萍,等,2006.天山山脉地貌特征、地壳组成与地质演化[J].地质通报,25(8):895-909.

李立兴,李厚民,丁建华,等,2018.东天山维权银铜矿床中钴矿化发现及成因意义[J].矿床地质,37(4):778-796.

李平,何蕾,梁婷,等,2021.东天山路北铜镍钴硫化物矿床铂族元素地球化学特征及意义[J].新疆地质,39(3):424-430.

李铨,于海峰,修群业,2002.东天山前寒武纪基底若干问题的讨论[J].新疆地质,20(4):346-351.

李少贞,任燕,冯新昌,等,2006.吐哈盆地南缘克孜尔塔格复式岩体中花岗闪长岩锆石SHRIMP U-Pb测年及岩体侵位时代讨论[J].地质通报,25(8):937-940.

李玮,陈隽璐,董云鹏,等,2016.早古生代古亚洲洋俯冲记录:来自东天山卡拉塔格高镁安山岩的年代学、地球化学证据[J].岩石学报,32(2):505-521.

李卫东,涂其军,高永峰,等,2010.新疆哈密市路白山一带片麻状花岗岩锆石SHRIMP U-Pb定年及其地质意义[J].中国地质,37(5):1273-1283.

李文铅,董富荣,周汝洪,2000.新疆鄯善康古尔塔格蛇绿杂岩的发现及其特征[J].新疆地质,18(2):121-128.

李文铅,夏斌,吴国干,等,2005.新疆鄯善康古尔塔格蛇绿岩及其大地构造意义[J].岩石学报,21(6):1617-1632.

李文铅,王冉,王核,等,2006."吐哈天窗"卡拉塔格岩体的地球化学和岩石成因[J].中国地质,33(3):559-565.

李文铅,马华东,王冉,等,2008.东天山康古尔塔格蛇绿岩SHRIMP年龄、Nd-Sr同位素特征及构造意义[J].岩石学报,24(4):773-780.

李向民,夏林圻,夏祖春,等,2004.东天山企鹅山群火山岩锆石U-Pb年代学[J].地质通报,23(12):1215-1220.

李新俊,刘伟,2002.东天山马庄山金矿床流体包裹体和同位素地球化学研究及其对矿床成因的制约[J].岩石学报,18(4):551-558.

李源,杨经绥,张健,等,2011.新疆东天山石炭纪火山岩及其构造意义[J].岩石学报,27(1):193-209.

李智明,赵仁夫,霍瑞平,等,2006.新疆土屋-延东铜矿田地质特征[J].地质与勘探,42(6):1-4.

梁月明,黄旭钊,徐昆,等,2001.新疆康古尔塔格断裂带地球物理场及深部地质特征[J].中国区域地质,20(4):398-403,367.

廖开立,吕昶良,2020.新疆东天山三岔口西铜矿床中辉钼矿Re-Os定年结果及其意义[J].矿产与地质,34(3):471-476.

刘德权,陈毓川,王登红,等,2003.土屋-延东铜钼矿田与成矿有关问题的讨论[J].矿床地质,22(4):334-344.

刘敏,王志良,张作衡,等,2009.新疆东天山土屋斑岩铜矿床流体包裹体地球化学特征[J].岩石学报,25(6):1446-1455.

刘四海,吴昌志,顾连兴,等,2008.中天山白石头泉岩体年代学、岩石成因及构造意义[J].岩石学报,24(11):2720-2730.

刘崴国,张建东,赵恒乐,2016.新疆东天山雅满苏东大沟洋壳残片地质特征及年代学讨论[J].西部探矿工程(6):130-135.

娄德波,肖克炎,丁建华,等,2010.矿产资源评价系统(MRAS)在全国矿产资源潜力评价中的应用[J].地质通报,29(11):1677-1684.

卢登蓉,姬金生,吕仁生,等,1995.新疆雅满苏铁矿地球化学特征及矿床成因[J].西北地质,16(1):15-19.

马绪宣,2014.中国中天山前寒武纪构造属性及古生代构造演化[D].南京:南京大学.

毛景文,杨建民,韩春明,等,2002.东天山铜金多金属矿床成矿系统和成矿地球动力学模型[J].地球科学,27(1):110-121.

毛景文,PIRAJNO F,张作衡,等,2006.天山—阿尔泰东部地区海西晚期后碰撞铜镍硫化物矿床:主要特点及可能与地幔柱的关系[J].地质学报,80(7):925-942.

毛启贵,肖文交,韩春明,等,2006.新疆东天山白石泉铜镍矿床基性—超基性岩体锆石U-Pb同位素年龄、地球化学特征及其对古亚洲洋闭合时限的制约[J].岩石学报,22(1):153-162.

毛启贵,方同辉,王京彬,等,2010.东天山卡拉塔格早古生代红海块状硫化物矿床精确定年及其地质意义[J].岩石学报,26(10):3017-3026.

米登江,邹存海,张江,等,2014.新疆哈密天湖铁矿床地质特征及成因分析[J].地质找矿论丛,29(2):223-229.

潘鸿迪,申萍,陈刚,等,2013.新疆土屋斑岩铜矿床火山-侵入杂岩体、成矿岩石及其蚀变[J].矿床地质,32(4):794-808.

彭明兴,钟春根,左琼华,等,2012.东天山卡瓦布拉克地区片麻状花岗岩形成时代及地质意义[J].新疆地质,30(1):12-18.

秦克章,2000.新疆北部中亚型造山与成矿作用[D].北京:中国科学院研究生院(地质与地球物理研究所).

秦克章,方同辉,王书来,等,2002.东天山板块构造分区、演化与成矿地质背景研究[J].新疆地质,20(4):302-308.

钱壮志,孙涛,汤中立,等,2009.东天山黄山东铜镍矿床铂族元素地球化学特征及其意义[J].地质论评,55(6):873-884.

仇银江,张志欣,李卫东,等,2015.新疆东天山突出山铜铁矿区岩浆岩年代学、地球化学特征及地质意义[J]. 地质科学,50(4):1083-1101.

芮宗瑶,王龙生,王义天,等,2002a. 东天山土屋和延东斑岩铜矿床时代讨论[J]. 矿床地质,21(1):16-22.

芮宗瑶,刘玉琳,王龙生,等,2002b. 新疆东天山斑岩型铜矿带及其大地构造格局[J]. 地质学报,76(1):83-94.

三金柱,田斌,雷军文,等,2003. 新疆东天山新发现图拉尔根全岩矿化岩浆铜镍矿床[J]. 矿床地质(3):270.

三金柱,惠卫东,秦克章,等,2007. 新疆哈密图拉尔根全岩矿化岩浆铜-镍-钴矿床地质特征及找矿方向[J]. 矿床地质(3):307-316.

三金柱,秦克章,汤中立,等,2010. 东天山图拉尔根大型铜镍矿区两个镁铁—超镁铁岩体的锆石U-Pb定年及其地质意义[J]. 岩石学报,26(10):3027-3035.

申萍,潘鸿迪,董连慧,等,2012. 新疆延东斑岩铜矿床火山机构、容矿岩石及热液蚀变[J]. 岩石学报,28(7):1966-1980.

施文翔,廖群安,胡远清,等,2010. 东天山地区中天山地块内中元古代花岗岩的特征及地质意义[J]. 地质科技情报,29(1):29-37.

石煜,王玉往,王京彬,等,2021. 新疆尾亚钒钛磁铁矿矽卡岩捕房体的地质特征[J]. 矿产勘查,12(4):883-890.

舒良树,夏飞雅克,马瑞士,1998. 中天山北缘大型右旋走滑韧剪带研究[J]. 新疆地质,16(4):326-336.

舒良树,夏飞雅克,郭令智,等,1999. 新疆中天山北缘阿其克库都克-尾亚古生代大型韧性剪切带研究[J]. 地质学报,73(2):189.

舒良树,卢华复,印栋豪,等,2003. 中、南天山古生代增生-碰撞事件和变形运动学研究[J]. 南京大学学报(自然科学版),39(1):17-30.

宋彪,李锦轶,李文铅,等,2002. 吐哈盆地南缘克孜尔卡拉萨依和大南湖花岗质岩基锆石SHRIMP定年及其地质意义[J]. 新疆地质,20(4):342-245.

苏本勋,秦克章,唐冬梅,等,2011. 新疆北山地区坡十镁铁—超镁铁岩体的岩石学特征及其对成矿作用的指示[J]. 岩石学报,27(12):3627-3639.

苏尚国,汤中立,罗照华,等,2014. 岩浆通道成矿系统[J]. 岩石学报,30(11):3120-3130.

宋志高,洛长义,师占义,等,1989. 新疆天湖铁矿床的特征、类型与成因探讨[J]. 西北地质科学(26):43-58.

孙桂华,李锦轶,王德贵,等,2006. 东天山阿其克库都克断裂南侧花岗岩和花岗闪长岩锆石SHRIMP U-Pb测年及其地质意义[J]. 地质通报,25(8):945-952.

孙赫,秦克章,李金祥,等,2008. 地幔部分熔融程度对东天山镁铁质-超镁铁质岩铂族元素矿化的约束——以图拉尔根和香山铜镍矿为例[J]. 岩石学报,24(5):1079-1086.

孙敬博,张立明,陈文,等,2013. 东天山红石金矿床石英Rb-Sr同位素定年[J]. 地质论评,59(2):382-388.

谭劲,莫宣学,赵珊茸,等,1998. 岩浆不混溶分异过程动力学分析[J]. 岩石学报,14(1):83-89.

唐俊华,顾连兴,郑远川,等,2006. 东天山卡拉塔格钠质火山岩岩石学、地球化学及成因[J]. 岩石学报,22(5):1150-1166.

田纹全,王璞琚,李嵩龄,等,2005. 新疆东天山哈密五堡地区中奥陶世大柳沟组火山岩岩石学和地球化学特征[J]. 吉林大学学报(地球科学版),35(3):296-301.

田江涛,李大海,唐毅,等,2018. 新疆鄯善县路北铜镍矿床成矿元素分布特征及找矿意义[J]. 新疆地质,36(1):80-88.

田江涛,李大海,张小军,等,2018.东天山恰特卡尔-海豹滩铜镍矿带特征及资源潜力[J].新疆地质,36(3):315-322.

田江涛,杨屹,张小军,等,2018.化探对东天山阿奇山铅锌矿发现的作用及意义[J].新疆地质,36(4):435-440.

田江涛,杨万志,周军,等,2019.东天山铜镍矿找矿潜力地球化学分析[J].新疆地质,37(1):17-23.

田江涛,高永峰,2020.东天山觉罗塔格成矿带成矿系列及成矿谱系[J].新疆地质,38(3):357-364.

涂其军,董连慧,王克卓,2012.东天山东戈壁钼矿辉钼矿Re-Os同位素年龄及地质意义[J].新疆地质,30(3):272-276.

王华星,胡志军,李铁,等,2009.哈密地区苦水构造混杂岩带地质特征及其意义[J].陕西地质,27(1):43-55.

王京彬,徐新,2006.新疆北部后碰撞构造演化与成矿[J].地质学报,80(1):23-31.

王京彬,王玉往,何志军,2006.东天山大地构造演化的成矿示踪[J].中国地质,33(3):461-469.

王龙生,李华芹,刘德权,等,2005.新疆哈密维权银(铜)矿床地质特征和成矿时代[J].矿床地质,24(3):280-284.

王龙生,李华芹,陈毓川,等,2005.新疆哈密百灵山铁矿地质特征及成矿时代[J].矿床地质,24(3):264-269.

王瑞廷,2002.煎茶岭与金川镍矿床成矿作用比较研究[D].西安:西北大学.

王瑞廷,毛景文,任小华,等,2005.煎茶岭与金川硫化镍矿床的铂族元素地球化学特征对比及其意义[J].矿床地质(4):462-470.

王琦崧,张静,王肃,等,2019.东天山马庄山金矿区赋矿石英斑岩的岩石成因和构造背景:元素地球化学、U-Pb年代学和Sr-Nd-Hf同位素约束[J].岩石学报,35(5):1503-1518.

王强,赵振华,许继峰,等,2006.天山北部石炭纪埃达克岩-高镁安山岩-富Nb岛弧玄武质岩:对中亚造山带显生宙地壳增生与铜金成矿的意义[J].岩石学报,22(1):11-30.

王雯,夏芳,柴凤梅,等,2016.东天山石炭纪雅满苏组火山岩特征及地质意义[J].岩石矿物学杂志,35(5):768-790.

王新昆,邓军,吴华,等,2008.东天山维权—彩霞山一带内生金属矿床主要类型和地质特征[J].新疆地质,26(1):17-21.

王新昆,彭慰兰,胡克亮,等,2009.新疆东天山中部隆起区早石炭世钙碱性花岗岩的确定[J].新疆地质,27(3):212-216.

王亚磊,张照伟,尤敏鑫,等,2015.东天山白鑫滩铜镍矿锆石U-Pb年代学、地球化学特征及对Ni-Cu找矿的启示[J].中国地质,42(3):452-467.

王银宏,薛春纪,刘家军,等,2014.新疆东天山土屋斑岩铜矿床地球化学、年代学、Lu-Hf同位素及其地质意义[J].岩石学报,30(11):3383-3399.

王瑜,李锦轶,李文铅,2002.东天山造山带右行剪切变形及构造演化的$^{40}Ar-^{39}Ar$年代学证据[J].新疆地质,20(4):315-319.

王玉往,王京彬,王莉娟,等,2008.新疆尾亚含矿岩体锆石U-Pb年龄、Sr-Nd同位素组成及其地质意义[J].岩石学报,24(4):781-792.

王云峰,陈华勇,肖兵,等,2016.新疆东天山地区土屋和延东铜矿床斑岩-叠加改造成矿作用[J].矿床地质,35(1):51-68.

汪传胜,顾连兴,张遵忠,等,2009.新疆哈尔里克山二叠纪碱性花岗岩-石英正长岩组合的成因及其构造意义[J].岩石学报,25(12):3182-3196.

吴昌志,张遵忠,ZAW K,等,2006.东天山觉罗塔格红云滩花岗岩年代学、地球化学及其构造意义[J].岩石学报,22(5):1121-1134.

吴华,李华芹,陈富文,等,2006.东天山哈密地区赤湖钼铜矿区斜长花岗斑岩锆石SHRIMP U-Pb年龄[J].地质通报,25(5):549-552.

吴利仁,1963.论中国基性岩、超基性岩的成矿专属性[J].地质科学(1):29-41.

吴艳爽,项楠,汤好书,等,2013.东天山东戈壁钼矿床辉钼矿Re-Os年龄及印支期成矿事件[J].岩石学报,29(1):121-130.

吴元保,郑永飞,2004.锆石成因矿物学研究及其对U-Pb年龄解释的制约[J].科学通报,49(16):1589-1604.

吴云辉,熊小林,赵太平,等,2013.新疆东戈壁斑岩型Mo矿辉钼矿Re-Os年龄和成矿岩体锆石U-Pb年龄及其地质意义[J].大地构造与成矿学,37(4):743-753.

夏冬,彭玉旋,朱志新,等,2018.新疆鄯善县阿奇山铅锌(铜)矿床地质地球化学与成因探讨[J].地质与勘探,54(1):41-51.

夏芳,赵同阳,徐仕琪,等,2012.新疆哈尔里克地区侵入岩浆构造序列的确定及构造意义[J].新疆地质,30(4):392-398.

夏林圻,李向,夏祖春,等,2006.天山石炭—二叠纪大火成岩省裂谷火山作用与地幔柱[J].西北地质,39(1):1-49.

夏明哲,2009.新疆东天山黄山岩带镁铁—超镁铁质岩石成因及成矿作用[D].西安:长安大学.

夏明哲,姜常义,钱壮志,等,2010.新疆东天山黄山东岩体岩石地球化学特征与岩石成因[J].岩石学报,26(8):2413-2430.

夏天,2019.新疆哈密清白山铅锌矿矿床成因及成矿模型探讨[J].新疆地质,37(3):309-312.

肖凡,王敏芳,姜楚灵,等,2013.东天山香山铜镍硫化物矿床铂族元素地球化学特征及其意义[J].地质科技情报,32(1):125-132,138.

肖克炎,张晓华,宋国耀,等,1999.应用GIS技术研制矿产资源评价系统[J].地球科学-中国地质大学学报,24(5):525-528.

肖克炎,张晓华,王四龙,等,2000.矿产资源GIS评价系统[M].北京:地质出版社.

肖克炎,张晓华,李景朝,等,2007.全国重要矿产总量预测方法[J].地学前缘,14(5):20-26.

解广轰,汪云亮,范彩云,等,1998.金川超镁铁岩侵入体及超大型硫化物矿床的成岩成矿机制[J].中国科学(D辑:地球科学),28(增刊):31-36.

新疆维吾尔自治区地质矿产勘查开发局,1993.新疆维吾尔自治区区域地质志[M].北京:地质出版社.

徐仕琪,赵同阳,冯京,等,2011.东天山海相火山岩型铁矿区域成矿规律研究[J].新疆地质,29(2):173-177.

徐仕琪,涂其军,2016.新疆稀有金属成矿规律与勘查找矿方向[J].地质论评,62(Z1):415-416.

杨晓梅,王忠梅,丁嘉鑫,等,2013.新疆东天山东戈壁钼矿矿床地质和地球化学特征[J].地质科学,48(3):787-805.

杨兴科,陶洪祥,罗桂昌,等,1996.东天山板块构造基本特征[J].新疆地质(3):221-227.

杨志强,吴邦友,郑松森,等,2011.新疆东戈壁斑岩型钼矿床之斑岩体特征[J].华南地质与矿产,27(3):208-214.

杨志强,李占明,李俊芳,等,2013.新疆东戈壁钼矿床地质特征及成矿热液作用阶段划分、矿物生成顺序研究[J].地质找矿论丛,28(4):514-523.

叶天竺,肖克炎,严光生,2007.矿床模型综合地质信息预测技术研究[J].地学前缘.14(5):11-19.

叶天竺,2013.矿床模型综合地质信息预测技术方法理论框架[J].吉林大学学报(地球科学版),43(4):1053-1072.

叶天竺,吕志成,庞振山,等,2014.勘查区找矿预测理论与方法【总论】[M].北京:地质出版社.

袁峰,周涛发,范裕,等,2007.新疆东天山十里坡自然铜矿化区马头滩组玄武岩锆石 LA-ICP-MS U-Pb 年龄及其意义[J].岩石学报,27(8):191-198.

袁峰,周涛发,张达玉,等,2008.东天山自然铜矿化带矿石的有机质特征及其意义[J].岩石学报,24(12):47-58.

袁峰,周涛发,张达玉,等,2010.东天山自然铜矿化带玄武岩的起源、演化及成岩构造背景[J].岩石学报,26(2):175-188.

袁学诚,1995.论中国大陆基底构造[J].地球物理学报(4):448-459.

曾长华,陈建满,李晓晨,等,1997.新疆马庄山金矿控矿地质条件及其成因浅析[J].黄金地质(4):56-64.

曾红,柴凤梅,周刚,等,2014.新疆雅满苏铁矿床矽卡岩和磁铁矿矿物学特征及其地质意义[J].中国地质,41(6):1914-1928.

翟裕生,1999.论成矿系统[J].地学前缘,6(1):13-26.

张达玉,周涛发,袁峰,等,2009.新疆东天山地区白山钼矿床的成因分析[J].矿床地质,28(5):663-672.

张达玉,周涛发,袁峰,等,2010.新疆东天山地区延西铜矿床的地球化学、成矿年代学及其地质意义[J].岩石学报,26(11):3327-3338.

张达玉,周涛发,袁峰,等,2012.新疆东天山觉罗塔格地区自然铜矿化玄武岩的成岩年代及其地质意义[J].岩石学报,28(8):88-96.

张洪瑞,魏刚锋,李永军,等,2010.东天山大南湖岛弧带石炭纪岩石地层与构造演化[J].岩石矿物学杂志,29(1):1-14.

张连昌,姬金生,曾章仁,1997.新疆康古尔塔格金矿成矿阶段及其年代学[J].新疆地质(3):203-210.

张连昌,秦克章,英基丰,等,2004.东天山土屋-延东斑岩铜矿带埃达克岩及其与成矿作用的关系[J].岩石学报,20(3):259-268.

张亮,吴飞,王丹阳,等,2017.浅谈新疆哈密市镜儿泉锂铍矿矿床特征及成矿模型[J].西部探矿工程,29(8):145-147,150.

张兴龙,郑玉洁,倪梁,2004.东天山喀尔力克康古尔塔格组火山岩特征[J].新疆地质,22(3):296-299.

赵宏刚,苏锐,梁积伟,等,2017.中天山东段天湖花岗岩岩石学、地球化学及其成因[J].地质学报,91(6):1208-1226.

赵同阳,郑加行,韩琼,等,2020.新疆北山地区清白山铅锌矿"三位一体"勘查找矿地质模型探讨[J].新疆地质,38(2):198-202.

赵同阳,朱志新,2021.新疆蛇绿岩时空分布特征及对增生造山过程的制约[J].新疆地质,39(1):21-29.

赵同阳,郑加行,韩琼,等,2021.北山地质清白山铅锌矿赋矿地层年代学研究及对增生造山过程的制约[J].新疆地质,39(4):553-562.

赵云,杨永强,柯君君,2016.含铜镍岩浆起源及硫饱和机制:以新疆黄山南岩浆铜镍硫化物矿床 Sr-Nd-Pb-S同位素和元素地球化学研究为例[J].岩石学报,32(7):2086-2098.

郑加行,赵同阳,韩琼,等,2017.东天山阿奇山组火山岩锆石 U-Pb 年龄地球化学特征及其意义[J].新疆地质,35(4):446-454.

周济元,茅燕石,黄志勋,等,1994.东天山古大陆边缘火山地质[M].成都:成都科技大学出版社.

周济元,陆彦,等,1996.三种平面应力状态叠加及联合构造体系[J].火山地质与矿产(Z2):1-13.

周涛发,袁峰,张达玉,等,2010.新疆东天山觉罗塔格地区花岗岩类年代学、构造背景及其成矿作用研究[J]. 岩石学报,26(2):478-502.

左国朝,梁广林,陈俊,2006. 东天山觉罗塔格地区夹白山一带晚古生代构造格局及演化[J]. 地质通报,25(1-2):48-57.

ALEXEIEV D V,BISKE Y S,DJENCHURAEVAC A V,et al.,2019. Late Carboniferous(Kasimovian) closure of the South Tianshan Ocean:No Triassic subduction[J]. Journal of Asian Earth Sciences,173:54-60.

BARKER J A,MENZJES M A,THIRWALL M,et al.,1997. Petrogenesis of quaternary intraplate volcanism,Sana'a,Yemen:Implications for plume-lithosphere interaction and polybaric melt hybridization[J]. Journal of Petrology,38:1359-1390.

BARNES S J,CRUDEN A R,ARNDT N,et al.,2016. The mineral system approach applied to magmatic Ni-Cu-PGE sulphide deposits[J]. Ore Geology Reviews,76:296-316.

BUSLOV M W,WATANABE T,FUJIWARA Y,et al.,2004. Late Paleozoic faults of the Altai region,central Asia:Tectonic pattern and model of formation[J]. Journal of Asian Earth Sciences,23(5):655-671.

CAMPBELL I H,GRIFFITHS R W,1993. The evolution of the mantle's chemical structure[J]. Lithos,30(3-4):389-399.

CERNY P,LONDON D,NOVÁK M,2012. Granitic pegmatites as reflections of their sources[J]. Elements,8:289-294.

CHARVET J,SHU L S,LAURENT-CHARVET S,et al.,2011. Palaeozoic tectonic tvolution of the Tianshan belt,NW China[J]. Science China Earth Sciences,54(2):166-184.

CHEN B Y,YU J J,LIU S J,et al.,2018. Source characteristics and tectonic setting of mafic-ultramafic intrusions in North Xinjiang,NW China:Insights from the petrology and geochemistry of the Lubei mafic-ultramafic intrusion[J]. Lithos,308-309:329-345.

CHEN B Y,WU C Z,BRZOZOWSKI M J,et al.,2022. Geochronology and tectonic setting of the giant Guobaoshan Rb deposit,Central Tianshan,NW China[J]. Ore Geology Reviews,141:104636.

CHEN J F,HAN B F,JI J Q,et al.,2010. Zircon U-Pb ages and tectonic implications of Paleozoic plutons in northern west Junggar,north Xinjiang,China[J]. Lithos,115:137-152.

CHEN Y J,LI C,ZHANG J,et al.,2000. Sr and O isotopic characteristics of porphyries in the Qinling molybdenum deposit belt and their implication to genetic mechanism and type[J]. Science in China (Series D:Earth Sciences),43:82-94.

CHEN Y J,WANG P,LI N,et al.,2017. The collision-type porphyry Mo deposits in Dabie Shan,China[J]. Ore Geology Reviews,81:405-430.

CHEN Z Y,XIAO W J,WINDLEY B F,et al.,2019. Composition,provenance and tectonic setting of the Southern Kangurtag accretionary complex in the Eastern Tianshan,NW China:Implications for the late Paleozoic evolution of the North Tianshan Ocean[J]. Tectonics,38:2779-2802.

CHENG X H,YANG F Q,ZHANG R,et al.,2019. Hydrothermal evolution and ore genesis of the Hongshi copper deposit in the East Tianshan Orogenic Belt,Xinjiang,NW China:Constraints from ore geology,fluid inclusion geochemistry and H-O-S-He-Ar isotopes[J]. Ore Geology,109:79-100.

CHENG X H,YANG F Q,ZHANG R,et al.,2020. Metallogenesis and fluid evolution of the Huangtupo Cu-Zn deposit,East Tianshan,Xinjiang,NW China:Constraints from ore geology,fluid inclusion geochemistry,H-O-S isotopes,and U-Pb zircon,Re-Os chalcopyrite geochronology[J]. Ore Geology Reviews,121:103469.

COFFIN M F,ELDHOLM O,1994. Large igneous provinces:Crustal structure,dimensions,and external consequences[J]. Reviews of Geophysics,32:1-36.

DEGTYAREV K,YAKUBCHUK A,TRETYAKOV A,et al.,2017. Precambrian geology of the Kazakh uplands and Tien Shan:An overview[J]. Gondwana Research,47:44-75.

DICK H,BULLEN T,1984. Chromian spinel as a petrogenetic indicator in abyssal and alpine-type peridotites and spatially associated lavas[J]. Contributions to Mineralogy and Petrology,86:54-76.

DU L,LONG X P,YUAN C,et al.,2018a. Mantle contribution and tectonic transition in the Aqishan-Yamansu belt,eastern Tianshan,NW China:insights from geochronology and geochemistry of early carboniferous to early Permian felsic intrusions[J]. Lithos,304-307:230-244.

DU L,LONG X P,YUAN C,et al.,2018b. Petrogenesis of Late Paleozoic diorites and A-type granites in the central Eastern Tianshan,NW China:Response to post-collisional extension triggered by slab breakoff[J]. Lithos 318-319:47-59.

DU L,ZHANG Y Y,HUANG Z Y,et al.,2019. Devonian to carboniferous tectonic evolution of the Kangguer Ocean in the Eastern Tianshan,NW China:Insights from three episodes of granitoids [J]. Lithos,350-351:105243.

EBEL D S,NALDRETT A J,1996. Fractional crystallization of sulfide ore liquids at high temperature[J]. Economic Geology,91:607-621.

FENG Y Q,QIAN Z Z,DUAN J,et al.,2018. Geochronological and geochemical study of the Baixintan magmatic Ni-Cu sulphide deposit:New implications for the exploration potential in the western part of the East Tianshan Nickel belt(NW China)[J]. Ore Geology Reviews,95(2):366-381.

FENG W Y,ZHENG J H,2021. Triassic magmatism and tectonic setting of the eastern Tianshan, NW China:Constraints from the Weiya intrusive complex[J]. Lithos,394-395:106171.

FLEET M E,CROCKET J H,STONE W E,1996. Partitioning of platinum-group elements(Os, Ir,Ru,Pt,Pd)and gold between sulfide liquid and basalt melt[J]. Geochimica et Cosmochimica Acta, 60:2397-2412.

FOSTER J G,LAMBERT D D,FRICK L R,1996. Re-Os isotopic evidence for genesis of Archaean nickel ores from uncontaminated komatites[J]. Nature,382:703-706.

GAO J,LI M S,XIAO X C,et al.,1998. Paleozoic tectonic evolution of the Tianshan orogen, northwestern China[J]. Tectonophysics,287(1-4):213-231.

GAO J,KLEMD R,QIAN Q,et al.,2011. The collision between the Yili and Tarim blocks of the southern Altaids:Geochemical and age constraints of a leucogranite dike crosscutting the HPLT metamorphic belt in the Chinese Tianshan orogen[J]. Tectonophysics,499(1-4):118-131.

GAO J F,ZHOU M F,LIGHTFOOT P C,et al.,2013. Sulfide saturation and magma emplacement in the formation of the Permian Huangshandong Ni-Cu sulfide deposit,Xinjiang,NW China[J]. Economic Geology,108:1833-1848.

GAO R Z,XUE C J,CHI G X,et al.,2020. Genesis of the giant Caixiashan Zn-Pb deposit in Eastern Tianshan,NW China:Constraints from geology,geochronology and S-Pb isotopic geochemistry[J]. Ore Geology Reviews,119:103366.

GARUTI G,FERSHTATER G,BEA F,et al.,1997. Platinum-group elements as petrological indications in mafic-ultramafic complexes of the central and southern Urals:preliminary results[J]. Tectonophysics,276:181-194.

GROSS G A,1980. A classification of iron formation based on depositional environments[J]. The Canadian Mineralogist,18(2):215-222.

HAN C M,XIAO W J,ZHAO G C,et al.,2006. Major types,characteristics and geodynamic mechanism of Upper Paleozoic copper deposits in northern Xinjiang,northwestern China[J]. Ore Geology Reviews,28(3):308-328.

HAN C M,XIAO W J,ZHAO G C,et al.,2014a. Tectonic implications of Re-Os dating of molybdenum deposits in the Tianshan-Xinjiang orogenic belt,central Asia[J]. International Geology Review, 56(8):985-1006.

HAN C M,XIAO W J,SU B X,et al.,2014b. Geology,Re-Os and U-Pb geochronology and sulfur isotope of the Donggebi porphyry Mo deposit,Xinjiang,NW China,Central Asian Orogenic Belt[J]. Journal of Asian Earth Sciences,165:270-284.

HAN B F,HE G Q,WANG X C,et al.,2011. Late Carboniferous collision between the Tarim and Kazakhstan-Yili terranes in the western segment of the south Tianshan orogen,central Asia and implication for the northern Xinjiang,western China[J]. Earth-Science Review,109(3-4):74-93.

HAN J S,CHEN H Y,JIANG H J,et al.,2019. Genesis of the Paleozoic Aqishan-Yamansu arc-basin system and Fe(-Cu)mineralization in the Eastern Tianshan,NW China[J]. Ore Geology Reviews,105:55-70.

HARALD F,INNA S,2019. Ophiolites of the Central Asian Orogenic Belt:Geochemical and petrological characterization and tectonic settings[J]. Geoscience Frontiers,10:1255-1284.

HAUGHTON D R,ROEDER P L,SKINNER B J,1974. Solubility of sulfur in mafic magmas[J]. Economic Geology,69:451-467.

HE X H,DENG X H,BAGAS L,et al.,2021. The Silurian to Devonian magmatic evolution of the Eastern Tianshan Terrane:New insights from geochemistry,geochronology,and Sr-Nd-Hf isotopes of new-discovered Sidingheishan porphyry Cu-Mo deposit,NW China[J]. Ore Geology Reviews,Doi:10.1016/j.oregeorev.2021.104228.

HE Z Y,ZHANG Z M,ZONG K Q,et al.,2014. Zircon U-Pb and Hf isotopic studies of the Xingxingxia Complex from Eastern Tianshan(NW China):Significance to the reconstruction and tectonics of the southern Central Asian Orogenic Belt[J]. Lithos,190-191:485-499.

HE Z Y,KLEMD R,ZHANG Z M,et al.,2015. Mesoproterozoic continental arc magmatism and crustal growth in the eastern Central Tianshan Arc Terrane of the southern Central Asian Orogenic Belt:Geochronological and geochemical evidence[J]. Lithos,236-237:74-89.

HE Z Y,KLEMD R,YAN L L Y,et al.,2018. Mesoproterozoic juvenile crust in microcontinents of the Central Asian Orogenic Belt:evidence from oxygen and hafnium isotopes in zircon[J]. Scientific Reports,8:5054.

HILDRETH W,2007. Quaternary magmatism in the Cascades:Geological perspectives[R]. USGS Professional Paper,1744:1-125.

HOLSER W T,1977. Catastrophic chemical events in history of the ocean[J]. Nature,267:402-408.

HOU T,ZHANG Z C,SANTOSH M,et al.,2014. Geochronology and geochemistry of submarine volcanic rocks in the Yamansu iron deposit,Eastern Tianshan Mountains,NW China:Constraints on the metallogenesis[J]. Ore Geology Reviews,56:487-502.

HOU Z Q,YANG Z M,QU X M,et al.,2009. The Miocene Gangdese porphyry copper belt generated during post-collisional extension in the Tibetan Orogen[J]. Ore Geology Reviews,36:25-51.

HOU Z Q,ZHANG H R,PAN X F,et al.,2011. Porphyry Cu(-Mo-Au)deposits related to melting of thickened mafic lower crust:Examples from the eastern Tethyan metallogenic domain[J]. Ore Geology Reviews,39:21-45.

HU A,ZHANG G,ZHANG Q,et al.,1998. Constraints on the age of basement and crustal growth in Tianshan Orogen by Nd isotopic composition[J]. Science in China (Series D: Earth Sciences),41(6):648-657.

HU A Q,JAHN B. M,ZHANG G. X,et al. ,2000. Crustal evolution and Phanerozoic crustal growth in northern Xinjiang:Nd isotopic evidence. Part I:Isotopic characterization of basement rocks [J]. Tectonophysics,328:15-51.

HUANG B T,HE Z Y,ZONG K Q,et al. ,2014. Zircon U-Pb and Hf isotopic study of Neoproterozoic granitic gneisses from the Alatage area,Xinjiang:constraints on the Precambrian crustal evolution in the Central Tianshan Block[J]. Chinese Science Bulletin,59:100-112.

HUANG B T,HE Z Y,ZHANG Z M,et al. ,2015. Early Neoproterozoic granitic gneisses in the Chinese Eastern Tianshan:Petrogenesis and tectonic implications[J]. Journal of Asian Earth Sciences, 113:339-352.

HUANG H,PETER A C,HOU M C,et al. ,2019. Provenance of latest Mesoproterozoic to early Neoproterozoic(meta)-sedimentary rocks and implications for paleographic reconstruction of the Yili Block[J]. Gondwana Research,72:120-138.

HUANG X W,QI L,GAO J F,et al. ,2013. First reliable Re-Os ages of pyrite and stable isotope compositions of Fe(-Cu)deposits in the Hami Region,Eastern Tianshan Orogenic Belt,NW China[J]. Resource Geology,63(2):166-187.

IRVINE T N,1974. Petrology of the Duke Island ultramafic complex southeastern Alaska[M]. New York:Geological Society of America Memoir,138.

IRVINE T N,1975. Crystallization sequences in the Muskox intrusion and other layered intrusions;II,Origin of chromitite layers and similar deposits of other magmatic ores[J]. Geochimica et Cosmochimica Acta,39:991-1020.

IRVINE T N,KEITH D W,TODD S G,1983. The J_M platinum_palladium reef of the Stillwater Complex,Montana;II. Origin by double diffusive convective magma mixing and implications for the Bushveld complex[J]. Economic Geology,78:1287-1334.

JAHN B M,WU F Y,CHEN B,2000. Massive granitoid generation in central Asia:Nd isotope evidence and implication for continental growth in the Phanerozoic[J]. Episodes,23:82-92.

JIANG H J,HAN J S,CHEN H Y,et al. ,2017. Intra-continental back-arc basin inversion and Late Carboniferous magmatism in Eastern Tianshan,NW China:Constraints from the Shaquanzi magmatic suite[J]. Geoscience Frontiers,8:1447-1467.

KEAYS R R,NICKEL E H,GROVES D I,et al. ,1982. Iridium and palladium as discriminants of volcanic-exhalative,hydrothermal,and magmatic nickel sulfide mineralization[J]. Economic Geology, 77:1535-1547.

KEAYS R R,1995. The role of komatiitic and picritic magmatism and S-saturation in the formation of ore deposits[J]. Lithos,34:1-18.

KISELEV V V,APAYAROV F K,KOMARTSEV V T,et al. ,1993. Isotopic ages of zircons from crystalline complexes of the Tianshan[M]//KOZAKOV I K. Early Precambrian of the Central Asia Folded Belt. St. Petersburg:Nauka,99-115.

KOVALENKO V I,YARMOLYUK V V,KOVACH V P,et al. ,2004. Isotope of the continental crust in the central Asian mobile belt:Geological and isotopic evidence[J]. Journal of Asian Earth Sciences,23(5):605-627.

KRÖNER A,WINDLEY B F,BADARCH G,et al. ,2007. Accretionary growth and crust formation in the Central Asian Orogenic Belt and comparison with the Arabian-Nubian shield[J]. Geol. Soc.

Am. Mem.,200:181-209.

KRÖNER A, ALEXEIEV D V, ROJAS-AGRAMONTE Y, et al.,2013. Mesoproterozoic(Grenville-age)terranes in the Kyrgyz North Tianshan:zircon ages and Nd-Hf isotopic constraints on the origin and evolution of basement blocks in the southern Central Asian Orogen[J]. Gondwana Research,23:272-295.

LAMBERT D D, FOSTER J G, FRICK L R, et al.,1998. Geodynamics of magmatic Cu-Ni-PGE sulfide deposits:new insights from the Re-Os isotopic system[J]. Economic Geology,93(2):121-137.

LEI R X, WU C Z, CHI G X, et al.,2013. The Neoproterozoic Hongliujing A-type granite in Central Tianshan(NW China):LA-ICP-MS zircon U-Pb geochronology, geochemistry, Nd-Hf isotope and tectonic significance[J]. Journal of Asian Earth Sciences,74:142-154.

LESHER C M, CAMPBELL I H,1993. Geochemical and fluid dynamic controls on the composition of Komatiite-hosted nickel sulfide ores in Western Australia[J]. Economic Geology,88:804-816.

LI C, RIPLEY E M,2005. Empirical equations to predict the sulfur content of mafic magmas at sulfide saturation and applications to magmatic sulfide deposits[J]. Mineralium Deposita,40(2):218-230.

LI D F, ZHANG L, CHEN H Y, et al.,2016. Geochronology and geochemistry of the high Mg dioritic dikes in Eastern Tianshan, NW China:Geochemical features, petrogenesis and tectonic implications[J]. Journal Asian Earth Sciences,115:442-454.

LI D F, CHEN H Y, HOLLINGS P, et al.,2018. Isotopic footprints of the giant Precambrian Caixiashan Zn-Pb mineralization system[J]. Precambrian Research,305:79-90.

LI N, YANG F Q, ZHANG Z X, et al.,2019. Geochemistry and chronology of the biotite granite in the Xiaobaishitou W-(Mo)deposit, eastern Tianshan, China:Petrogenesis and tectonic implications[J]. Ore Geology Reviews,107:999-1019.

LI N, YANG F Q, ZHANG Z X, et al.,2020. Dating the Xiaobaishitou skarn W-(Mo)deposit, Eastern Tianshan, NW China:Constraints from zircon U-Pb, muscovite $^{40}Ar-^{39}Ar$, and molybdenite Re-Os system[J]. Ore Geology Reviews,124,103637.

LI P, LIANG T, FENG Y G, et al.,2021a. The Metallogeny of the Lubei Ni-Cu-Co sulfide deposit in Eastern Tianshan, NW China:Insights from petrology and Sr-Nd-Hf isotopes[J]. Frontiers in Earth Science,9:648122.

LI P, LIANG T, HUANG F, et al.,2021b. The metallogeny of the Tieling Cu-Mo porphyry deposit in Eastern Tianshan, NW China:New insights from zircon U-Pb, fluid inclusion, and H-O-S stable isotope analyses[J]. Geofluids. https://doi.org/10.1155/2021/5566757.

LI P, LIANG T, FENG Y G, et al.,2022. Zircon U-Pb and molybdenite Re-Os geochronology and geochemistry of the Tieling deposit in the Eastern Tianshan, NW China:Insights into the timing of mineralization and tectonic setting[J]. Ore Geology Reviews,141:104656.

LIGHTFOOT P C, HAWKESWORTH C J,1997. Flood basalts and magmatic Ni, Cu and PGE sulphide mineralization:Comparative geochemistry of the Noril'sk(Siberian Trap)and West Greenland Sequences[M]//MAHONEY J J, COFFIN M F. Large Igneous Province. Washington D C:Amercian Geophysical Union:357-380.

LIGHTFOOT P C, KEAYS R R, EVANS-LAMSWOOD D, et al.,2012. S saturation history of Nain Plutonic Suite mafic intrusions:Origin of the Voisey's Bay Ni-Cu-Co sulfide deposit, Labrador, Canada[J]. Mineralium Deposita,47(1-2):23-50.

LINNEN R L,LICHTERVELDE M V,CERNY P,2012. Granitic pegmatites as sources of strategic metals[J]. Elements,8:275-280.

LIU S W,GUO Z J,ZHANG Z C,et al. ,2004. Nature of the Precambrian metamorphic blocks in the eastern segment of Central Tianshan:Constraint from geochronology and Nd isotopic geochemistry [J]. Science in China (Series D:Earth Science),47(12):1085-1094.

LIU S Y,WANG R,JEON H,et al. ,2019. Indosinian magmatism and rare metal mineralization in East Tianshan orogenic belt:An example study of Jingerquan Li-Be-Nb-Ta pegmatite deposit[J]. Ore Geology Reviews. doi:10. 1016/j. oregeorev. 2019. 103265.

LONG X P,WU B,SUN M,et al. ,2020. Geochronology and geochemistry of Late Carboniferous dykes in the Aqishane-Yamansu belt, eastern Tianshan: Evidence for a post-collisional slab breakoff [J]. Geoscience Frontiers,11:347-362.

LORAND J P,ALARD O,2001. Platinum-Giroup element abundances in the upper imantle:New constraints from in situ and whole-rock amalyses of Massif Central xenoliths(France)[J]. Geochimica et Cosmochimica Acta,65(16):2789-2806.

LU W J,ZHANG L,CHEN H Y,et al. ,2018. Geology,fluid inclusion and isotope geochemistry of the Hongyuan reworked sediment-hosted Zn-Pb deposit:Metallogenic implications for Zn-Pb deposits in the Eastern Tianshan,NW China[J]. Ore Geology Reviews,100:504-533.

LUO T,LIAO Q A,ZHANG X H,et al. ,2016. Geochronology and geochemistry of Carboniferous metabasalts in eastern Tianshan,Central Asia:evidence of a back-arc basin[J]. International Geology Review,58:756-772.

MA X X,SHU L S,MEERT J G,et al. ,2014. The Paleozoic evolution of Central Tianshan:Geochemical and geochronological evidence[J]. Gondwana Research,25:797-819.

MAIER W D,BARNES S J,DE WAAL S A,1998. Exploration for mag-matic Cu Ni PGE sulphide deposits:A review of recent advances in the use of geochemical tools, and their application to some south African ores[J]. South African Geology,101(3):237-253.

MAIER W D,BAMES S J,1999. The origin of Cu sulfide deposits in the Curaca valley,Bahia,Brazil :evidence from Cu,Ni,Se,and platinum-group element concentrations[J]. Economic Geology,94(2):165-183.

MAIER W D,LI C S AND DE WAAL S A,2001. Why are there no major Ni-Cu sulfide deposits in large layered mafic-ultramafic intrusions?[J]. The Canadian Mineralogist,39(2):547-556.

MAO J W,GOLDFARB R J,WANG Y T,et al. ,2005. Late Paleozoic base and precious metal deposits,East Tianshan,Xinjiang,China:Characteristics and geodynamic setting[J]. Episodes,28(1):23-36.

MAO J W,PIRAJNO F,ZHANG Z H,et al. ,2008. A review of the Cu-Ni sulphide deposits in the Chinese Tianshan and Altay orogens(Xinjiang Autonomous Region,NW China):Principal characteristics and ore-forming processes[J]. Journal of Asian Earth Sciences,32:184-203.

MAO Q G,YU M J,XIAO W J,et al. ,2018. Skarn-mineralized porphyry adakites in the Harlik arc at Kalatage, E. Tianshan(NW China): Slab melting in the Devonian-early Carboniferous in the southern Central Asian Orogenic Belt[J]. Journal of Asian Earth Sciences,153:365-378.

MAO Q G,WANG J B,YU M J,et al. ,2020. Re-Os and U-Pb geochronology for the Xiaorequanzi VMS deposit in the Eastern Tianshan,NW China:Constraints on the timing of mineralization and stratigraphy[J]. Ore Geology Reviews,122:103473.

MAO Y J,QIN K Z,LI C S,et al. ,2015. A modified genetic model for the Huangshandong magmatic sulfide deposit in the Central Asian Orogenic Belt, Xinjiang, western China[J]. Miner Deposita, 50:65-82.

MAO Y J, QIN K Z, TANG D M, et al., 2016. Crustal contamination and sulfide immiscibility history of the Permian Huangshannan magmatic Ni-Cu sulfide deposit, East Tianshan, NW China[J]. Journal of Asian Earth Sciences, 129:22-37.

MAO Y J, QIN K Z, BARNES S J, et al., 2017b. Genesis of the Huangshannan high-Ni tenor magmatic sulfide deposit in the eastern Tianshan, Northwest China: constraints from PGE geochemistry and Os-S isotopes[J]. Ore Geology Reviews, 90:591-606.

MAVROGENES J A, O'NEILL H C, 1999. The relative effects of pressure, temperature and oxygen fugacity on the solubility of sulfide in mafic magmas[J]. Geochimica et Cosmochimica Acta, 639(7/8):1173-1180.

MCDONOUGH W F, SUN S S, 1995. The composition of the Earth[J]. Chemical Geology, 120: 223-253.

MI M, CHEN Y J, YANG Y F, et al., 2015. Geochronology and geochemistry of the giant Qian'echong Mo deposit, Dabie Shan, eastern China: implications for ore genesis and tectonic setting[J]. Gondwana Research, 27(3):1217-1235.

MUHTAR M N, WU C Z, BRZOZOWSKI M J, et al., 2020. Geochronology, geochemistry, and Sr-Nd-Pb-Hf-S isotopes of the wall rocks of the Kanggur gold polymetallic deposit, Chinese North Tianshan: Implications for petrogenesis and sources of ore-forming materials[J]. Ore Geology Reviews, 125: 103688.

MUHTAR M N, WU C Z, BRZOZOWSKI M J, et al., 2021. Sericite $^{40}Ar/^{39}Ar$ dating and S-Pb isotope composition of the Kanggur gold deposit: Implications for metallogenesis of late Paleozoic gold deposits in the Tianshan, central Asian Orogenic Belt[J]. Ore Geology Reviews, 131:104056.

NALDRETT A J, 1973. Nickle sulphide deposits: Their classification and genesis with special emphasis on deposits of volcanic association[J]. Canadian Mining and Metallurgical Bull, 66:45-63.

NALDRETT A J, 1989. Magmatic sulphide deposits[M]. New York: Oxford University Press.

NALDRETT A J, 1997. Key factors in the genesis of Noril'sk, Sudbury, Jinchuan, Voisey-an s Bay and other world class Cu Ni PGE deposits: Implication for exploration[J]. Journal of the Geological Society of Australia Australian J. Earth Sci., 44:283-315.

NALDRETT A J, 1999. World-class Ni-Cu-PGE deposits: Key factors in their genesis[J]. Mineralium Deposita, 34(3):227-240.

NALDRETT A J, 2004a. An overview of Ni-Cu mineralization with conclusions guide in exploration[Z]. International Geological Correlation Programme 479 short course notes: 154-164.

NALDRETT A J, 2004b. Magmatic sulfide deposits: Geology, Geochemistry and Exploration[M]. Berlin: Springer.

OHMOTO H, 1972. Systematics of sulfur and carbon isotopes in hydrothermal ore deposits[J]. Economic Geology, 67:551-578.

OHMOTO H, RYE R O, 1979. Isotopes of sulfur and carbon[M]//Geochemistry of hydrothermal ore deposit. New York: Wiley.

OHMOTO H, 1986. Stable isotope geochemistry of ore deposits[J]//VALLEY J W, TAYLOR H P, O'NEIL J R. Stable isotopes in high temperature geological processes. Review in Mineralogy and Geochemistry, 16:491-559.

PIRAJNO F, MAO J W, ZHANG Z C, et al., 2008. The association of mafic-ultramafic intrusions and A-type magmatism in the Tianshan and Altay orogens, NW China: Implications for geodynamic evolution and potential for the discovery of new ore deposits[J]. Journal of Asian Earth Sciences, 32: 165-183.

PIRAJNO F, ERNST R E, BORISENKO A. S, et al., 2009. Intraplate magmatism in Central Asia and China and associated metallogeny[J]. Ore Geology Reviews, 35: 114-136.

PIRAJNO F, 2013. The geology and tectonic settings of China's mineral deposits[M]. Berlin: Springer Science and Business Media.

QIN K Z, SU B X, SAKYI P A, et al., 2011. SIMS zircon U-Pb geochronology and Sr-Nd isotopes of Ni-Cu-bearing mafic-ultramafic intrusions in eastern Tianshan and Beishan in correlation with flood basalts in Tarim Basin(NW China): constraints on a ca. 280 Ma mantle plume[J]. American Journal of Science, 311: 237-260.

RICHARDS J P, BOYCE A J, PRINGLE M S, 2001. Geologic evolution of the Escondida area, northern Chile: A model for spatial and temporal localization of porphyry Cu mineralization[J]. Economic Geology, 96: 271-305.

RICHARDS J P, 2003. Tecton-magmatic precursors for porphyry Cu-(Mo-Au) deposit formation [J]. Economic Geology, 98(8): 1515-1533.

RICHARDS J P, 2009. Postsubduction porphyry Cu-Au and epithermal Au deposits: products of remelting of subduction-modified lithosphere[J]. Geology, 37: 247-250.

RICHARDS J P, 2011a. High Sr/Y arcmagmas and porphyry Cu±Mo±Au deposits: Just add water[J]. Economic Geology, 106: 1075-1081.

RICHARDS J P, 2011b. Magmatic to hydrothermal metal fluxes in convergent and collided margins[J]. Ore Geology Reviews, 40: 1-26.

RIPLEY E M, LIGHTFOOT P C, LI C, et al., 2003. Sulfur isotopic studies of continental flood in the Noril'sk region: implications for the association between lavas and ore-bearing intrusions[J]. Geochimica et Cosmochimica Acta, 67(15): 2805-2817.

RUDNICK R L, GAO S, 2011. Composition of the continental crust, in Rudnick[M]//3n ed. Treatise on geochemistry. Amsterdam: the crust Elsevier.

SAFONOVA I Y, UTSUNOMIYA A, KOKIMA S, et al., 2008. Pacific superplume-related oceanic basalts hosted by accretionary complexes of central Asia, Russian Far East and Japan[J]. Gondwana Research, 16(3): 587-608.

SENGÖR A M C, NATAL'IN B A, BURTMAN V S, 1993. Evolution of the Altaid tectonic collage and Palaeozoic crustal growth in Eurasia[J]. Nature, 364: 299-307.

SENGÖR A M C, NATAL'IN B A, 1996. Paleotectonics of Asia: fragments of a synthesis[M]// Yin A. The tectonic evolution of Asia. Cambridge: Cambridge University Press.

SHEN P, PAN H D, DONG L H, et al., 2014a. Yandong porphyry Cu deposit, Xinjiang, China: Geology, geochemistry and SIMS U-Pb zircon geochronology of host porphyrite and associated alteration and mineralization[J]. Journal of Asian Earth Science, 80: 197-217.

SHEN P, PAN H D, ZHOU T F, et al., 2014b. Petrography, geochemistry and geochronology of the host porphyrites and associated alteration at the Tuwu Cu deposit, NW China: a case for increased depositional efficiency by reaction with mafic hostrock?[J]. Mineralium Deposita, 49: 709-731.

SHEPPARD S M F, 1986. Characterization and isotopic variations in natural waters[J]. Reviews in Mineralogy, 16: 165-183.

SHU L S, YU J H, CHARVET J, et al., 2004. Geological, geochronological and geochemical features of granulites in the eastern Tianshan, NW China[J]. Journal of Asian Earth Sciences, 24(1): 25-41.

SILLITOE R H, 1972. A plate tectonic model for the origin of porphyry copper deposits[J]. Economic Geology, 67: 184-197.

SILLITOE R H, 2010. Porphyry copper system[J]. Economic Geology, 105: 3-41.

STEPHEN J, BARNES A, ALEXANDER R, et al., 2016. The mineral system approach applied to magmatic Ni-Cu-PGE sulphide deposits[J]. Ore Geology Reviews, 76: 296-316.

STERN C R, SKEWES M A, AREVALO A, 2010. Magmatic evolution of the Giant El Teniente Cu-Mo deposit, Central Chile[J]. Journal of Petrology, 52: 1591-1617.

SUN H S, LI H, DANIšíK M, et al., 2017. U-Pb and Re-Os geochronology and geochemistry of the Donggebi Mo deposit, Eastern Tianshan, NW China: Insights into mineralization and tectonic setting[J]. Ore Geology Reviews, 86: 584-599.

SUN M, WANG Y H, ZHANG F F, et al., 2020. Petrogenesis of Late Carboniferous intrusions in the Linglong area of Eastern Tianshan, NW China, and tectonic implications: Geochronological, geochemical, and zircon Hf-O isotopic constraints[J]. Ore Geology Reviews, 120: 103462.

SUN S S, DE WAAL S A, HOATSON D M, et al., 1991. Use of geochemisty as a guide to platinum group element potentials of mafic-ultramafic rocks: examples from the weat Pilbara Block and Halls Creek Mobile Zone, western Australia[J]. Precambrian Research, 50: 1-35.

SUN T, QIAN Z Z, LI C S, et al., 2013. Petrogenesis and economic potential of the Erhongwa mafic-ultramafic intrusion in the Central Asian Orogenic Belt, NW China: Constraints from olivine chemistry, U-Pb age and Hf isotopes of zircons, and whole-rock Sr-Nd-Pb isotopes[J]. Lithos, 182-183: 185-199.

SUN Y, WANG J B, LI Y C, et al., 2018. Recognition of Late Ordovician Yudai porphyry Cu(Au, Mo) mineralization in the Kalatag district, Eastern Tianshan terrane, NW China: Constraints from geology, geochronology, and petrology[J]. Ore Geology Reviews, 100: 220-236.

SUN Z Y, LONG L L, WANG Y W, et al., 2019. Geology, chronology, fluid inclusions, and H-O-S isotopic compositions of the Hongyuntan magnetite deposit, Eastern Tianshan, NW China[J]. Journal of Asian Earth Sciences, 172: 328-345.

TAYLOR H P, 1974. The application of oxygen and hydrogen isotope studies to problems of hydrothermal alteration and ore deposits[J]. Economic Geology, 69: 843-883.

TAYLOR H P, 1997. Oxygen and hydrogen isotope relationships in hydrothermal mineral deposits [M]//BARNES H L. Geochemistry of hydrothermal ore deposits. New York: Wiley 236-277.

WALKER R J, MORGAN J W, NALDRETT A J, et al., 1994. Re Os isotope evidence for an enriched mantle source for the Noril'sk type, ore-bearing intrusion, Siberia[J]. Geochimica et Cosmochimica Acta, 58: 4179-4197.

WANG B, CHEN Y, ZHAN S, et al., 2007. Primary Carboniferous and Permian Paleomagnetic results from the Yili block (NW China) and their implications on the geodynamic evolution of Chinese Tianshan belt[J]. Earth and Planetary Science Letters, 263(3-4): 288-308.

WANG B, CLUZEL D, JAHN B M, et al., 2014a. Late Paleozoic Pre-and Syn-Kinematic plutons of the Kangguer-Huangshan shear zone: inference on the tectonic evolution of the eastern Chinese north Tianshan[J]. American Journal of Science, 314(1): 7443-7479.

WANG P, CHEN Y J, FU B, et al., 2014b. Fluid inclusion and H-O isotope geochemistry of the Yaochong porphyry Mo deposit in Dabie Shan, China: A case study of porphyry systems in continental collision orogens[J]. International Journal of Earth Sciences, 103: 777-797.

WANG Y H,XUE C J,WANG J P,et al.,2014c. Petrogenesis of magmatism in the Yandong region of eastern Tianshan,Xinjiang:Geochemical,geochronological and Hf isotope constr-aints[J]. International Geology Review. doi:10.1080/002068142014.900653.

WANG Z M,HAN C M,XIAO W J,et al.,2014d. The petrogenesis and tectonic implications of the granitoid gneisses from Xingxingxia in the eastern segment of Central Tianshan[J]. Journal of Asian Earth Sciences,88:277-292.

WANG K,WANG Y H,XUE C J,et al.,2020. Fluid inclusions and C-H-O-S-Pb isotope systematics of the Caixiashan sediment-hosted Zn-Pb deposit,eastern Tianshan,northwest China:Implication for ore genesis[J]. Ore Geology Reviews,119:103404.

WANG Y H,XUE C J,LIU J J,et al.,2015. Early Carboniferous adakitic rocks in the area of the Tuwu deposit,eastern Tianshan,NW China:Slab melting and implications for porphyry copper mineralization[J]. Journal of Asian Earth Sciences,103:332-349.

WANG Y H,XUE C J,ZHANG F F,et al.,2015b. SHRIMP zircon U-Pb geochronology,geochemistry and H-O-Si-S-Pb isotope systematics of the Kanggur gold deposit in Eastern Tianshan,NW China:Implication for ore genesis[J]. Ore Geology Reviews,68:1-13.

WANG Y H,ZHANG F F,LIU J J,et al.,2016. Genesis of the Fuxing porphyry Cu deposit in Eastern Tianshan,China:Evidence from fluid inclusions and C-H-O-S-Pb isotope systemati[J]. Ore Geology Reviews,79:46-61.

WANG Y H,ZHANG F F,LIU J J,et al.,2018. Ore genesis and hydrothermal evolution of the Donggebi porphyry Mo deposit,Xinjiang,northwest China:evidence from isotopes(C,H,O,S,Pb),fluid inclusions,and molybdenite Re-Os dating[J]. Economic Geology,113(2):463-488.

WINDLEY B F,ALEXEIEV D,XIAO W J,et al.,2007. Tectonic models for accretion of the Central Asian Orogenic belt[J]. Journal of the Geological Society of London,164:31-47.

WU C Z,XIE S W,GU L X,et al.,2017. Shear zone-controlled post-magmatic ore formation in the Huangshandong Ni-Cu sulfide deposit,NW China[J]. Ore Geology Reviews,100:545-560.

WU F Y,WILDE S A,ZHANG G L,et al.,2004. Geochronnology and petrogenesis of the post orogenic Cu Ni sulfide bearing mafic ultramafic complexes in Jinlin Province,NE China[J]. Journal of Asian Earth Sciences,23:781-797.

XIAO B,CHEN H Y,HOLLINGS P,et al.,2017. Magmatic evolution of the Tuwu-Yandong porphyry Cu belt,NW China:Constraints from geochronology,geochemistry and Sr-Nd-Hf isotopes[J]. Gondwana Research,43:74-91.

XIAO W J,WINDLEY B F,HAO J,et al.,2003. Accretion leading to collision and the Permian Solonker suture,Inner Mongolia,China:Termination of the central Asian orogenic belt[J]. Tectonics,22(6):1069.

XIAO W J,ZHANG L C,QIN K Z,et al.,2004. Paleozoic accretionary and collisional tectonics of eastern Tianshan(China):Implications for the continental growth of central Asia[J]. American Journal of Science,304(4):370-395.

XIAO W J,HAN C M,YUAN C,et al.,2008. Middle Cambrian to Permian subduction-related accretionary orogenesis of northern Xinjiang,NW China:Implications for the tectonic evolution of central Asia[J]. Journal of Asia Earth Sciences,32(2):102-117.

XIAO W J,WINDLEY B F,HUANG B C,et al.,2009. End Permian to Mid-Triassic termination of the southern central Asia orogenic belt[J]. International Journal of Earth Sciences,98(6):1189-1217.

XIAO W J,HUANG B C,HAN C M,et al.,2010. A review of the western part of the Altaids:a key to understanding the architecture of accretionary orogens[J]. Gondwana Research,18(2/3):253-273.

XIAO W J,WINDLEY B F,ALLEN M B,et al.,2013. Paleozoic multiple accretionary and collisional tectonics of the Chinese Tianshan orogenic collage[J]. Gondwana Research,23:1316-1341.

XIAO W J,SANTOSH M,2014. The western central Asian orogenic belt:A window to accretionary orogenesis and continental growth[J]. Gondwana Research,25(4):1429-1444.

XIAO W J,WINDLEY B F,SUN S,et al.,2015. A tale of amalgamation of three Permo-Triassic collage systems in Central Asia:Oroclines,sutures,and terminal accretion[J]. Annual Review of Earth and Planetary Sciences,43:477-507.

XIAO W J,SONG D F,WINDLEY B F,et al.,2020. Accretionary processes and metallogenesis of the Central Asian Orogenic Belt:Advances and perspectives[J]. Science China Earth Sciences,63:329-361.

YANG G X,LI Y J,LI S Z,et al.,2017. Accreted seamounts in the south Tianshan orogenic belt, NW China[J]. Geological Journal,53(S2):16-29.

YANG Y F,CHEN Y J,LI N,et al.,2015. Evolution of ore fluids in the Donggou giant porphyry Mo system,East Qinling,China,a new type of porphyry Mo deposit:Evidence from fluid inclusion and H-O isotope systematics[J]. Ore Geology Reviews,65:148-164.

ZENG Q D,QIN K Z,LIU J M,et al.,2015. Prophyry molybdenum deposits in the Tianshan-Xinjiang orogenic belt,northern China[J]. International Journal of Earth Sciences,104(4):991-1023.

ZHANG D Y,ZHOU T F,YUAN F,et al.,2014. Genesis of Permian granites along the Kangguer shear zone,Jueluotage area,northwest China:geological and geochemical evidence[J]. Lithos,198-199:141-152.

ZHANG F F,WANG Y H,LIU J J,2016a. Petrogenesis of Late Carboniferous granitoids in the Chihu area of Eastern Tianshan,Northwest China,and tectonic implications:geochronological,geochemical,and zircon Hf-O isotopic constraints[J]. International Geology Review,58:949-966.

ZHANG F F,WANG Y H,XUE C J,et al.,2019. Fluid inclusion and isotope evidence for magmatic-hydrothermal fluid evolution in the Tuwu porphyry copper deposit,Xinjiang,NW China[J]. Ore Geology Reviews,113:103078.

ZHANG F F,WANG Y H,LIU J J,et al.,2022. Paleozoic magmatism and mineralization potential of the sanchakou copper deposit,Eastern Tianshan,Northwest China:Insights from geochronology, mineral chemistry,and isotopes[J]. Economic Geology,117(1):165-194.

ZHANG L C,SHEN Y C,JI J S,2003. Characteristics and genesis of Kanggur gold depositin the eastern Tianshan mountains, NW China:evidence from geology,isotope distribution and chronology[J]. Ore Geology Review,23:71-90.

ZHANG L C,XIAO W J,QIN K Z,et al.,2005. Re-Os isotopic dating of molybdenite and pyrite in the Baishan Mo-Re deposit,eastern Tianshan,NW China,and its geological significance[J]. Minera-lium Deposita,39:960-969.

ZHANG M J,LI C,FU P E,et al.,2011. The Permian Huangshanxi Cu-Ni deposit in western China:intrusive-extrusive association,ore genesis,and exploration implications[J]. Mineralium Deposita,46:153-170.

ZHANG W F,CHEN H Y,HAN J S,et al.,2016b. Geochronology and geochemistry of igneous rocks in the Bailingshan area:Implications for the tectonic setting of late Paleozoic magmatism and iron skarn mineralization in the eastern Tianshan, NW China[J]. Gondwana Research, 38:40-59.

ZHANG W F, CHEN H Y, PENG L H, et al., 2018a. Discriminating hydrothermal fluid sources using tourmaline boron isotopes: Example from Bailingshan Fe deposit in the Eastern Tianshan, NW China[J]. Ore Geology Reviews, 98:28-37.

ZHANG W F, CHEN H Y, PENG L H, et al., 2018b. Ore genesis of the Duotoushan Fe-Cu deposit, Eastern Tianshan, NW China: Constraints from ore geology, mineral geochemistry, fluid inclusion and stable isotopes[J]. Ore Geology Reviews, 100:401-421.

ZHANG Y Y, SUN M, YUAN C, et al., 2018c. Alternating trench advance and retreat: Insights from Paleozoic magmatism in the eastern Tianshan, central Asian orogenic belt[J]. Tectonics, 37:2142-2164.

ZHANG X R, ZHAO G C, EIZENHÖFER, P R, et al., 2015. Paleozoic magmatism and metamorphism in the Central Tianshan block revealed by U-Pb and Lu-Hf isotope studies of detrital zircons from the South Tianshan belt, NW China[J]. Lithos, 233:193-208.

ZHAO L D, CHEN H Y, ZHANG L, et al., 2018. The Late Paleozoic magmatic evolution of the Aqishan-Yamansu belt, Eastern Tianshan: constraints from geochronology, geochemistry and Sr-Nd-Pb-Hf isotopes of igneous rocks[J]. Journal of Asian Earth Sciences, 153:170-192.

ZHAO L D, CHEN H Y, HOLLINGS P, et al., 2019a. Tectonic transition in the Aqishan-Yamansu belt, Eastern Tianshan: Constraints from the geochronology and geochemistry of Carboniferous and Triassic igneous rocks[J]. Lithos, 344-345:247-264.

ZHAO L D, CHEN H Y, HOLLINGS P, et al., 2019b. Late Paleozoic magmatism and metallogenesis in the Aqishan-Yamansu belt, Eastern Tianshan: Constraints from the Bailingshan intrusive complex[J]. Gondwana Research, 65:68-85.

ZHAO L D, CHEN H Y, HAN J S, et al., 2021. Carboniferous high-Mg andesitic and dioritic rocks in the Aqishan-Yamansu belt: Implications for mantle metasomatism and tectonic setting of the Eastern Tianshan[J]. Journal of Asian Earth Sciences, 219:104887.

ZHAO L D, HAN J S, LU W J, et al., 2020a. The Middle Permian Hongshanliang Manto-type copper deposit in the East Tianshan: Constraints from geology, geochronology, fluid inclusions and H-O-S isotopes[J]. Ore Geology Reviews, 124:103601.

ZHAO H, LIAO Q A, LI S Z, et al., 2020b. Early Paleozoic tectonic evolution and magmatism in the Eastern Tianshan, NW China: Evidence from geochronology and geochemistry of volcanic rocks [J]. Gondwana Research, 102:354-371.

ZHAO Y, XUE C J, ZHAO X B, et al., 2015. Magmatic Cu-Ni sulfide mineralization of the Huangshannan mafic-untramafic intrusion, Eastern Tianshan, China[J]. Journal of Asian Earth Sciences, 105:155-172.

※ 内部资料 ※

甘肃省地质调查院,2017.甘肃省国宝山铷矿调查评价报告[R].

李平,凤骏,靳刘圆,等,2021."十三五"国家重点研发计划项目"天山-阿尔泰增生造山带深部矿产潜力评价及系列编图专题"成果报告[R].

新疆地质调查院,2017.新疆东天山成矿带中段1∶5万区域地质综合调查报告[R].